U1070501

智慧树经管书系
汉译创新管理丛书

国家（地区）创新体系
比较分析

【美】理查德·R.尼尔森 编著
曾国屏 刘小玲 王程铧 李红林 等译

知识产权出版社
全国百佳图书出版单位

该书的出版获得“清华大学自主科研计划课题——科学传播普及中的重大理论问题研究”（编号：2010THZ01）以及“北京市科学技术与社会交叉学科重点学科建设项目”的资助。

Copyright © 1993 by Oxford University Press, Inc.

This translation of *National Innovation Systems* was originally published in English in 1993, is published by arrangement with Oxford University Press, Inc.

本书英文原版于1993年由牛津大学出版社出版。牛津大学出版社正式授权知识产权出版社翻译、出版、发行该书中文版。

责任编辑：段红梅　范红延　　**责任校对**：董志英
封面设计：智兴设计室　　**责任出版**：卢运霞

图书在版编目（CIP）数据

国家(地区)创新体系：比较分析/［美］理查德·R.尼尔森主编，曾国屏等译.
北京：知识产权出版社，2011.10
书名原文：National Innovation Systems：A Comparative Analysis
ISBN 978－7－5130－0463－3
Ⅰ.①国…　Ⅱ.①尼…②曾…　Ⅲ.①国家（地区）创新体系－研究　Ⅳ.①G322.0
中国版本图书馆 CIP 数据核字（2011）第052502号

国家(地区)创新体系：比较分析

［美］理查德·R. 尼尔森　主编

曾国屏　刘小玲　王程韡　李红林　等译

出版发行：知识产权出版社
社　　址：北京市海淀区马甸南村1号　　邮　　编：100088
网　　址：http://www.ipph.cn　　邮　　箱：bjb@cnipr.com
发行电话：010－82000860转8101/8102　　传　　真：010－82005070/82000893
责编电话：010－82000860转8026
印　　刷：知识产权出版社电子制印中心　　经　　销：新华书店及相关销售网点
开　　本：720mm×960mm　1/16　　印　　张：42.25
版　　次：2012年1月第1版　　印　　次：2012年1月第1次印刷
字　　数：641千字　　定　　价：148.00元
京权图字：101－2007－1632
ISBN 978－7－5130－0463－3/G·396（3372）

出版权专有　侵权必究
如有印装质量问题，本社负责调换。

致　　谢

我们，作为本书各章的作者及指导委员会的成员，对使得这一项目成为可能的多方表示感激。感谢美国企业研究所、哥伦比亚大学日本经济和商业中心以及美国的德国马歇尔基金提供基本的资助，使得我们能启动并实施这一项目。感谢竞争与合作财团斯隆基金会提供的资助，这在我们的支出已经超出基本资助范围的最后时刻是那样的宝贵。

我们共同撰写这本书的基本策略是，通过多次会面使得我们所有人能对每章的草稿进行讨论并帮助彼此保持整体的连贯协调，以避免成为彼此各说各话的不同国家和地区论文的堆积。这些集会分别由哥伦比亚大学国际和公共事务学院、马斯特里赫特创新与技术经济研究所、苏塞克斯大学科学政策研究部，以及斯坦福大学经济政策研究中心主办。在此也要特别感谢历次会议的主办方和组织者。

最后，我们，这一项目的参与者之间也要相互表达谢意。本书的写作对我们来说，是一件有极大吸引力且值得冒险的事情。我们每一个人都从他人那里收获良多。我们也共同期望亲爱的读者朋友们，对于这一系列充满吸引力的问题能够受益匪浅。

撰稿人

内斯特·A. 贝尔科维奇
(Nestor A. Bercovich)
国家科学技术研究委员会

弗朗克斯·谢奈
(François Chesnais)
科学技术与产业董事会

卡尔·J. 达尔曼
(Carl J. Dahlman)
世界银行产业发展部

查尔斯·艾德奎斯特教授
(Professor Charles Edquist)
林雪平大学技术与社会变革系

克劳迪奥·R. 弗里斯克达克
(Claudio R. Frischtak)
世界银行产业发展部

后藤明教授
(Professor Akira Goto)
一桥大学经济系

罗伯特·G. 格雷戈里教授
(Professor Robert G. Gregory)
澳大利亚国家大学经济系

侯继明
(Chi-Ming Hou)
国际经济研究所，主任
中华经济研究所

乔治·M. 卡兹教授
(Professor Jorge M. Kaltz)
拉丁美洲及加勒比海经济委员会

奥托·凯克教授
(Professor Otto Keck)
柏林自由大学政治科学系

金麟洙教授
(Professor Linsu Kim)
韩国大学商业管理学院

本特－埃克·伦德瓦尔
(Bengt-Åke Lundvall)
奥尔堡大学中心生产研究所

弗兰科·马莱尔巴教授
(Professor Franco Malerba)
博科尼商业大学

唐纳德·G. 麦克范特里奇教授
(Professor Donald G. McFetridge)
卡尔顿大学经济系

大卫·C. 莫厄里教授
(Professor David C. Mowery)
伯克利加利福尼亚大学研究管理中心

理查德·R. 尼尔森教授
(Professor Richard R. Nelson)
哥伦比亚大学国际与公共事务学院

小田切广之教授
(Professor Hiroyuki Odagiri)
筑波大学社会经济计划研究所

内森·罗森伯格教授
(Professor Nathan Rosenberg)
斯坦福大学经济系

单骥博士
(Dr. Gee San)
国际经济研究所，研究人员及副主任
中华经济研究所

莫里斯·托伊贝尔教授
(Professor Morris Teubal)
希伯来大学经济系

威廉·沃克教授
(Professor William Walker)
苏塞克斯大学科学政策研究部

国家创新项目指导委员会

克劳德·巴菲尔德
(Claude Barfield)
美国企业研究所

乔瓦尼·多西教授
(Professor Giovanni Dosi)
罗马大学经济系

克里斯多佛·弗里曼教授
(Professor Christopher Freeman)
苏塞克斯大学科学政策研究部

休·帕特里克教授
(Professor Hugh Patrick)
哥伦比亚大学商业研究生院

基思·帕维特教授
(Professor Keith Pavitt)
苏塞克斯大学科学政策研究部

内森·罗森伯格教授
(Professor Nathan Rosenberg)
斯坦福大学经济系

乔恩·西格森教授
(Professor Jon Sigurdson)
埼玉大学政策科学研究所

卢克·泽特教授
(Professor Luc Soete)
林贝格大学经济系

大卫·蒂斯教授
(Professor David Teece)
伯克利加利福尼亚大学商业哈斯学院

目　　录

第一部分　高收入的大国

第二部分　小型高收入国家

第三部分　低收入国家和地区

第四部分　国家(地区)创新体系

第1章 技术创新与国家体系

理查德·R. 尼尔森（Richard R. Nelson）
内森·罗森伯格（Nathan Rosenberg）

本书的宗旨

这是一本研究技术创新国家（地区）体系的专业书籍。本书研究的核心内容涉及15个国家和地区，包括一些具有市场导向的工业化大国，也包括几个较小的高收入国家，以及一些新兴工业化国家（地区）。这些研究经过仔细的设计、开发和撰写，以阐明各国支撑技术创新的体制和机制、各国之间的相似性和差异性，以及这些相似和差异是怎样形成的，初步讨论了这些差异是如何发挥作用的。

本书的撰写不仅仅是因为这一话题近来引起了广泛关注，更是源于20世纪70年代早期的所有发达工业国家的经济增长普遍减速，其中作为主要经济和技术力量的日本经济地位在上升，美国的经济地位相对下降，而处于二者之后的欧洲被广泛地关注，这一切已经成为一场有关支撑国家企业技术创新力量著作和政策的滥觞。同时，韩国、中国台湾以及一些新兴工业化国家（地区），由于先进技术发展成熟，拓宽了它们的影响范围，企业已经转变成为经济和技术等领域中强有力的竞争者，而在过去它们只能对外界的竞争进行防卫。这一切引起了一些制造业弱小的国家急于了解仿效成功的新兴工业化国家的办法。很明显，现在到处流行着一种称为“技术民族主义”的新精神，它将一个国家的企业技术能力作为竞争力核心来源的信念与这些能力在某种程度上是国家的并且能由国家行为来打造的信念融汇在一起。

正是这样的背景引发了人们当前对国家创新体系及其相似性和差异性，以及这些差异在哪种程度、以何种方式影响了国家经济绩效的强烈兴趣。如今，在对比分析制度方面，由于国家差异性比任何其他领域引起的关注和研究都多，因此人们对比较制度分析就会有兴趣，同时，它也给人以启迪。

编写此书的计划产生于当前对国家创新体系的强烈兴趣，[1]同时也源于参与者的一种看法，即许多关于这一主题的著作和争论在某种程度上属于大肆炒作且杂乱无章。此外，许多称为比较研究的研究却集中于一个国家——最近集中在对日本经验的研究——而与哪个国家对比却是不明确的。实际的比较研究倾向于仅仅涉及两个或一小群国家。由于详细说明并检验过的将制度安排与科技和经济绩效联系起来的分析框架的缺失，其现实就显得更为严峻了。因为这种分析框架的缺失，研究者们往往会不受约束地把明显存在的体制结构差异误以为与技术创新绩效有因果联系。不同的作者关注的内容不同，也就得出了为什么有些特征是优/差绩效背后的重要因素的不同论证。解决此问题的一个重要方法是同时考虑更多的国家，即扩大“适合”因果理论的国家的“点”。

我们处理问题的方法清楚表明，完成这个任务的方向就是仔细地进行描述和比较，并且尽力去理解，而不是首先形成某个理论，然后再试图去证明或者调整该理论。但是，这样要求的比较研究，至少在基本术语和概念上要达成一致。

首先，是国家创新体系概念本身。每一个术语都可以用很多方式去解释，同时也存在一个问题，即在一个技术和商业不断地跨越国界的世界里，是否存在一个颇有意义的国家创新体系这一整体概念。以“创新”一词为例，在本章中，我们比较广义地解释这个术语，包括企业掌握新产品设计和新生产工艺，以及在这些方面的实际工作，而且这种创新性如果不属于国际的创新或国家的创新，至少也是企业的创新。我们这么做有以下几个理由：第一，那些引入新产品或者采用新工艺而成为先导与先导接近或正在追赶先导所采取的活动和投资，通常不如我们认为的那样清晰可辨，而且一个真正的熊彼特式的创新者，即第一个把新产品带到市场的企业，通常不是获得创新经济效益最多的企业；第二，大部分对创新能力的兴趣是和经济绩效联系在一起的，这里所指的创新能力（是成为“第一”决定因素的）当然是一个更宽的概念而不是狭隘的概念。这就意味着，我们的方向不是局限在位于世界技术最前沿的企业的行为，或者一些正在做最先进科学研究的机构。尽管有的国家关注的就是这些，但我们把关注点拓宽到那些影响国家技术能力的因素上。

其次，关于“体系”一词。尽管这个术语含有某种有意识地设计和建造的意义，但这却与本书的用法相去甚远。这个概念应该是一套制度，它们的互动在一定意义上决定了创新的绩效，在上述意义上，也就是一国企业的创新绩效。我们不去假定“体系”在一定程度上是有意识设计的，乃至这些相关的制度能够顺畅地、连贯地在一起工作；而是认为，“体系”这个概念是指一套制度的行动者，它们共同对影响创新绩效发挥了主要作用。由于采用了广义的创新概念，促使我们除了考虑研究和发展的行动者之外，还要考虑其他的行动者。的确，对创新概念进行广义界定带来的问题是，它没有对哪些应该包括在创新体系中而哪些能够被忽略提供一个界限清晰的指导。下文将对此做更多的分析。

最后，是“国家”体系的概念。一方面，这个概念可能是太宽泛了。支撑一个技术领域（如制药业）创新的机构系统，很少与支撑另一个领域（如飞机制造业）的机构系统有重叠之处；另一方面，在很多技术领域，包括制药业和飞机制造业，许多的机构本身就是或者其行为就是跨国的。对本项研究的许多参与者来说，一个重要的旨趣在于探讨“国家”体系这一概念在今天是否还有意义，如果有意义，它在哪些方面。国家政府的行为使得这个概念看起来好像是有意义的，然而，假定与事实可能并不一致。

通过对上面讨论的定义和概念的广泛共识，本任务的各项研究被统一了起来；同时，这些定义和概念问题也被技术进步方式、与之有关的重要工艺和制度参与者的某种共识所引导。在某种程度上，这些理解的确提供了一个共同的分析框架，既不宽泛到包含所有的变量和重要关系，也不会界限清晰到可以密切地指导经验工作，但对提供一个人们比较有信心的共同结构而言是足够宽泛和具有针对性的了。以下将讨论这个基本的共同结构。

技术进步：对相关过程和制度的综述

要理解国家创新体系，就需要先理解现代世界的技术进步是怎样发生的，以及其中所涉及的关键过程和制度是怎样的。这部分内容主要为此提供一个概览。

我们从技术进步的两个重要然而又在一定程度上相互冲突的方面开始。在当今时代，大多数技术是与种种科学领域相联系的，科学把非常有价值的知识和技巧融入发展技术的努力之中。同时，创新努力几乎总是包含着反反复复试错和不断学习。接着，我们转向与产业创新的有关机构和体制，首先是企业，然后是一些支撑机构和体制，比如大学、政府部门和政策。我们也会谈到跨部门和跨国界的一些重要差异。最后，我们考虑“国家体系”这个概念，并且指出在一个商业和科技正日益国际化的世界里强调国家边界可能会出现的问题。

科学和技术的交融

今天，种种研发设施以及由大学培养并在企业、大学和政府机构里的科学家和工程师，都是技术进步的主要推动力，比如在电气装备系统、化工产品和生产工艺以及航空领域等。当代对国家技术能力的考察重点大部分在这些机构和产业当中。本章要传达的一个基本信息就是，这种技术进步及其来源的观点有些过于狭隘。然而，它确实位于这幅图景的核心部位。

从上述所有领域和许多其他领域来看，技术进步的一个重要特征是它得到了各种领域的科学的强大支持。但是，科学和技术之间的联系是错综复杂的，并且，从一个领域到另一个领域，在某些重要的方面，这种联系也会是不一样的。

作为领导者和追随者的科学

人们普遍相信，新科学引起了新技术。尽管我们应该认为，这种说法至少是过于简单化了，但它在电气装备产业的兴起方面是相当正确的。这些产业的出现，不能与 19 世纪的理论物理和实验物理的历史分离开来。电作为一种新能源的产生以及依靠它发明出来的各种新产品——电灯、电话、留声机——是 1831 年法拉第（Faraday）证明电磁感应以来科学研究事业合情合理的结果。几十年后，麦克斯韦（Maxwell）的研究开启了巨大的新前景，并于 1887 年在赫兹（Hertz）那里得到了验证——存在无线电波以及远距离探测到它们的可能性，然后，便是收音机和电视（Cohen，1948；Dunsheath，1962）。

因此，发现导致收音机和电视的电磁波，并非因为科学家在千方百计地寻找他们的研究成果的实际应用，而是因为赫兹在追求科学本身的一个内在逻辑，他想通过寻找可能证明该理论的经验证据来探究早期理论的含义。赫兹在寻找并且找到了电磁波，是因为早期的科学理论已经预示了电磁波的存在。确认了电磁波的存在，导致了马可尼（Marconi）以及其他人在无线通信领域的工作。

与电气设备产业相比，生产化工产品或者在其他产品的制造中利用化学反应的产业，其历史远远早于现代科学出现之时。有些技术（如制革、染色和酿酒）几乎与人类文明一样久远。

不过，在 19 世纪四五十年代，与化学有关的科学知识系统成长起来了，为以化学为基础的创新奠定了一个新的基础。化学变成了一门实验室学科，由经过专门训练的、精通方法和实验程序的专业人员在实验室里进行研究。在 20 世纪 60 年代，凯库勒（Kekule）成功地厘清了苯的分子结构，这对于成千上万的芳香族化合物（也包括染料和药物）来说，是一个具有重要意义的突破，最终对整个有机化学而言也是一个重大突破。这些新的认识是无价之宝，使得产业科学家可以从构造方面去研究新的化学合成物，以及设计更好的生产工艺（Beer，1959）。

关于物理和化学作为科学学科的进步事迹，似乎表明科学发展是根据科学本身不断变化的内在逻辑而自主发展的，技术只是作为一个副产品。但是，表象常常具有欺骗性。法拉第继承了他的导师汉弗莱·戴维（Humphrey David）的传统，对实践装置抱有浓厚的兴趣，并且相信科学的价值在于发明。现代化学从炼金术这门古老的学科中发展起来，关注的是找到把基础物质转化为有价值的物质的方法。

新技术的出现常常导致科研工作的目的旨在了解这些技术，以便这些技术能够得以改进。有时候，新的技术会带来全新的学科。卡诺（Sadi Carnot）在19世纪早期导致热力学新领域的产生，主要是由对蒸汽机的工作原理的兴趣激发的（Cardwell，1971）。聚合物化学出现在20世纪，研究工作大部分是在工业实验室内进行的，开发的材料可以更好地满足行业不断变化的要求。

此外，现代化学工业的出现导致了一门新的、服务于它需要的学科——化学工程学的崛起。化学工程学不只是化学科学的实际应用，还包括化学和机械工程学的综合应用。更准确地说，化学工程把机械工程学的技巧和方法应用到大规模生产化工产品的专业化任务之中。

一座现代的化工厂，并不是最初作出科学发现的实验室玻璃试管和反应装置按比例放大后的版本。这种按比例放大，在技术上和经济上都行不通。还不如说，是应该发明完全不同的工艺流程。从卡罗瑟斯（W. H. Carothers）在杜邦实验室用玻璃试管首次生产出聚合物或者实验室合成聚乙烯和酞酸，到大规模地商业化生产这些产品的转型，是经过了多年认真开发的努力和有重大意义的发明活动。的确，这种转型是如此复杂，以至于化学工程师专门为它设计了一种独特的转化技术——试验工厂。

支撑飞行器设计的科学知识的发展历程也给出了类似的故事。同样，技术或者说技术的原型出现在先，而“科学”或者工程学科的开发是技术的支持。让怀特兄弟（Wright Brothers）在1903年成功飞行了几秒钟的飞机骨架部件是很脆弱的，其设计背后很少有对“科学”的理解。然而，正是那些早期的飞行器给现代空气动力学和航空工程学科带来了希望。

因此，“新技术带来了新科学”与“新科学带来了新技术”的说法，都是同样正确的。更准确的说法是，随着现代以科学为基础的技术的兴起，大部分科学和大部分技术都变得相互交融了。为什么在当代，技术是由受过大学工程科学训练的男男女女的工作来推动的？这就是一个主要原因，科学和技术的交融不是偶然的。为什么大学研究对技术进步作出了很大贡献？为什么大学和企业实验室都是创新体系的必不可少的组成部分？这就是主要原因。

因此，来自产业的问题或观察，不仅仅由产业科学家来研究。这些产业问题养育和激励了整个科学共同体。爱迪生（Edison）在 1883 年试图改善白炽灯，促使他去观察灯泡里的电流，发现电流跨过了没有连接的发热碳丝与金属线的间隙。❶ 爱迪生在电子是否存在这个假设提出之前就观察到电子的存在。尽管那时爱迪生没有意识到他的观察具有重大意义，但是“爱迪生效应”❷ 成为 20 世纪许多科学的基础，包括原子物理学和大量的电子技术。

科学的极限、试中学和累积增量的技术进步

人们并没有充分认识到，高技术产业里的成功创新与发明是有很大不同的。就像专利审查员要界定发明一样，在尽力去设计一个具有令人喜爱的效能特征的产品或工艺的意义上，创新似乎是一个设计问题，而且受制于一定的经费限制。这种工程设计能力是十分复杂和极其昂贵的。马可多内尔·道格拉斯（McDonnell Douglas）最近估计，重新设计一个新的大型直升机的机翼，即 DC-10 型号的下一代产品，可能需要花费 10 亿美元。而且，决定设计在哪里

---

❶ 1877 年爱迪生发明碳丝电灯，碳丝难耐电火高温，因而灯泡寿命很短。爱迪生一直设法改进，1883 年，他在灯泡内另行封入一根铜线，经过反复试验，碳丝虽然燃烧很快，但他却从这次失败的试验中发现了一个稀奇现象，即碳丝加热后，铜线上有微弱的电流通过，然而铜线与碳丝并不连接。此现象让爱迪生百思不得其解，但他肯定这是一项新的发现，并想到根据这一发现也许可以制成电流计、电压计等实用电器。为此他申请了专利，命名为“爱迪生效应”。——校者注

❷ 即热电子发射现象。——校者注

结束、研究从哪里开始是十分困难的事情，一旦要处理这些关系，就不可能从工程学书本上提供的编码数据中找到最适宜的办法。

一心要追求重大技术设计进步的人们，几乎总是要等到全部测试完成后才知道这个设计是否起作用以及怎样发挥作用。在化学工业中，一个试验工厂可能被认为是一种中间技术，把设计原理与机械专长进行合成，这在实验室里没有对应的研究。它的最终目的，是增加人们对技术可行性，以及对新成立的且承担着经济任务的大企业的潜在经济前景的自信心。这种设计活动在此意义上和实验室研究大不一样，对于较大规模的工厂来说，它既包括新设计也包括一个非常大的财政承诺，在某种意义上，它不能从实验室的研究中得出结果。

在一些重要方面，一个新的飞机原型产品扮演着与化学加工工业的工厂相似的角色。两者都有一些重大的不确定性，而这些不确定性与具备明显新奇元素的技术设计有关。如果新的设计过早地进入生产实践，技术的不确定性很容易就会带来巨额的资金损失。采取小范围测试，通过较小的代价而不是花费更多的钱去解决技术前沿领域的不确定性，是慎重的做法。飞机原型和化学试验工厂的测试就是为了减少创新中的不确定性而专门设计的形式。

通过建造、测试试验工厂和原型以及新药测试实验等手段，技术改进活动产生了新知识、新产品和新工艺。正如我们刚才所说的，在许多情况下，新的科学知识是尾随其后而不是领先出现的，比如在第一代飞行器先被制造出来又被淘汰之后，空气动力学才产生了关于提升和阻力原理的理论知识；又比如威廉·肖克利（William Shockley）为了解释他和同事在贝尔实验室设计的晶体管为什么以及怎么样才能产生作用，才提出了半导体的空穴和电子理论。新设备或新工艺怎么样才能运转得更好，这个问题激励了人们努力去解释和理解，努力去改善、改进并且使之多样化。

怀特兄弟在 1903 年制造的飞机并不比一辆巨大的、笨拙的且带着翅膀的自行车强多少（与自行车有相似之处并不是偶然的，因为怀特兄弟以前就是自行车设计师和制造人员）。他们的飞机部件是靠铁线和胶水捆绑在一起的，总的飞行距离仅仅几百码。直到 20 世纪 30 年代，飞机才摆脱了支杆和外部拉索，不承重的表面使用的是加固纤维，承力表层结构则采用了金属硬壳的形式。但只有 DC-3 型号的设计和发展，才使得飞机最终变成了商业路线上一种可靠的交通方式（Miller and Sawers，1970）。

但是，50 年前的 DC-3 与今天的大型飞机的性能差距巨大。今天的飞机由强大的喷射引擎、后掠翼、复杂的电子装备组成，并且能对抗恶劣天气。几乎可以说，飞机在经济上的任何重大意义，都是源于自 1903 年以后对怀特兄弟飞行器的原始、粗糙的结构的不断改进。

飞机性能的提高在这里实际上是一个很广泛的、一般性的例子。大多数产业研发经费都是用在历史悠久的产品上，比如飞机、汽车、照相机（已经存在整整 150 年了）。正是有这些存在的产品才能用来界定技术改进的框架。甚至急剧改变了 20 世纪后半期的世界的晶体管也已经存在超过 40 年了，它产生在 20 世纪 40 年代，为以后微电子技术的不断革命奠定了基础。然而最初的晶体管是一个脆弱的、不可靠的以及昂贵的装置，正是对最初的、原始的设备不断改进，才使得后来的微电子革命成为可能。

在这个例子以及其他例子中，技术进步和科学进步是紧密联系在一起的。1948 年晶体管的发明，迅速地把固态物理学从一个小专业转变为物理学上最大的一门子学科。大学科学共同体和私人工业的情况也同样如此。类似地，20 世纪 60 年代出现的激光，与使用光纤来传输信息的可能性，导致了光学的巨大发展，可见科学进步如今指向了能带来巨大的经济回报的前景。但重要的是，不要把个体科学家所珍视的自治与资助机构的决策混淆在一起，科学家的自治影响着他们的研究议程，而资助机构则决定把资源投向最有吸引力的未来回报的科研领域。公共和私人机构最好用不同的标准去界定未来回报，但是两者的回报规模可能没有什么不同。

重要的制度行动者

由于有这么多误解，所以应该总结出以技术为基础的科学的兴起能带来什么，以及不能带来什么。以技术为基础的科学的兴起，确实给参与技术进步的人和机构带来剧烈的质的变化。19世纪的大多数时间里，非常正规的科学教育对于发明者解决困难的帮助很小或者不占优势，尽管发明者也会时不时地咨询科学家。到1900年，正规的化学训练则是在化学产品工业中成功获得发明的必要条件。到1910年左右，没有上过学的天才比如爱迪生等人也能推动电气技术的重大进步的历史已经终结。自此以后，主要的电气公司实验室都开始忙于引进大学培养的科学家和工程师。

企业和工业研究实验室

到一战开始时，工业研究实验室这种服务于新的或改进型产品和工艺的研究与发展，由大学训练有素的科学家和工程师组成的机构，已经变成了化学和电气工业技术进步的重要基地，而且在越来越多的产业里开始变得重要了。工业实验室和大学合作培养出新一代的研发科学家和工程师，并且进行新的应用科学和工程学的研究，以及更为传统的基础科学研究。

正如我们所强调的，以技术为基础的科学与为发明服务的工业实验室的兴起，并没有导致一些人所预测的创新的常规化。研发仍然是一种完成之后便中止的活动，而且在取得成功结果之前，仍然需要大量的尝试、测试和调整。

为什么是工业研究实验室，而不是大学实验室或政府机构成为大多数（不是全部）创新领域研发的主要阵地，这是有原因的。首先，在技术出现一段时间之后，要想富有成效地引导研发，对技术的优点和弱点以及哪个领域能产生巨大利益等方面就需要有详细的知识，这些知识一般掌握在这项技术的使用者手里，通常在企业及其客户和供应商那里；此外，随着时间的推移，一家工业时代的企业往往会发展研发能力，虽然利用了公共科学知识，但是也要超越它，而这只能建立在实践的基础上。其次，在许多情况下，想从创新中获利就需要整合研发、生产和市场的活动与计划，如果在一个组织内部都能做到的话，将是最有效率的。就是这些原因，当一个技术形成时（像20世纪80年代早期的生物技术），尽管一所重点大学或其他机构参与了发明和创新，但我们认为，对研发和创新至关重要的累积改进和多样化的过程，往往是介入其中企业的事情。

然而，重要的是，我们承认对研发概念的相关差异缺乏了解。一部分是因为解释和称呼的问题。许多小公司做着重要的设计和开发工作，然而它们并没有正式的研发部门和机构，它们的设计和开发工作可能会、也可能不会被称作研发。在许多公司里，工艺工程在生产部门而不在研发部门，因此，有关的工作可能会、也可能不会被称作研发。但事情不是一个简单的、基本的命名问题，因为研发与其他活动之间，比如为顾客专门设计产品、解决生产过程的问题或跟踪竞争对手的新产品等，其界限本来就是模糊的。许多产业部门甚至是领先企业，都投入了大量资源以便跟上其他地方的科学与技术的发展，特别是对其他公司的突出工作和成就上。

在发展中国家，本土企业的创新，大都是学会生产产品或学会运用在高度产业化经济中的企业应用了很长时间的技术。学会制造和使用一个产品需要大量的学习，以及把产品和工艺进行分解去发现它们是如何工作的，那就是“反求工程”。尽管反求工程通常不认为是研发，但它与研发十分类似。比如韩国的经济发展表明，作为追赶型企业和追赶型国家，在韩国与反求工程有关的工作也生产出了不同的东西，因而开始被算作研发。

而且，即使很宽泛地定义，研发也仅仅是进入创新资源和解决问题的一小部分。为生产新产品或拥有新工艺而投资的新装备和工厂的数量，通常超过研发投资的好几倍。新的组织可能被称作不同的劳动分工、不同的劳动力技能或不同的市场营销方法。可能需要很多的时间和努力，才能发生这样的变化以及使新系统流畅运转。就像前面我们阐述的，在很多情况下，创新是连续不断的，伴随着产品和工艺工程师从经验中学习，在客户反馈回来的抱怨和建议的基础上进行修改，以及学会怎么从管理上去处理障碍，等等。

因此，虽然随后的章节将讨论研发经费的问题，但我们必须把研发看做是更大的创新图景中的一部分。在很多章节中，描述和分析不同企业的创新活动使得对研发的讨论增多了起来。因此，美国企业普遍采用的管理风格和组织形式，虽然曾经是创新力量的来源，但现在却变成了一个劣势；日本企业在这些方面的不同则有助于它们成为高效的创新者。本研究的一个重要目标是阐述和讨论这些命题。

其他制度的行动者

现代工业实验室和现代研究型大学成长为伙伴关系，这种关系的细节在不同国家内部有很大的差异，这一点在以后的章节中将一目了然。然而，通常情况下，大学在技术进步中扮演着一个极其重要的角色，不仅是培养产业科学家和工程师的地方，而且是与产业技术进步密切相关的研究发现和技术的来源。

大学在大多数国家中首先是许多基础性科学，比如物理学研究进行的地方。虽然与国家实验室相比大学是基础研究的阵地，但各个国家对大学的依赖是不一样的。在基础科学（如物理学）的研究中，常常受到学科的内在逻辑指引，而不是特定的实践应用的期望。虽然有时候基础科学的研究产生的理解或技术将直接导致产品或工艺的进步，这一点已经在分子生物学上得到了证明，但这种情况不是常态的。然而，即使一个国家主要不是由于经济动力而去资助大学研究，但也不能完全忽略基础科学，因为在基础科学上的训练也是应用科学和工程学科训练中必不可少的部分。

学院科学的许多领域都表达了以应用为导向。“材料科学”、“计算机科学”和“病理学”等名称都表示出了与特定实践问题紧密相关的领域。工程学科也是一样，它的名称表明了这门学科不仅仅是在培养产业领域工作的人，而且还去发展产业技术的科学基础。

在一些情况下，以机构体制为基础的大学的直接目标是去帮助某一个产业或者其他客户提高技术水平。因此，依附于美国批地的大学农业试验站，对农民以及对广泛的农产品加工行业来说，都是一个重要的新技术来源。在一些有强大制药工业的国家，大学医学院的教师们通常与工业企业保持密切的联系。在一些国家，工程学校都有一个强制责任，要为当地的企业提供帮助。在包括美国和德国在内的许多国家，大学成为了为特定行业提供援助的机构之家。

几乎在所有的国家，大学如今都是由政府提供大量的资金支持，然而，不同国家的组织和资助方式、大学的研究方向都是相当不一样的。众所周知，美国大学系统比大多数其他国家的大学系统更能给技术进步提供有效的激励和帮助。本研究的目的之一是调查这个问题以及一些类似的假设。一个相关的问题是，假设一个国家的大学支持技术进步，那么这种支持通过什么渠道来有效地帮助该国的企业呢？许多美国大学系统的观察者认为，在多数情况下，外国企业和美国企业受益一样多。这种说法的正确性有多大，或者一般而言，其含义是什么？

而且，美国企业的这种抱怨如今在别的地方也很容易找到了。英国在分子生物学领域一直处在研究的最前沿，但到目前为止，这项研究的商业开发大多数是在美国进行的。在20世纪早期，实际上直到第二次世界大战期间，德国毫无疑问地在空气动力学领域处于世界领先地位，这在很大程度上是由于普朗特（Ludwig Prandtl）在哥廷根大学以及以后在流体力学凯撒·威廉研究所（Kaiser Wilhelm Institute）[1]作出的贡献。然而，受益匪浅的是美国商用飞机设计师和空气动力工程师，他们广泛地利用了德国的空气动力学研究成果（Hallion，1977）。

对于许多国家的创新系统来说，政府实验室也是一个很重要的组成部分。例如，在美国，政府实验室在农业、卫生和核能领域都发挥了重要作用。农业是一个主要领域，美国政府实验室与公共部门的使命联系在一起，这一点与对城市工业的帮助形成了对比。也还有少数例外情况，在美国，是大学而不是政府实验室被视为基础性研究的适当地点。

在别的国家，公共实验室扮演着更重大的或不同的角色。德意志联邦共和国就有以马克斯·普朗克学会（Max Planck Institutes）组成的网络致力于基础研究，弗朗霍夫实验室（Fraunhofer Laboratories）致力于应用研究，后者的许多工作目标是帮助工业企业。在法国，政府资助的基础研究的很大一部分由独

---

[1] 后被称为马克斯·普朗克学会（Max Planck Institute）。——校者注

立于大学之外的公共实验室承担。本研究是要显示这些突出的差异。

今天，公共资金不仅支持大学和政府实验室的研究，而且还支持产业研发。在美国，政府支持工业研发的大部分都限于政府的直接利益，主要涉及军事和太空需要方面。但正如新成立的半导体制造技术战略联盟（Sematech）表明的那样，如果能把强大的“公共利益”论据阐述清楚的话，即使美国也不反对使用公共资金来帮助民用产业技术的发展。在许多别的国家，帮助重要产业的发展已被认为是政府的职责所在。这些区别是本项比较研究的一个重要主题。

正如我们所强调的，创新的内容远远不是研发，还包括影响一个国家的技术能力的一系列机构和体制，以及这些机构和体制如何推进创新而不只是直接冲击创新。国家教育、培训、再教育体系的特征和效能不仅决定了从工程师到机器管理人员的技能，而且影响着工人对技术进步的态度。劳动模式也受此影响——包括管理上的讨价还价和协商解决争端劳资双方相互承诺的程度。财务制度和企业治理及监管的方式，也深刻地影响着切实可行的技术活动，以及管理人员选择开展的活动。

更一般地说，把国家创新体系与广义的经济体系剥离开来进行描述和分析，或者把与创新有关的政策与经济、教育或国家安全政策分开来介绍，都是人为造成的。我们将在下面各章介绍国家创新体系，虽然会集中于上面讨论过的机构和体制，但对某些例子的说明肯定要超出这种范围的。

产业间的差异

技术进步与主要的机构行动者的一些特征是共通的，在多种产业中都是如此。但是，不同的产业在技术变革、来源以及参与其中的行动者如何彼此联系等方面有很大差异，把这些差异勾画出来是很有用的。各国在产业结合上彼此不同，但这些差异强烈地影响着国家创新体系的形式。

有些产业生产出具有混合系统特征的产品。大多数电气技术就属于此类。一架飞机就是一个混合系统。从重要零部件的数量来说，这种系统的规模可能很大，比如喷气式飞机或无线电通信系统；也可能很小，比如电视机或自动织布机。在每一种情况下，系统的技术进步——产品技术——是通过各个零部件的改进，以及调整系统设计而进行的，这个过程因为新系统的引入而时不时地有所中断。

这些领域的技术进步通常来自零部件和材料生产工人以及系统设计人员的工作。通常而言，系统越大，零部件生产者的作用就越大。但是零部件要有效地整合成系统，常常要求系统组装人员的研发工作。零部件的整合与系统的研发包括一些独立活动，这些活动由市场、合同和合作意向来调节，不同产业、不同国家之间的均衡是不一样的。在有些情况下，政府计划有助于协调。

在一些系统中，技术用户在推动技术进步中起着主要作用，他们可能直接支撑了这个系统。因此，航空公司将就其想要的修改以及所能支付的费用与机身制造企业进行广泛的讨论。反过来，这又会扩大到飞机制造商、设计师和引擎制造商之间的讨论。

如果要设计全新的飞机，比如波音 747 或 767，飞机制造商甚至要等到获得航空公司的大量购买协议才可能推进到高级设计阶段。像波音公司这样一个大企业，虽然是作为飞机设计方和装配方，但也是依赖于成千上万的零部件支持企业的。类似的，IBM 公司也可以说是复杂的、系统类产品的设计者和装配者，也依赖于大量的外部支持企业。在波音和 IBM 这两家公司的例子中，零部件供应商（如终端产品的购买人）可能位于许多不同的国家。在波音和 IBM，零部件供应商都会开展相当数量的研发。对 IBM 计算机而言，其终端产品的购买者是一个数量庞大的群体，这样的购买者较少地影响到产品的设计细节；但对飞机来说，终端产品的购买者数量很少，因而对产品的设计影响很大。

从合成材料到制药等精细化工产品的生产行业，其技术进步在许多方面都不相同。首先，在这些行业中，创新在很大程度上是引入新的产品或产品种类，如尼龙或安定等，并非系统技术的不断的、渐进性的改进。然而，它们也许会被修改以满足不同客户的需要或新的用途。实际上，这些领域中的显著技术进步是通过生产者和使用者发现新用途而实现的。其次，因为产品不涉及复杂的系统，投入品供应商通常不起多大作用，但工艺设备供应商也许有重要作用。确实，在一些情况下，新产品要求有重大的工艺创新。工艺设备供应商通常负责关键的设计工作。在许多情况下，化工产品公司和设备供应商会合作。在这些行业中，产品创新也许是不连续的，但初始设计后的工艺创新也许是连续的、渐进的。

也有一些其他产业生产从钢铁到牛奶等大批量商品。此处的产品创新是微小的，技术变化基本上包括新的方法和对有问题的产品进行工艺改进。设备和投入品的供应商及加工企业通常是创新的主要来源。当产品供应商很大时，他们可能为自己或合同投入大量的工艺研发。当产品供应商很小时，他们可能一起合作进行生产工艺创新或加工产品的模式创新，或者投入、输出标准的创新。政府机构对这种工作也会开展组织和资助。在这种安排下，生产合作企业、投入品供应商和加工企业之间会形成紧密、持久的互动模式。

技术共同体、边界与国家创新体系

技术进步是靠许多行动者的相互作用推进的。前面我们已经谈到这当中涉及的一些相互作用，包括零部件生产商和系统生产商、上游企业和下游企业、大学与产业，以及政府机构与大学及各种产业，等等。

网络这一重要的交互形式，并非在所有的行业和技术中都一样。我们已经指出了系统技术与化工产品技术在行业间交互作用的特征上有差异。在一些技术中，大学起着重要作用，医药和计算机行业就是如此。除此之外，大学的作用就没有那么显著了，比如飞机和钢铁行业。政府资助在诸如飞机和农业等行业中是很重要的，而在其他行业则并不重要。虽然经费资助的形式和特点不同，但实际上我们必须明白，所有领域的技术进步是通过行动者共同的工作才得以进行的。

在什么范围内才有“国家的”共同体？在什么程度上、通过什么机制，推动技术进步的个人和机构体制划分成了“国家体系”？

我们认为，这个问题的答案会随着时间和行业领域的变化而变化。在 19 世纪，美国制鞋机器的发展史就出现过技工—发明者的群体，他们熟悉制鞋过程的方方面面，也熟悉彼此在人造物和产品上的发明（Thomson，1989）。这样的共同体是国家性质的，因为相关的美国企业使用的技术与欧洲的不同，也因为美国企业彼此之间有一种天然的接近，以及共同的语言和文化。研究表明，对贝塞麦炼钢技术（Bessemer Steel）在美国（Allen，1983）和大不列颠（Morison，1966）的兴起，两个不同的国家共同体在发挥作用，两者之间有一些国际交流，但在国家之间又有大量的交互往来。染料工业在德国成长为一个大工业，在染料行业内，德国大学的普遍培训、企业实验室和大学之间的联系，都清晰地勾画出了一种网络。在美国和丹麦，关心农业和农产品加工的专业共同体与政府资助的研究项目建立联系，并进行各方面的协作。作为储备军用市场的军用合同，以及军用研发资金，都很明显地建立和保护了美国的半导体、计算机、喷气式飞机等行业技术早期的技术共同体。

上述讨论涉及的是特定的技术领域，由于各种原因，国家行动者共同体得以形成。但是，广义的国家体系虽然只专于或强调比较少的技术门类，但包含的技术类别是非常广泛的，它的含义是什么呢？是什么因素确定或描绘了这个广泛的国家体系？

当然，一国政府的政策和计划、国家法律、共同语言和共享文化，说明了内部因素和外部因素都可能广泛地影响到技术进步。换句话说，国家差异和国家边界往往就确定了国家创新体系，有些是有意的，有些是无意的。而且，对国民社会和文化的整体认知会让人们对国家体系有一个具体化的印象。

第二次世界大战后的 25 年，美国和其他国家的公民都意识到了一个美国模式，它具有大量特别的特征。首先，正如作家塞尔·施雷的（Servan Schreiber，1968）在 20 世纪 60 年代后期指出的，在许多关键行业，美国企业的规模比欧洲国家的更大，花费更多的研发经费，也有与众不同的管理风格。而且，在研发上面，美国政府比欧洲政府花更多的钱，主要是通过国防合同划拨的。美国大学的研究系统更强大。位于美国的企业大部分属美国人自己所有，虽然海外的分支机构正变得越来越重要，但到目前为止，在美国运行的企业大多数是美国企业。美国企业生产的产品在国内市场占压倒性的份额。虽然外国人到美国大学的人数越来越多，但大部分学生和教员是美国人，毕业生也都去美国企业工作。美国政府的钱绝大多数都花在美国的机构上面。

正如我们将看到的那样，欧洲主要工业国家的创新体系在一些重要方面与美国都不一样。人们会说欧洲国家的创新体系不像美国那样是一个严格的“国家”体系。首先，即使欧洲最大的国家也比美国小，因此在国民生产总值（国民生产总值）中进出口贸易所占的比例就显得比较大；其次，随着时间的推移，人们的欧共体意识更强，在某些方面削弱了国家边界和国民的概念；最后，展望未来更广阔的发展，欧洲国家的美国企业在许多行业中正起着重大的作用。但是我们看到，在战后初期，虽然也受到国外的强烈影响，但人们仍然明显感觉到欧洲存在与众不同的、在很大程度上独立自足的英国、德国和法国国家创新体系。

直到20世纪70年代，在创新体系如何设计的问题上，美国模式都没有遇上强大的竞争者。美国国家创新体系作为一种模范体系能够持续多年，是因为美国的卓越技术是战后数十年的标志。然而在早期，美国在许多方面也是模仿者。在20世纪初建立的研究型大学以德国大学为摹本，美国化工企业的研发组织也采用了德国模式。我们注意到，在很多国家内部，不管是私人还是公共机构，都把自身向公认的引领模式转变，这是导致国家创新体系产生相似性的一股强大作用力。

当欧洲生产力和收入水平开始赶上美国的时候，日本成长为领先的经济和技术国家，美国模式的吸引力已经衰落，日本体制一举成为模仿的目标。很多人都坚定地信仰日本的创新体系，但它们至多只有一部分是正确的。不过，人们大多认为，日本政府聚焦于关键的民用技术并围绕着它们组织工作，这一点与日本企业之间的紧密合作，导致了更强大和更高效的创新体系。这些特点也是欧洲流行模式的一些特点，在美国也日益如此。

日本模式的崛起加强了人们这种信念，即清晰的国家技术政策是很有效的。的确，现在人们普遍认为，一个国家如果没有清晰的技术政策，就会不断落后。这在过去的 10 年已经导致了国家计划的一波浪潮，以保持国家工业的领先地位，或赶上技术发展的步伐。这在后面的章节中将进行讨论。

国家体系和跨国技术

虽然国家技术共同体的概念在很多情况中显然是有依据的，但它并不太适合其他情形。早期的无线电研究就是一种跨国活动，包括英国、美国、西欧的发明家和公司在内，全都建立在彼此之间的工作上。合成纤维的发展也出现类似的相互作用。这并不是说交互网络在国家或区域内部不如跨国那样密集，而是说后者的相互作用也是十分重要的，因此认为在这些领域中技术共同体是分离的看法并非完全正确。

人们有很好的理由相信，在近年来，随着国家创新体系观念被广泛接受，技术共同体已经前所未有地成为跨国性的。最初，加工制造企业已经呈现出多国化的趋势。这种趋势始于美国企业；稍后欧洲和日本的企业也加入了此行列。在 20 世纪 80 年代，以前只有在产品设计和开发项目或大型研究项目出现的跨国合资企业，也开始突然出现在许多行业中。

这些发展一部分来自于技术的国际化趋势，当然又反过来加强了技术的国际化趋势。在不同国家的大学里，未来的工程师和应用科学家们学到的都是相同的东西。国家贸易壁垒在战后戏剧性地降低以及大多数工业国家的生活水平和价格因素新近的趋同意味着，不管企业的本部在哪里，它们都面临着相同的市场环境。由于这两个原因，到 20 世纪 80 年代中期，人们所知的以及多数工业国家使用的技术都非常相同。想想 20 年前，人们所用的、甚至工程师所知的技术在工业化国家中都有很大差异，而现在却不再是如此了。

更为根本的是，商业和技术的国际化侵蚀着国家边界、公民身份的概念，确定边界对分析技术能力和技术进步有了意味深长的意义。这些发展既激发了跨国的研发公共支持计划，又受到这些计划的不断强化，例如“尤里卡”计划，欧共体等组织越来越多的合作行动等。所有这些发展都导致了下面的问题：“在什么程度上讨论‘国家创新体系’是有意义的?”

后面各章将要介绍，虽然在可比较的经济框架内，各国体系有许多相似之处，但它们之间也仍然存在明显的差异。日本的半导体企业与美国、德国、法国的企业不同。各国的大学系统也是不同的，而且在国家研发系统中发挥不同的作用。韩国与中国台湾的发展路径很不相同，因此它们现在的产业组织和研发结构也不同。

这些差异在很大程度上与国家历史和文化的差异有关，包括进入工业化过程的时间。这些都深刻影响着国家制度、法律和政策的形成（Landes，1969）。它们为什么不同将是后面各章的中心主题之一。同时，目前许多国家的政府都承诺要不遗余力地确定、保护和推进关键领域的技术能力。

另一方面，虽然持续的、重要的国家特征上的差异影响了国家创新体系并且限制了其演化，但这些体系表现出令人惊异的适应性。美国对大学研究的公共支持仅在第二次世界大战以后成为一项政策，如果人们仔细想想，它似乎与美国传统的小政府原则不一致。各国也是相互模仿。美国照搬德国的高等教育模式，随后欧洲也照搬了美国大学研究的大规模公共财政支持政策。虽然欧洲和美国也加入了重要的国家特色，但它们近来都努力模仿被视为日本成功秘诀的合作研究计划。尽管国家间的重大差异还保留着，但还不清楚这些差异对那些有机会在别国挣钱的“国家”企业有多大的影响。

当今世界，商业和技术越来越国际化，而国家政府要形成和贯彻国家的技术政策，这就产生了张力。我们随后将讨论其中的一些关键问题。

本书章节介绍

国别研究是本书的中心内容，其先后顺序也是本书分析结构的重要部分。虽然每项研究都各具特色，但本书的主要目的是要从布局上体现出国家创新体系的相似性和差异性。

前面我们已经列举了对技术变革，以及涉及的过程和体制机构的一些共同理解，这些对本书有广泛的指导作用。在我们正在使用的“创新体系”这个术语的广义含义上，我们努力突出影响一个国家企业的创新能力的各种因素、机构和政策。

这就提出了一个与本研究整体设计有关的问题。比较研究要求一个覆盖各国的相对详细的章节清单。很显然，一个国家创新体系的最有趣特征因国家不同而有重大差异，我们希望我们的研究能突出这些方面。但因资源和篇幅的局限使之很难两全其美。

于是，我们通过两个战略决策而有所妥协。第一，我们同意所有国别研究都只描述有限的特征，比如研发活动的分配及其经费来源、企业和重要产业的特点、大学的作用、激励和塑造产业创新体系的政府政策等。除此以外，也鼓励作者选择和突出他们认为最重要、最有趣的国家特色。第二，我们花费大量的精力来确定比较的类别——相似性和差异性——这些似乎是最有趣、最重要的比较。通常这并不包括所有国家之间的比较，由于各种原因只在易于比较的一小群国家之间进行。

那些国家都是目前技术上占优势的国家，诸如美国和日本之间的各种比较研究已经由别人开展了，但我们觉得仍需要探究这些问题，以及在其他国家的章节讨论中发现的有趣的差异性和相似性。既然本书的目标是扩大比较，那么对德国的叙述和分析以及对英国和法国的研究都在计划之列，这些研究与对美国和日本的研究一起，使得比较研究在相关的地区都体现出来了。仔细想想，也能够在意大利、法国和英国之间进行有趣的对比。所以，第一部分包含了相对富裕的这五大国家的章节。在此介绍的目的是要让读者注意到第一部分最明显的特色是对这些国家的异同之处的讨论。

第二部分包括对几个高收入的小国家的研究，因为它们人口少，因此其国内市场有限。丹麦、瑞典、加拿大和澳大利亚的创新体系都反映了它们是收入高的“小”国家。对这些国家进行比较也是有趣的，因为它们都有很好的自然资源和农业基础。

第三部分包含对五个低收入国家和地区的研究，它们都全力面对工业化的问题，其中一些获得了显著的成功，另一些则没有。有关韩国、中国台湾、巴西、阿根廷和以色列的章节提供了一幅关于这些重要的发展中国家或地区的创新体系演化的比较画面，它们以不同的方式组织起来自己的创新体系，在工业化方面已经有了十分不同的经验。

正如本章开篇所述，这项研究旨在探讨国家创新体系的概念的有用性和局限性，而不是使之具体化。在结尾章节，我们将回顾全书，评价这个概念在什么范围内是有益的，它有助于从构成国家经济的复杂、多样化的制度结构中刻画出所谓的“创新体系”；除此以外，也还将评论这个概念在哪种程度上又是人为的、笨拙的。我们也将反思在一个商业、贸易和技术都越来越国际化的世界里，一国的体制能够起作用的范围和方式，以及反思在这样的世界里，国家创新体系的未来。

虽然读者一定是裁判，但我们这些作者，是从我们共同的智力旅程中带着信念出发的，即我们相信思考国家创新体系是有意义的。如果人们观察仔细，就会发现体制和国家边界的隐蔽性，以及某种程度上的任意性。我们还相信，我们向国家创新体系的相似和不同之处投射了一束新的亮光，也照亮了相似和差异背后的原因。

然而，我们还远不能确定另外一个核心问题。那就是，一个国家的技术创新体系的独特特征对该国的整体经济绩效，如生产力、收入及其增长、进出口业绩等的影响程度。

当然，也有一些情况我们是可以确定的，因为综合的理解和比较性的研究证据都有力地说明了它们，在结尾的总结性章节里我们将会对此进行讨论。第一，至少在制造业方面，政府和大学的活动虽然可以提供支持，但不能代替企业的技术活动；第二，就是国家教育和培训系统的重要性；第三，国家的财政货币政策和贸易政策必须激励甚至逼迫民族企业在世界市场上参与竞争。然而，让我们的作者们印象深刻的是，国家创新体系不仅具有多样性，而且它们与在特定情况下较强和较弱的经济绩效相一致。这可能部分是因为实现基本相同的目标，有各种可供选择的安排。当我们把我们的许多研究综合起来看的时候，情况就是这样的。一部分原因也可能是，在某些情况下，创新体系是经济绩效背后一个比其他都重要的因素。

尽管如此，我们也正在超越我们所讲的这些故事。

注释

[1] 在后面我们将更详细地讨论“国家创新体系”的概念。本书的三位参与者都多多少少、各自独立地开始使用这个术语，我们工作中的基本概念也插入到了多西等人（Dosi et al.，1988）的书中。请看第四部分❶弗里曼（Freeman）、伦德瓦尔（Lundvall）和尼尔森（Nelson）等人所撰写的《国家创新体系》一章。

参考文献

Allen, R. C. (1983). "Collective Invention." *Journal of Economic Behavior and Organization* 1(4): 1-24.

Beer, J. (1959). *The Emergence of the German Dye Industry*. Urbana, IL: University of Illinois Press.

Cardwell, D. S. L. (1971). *From Watt to Clausius*. Ithaca: Cornell University Press.

Cohen, I. B. (1948). *Science, Servant of Man*. Boston: Little, Brown.

Dosi, G., Freeman, C., Nelson, R., Silverberg, G., and Soete, L. (1988). *Technical Change and Economic Theory*. London: Pinter Publishers.

Dunsheath, P. (1962). *A History of Electrical Engineering*. London: Faber & Faber.

Freeman, C. (1988). "Japan, a New System of Innovation." In G. Dosi, C. Freeman, R. Nelson, G. Silverberg, and L. Soete (eds.), *Technical Change and Economic Theory*. London: Pinter Publishers.

Hallion, R. (1977). *Legacy of Flight*. Seattle: University of Washington Press.

Landes, D. (1969). *The Unbound Prometheus*. Cambridge, England: Cambridge University Press.

Lundvall, B. A. (1988). "Innovation as an Interaclive Process: From User-Producer Interaction to the National System of Innovation." In G. Dosi, C. Freeman, R. Nelson, G. Silverberg, and L. Soete (eds.), *Technical Change and Economic Theory*. London: Pinter Publishers.

Miller, R., and Sawers, D. (1970). *The Technical Development of Modern Aviation*. New York: Praeger.

Morison, E. (1966). "Almost the Greatest Invention." In E. Morison, (ed.), *Man, Machines, and Modern Times*. Cambridge, MA: MIT Press.

❶ 原文误为第五部分。——校者注

Nelson, R. R. (1988). "Institutions Supporting Technical Change in the United States." In G. Dosi, C. Freeman, R. Nelson, G. Silverberg, and L. Soete (eds.), *Technical Change and Economic Theory*. London: Pinter Publisher.

Servan Schreiber, J. J. (1968). *The American Challenge*. New York: Atheneum Press.

Thomson, R. (1989). *The Path to Mechanized Shoe Production in the United States*. Chapel Hill, NC: University of North Carolina Press.

第一部分

高收入的大国

第一部分关注六大富裕的高度工业化国家（表1.1）的创新体系。我们注意到，德国的统计数据联系着以前的联邦德国，而非新近的统一国家。本引言的目的在于提供这些国家的一些基本的统计数据。

表1.1 六大高收入国家的比较

	美国	日本	联邦德国	法国	英国	意大利
人均国内生产总值（1989年官方汇率）	19840	21020	18480	16090	12810	13330
人均国内生产总值（1988年购买力平价）	19588	14228	14161	13603	13428	12985
人口数（1988年）	246329	122613	61451	55873	57065	57441
国内生产总值平均增长率/1965～1988年的小时平均	1.6	4.3	2.5	2.5	1.8	3.0
国内投资总值/1965～1988年平均国内生产总值	16	29	19.5	23.5	21	23
制造业产出/国内生产总值	22	29	44	27	27	27
制造业出口/国内生产总值	5	9	24	13	17	14
总出口/国内生产总值	7.4	16.5	32.4	17.0	20.7	15.5
受教育率	>95	>95	>95	>95	>95	>95
中等教育入学率	98	96	94	92	83	75
第三级教育入学率	60	28	30	31	22	24
科学家和工程师/人口数	0.33	0.48	0.25	0.19	0.17	0.12
研发/国民生产总值	2.9	2.9	2.9	2.3	2.3	1.2
私人研发/总研发	48	78	64	42	49	42
商业研发/总研发	72.5	66.0	72.2	58.9	67.0	57.2
私人商业研发/总商业研发	66.4	98.0	86.5	69.0	68.2	71.7

首先，这些国家都人口众多。每个国家都有超过5 000万的人口，美国人口超过2亿，日本超过1亿。这将把这一组国家与第二组富裕的小国家（第二部分的主题）鲜明地区分开了。

这些国家都很富裕。如果依据人均国内生产总值，按使用汇率将非美元货币转换成美元后，作为衡量生活水平的话，1989年，日本排在第一位，美国和德国随后，意大利和英国则排在本组最后。怎样用货币比较来衡量生活水平是非常敏感的。如果用对比官方汇率的“购买力平价”来实现有效转换的话，美国将遥遥领先，而其他五国则都集中在美国的70%左右的水平上。不论采用哪种测度方法，有一种方法，即用国家人口进行比较的话，对第三部分中提到的国家（地区）是非常适宜的。

尽管现在所有的这些国家都很富裕，但是这六国在何时开始其强大的经济发展方面差异极大。英国是第一次工业革命的先锋；美国在18世纪中期紧随其后；德国的快速发展是从19世纪开始的；而法国和意大利则有所滞后。在十九二十世纪之交，日本才刚刚开始其现代化。到第二次世界大战之初，美国已经在人均收入上大大领先，英国排名第二，其次，依次为德国、法国和意大利，日本排名最后，虽然按照技术掌控来比较的话，日本不一定是最后一名。

在这一组的国家中，在1965～1988年的这一时期，日本拥有最高的人均国内生产总值增长，而英国和美国的增长最慢。在这些国家中，日本对国内生产总值的国内投资总值（GDI）比率也是最高的，这并非巧合。

这可能会令一些读者感到惊讶：在这些国家中，除了美国，日本的出口占国内生产总值比率是最小的。一个国家的国内市场的规模与其作为国民生产总值一部分的出口之间存在着明显的强负相关性。然而，是联邦德国，而非日本，偏离了回归线，尽管应该指出的是，其很大份额的出口流向了相邻的欧洲国家。在所有这些国家中，制造业出口占到了总出口的大部分。在第二部分讨论的小的高收入国家中，出口在国内生产总值中的份额比第一部分的国家要大得多。

所有这些国家的受教育率和中等教育的入学比率都非常高，尽管英国和意大利比其他国家稍有落后。美国继续进入第三级教育的学生比例远比其他国家高。然而，在中等教育方面可能存在一些统计上的人为性，有很多其他国家的中等教育要比美国更密集。

在美国，主修科学与工程的大学生比例比其他国家，尤其是比日本和联邦德国要小。这反映出，日本，而非美国，在科学家和工程师占总人口比例方面在各国中排名第一。美国紧随联邦德国而排名第三。

美国、日本和联邦德国在研发占国内生产总值的比例方面在各国中排名靠前，法国和英国随后，意大利远远落后。在所有这些国家中，大部分的研发都由商业企业承担。然而，在美国、英国以及法国，相当一部分份额的研发工作由政府支持，而日本和德国则与之相反，这很大程度上反映了在军事研发预算上的差异。

第 2 章　美国国家创新体系

大卫·C. 莫厄里（David C. Mowery）
内森·罗森伯格（Nathan Rosenberg）

对美国的国家创新“体系”做一个描述性的分析无疑是一个非常庞大的工程，使得我们所有雄心勃勃的工作必须从 20 世纪早期开始。我们进而考察了第二次世界大战前和战后美国创新“体系”的内容。在本章导言和结论的部分中，我们还总结了一些看来有别于其他工业和工业化经济体因素的国家创新体系的因素。由于缺乏 1953 年以前可靠的定量数据，因此，我们做的大多数的比较工作只涵盖了战后时期的，或在很大程度上是定性的。此外，由于 1953 年后美国创新体系中缺乏其他方面的数据（例如关于新技术采用的综合统计），因此，我们对此阶段的定量讨论更多地依赖研发投资的数据，故有其相应的局限性。

美国国家创新体系一个不言而喻的显著特点是其庞大的规模——作为战后时期真实写照，美国国家研发总投入比所有其他经济合作与发展组织（OECD）国家的总和还要多。美国国家创新体系中的三个关键组成部分——产业、大学和联邦政府——作为研发的执行者和投资者，其相对重要性也和这些机构在其他国家创新体系中的作用形成了对比。在过去的 70 年当中，这三个部门的作用发生了可观的变化。

美国国家创新体系与其他国家创新体系的另外一个结构性的差异在于，特别是战后时期，新兴企业在新技术的商业化方面对美国经济起到了重要的作用。在过去的 40 年中，小型创业企业在微电子、计算机硬件、软件、生物和机器人技术等领域的发展和扩散中发挥了重大作用。在我们的比较研究中，它们在美国经济中的作用可能超过了除了中国台湾和丹麦以外的其他任何经济体。这种作用的重要性在将来可能会有所下降，这也是我们稍后将讨论的问题。

和其他国家的创新体系结构相比，美国有两项公共政策发挥了特别的作用。其中，美国的反托拉斯法对于其国家创新体系的结构和绩效产生了复杂的影响；相比之下，另一个政策关键点则是国家创新体系中军用研发和政府采购的重要性。和在战后早期被经常认为是高技术产业中商业力量的重要来源相比，这种大规模的军用研发投资可能在现在看来有着更少的商业回报。

虽然在整个战后时期投入了大量的研发资金，美国联邦政府的这些投资却并非基于任何经济策略。在执行机构和国会中，研发计划的资助和管理机构相互割裂，导致了公共资助研发计划的高度多元化和多样性。然而，相反地，这种结构本身却排除了任何对于公共资助研发的结构和经济绩效的综合性的监督，对美国战后大规模研发公共投资所衍生出的经济效益的评估少之又少。

美国创新体系基础研究能力的某些指标（如战后在美国实验室中进行研究获得诺贝尔奖的比重，或者科学论文的引用分析等）表明，该系统的研究绩效是非常强大的。然而，美国的创新体系并没有成功地保持 1973 年以前在实际所得方面的增长率；同时它也并没能使美国的生产力增长达到其他工业化经济体的水平或是阻止美国当前情况的严重恶化。美国的经济绩效在过去 20 年中被多种因素所削弱，国家研发体系绝不是贸易赤字增大或是个人所得和生产率下降的唯一因素。经济指数也不是评价该系统绩效的最合适准则。此外，这些被察觉到的不足也推动了当下对于美国创新和贸易政策结构的争论。

最近美国企业的技术表现在多个领域都出现相对不足。和其他工业化经济体中的大量竞争者相比，美国企业在采用新兴制造技术方面相对缓慢，并且有观察家指出，没有像外国企业一样集约且有效率地使用这些技术（如机器人技术、计算机集成制造等)[1]。对美国和日本汽车企业绩效的详细比较表明，美国企业经常被新产品更长的开发周期所牵制。其他的分析也指出了美国诸多行业的企业在迅速和有效率地将新技术商业化方面存在缺陷。这些缺陷，特别是第一个缺陷（从投资决策的资本成本的重要性看来），可能和美国研发机构的结构和绩效关系并不大。然而，这些连同其他证据（其中的一些如国际贸易的绩效，受到诸如宏观经济政策等其他因素的影响）一起，促发了对在美国经济中组织和资助公共和私人研发的新方法的必要性的广泛讨论。这些争论将在后文中简要讨论。

关于美国的创新组织和资助的新方法的讨论是与西欧以及日本创新体系的结构变革征兆平行进行的。三个经济体中的制度变迁几乎同时发生，并以日益增长的高技术产品国际贸易和“国家”创新体系的国际相互依赖为特征。国际贸易和技术政策正凸显出更加紧密交织的趋势。国际环境的改变，以及美国技术政策的制定和监督上的机构虚弱，构成了对美国政策制定者们在国际贸易和技术政策的协调中的严峻挑战。我们将在结论部分简单地予以讨论。

1945 年以前的美国创新体系

美国工业研究的起源

19 世纪晚期及 20 世纪早期美国经济的增长，与运输、通信以及生产技术领域中的创新紧密相连，这些领域的创新导致了空前规模的制造运作（Chandler，1977）。这些生产作业是建立在长期形成的技术创新模式和适应性的基础之上，大量依赖于机械技能而不是正规的科学研究。正如大卫（David，1975）、罗森伯格（Rosenberg，1972）及其他学者所指出的那样，在 19 世纪美国经济中，制造业生产率和产量的提高，部分是通过生产轻型机械和其他机械装置的“美国制造系统”的发展而实现的。

这个部门的创新并没有过多地依赖科学研究。[2]而使得美国农业和运输业机械化应用得以发展的资源禀赋，其巨大的、受保护的国内市场，以及美国开发国外知识源（从欧洲以及其他地区进口的机器、图纸和熟练工人）的能力都支撑了这些发展。[3]然而此阶段支撑美国在1913年之前大部分时间生产率以及人均收入提高到超过英国水平的创新（Nelson，1990），并不依赖于20世纪晚期的研发相关体制。

此阶段除了代表美国制造业主要特征的巨大规模生产运作以外，还伴随着一系列组织和层级方面的系统工作，这些工作对于美国而言即使不是唯一的也是其经济运行中系统地追求的。20世纪，“美国制造系统”受到了弗雷德里克·泰勒（Frederick Taylor）理论和实验以及（其中包括）亨利·福特（Henry Ford）实践的启发，也被管理一个多种族和异质的劳动力的挑战所激励。该系统强调将生产划分为狭窄的、相对技能性较低的任务，每部分都被专门的、受较低层次经理所管理的工人重复执行。这些任务的重复性工作中也应用了特殊的资本设备——高水平的资本强度和专业化程度导致了较高的设计转换成本，也意味着单一产品设计的长期生产是这个制造系统的核心要素。工人对工作流程的步调和结构或者产品的质量几乎不负有任何责任。产品需求的波动通常通过裁员的方式予以应对。

这个系统中的要素相互强化——不稳定的雇用以及狭窄定义的工作分化都支持着企业在工人培训和技能上的低水平投资。由于工会可以通过捍卫这些系统而获得凌驾于成员和管理之上的不小的权利，详细描述的工作分工系统也得到了联合基础方面的额外支持。一些观察家认为，这种“福特制/泰勒制”的工作组织系统引发了劳动力—管理关系之间的敌对气氛以及对工人技能的低水平投资，这些阻碍了美国企业对于新技术的引进以及产品质量的改善（Walton and McKersie，1990；Lazonick，1991）。

在很多新的大型工厂中也建立了材料分析和质量控制实验室，这是最初招收科学家和研究人员的产业雇主之一。这些工厂级的实验室逐渐扩展并为致力于长期研究的中央实验室的建立所补充。虽然大多数初步检测和材料分析的研究的发展是对产品结构变化的一种回应，这些活动的拓展和细化也反映了公司组织结构的变化。这些研究设施的发展也伴随着企业行为和产品本身的扩展和多样化，以及这些行为从公司内部调控到市场调控的转变。

很多美国大型制造企业的结构性变化，包括对于工业研究的投资，都受到了美国反托拉斯政策的影响。19 世纪晚期《谢尔曼反托拉斯法》（Sherman Antitrust Act）的严格司法解释，在公司中达成了控制价格的共识，并产生了更加频繁的民事诉讼。1895～1904 年的美国收购潮，特别是 1898 年收购的巨浪，都是对这一新的法律环境的部分反映。当发现正式或非正式的价格确定和市场份额协议的合法性遭到攻击之时，公司即诉诸平行的并购来控制价格和市场。[4] 出于这一目的的收购的有效应用要求其对子公司进行强有力的中央控制。

然而，反托拉斯政策对于工业研究增长的影响，超越了其在结构合作方面的影响。《谢尔曼反托拉斯法》对平行并购的激励，被 1904 年北方证券（Northern Securities）的决定所削弱。但是，《谢尔曼反托拉斯法》的司法解释以及司法部对大量公司的诉讼，增加了工业研究和创新合作以预先阻止或弥补反垄断诉讼的影响。工业研究支持合作性的分工以及运用专利在不与反托拉斯法相冲突的情况下获得或保持市场权力。[5]

这些早期的研究实验室部分集中于开发内部研究的发明，但是也监控着技术威胁环境和获得新技术的机会，而此类情况大都通过购买专利或者公司的形式实现。例如，杜邦公司的大部分主要产品和流程创新，都是在中央研究实验室的建议之下，在它们开发的早期获得的（Mueller，1962；Hounshell and Smith，1988）。在 1940 年之前的大部分时期，杜邦的研究都集中于开发来自外部资源的发明上；尼龙和氯丁（二烯）橡胶则是例外。AT&T、通用电气及伊斯门·柯达（程度较轻）的研究设施，都在这个时期发挥了类似的监控作用。[6]

工业研究的增长

虽然最近关于美国工业研究的历史记载主要聚焦于电气工业（Hounshell 和 Smith 的研究是个例外，1988），20 世纪初工业研究增长的有限数据表明这种增长主要来自于化学及相关工业。化学、玻璃、橡胶和石油工业占据了 1899～1946 年所建立的实验室数量的 40%。化学部门的研究雇员在 1921～1946 年间也占据了主导。在 1921 年，化学、石油和橡胶工业聚集了制造业中略超过 40% 的研究科学家和工程师。此间化学相关工业作为研究雇主的主导地位得到了产品和工艺技术严重依赖于物理学的工业的补充。1921 年，电力机械及设备约占到研究雇员的近 10%。而到了 1946 年，这两个工业则占据了美国制造业 20% 的科学家和工程师，相比之下化学相关工业的份额则到达了略超过 43%。

表 2.1 提供了 1921 年、1927 年、1933 年、1944 年和 1946 年 19 个两位数制造业和全部制造业（混合制造工业除外）的研究实验室雇员情况。制造业研究中的科学家和工程师雇员人数从 1921 年的约 3 000人，增长到 1946 年的近 46 000人。[7]通过研发强度所反映出的产业秩序也非常稳定——化学、橡胶、石油和电子机械等是研发强度最高的产业，占据了此阶段制造业的产业研究中科学家和工程师总人数的 48% ～58%。而这种稳定性也同样显露在此阶段产业研究雇员的地理集中性上。1921～1927 年期间，五大州（纽约、新泽西、宾夕法尼亚、俄亥俄、伊利诺伊）的专业产业研发雇员就占据了总人数的 70% 以上；这个份额后来稍有下降，到 1940～1946 年时，略高于 60%。由于联邦对产业研究的资助有所增长，"二战"前主要的研究雇主在战后时期依然保持着最高的研发强度。化学、橡胶、石油和电气机械的研究人员数在 1940 年占到全部研究雇员的 53% 以上，而 1984 年的份额为 40.3%（National Science Foundation，1985）。

和研发强度稳定性不匹配的唯一情况是运输设备工业，其研发强度在此整个期间有着增长，1946 年进入了五大研发强度最高的制造产业的行列。该产业（包括飞机制造业）中相关研发强度的上浮应该归功于 1940～1946 年的联邦研发支持和政府采购，以及 1921～1946 年汽车工业的快速增长。政府对战时工业研究的资助也对 1940 年后电气机械和设备工业研究雇员的增长作出了贡献。

表 2.1 美国制造业企业研究实验室科学家和工程师雇员

	1921 年	1927 年	1933 年	1940 年	1946 年
食品/饮料	116 (.19)	354 (.53)	651 (.973)	1712 (2.13)	2510 (2.26)
纸张	89 (.49)	189 (.87)	302 (1.54)	752 (2.79)	770 (1.96)
化学	1102 (5.2)	1812 (6.52)	3255 (12.81)	7675 (27.81)	14066 (30.31)
石油	159 (1.83)	465 (4.65)	994 (11.04)	2849 (26.38)	4750 (28.79)
橡胶制品	207 (2.04)	361 (2.56)	564 (5.65)	1000 (8.35)	1069 (5.2)
石材/黏土/玻璃	96 (.38)	410 (1.18)	569 (3.25)	1334 (5.0)	1508 (3.72)
原生金属	297 (.78)	538 (.93)	850 (2.0)	2113 (3.13)	2460 (2.39)
金属加工制品	103 (.27)	334 (.63)	500 (1.53)	1332 (2.95)	1489 (1.81)
非电气机械	127 (.25)	421 (.65)	629 (1.68)	2112 (3.96)	2743 (2.2)
电气机械	199 (1.11)	732 (2.86)	1322 (8.06)	3269 (13.18)	6993 (11.01)
运输设备	83 (.204)	256 (.52)	394 (1.28)	1765 (3.24)	4991 (4.58)
器械	127 (.396)	234 (.63)	581 (2.69)	1318 (4.04)	2246 (3.81)
总计（包括研发人员）	2775	6320	10927	27777	45941

注：括号中的数据代表了研究强度，定义为每 1 000名生产工人中的科学家和工程师雇员的比例。

资料来源：Mowery（1981）。

熊彼特（Schumpeter，1954）指出，本土工业研究代替了发明者—企业家(Schmookler 的假设，1957)，只会加强而不会减弱主导公司的地位。200 强公司的研发雇员和公司年营业额数据就表明，至少在 1921 ~ 1946 年间，工业研发的成效和他预计的一致。工业研发显著地促进了这一时期公司维持 200 强地位的期望（Mowery，1983）。1921 ~ 1946 年 200 强企业工业研究的增长是和其营业额的下降有一定关系的。工业研发在 1921 ~ 1946 年间不稳定的经济环境中，对产业结构的稳定性起到了重要的作用（Edwards，1975；Kaplan，1964；Collins and Preston，1961）。从某种程度来讲，联邦的反托拉斯法政策也对此期间大企业对工业研究的投资作出了贡献，它甚至悖论式地帮助了这些公司的存活以及美国一些制造工业中的寡头垄断市场结构相对稳定的增长。有趣的是，和一个熊彼特“假设”的一般陈述形成鲜明对照，这些结果表明公司行为（研发雇员）会对市场结构（营业额）产生重要的影响。

公共研究资助和大学

不管美国宪法所承诺的“公共福利”的含义如何，第二次世界大战前联邦政府对科学的支持被联邦政府角色的严格诠释所限制。在“一战”期间，军方为了战争的效果开设了研发和生产设施；除了军需品工业外，必要的技术和科学专门知识都无法从私人部门获得，这些正是联邦政府依赖于杜邦公司的。当军事服务明确了一项科学需要后，一个有着专业资质的人就被指派到该部门。战时技术发展计划的合法性之一在于成立于1915年的旨在“解决航空相关科学问题以及为空军服务和其他政府航空服务提供咨询”的国家航空顾问委员会（NACA）（Ames，1925）。该委员会于1958年被国家航空空间管理局所合并，在其存在期间对用于民事和军事应用的新航天科技的发展作出了重要贡献，但这种贡献作用在1940年以前要更为显著。

作为不再被与战时动员相关的巨大投资所主导的最后一年，1940年联邦政府在研究、发展和研发设备方面的投资共计7 410万美元。其中，农业部的支出达到了2 910万美元，占39%。1940年，农业部的研究预算超过了那些最终将被整合入国防部的机构的预算，这些机构的预算总额为2 640万美元。这两者就已经占到了联邦研发支出总额的75%。其余的25%按照重要性顺序排列，分别为内政部（790万美元）、商务部（330美元）、公共健康服务（280万美元）、国家航天顾问委员会（220万美元）。

20世纪30年代，联邦政府研发支出占到了美国研发总支出的12%～20%，而工业研发支出占到了研发支出总额的约2/3，其余的部分来源于大学[8]、州政府、私人投资和研究机构。一项估计表明，在 1935 ~ 1936 年间各州资助约占大学研究资助的 14% （National Resource Planning Board，1942，p. 178）。此外，这些数据表明，州政府对于非农业大学研究的贡献也超过了联邦政府。

在更大程度上与德国和英国的真实情况相比，美国的工业和学术研究平行发展。19 世纪晚期追求研究被认为是美国工业和高等教育界重要的专业活动，而两者也都受到了德国工业和学术界榜样（在美国工业中，是迫于竞争的压力）的重要影响。

学术界和产业研究之间的联系也深受美国高等教育系统特别是公立大学的去中心化结构和资助的影响。公共资助也意味着美国高等教育系统的规模超过了英国等欧洲国家。[9]然而，同等或更加重要的是，很多美国大学的公共资助来源于州政府，而不是联邦政府。与欧洲高等教育系统的真实情况相比，州政府资助的政策意味着美国公立大学的课程和研究更会根据商业机遇进行适时调整。[10]特别是在新兴的工程子领域，或更小范围内，在矿业和冶金学中，州大学系统经常是一旦地方经济的需求变得明朗就马上能引进新的计划。

产业中科学知识和解决难题的技术的应用被专业技术人员——特别是工程师队伍的增长所促进。这一扩张部分得益于 19 世纪后半期工程学校和计划的增长。其实，这些工程师的训练通常是初级的，并不是为他们从事科学前沿工作做准备。事实上，1940 年以前很少有这样的科学研究领域，其中的美国大学或学者可以被称为工作在科学的前沿。

虽然 1940 年以前这种情况已经开始改善，科恩（Cohen，1976）还是指出，事实上所有“严肃的”美国科学家都是在欧洲大学中完成的学业，泰克里等（Thackray et al.，1985）也指出，在此期间美国化学研究因其数量和质量吸引了注意（以被其他科学论文中引用为表征）。[11]非常有趣的是，最近的引文分析表明，早在由欧洲移民至美国的科学家所带来科学的光环以前，美国的物理学研究在 20 世纪 30 年代就开始取得了世界级的声誉。[12]美国物理学研究达到科学的卓越程度也体现在对朗缪尔（Langmuir）、米利肯（Millikan）、康普顿（Compton）和戴维斯（Davisson）等人授予诺贝尔物理学奖上——其中的两个获得者所取得的突破性发现是他们作为美国主要的工业研究实验室的雇员时完成的。不过，美国大量学科科学研究现在的显著地位主要是战后的现象。

如果不考虑第二次世界大战前美国研究系统执行的科学研究的质量，是更大量的科学知识而不仅仅是前沿科学，与日益扩张的工业建设需求紧密相关。[13]这样，工程师以及其他专业技术人员成为科学知识的有价值的承载者。结果，瞄准工业问题引进科学知识和方法的人，远比在任何特定时期那些有限的由社会选择冠以“科学家”标签的人多得多。此外，如前所论，美国高等教育系统的规模在此期间超过了其他工业国家。和战后日本的研究系统一样，这一包含广泛的培训科学家和工程师的系统促进了先进的科学和工程知识的利用和扩散。甚至在并不是科学前沿的地方，高等教育也成了美国20世纪早期科学和工程“追赶”的重要手段。

农业研究

虽然这篇文章和其他文章的重点都在工业领域的技术提升，美国工农业部门却值得简要地提及。农业生产对于美国的出口有着长久的重要性，美国工业此前150年的发展严重依赖于农业与工业之间联系的发掘，如食品加工先进技术的发展和美国农场机械及设备的技术优势的增长（Patel and Pavitt，1986）。前述数据表明了1940年前阶段农业作为联邦和州研究资助对象的突出地位。

事实上，美国公共支持的高等教育的广泛系统的建立，事实上其大部分是在19世纪作为向农业部门的研究和其他服务进行投资的一种方式被规定的。1862年颁布的《莫里尔法》（Morrill Act）为州立大学从事“农业和机械技术”相关研究和教育提供了必要的经费。对于农业研究的进一步支持来源于1887年颁布的《赫奇法》（Hatch Act）以及1906年所颁布的《亚当斯法》（Adams Act），由此建立了州实验站以进行农业研究。表2.2包含了1940年以前时期的数据并阐明了以下两点❶：①州财政资助对这个研究系统的重要作用，而这个作用在1940年以前超过了战后；②预算的相当部分都被用于扩展活动，包括在一个“产业”中测试和推广最佳实践技术，这个“产业”中的当地条件和问题需要大量的对于种子、技术和设备的改进。

表 2.2　国防研发占联邦研发支出的比例（1960～1990年）

年份	百分比（%）	年份	百分比（%）
1960	80	1976	50
1961	77	1977	51
1962	70	1978	49
1963	62	1979	48
1964	55	1980	51
1965	50	1981	54
1966	49	1982	61
1967	52	1983	64
1968	52	1984	66
1969	54	1985	67
1970	52	1986	69
1971	52	1987	69
1972	54	1988	67
1973	54	1989（估计）	60
1974	52	1990（估计）	65
1975	51		

资料来源：美国政府预算（Washington，D. C.：US Government Printing Office，1989）。

这种扩展活动对1940年以前美国农业的增长显得尤为重要，其特征更多是粗放的而非集约的（Parker，1972）。图2.1表明1940年以前每英亩或每人单位工作时间的农业产出平缓增长。此期间农业产出的大部分增长依赖于耕地

❶ 文章要表达的意思与表中的内容并不相符，疑为作者失误。——译者注

的扩张以及适合本地生长环境的种子的推广。这些功能同等地依赖科学研究和扩张。然而从 1940 年开始，农业生产率因利用生物和化学研究的进展而迅速增长。例如，杂交玉米种在 20 世纪 30 年代晚期才得以广泛应用。这种具有重大意义的由州和联邦对农业研究和扩展进行投资所组成的科学研究，也开始在此后的几十年后收获着持续的回报。[14]

结论

美国国家创新体系中私人部门组成的大部分结构在 1900 ~ 1940 年期间成型。和世纪初巨型的多产品公司的兴起紧密相连，工业研究为这些公司的稳定和存活作出了贡献。在 1940 年以前，联邦政府对非农业研究的支持是非常有限的，并可能被州政府的支持明显超越。虽然 1940 年以前大学研究预算根据后来标准的计算有所缩减，但这一系统是一个产业、农业和矿业的需求得到识别且得到适应的系统。随着工业设施中研究的重要性的增加，此阶段的大学研究通常包含各种形式的与私营产业的协作。

战后系统

引言

“二战”转变了美国的研发系统。虽然和其他国家相比非政府机构依然担当着维持大部分研发绩效的首要责任，联邦政府对产业和学术界研究的支持却有着惊人地扩展。“二战”同样也给美国公司所处的世界技术和竞争环境带来了转变。和 1940 年以前的任何时间相比，在战争中崛起的美国在更广泛的技术领域中扮演着没有对手的领导者的角色，联邦的资助也在战后的几年中建立了强大的科学研究能力。此外，重建的需要也延伸着美国技术和经济的霸权。由于战前和战后研究系统的一个核心对比就是联邦政府在国家研发系统中的地位的高涨，本部分对联邦研发对基础、商业和军事研究的支持概况给予了相当的关注。

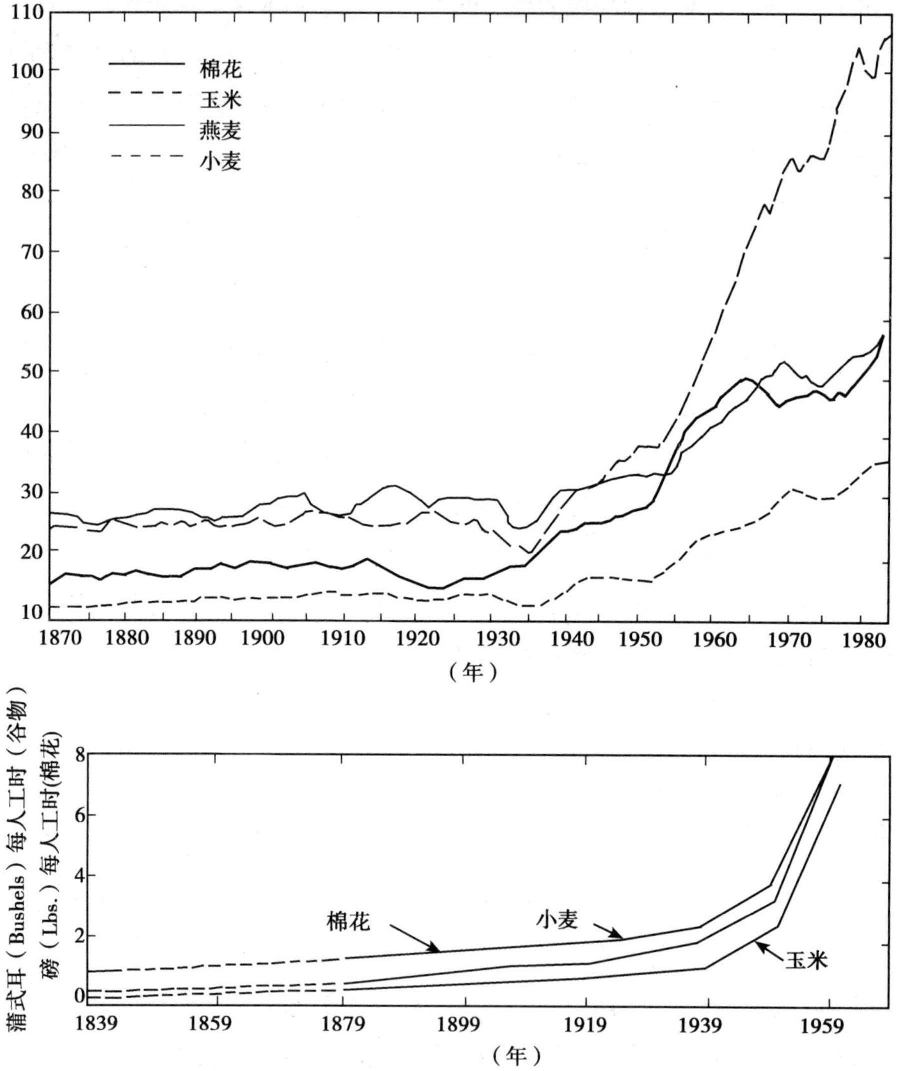

图 2.1　每英亩产出（1868～1984）

资料来源：U. S. D. A. Agriculture Statics（美国农业部农业统计），1962，1982，1987. From W. N. Parker，“Agriculture.” In L. E. David，R. A. Easterlin，and W. N. Parker（eds.），American Economic Growth，p. 374. New York：Harper & Row，1972。

“二战”及其后果

自 1941 年 12 月美国准备以及参加“二战”开始，前面所讨论的联邦研发支出的田园诗般的图景发生了转变。战前研发的首要的资助范畴，与战争没有关系，在战争期间按美元计算增长十分平缓，若按实值则显著下降。联邦研发总经费（以 1930 年美元计算）从 1940 年的 8 320万美元增加到了 1945 年的峰值 13.136 亿美元。在同一时期，国防部的研究经费从 2 960万美元增长到 4.236 亿美元（以 1930 年美元计算）。

大规模联邦战时研发计划的成功和组织结构产生了很多重要的影响。曼哈顿计划成功完成，其研究预算在峰值年 1944 ~ 1945 年曾一度超过国防部，创造了一个最终导致真正“大科学”时代到来的研究和武器生产的联合体。悖论的是，曼哈顿计划在创造空前破坏力武器方面的成功，也对战后建立旨在增加社会福利的大科学的创造性的可能性方面的美好期望作出了贡献。

财政方面相当少，但却有着高度重要性的制度创新是科学研究与发展办公室（OSRD），一个由万尼瓦尔·布什（Vannevar Bush）所领导的民间组织。科学研究与发展办公室并不在军方的管制之下。虽然战时的科学研究项目也得到了联邦的资助，但科学研究与发展办公室却出于研究绩效的考虑和私人部门签订协议，并允许研究成本的全面补偿。科学研究与发展办公室同样严重地依赖大学作为研究的实施者。战时科学研究与发展办公室所接受的单笔最大额资助和合同（以及深受大学研究管理者们所喜爱的该策略的发明者，制度性的经常开支）来自 M. I. T.，共 75 个合同总计超过 1.16 亿美元。而科学研究与发展办公室所获得的最大额度的企业资助来来源于西部电器（Western Electric），总计只有 1 700万美元（Pursell，1977，p. 364）。

“一战”和“二战”战时研发组织的对比反映了第二次全球冲突中大学和私营部门研究能力的蓬勃发展。科学研究与发展办公室在“二战”期间发展起来的合同协议容许办公室在广阔的范围内利用经由战争期间发展起来的私人部门的科学能力。[15]科学共同体的成员受招并被推荐、引导以及参与由军方支付的科学研究。科学研究与发展办公室不隶属于军方，且与总统和议会拨款委员会取得直接联系。

与私营部门合同协议在战时的成功促成了与战前时期以及其他国家都大不相同的战后美国研发公共资助特色的形成。[16] 在 1940 年，联邦研发开始支持联邦自己建立起来的机构当中的研究——资助国家标准局、农业部、公共健康服务机构中的政府公务员，或者由联邦投资资助的州立机构（如农业实验站等）。相比之下，在战后期间，大多数联邦研发投资都支持了非政府组织所执行的研究活动。

战后研发经费

战后研发支出的两个显著的特征是国家研发投资的总量和联邦研发预算的规模。在此期间，联邦研发支出是国家研发投资的很大一部分。“二战”后美国投入到研发资源的数量不仅比此前任何时候都多，也超过了经济合作发展组织其他成员国的水平。事实上，在 1969 年的时候，最大的国外经济体（联邦德国、法国、英国和日本）研发经费的总和只有 113 亿美元，而美国则有 256 亿美元。还没到 20 世纪 70 年代末，四国研发经费总和就超过了美国（Danhof，1968，p. 192）。

在国家研发支出的两个部分——私营和联邦支出当中，后者显得更具不稳定性，在 20 世纪 60 年代中期就达到了总研发支出 2/3 的份额，并在此高点后持续地下降。同期，私营研发则更加紧密地追寻着国民生产总值的增长，因而增长也显得越发稳定（参见表 2. 3）。战后的最初几年中研发总支出保持略高于国民生产总值 1% 的份额。而这个份额在 20 世纪 50 年代后半期获得了快速的增长，在 20 世纪 60 年代中期达到了峰值 3%，而此后一直到 20 世纪 70 年代中期都有所下降。

在战后研发系统当中，联邦经费资助了研发总额的 1/2 到 2/3，而研发大部分都是由私营工业执行的。在 1985 年，73% 的联邦研发资助在私营工业被执行，而联邦内部实验室只占到了 12%（虽然 47% 的研发由政府资助）。剩余的 15% 是联邦研发支出中很重要的一个部分。大约 3% 的联邦研发支持由大学和学院所管理的联邦资助研究与发展中心（FFRDCs），3% 分配给其他非营利机构，9% 支持了大学的研究。[17]

表 2.3 按部门的研究和发展经费来源（1953～1989）（百万美元）

年份	现价					实值（1982 年）[a]					总私人部门[b]	联邦（%）
	美国	联邦政府	产业	大学和学院	其他非营利组织	美国	联邦政府	产业	大学和学院	其他非营利组织		
1953	5124	2753	2245	72	54	19744	10590	8671	276	208	9155	53.6
1955	6172	3502	2520	88	62	22760	12923	9282	326	229	9837	56.8
1960	13523	8738	4516	149	120	43468	28191	14591	479	387	15457	64.6
1965	20044	13012	6548	267	217	59351	38532	19384	791	643	20818	64.9
1970	26134	14892	10444	461	337	62405	35636	24851	1111	807	26769	57.1
1975	35213	18109	15820	749	535	59883	30986	26679	1302	916	28897	51.7
1980	62594	29453	30914	1326	901	73237	34548	36057	1565	1057	38689	47.2
1985	107757	51688	52358	2377	1354	96999	46453	47188	2131	1217	50536	47.9
1989（估计）	132350	62700	64035	3800	1815	105029	49720	50863	3007	1439	55309	47.3

a：基于国民生产总值指示的价格紧缩系数折算。

b：总计包括产业，大学和企业，以及其他非营利组织的三列。

资料来源：National Science Foundation，SRS. National Patterns of R&D Resource（1989）. NSF 89—308。

联邦投资在支持基础研究方面显得尤为重要。虽然这个比例在过去的几年中有所减少，并且现在处于 20 年来最低的水平，联邦投资仍然占据了基础研究总支出的 2/3，仅有 15% 的联邦资助基础研究是在联邦研究机构中执行的。大学也在此期间成长为重要的基础研究执行者。在 1953 年，不到 1/3 的基础研究在大学以及大学和学院的联邦资助研究与发展中心中执行。然而在最近，这些机构则执行了一半以上的基础研究。

对于基础研究的支持集中在联邦预算中的几个部门。到目前为止，最大的基础研究资助者是健康和人类服务部，这里的基础研究预算几乎包括了国家卫生研究所（NIH）所有的经费。其他资助者按照递减顺序排列是国家科学基金会（NSF）、国防部（DOD）、能源部（DOE）和国家航空航天局（NASA）。

军事研发投资

军事服务曾在过去的30年中雄霸了联邦对研发的预算，仅在3年里降低到联邦研发投资额的50%以下（参见表2.4）。在1960年，国防研究占据了不少于80%的联邦研发资助。之后，这一水平开始急剧的下降（由于空间计划的增长对此减少有所弥补），并在50%左右徘徊，直到20世纪80年代早期才再次急剧上升。

表2.4 联邦研发经费趋势

年份	资助款项（10亿美元）				国防（%）	其他（%）
	国防[a]	其他	总共	基础研究[b]		
1960	6.1	1.5	7.6	0.6	80	20
1965	7.3	7.3	14.6	1.4	50	50
1970	8.0	7.3	15.3	1.9	52	48
1975	9.7	9.3	19.0	2.6	51	49
1980	15.1	14.7	29.8	4.7	51	49
1985	33.4	16.1	49.5	7.8	67	33
1990（估计）	44.0	23.3	67.3	11.2	65	35

a：包括国防部和能源部的军事相关计划。

b：包括在研发总执行之中。

资料来源：Budget of the U. S. Government，1990. Executive Office of the President，Office of Management and Budget，“Special Analysis J”（1989，1990）。

联邦研发总预算中国防预算的主导地位还有另外一个重要含义。国防研发预算相对于其他联邦研发预算有着更强的实验发展导向的动机。联邦研发支出主导成分的此项特征，意味着所有的联邦研发预算都有着对实验发展的强烈偏爱。如果将1982年的联邦预算分解成国防和非国防两部分，基础、应用和实验发展在总额中的比例如下所示：

1983 年联邦研发经费[18]❶

	国防（%）	非国防（%）
基础	3.2	33.7
应用	11.0	35.3
发展	85.8	31.0
总共	100.0	100.0

资料来源：1958 年数据：National Science Foundation，Research and Development in Industry：1974，表 B－3，B－6 和 B－9；1972 年数据：National Science Foundation，National Patterns of Science and Technology Resources：1980，表 37－39；1986 年数据：National Science Foundation，National Patterns of Science and Technology Resources：1989，表 B－25，B－26，和 B－27。基于国民生产总值指示的价格紧缩系数折算到 1987 年不变美元。

国防部最大的研发预算条目包括先端武器系统的开发、原型的建造和检验等。相反地，同任何其他主要的联邦研发资助部门相比，国防部的研发预算中基础和应用研究的比例份额要小得多。[19]

对国防研发开发的强调以及大规模的国防研发预算，导致了联邦研发预算在产业部门的分配也高度集中化。1984 年，近 80% 的联邦研发进入到两个工业部门——飞机和导弹（超过 50%）以及电子机械（超过 25%）。[20]非电气机械则是差距较大的第三位，汽车交通和其他运输设备列第四名（参见表 2.5）。

表 2.5　产业研发投资

产业研发投资	总共	1958 年 联邦	企业
现价美元			
总计	8389	4759	3630
化学及相关产品	792	126	666
工业化学	553	110	443
药品和医学及其他化学	239	16	223
石油精炼和提取	246	12	234
橡胶产品	89	21	68

❶ 此表原版书未加表号。——校者注

续表

产业研发投资	总共	1958 年 联邦	企业
原生金属	134	14	117
铁金属和产品	80	2	78
非铁技术和产品	51	12	39
合金产品	162	57	105
非电气机械	781	343	438
电气机械	1969	1337	632
通信设备和电子部件	868	615	253
汽车交通和其他运输设备	856	296	560
飞机和导弹	2609	2276	333
专业科学仪器	294	137	157
科学和机械测量仪器	156	93	63
光学，外科，影像和其他设备	138	44	94
所有其他制造工业	343	78	265
非制造业产业	117	62	55
1989 年不变美元			
总计	35674	20238	15437
化学及相关产品	3368	536	2832
工业化学	2352	468	1884
药品和医学及其他化学	1016	68	948
石油精炼和提取	1046	51	995
橡胶产品	378	89	289
原生金属	557	60	498
铁金属和产品	340	9	332
非铁技术和产品	217	51	166
合金产品	689	242	447
非电气机械	3321	1459	1863
电气机械	8373	5686	2688
通信设备和电子部件	3691	2615	1076
汽车交通和其他运输设备	3640	1259	2381
飞机和导弹	11095	9679	1416
专业科学仪器	1250	583	668
科学和数学测量仪器	663	395	268

续表

产业研发投资	总共	1958 年 联邦	企业
光学，外科，影像和其他设备	587	187	400
所有其他制造工业	1459	332	1127
非制造业产业	498	264	234

产业研发投资	总共	1972 年 联邦	企业
现价美元			
总计	19552	8017	11535
化学及相关产品	1932	189	1741
工业化学	1031	171	860
药品和医学及其他化学	901	18	881
石油精炼和提取	468	15	454
橡胶产品	377	123	255
原生金属	277	12	264
铁金属和产品	146	3	144
非铁技术和产品	130	10	121
合金产品	253	12	243
非电气机械	2158	401	1758
电气机械	4680	2367	2313
通信设备和电子部件	2913	1542	1370
汽车交通和其他运输设备	2010	326	1684
飞机和导弹	4950	3970	978
专业科学仪器	838	161	678
科学和机械测量仪器	163	13	151
光学，外科，图像学和其他设备	675	148	527
所有其他制造工业	902	10	527
非制造工业	707	431	277
1989 年不变美元			
总计	45730	18751	26979
化学及相关产品	4519	442	4072

续表

产业研发投资	总共	1972 年 联邦	企业
工业化学	2411	400	2011
药品和医学及其他化学	2107	42	2061
石油精炼和提取	1095	35	1062
橡胶产品	882	288	596
原生金属	648	28	617
铁金属和产品	341	7	337
非铁技术和产品	304	23	283
合金产品	592	28	568
非电气机械	5047	938	4112
电气机械	10946	5536	5410
通信设备和电子部件	6813	3607	3204
汽车交通和其他运输设备	11577	9285	2287
飞机和导弹	1960	377	1586
专业科学仪器	381	30	353
科学和机械测量仪器	1579	346	1233
光学，外科，影像和其他设备	2110	23	2082
所有其他制造工业	1654	1008	648

产业研发投资	总共	1986 年 联邦	企业
现价美元			
总计	80629	27782	52847
化学及相关产品	9021	248	8773
工业化学	4059	247	3812
药品和医学及其他化学	4962	1	4961
石油精炼和提取	NA	NA	1867
橡胶产品	1075	300	776
原生金属	NA	NA	809
铁金属和产品	NA	NA	388
非铁技术和产品	454	34	421
合金产品	622	78	544
非电气机械	10696	1456	9239
电气机械	10830	7569	10460
通信设备和电子部件	12085	4392	7692

续表

产业研发投资	总共	1986 年 联邦	企业
汽车交通和其他运输设备	10131	2742	7390
飞机和导弹	16240	12099	4141
专业科学仪器	5421	844	4576
科学和机械测量仪器	NA	NA	1959
光学，外科，影像和其他设备	NA	NA	2617
所有其他制造工业	NA	NA	3172
非制造业产业	2716	1616	1099
1989 年不变美元			
总计	89485	30834	58652
化学及相关产品	10012	275	9737
工业化学	4505	274	4231
药品和医学及其他化学	5507	1	5506
石油精炼和提取	NA	NA	2072
橡胶产品	1193	333	961
原生金属	NA	NA	898
铁金属和产品	NA	NA	431
非铁技术和产品	504	38	467
合金产品	690	87	604
非电气机械	11871	1616	10254
电气机械	20010	8400	11609
通信设备和电子部件	13412	4874	8537
汽车交通和其他运输设备	11244	3043	8202
飞机和导弹	18024	13428	4596
专业科学仪器	6016	937	5079
科学和数学测量仪器	NA	NA	2174
光学，外科，影像和其他设备	NA	NA	2904
所有其他制造工业	NA	NA	3520
非制造业产业	3014	1794	1220

资料来源：1958 年数据：National Science Foundation，Research and Development in Industry：1974，表 B－3，B－6 和 B－9；1972 年数据：National Science Foundation，National Patterns of Science and Technology Resources：1980，表 37－39；1986 年数据：National Science Foundation，National Patterns of Science and Technology Resources：1989，表 B－25，B－26 和 B－27。基于国民生产总值指示的价格紧缩系数折算到 1987 年不变美元。

战后时期的军事经费支出是否加强了美国公司的商业化创新能力呢？评定军事研发支出的商业影响是非常复杂的，因为军事研发支出的影响经常容易与军方采购的影响混淆在一起。人们通常所认为的军事研发当中所产生的收益，事实上通常是军事研发和大规模军方采购的共同结果。五角大楼研发支出和五角大楼采购影响之间的交叠，被作为一种“独立的”研发津贴支付给国防供货商的部分军事采购的实践所强化，而这一津贴通常是既不包含在正式的国防研发预算中，也不包含于受惠企业的研发经费报告之中的。

例如在半导体工业当中，军方采购的作用远超过军方研发经费支出的直接影响（Utterback and Murray，1977）。军方和国家航空航天局强大的采购需求对于电子新产品发展的早期阶段是至关重要的。从 20 世纪 50 年代中期到 60 年代晚期，联邦政府（主要是军方和国家航空航天局）占据了大量（虽然也在减少）半导体器件产出的份额。到 20 世纪 60 年代末为止，计算机工业才代替军方成为集成电路的最大用户市场终端。军方采购合同所带来的利益和经常性费用支持了企业投资的研发活动，因此也可能产生比直接由军方投资的研发更多的民用的溢出效应。此外，依照《国防生产法》（Defense Production Act）的规定，合同的获得者可以直接得到来自于五角大楼的资金支持用于生产设备的建造。大多数这些国防相关的采购需求依然被“购买国货”（Buy American）的规定所框定，即强调相对于其他国家产品更倾向于美国产品（Malerba，1985）。

国防采购降低了以市场为基础的准入门槛。较低的市场准入容许小公司如通用无线电（General Radio）、德州仪器（Texas Instruments）和负阻公司（Transitron）等，在 20 世纪 50 年代都直接将其开发指向了迎合某一家大客户业绩和设计的需求。适度的准入门槛也和产业中大量年轻且相对规模较小的公司进入和快速成长有关。

即使军民技术溢出在特定的时间特定的产业中是一个重要的经济现象，20 年或 30 年后的今天其重要性还会依旧吗？溢出会随着时间的推移增加还是减少？问题的答案因技术的不同而不尽相同。国防研究和采购的商业化溢出在一些特定的技术领域内随着时间的增长而作用有所起伏。有很多因素会影响到这种溢出的数量，然而其中最重要的是对一项技术的军用和民用需求的共用相似性。虽然对这一问题作一般性概括是冒险的，但近年来，对大量技术的这些需求上分歧的日益增加在降低着军—民溢出的经济重要性。

通常来说，在某项新技术的发展初期，对于产出、成本、耐久性等商业和军事需求密不可分。这种需求的广泛一致性大致与 20 世纪 60 年代微电子的大量溢出现象相关，那时商业和军方市场对于技术的小型化、低运行热量和耐用性方面并没有产生太多分歧。在 20 世纪 50 ~ 60 年代间，喷气式发动机被用在军用战略轰炸机、运输机和坦克上，而其机身设计和发动机效能方面的需求和民用飞机都很相似。喷气式发动机是军用工业对民用经济溢出的一个极好范例。然而随着时间的推移，这些技术溢出的规模甚至方向都发生了变化。[21] 微电子领域的军用和商用技术关系的变化，也影响了由私营产业和美国军方共同投资的美国半导体制造技术战略联盟的建立（更详细的讨论参见下文）。

大学研究和联邦投资

美国战后研究系统同战前情况相比的另外一个变化就是美国高等学习机构中研究的扩展。当然，研究上的这种增长在很大程度上反映出“二战”期间及其之后的时期联邦对大学研究支持的扩展——事实上，产业投资在大学研究中的份额现在可能比 20 世纪 30 年代时的更小（20 世纪 70 年代，大学研究资金中的产业份额远低于 20 世纪 50 年代的份额）。

无论以何种测度，学术研究的扩展都是显著的。从一项估计来看，大学研究（不包括联邦资助研究与发展中心）资金约从 1935 ~ 1936 年的 4.2 亿美元（1982 年美元）的水平，增长到 1960 年的 20 亿美元（1982 年美元）以及 1985 年的 85 亿美元，而其占国民生产总值的比例从 1960 ~ 1985 年也几乎翻了一番（从 0.13 ~ 0.25）。联邦对大学研究的支持的增长，将主要的美国大学转变成科学研究的中心，这一角色也是史无前例的。

联邦经费对于大学研究支持的大规模增长以合同或针对于特定研究项目的

资助等方式进行。大多数对科学研究的“需求”都是来源于集权化的政府权威，形成这些需求的大量联邦部门和机构却有着各自不同的任务和目标。在供给方面，有着大量异质的从事研究和教育的公共的和私营的机构，它们依赖于联邦政府的财政支持但又试图保持其自治。

联邦政府并未将自身限制于拓展对大学研究的需求方面。在供给方面的联邦行为壮大了科学人员的队伍，并提供对于高质量研究来说至关重要的物理仪器和工具的支持。“二战”后，联邦计划增加了联邦对于高等教育领域中学生的经费支持。最具盛名的就是旨在让所有进入到学院阶段教育计划的退伍军人受到持续财政支持的《退伍军人法》（G. I. Bill）；其他还包括了国家科学基金会和原子能委员会（AEC）基金的研究生助学金、国家卫生研究所资助的培训基金以及《国防教育法》（National Defense Education Act）奖学金等。联邦基金使得大学购买日益昂贵的科学仪器和先端设备成为可能，而这些对于大学科学共同体的研究和教学职能的发挥起着核心作用。

通过同时为大学教育和大学内的研究提供资金支持，联邦政府强化了大学对于研究工作的义务（“二战”前，其义务远次于教学），并且增强了研究和教学之间的联系。美国高等教育中研究和教学的联合，相对于世界其他国家要走得更远。例如在欧洲和日本，大部分的研究在不与高等教育直接联系的专门研究机构中或者政府兴办的实验室当中进行。[22]

产业研究

前面的讨论已经很清晰，私营产业在研究资助来源的变化中依然保持着作为研究实施者上的统治性地位。在 1985 年，虽然产业界执行了美国研发 73% 的份额，在总投资方面却只占到了 50% 多一点。然而，持续作为研发的首要执行者，使得工业研究中雇员的持续增长——科学家和工程师人数从 1946 年不足 50 000 名（表 2. 1）到 1962 年的大致 300 000 名，1976 年 376 000 名，1985 年近 600 000名（Birr，1966；U. S. Bureau of Census，1987，p. 570）。

虽然成型企业研发设施由于战时状态和接下来的冷战有着长足的扩展，但相对初创的工业企业在战后美国产业创新体系中也发挥了显著的作用。新产品技术的持续新浪潮席卷了战后的美国经济，包括半导体、计算机和生物技术等在很大程度上都是通过初创公司的努力而完成了商业化。[23]这一时期，小企业在美国新技术商业化的过程中所发挥的作用与欧洲及日本模式形成了对比，在那里电子、制药和其他产业领域中成型的企业在新技术的发展中发挥了更加重要的作用。

几个因素对战后美国创新体系中初创小企业重要作用的发挥作出了贡献。大学及政府的大量基础研究建制，以及很多私营企业都作为创新发展的重要的“孵化器”，使得有关人员“走出大门”去建立公司对其进行商业化。这种模式在生物技术、微电子和计算机产业中特别显著。事实上，高技术企业区域聚集的高水平劳动力流动既是新技术扩散的重要渠道，也是吸引类似或相关产业的磁场。至少一位学者曾经指出，如果不能通过合作研究项目来弥补这个影响，日本企业内部的低水平劳动力流动将会限制技术的转移（Saxonhouse，1982，1986）。

繁盛的新企业的建立和存活也依赖于能为幼稚期的新公司提供支持的精致的私营金融系统。20 世纪 50 ~ 60 年代间，美国的风险投资市场在大量微电子企业的建立中发挥了重要的作用，并为生物技术和计算机产业的成长作出了贡献。整个 20 世纪 70 年代，每年约有 1 亿 ~ 2 亿美元的资金从风险投资公司流入这些产业，并且一位有见地的观察者指出，到 20 世纪 80 年代早期，每年从风险投资流入高技术产业的金额也许达到了 20 亿 ~ 40 亿美元之多。风险资本的充足供给也逐渐由公开发行股票所补充。[24]

新公司进行微电子和生物技术创新的商业化被这些产业中相对宽容的知识产权体制所辅助，这种辅助作用具体体现为帮助技术扩散并减少初创公司可能部分来自于成型公司或研究机构的创新诉讼负担。在微电子产业中，自由许可和交叉许可的政策是 1956 年对 AT&T 反托拉斯诉讼赞成性判决的一个副产品。在生物技术中，知识产权保护的深度和广度的持续不确定性也可能阻碍此类诉讼。

战后美国反托拉斯政策也对初创企业产生了重要的影响。由于对自由专利的许可以及禁止 AT&T 从事电信领域以外的商业活动的赞成性决议，1956 年 AT&T 案的裁决显著地改善了微电子产业中初创公司的环境。结果，拥有着微电子产业中最强技术能力的公司被有效地阻止到了微电子器件产品商业化的过程之中，这也为初创公司的发展提供了持续的机会。1956 年的赞成性决议平息了另一起要求 IBM 这个领先计算机公司对于其打孔卡和计算机专利以合理的价格自由许可的反托拉斯诉讼（Flamm，1988）。在 20 世纪 40 年代后期和 50 年代，由于大量陷入反托拉斯诉讼的成型企业通过战前收购小公司的方式获取技术的政策受到了阻碍，这一时期主要的反托拉斯诉讼也可能对初创企业的前景产生了间接的影响。

在战后的大部分时期，美国军方采购也辅助了初创企业的成长。如前文所论述，20 世纪 50 ~ 60 年代间，美国军方市场由于有着相对较低的市场化和销售的准入门槛，为微电子和计算机行业中的初创企业发展提供了一个重要的跳板。[25]军方市场所带来的收益，后来被从军事到民用应用性技术溢出的持续可能性加强。军方采购对于初创企业成功以及对于军事到商业应用的溢出的影响，都是政策的结果。和欧洲的军方采购不同，美国军事服务希望将主要的采购授予给在服务军方市场上很少有（或者很多情况下没有任何）记录的企业。在诸如微电子等行业中，这种契约关系也吸引着初创企业和那些以前关注于民用市场并依然关心将其军用技术开发扩展到商业性应用的企业。[26]

很多研究先锋，如通用电气、杜邦、美国无线电和柯达等公司的工业研究资源，都在战后时期发生了很大的变化。战时科学研究展现出来的商业和军事性应用的重要潜力，连同政府对国防相关技术研究投资的大量增长，导致了大量这些公司扩展其核心研究资源，并且将应用研究转向产品细分。

特别是在战后初期，有着上扬趋势的国内和国际市场支持了稳健的利润以及在中央实验室和部门实验室研发的迅速扩张。在很多大公司中，核心研发资源日益集中于增长的基础性研究上面，而将实验发展和应用研究以及成型产品和工艺的改进任务留给了部门实验室进行。联邦研究合同通常承包给中央研究资源或专门的部门实验室——出于政策（包括规制管理性联邦合同）和安全的同时考虑；政府合同的研究经常在不同的设施中进行。在一些情况下，如杜邦，将中央实验室和开发部作为一个“扫描器”来寻找有前景的技术或可兼并的企业的做法，被日益增长的对这种收购式扩张的反托拉斯限制引起的高级管理所禁止。结果，新产品的内部发现和发展就显得极为重要。[27] 1953 年和 1960 年的基础研究数据和后期几年的相比并不那么具有可信性，但却表明了战后时期美国工业对基础研究的资助的份额，可能在 20 世纪 50 年代和 60 年代早期达到峰值。

随着中央研究实验室基础性研究活动的扩展（这种扩展经常需要依赖于联邦投资），以及制造业公司通过收购和内部实验开发增加新的生产线，中央实验室和日益增长的多样性以及某些情况下这些公司地理距离的产品细分之间的联系被削弱。[28] 基础性和应用性研究的内部交流也变得恶化，使得很难对中央研究资源的工作进行商业化，并且使得将中央研究的贡献到产品细分的活动受到损害。[29]

来自于海外公司的严峻的竞争压力，增加了资本的实际成本，并且 20 世纪 70 年代国内经济增长率的放缓，可能导致了 20 世纪 70 年代中期研发投资的减少，[30] 以及工业研发的实际经费增长率的下降。工业对于基础研究的投资紧缩，很多大公司的中央实验室进入了预算危机或减少的时期。20 世纪 80 年代早期经济复苏以后，工业投资的研发增长率依然下降，国家科学基金会在 20 世纪 90 年代初的报告显示工业资助的实值研发在 1988 ~ 1989 年有所下降。[31]

农业研究

战后农业生产率的快速增长（以每英亩的产量或每单位时间的产出作为衡量）表明，联邦和州对于农业研究投资（和扩张相对立）的回报在战后时期快速增长。这个研究计划几乎和那些经历了一系列经济评估的联邦研发计划截然分离。而这些研究也一致发现对农业研究的公共投资有着高的回报（Evernson 回顾了很多这类研究，1982），很多报告在引述美国农业研究系统时（OTA，1990）也认为它是对技术应用和改进进行支持的极富借鉴性的计划。虽然州政府在此预算中的份额有着一定程度的减少，公共预算对于农业研究和网络拓展的支持还是在战后得到了持续发展。战后农业研究的发展也表明了研究投资决策和回报的可专有性之间重要的交互关系，而这种交互关系极易受到知识产权的影响。

1930 年颁布的《植物专利法》（Plant Patent Act）是建立植物品种私人产权的一个重要的早期进展，该法案的通过也直接影响着杂交玉米和其他植物品种的进一步商业化。《植物专利法》的规定被 1970 年颁布的《植物品种保护法》（PVPA）所扩展和加强。美国最高法院 1980 年对 *Diamond v. Chakrabarty* 案的判决支持将专利拓展到生命有机体，进一步拓展了农业研究中知识产权所覆盖的范围。作为这些发展的结果，私人资助的农业研发迅速增长，且公共、私人投资间的平衡发生了变化："20 世纪 50 年代，私人支出约占农业相关研发总额的 1/4，但是……这个数字在 20 世纪 60 年代增长到大约 40%，70 年代为 50%"（Evenson，1982，p. 242）。艾文森（Evenson，1983）指出，1970 年《植物品种保护法》引发了对于大豆和其他玉米新品种开发的急剧增长。[32] 虽然战后时期公共和私人的投资平衡发生了变化，但公共和私人研究投资还是相辅相成且非重复的、如人们所期望的是对于地方政治和经济需求非常敏感的一个研究系统。[33]

虽然农业研究系统的经济回报以及研究和扩散支持的联合被广为称道，也有研究批评了该系统在科学研究方面的薄弱，尤其是未能在分子生物学及其相关领域开发出更强的专门技术。[34] 该系统的资源分配机制也几乎不是科学自治的模式（如同行评议以及对研究申请的评估）。历史地看，2/3 联邦农业研究被农业部提供给了美国赠地大学，它们在各个州的分配是基于一定的规则，而非基于科学质优和研究卓越性的考虑（美国国会技术评估办公室，1986）。以竞争性为基础来分配的联邦农业研究预算的比例在近几年有了缓慢增长，但依然很低。在上述两个领域当中，农业系统都显示出政治的敏感性和研究的卓越性之间的张力。

部分源于对农业研究系统研究绩效批评的回应，联邦投资在推广活动和研究之间的平衡在过去25年间也发生了变化。在1966～1975年间，联邦投资投向推广的经费比研究的增加快得多，但这些趋势在1975年以后发生了逆转。结合私人投资在农业研究中的扩展，国会技术评估办公室指出，在技术时代农业研究系统中的公私平衡从原有的支持技术引进，向这种扩展作用倾斜（1986，参见第12章）。然而，这一系统推进农业研究前沿的能力仍不明确。

20世纪80年代的政策挑战和结构变迁

引言

在过去的15年中，国际环境的变化减少了美国国家创新体系对国民收入和国家竞争力增长的贡献。整个20世纪70年代早期，由于相对国外公司瞩目的技术领先优势以及执行了大部分的公共资助研究工作，美国公司更容易获得公共资助的研究回报。此外，和20世纪五六十年代相比，近年来在某些产业中的美国公司的商业竞争力可能获得了相对较少的国防支出的支持。

战后经济和技术领域的趋同过程，导致很多国外经济体在人均收入、生产率和研发投入方面接近或超过美国的水平（更为详细的讨论参见Cyert and Mowery，1987；Mowery，1988；Nelson，1990）。然而，总计层面的趋同却和美国所有工业部门的绩效相对实力衰落的一致性图景形成了反差。正如尼尔森（Nelson，1990）所指出的那样，美国在很多高技术部门保持着出口和专利的“市场份额”，尽管美国诸如科学仪器、消费电子或钢铁和汽车等产业中的出口有着急剧的下降；此外，自1973年开始，一系列指标也表明美国的生活标准（如实际收入）停滞不前或下降（以实值计算），且总生产率的增长也维持在很低的水平。这些发展促成了美国蹩脚的宏观经济政策的形成且深受这一政策的影响，并且影响着美国在贸易和技术政策方面的争论。虽然广阔的近海市场和很多美国跨国公司的投资调和了完全切断外资进入美国市场的任何行动，限制性的贸易政策和对外商投资的国家主义（或排外主义）回应还是在最近几年帮助美国获得了可观的货币。科学和技术政策也受到了这些经济和政治趋势的影响。

既然国外公司时下在技术上已经更加成熟，并且技术本身也更具国际流动性，此前由美国的基础研究和强大知识基础积累起来的竞争优势遭到了冲击，更加快捷的新技术的国际转移也削弱了美国战后在高技术市场领域的霸权。[35] 公共和私营领域都对这种环境的变化都作出了回应。私人公司创建了多种新的组织形式以开拓公司以外的研发和创新——包括同本土和国际企业的合作或联盟以及国内的大学—产业研究的结合等。联邦政府也在开展研究投资、贸易政策和知识产权保护等方面新的举措，以增加美国公共和私人研发投资对于国内经济的回报。如果反托拉斯政策对于美国公司技术战略的影响变得不那么重要，或如果新公司在技术商业化中的重要性有所减小，那么这些政策举措则可能会减少美国同其他国家创新体系之间的一些结构性差异。

产—学研究合作的增长（重生?）

在过去的 10 年中，产业为从事有着商业潜力价值的研究而在大学校园中建立起大量研究资源。重要的创举既来源于联邦政府，也来源于私营产业。国家科学基金会开始着手在大学校园的工程和其他科学学科中建立一系列跨学科研究中心的计划。由于中心将来自于联邦政府的“种子基金”（在很多案例中，也有州和其他地方政府）以及和中心有联系的私营公司的主要贡献有效地结合起来，其财政结构也表现出相对的新颖性。

产—学研究合作并不是一个新现象，其实早在 1940 年以前就已经成型。事实上，产业所资助的大学研究经费的份额在战后的大部分时期呈现出减少的迹象。在 1953 年，产业资助了大学 11% 的研究，而这个份额在 1960 年减少到 5. 5% ，1978 年减少到 2. 7% 。估计显示，1985 ~ 1986 年工业所资助的大学研究比例不会超过 5% 。时下大学和产业之间更加紧密的研究纽带的发展，表现出对20世纪50到60年代期间被弱化了的产学联系的复苏，而并不是所谓的基本性分离。[36]

大学和产业合作有着多种形式，因此作出一个一般性的总结是不可能的。大学研究和商业化技术之间的联系也因不同的产业而有所差异。没有任何一个关于约束、优势和劣势的模型或描述可以涵盖所有产学合作的情况。

大学和产业研究之间联系更加紧密的最重要的动机，源于美国大学在基础研究中所占份额日益增长的事实。1953年，产业占据了58%的产学联合基础研究预算（从各种渠道）；而1978年，大学则占据了产学联合基础研究预算的76%（National Commission on Research，1980，pp. 8～9）。然而，私营产业对于大学研究的财政支持保持了适度的水平。20世纪80年代中期，产业提供了全部基础研究中约20%的份额，但是对于大学中所执行的基础研究的资助却非常少——只有6%的比例。

美国大学在基础研究执行中的作用的提升，与美国工业界的一种认识密切相关——大学里更多领域的研究具有引发可能有巨大商业意义的发现的重要前景。大学研究和商业化的技术之间的联系在生物技术领域显得更为紧密，这也是影响该领域中产—学研究关系特性的一个因素，并可能使其与其他领域的产—学研究合作区分开来。[37]减小研发成本以监控更大范围内的科学研究发生的领域并加速科学研究商业化的压力，驱使很多美国公司尝试发展与包括美国和海外的研究型大学在内的外部机构（参见下文的附加讨论）的关系，以补足和强化其内部研发活动上的收益。[38]

由于其职能同时涵盖了教育和研究，研究机构和美国大学也成为科学和工程人员的至关重要的来源。参与的公司可以将其合作风险转化为雇用研究人员的“过滤器”，在签订雇用合同之前观察潜在研究人员的绩效。此外，人员本身作为传递科学和技术知识工具的重要性，也意味着雇佣从这些项目中毕业的人员推动了知识和技术从大学到产业的转移。现代技术和研究挑战的跨学科特征，也使得这种训练和雇用形式的受益特别重要。

随着人们对于美国大学研究在经济中重要性的认识以及非美国公司对这些

研究投资的扩张，引发了人们对于海外企业“不公平”地取得与相对开放的美国大学系统中高质量的研究之间的联系（这种“不公平”预设性地源于这样一种信念，即国外特别是日本的大学很少为美国公司提供机会去接触世界顶级的科学和工程研究）使其提升了与美国公司的竞争力的担心（Business Week，1989，pp. 73 ~74）。议会和州立法政策制定者加强了对于诸如马萨诸塞州理工学院产—学合作计划（Industrial Liaison Program）的质疑，通过这个计划外国公司以提供财政支持的方式换到了学术研究的情况介绍。

虽然这种批评的经验基础是相当薄弱的，无论是州政府还是联邦政府也都没有采取任何行动，争论还是强调了科学技术知识日益增长的数量和国际流动率带来的复杂情况。当国家创新体系在基础结构方面有所差异的时候，此环境下的一个“水平竞技场”只能诉诸抽象而无法创造实体。然而，政策制定者和管理者越是将国家创新体系看做是参与全球化经济竞争的重要战略资产，那么这种“水平化”的需求就会随之扩展，正如后文将论述的那样。

结构变迁中的工业研究

美国工业研究系统的结构也显示出正在经历着重要的变化。虽然时下的实验和重组的产出无法被确切的预计，但竞争和成本的压力引领着大量的美国大型公司重新审视他们的合作研究行为，特别是更为积极地拓展他们的新技术外部来源。大学—产业研究合作的兴起就是其中的一个范例——其他包括国际合作风险基金以及国内研究联盟。当产业内部研究实验室的历史性的主导地位下降的时候，政策和竞争环境中的变动也可能降低新公司在美国经济中的新技术商业化方面的作用。这个部分必须以一种推测性和探索性的方式来探讨这些发展问题。

重构美国工业研究?

美国国家创新体系中的一个最普遍的制度创新，反映在公司发展外部研究和发展专门技术资源的努力上。这些努力导致了包括美国和海外公司以及美国大学之间在研发领域合作的显著拓展。

美国公司拓展了国际和国内的合作研究，而这两种类型的合作都是对同样因素所作出的回应：产品开发不断增加的成本和风险，在高技术产业竞争中所需要的日益宽泛的科学和技术知识基础（反映在“技术汇聚”的实例中，如电信和计算机技术，生物技术和制药的相互渗透等），某些产业中更快的产品生命周期以及来自于海外公司更加严峻的竞争压力。[39]除了这些对每种合作形式都共通的因素以外，一些发生在高技术产业中初创公司的前景的变化可能使他们更加倾向于通过和更大的国内外公司合作的形式来实现技术商业化，而非独立地完成该目标（详细讨论见下）。在某些情况下，这些合作的风险投资也导致了大公司对初创小公司的收购。

由于大多数情况下合作都没有超过10年的时间，这些新组织结构的成果仍然是不确定的。然而，美国公司在所进入的国外和国内的研发风险投资的结构和动机方面也形成了鲜明的对比。我们必须区分至少三大类研究合作：美国和海外公司的合作风险投资、美国公司间的研究合作以及国内的大学—产业研究合作。国际合作风险投资主要关注于试验发展、产品和市场，而并非前商业化研究。迄今，国内公司合作更多关心不那么具有应用特性，和特定的商业化产品联系不那么紧密的研究。而一般来讲，这些国内的合作风险投资并不首要关注基础研究，除非目的或资金渴望而进行一些。最后，大学—产业研究合作则呈现出对于科学和工程进行更加基础性研究的特性。这些不同形式的合作并不是相互替代而是相互补足。例如美国计算机和电子产业的大型合作，就同时运用了全部三种合作形式。

包括美国公司的国际合作风险投资，很少聚焦于国内公司间研究联盟和大学—产业合作所钟爱的“前商业”研究活动。这些风险投资是美国公司对前面所说的导致国内研究合作的因素的回应，但是也同时反映了很多国外公司日益增长的技术力量，以及非关税贸易壁垒和政府对于先端技术开发支持的重要作用。美国制造业中的国际合作出现多元化的引人注目的增长，虽然在一些产业中的长期前景要好于其他。美国此类合作竞争力的成效较为良好——在大多数情况下，国际合作是对美国竞争力减弱的一个回应而不是诱因。在其他产业中，合作则帮助美国公司强化了他们的技术和生产技能。

国际合作风险投资在贸易和技术政策领域创造了很多复杂的政策论题。伴随着大量的其他因素一起，国际合作风险投资将加速未来全球经济中的国际技术转移。然而，包括美国公司在内的国际合作风险投资所操控的技术转移，也在可预见的未来中更加倾向于保持双向流动模式——几乎没有文献记载的案例表明美国公司在这种合作风险投资中“让渡”关键技术资产给海外企业。回顾一下技术和贸易政策之间紧密且相互依赖的关系不难发现，贸易政策显然会影响国际合作风险投资的发展。事实上，国际私人合作风险投资的发展正是对工业化国家政府所发起的（对国外公司）大量“封闭性”合作技术开发计划的重要补充。[40]然而，逐渐地，贸易政策的形成和执行也将同时受到这种风险投资运作和存在的影响——特别是研发来源和构成的国际化。

初创公司角色的改变?

20 世纪 80 年代美国政策制定循环中“市场魔力”信念的复苏，和对初创高技术公司的成长起着有效影响作用的美国资本市场的频繁扩张有着悖论式的联系。[41]美国风险投资市场和其他产生创新型企业和初创产业的机构现在遭到了观察家的批评，认为它们培养了“管理的短视”（极度关注短期结果），并且未能给技术长期发展提供足够的支持。其他的批评指出，美国经济体中依赖于初创公司开发新技术的事实，导致了技术诀窍（know-how）向那些近期有大量增资的海外公司（通常是日本公司）的过度转移。以这种观点来看（绝不是普遍持有的观点），很多美国经济在新技术商业化中所面临的困难，部分源于对初创公司商业化的过分依赖。

有很多因素可能会导致初创企业在美国经济技术商业化中未来角色的变化。虽然基于这些假设的证据混杂在一起，但初创高技术公司形成的速率却可能下降或者不太会发展为大型的商业化企业。最近的一些计算表明，随着新产品开发的成本日益增加（特别是在生物技术和微电子产业中）以及对可替代的投资机会的吸引，风险投资市场现在并不是支持创业公司的最重要来源。[42]美国和海外成型公司对于初创企业的收购也变得更加寻常。特别是在生物技术领域，初创企业很少成长为成熟企业，通常都是被收购。[43]

美国变化的公共政策环境也可能降低初创公司在未来的作用。20 世纪 80 年代以前战后美国的反托拉斯政策一度倾向于限制大型工业化企业为开发或商业化新技术而进行收购，而里根和布什政府（见下）对此项政策的放宽则增加了初创公司被大企业所收购而非保持独立的可能。类似地，20 世纪 80 年代加强国内知识产权保护的影响可能降低了初创企业在至少某一个它们显得非常重要的产业中的生存能力。1984 年通过的《半导体芯片保护法》（Semiconductor Chip Protection Act）强化了对于微电子产业中芯片设计的保护。作为回应，成型的半导体公司也更愿意以所谓侵害的名义去控告初创和其他成型公司，初创公司也因此受到了越发严重的打击（Gupta，1988）。然而，生物技术和计算机软件产业的知识产权保护却保持着极度的不确定性，有关知识产权的诉讼也可能造成此类产业中新兴公司建立的诸多障碍。

高技术产品市场结构的变化同样降低了新兴企业成长到一定规模和范围的能力。和 20 世纪 60 年代的地位相比，美国军方市场不再能在计算机和半导体产业中扮演战略性的角色，军—民技术溢出的可能性在很多技术领域也呈现出减弱的态势。和半导体行业相比，生物技术公司则特别希望进入到更加严格规制的美国和海外经济体的产业（如食品处理或制药）当中。结果，这些公司所面临的新产品引进成本和市场化相关的进入壁垒在逐渐提升，而为生产资源提供资本的可能的购买者的意愿也随之降低。出于这个以及其他原因，包括海外公司对美国初创企业资产技术的兴趣的提升等，初创企业和成型的美国与海外企业合作风险投资的意向在近年来显著增长（Pisano et al.，1988）。这些风险投资经常关注于技术交换（通常结合被成型企业对初创公司股票的大量收购）和/或市场化（包括操控国内和海外产品规制），而不是进行新产品的联合开发。

将这种推论性的讨论进行总结不难发现，初创公司所处的经济环境的这些变化的强度和效果仍然不确定。一旦高技术产业中初创公司原有的重要性降低了，那么美国国家创新体系和其他国家创新体系之间的一个关键性对比的重要性也会有所下降。

公共政策的主动行动

和其他的工业化国家一起，美国政府在过去的10年中意识到了创新在经济绩效中的重要作用，并开始采取措施试图通过公共和私人投资研发的形式增加国内经济收益。与1981年新选举获胜的里根政府否认联邦政府在开发和商业化新民用技术方面发挥任何作用[44]的立场相比较，里根政府在1987～1988年的立场发生了戏剧性的转变。1987～1988年间，政府组织了一个此前被美国政府所限制的高温超导商业应用的座谈会，并提议为加快发展高温超导的商业化应用，包括限制外国同美国公共资助的基础研究之间的联系立法，同时推出了两项军方资助的研究项目进行民用技术开发。

这些主动行动得到了两党的广泛支持，也昭示着联邦计划的重心转向民用技术发展的变化。此前在战后期间能源、核能，甚至房屋建设等领域支持民用技术发展的联邦项目，都是将目标定位于政策制定者所认为的市场动机不充分的、对社会的回报大大超过对创新者个人的回报的一些技术上。然而，试图在高温超导等科学发现领域进行的商业化开发的联邦计划，却是定位于社会回报和个人回报都可能非常高的技术。反而，这个计划试图影响美国公司和外国公司个人回报的分配。虽然布什政府对这种激进的公共支持商业化技术开发的"产业政策"表示反对，政府内部却并没有对这种反对达成一致，并且两党议会对继续推行该政策所施加的压力依然很大。

军用和民用技术关系的变化

正如前文所论述的那样，和20世纪五六十年代相比，军用技术（以及军方研发及采购预算）现在已经不再是商业化技术的最肥沃土壤。时下一些重要领域的新技术都是首先出现在民事应用当中并且随后融入到武器系统之中。相应地，一些五角大楼的研究项目，如美国半导体制造技术战略联盟，开始将重心定位于支持商业化技术的开发，并相信这些技术会对军事应用带来裨益。

对五角大楼最近研究和技术开发的主动行动产生第二重要影响的是美国高

技术公司产品市场的变化。随着军方在美国高技术系统和组件（特别在计算机和微电子产业中）方面的需求份额的下降，主要国防供货商的经济生存能力也日益依赖与他们在民用市场中的竞争能力。最近的军方资助研究计划也因此定位于旨在强化美国公司的商业化竞争力的内容之上。

美国半导体制造技术战略联盟致力于为商业化内存芯片而非军事组件开发先端制造工艺。类似的考虑导致了 1988 年由军方支持制造技术的研究提供部分资助的国家制造科学中心（NCMS）的建立，以及始于 1989 年的价值 3 000 万美元的国防先端研究计划局（DAPPA）在高清电视技术上的研究计划的实施。[45] 高清电视中的很多（虽然并不是所有）应用都走向了民用市场。美国半导体制造技术联盟和国家制造科学中心都排斥外国公司，而国防先端研究计划局在高清电视中的计划也只是对美国所有的公司开放（Wolf，1989；Mowery and Rosenberg，1989b）。

这些计划都有大量的政治支持，但是很难预测是否会在其他技术领域采取类似的主动行动。一些观察家指出，美国军方研究和采购计划应该被结构化且被妥善管理以巩固美国民用高技术产品的生产者（Gansler，1989）。然而，五角大楼中民间和军方的政策制定者可能不会允许同一平台上的任何资助转移，或将从军方预算向“双重目的”研发和采购计划收缩。这些新军用研发项目对于民用技术开发的强调，与较早时期欧洲的主动行动有着类似之处。事实上，西欧政府对空中客车公司联盟津贴增加的一个核心判断是，这些政府希望通过支持本国公司的商业化来维持军事的航空工业基础。毋庸讳言，美国微电子产业中类似计划的出现，将阻碍美国贸易政策制定者试图减少欧洲政府资助空中客车的努力。

除了带给贸易政策的令人不快的影响之外，最近的军方研究和采购计划经常被作为改善美国公司的民用技术及其商业化能力的工具，却忽略了西欧类似计划的糟糕的记录。空中客车是一种技术和政治（并不是财政）上的成功，但是在一系列昂贵的计划清单中，它却是一个例外，那些由“国家竞争”或者欧洲“竞争”联盟支持的武器开发的计划，在改善军事安全或强化商业化竞争力的方面产出甚少。[46]

知识产权和反托拉斯法

最近美国技术政策方面的一些创举改善了知识产权保护的强制执行，并减少了研究合作中的反托拉斯限制。1982 年建立联邦法院上诉法庭的立法强化了对专利持有者保护的许可。[47]美国政府也同样在双边和多边贸易谈判中推行了强大的国际知识产权保护。

在反托拉斯政策中，里根政府采取了与其前任相比更加持续的宽容执行的姿态，认为国际竞争可以减少通过国内合并和收购行为获得市场力的风险。司法部对于合并的方针和审查程序在一定程度上有所放松，主要的对于高技术公司的联邦反托拉斯诉讼在 20 世纪 80 年代早期也有所下降或平息。里根政府支持了 1984 年颁布的旨在减少对前商业研究中公司合作中的托拉斯处罚的《国家合作研究法》(National Cooperative Research Act)。《国家合作研究法》也由于放松了对于微电子和计算机技术合作组织（Microelectronics and Computer Technology Cooperation）这个包括美国计算机和微电子企业的最早的研发联盟成立的限制而受到赞誉。

自从《国家合作研究法》通过以来，美国产业中研究联盟的数量得以提升，自 1984 年到 1988 年 6 月，共有 111 家合作风险投资按照法案条款的规定进行了注册。一些对于《国家合作研究法》的批评指出，如果法案的保护对于有三重伤害的反托拉斯惩罚的反对可以拓展到前商业研究领域，就可能会有更多的联盟产生，或者现有的联盟也将会更加有效率。依照这种观点来看，局限在研究领域的联盟尚无法迅速地进行商业化的技术应用而获取收益。[48]作为对这种批评的回应，立法程序被引入到国会当中以减少对生产中所出现联盟的反托拉斯惩罚，该申请也得到了白宫的支持。[49]

在反托拉斯和知识产权政策当中，里根和布什政府都强化了对于创新者的回报。反托拉斯的政策动机也同样受到了日本在合作研究和技术开发方面成功例子的影响，虽然最近的反托拉斯立法申请将合作的范围拓展，反而超过了日本公司所经常从事合作的前商业研究阶段。然而，这种政策的焦点，却没能解决美国国家创新体系中最严重的漏洞，即国内制造业中采用新技术的速度较慢。某些情况下，为了增加创新者回报的政策设计将会增加创新者所产出的新技术采用的相关成本，也因此可能会妨碍扩散（David，1986）。此外，美国政策制定者在学习日本“经验”时忽略了一个重点，即日本产业和技术政策中对于国内技术采用的支持和在技术商业化方面强大的国内竞争。

技术和贸易政策的联合

国家科学和技术政策日益增长的政治显著性模糊了美国技术和贸易政策之间的界限，并使得各自领域内的政策形成变得错综复杂。技术密集型产业现在正处于双边贸易争论和谈判的中心。商用飞机、电信设备、计算机和微电子产业都是1988年通过的《综合贸易竞争法》（Omnibus Trade and Competiveness Act）所特别规定的主题。[50]

至少一个最近的国际谈判是直接针对美国和其他国家创新体系的结构性差异的。谈判更新了1988年签署的《美—日科学合作协议》（U. S. -Japan Agreement on Scientific Cooperation），此前只是关心科学共同体内部，而此次则是第一次包含了双方政府的贸易政策制定者。本次对话中核心的贸易相关议题是日本的知识产权以及日本政府保证美国公司进入其公共资助的研究实验室，与此相对的即日本公司进入美国公共资助的研究资源。[51]

发展的技术政策议程对美国贸易政策产生影响的另外一个案例是知识产权保护，这对于在乌拉圭回合多边贸易谈判中的美国谈判者来说具有很高的优先权。将知识产权问题引入到贸易政策当中（正如通过《贸易法》中的301章节已经实现的以及在未来可能实现的，一旦在乌拉圭回合中美国的目标通过《关贸总协定》得以实现的话）提供了一个强有力的执行机制，为那些提供不充分保护国家的产品市场准入设置限制，这正是现有的多边协议缺乏的内容。美国的谈判者也将这个问题引入到和泰国、中国台湾、韩国以及其他国家和地区的双边谈判中。面临着限制其公司进入美国市场的威胁，这些以及其他国家和地区政府也修正了国内的政策以比照美国的情况来实现保护的标准和涵盖的范围。知识产权保护的议题也标志了贸易政策的范围超越贸易国家的边界而进入国内政策的重要性拓展。

总结性评论

至少，这些组织实验和公共政策的主动行动所预兆出的美国创新体系结构中的一些变化可能使得这一系统中曾体现了20世纪40年代特征的某些要素得以复苏。例如，高技术创业公司是和战后时代紧密联系的；也正如前文所论述的一样，在20世纪40年代以前很多大型制造业公司的内部研究活动都集中于从较小的创业型的企业（或者从个体企业家）获取技术，也经常包括对小公司的收购。类似地，大学—产业合作以及州政府在支持这些和其他研究行为时所发挥的作用的拓展，也包括了20世纪40年代前系统中另一个关键要素的复苏。20世纪40年代前系统中的另一个要素，一个还远不尽如人意的、最近几年在一定程度上被加强的要素，即对美国在贸易和技术政策谈判中作出贡献的保护主义和孤立主义的论调。

结论

正如本章第一部分所提到的，美国国家创新体系中三个关键组成部分的重要性在20世纪发展的过程中都发生了变化。在20世纪早期，大学和产业界的研究资源被建立起来，至少一些大学（通常是公立大学）和产业研究设施之间的非正式联系得到了发展。联邦政府在支持非农业部门的研究方面发挥着适度的作用，而州政府则资助了公立高等教育和很多大学的“工程拓展”活动。

到20世纪30年代，美国产业和学术界中发展起来的研究系统已经超过了在此期间内（非美国系统仅存有可靠数据记录的）英国的相应规模，也可能超过了除德国以外其他任何工业经济体。然而，美国大学和产业中的基础性研究的质量却只零星地相当于最强的德国和英国的研究的平均量。20世纪前15年美国经济在制造业输出和生产率方面作为世界领导者的崛起，并不是依赖于世界级的国内科学研究（Nelson，1990）。

对“二战”后以及在对抗结束之后 5 年间发展起来的武装和平的重新审视，推动了这种结构的转变。联邦研究投资扩展并取代了州政府在创新体系中的角色，并在建立起一些企业和学术研究机构之间的一些薄弱的非正式联系方面作出了贡献。然而，联邦政府在战后创新体系中的强大作用却没有和任何经济政策联系起来，相反却更多是为国家安全的考虑所驱动。在 20 世纪 40 年代前和战后时期，美国创新体系中公共投资的战略性计划即便存在也是微乎其微的，政策制定者也对国内经济的回报给予了最低限度地关注。

无论政策本身是否是基于一个全面性的战略，联邦和私人研发经费的相互作用严重影响了美国战后时期创新体系的绩效。一项巨大的、有着良好财政支持的联邦国防研发计划增加了对供给有限的专业工程师和科学家的需求。虽然需求也扩展了受训人员的供给（这种扩展受到了为高等教育所设立的联邦研究和奖学金基金的支持），但也同时增加了他们的工资和薪金以及私人资助研发活动的成本。[52]

同其他国家的对比为给国防研发支出的商业化应用提供了一些支持。第二次世界大战后期以来日本和联邦德国有着很小的军事预算，两个国家民用研发占国民生产总值的比例在很多年份都持续超过了美国（National Science Board, 1981, pp. 214 ~215）。美国经济中高水平国防研发支出的机会成本是非常高的。在过去的几十年中，美国、联邦德国和日本以及其他发达工业国家的相关经济绩效都不支持这样一个预设——大量的军事研发经费可以改善国家经济能力。此外，最近军事服务部门拓展了其对商业化创新支持的举动，在解决一系列问题的同时也可能也会产生出的问题。

本章的历史性视角表明，美国的反托拉斯政策对美国创新体系产生了非常重要和（和其他工业国家相比）独特的影响。反托拉斯政策部分由于工业研究中早期投资者中的巨型公司的成立，也同时影响了它们投资工业研究的决定。在 1945 年后的大部分时期，反托拉斯政策在大公司的合作研发投资方面依然影响深远。在杜邦的案例中，研发投资激增是由于其试图开发“新尼龙”（很大程度上这样一个事实，即除尼龙和氯丁橡胶以外，战前公司的大部分创新都是引进过来的，而不是源于杜邦自身的基础性研究）。AT&T 在微电子行业中所推崇的自由许可政策作为反托拉斯政策的一个直接结果，导致了新公司在半导体工业中的快速进入。

反托拉斯政策可能导致了战后高水平的产业投资研发；然而，这个投资并不必然地改善美国创新体系的经济绩效。不过，从对新技术知识和发现的国内扩散的影响来看，战后反托拉斯政策可能对美国创新体系的绩效起到了很好的辅助作用，而这个作用体现在对小型创业企业技术商业化的重要作用提供了支持。这种结构是否能够很好地适用于一个国际性的环境使得技术知识在国际间的流动如同在各国内部流动一样迅速，仍然还是一个未知数（更详细的讨论参见 Nelson，1990）。

和其他国家的反托拉斯政策相比，美国反托拉斯政策最近以及视角上的变化可能会减少其作用的范围。结合知识产权中其他的政策行动，美国更加宽容的反托拉斯政策可能会减小初创企业作为新技术商业化途径的重要性。这些政策变动对在某些美国此前表现薄弱的领域中采用新技术的影响是不确定的，但却被可能会被证明是有害的。然而，更加一般的是，时下美国对于科学技术政策的争论也表明，他们对国际竞争中技术应用的重要性关注甚少，也很少承认公共政策在支持技术应用方面的重要性。农业研究的案例很明确地表明，旨在支持技术应用的公共计划可能在科学研究上表现得并不好。此外，很显然，当代美国聚焦于将贸易和技术政策作为包含了“解决”竞争力问题的全部的争论几乎完全是一种误导。

世界经济中三个主要的工业地区——日本、美国和西欧——的国家创新体系都发生着深远的结构性变化。在西欧，在欧洲工业技术基础研究（BRITE）、尤里卡（EUREKA）、欧洲高级通信研究计划（RACE）、欧洲半导体硅计划（JESSI）等计划的发起之下，国家创新体系可能由区域创新体系加以补充。日本在从世界经济的“追赶”地位到众多领域的技术领先地位的转变过程中，也倾向于为了技术开发和商业化而需要新的体制机制。美国经济从世界技术和经济的统治地位到第一集团中的第一成员的转变，使得战后大部分时期关于政府的贸易和技术政策的政治争论更加强烈。这个争论悖论式地被多边政治和经济战略的成功所刺激，而在《华沙公约》的终止中美国的贸易和经济政策对其作出了贡献。

在美国的争论中，在民事和军事领域日益增加的国际技术相互依赖带来的经济的和其他的结果都只是被模糊地察觉到了。然而，技术政策问题将会更加凸显为贸易和国家安全议题看起来是必然的。甚至，美国和其他国家都试图战略性地干预它们的“国家创新体系”（将欧盟作为一个类似的单独的系统），世界上主要的工业化及正在工业化的经济体们日益增加的经济和技术干预将使得这些“国家”系统不断地相互渗透。

不幸的是，虽然对于最近大量有关基础研究投资成果的商业化开发的美国技术政策行动的重视度的不断增强是一个积极的发展，但是其中的很多重商主义情怀却始终依旧。面对国家研发系统中日益增长的依赖性，却仍试图将科学和技术合作限制得如蜻蜓点水。在某种程度上，美国政策制定者设计的技术主动性行动忽略了美国和其他国家科学和技术研究日益增长的相互依赖性，美国和其他国家技术和经济的发展都会受到阻碍。

在国际层面上，政策制定者试图去治理国际间相互依赖性的挑战也波及经济政策的各个领域当中。工业化国家之间的宏观经济合作的发展已经要求了近20年的时间，并且仍然留下了诸多期望。国际相互依赖性和微观经济政策及制度的趋同的问题，直到最近才引起人们的重视（Ostry，1990）。在乌拉圭回合得出结论不久后开始的多边贸易对话中，多边的反托拉斯竞争政策将会是一个中心议题，这也会对工业国家的国家创新体系结构的趋同产生一定的推动作用。

虽然在工业化世界中，经济因素会导致国家创新体系的结构上的一些趋同（正如这些因素在工业化经济体中造成了财政系统的趋同一样），但是系统运行的速度和效率却依然未知，特别是从很多受影响的话题和利益的政治敏感性的角度来看更是如此。此外，我们对于创新过程的管理和组织的理解是非常不充分的，以至于关于“公平”和“不公平”，“开放”和“封闭”，或者“效率”和“无效率”的创新体系的争论，对于可预见的未来而言都是知之甚少。

注释

[1] 虽然聚焦于少数技术问题且经常未能提供国际比较数据，在此问题上的讨论还是不断增长。其他的讨论参见 Flamm (1988), Edquist and Jacobsson (1988), Kelley and Brooks (1988), and Jaikumar (1987)。

[2] “(19 世纪时) 科学和技术创新之间的交互还不是很多，因为在很多工业活动中，创新并不需要科学知识。这个现象在 19 世纪后半期美国在技术上具有绝对领先地位的金属应用 (metal-using) 工业中大量存在。事实上，从 1851 年美国在水晶宫的展览 (Crystal Palace Exhibition) 就可以看出，英国例行公事地说‘美国制造系统……’在 19 世纪后半期，美国在制造收割机、打谷机、耕地机、连发枪、硬件、手表、缝纫机、打字机和自行车等产品的新生产技术开发方面处于领先地位”(Mowery and Rosenberg, 1989b, p. 27)。

[3] 在谈到美国经济中技术进步轨迹的特征时，Abramovitz (1986) 指出：“这些年来 (1870 ~ 1945) 技术变迁的路径为向规模依赖和为节约劳动力而大量使用资本和资源的方向发展提供了绝佳的机会。在两方面，美国都比欧洲和日本有着明显的优势。大规模生产被大量的、快速增长的和日益富有的人们所喜爱。它也被有着惊人的品位同质性的人们所支持。这也反映出国家还相当的年轻，它迅速被有着同样大西洋基础的移民者定居，其阶级划分很弱且具有流动性。此外，由于人口通过移民的方式有所增长，新美国人和他们的儿童迅速接受并接纳了他们的国家的消费模式，因为占主导的精神气质倾向于使之同化为主流的本土白人文化。同时，美国工业也鼓励开发节约劳动力而使用资本和资源发展路径的极大可能性。国家的土地、森林和矿产资源相当的富足，资本的供给也由于高回报而迅速增长”(p. 397)。

[4] 参见 Stigler (1968)。最高法院以 1898 年的“Trans Missouri Assocaiation”以及 1899 年的“Addyston Pipe”为判例《谢尔曼反托拉斯法》宣告所有公司在价格和市场份额方面的协议均为不合法。Thorelli (1954) 和 Lamoreaux (1985) 的数据表明，在 1895 ~ 1898 以及 1899 ~ 1902 年期间，有着大量的兼并行为。

[5] 在 1913 年反托拉斯决定迫使公司失去黑火药和炸药等部分业务之前，杜邦公司的

研发活动越来越集中于黑火药和无烟火药的多元化方面。在谈到杜邦早期的工业研究时，Hounshell 和 Smith（1989）指出，“杜邦最初的多样化策略是以利用公司在无烟炸药技术（如硝化棉）方面的工厂、技术诀窍以及研发能力为基础的。由于1907年后华盛顿的政治发展（国会以“托拉斯”名义对海军购买炸药进行限制，以及1913年的反托拉斯决定剥夺了杜邦公司大部分的黑火药和炸药的生产），标志着杜邦的政府业务即便不是完全终结，也出现了显著下降，其目标转为寻找杜邦无烟炸药工厂的用途”。（p. 57）1911年的仲裁（consent decree）调停了联邦政府对于GE的反托拉斯诉讼，使得GE的专利许可计划未被触动，容许公司在美国的电灯市场维持几年有效的卡特尔（为协调生产、价格和商品市场而组成的独立的商业组织联合体）而没有任何进一步的兼并，因为兼并是仲裁本身也不容许的。在战争期间，杜邦和GE都是利用专利许可协议作为国际卡特尔协议的基础（Taylor and Sudnik，1984；Reid，1989）。

[6] 企业利用其产业研究实验室来监控其技术环境并评价专利或可能的兼并能力，被19世纪晚期强大的专利保护制度所辅助。强大的专利保护增加了来自创新回报的可能性，并促进了兼并和专利销售市场的发展。19世纪90年代联邦法院的决定支持了专利所涵盖的不包括生产的商品的合法性，增加了出于防卫目的的大型专利资产的利用。

[7] 表2.1中的原始数据来自国家研究委员会（National Research Council）对于产业研究雇佣情况的调查，Mowery（1981）将其制成表格。该调查包含的1921年研究实验室的情况部分存疑，该年的数据需要谨慎对待。

[8] 本章中的“大学”指所有高等教育机构，因此比起其他国家创新体系中所定义的大学来说，包括了更加广泛且更多样化的机构。

[9] 在20世纪20年代早期，大约42 000名学生进入英国的大学；而在30年代的时候就增加到50 000 ~ 60 000人。相比之下，美国高等教育机构在1913年仅授予了48 000个学位，接近10年前的水平，而在1940年却超过了216 000个。英国拥有着美国35%的人口，而在20世纪30年代末仅有美国高等教育学生数量的约6%（Briggs，1981；U. S. Bureau of the Census，1975，p. 386）。高等教育系统的规模对于德国工业研究的增长产生了一个重要的“供给方”作用；Beer（1959）引用了德国19世纪末高等教育化学博士的高生产率作为对于德国化学产业工业研究增长重要影响的实例。随着职业化学家的供给超过了学术界能够提供的雇员机会，德国化学毕业生只能选择移民或工业研究。

[10] 然而，即便在私人大学中，科学研究的应用而不是科学的内在重要性被学术管

理者所强调。Cohen（1976）指出，“到19世纪40年代中期，对实用性的强调使得哈佛和耶鲁都设立了科学学院，学院的核心主旨即为科学的应用”(p. 374)。

[11] 美国的化学产业从“一战”前相对低微的状态稳步成长到世界公认的国际领导地位。1975年《化学年报》(Annual Reports in Chemistry，其页面上表明其为一份英国的核心评论杂志）中几乎一半的引文都是美国的出版物。类似地，在1975年德国化学核心刊物Chemische Berichte几乎一半的非德文文献的引文也指向美国人的工作。惹人注目的是，这个霸权是一个50年增长趋势的顶点，而并不仅仅是战后发展的结果。第二，很明显“二战”前20年所受到的日益增加的关注反映了美国化学的量的日益增长，而不是对其价值的一个变化的评估。然而“二战”以后，在核心德国化学刊物和《化学年报》中，成比例的引用美国化学不仅仅保证了其数量的提升，美国的工作在世界文献领域中的卓越地位因其质量而得到延续。(Thackray et al.，1985，p. 157；最初强调了这一点)。

[12]“在20世纪20年代，美国物理学才真正成年。从‘一战’前明显的劣等地位开始改进，到20世纪30年代已经是等同或超越于世界任何国家的物理学水平了……例如，一项早期涵盖了1934年一系列物理学期刊中所发表文章的参考文献的引文研究发现，在1895年到1914年间，仅有21条引文指向美国的最主要期刊Physical Review，而有169篇引文指向德国的Annalen der Phyical。但1930~1933年发表文章的引文中，Physical Review却以3:1的成绩打败了Annalen der Phyical，1933年Physical Review也成为所有物理学期刊当中，被引用率最高的一个”(Weart，1979，p. 298)。

[13] 此外，在很大程度上，比起其他任何地方，在美国接受过技术培训的工程师大部分登上了工业领导者的位置。参见Chandler（1962，p. 317)。

[14] Evenson（1982）指出，工业生产率和收入方面的地区不均衡也受到联邦的研究投资政策的影响，“联邦政府通过其投资决定在改变研究系统方面产生了很大的影响，即使是州政府提供了主要的资助。在20世纪30到40年代，政府将其大部分投资方在了‘滞后’地区，主要是南部。通过这种方式，对地区的生产率状况产生了主要的影响”(pp. 251~253)。

[15] 两次战争期间联邦政府和私营部门对于军事相关研究和发展的不同机制，对于每次冲突期间和之后的技术诀窍的扩散产生了重要的影响。“一战”期间军事研发中很少包含私人企业的状况，这意味着从军事到商业化创新的“溢出”是很少的。以第二次世界大战看来则产生了不同的效果。如在化学工业当中，Hounshell和Smith（1988）指出，由

于私人公司大量参与到复杂的化学生产工艺的运作过程当中，第二次世界大战给杜邦公司造成了重要的新挑战：“战时紧急状态作为一个强大的平整期——当迫使杜邦生产出大量私人知识时，也使其他公司真实地接触到大规模的项目和生产运作——杜邦的管理者预见到，安奈特（Allied）、联碳（Union Carbide）、孟山都（Monsanto）和陶氏（Dow）等企业将在第二次世界大战后变得非常有竞争力。这个竞争将不仅显现在市场上，也将进入到实验室当中”（p. 332）。

［16］详细的、虽然现在看来有点过时的、对于这些契约性问题的处理参见 Danhof（1968）。

［17］国家科学基金会（National Science Foundation）（1985，p. 3）。1981 年联邦资助的研究和发展中心（FFRDCs）按地点和赞助机构以及联邦责任的详细列表，参见 National Science Board（1983，p. 310）。

［18］国会预算办公室（Congressional Budget Office）（1984，p. 53）。在国防部经费支出以外，国防也包括了能源部中的军事计划经费支出。

［19］虽然 1982 年只有不到 3.2% 的联邦国防研发被投向基础研究，这个预算的绝对规模还是很大的，军方机构所支持的基础研究也是联邦对基础研究支持中很重要的一部分。海军研究办公室已经支持基础研究 40 年了，国防先进研究项目机构（DAPRA）在几个研究项目产生重要的民事应用早期阶段发挥了重要的作用，最著名的成果是计算机技术（Flamm，1988）。

［20］Ergas（1987）指出，这种集中化是“任务导向型”研发计划的普遍特征：“任务导向型研发的目标都是集中决定并明确规定的，通常以满足某一特定政府机构需求的复杂系统方式体现……

集中化也拓展到技术涵盖的范围。事实上由其特征所决定，任务导向型研究集中于小部分有着特殊战略重要性的技术——主要是在航空、电子和原子能领域。结果，这些国家政府研发的资金重点向少数产业倾斜，而这些产业通常被认为处于技术生命周期的早期阶段”（p. 194）。

［21］Flamm and McNaugher（1989）指出，国防部门研发政策的变化导致了军—民技术溢出方面的下降。他们列举了国防部研发支出中基础研究比重的减少，以及日渐增加的国会需求——即要求这些研发计划要产出武器系统方面的近期的应用，这两个因素导致这种溢出的减少。

［22］参见国家研究委员会（National Research Council）（1982）和 Okimoto and Saxonhouse（1987），Sharp（1989）指出，在科学研究中并没有发挥那么卓越作用的欧洲大学对小型生物技术企业的缓慢成长作出了贡献："在法国 CNRS 实验室，或者德国马普学会机构实验室的一个研究者，是机构的全时雇员。因而其首要责任是面对公众，而不是私人科学。此外，作为一个全时雇员，让他/她像一个承担着结合了学术职位和私营部门中顾问两种角色的美国教授那样经常从事'混合'研究，他/她会发现这实非易事。事实上，美国学术岗位的资助传统只有每年九个月，预期学者在夏天执行研究以提高研究基金来弥补剩余三个月的薪水，这就明确地鼓励了创业型学术。相反，其在德国马普学会的对应职位，将能具备所有的研究花费，包括作为制度性经常开支的一部分的配备人员和设备。离开这样的研究环境而进入到小公司的不安全状况下的机会成本是非常高的，因为一旦离开了联邦德国的学术阶梯，想爬回来就更加困难了。法国的相应情况也是一样，且额外的不同在于，法国的研究者都是公务员，而放弃这一系统不仅意味着失去职位的安全性/积累起来的利益，而且重新进入系统的困难也增加了。在这种环境下，从公共部门研究中所产生出的衍生型企业少之又少就不会让人觉得吃惊了，而在欧洲，大多数这种衍生性企业都产生在学院科学组织更加接近美国的英国也就不足为奇了。在英国，值得注意的是——细胞科技（celltech）和农业遗传学公司（AGC）除外——大多数生物技术的衍生型企业都来自于大学"（pp. 12 ~ 13）。

［23］这并不是去否认诸如 IBM 在计算机行业，以及 AT&T 在微电子行业等大公司所发挥的主要作用。在其他的情况中，大公司兼并了小企业，并应用生产或市场专长为新产品技术拓展市场。此外，美国初创公司在新技术的商业化方面相对于其他工业经济体而言活跃得多。Malerba（1985）的对于西欧和美国微电子产业演化的分析就强调了美国初创企业更大的重要性。

［24］参见 Perry（1986）和 Mowery and Steinmueller（1991）。Sharp（1991）指出，"欧洲的风险投资市场并没有发展起来。最活跃的风险投资市场是在英国，而其中半打专门投资生物技术领域的资金都是活跃的，自 1980 年以来投资总额估计超过 10 亿美元……该市场的首席是罗斯恰尔德基金生物科技投资公司（BIL）——现资本额为 2 亿美元，是现在欧洲最大的专业基金。相比之下，最大的德国风险投资基金，Techno Venture Management 于 1984 年建立，最初资本额为 1 000万美元，而在 1989 年市值仅为 5 000万美元。然而，风险投资的可利用性仅是因素的一方面。例如，投资集中在生物技术到医药科技领域的 BIL，

并没有在欧洲找到它们所要需求的投资质量。其投资的 75% 是在美国，仅有 25% 在欧洲，而这 25% 也几乎集中在英国。这种投资模式几乎反映出所有投资基金的状况，它们都将其大部分投资投向了美国生物技术的小企业部门，仅有很少的一部分投在欧洲小企业”（pp. 9 ~ 10）。

［25］对于半导体工业的早期情况，Titon（1971）指出，“国防市场对于初创企业而言是非常重要的……这些公司经常通过引进新产品和集中于军方通常提供主要或者仅有市场的新半导体领域开始。对它们来说幸运的是，军事力量并没有对从新的和未经检验的企业中购买而犹豫不决。例如，在 1953 年早些时候，在负阻公司还没有任何显著的销售业绩时，军方就授权使用它们的金键二极管。这个正式批准可以被称作是新公司真正的转折点。在 1959 年，初创企业占据了半导体销售总额的 63% 以及军方半导体销售的 69%”（p. 91）。Flamm（1988）描述了早期的计算机产业中一个类似的情形，指出“在 20 世纪 50 年代早期和中期就进入了美国产业的很多计算机初创企业都面向一个相当大的由军方需求所主导的市场进行销售。对于几乎所有的这些制造商来说，军方是第一个并且一般是最佳的购买者。在美国 20 世纪 50 年代，约有 80 个不同的组织生产计算机，其中也包括很多后来被大型企业所兼并或者消失的小型初创企业。美国军方，或者国防承包人支付或者购买了这些团体中的大部分企业所生产出来的第一批机器”（pp. 78 ~ 79）。

［26］“欧洲政府在 20 世纪 50 年代对电子配件和计算机技术仅提供了有限的资金支持，并且在购买新的和未经检验的技术用于其军事和其他系统方面也显得很勉强。欧洲政府也将其有限的支持集中于国防导向的工程和电子公司上。美国的做法是支持其主要兴趣在商用市场的产业或商业设备公司承担军方科技计划。这些公司都将军方的事务看做最终将被采用并销售到开放市场当中的技术的开发工具”（Flamm，1988，p. 134）。

［27］“20 世纪 30 年代氯丁橡胶和尼龙的令人愉快的经验提供了一种使杜邦能在竞争中保持领先、持续增长、并避免反托拉斯诉讼的方式。通过在化学部以及产业部门大力扩张其基础性研究工作，执行委员会期望迎来一个新尼龙的收获季节”（Hounshell and Smith，1988，p. 327）。

［28］参见 Graham（1986）、Wise（1985）、Hounshell and Smith（1985）、Sturchio（1985），以及 Rosenbloom（1985）。

［29］Graham（1986b）在她对 RCA 和 Alcoa 实验室的分析中指出，“两个合作实验室所共同遇到的问题是，当他们能够通过非正式但却有效的渠道影响实际的战略形成时，却

会在执行阶段遭到严重的反对。要求开发并商业化主要创新的实施任务与包含在其他形式的合作研发活动中的任务非常不一样，并且就其激进式创新而言，对其他活动有效的方法和优先权也被证明是无效的”（p. 189）。

[30] 参见 Baily and Chakrabarti（1988，尤其是 pp. 42 ~ 43），他们指出，这种下降的确发生过，但却更应该将其归结为技术机会的枯竭。对于研发投入回报的实证研究产生了复杂的结果，没有考虑这些回报随着时间的波动［参见 Scherer（1983）and Griliches（1980，1986)］。

[31] Makoff（1989）指出，从 NSF 最近的调查数据表明，扣除通货膨胀因素，产业方面研发支出在 1988 年到 1989 年之间收缩了 0.9%，也是实际产业资助研发支出方面自 1974 ~ 1975 年以来的第一次减少。对这一发展的一个不那么悲观的估计参见 Economist（1990，pp. 65 ~ 72）。

[32] “1970 年法案之前，约有一打左右公共 SAES 和 USDA 增殖计划以及较少数量的私人增殖计划存在。1970 年以后，35 个私人计划又加入其中。自 1970 年开始，244 个大豆品种获得了认证，仅有 37 个被授予了公共研究机构。其余被授予给约 35 家私人企业”（Evenson，1982，p. 275）。

[33] “总体上，实验站逐渐将其工作转移到其对于私营部门有竞争优势的领域。在同市场导向的私营企业进行直接竞争的情况下，公共部门表现很差并逐渐缩减了在该类型研究中的大力投资。它倾向于推向检验证实性的一系列工作，以帮助农民在各种输入供给者之间作出选择。近年来，它也在促进化学输入领域和食品技术领域的规章制度的调节方面发挥了重要作用”（Evenson，1982，p. 275）。

[34] Evenson（1983）指出，“在‘母’生物科学，特别是分子生物学的主要发展的情况下，将有理由期望［农业研究］系统中大量的科学家具备该领域的背景知识。这些数据表明事实并非如此。甚至是在该领域经历了科学革命 20 年后的今天，系统中也仅有不到 1% 的研究者受过这一领域的训练”（p. 973）。其他对美国农业研究系统的批评参见美国国会技术评估办公室（U. S. Congressional Office of Technology Assessment）（1981，1986）。

[35] Abramovitz 对战后经济增长“追赶”的研究工作，对美国相对的衰落过程有着两点解释。第一，Abramovitz 指出，在其自 1870 年以来的 16 个样本国家中，生产率水平的集中过程在第二次世界大战后急剧增长，反映了更快的国际技术转移、投资和贸易速率。依照 Abramovitz（1990）的观点，更快的战后集中的另外一个重要因素为，海外工业结构、

消费需求以及金融市场的变化，推动了外国经济体对美国企业的规模依赖、资本集约型制造技术的吸收。外国经济体的“欠发达的金融市场及其仍旧低水平的收入限制资本积累，而低收入和小规模人口联合在一起制约了其国内市场，因而也制约了大规模有竞争力的出口赖以建立的基础”。

［36］事实上，有人可能会指出，战后时期重要阶段的大学—产业研究联系之间的削弱，的确是由历史的趋势所造成的。Hounshell and Smith（1988）引用了将成为杜邦公司中央研究实验室主管的波尔顿（Elmer Bolton）1945年的一个备忘录，并将其作为企业在基础研究方面更强的依赖自己的案例：“三件事情是非常必要的：杜邦必须强化其研究组织并提供给他们最现代的研究设施；公司现有的工艺必须被改进，新工艺和产业必须被开发；‘作为应用化学领域新发展的基础的基础性研究，不仅应该在化学部中扩张，而且［也］应该在我们的工业研究实验室和工程部中增强’。Bolton强调‘像过去一样依赖于大学研究来支持这一基础’已经不再可能，因此‘在未来公司通过自身的努力在更广阔的范围提供知识将是非常必要的’。为了‘保持领先地位’，杜邦必须‘承担更大规模的基础性研究来提供更多的知识为应用研究打好基础’”（p. 355）。Swann（1988，pp. 170 ~ 181）也指出，美国大学和制药产业的联系在第二次世界大战后初期变得非常薄弱，部分缘于联邦政府经费大量投向了健康科学领域的学术研究。

［37］这种紧密的关系部分由于生物技术的属性所致。DNA重组和基因工程技术在很多方式上体现出的激进的科学突破将被转移到产业中付诸实施。用Gomory（1988）的术语来讲，生物技术是技术的一项“阶梯”技术，即新思想占统治地位，而产品形式本身则围绕着新思想或新技术。那些理解了思想和技术的人通常是科学家，因此他们在思想和技术的引进方面发挥着引导性的作用。（p. 11）Gomory所提到的另外一个阶梯性技术的案例是晶体管。当然和生物技术不同，晶体管是首先在产业中开发的。两种主要科学发现的不同起源可能反映了产业和大学作为基础研究执行者的转换。对于大学产业研究合作的一项有趣的认为生物技术是两者相互作用的唯一领域的实证研究参见Blumenthal et al.（1986）。

［38］经济发展合作组织（OECD，1984）最近的一项研究引述了施乐公司研究主管对于公司在斯坦福大学集成系统中心（CIS）中投资中的描述：“施乐对于CIS的贡献和我们内部同类研究的投入相比是很少的。用一点点新增的投资，我们就可以通过参与一个更广泛的基础研究计划的方式获得更加开阔的眼界。我们希望得到同大学和其他公司进行合作交互的机会和招募学生的能力。以少量美元为基础，它将是一个好的投资”（引自OECD，

1984，p. 47）。

［39］一个像贝尔通信研究所一样的联盟，在AT&T对贝尔运营公司的剥离的觉醒基础上建立起来，是对极度不同且独特的环境的一种回应。在大多数回应中，贝尔通信研究所服务于贝尔运营公司的非竞争性商业需求，更加类似于电能研究机构或天然气研究机构，而不是软件生产联盟或者微电子和计算机技术合作组织（MCC）等风险投资。

［40］Chesnais（1988）指出，在欧洲国家和美国封闭的国内研究计划之间，可能会发展出有趣的补足关系，如JESSI和Sematech，以及在微电子领域的国际生产开发和技术交换协议："我们发现前竞争研发（所有条款都隶属于这一概念）中的国内联盟之间的联合，以及在国际层面市场供应垄断竞争对手之间更广范围内的技术交换和交叉许可协议"（1988，p. 95；最初予以强调）。

［41］参见Ferguson（1983，1988），Florida and Kenney（1988），Borrus（1988），White House Science Council（1988），以及Business Week，6/24/89. Jorde and Teece（1989）的评论阐明了在这些批评中非常重要的一点："像太阳微电子、基因技术公司、康柏、超微半导体公司和苹果电脑这样的公司是（创业型企业）的典型案例。而大型综合性公司如IBM和埃克森石油公司（Exxon）则依赖于一体化和管理过程来实现合作，'硅谷'的创业企业大都避开一体化，而依赖于外包的形式……市场进程在某些情况下代替了管理。这在'空心合作'（hollow cooperation）——那些没有强大的内部研究、生产和销售的公司——已经开始代替在其早期发生于内部的垂直地一体化创业的经济行为的案例中尤为突出。在某些情况下，这将使得产业没有充分的战略协调，特别当它们和位于相对完整的产业结构之中的企业或者被政府直接的产业政策所支持的企业竞争时就更为明显。"（p. 29）。

［42］参见Economist（6/24/89，pp. 73～74）. 然而，其他专家断言创业行为将保持强劲。依照加利福尼亚州圣何塞市赛普拉斯半导体公司首席执行官T. J. Rodgers的说法，"和1960～1980年的20年时间相比，更多的芯片公司是在1980～1985年的5年中建立起来的"（1990，p. 25）。

［43］参见Gupta（1982）。最近的一篇在The Economist（2/10/89）上的文章声称"梦已经死了。生物技术将不再产出创业性的成功来对抗无处不在的电子工业中苹果、康柏和英特尔的兴起"（p. 67）。

［44］管理和预算办公室的执行副主管Glenn R. Schleede于1981年指出，"到目前为止，大部分重要的变化（里根政府所作出的科学和技术政策）都来自于对联邦角色的重新

界定。在从多数深奥的基础研究延伸到一项技术的实际商业化的研发谱系中，我们已经为联邦政府干预和更进一步的支持基础研究一端划出了路线。在民用或国内部门，我们并不认为政府应该资助示范、产品开发和商业化活动”（引自 Barfield，1982，p. 41）。

［45］参见 David（1989）。在另外一个新的举措中，1990 年 4 月 9 日所宣布的国防先端研究项目机构（DARPA）中，投资给硅谷中一家小公司 Gazelle Microcircuit 400 万美元来开发民事和军事应用的砷化镓部件。DARPA 的投资作为一种杜绝公司将技术卖给潜在外国购买者的途径被作出并被清晰的证实：“投资在国会两年期的实验性计划下作出，不仅允许国防先进研究项目机构（或简称 Darpa）赚取其投资的回报，而且也能阻止了新公司将其先进技术出卖给外国企业”。

“‘它们事实上已经被日本联系并被金钱所打动’，Darpa 常务委员会的 Richard L. Dunn 说。‘这个协议将避免上述情况的发生’”。在公司考虑出卖其技术的时候，DARPA 会授权首先安排国内的购买者；如果国内的购买者找不到，DARPA 允许收回投资，从而提升外国公司在美国的投资成本（参见 Pollack，1990）。

［46］Nelson（1984）总结道，“第二次世界大战后经验的一个清晰的教训就是尝试去混合商业和军事采购目标的做法是一个错误。如果一项计划旨在强化竞争力，它必须和采购计划相分离开来”（p. 73）。Lorell（1980）提供了跨欧洲武器开发联盟和计划的一个很好的历史回顾。

［47］其他情况参见 Perry（1986）。依照 Katz and Ordover（1990）的观点，至少 14 项在 20 世纪 80 年代通过的国会法案集中在强化国内和国外的知识产权保护，创立于 1982 年的联邦法院上诉法庭赞成了此前争论中 80% 的专利权案例，和 1982 年以前联邦法院 30% 的赞成率相比有着显著的提高。

［48］“虽然法案迈出了有益的步伐以支援创新，然而对于反托拉斯的有限保护也仅能涵盖研究活动。这是为什么在 1984 年到 1988 年 6 月间只注册了 111 家创业公司”（Jorde and Teece，1989，p. 32）。

［49］Harris and Mowery（1990）给出了对国会立法的批判性讨论。

［50］法案引起了一系列报道，它们纷纷指出美国公司进入海外市场寻求电信设备，从而产生了处理国际联盟津贴的新需求（Sec. 1315），即被广泛认为是指向空中客车的需求；并且产生了对于短产品生命周期的产业中（如微电子）“快速通道”反倾销投资的新需求。

［51］相对于在国家研发系统中与美国的做法大不相同的执行来说，互惠联系是一个更容易被说明的概念。和美国公共资助研究份额几乎占国家总研发的50%以及大学等相对开放的机构在基础研究方面发挥更加重要的作用不同，日本的企业资助研发更为重要。美国公司几乎一定会拒绝要求确保美国研究资源和日本公司平等联系的政策。

［52］1940年以前和以后研究雇员模式的比较（Mowery，1981）表明，联邦资助与一些研究活动的替代相联系，远离那些很少或没有接受联邦研究基金的部门，如化学和石油，却专门面向那些确实获得了大规模国防相关联邦研发支持的部门（器械、电气机械和运输设备）。

参考文献

Abramovitz, M. (1986). "Catching Up, Forging Ahead, and Falling Behind." *Journal of Economic History* 46: 385 – 406.

Abramovitz, M. (1990). "The Catch-Up Factor in Postwar Economic Growth." *Economic Inquiry* 28(1): 1 – 18.

Ames, J. (1925). Statement of NACA Chairman to the President's Aircraft Board. Washington, D. C: U. S. Government Printing Office.

Baily, M. N., and Chakrabarti, A. K. (1988). *Innovation and the Productivity Crisis*. Washington, D. C.: Brookings Institution.

Barfield, C. E. (1982). *Science Policy from Ford to Reagan*. Washington, D. C.: American Enterprise Institute.

Beer, J. H. (1959). *The Emergence of the German Dye Industry*. Urbana, IL: University of Illinois Press.

Birr, K. (1966). "Science in American Industry." In D. Van Tassel and M. Hall (eds.), *Science and Society in the U. S.* Homewood, IL: Dorsey.

Blumenthal, D., Gluck, M., Louis, K. S., and Wise, D. (1986). "Industrial Support of University Research in Biotechnology." *Science* 231: 242 – 46.

Borrus, M. G. (1988). *Competing for Control*. Cam bridge: Ballinger.

Briggs, A. (1981). "Social History 1900 – 1945." In R. Floud and D. W. McCloskey (eds.), *The Economic History of Britain Since* 1700, Vol. 2. Cambridge, England: Cambridge University Press.

Bright, A. A. (1949). *The Electric Lamp Industry*. New York: Macmillan.

Business Week (1989a). "Is the U. S. Selling Its High-Tech Soul to Japan?" 6/26/89, 117 – 18.

Business Week (1989b). "Advanced Bio Class? That's over in Hitachi Hall." 8/7/89, 73 – 4.

Chandler, A. D., Jr. (1962). *Strategy and Structure: Chapters in the History of Industrial Enterprise*. Cambridge, MA: MIT Press.

Chandler, A. D., Jr. (1977). *The Visible Hand*. Cambridge, MA: Harvard University Press.

Chesnais, F. (1988). "Technical Co-Opcration Agreements Between Firms." *STI Review* 4: 51 – 119.

Cohen, I. B. (1976). "Science and the Growth of the American Republic." *Review of Politics* 38(3): 359 – 98.

Collins, N. R., and F. L. E. Preston (1961). "The Size Structure of the Largest Industrial Firms." *American Economic Review* 51: 986 – 1011.

Congressional Budget Office (1984). *Federal Support for R&D and Innovation*. Washington, D. C.: Congressional Budget Office.

Cyert, R. M., and Mowery, D. C., eds., *Technology and Employment: Innovation and Growth in the U. S. Economy*. Washington, D. C.: National Academy Press, 1987.

Danhof, C. (1968). *Government Contracting and Technological Change*. Washington, D. C.: The Brookings Institution.

David, P. A. (1975). *Technical Choice, Innova-*

tion, and Economic Growth. New York: Cambridge University Press.

David, P. A. (1986). "Technology Diffusion, Public Policy, and Industrial Competitiveness." In R. Landau and N. Rosenberg (eds.), *The Positive Sum Strategy: Harnessing Technology for Economic Growth*. Washington, D. C.: National Academy Press.

Davis, B. (1989). "Pentagon Seeks to Spur U. S. Effort to Develop 'High-Definition' TV." *Wall Street Journal* 1/4/89, 29.

Davis, L. E., and North, D. C. (1971). *Institutional Change and American Economic Growth*. New York: Cambridge University Press.

Economist (1989a). "Venture-Capital Drought." 6/24/89, 73 – 74.

Economist (1989b). "Test-Tube Trauma." 2/10/89, 67.

Economist (1990). "Out of the Ivory Tower." 2/3/90, 65 – 72.

Edquist, C., and Jacobsson, S. (1988). *Flexible Automation: The Global Diffusion of New Technology in the Engineering Industry*. New York: Basil Blackwell.

Edwards, R. C. (1975). "Stages in Corporate Stability and Risks of Corporate Failure." *Journal of Economic History* 35: 418 – 57.

Ergas, H. (1987). "Does Technology Policy Matter?" In H. Brooks and B. Guile (eds.), *Technology and Global Industry*. Washington, D. C.: National Academy Press.

Evenson, R. E. (1982). "Agriculture." In R. R. Nelson (ed.), *Government and Technical Progress*. New York: Pergamon.

Evenson, R. E. (1983). "Intellectual Property Rights and Agribusiness Research and Development: Implications for the Public Agricultural Research System." *American Journal of Agricultural Economics* 65: 967 – 75.

Ferguson, C. H. (1983). "The Microelectronics Industry in Distress." *Technology Review* 86 (6): 24 – 37.

Ferguson, C. H. (1988). "Beyond Entrepreneurialism to U. S. Competitiveness: From the People Who Brought You Voodoo Economics." *Harvard Business Review* 66 (3): 55 – 62.

Flamm, K. (1988). *Creating the Computer*. Washington, D. C.: Brookings Institution.

Flamm, K., and McNaugher, T. (1989). "Rationalizing Technology Investments." In J. D. Steinbruner (ed.), *Restructuring American Foreign Policy*. Washington, D. C.: Brookings Institution.

Florida, R. L., and Kenney, M. (1988). "Venture Capital-Financed Innovation and Technological Change in the USA." *Research Policy* 17: 119 – 37.

Gansler, J. (1989). *Affording Defense*. Cambridge, MA: MIT Press.

Gomory, R. E. (1988). "Reduction to Practice: The Development and Manufacturing Cycle." In *Industrial R&D and U. S. Technological Leadership*. Washington, D. C.: National Academy Press.

Graham, M. B. W. (1986a). *RCA and the Videodisc: The Business of Research*. Cambridge, England: Cambridge University Press.

Graham, M. B. W. (1986b). "Corporate Research and Development: The Latest Transformation." *Technology in Society* 7: 179 – 195.

Griliches, Z. (1980). "R&D and the Productivity Slowdown." *American Economic Review* 70: 343 – 48.

Griliches, Z. (1986). "Productivity, R&D and Basic Research at the Firm Level in the 1970s." *American Economic Review* 76: 141 – 154.

Gupta, U. (1982). "Biotech Start-Ups are Increasingly Bred Just to Be Sold." *Wall Street Journal* 7/19/82, B2.

Gupta, U. (1988). "Start-Ups Face Big-Time Legal Artillery." *Wall Street Journal* 11/20/88, B2.

Harris, R. G., and Mowery, D. C. (1990). "New Plans for Joint Ventures: The Results May Be an Unwelcome Surprise." *The American Enterprise*. September/October, 52 – 55.

Hounshell, D. A., and Smith, J. K. (1985). "Du Pont: Better Things for Better Living Through Research." Presented at "The R&D Pioneers," Hagley Museum and Library, Wilmington, Delaware, October 7.

Hounshell, D. A., and Smith, J. K., Jr. (1988). *Science and Corporate Strategy: Du Pont R&D, 1902 ~ 1980 Strategy*. New York: Cambridge University Press.

Jaikumar, R., (1989). "Postindustrial Manufacturing." *Harvard Business Review* 64: 69 – 76.

Jorde, T. M., and Teece, D. J. (1989). "Competition and Cooperation: Striking the Right Balance." *California Management Review* 31, 25 – 37.

Kaplan, A. D. H. (1964). *Big Business in a Competitive System*. Washington, D. C.: Brookings Institution.

Katz, M. L., and Ordover, J. A. (1990). "R&D Competition and Cooperation." *Brookings Papers on Economic Activity: Microeconomics 1990*, 137 – 92.

Kelley, M. R., and Brooks, H. (1933). *The State of Computerized Automation in U. S. Manufacturing*. Cambridge, MA: Center for Business and Government, Kennedy School of Government, Harvard University.

Lamoreaux, N. *The Great Merger Movement in American Business, 1895 – 1904*. New York: Cambridge University Press.

Lazonick, W. (1990). *Competitive Advantage on the Shop Floor*. Cambridge, MA: Harvard University Press.

Lorell, M. A. (1980). *Multinational Development of Large Aircraft: The European Experience*. Santa Monica, CA: RAND Corporation.

Malerba, F. (1985). *The Semiconductor Business*. Madison, WI: University of Wisconsin Press.

Markoff, J. (1989). "A Corporate Lag in Research Funds is Causing Worry." *New York Times* 1/23/ 89, A1.

Mowery, D. C. (1981). "The Emergence and Growth of Industrial Research in American Manufacturing, 1899 – 1946." Ph. D. diss., Stanford University.

Mowery, D. C. (1983). "Industrial Research, Firm Size, Growth, and Survival, 1921 – 1946." *Journal of Economic History* 43: 953 – 80.

Mowery, D. C. (1984). "Firm Structure, Government Policy, and the Organization of Industrial Research: Great Britain and the United States, 1900 – 1950." *Business History Review* 58: 504 – 31.

Mowery, D. C., ed. (1988). *International Collaborative Ventures in V. S. Manufacturing*. Cambridge, MA: Ballinger Publishers.

Mowery, D. C. and Rosenberg, N. (1989a). *Technology and the Pursuit of Economic Growth*. New York: Cambridge University Press.

Mowery, D. C., and Rosenberg, N. (1989b). "New Developments in U. S. Technology Policy: Implications for Competitiveness and International Trade Policy." *California Management Review* 27: 107 – 24.

Mowery, D. C., and Steinmueller, W. E. (1991). "Government Policy and Industry Evolution in the U. S. Integrated Circuit Industry: What Lessons for Newly Industrializing Economies?" CCC Working Paper, Center for Research in Management, University of California, Berkeley.

Mueller, W. F. (1962). "The Origins of the Basic Inventions Underlying Du Pont's Major Product and Process Innovation, 1920 to 1950." In *The Rate and Direction of Inventive Activity*. Princeton: Princeton University Press.

National Commission on Research, (1980). *Industry and the Universities*. Washington, D. C. National Commission on Research.

National Research Council (1982). "Research in Europe and the United States." In *Outlook for Science and Technology: The Next Five Years*. San Francisco: Freeman.

National Resources Planning Board (1942). *Research – A National Resource*, Vol. 1. Washington, D. C.: U. S. Government Printing Office.

National Science Board (1981). *Science Indicators, 1980*. Washington, D. C.: U. S. Government Printing Office.

National Science Board (1983). *Science Indicators, 1982*. Washington, D. C.: U. S. Government Printing Office.

National Science Foundation (1985). *Science and Technology Data Book*. Washington, D. C.: National Science Foundation.

Nelson, R. R. (1984). *High-Technology Policies: A Five Nation Comparison*. Washington, D. C.: American Enterprise Institute.

Nelson, R. R. (1990). "U. S. Industrial Competitiveness: Where Did It Come From and Where Did It Go?" *Research Policy* 19: 117 – 32.

Okimoto, D. I., and Saxonhouse, G. R. (1987). "Technology and the Future of the Economy." In K. Yamamura and Y. Yasuba (eds.), *The Political Economy of Japan*, Vol. 1. *The Domestic Transformation*. Stanford: Stanford University Press.

Organization for Economic Cooperation and Development (OECD) (1984). *Industry and University: New Forms of Co-operation and*

Communication. Paris: OECD.

Ostry, S. (1990). *The Political Economy of Policy Making: Trade and Innovation Policies in the Triad*. New York: Council on Foreign Relations.

Parker, W. N. (1972). "Agriculture." In L. E. Davis et al. (eds.), *An Economist's History of the United States*. New York: Harper & Row.

Patel, P., and Pavitt, K. (1986). "Measuring Europe's Technological Performance: Results and Prospects." In H. Ergas (ed.), *A European Future in High Technology?* Brussels: Center for European Policy Studies.

Perry, N. J, (1986). "The Surprising Power of Patents." *Fortune* 6/23/86, 57 – 63.

Perry, W. J. (1986). "Cultivating Technological Innovation." In R. Landau and N. Rosenberg (eds.), *The Positive Sum Strategy*. Washington, D. C.: National Academy Press.

Pisano, G. P., Shan, W., and Teece, D. J. (1988). "Joint Ventures and Collaboration in the Biotechnology Industry." In D. C. Mowery (ed.), *International Collaborative Ventures in U. S. Manufacturing*. Cambridge, MA: Ballinger.

Pollack, A. (1990). "Technology Company Gets $4 Million U. S. Investment." *New York Times* 4/ 10/90, C17.

Pursell, C. (1977). "Science Agencies in World War Ⅱ: The OSRD and its Challengers." In N. Reingold (ed.), *The Sciences in the American Context*. Washington, D. C.: Smithsonian Institution.

Reich, R. B., and Mankin, E. (1986). "Joint Ventures with Japan Give Away Our Future." *Harvard Business Review* 64: 78 – 86.

Reid, P. P. (1989). "Private and Public Regimes: International Cartelization of the Electrical Equipment Industry in an Era of Hegemonic Change, 1919 – 1939." Unpublished Ph. D. dissertation, Johns Hopkins School of Advanced International Studies.

Rodgers, T. J. (1990). "Landmark Messages from the Microcosm." *Harvard Business Review* January-February, 24 – 30.

Rosenberg, N. (1972). *Technology and American Economic Growth*. New York: Harper & Row.

Rosenberg, N., and Steinmueller, W. E. (1988). "Why Can't Americans Learn to be Better Imitators?" *American Economic Review* 78(2): 229 – 34.

Rosenbloom, R. S. (1985). "The R&D Pioneers, Then and Now." Presented at "The R&D Pioneers," Hagley Museum and Library, Wilmington, Delaware, October 7.

Saxonhouse, G. R. (1982). "Japanese High Technology, Government Policy, and Evolving Comparative Advantage in Goods and Services" presented at the Japanese Political Economy Research Conference, Honolulu, Hawaii.

Saxonhouse, G. R. (1986). "Why Japan is Winning." *Issues in Science and Technology* 3: 50 – 62.

Scherer, F. M. (1983). "R&D and Declining Productivity Growth." *American Economic Review* 73: 215 – 18.

Schmookler, J. (1957). "Inventors Past and Present." *Review of Economics and Statistics* 39: 321 – 33.

Schumpcter, J. A. (1954). *Capitalism, Socialism and Democracy*, 3d ed. New York, Harper & Row.

Sharp, M. (1989). "European Countries in Science Based Competition: The Case of Biotechnology." DRC Discussion Paper#72, SPRU, University of Sussex.

Stigler, G. J. (1968). "Monopoly and Oligopoly by Merger." In G. J. Stigler (ed.), *The Organization of Industry*. Homewood, IL: Irwin.

Sturchio, J. L. (1985). "Experimenting with Research: Kenneth Mees, Eastman Kodak, and the Challenges of Diversification." Presented at "The R&D Pioneers," Hagley Museum and Library, Wilmington, Delaware, October 7.

Swann, J. P. (1988). *Academic Scientists and the Pharmaceutical Industry*. Baltimore, MD: Johns Hopkins University Press.

Taylor, G. D., and Sudnik, P. E. (1984). *Du Pont and the International Chemical Industry*. Boston: Twayne.

Thackray, A., Sturchio, J. L., Carroll, P. T., and Bud, R. (1985). *Chemistry in America, 1876 – 1976: Historical Indicators*. Dordrecht: Reidel.

Thorelli, H. B. (1954). *Federal Antitrust Policy*. Baltimore, MD: Johns Hopkins University Press.

Tilton, J. E. (1971). *The International Diffusion of Technology: The Case of Transistors*. Washington, D. C: Brookings Institution.

U. S. Bureau of the Census (1975). *Historical*

Statistics of the United Slates: Colonial Times to 1970, Vol. 1. Washington, D. C.: U. S. Government Printing Office.

U. S. Bureau of the Census(1987). 1987 *Statistical Abstract of the United States*. Washington, D. C.: U. S. Government Printing Office.

U. S. Congressional Office of Technology Assessment(1981). *An Assessment of the United States Food and Agricultural Research System*. Washington, D. C.: U. S. Government Printing Office.

U. S. Congressional Office of Technology Assessment(1986). *Technology, Public Policy, and the Changing Structure of American Agriculture*. Washington, D. C.: U. S. Government Printing Office.

Utterback, J. M, and Murray, A. E. (1977). "The Influence of Defense Procurement and Sponsorship of Research and Development on the Development of the Civilian Electronics Industry." Center for Policy Alternatives working paper # 77 – 75, M. I. T.

Walton, R. E., and McKersie, R. B. (1989). "Managing New Technology and Labor Relations: An Opportunity for Mutual Influence." In D. C. Mowery and B. E. Henderson, eds., *The Challenge of New Technology to Labor-Management Relations*. Washington, D. C.: U. S. Department of Labor.

Weart, S. (1979). "The Physics Business in America, 1919 – 1940." In N. Reingold (ed.), *The Sciences in the American Perspective*. Washington, D. C.: Smithsonian Institution.

White House Science Council (1988). *High-Temperature Superconductivity: Perseverance and Cooperation on the Road to Commercialization*. Washington, D. C.: Office of Science and Technology Policy.

Wise, G. (1985). "R&D at General Electric, 1878 – 1985." Presented at "The R&D Pioneers," Hagley Museum and Library, Wilmington, Delaware, October 7.

Wolf, J. (1989). "Europeans Fear Obstacles by U. S. on Advanced TV." *Wall Street Journal* 5/31/89, A16.

第3章 日本创新体系：过去、现在和未来

小田切广之（Hiroyuki Odagiri）
后藤明（Akira Goto）

通常认为，日本经济的历史就是一个极力追赶技术先进国家的历史。直到闭关锁国长达两个世纪之后的1868年明治维新前后，日本的领导者才开始认识到他们在诸多技术方面是如此落后于西方国家。自然地，政府也在引进优势技术、从海外雇用工程师、教育他们的人民、鼓励企业家吸收国外技术并将其应用到日本的工厂当中等方面进行着不懈努力。此外，在军事实力上追赶的决心也给予政府在支持技术优势方面的强烈动机，并使得国内采购成为可能。这样的追赶过程在很多后发国家和地区中同样会被观察到，如19世纪的普鲁士和俄国、最近几十年的韩国和中国台湾等。日本的经验绝不是独一无二的，也不是政府所推行的政策。

然而，我们却不能将日本的“成功”单单归结于后发优势或者政府的政策，因为如果没有私营部门的参与——投资者、管理者、工程师和工人——有意愿也有能力对提供给他们的机会作出反应，上述两个因素就不能引领成功的经济发展。事实上，在明治维新时期，创业家已经在很多产业中存在，人民也受到了良好的足以应付读、写、计数的教育。开创一个超凡的商业以及吸收新技术能力的意愿是现实存在的，这也是日本发展背后所潜藏的主要驱动力。即便是在锁国主义盛行的德川时期，技术引进也依然存在（虽然规模并不是很大），本土的技术和技能也逐渐发展起来。本章的一个目的是通过一般性的历

史描述和产业案例的形式来考察日本产业和技术的发展情况，并以此研究对于成功追赶而言所必需的条件；另外一个目的则是研究日本的商业如何行动和如何进行组织，这种微观视角为理解日本的创新体系提供了一个重要的途径。

本章由四部分组成。第一部分给出了日本技术进步从过去到现在的历史回顾；第二部分讨论了三个产业——钢铁、电气和通信设备以及汽车的技术发展；由于从管理方面去理解为什么日本公司致力于创新，且其创新能够取得效率是不可或缺的，接下去讨论了日本管理系统的现状；最后一部分讨论未来前景总结本章。

从过去到现在

德川时期及其以前：到 1868 年

德川时期（1603～1868）以前主要的技术引进曾发生过两次。第一次是从 7 世纪到 9 世纪，也就是君主政府派遣使节到中国以及中国和韩国向日本频繁移民之时期；第二次是在 16 世纪，特别是葡萄牙人将枪械引入到日本的时候。此时正值日本的内战时期，大量的枪支需求导致了日本很多铁匠开始通过模仿，或在葡萄牙军械工人的帮助下制造枪支。日本枪支、轮船和其他军事产品的技术水平也因此迅速赶上了西方。

德川政府由于担心基督徒会违背它们的规则，便于 1639 年封锁了国门并限制了同中国和荷兰的海外贸易。因此日本仅有的同西方的联系，只能通过被允许居住在南部岛屿长崎和九州的荷兰人进行。德川政府垄断了贸易，但也有证据表明在德川规制下强大的封建领主依然保持着同中国和外国的贸易联系。在政府的要求下，荷兰人定期提供关于国际事务和科学的信息，其中的一些信息也扩散到其他领主手中。长崎的荷兰人也是科学和技术领域中很多方面信息的一个来源，如医药科学、生物和地理学等。一些荷兰的书籍也被翻译成日文，也有很多日本人向居住在长崎荷兰居住区的荷兰医生或者其他科学家学习。因此，锁国主义也绝不意味着完全断绝了同西方科学和技术信息的联系。

事实上，通过荷兰人所进行的西方知识的聚集，对于1854年德川政府向非荷兰西方国家开放之时西方经济和技术系统的快速吸收作出了重要的贡献。例如日本第一个西式钢熔炉就是一位日本武士通过学习一本荷兰书籍完成的。

而在本土技术方面，德川时期也不是一个停滞的时期。由于农业和矿业对于封建领主的财政非常重要，这些领域内生产率的提高受到了鼓励，进而进行了很多改良并加以扩散。由于河流的水流非常湍急、气候条件（雨季的六月和夏秋季节的台风）以及水稻作物所必需的水的重要性，很多投资都直接指向了改善河流和灌溉等方面。因此，民用工程方面的技术水平应该是非常高的。

机械工程也是那个时期本土技术发展的另一领域。创新者被称为是机器人大师，因为作为一种运动的机械装置，机器人是任何机器的核心部分。这些机械装置被应用在很多机器和工具中，从玩具娃娃和钟表到纺织机和稻米磨光机。[1]接下来，我们也将展示明治维新时期之后，从本土技术到对西方技术改进的一系列持续性的发展。田中（H. Tanaka）可能是在德川时期结束之前最著名的机器人大师了，他也成了电气设备工业的先锋，并且丰田（S. Toyoda，于维新前一年出生）发明了国际性的复制织机。

因此，虽然日本并没有发明蒸汽机，但是其技术水平也并没有落后西方多少。这一点必须被强调，因为这标志着和今天很多发展中国家案例的差异。此外，其教育水平也非常高——也许在初等教育方面甚至高于美国、英国、法国和德国，虽然在高等教育方面可能落后于早在19世纪就开始了大学科学教育的上述国家。

日本基本上存在两套学校教育系统。第一套系统是封建领主地区政府所拥有的学校，通常对武士阶级（如各自地方政府的雇员）的孩子是强制性的。其中的很多也对富农和商人的孩子开放；第二套系统是私人学校，被称做寺子屋，因为很多都是由佛教寺庙所兴办的。教育的时间长度也各不相同，但是大多数都为6~12年，和现代初等教育系统的情况类似。学校主要教授读、写和用日本算盘进行计算。在这些为儿童开设的学校之外，也有着很多私立或公共的高等教育体系。它们中有一些教授日本或中国研究，如儒家学说。然而，也有私人学校使用荷兰教材教授医学，最著名的范例是“適塾”（Tekijuku），在大阪的一所由一个名叫 K. 绪方（K. Ogata）的曾在长崎学习荷兰医学科学的人担任教师的私人学校。在他的学生中，有后来将西方民主思想引入到日本并建立了第一所日本私立大学的福泽（Y. Fukuzawa）、奎夫（Keio）以及后来设计明治军政系统（但在系统完成前被暗杀）的大村（M. Ohmura）。

德川早期时并没有很多寺子屋和其他学校，但是它们却变得越来越盛行，据粗略估计，在德川末期日本有接近 1 万所这样的学校。其中很多学校规模都非常小，仅有 10 个或更少的学生，但是在诸如伊豆（东京）和京都等大城市也有超过 500 人的大学校。登记入学（或参加）率也因区域的不同而表现出差异，据估计有 25% 到几乎 100% 的男童连同较低百分比的女童不等（Umihara，1988）。这些数据可能有一些误导，因为它们也包含了那些登记入学但从没有来过的学生。然而，如果让我们来说的话，非强制系统下 50% 的比例高之惊人，并且也体现出家长投资儿童教育的热切期望。这个事实表明，17～18 世纪日本章献所记载的识字比例可能比欧洲和美国的数据要高。如果没有这样广泛的教育背景，明治时期公共教育系统的引入就不可能来得那么顺利。

明治时期：1868～1911 年

1854 年锁国主义的结束以及 1868 年明治维新后非封建中心政府的开始，推动着日本政府和公众大规模引进西方先进的技术以及在经济和军事上对西方国家的追赶。政府因此开始采取了一系列建设“现代化”国家的措施，包括为运输、通信、公共事业、教育和金融提供基础设施等。

通常来讲，科学和技术从一国（或一些国家）向其他国家的扩散可以通过书面信息（如书籍、论文和绘画）、人（如雇用外国人和选派日本人去外国学习）、商品（如引进机器和工厂）和资本（如外商直接投资）等的转移来完成。所有这些手段都应用在了明治时期的日本。特别是在引进社会系统的案例中，雇用外国教师和顾问的情况是非常普遍的。例如，当明治政府开始建立包括强制性初等教育在内的国家教育系统时，一个叫做D. 默里（D. Murray）的美国人被聘请为顾问，并对系统本身产生了美国式的影响，虽然这些影响被后来所强调的国家主义教育所冲淡。

在政府建立国家范围内的初等教育系统之前，大概花费了30年的试错时间。在1874年，即政府开始行动的2年后，只有大概2万所学校，不到政府规划规模的一半。很多这些学校都是由原来的寺子屋转变过来的，且教师仍然是原来寺子屋的教师。登记入学率为46%的男童，17%的女童。到1904年，当强制性6年教育系统最终被建立起来之时，比例就提高到了男童99%，女童96%。因此，年轻一代中的文盲在20世纪初就几乎不存在了。中等教育系统也变得非常普遍，到20世纪20年代，超过一半的初等学校毕业生进入到2年或5年制中等学校中学习（Kaigo，1971）。

在高等教育系统方面，特别是在技术和工程教育领域，英国的影响被引入进来。本身就是在一个英国铁路工程师的建议下建立起来的工部省（工业部），雇用了一个叫戴埃尔的（H. Dyer）英国人为一所工程学院做计划。1873年，工程学皇家学院（Kogakuryo）在戴埃尔的计划下成立，除了戴埃尔本人担任领导之外还雇用了8个英国教授。由于教师和学生的热忱及其较高的素质，这个学院非常成功。学院雇用了更多的国外教授（大部分为英国人）并且之后渐渐由本学院的日本毕业生所代替。1886年，学院与另外一个由德川政府建立的在荷兰人、法国人和德国人的帮助下教授科学和技术的学院合并，成为帝国大学（后改名为东京大学）工程学院。学院和大学培养的毕业生后来创立了很多日本制造业公司，这些我们将在后面的部分进行说明。

值得注意的是，戴埃尔后来将他在日本从事工程教育的经验带回他的故乡格拉斯哥。他起先是被一个格拉斯哥大学的教授推荐给日本政府，并且在25岁刚刚拿到硕士学位之后就来到了日本。他给工程学皇家学院所设计的计划强调了课堂学习和实验室的实地训练的结合，与工部省的工作一样。教育中这两个方面的平衡在当时的欧洲学校中是很缺乏的，并且值得注意的是这是戴埃尔的原创。当1882年离开日本返回格拉斯哥时，他试图在那里所建设的一个工程学院中推行类似的工程教育计划。显然，在更多的发达国家将纯科学作为相对的优先选择时，日本政府却强调了工程教育。这个背景也给予了戴埃尔试验其工程教育理念的机会，并且凭借其在日本的经验，他进而又向他的同胞宣传这个理念的重要性。

在明治时期的早期，特别是19世纪70年代和80年代早期，政府在采矿、铁路、造船、机械和纺织等产业建设并拥有车间和工厂，因为对于私人部门来说对此进行投资和承担风险始终是比较困难的。此外，拥有先进西方技术知识的人员在私人部门也是很难有的。然而，政府对于产业的投资计划，既无法和今天的发展中国家进行量上的比较，也不总是成功的。事实上，大多数政府的工厂都面临亏损，并且因政府预算的紧缩并逐渐私有化或出卖给新兴的私人企业家（主要是商人和前武士）。

政府保留了军事相关工业，如造船、飞机、军需品和钢铁，以及包括电信在内的公共的公用事业。由于明治政府想要建立强大的军事实力来对抗殖民中国的俄国等国家的威胁，军事相关的生产占据了当时日本经济中的重要份额。1907年，以蓝领工人的数量来计，机械工业（包括造船、交通和一般机械、工具和部件）中规模最大的组织是拥有着21 500名雇员的吴市（Kure）海军造船所，以及另一个造船所和两个兵工厂（Sawai，1990）。最大的私人工厂，拥有员工不到1万人的三菱长崎造船所排名第五，其重要的客户也是海军。军方所拥有的工厂也是技术开发的中心。他们雇用大量稀缺的工程师，并从国外引进大量的先进机械。他们的技术也随着其工程师和有经验的工人从军事工厂流向私人部门而不断地转移到私人部门，特别是在1904～1905年日俄战争后的裁军时期。

军方不仅用自己造船所和兵工厂生产商品，也借助私营部门进行生产。由于军方出于明显的国防方面的考虑更希望从国内购买商品，采购给造船、钢铁和电气设备等领域中在国外大型的或技术先进的公司竞争压力下存活的国内生产者们一个增加生产和通过经验积累知识的机会。需要指出的是，德川政府于1858年被迫同美国、英国、荷兰、法国和俄国等签订的不平等条约，被剥夺了政府对进口征税的权力。例如1902年，关税占日本政府税收的比例只有5%，相比之下英国为21%，美国为45%。因此，直到1911年条约修订为止，政府除了优先购买就几乎没有其他办法可以保护本土生产者免遭外国竞争者的压力。

在维新后的20年左右时间，经济开始增长（参见表3.1）。当第一次世界大战开始时，在1885～1914年近30年里，日本的国民生产总值翻了一番还多。在工业组成中，食品加工和纺织是世纪之交以前最大的部门。接下来，金属、机械、化学和其他重工业部门也增长迅速。在20世纪前40年的时期，这些重工业以年均10%以上的增长率在增长，而制造业的整体增长率却只有6%。20世纪二三十年代，它们的增长更是极为迅速，在制造业部门中的比例在20世纪30年代超过了50%。

技术进步是这一增长的一个重要源泉。依照美奈美（Minami，1981）的研究，几乎有70%的私人采矿和制造部门的增长被认为是包括技术进步在内的剩余因素的影响。这些技术进步来源于本土（传统的和国内的）技术以及从先进国家所引进的技术。本土技术（尤其是传统产业中的本土技术）不仅本身非常重要，而且在培养对发达国家的技术进行选择的能力，以及改造和吸收这些技术以适应国内条件等方面都不可或缺。这个情况在作为当时第二大制造产业（仅次于食品加工）以及“二战”前最大的出口工业的纺织业中尤为明显。钢铁产业的案例研究还将为此提供额外的例证。

尽管如此，本土技术在现代工业中的作用却是有限的，如金属和机械领域，引进技术在其中起到了更加重要的作用。正如此前所讨论的那样，来自于海外的技术转移可以通过很多渠道来进行。很多外国工程师和专家被雇用，虽然他们也逐渐被前述的工程学院或其他学校中受到本土教育以及出国留学归来的日本人所取代。技术转移的其他渠道则包括了先进机械的引进（以及逆向工程）、许可协议和对于日本的外商直接投资。虽然专利系统早在1885年就被引入进来，但由于政府开放了外商直接投资并参加了巴黎公约（Paris Convention），后两项自世纪之交开始就取得了长足进步。这种多样性的技术转移在

表 3.1 国民总支出和国民生产总值（1875～1940 年）

	水平（以 1934～1936 年为不变价）					年均增长率（%）				构成（%）				
	1875 年	1885 年	1900 年	1915 年	1940 年	1875～1885 年	1885～1900 年	1900～1915 年	1915～1940 年	1875 年	1885 年	1900 年	1915 年	1940 年
人口（千人）	35036	38176	44056	53100	71933	0.9	1	1.3	1.2					
国民支出（百万日元）		3852	6238	8522	22848		3.3	2.1	4		100	100	100	100
人均消费支出		3284	5270	6806	13389		3.2	1.7	2.7		85.3	84.5	79.9	58.6
政府消费支出		283	538	769	3377		4.4	2.4	6.1		7.3	8.6	9	14.8
国内固定资本形成总值		346	703	1176	7070		4.8	3.5	7.4		9	11.3	13.8	30.9
经常账户剩余		-61	-279	-224	-988		10.7	-1.5	6.1		-1.6	-4.5	-2.6	-4.3
国外出口和要素收入		68	275	1020	3973		9.8	9.1	5.6		1.8	4.4	12	17.4
国外进口和要素支出		129	554	1244	4961		10.2	5.5	5.7		3.3	8.9	14.6	21.7
人均国民支出（日元）		101	142	160	318		2.3	0.8	2.8					
生产（百万日元）														
矿业	7.1	21.3	90.3	290.6	763.7	11.6	10.1	8.1	3.9					
煤矿	4	9.2	53.2	145.5	399.8	8.7	12.4	6.9	4.1					
制造业	742.6	877.9	2101	4029.4	20210.2	1.7	6	4.4	6.7	100	100	100	100	100
食品	457.5	454	1018.5	1356.3	2634.7	-0.1	5.5	1.9	2.7	61.6	51.7	48.5	33.7	13
纺织	64.1	129.7	508.7	1133.6	3454.3	7.3	9.5	5.5	4.6	8.6	14.8	24.2	28.1	17.1
化学	75.6	99.1	186.4	427.6	3342.3	2.7	4.3	5.7	8.6	10.2	11.3	8.9	10.6	16.5
机械	4.9	12.2	68.9	362.2	5580.5	9.6	12.2	11.7	11.6	0.7	1.4	3.3	9	27.6
钢铁	2.3	3.2	5.8	89.1	2494.8	3.4	4	20	14.3	0.3	0.4	0.3	2.2	12.3
非铁金属	6.1	13.8	22.7	145.4	556.2	8.5	3.4	13.2	5.5	0.8	1.6	1.1	3.6	2.8
其他	132.1	165.9	290	515.2	2147.4	2.3	3.8	3.9	5.9	17.8	18.9	13.8	12.8	10.6

资料来源：Estimates of Long-Term Economics Statistics of Japan since 1868. K Ohkawa, M. Shinohara, and M. Umemura (eds.) . Tokyo: Tokyo Kelzal Shinposha, 1988。

日本的工业和技术发展中的重要作用，将在后面的案例中被详细的讨论。

1885年7月到1902年2月间的专利授权量是4 817件（Patent Office，1955）。相比之下，美国1902年的专利授权数为27 136件，英国为13 714件，法国为12 016件，德国为10 610件。可见，日本的专利在数量上很难和西方国家相比较。在这4 817件专利中，有2 175件（45%）专利是和机械相关的，728件（15%）和化学相关，52件（1%）和电气设备相关，还有1 862件（39%）是其他。因此，到目前为止我们可以从专利数据中获知的是，机械产业中的研发在世纪之交阶段表现得更为活跃。

两次世界大战之间：1914～1945年

认为日本的经济在"一战"时期开始起飞是不无道理的。如后文将展示的那样，钢铁、化学和其他重工业中的很多公司，在20世纪10年代中期被建立起来并开始成长。同样，国家的科学和工程基础也开始形成。一些大学和其他高等教育机构的教育系统从这个时期开始扩张，也开始供给大量受训的工程师。越来越多的能够操控先进设备的技术工人也开始出现。其中也有一些依靠其掌握的技能进行创业。学术联盟建立起来，专业期刊被创办出来。和国外技术信息的联系，也由于外国书籍和期刊可获得性的拓展和通过贸易公司而变得畅通。

为了增强未来的科学和技术基础，产业界、政策制定者、军方和科学家都提出了不同的建议，包括基础研究机构的建立、国家工业实验室的增长，以及科学技术教育的扩展。产业界认为非常有必要提升其科学技术能力以适应以技术为基础的工业的成长。第一次世界大战通过使军方信服高技术的重要作用和私营部门对于国防的贡献能力的事实加速了这种趋势。此外，设备和中间商品的引进在战争中变得十分困难，这也给私营部门自行生产此前需要进口的先进设备和材料，如机械工具、各种化学品、铝和钢等的动机。这个事实也进而增强了对于先进技术的需求。

更多的大学和职业学校被公共和私人部门建立起来。一些国家研究机构也相继成立。歌川広重(Hiroshige, 1973)指出,在1914~1930年间,有38家包括附属于国立大学和军方的国家研究实验室被建立起来。其中的一些是通过现有实验室或测试机构的重组完成的。例如,1918年建立的电力研究所是通过对通信部下属的一个实验室升级完成的,而这个实验室则可以追溯到1873年工部省着手在其内部创办的一个实验电气工厂[2]。实验室在1890年有约30名员工,其中7名为工程师,其他均为助手和车间工人。实验室从事和通信以及电气能耗相关的技术研究;然而,其主要职责却是测试各部采购的设备。另外一个案例是1900年建立起来的有20名员工的工业研究所。到1920年为止,其员工数扩展到220人,包括48名研究人员和工程师。下属机构分为5个部门——检查、化学(日本油漆、火柴、油和脂肪等)、制陶术、颜料和电化学(自1909年)。此间存在或建起来的其他研究机构包括从事测量、丝绸、地理、采矿、燃料和飞机(海军内部)等研究的机构,以及一些与农业相关的机构。

此阶段最大也是最多产的研究机构之一是理化学研究所(*Rikagaku Kenkyusho*,俗称 *Riken*)。建立理化学研究所的申请首先是由化学家高峰(J. Takamine)提出的,旨在抚育科学进步并以此对产业作出贡献。因此,其目标也并非定位在纯学术而也是在于实践方面的。经历了包括商业界、政府和学术界的长期讨论之后,研究所终于在1917年靠一半政府资助一半私人部门资助建立起来,有着22名员工,其中有5名全时员工(包括研究人员和辅助性员工);4年内员工数就增加到了63名,其中全时人员为30名。到1945年为止,研究所产出了800多项日本专利和200多项海外专利。其中的一些被开发成理化学研究所所属的公司所出售的产品。产品包括如维他命和相纸等化学品,以及活塞环、测量设备等机械产品。从对国家经济的贡献来看,这些产品的重要性并不及我们所说的汽车和电气产品。

为促进更多的基础研究,日本科学委员会(*Gakujutsu Shinkokai*,简称 *Gakujutsu*)在1933年成立,其资金来源由公共和私人部门两部分组成。其目标有两个:第一是增加对大学和其他研究机构的资助,第二是通过诸如鼓励跨组织研究合作等方式促进有效率的研究管理。研究资助以个人和项目资助两种方式进行。起初，大部分资助都是以个人为基础，但到1942年，80%以上的资金都以项目为基础运作，项目的成员也来自于多方机构。在1942年以项目为基础的资助当中，约2/3的项目落在了工程领域，其他的则分布于医学科学、自然科学和社会科学、人文等方面。以研究资助额度来看，获得最高资助的三项分别是喷气发动机燃料、无线通信和原子能。对于和军事相关技术的强调是显而易见的。[3]

公司也开始建立起他们自己的研发实验室。在1923年，有162家附属于公司、合作组织和其他私人机构的私人研发实验室。其中71家在化学（包括制药、染料、绘画、橡胶、水泥、陶瓷和纸张）领域，27家在金属和机械领域，24家在食品领域。大公司中拥有着实验室的有芝蒲工程建筑（Shibaura Seisakusho）和东京电机（Tokyo Denki，后联合成东芝）、三菱造船（Mitsubishi Shipbuilding，后发展成三菱重工）、日本钢管公司（Nippon Kokan，现在是NKK）、日本王子制纸公司（Oji Paper）以及日本武田化学有限公司（Takeda）、田边（Tanabe）和三共株式会社（Sankyo）（这三家都属于制药行业）等。然而，这些也包含了公司工厂中的测试或开发部门，究竟有多少可以称得上今天意义上的实验室还不得而知。它们中大部分的规模都是非常小的。[4]

在1937年中日战争打响以后，重工业的生产也由于军备的急剧扩张而迅速增长。和1934～1936年的平均水平相比，1944年钢产量几乎翻了一番，而机械几乎是原来的4倍。重工业（机械、金属和化学）产量在整个制造业中的比例从1931年的33.9%增长到1937年的55.8%，以及1942年的70.2%。[5]

虽然数据的可信度会遭到质疑，研发活动也的确有所增加。一项1930年的观察显示，研究组织的数量（包括大学部门和机构、政府实验室、理化学研究所和隶属于私人公司的实验室）在1930年为349个，花费3 000万日元或0.22%的国民生产总值。[6]在1942年，私人研究组织的数量为711家，雇员为33 400人，花费5.9亿日元或约1%的国民生产总值。此外，还有443家公共研究组织（包括大学部门等），雇员为16 160人，花费2.96亿日元。[7]

生产和研发活动的提升使得某些日本制造产业中的企业开始建立世界级的生产工厂并开发先进产品；例如大规模熔炉和平炉钢生产、飞机、轮船、合金以及通信设备等。然而，即便如此，这些企业还是在很多方面依赖于美国和欧洲技术，并且主动地技术引进一直持续到了20世纪30年代。“二战”期间海外技术向日本流动的中断造成了严重的影响，研发活动的增长也表现出日本试图填补中断所带来的空白的坚定的决心。结果，尽管研发活动有所增长，但是在诸如飞机、轮船制造等关键军需品工业中同西方的技术差距不断加大，而这些领域在战前几乎已经追赶上了世界技术的领先水平。这个差距也部分解释了日本在战争中的失败。[8]

“二战”后时期：1945到20世纪70年代早期

不用说，“二战”的影响对于日本的经济而言是灾难性的。1946年制造工业生产指数降低到战前1934~1936年最高水平的26%，而食品供给下降到原来的51%。很多车间和设备都被战争期间的轰炸所毁坏，而其他的则被盟军摧毁或带走。大部分重工业中超过2/3的生产能力依然被保留下来。战前和战争期间所积累起来的研发资源，以及在军工厂中工作过的有着生产经验的工人回归到民用生产上来。当然，并不是所有的资源都是有用的。很多设备都是非常轻率地被建立起来而在战后变得一文不值，有些研发知识或产品技能也已经过时。然而，因为日本军费开支在“二战”后几乎为零，大多数这些资源都被转移到民用生产上来。

由于各种激烈的经济措施，以及朝鲜战争时期的繁荣，制造业生产在5年内回到了战前的最高水平。从20世纪50年代中期到1973年（第一次石油危机爆发的年份），经济以每年近乎10%的速率在增长。不同的增长计算研究表明，这种持续了近20年的快速增长，是高水平资本积累连同技术进步共同作用的结果。

正如上一部分的末尾所指出的那样，战后日本不得不意识到它的重新落后。追赶的过程再次开始。和明治维新时期一样，追赶遵循一种双重轨迹：鼓励引进先进技术并促进国内技术基础。为了使技术转移更加有效率，政府将其有限的外汇选择性的分配给有能力获取和改善引进技术的公司。[9]这些给予了政府，特别是来国际贸易和工业部（MITI）对于企业极大的作用力。事实上，大部分有着引进技术背景的公司都被给予了外汇分配。然而，经常有着一定时间的延时，正如佩克和塔缪拉（Peck and Tamura，1976，p. 553）所指出的那样："在快速增长的经济中，政府政策的延迟或者加速3～4年使用某项技术都可能是非常重要的。"

然而，尽管这一控制无疑对个体公司产生了影响，但在整体模式和以主导方式加速技术引进方面却成效不大。在我们看来，一个更加深远的影响来自于对进口和直接投资的限制，因为外国公司拓展其技术霸权的唯一方式就是出卖其技术，虽然它们可能更愿意直接出口产品或在日本开始自己的生产。也就是说，日本对于贸易和投资的限制似乎使得日本只能进行技术引进。因此，在20世纪六七十年代对贸易和资本的自由化，必然导致了国际贸易和工业部在普遍意义上失去了对产业和技术的控制。

另外一个重要的结果是，日本制造工业几乎全部把持在日本股东的手中，与欧洲国家很多美国公司开始自己的商业或购买现有的欧洲公司作为其附属的情况形成了鲜明的对照。也有IBM、NCR以及一些石油精炼公司等作为例外，它们运用了"历史优先权"来延续自己"二战"前时期在日本的运作，或者使用"日元基准股票购买系统"在1959～1963年的严格条件规制下对日本进行外国直接投资。然而，汽车、电气设备及钢铁工业的大部分公司始终是日本人所有的，而且在日本电器和通信设备公司中外国公司的股份实际上在战后时期是下降的。甚至在20世纪70年代的资本解放时期，对日本的外商直接投资也是很低的。因此大部分日本公司的管理，很大程度上依然是并没有暴露在国际资本市场的压力之下。这对于其法人动机所产生的后果将在后文予以讨论。

评价这些政策是十分困难的。一方面可以认为，这些政策对本土企业带来持续的利益；另一方面，通过限制国外生产者进口和投资的进入，也可能减弱了国内的市场竞争。此外，对于外商直接投资的限制在日本真正需要资本流动时就显得掣肘了。尽管国内企业的激烈竞争，以及20世纪50年代后的高储蓄率缓和了这些负面影响，但是整体影响还是应该被放在更广阔的背景下考虑。[10]

我们也注意到，政府政策的可行性仅仅是因为有很多公司致力于技术引进是对其高回报有所期许。既然这些技术引进的公司可以利用此前引进的技术进行生产，进口替代的现象随之发生即进口减少并逐渐转为出口增加，因此也为日本节约宝贵的外汇提供了可能。通过这种方式而节约下来的外汇的数额，到目前为止超过了技术引进的花费。在20世纪五六十年代，仅有的外汇储备成为日本经济增长的最高限度，即在繁荣年代因进口激增所导致的外汇急剧匮乏的影响，经济的繁荣并不能持续长久。技术引进推动这个最高限度上移，并使经济持续快速增长有长期的效应。

在评价技术引进在日本发展中的作用时，我们也必须注意到以下的两点事实。第一，技术贸易在战后的每个国家都很活跃。虽然日本技术引进的花费（640亿日元）甚至到最近的1988年在主要国家中也是最多的，但其占国民生产总值的比例却仅为0.17%，尽管也大于美国（0.04%），但和法国（0.18%）、德国（0.17%）和英国（0.16%）大体持平（STA，1990）。也就是说，在关贸总协定—国际货币基金组织（GATT-IMF）的体制下，商品和技术的贸易在世界范围内都有所增加，以这个观点来看，日本也并不是特例，但日本无疑是此趋势下最主要的受益者之一。

第二，技术转移如果没有战前的技术基础和战后研发经费的快速增长也不可能取得成功。正如前面所讨论的那样，诸如机械和钢铁等在20世纪30年代和40年代早期有着较大的份额，部分地归因于军事的逐渐建立。战争结束以后，大量的研究人员、工程师和有经验的技术工人从这些生产中退出出来而可以为民事生产所用。至于国内研发投入对技术转移的贡献，实证研究指出，那些引进技术的（组织）同时也投资自身研发。[11]国内研发对于公司评价、采用和改善引进的技术都是至关重要的。

强调自己创新：自20世纪60年代始

随着日本成为国际市场上重要的竞争者，技术引进的形式就变得不是那么受欢迎了。此外，随着日本工业技术达到世界级先进水平，可引进的技术存量减少了。结果，在20世纪60年代，当日本经济快速增长并开始国际性竞争时，增加开发自主技术方面努力的需求也变得更加紧迫，旨在促进国内研发的政府政策也开始得到了强调。然而，通过税收减免、津贴和低息贷款等所致的激励规模是适度的（参见表3.2）。总的来看，1983年总计提供略高于1 000亿日元的经费，或者说2.6%的工业研发支出以及2.3%的工业研发支出加上技术引进费用。因此，政府对于私营部门的财政激励是适度的，而且和其他国家约占工业研发总金额1/3的政府金融支持相比无疑是非常小的。

表3.2也揭露了津贴的重要性明显下降的趋势：1960年其占工业研发的比例约为8%，依然比其他国家要低，但却逐渐减少到1983年的2.6%。和工业政策在日本经济增长中逐渐减小的作用相伴随的是，政府对于产业研发的支持在过去的20～30年中急剧地减小。

在国内外市场（由于自由贸易和直接投资）美国和欧洲企业以及其他日本企业的日益增强的竞争压力之下，私人企业迫切地需要增强其技术能力。他们的研发经费在20世纪60年代的后半期里增加了3倍之多。相对于这些日益增加的私人企业的努力，政府政策措施实际上是适度的，并且在我们看来，大部分政府支持的研发项目无论如何都将会开展。

吸引着西方广泛关注的一项政策措施是基于1961年所颁布的《矿业和制造业工业技术研究联盟法》（Act on the Mining and Manufacturing Industry Technology Research Association）的联合或合作研究。在1961～1987年间，有87家这样的研究联盟成立。在1983年，44家研究联盟中的38家获得了330亿日元的津贴，或者说约为它们总研发支出的一半（Wakasugi and Goto，1985）。同年政府研发津贴约为590亿美元，我们可以推断超过一半的津贴给予了研究联盟。这反映出研究联盟的一个重要的方面：对于国际贸易和工业部而言，研究联盟是其通过津贴的方式支持国际贸易和工业部（或特定的公司）引进其认为重要的技术的一种便捷的方式，如大部分著名的半导体和计算机，并且研究联盟还被用于规避对于特定公司的偏爱和减少津贴使用的管理成本。从这个观点来看，在87家联盟中只有两家拥有着联合研究的资源；在所有的其他案例中，所有的公司成员都只是简单地拿走他的研究资金份额并在自己的实验室中进行研究。因此，除了某些特定的案例，如何真正地协调了参与各个研究联盟的公司间的研究活动都是值得怀疑的。[12]

表3.2　日本政府对于产业研发的支持[a,b]（10亿日元）

年份	（A）总计	（a）津贴和研究契约	（b）税收优惠待遇	（c）低息贷款
1960	9.8	0.7	9.1	—
1965	16.4	3.1	13.3	—
1970	31.0	11.0	19.1	0.9
1975	64.7	29.8	33.0	1.9
1980	101.0	60.8	38.0	2.2
1983	117.7	58.7	57.0	2.0
年份	**（B）产业研发经费**	**（A）/（B）（%）**	**（C）技术引进支出**	**（A）/（B+C）（%）**
1960	124.4	7.88	34.2	6.18
1965	252.4	6.50	59.6	5.26
1970	823.3	3.77	155.1	3.17
1975	1684.8	3.84	211.3	3.41
1980	3142.3	3.21	326.2	2.91
1983	4560.1	2.58	493.8	2.33

a：摘自 Goto and Wakasugi（1998），表1。

b：a是津贴和研究契约的总额；b是通过税收优惠待遇促进研发的税收减免；c是通过低息贷款方式促进研发的利息支出节余；A＝（a）＋（b）＋（c）。

资料来源：（a）总务省各年的研发调查报告；（b）递交给税收系统委员会的文件；（c）据日本发展银行文件的估算。

研究联盟在新技术产生方面的效率也是值得怀疑的。依照若彬和后藤

（Wakasugi and Goto，1985）以及藤志吕（Fujishiro，1988）的研究，研究联盟的生产率就研发经费支出所产出的专利而言是明显低于产业界的，虽然这些作者都没有暗示这是测度研发效率的一种最好的方法。[13]也许研究联盟是转型时期的产物：公司意识到需要推动更长期、更大规模的即便不是基础的研究，但它们却始终没有技术和财政能力去独立完成。随着越来越多的合作研究行动现在由多公司联合资助的研究机构或在跨公司的技术协议下展开，研究联盟的作用下降了。

1973 年的第一次石油危机结束了高增长的时期。同时，日本采用了更加灵活的汇率换算系统，导致了日元的升值。年均增长率也由高增长时期的 10% 急剧下降到 20 世纪七八十年代的不到 5% 。技术上的剧烈变化产生了两个主要后果。第一，开发节能产品工艺成为很多企业研发的主要目标之一。这样的研发，连同产品渐进创新方面的不断积累，使得日本制造工业增加能源利用效率成为了可能。例如，钢铁工业开发了无油制钢工艺并大大减少了能量消耗。这种对于能源研发强调的转移也在政府研发中有所体现：能源研发占政府研发总投资的比例从 1975 年的 7. 5% 上升到了 1985 年的 16. 3% （National Science Foundation，1988，p. 55）。旨在开发可替代的能源产生技术的阳光计划和旨在开发能源节约技术的月光计划分别在 1974 年和 1978 年开始执行。第二，整个工业结构也转向了能源集约型、技术密集型以及高附加值型的结构。能源密集型工业规模下降而高技术工业迅速扩张。前者最显著的例子莫过于炼铝工业。日本在 20 世纪 70 年代早期是全世界第二大的铝材生产国。10 年以及两次石油危机过去之后，炼铝产业几乎全部垮台而进口急剧攀升（Goto，1988）。相比之下，高技术工业——半导体、计算机和精细化学等却成长迅速。

因此，经历了 20 世纪七八十年代，日本公司必须应付急剧变化的外部环境。然而，两次石油危机和两次急剧的日元升值（1977 ~ 1978 年 65% 对美元，1986 ~ 1988 年 92% 对美元）之后，日本公司也发现它们在世界出口市场中的份额显著增加。而这个增加在高技术产品领域尤为显著，日本的出口份额从 1965 年的 7. 2% 上升到 1986 年的 19. 8% 。日本成功应对变化的外部环境主要基于如下两个因素。第一个是在车间和设备方面高研发的投资率。在 1973 年到 1987 年间，研发经费支出增长了 4.4 倍，占国民生产总值的比例也从 2.0% 提高到 2.8%。对于车间和设备的投资占国民生产总值的比例自第一次石油危机以来逐渐下降，从 1970 年的 19%，到保持在 14% ~15% 左右，到 20 世纪 80 年代开始增长至 1990 年再次达到 19%。日本在车间和设备的投资总额甚至超过了经济总量是日本 1.8 倍的美国。对研发以及车间和设备方面的积极的投资也相辅相成，增加了生产率并改善了产品质量。此外，作为第二个因素，日本企业的管理系统对它们适应急剧变化的外部环境作出了很大的贡献，我们将在后文予以讨论。

随着日本公司在世界市场中力量的增强，科学和技术政策所关注的焦点也逐渐从提升产业技术能力，转移到诸如加强基础研究以及创新全球化等新的论调上来。这些将在最后一部分予以讨论。

三个产业中的技术发展

在这部分，我们将描述自明治时期以来钢铁、电器和通信设备、汽车三个产业的发展情况；这也将作为对我们前面所给出的一般性历史描述的一个补充。[14]

钢铁行业

1901 年，政府完全依赖于德国技术建立了八幡炼钢厂（Yawata Steel Works）并接下来开始运作。而这个案例则概括了日本工业和技术发展的两点突出特性——政府支持和技术引进。这样的观点是公正的吗？这两个特点真的有实证性吗？对钢铁产业细致的历史回顾则给出了一个不同的图景。

最早试图用西方技术来生产钢铁的尝试，早在八幡成立之前的半个世纪就已经开始。这是在 19 世纪 50 年代，虽仍处于德川时期，但却是在政府迫于美国、英国、法国和俄国的军事威胁而对它们打开国门之后。在此时期之前，钢铁的生产是采用铁砂和木炭混合应用本土的小规模生产的方式来进行。然而，在西方国家的威胁下，德川政府和一些有实力的封建领主意识到了建造强火力大炮的重要性。由于这个决策本身就创造了对钢铁质量的需求，它们参照荷兰书籍中的技术描述（一个在德川时期通过荷兰进行技术引进的例证），但却用日本人自己的双手建成了返焰炉。这种炉具可以通过本土技术产生出来的生铁生产出小规模的熟铁。熔炉的制造工程师之一，大岛（T. Ohshima）建议建造一个鼓风炉来生产生铁。大岛是生活在本州东北部的南部部族（Nambu Clan）的武士。南部有着铁矿和制铁的历史。除了这个背景之外，大岛还去过长崎学习荷兰文，并通过我们前面所介绍的那些（荷兰人留下的）书籍学习钢铁和大炮的制造技术。他也因此了解了土法和西洋技术，并且在私人投资者的经费支持下，在临近南部一个铁矿的城市——釜石建立了小型的鼓风炉。虽然生产最初遇到了很多问题（耐火砖、通风等），但1年后生产就变得平稳起来，也建造了更多的熔炉。

1874年，明治政府打算在釜石建立一个现代熔炉，并雇用大岛和一个德国工程师来计划这件事。德国工程师建议在两个引进的熔炉之间建立一个大规模的现代工厂以及一个用于搬运产品和铁矿石的铁路系统。而大岛则反对这个计划，并建议建立五个相对小一点的熔炉而用更加适当的运输方式。从未质疑过西方技术权威的政府，拒绝了大岛的计划并基于德国工程师的计划从英国引进熔炉、铁路机车和其他设备，并雇用英国工程师来建立大工厂。工厂开始运营于1890年，就马上遇到了困难，并于营业后196天关闭。倒闭的原因是明显的。首先，大工厂使用木炭，但不久之后就发现供给如此大规模的木炭是不可能的。然后接下来又决定用焦炭作为燃料，虽然焦炭随处可得，但却很难保证质量。不用说，技术无法离开社会和经济的条件。显然，在对西方技术权威的迷信之下，无论是欧洲的工程师还是明治政府，都不明白这个简单的道理。相比之下，熟知炼铁也从事了多年实践的大岛，才熟谙日本铁生产的周边条件。

在政府关闭了大工厂之后的几年，釜石又重新开始了铁的生产。一个私营企业家田中（C. Tanaka）从政府的手中购买了大工厂，开始使用一个新的小熔炉（在大岛的技术下建成）而不是原来的大熔炉重新开始生产。虽然在正式商用之前同样进行了很多次改进，但却始终能逐年扩展产量，1984 年又在帝国大学（现为东京大学）教授野吕（K. Noro）的帮助下，修整并改进了英国人建造的大熔炉并成功重新开始生产。

釜石的教训看似被时间所遗忘，政府又开始在八幡和九州建立联合钢工厂。政府在兵工厂中用釜石生产的生铁或本土的技术进行钢生产试验，并引进铁。然而，从军方的观点来看，用现代综合技术大规模生产钢材是非常必要的。因此，政府决定于 1896 年在八幡建立工厂并让小大岛（M. Ohshima，T. Ohshima 的儿子）来制订计划。小大岛曾在德国学习，决定用德国技术来建造工厂，并委托了一家德国公司来制订详细的计划，购买德国的设备并雇用德国工程师作为顶级工程师。1901 年完工以后，它的确成为一个壮观的现代化大车间。然而，兴奋却并没有持续长久。运作的问题开始激增，工厂也在 1 年左右的时间就被迫停工。主要的问题在于德国和日本的焦炭质量的差异上面。八幡被选作厂址的原因大体是因为其附近有一个大的煤炭矿，工厂生产所用的焦炭来自于这个煤矿上。焦炭生产工厂也是由德国人所设计的，他们从来都不懂得德国和日本煤炭的区别，同时又受到当时成本的制约。结果，焦炭工厂不仅不能使用日本的煤炭，也由于采用了廉价过时的设备而效率低下。因此所产出的焦炭质量非常差，并使得钢生产极其困难。

再次像釜石一样，野吕被授意改善这个情况。野吕本人也曾向八幡的工厂提交过计划，无疑也建议了一个更加适度的生产规模并逐渐扩张。但是政府却拒绝了它，野吕也由于一个无关的原因而被辞去了职务。野吕对八幡的情况作了彻底的调查，改善了焦炭生产工艺，并对熔炉进行了一些改进，使它们适应日本的焦炭。这个转变花费了几年的时间，终于在 1904 年工厂重新开始成功运营。

八幡工厂由政府持有并运作，主要是因为它所生产的钢材被用作武器生产。虽然八幡是一个无可争议的统治性的钢生产者，但私营企业却也不是完全不存在。除了田中的八幡工厂，住友（Sumitomo）、川崎（Kawasaki）和三菱（Mitsubishi）（位于已被占领的韩国）也进入了市场，以及由野吕的学生今泉（K. Imaizumi）提议将八幡私有化而未被接受反遭解职时所创立的日本钢管公司。因此，私营部门出于追逐利益而进入产业的情况的确发生了。由于启动需要大规模的投资，很多进入者都是财阀公司或者是由财阀提供财政支持的[如浅野（Asano）、大仓（Okura）以及其他相关的小财阀对全日空投资]。它们中的很多开办了联合工厂，但是很多也从印度、美国和其他国家进口生铁和废铁。1934年，政府部分所有的公司日本钢铁（Nippon Stell）成立，以实现钢生产的平稳化（对此军方认为是不可缺少的）。八幡被并入这个公司，政府也促进私营钢铁公司加入。釜石和一些其他公司响应了这个号召，然而全日空、住友金属、川崎钢铁和其他公司却依然保持独立。

既然本部分的目的在于表明当日本决定引进西方技术时具备一定的技术背景，并且当技术引进本身并不能孤立地保证产业发展的成功，那么我们将仅简单地讨论战后的发展情况。从创新方面来说，两项发展具有重要的影响。首先是20世纪50年代从奥地利引进的氧气顶吹转炉并将其改进和吸收到日本的钢工厂。日本不仅在吸收技术的速度方面领先于其他国家，在改进技术的方面也是如此（Lynn，1982）。例如，八幡发明了顶吹氧转炉钢气体回收系统作为节能和降低污染的有效装置，现在已经在世界范围内应用。第二个是20世纪五六十年代连续浇铸方法和带状钢轧机的引入。

有两个因素可以解释为什么这些技术可以在日本获得最有效的应用。第一个因素是日本公司投资生产工艺的强烈倾向。既然这两项新技术都必须内含于资产设备当中，并需要大规模的综合生产流动，其优势只有在新投资下才会得以开拓。日本铁和钢生产者们事实上对一系列新的综合性大车间进行了投资，生产力得到迅速提高。例如，1973年，在日本钢铁的两个大车间——君津（Kimitsu）的一个新车间和在八幡的旧车间——之间，君津的新车间的劳动生产率是八幡旧车间的2.5倍，虽然八幡的生产率本身在过去的30年中已经有了几倍的增长（Iida，1979）。第二个因素是改进车间效率的持续努力。很多车间的改进成效是显著的，例如计算机生产控制的引入；然而，很多却是在车间现场基于工人的建议完成的。正如我们后面要讨论的那样，日本公司在实现全公司的参与以提高生产率方面还是相对成功的。

结果，日本的生产率超过了其他国家，其公司也开始输出技术，例如，向包括巴西等发展中国家和意大利、美国等发达国家在内的其他国家传授关于车间建设和生产运作方面的诀窍。自从 1974 年起，日本工业的特许收入就超过了它的支出，这也是日本工业历史上的第一次。

让我们对这一子部分做一个总结。从产业政策的方面来看，政府和军方在钢产业发展中所发挥的作用显然是非常巨大的（和很多其他国家一样）。钢生产和军事的需要是分不开的，第一次用西方技术进行钢生产是用来制造大炮就是一个例证。然而，釜石和八幡的案例却表明，政府在选择恰当的技术方面显得没有私营部门那么优秀。在每个案例中，政府都对西方技术给予了过多的信心，而西方技术通常无视诸如基础设施和积累起来的本土技术等本地条件。相比之下，大岛和田中在釜石的努力表明，私营企业对于实现这个目的来说是更合适的。

电器和通信设备

电器和通信设备产业则给出了日本本土技术或者自身研发的努力和引进西方技术相结合的另一个例证。这样的结合是非常可行且有效的，因为虽然在 19 世纪晚期当电器和通信设备开始被引进时，日本的技术是落后于美国和欧洲的（正如其他现代产业一样），但其间的差距却并不是很大。以电灯为例，斯万（T. W. Swan）于 1878 年在英国、爱迪生（T. A. Edison）于 1879 年在美国发明了白炽灯。第一个在日本展出的白炽灯则是 1884 年，仅在爱迪生发明的 5 年之后。毋庸讳言，展出上所有的设备都是进口的。但是，在下一年的类似展出中，国产的发电机已然投入了应用。发电机的发明者藤冈（I. Fujioka），是工程学院（后来成为东京大学的工程系，正如前文所解释的一样）的一位年轻教授，他曾与该学院的一名英国教授一起学习。藤冈接下来又了解了制造灯泡的原理。他离开了大学并加入东京电灯公司（Tokyo Electric Light Company，现在是东京电力动力公司），并被派到美国和欧洲去学习技术，从英国购买了灯泡生产设备，并于1887年回国。接下来他便开始了开发的努力，来延续他独立于东京电灯公司的工作，并于1890年建立了一家生产白炽灯（名为Hakunetsusha）的新公司。即便是用从英国购买来的设备，开发时仍遇到了持续的难题。例如，参照斯万的发明，其团队最初用棉纱来作为灯丝，但效果却不能令人满意，在他学习爱迪生使用日本竹来制作灯丝并如法炮制之前也花费了多次的努力。这家白炽灯生产公司于1890年开始销售灯泡。因此，虽然美国无疑在创新方面有所领先，并在生产规模方面处于统治地位，日本工业的起步并未滞后远于一代人。

正如之前所讨论的那样，日本由于不平等条约的关系并没有什么方法可以保护本土产业。这家白炽灯生产公司遇到了进口方面的激烈竞争。其产品成本比进口高出60%。然而，由于在1894~1895年中日甲午战争和1904~1905年的日俄战争中的胜利，也因为1903年欧洲生产商灯泡卡特尔引起价格的提升，该公司存活了下来并日趋繁荣，同时，还继续努力改善其产品并推出了两项创新，即传遍世界的双绞丝灯泡和磨砂灯泡。

这家公司构成了现在东芝的半个公司。另外来自于田中（H. Tanaka）建立的田中制作所（Tanaka Seisakusho）。田中生于1799年，是德川时期最原初也是最高产的发明家和工程师（机器人大师）。在14岁的时候，他已经发明了一个织机，在20岁的时候做成了后来变得非常有名的水压机械系统的“机器人娃娃”。他发明和开发的东西非常广泛——钟表、喷灯、熔炉、水泵、灭火器、烟草切割机、制冰器、自行车、榨油机、稻米剖光机、轮船、挖泥机、枪等。他甚至基于西方技术制作出了第一台蒸汽机。在1873年，时值74岁的田中被工部省邀请从他的家乡九州到东京，在工部省的小工厂中制造电报机。有了这个经历，他于1875年建立了自己的公司田中制造所，并生产电报机、开关和各色的电器和其他设备。因此，对于田中而言，技术开发是连续的，而本土和西方技术的区别并不是很显著。田中对于日本工业开发的作用是非常重要的，因为在田中指导下的工部省工厂的工程师们后来也成了产业中的先锋。这些人包括后来帮助藤冈建立白炽灯生产公司的三好（S. Miyoshi），以及现在日冲（后文将会讨论）的创始人日冲（K. Oki）。

虽然田中在1881年就去世了，他的儿子接管了公司并依照海军的要求通过鱼雷和地雷的生产扩展了公司的业务。几年之后，公司成为了当时最大的制造企业之一，但随着海军开始采用竞标方式以及随后完善其自身的工作，需求持续地减少并导致公司开始亏损。公司的主要债权人三井银行（Mitsui Bank）接管了事实上已经破产的公司，并将其改名为芝蒲机器制造厂（Shibaura Engineering Works）。公司的主要产品是蒸汽机、电力发电机和其他重电器设备。

虽然芝蒲发明了自己的发电机（在模仿引进发电机之后），公司发现其技术还是落后于美国。因此在1910年，芝蒲和美国通用电气公司达成了连属关系。美国通用电气获得了芝蒲1/4的股份，而芝蒲则可以使用美国通用电气的技术。例如，芝蒲派遣其工程师去美国通用电气学习技术和生产方法。

这家白炽灯生产公司于1898年更名为东京电力，同样隶属于美国通用电气联盟，美国通用电气拥有其55%的股份。既然公司是以生产灯泡起家，更名后公司的业务主要集中于轻电器设备和器具，而芝蒲则定位于重电器设备。因此，两个公司互为补充，并在美国通用电气的支持下，它们于1939年合并为东京芝蒲电器（后来改名为东芝）。美国通用电气拥有33%的股份，三井拥有15%。和美国通用电气的关系一直延续到“二战”开始前，战后的1953年得以继续，美国通用电气拥有24%的股份，虽然这个比例后来逐年有所下降。

东芝的主要竞争者日立在日本的生产者中是非常独特的，因为它依赖于自己的研发努力（同时有逆向工程）而未和西方公司达成任何连属关系。日立由日本东京大学工程系毕业生小平（N. Odaira）于1911年创建，最初作为日立矿业的隶属车间，并在9年后获得独立。日立以生产矿业中所应用的发电机、吹风机、变压器和其他重电器设备起家，但迅速开始转向其他消费者并将其业务拓展到包括工业机器和轻电器设备在内的其他领域。

相对于和美国通用电气结盟的东芝、1923年和威斯丁豪斯（Westinghouse）（有 10% 的股份）联盟的三菱电器、1923 年和西门子（有着 30% 股份）以及古河矿业（Furukawa Mine）联合创业的富士电器，日立从没有加入任何国外公司的连属。日立成为四个主要制造商中最大的一个，也表明了日本的技术差距并不明显，同时日本工程师自身也有能力通过逆向工程自己开发产品。同时，需要注意到的是，甚至是同国外公司联盟的企业也有大量自身的研发活动。因此，东芝的两个前身，东京电器和芝蒲工程在同美国通用电气联盟的情况下还是分别于 1918 年和 1921 年建立了各自的实验室。日立于 1934 年建立了自身的实验室，它早在 1918 年便开始了独立的研发部门。

让我们转向通信设备。明治政府于 1868 年在英国工程师的帮助下，使用从英国进口的设备开始了电报业务，并将其作为一项政府业务。正如前面所论述的那样，工部省希望在国内供应电报技术，并让田中来负责实施。田中成功地在工部省的实验工厂中制造出了技术，并且后来开办了自己的田中制造所。1877 年，也就是贝尔（A. G. Bell）发明电话的 1 年后，工部省就应用了美国的技术在日本试验了电话。工程师们在工部省的工厂开始通过模仿的方式进行国内生产，并在次年生产出第一批产品，然而质量却不尽如人意。其中的一名工程师——日冲，坚信这项业务有着明朗的未来，于是离开工部省并开办了自己的公司明工社（Meikosha，后更名为日冲）。而电话业务直到 1890 年才得以建立，部分因为对其价值（如捎信被认为是更加廉价且更加可靠的传递信息的方式）的怀疑论态度，以及部分由于政府内部对于此业务应该由公共还是私营部门来运营的争论。然而，在业务开始不久后（作为一项政府业务），公众就对其方便性予以了认同，需求也迅速增加。进口设备和国内设备（接收机、接线总机、线材等）都能够得以应用，而明工社也成功地成为了唯一的国内生产商。

美国的西部电器（Western Electric）看到了日本快速增长的市场，决定通过合资的方式进入。首先，美国西部电器考虑和明工社结成团队，然而诸事平顺的日冲却开出了美国西部电器难以接受的过于苛刻的条件。美国西部电器最终决定加入了曾作为美国西部电器的日本代理的岩垂（K. Iwadare）的团队，于1898年建立日本电器公司（NEC），其中美国西部电器拥有54%的股份而岩垂则拥有33%。为了开展业务，日本电器公司购买了由三好拥有的但由于过于迅速扩张和当时经济的萧条而濒临破产的当时最大的生产车间的其中之一。正如前文所述，三好是田中在工部省工厂中的弟子，也是和藤冈一起建立白炽灯生产公司的合伙人。因此，我们可以看到东芝、日冲以及日本电器公司与田中这个明治前技术的主导者之间的联系。

岩垂的生涯则代表了当时另外一种（更新的）工程师类型，即受过大学教育的工程师。他比藤冈晚1年进入工程学院学习电气工程，在工部省工作了4年，去美国并在美国通用电气找到了工作，回到日本后1年左右时间就成了大阪电灯公司（Osaka Electric Lamp Company）的工程经理，8年后离开这一职位并以美国通用电气和美国西部电器在日本的代理身份开始了自己的业务。因此，和日冲及三好相比，他的经历和藤冈一样，是更加“西方”的，他在指定的大学学习技术，并接受西方的教育，然后在当时的大公司中担任工程师。

起初，日本电器公司不仅用美国西部电器的技术生产电话和其他通信设备，而且模仿美国西部电器的管理方法（包括会计系统和工作管理），并购买美国西部电器的从机器到材料甚至便签本等供给品。然而，日本电器公司逐渐用自己的产品或者国内生产的产品对其进行了替代。随着电话系统的扩大，公司迅速扩张并与日冲以及东芝、日立和富士（其通信设备业务后来被分离为富士通）等新兴进入者竞争。日本电器公司于1926年开设了研发部门，并于1939年扩展成独立的实验室。从最早的只是吸收美国西部电器的技术，日本电器公司逐渐增加了自身的研发努力并开始产出超越美国西部电器的创新。

日本电器和通信设备工业的技术和产业发展表现出可以在很多其他产业中共同找到的特征。第一，日本在技术上落后于美国和欧洲但差距并不是非常大——这是和现在发展中国家的一个显著区别；第二，引进技术并不是完全的和本土技术之间没有联系的；第三，很多企业家/工程师可以使用前明治时期所积累的技能和知识；第四，这些受到了明治政府所建立的学院的教育和国外教授教导的工程师们对于吸收西方技术作出了重要的贡献；第五，外国技术通过合资、技术合同和逆向工程等方式被积极引进。日本有着吸收和采用引进技术的能力，以及成功地运作合资公司的能力。需要指出的是，独立于西方统治性技术的强烈愿望——人们可能称之为国家主义——在企业家/工程师中非常普遍，如日立中小水平的例子则更为明显；最后，日本有着强大的企业家精神和进入到不确定和未知领域中的强烈愿望。这个结论并不表明政府没有作为。政府在建立科学和工程教育系统、引进诸如电报、电话和武器等新技术，以及通过军方采购保证需求方面发挥了重要的作用。然而，以我们看来，如果没有私营部门的愿望和能力，这些政策绝不会导致日本的发展。

这个结论被战后的经验所进一步加强。虽然政府依然在20世纪五六十年代通过其扶持政策影响着产业、日本电话和电报公司（Nippon Telephone and Telegram）所取得的成就，以及国际贸易和工业部产业科学和技术机构以及日本电话和电报公司实验室等所进行的研究，但是，由于极少的国防研究和军事采购，其重要性和此前相比变得更加有限。在扶持政策中，计算机产业是一个主要的目标。虽然面向产业的津贴有相当大的部分给到了此前讨论过的研究联盟当中，但和产业的总研发支出经费相比依然很少。显然，是来自国内竞争对手和诸如IBM等国外巨人的竞争威胁促使企业从事研发活动。它们的研发经费从1965～1985年的20年里增加了超过40倍。

技术的重要性及其在日本实验室和工厂中的改进都在进行着。“二战”后，几乎所有的公司都开始重续和美国或欧洲公司的关系。甚至像日立一样的在战前保持独立的公司，也同美国无线电公司、美国通用电气、飞利浦和美国西部电器等公司签订了引进技术的协议。许可使用费支出因此显著超过了收入。然而，伴随着日本公司的持续创新，收入比支出的增长要迅速：从1973～1988年为13.4倍比2.5倍。因此，虽然支出依然高于收入，但差距却有大幅度减小：在1988年，支出仅比收入高了1.65倍。[15]

汽车

汽车工业的发展史依然表现出同样的特性：外国生产者起初占据着统治性

地位、一系列（国内）进入者的尝试、最初通过逆向工程的方式吸收技术、通过干中学的形式逐渐积累技术、军方和运输政府部门的采购、政府通过经济刺激和标准制定给予支持，以及创业者们通过物质投资和研发的形式进行的风险承担行为等。经过几十年的努力，日本的汽车制造现在已经在技术上追赶上欧洲和美国的竞争对手，并在一定的领域有所超越。因此我们也需要用同样的细节方式来考量该产业的日本经验。

最初引入到日本的小汽车是1897年进口的欧洲生产的蒸汽机驱动型汽车。然而，直到1903年两辆汽车（一辆蒸汽驱动，另外一辆是电驱动）被用作大型博览会的巴士，很多日本人才第一次看到了汽车的样子。一位博览会的参观者看到汽车并开始试图在国内制造一辆。这一努力生产出了一辆蒸汽驱动汽车，但是它在测试运行中有着诸多问题（特别是在轮胎方面）使其被迫放弃了任何商业化应用。4年后，第一辆本土生产的马达驱动汽车被制造出来，其大部分零件（包括其发动机）最初都依靠进口但逐渐被国内生产所取代。然而在销售了10辆汽车，其中8辆作为警方现有的41辆欧洲车和11辆美国车的补充之后，这个努力也宣告失败。同时，国外汽车进口的激增并完全统治市场：1910年引进了200多辆汽车，但到1920年这个数量就增加到6 800辆。1923年的东京大地震进一步增加了这个趋势，因为所有的火车服务全部中断而人们需要使用汽车来运送食物和必需品。因此，截至1925年，超过16 000辆汽车被引进来，同年，福特在横滨建立了一个汽车装配车间。通用汽车公司紧随其后，于2年后在大阪建立了一个类似的车间。因此，市场开始被两个美国生产商所把持。

明治时期有超过10次的本土制造汽车的努力但都失败了，最显著的一次是1911年由曾在美国学习了3年工程的桥本（M. Hashimoto）所创建的名为快进社（Kaishinsha）的公司所做的。他以进口和维修英国汽车开始其业务，进而通过从这些英国车中学到的技术以及他自己对于美国车的经验开始本土化地开发旅客汽车。他的第一辆汽车由于缺乏耐久的发动机所需要的铸件技术而失败，但他却在1913年最终成功实行一定量的生产。他开始用“Dat”商标销售他的汽车，但在同福特和通用汽车公司的竞争中却无法实现足以商业化生产的销售数量。

政府的最初动机也是军方推动的结果，在调查了英国、法国和德国的军事采购政策之后，政府认为通过军事采购的方式扶持卡车和巴士的生产是非常紧要的。在1918年，军方开始了对国内生产以及卡车和巴士的国内采购的津贴政策。虽然津贴本身额度不高，政策却给予了采购增加的期望，有三家公司开始了生产。第一家是快进社，有着客运汽车市场困难的教训，决定进入卡车的生产；第二家是东京汽油电器（Tokyo Gas Electric，现已倒闭），继承了兵工厂的卡车试生产；第三家是东京石川岛重工（Tokyo Ishikawajima Zosensho，现为IHI），它在一战繁荣时得益于轮船制造，最初通过拆卸一辆菲亚特（Fiat）汽车来学习技术，后来从一家英国公司沃尔斯里（Wolseley）购买技术加入到乘用汽车和卡车的生产当中。尽管有军方的支持，国内生产仍非常小。在1919～1931年间，这三家公司总共生产了2 575辆汽车（包括卡车和巴士），而国内市场完全被福特、通用和其他进口品牌把持。

第二次政府激励发生在1930年铁道部对于三家国内生产商进行了详细的开放测试，以及1932年商业和工业部（现在的国际贸易和工业部）联同铁道部一起促进三家公司以合资的方式合作开发一种所谓“标准”汽车（卡车和巴士），以“五十铃”（Isuzu）（现在五十铃的前身）为商标。合资持续了仅仅2年时间，生产了750辆汽车，但这些公司却使用这一经验在各自公司内生产卡车和巴士（同时服务于军用和民用）。

虽然快进社的主要部分被这个合资公司后来又被五十铃所并购，但是小型乘用车［当时叫做“大产牌汽车（Datsun）”］业务却被鲶川（G. Ayukawa）保留了下来，鲶川是一名正在拓展其尼桑财团［Nissan Zaibastu，一种被称做新财阀（zaibatsus）的组织］的有活力的企业家，并在当时得到了快进社。鲶川也出于这个目的建立了尼桑汽车（Nissan Motor）。尼桑汽车的另外一个起源是被称做实用自动车制造株式会社（Jitsuyo Jidosha）的公司，该公司采用美国工程师的技术指导，使用美国哈利·戴维森（Harley-Davidson）摩托的引擎来进行生产。因此，尼桑的技术起源同时来自于对英国和美国轿车的日本式模仿的努力，以及雇用美国人所带来的技术。

此间尝试进入的公司的数量也是巨大的。在卡车方面，三菱和川崎取得了一定的成果。对于摩托和三轮汽车而言，有超过 10 家公司作出了努力，其中的一些如大发（Daihatsu）和马自达（Mazda）生存到了最后，其中也有一些最终退出。乘用车市场方面也有所表现，包括三井造船在内，但大部分都只是非财团的小规模企业。除了丰田（Toyota）这个重要的例外，大多数公司都失败了。对此有两个因素值得强调。第一，是进入尝试的频率清晰的表明了承担风险的精神体现和挑战新技术的愿望及能力。简言之，熊彼特主义所言的企业家精神是丰富的。第二，虽然这些企业家精神在成型的财团中出现，但其作用却始终是十分有限的。事实上，它们很早就放弃了。相比之下，独立的企业家如鲶川、丰田以及马自达（Matsuda），更不要说桥本和更早期其他企业家，却更加持久。

丰田佐吉（Sakichi Toyoda）是“二战”前日本典型的一名发明家和企业家，虽然是处于不同的领域，但他和托马斯·爱迪生（Thomas Edison）非常相似。他 1867 年生于一个穷苦的木匠家庭，并经过了几年努力在 1890 年发明了第一个（木质手驱）纺织机。他开始销售这种纺织机并用它们来制作布匹，但是生意却不是很兴盛。努力一直持续到 1897 年丰田发明了自动织布机。此时对于织布机和用其生产出的高质量布匹的强烈需求促使了他的成功。他又进一步改进了这些织布机，可以更加快速有效率地生产更加宽幅的布匹。当世界上最大的织布机生产商普莱特（Pratt，英国）以 10 万英镑的价格购买其技术时，丰田的公司开始出口产品，织机的质量也得到了承认。值得注意到的是，丰田本人毕生的开发努力，都是作为一个单纯的私人和单独的企业。虽然三井物产（Mitsui Bussan，当时最大的贸易公司，现在是三井集团）曾经给予丰田企业财政支持，佐吉在一次被拒后迅速脱离了同三井的关系。

佐吉的儿子，喜一郎（Kiichiro）将织机销售的利润和普莱特的技术授权使用费再投资到汽车的开发中来。他通过雇用钢铁、工具和三轮汽车领域其他公司工程师的方式，组织了一个研发团队。他也拜访了一些教授来学习相关技术，很多都是他此前在东京大学工程系的同学。他还派遣他的工程师去美国访问福特车间并带回了如何建造工厂的理念，并购买了必要的设备。团队的工作从拆卸美国汽车开始。当发现美国技术是如此地遥遥领先后，他们决定模仿雪佛兰（Chevrolet）发动机并使用很多雪佛兰和福特的零件。和此前快进社的经历一样，铸件是一个问题。虽然丰田有着生产织布机的铸件技术，但他们需要更加复杂而且优质的技术来生产发动机。经过在铸件和其他技术方面看来无休止的尝试和学习，第一个可用作产品的卡车在1935年被介绍销售给军队。乘用车也于1936年出厂。

1936年政府推行了一项重要的政策激励以扶持国产汽车生产。政府对得到财政和其他支持的授权公司进行了生产的限制。相比之下，政府限制了当时最大的生产商福特和GM在未来扩大生产规模。许可却被授予给丰田（丰田的汽车品牌名）、尼桑和（后来的）五十铃。丰田和尼桑也因此成为主宰的汽车生产商，并扩大了生产。1938年，丰田和尼桑的生产总计达到了6 568辆非军用销售的水平，而福特和GM则是12 441辆。在军方销售方面，两方的数量是5 930对5 999，这也表明了军方对于本土生产商支持的意愿。福特和GM都在1939年退出了日本市场，丰田和尼桑的生产水平不断提高，1941年前后他们的生产都超过了15 000量，五十铃紧随其后达到了约一半的生产水平。到这个时候为止，大多数需求仍是定位于军事用途的卡车。

因此，军方采购无疑在支持本土汽车生产方面发挥了重要的作用。然而，本土生产汽车的质量在战前却从没有追赶上福特和GM的水平。关于熄火的投诉很频繁，包括轴承损坏、散热器漏水和早期传动零件的磨损等。[16]

除了朝鲜战争的短暂时期以外，战后的生产转移到民用上来。此时最大的问题是日本是应该依照幼稚产业理论保护和扶持本土生产商，或是从国外进口更加廉价和高质量的汽车。第一种观点大部分被MITI和生产商所持有，而后者则被运输部、日本银行、出租车公司等使用者以及进口汽车经销商等所持有。政府决定采纳第一种观点并限制了进口的数量并课以较高的关税。这种保护保证了对于国内厂商而言的增长的市场，也给了它们通过规模经济、干中学和进口技术降低成本和改进质量的机会。和这个影响相对照，政府所提供的财政激励，如通过日本发展银行提供低息贷款以及通过加速折旧以允许设备选择等，则显得并不是那么重要。政府特别针对研发的支持也非常有限。

为实现技术上的追赶，丰田依赖于自己的努力，而尼桑、五十铃和日野（Hino）则分别从奥斯丁（英国）、鲁特斯（Rootes，英国）和雷诺（Renault，法国）引进技术。在引进的情况下，它们首先是引进包括发动机在内的主要部分，但逐渐替换成国内生产商的部件。所有的这些公司都将其从许可模式产品中学习到的技术并入到它们自己的模型如大产的开发之中，并且到1965年终止了与外国生产商的关系。

这些生产商都在战前建立，而且不只是汽车制造商。进入产业的尝试是非常多的，在1945~1960年间就有近30家公司。这些包括前财阀公司，如三菱重工以及再度进入的公司，诸如马自达等，但多数还是新近的独立公司，包括都是以摩托车生产起家的本田和铃木。然而除了这些公司以外，很少有公司的寿命超过了5年。这些私营部门的努力是与国际贸易和工业部一起将国内汽车生产商集成为丰田和尼桑两大集团，以在贸易和资本自由化之后通过足够大的规模经济和美国巨人竞争的意愿相违背的。国际贸易和工业部的指导产生了以尼桑—王子合并以及丰田和日野（后来是大发）的联盟为形式的成果。结果，对两个集团的市场集中度增加了，但是一些有力的独立者的进入使得市场保持了较高的竞争力，这种竞争力与日益增长的全球化竞争一起，对维持甚至强化日本汽车市场中的创新行为作出了重要贡献。

日本汽车工业的经验鲜明地指出了一些关键性的问题。日本如何成功地在技术上存在着远远领先的福特和通用的情况下（战前时期）建立起自己的汽车工业？两个因素显得尤为重要。一点是工程师和企业家的存在，如丰田和鲶川，他们愿意承担风险并在失败中持续努力；另外一点是日本工程师吸收国外技术的普遍的能力以及工人吸收新生产工艺的能力。不用说，此前讨论的教育系统对这个效应的产生作出了贡献。大学中对工程教育的强调也裨益良多，丰田拜访教授来解答技术问题的小插曲就是这方面的例证。

和其他的后发国家一样，逆向工程是外国技术的第一来源。访问国外生产商的先进工厂、雇用外国工程师以及购买外国技术是获得技术的其他重要途径。

政府在两个方面发挥了重要作用，军事和其他采购，以及对于国内生产商的保护。通过保证需求的方式，这些政策鼓励了资本和研发方面（更多的是开发而不是研究，特别是在早期）的投资。然而，我们需要注意的是，在政府政策推出之前就有了很多进入的尝试或是违背国际贸易和工业部指导的做法。将日本的成功单独归结于政府的政策，事实上是一种误导。

结论性的评论

此部分旨在通过三个案例来研究日本产业如何从宽泛的含义上获得并开发技术。既然明治时期日本的迫切经济目标就是获得更加先进的西方技术并建立有竞争力的产业，我们的案例就特意更加集中于“现代”工业并且主要是第二次世界大战前这段时期。在这些产业中，在从西方国家转移技术方面作了密集的努力。而其方式却是多样的。在钢铁行业，特别是八幡工厂的案例中，基本策略是一整套引进——计划、技术设备和人员。在汽车和电器/通信设备行业，通过许可或合资方式的逆向工程和技术引进则非常普遍。两种方式的平衡也在两个产业中各不相同。显然，合资在电器/通信设备行业更加普遍。各个产业的公司之间的平衡也各不相同。因此，相对于日立和丰田，东芝、NEC和尼桑更加依赖于引进技术。很难对于两种策略孰优孰劣作出评价。

我们还展示了本土技术的重要作用。本土技术知识有助于对技术引进作出正确的选择，引进技术也必须在适应本土条件的本土技术的帮助下予以改进。釜石和八幡钢铁工厂的案例清晰表明了这一点。逆向工程需要理解潜藏在产品背后的基本机制和模仿的能力，本土技术的拥有者，如田中就具备这一条件。

除了这些技术方面的因素之外，还有两点重要因素，即产业领导的持续努力和好奇心，以及中高级工程师及关键工人的教育背景和技能。政府致力于建立一个强制性的教育系统以及工程学校是一个显著的贡献因素，虽然若不是有家长们对于教育的热心以及明治前时期广泛的私人教育背景，政府的努力不可能实现其目标。此外，教育可能是产生企业家意志的必要的但并不是充分条件，正如熊彼特强有力地指出，这种精神是经济发展的关键因素。对于支持这些意志的要素的全面研究已经超出了本研究的范围。其中的一些可能和日本今天的商业系统类似，将在下一部分中予以讨论；然而，有一些却不是。例如，正如 NEC 的岩垂（Iwadare）的生涯所表现出来，长期雇佣制并不是“一战”前的规范。[17]

一些观察家强调了财阀所发挥的作用。财阀如三井、三菱和住友（Sumitomo）都是非常巨大的、多样化的、家族所有的商业组织，经常有着同政府或军方的联系，也由于在政府对财政、矿业和造船等进行私有化的时候相对强大而承接了这些业务。在我们这里所研究的三个产业中，它们在钢铁产业中的规模，由于需要大量资金投资而相对巨大。然而即便是在这样的产业中，它们也依然是日本钢铁这个巨人的跟随者。在其他的两个产业中，它们的作用是非常有限的。事实上，是独立的企业家作出了风险性投资的决策，并通过持续的努力去实现了在技术上对西方的追赶。它们中的一些同财阀有着一定的关系，包括鲶川，其业务发展成了一个所谓的新财团；田中的公司，由于破产的缘故被三井所部分拥有；在美国西部电器进入电线业务时，作为美国西部电器和住友中介的日本电器公司后来也和住友形成了联系；[18]丰田自织机则一直由三井贸易公司销售。然而，在所有的这些案例中，都不是财团（或者已经建立起来的财阀）给予了第一推动或者成为了主导的行动者。正如鲶川的案例所表明的那样，财团毕竟只是一个成功的扩展和多样化了的企业；因此，和其他资本主义经济体中的大型多元化企业没有什么不同——从美国和欧洲国家的综合公司到韩国财阀（参见第 11 章韩国）以及其他发展中国家相应的组织。所以，特别强调财阀作为日本的经验也是一种误导。

财阀在战后被解散，现在的三井集团、三菱集团或者任何其他集团都只不过是非常松散的基本独立的公司联盟，不像“二战”前有着一家把持性的作为总部的公司。因为，现在通常会发现，一家三井公司向一家三菱公司买入或销售产品，或从三菱银行获得贷款。对于现在商业集团和战前财阀的区别，可参见后藤（Goto，1982）和小田（Odiagiri，1992，第七章）的研究。

我们只是简要地讨论了三个产业战后发展的情况，因为战前的讨论本身已经足够长了，战后经验的文献也相对丰富。在我们看来，小宫（Komiya et al.，1988）给出了对战后普遍的工业政策以及此部分所讨论的对产业的单独研究的最好讨论。[19]

我们已经讨论了日本工业从技术引进到自主研发活动的转变，也描述了战后研发的政策。更一般性地，产业政策（并不特指研发）可以归纳如下：（1）在最初几年，政府对于产业的投资金额，包括津贴、税收补贴、低息贷款，都是非常少的，虽然钢铁、煤矿、造船和电力等行业受益匪浅。（2）政府资金额度和重要性有着一个明显的随时间递减的趋势；事实上，它只是最小限度的而绝不比近年来其他的工业化国家大。[20]（3）对日本进口和外商直接投资的限制直到20世纪70年代都是非常重要的政策工具。它将已经在20世纪60年代就成为世界第二大资本主义经济体的日本的不断增长的市场限制到日本公司之间的相互的激烈竞争，这给予了他们很强的激励来对工厂、设备和研发进行投资。此外，由于战后日本《和平宪法》意味着军方不再是商业重要的客户，在相对于美国和欧洲生产商尚处于幼稚期的战前依赖于军事采购帮助的诸如汽车等产业，可能会在市场向国外竞争开放之后被击垮。然而，这些贸易和投资方面的限制在20世纪六七十年代有着剧烈的下降，以至于关税税率和进口限制下的生产商品数量都到达世界最低水平。（4）日本电话和电信（NTT，1985年私有）以及日本国际铁路（1987年分拆成6个区域性公司并私有）等国有企业的采购行为则帮助了通信和电器设备工业，以及车辆产业的发展。然而，它们现在也从国外供货商那里购买产品。（5）国际贸易和工业部在收集和扩散信息中所发挥的作用是非常重要的，因为它可以通过其日本外贸组织（Japan External Trade Organization，JETRO）获得海外市场的信息，并通过其有着大量实验室的产业科学和技术机构（Agency of Industry Science and

Technology)获得技术信息。然而，在公司自身积累了国际经验和技术知识之后，它们的作用也有所下降。此外，日本公司还有着各种其他“网络”，如通过贸易公司（日本综合商社，*sogo shosha*）、贸易联盟和购买者—支持者关系等。

因此，政府政策，特别是国内市场保护，在日本战后产业发展中至少在20世纪70年代之前发挥了重要作用。然而，正如本章开始所讨论的那样，政府政策仅当私营部门愿意且有能力抓住给它们的机会（或者甚至是跨越政策所创设的阻碍，如本田的经验）时才能实现其目标。去理解日本公司为什么有意愿且有能力，以及去理解为什么它们在政府政策的作用有所弱化的时候依然坚持，我们需要理解日本企业今天如何做决策以及如何推出创新活动。这就是为什么在下一部分中将对日本公司内部的创新给出详细讨论的原因。讨论将从现有的研发活动以及绩效的总体情况进行。

今日日本之创新

概览

表3.3表明了日本当前的研发活动和其他主要的发达国家相比较的情况。我们可以清晰地看到，日本政府资助研发方面的作用小于其他国家。政府资助如此之小份额的一个原因是日本相对较小的国防相关支出。然而，即使在扣除国防研发因素的影响以外，政府资助在总研发经费中的份额依然是最小的。

日本政府资助在工业研发中的份额只有1.2%；也就是说，日本公司几乎全部由它们自己来支付所有的研发支出。这和其他国家有11%～34%的工业研发经费是由政府所资助的情况很不一样。此外，如果扣除国防相关工业的影响，这个差距会有显著减小，因为如果不计入飞机和导弹工业，美国的比例也降低到7.7%（Ead and Nelson，1986）。而与日本的1.2%相比，实质性的差距在两国之间依然存在。

表3.3 五个国家的研发经费和人员情况[a]

	日本（日元）	美国（美元）	德国（德国马克）	法国（法郎）	英国（英镑）
总研发经费（十亿现值）	10909	142.0	64.82	141.9	10334 *
总研发经费（十亿日元）	10909	19596	4757	3068	2359 *
总研发经费/国民生产总值（%）	2.69	2.73	2.89	2.33	2.19 *
非国防研发经费/国民生产总值（%）	2.66	1.95	2.75	1.79	1.77 *
政府资助/总研发经费（%）	17.1	46.4	33.2	49.3	36.7 *
政府资助/非国防总研发经费（%）	16.4	25.1	29.9	33.9	21.6 *
产业/总研发经费（%）	75.5	72.0	73.0	56.8 ***	66.4 *
产业/产业研发经费（%）	98.6	65.7	86.8	73.0 ***	71.4 *
政府资助/产业研发经费（%）	1.2	34.3	11.3	22.4 ***	16.5 *
研发人员（千人）	462	949 *	166 **	115 *	102 *
人均研发人员（每万人人口）	37	39 *	27 **	21 *	18 *

a：1989年除 * 1988年，** 1987年和 *** 1983年之外。研发经费和人员这里不包括日本和英国的人文和社会科学领域，而其他国家则包含。德国是指联邦德国。

数据来源：Science and Technology Agency（1991）。

表3.3也列出了研发的人员数。日本研究人员数在1989年约为462 000人，并在接下来的20年中增长了3倍。其中64%的研究人员分布在产业当中。虽然研究人员的数量仅约为美国的一半，但人均研发人员数则和美国相当并超过了大部分欧洲国家。日本研究人员的一个显著特征是工程人员的份额（占到1989年总研究人员数的42%）相对于科学人员（16%）要大。[21]同样的趋势也出现在大学学位当中：在1988年获得博士学位的人中，有860名科学博士，却有1 404名工程博士。相比之下，美国的数量是7 438和3 236，德国是2 894和1 020。日本的研究生情况也是如此。1988年，有368 000名学生在工程系学习，而只有62 000名在科学系。对于工程教育的强调如之前所表明的，从明治时代就已经开始。[22]

活跃的研发活动导致了专利，更一般来说，导致了技术的进步。日本专利的申请数量（日本人或外国人）从1970年的131 000件增长到1987年的341 000件。这和欧洲国家专利申请数量在20世纪70到80年代早期有所下降的情况正好相反，而美国专利的数量只是逐渐增长到1987年的134 000件。这种专利数量的国际比较，可能由于在日本专利系统的框架下即便当发明在技术上非常接近也依然单独授权的情况而有所偏差，事实上日本在美国申请的专利份额还是快速的增长了——从1971年的5.1%增长到1988年的20.3%——表明日本增加研发的努力的确结出了丰硕的成果（STA，1990）。

另外一个描述技术进步的流行方法是全要素生产率的变化率，它不仅受到研发也受到其他各种因素，如需求变动以及同世界最佳实践的“距离”等因素的影响。表3.4表明了日本全要素生产率特别是1973年以前惊人的增长。在此期间经济增长的惊人速度主要被全要素生产率的增长所解释，而这反过来又可以在所有的其他因素中被解释为成功的技术引进和广阔的本土研发的结合。

表3.4 商业部门年生产率和输出及输入增长（百分比）

	OECD 平均	美国	日本	德国	法国	英国
20世纪60年代~1973年						
产出	5.2	3.8	9.7	4.6	6.4	3.2
要素输入	2.4	2.3	3.5	1.8	2.1	1.2
TFP[a]	2.8	1.5	6.1	2.8	4.3	2.0
劳动生产率	4.1	2.2	8.6	4.9	5.9	3.3
资本生产率	-0.4	0.3	-2.4	-1.1	0.6	-0.7
1973~1979年						
产出	2.9	2.8	3.8	2.4	3.5	1.1
要素输入	2.2	2.9	2.0	0.6	1.4	0.9

续表

	OECD平均	美国	日本	德国	法国	英国
TFP[a]	0.7	-0.1	1.8	1.8	2.1	0.2
劳动生产率	1.6	0.3	3.2	3.4	3.5	1.3
资本生产率	-1.4	-0.9	-3.0	-1.1	-1.2	-1.9
1979~1986年						
产出	2.3	2.2	3.8	1.6	1.5	1.4
要素输入	1.7	2.2	2.1	0.8	0.2	0.3
TFP[a]	0.6	0.0	1.7	0.8	1.3	1.1
劳动生产率	1.4	0.6	2.8	2.0	2.5	1.9
资本生产率	-1.3	-1.0	-2.0	-1.3	-1.4	-0.8
备忘						
1985年资本份额	32.2	34.3	22.6	34.8	30.8	32.5

a：TFP指全要素生产率。

资料来源：Steven Englander, A., and Mittelstä dt, A. (1988). "Total Factor Productivity: Macroeconomic and Structural Aspects of the Slowdown." *OECD Economic Studies*, No. 10, Spring。

日本公司内部的创新[23]

动机

由于成本和回报在不同时期且随着时期变化而发生，研发水平的选择必然是一个动态的问题。因此，公司投资研发的意愿很大程度上取决于公司更加倾向于增长（如长期目标）还是在短期目标上有所侧重。经常会有讨论指出，日本公司是比美国公司更加倾向于增长的。一些制度性因素显得很重要。

首先注意到，在日本对公司的资本市场约束并不像在美国和英国那样强大。大多数大股东是银行以及对公司非常友好的其他公司。通常，这些股东是互惠的，即公司也拥有它们自己的股份。[24]结果，除非在公司陷入困境的情况下，这些股东一般不会去影响公司的管理。这些股东自身也是由赞成该公司管理的经理所控制。[25]

因此，日本经理倾向于拥有相对自由的权利。他们大部分都是从据称在公司工作过30年并逐渐在晋升的阶梯上爬升起来的员工中挑选出的。他们首先将自己看做是雇员而不是股东的代表。事实上，如果他们从自学校毕业之后就和雇员们一起工作，他们又怎能不觉得和雇员比只是简单地知道甚至未曾谋面的股东更贴近呢?

经理更倾向于实现增长而不是公司的价值曾被很多作者所论述，最著名的有马里斯（Marris，1964），这种现象有多种原因，如经理会从增长中比从股东那里得到更多的物质和非物质财富。此外，经理和雇员之间的强烈认同，以及雇员被公司长期雇用在日本都非常普遍。是否这种附着可以被称做“终身”雇用是值得怀疑的，因为它并没有在劳动合同中写明，而事实上解职也比通常想象得要频繁。然而，它依然被雇主和雇员当做是一个规范，雇主和雇员关系在日本也比其他国家更加稳定。

这些考虑的结果是更加强烈的增长动机，对于雇员而言他们更加关心公司长期的生存和绩效以及晋升的前景。既然企业组织扩张得越快获得晋升的空间越大，雇员也比股东更表现出增长的倾向，并且较弱的资本市场束缚以及经理将自己定位于雇员，使得认为日本公司是更加具有增长导向且对技术知识的吸收给予了很多强调的假设是合理的。

管理者的背景

日本的管理者和美国或英国管理者的另外一个不同是他们的背景。在日本，主管（和在美国大部分为全职的或内部人士不同）来自于产品和技术部门，其次是营销和出口部门，总计50% ~70%，远比那些来自于金融和会计出身的仅占5% ~19%的人要多（Kono，1984，p. 33）。最近，据日经新闻（*Nihon Keizai Shimbun*）报道（1987年5月27日），在1987年前6个月中东京股票交易所中列出的公司的126名会长中，有36%有着营销的背景，而28%有着生产/研发的背景。那些有着财政背景的人再次仅占了11%。金融背景重要性的缺失和美国或者英国形成鲜明对比。在美国和英国，他们发现金融经验对于获得经理职位是最有帮助的。[26]

日本的管理者在生产/研发方面更好的知识和经验使得他们能更好地理解

研发项目的潜力和限制、更加精确的评价研发的产出，并且对研发持有更加赞赏的态度。同时，他们在销售/市场方面更好的知识和经验使得他们能更敏锐地了解什么样的产品才是市场所需求的。日本经理对于技术萌芽和市场需求的熟悉，在技术快速变化的市场中有着特殊的价值。

研发—生产—销售的连接

日本内部劳动力市场系统不仅以长期附着关系为特征，也以精心的有组织培训和轮岗方案为特征。就公司而言，对刚刚进入公司的工人提供几个月良好组织的培训是平常的事，培训旨在使工人可以掌握技术知识和技能，同时熟悉公司多样化的工作，并且之后会有每五年一次的职业中培训等。此外，工人的轮岗，如工程师从研发轮岗到生产部门、或生产工人从一个车间轮岗到另一个车间，和其他国家相比更加平常。这些实践帮助工人获得了一种全公司范围的视野和对于变化的工作环境的适应性。

此外，长期雇用自然导致了工人发展同各部门之间的联系。如果你在研发部门工作了很多年，你将会有很多机会见到以及和公司中其他人谈话，有机会拜访其他部门和车间去讨论互相关心的问题。因此，研发部门和公司内的其他部门之间紧密的人际关系被建构起来。结果，研发员工将更加熟悉生产和市场化过程中所产生出的技术需求，而非研发部门也将更加熟悉实验室中正在进行的工作。结果，公司研发部门将更加以产品为基础并以市场为导向。其优势是正在进行的研究将会更加具有商业相关性，将新产品引入到生产和市场化的阶段将会更快。另一方面，真正原创性的和基础性的研究可能并不受到强调。

日本公司的另外两个特征致使研发—生产—销售之间的连接更加有效。一个是在日本很少将一个部门随意地大量分割为多部门。较弱的部门划分不仅支持了跨部门之间较容易的轮岗（也许这正是多部门形式不流行的原因），也有利于技术知识在全公司范围内的使用。另外一个是和生产商以及转包商之间的紧密联系。有着持续信息流动的稳定的购买者—供货商关系在日本公司中非常常见。结果他们分担了市场竞争的威胁，也分享了创新的需求。供货商或转包商在产品和生产工艺上的改进将被父公司记录和奖励，如果可能的话也会在同组的其他公司中得到应用。在很多情况下，合作研发会在父公司和供货商之间发生。例如，当一个汽车组装商开发了一个新的汽车模型，合适的部件同时被开发是非常重要的。这样的开发将会由与组装商的开发团队有着紧密交流的供应商来完成，并且他们通常在组装商的开发团队的技术建议下完成。关于汽车工业更加详细的讨论可以参见浅沼（Asanuma，1985）和克拉克及藤本（Clark and Fujimoto，1991）的研究以及斤井（Imai et al.，1985）的一般性讨论。

新工艺/产品的引进

生产以及市场化过程中，日本公司对新工艺和新产品的引进更为平稳有着很多原因。正如前面所讨论的那样，最重要的是研发和生产之间的紧密交流。特别是在开发产品或工艺的过程中，生产员工倾向于从很早的阶段就开始参与。这对于开发本身而言可能并不是有效的，但是生产部门的观点在最终的产品/工艺开发中会有所反映，因而从开发到生产的转移会更加迅速，这一过程中极少有瓶颈或者阻断。

开发团队中的工程师转移到生产部门并积极地将自身融入到新产品/工艺应用到生产过程之中的事情也非常常见（Sakakibara and Westney，1985）。这样的转移在日本工程师的职业生涯中非常普遍，因为研究能力倾向于在三十几岁的晚期（甚至更早）达到一个顶峰，后来管理人员和工程师自己就倾向于将他们的能力和专门技术用于生产和研发部门的咨询和管理等位置方面。因此，这种转移不仅使得工程师曾参与其中的新产品/工艺的引进更加平稳，而且在一般意义上增益了生产部门的技术知识。这同时也培养了更加紧密的研发和生产部门之间的个人关系。

即便生产经理熟悉新产品/工艺，没有工人的熟练和灵活性而要将其引进到生产过程中也是办不到的。这里，依然需要强调日本公司在劳动力管理方面的优势。在日本，在终身雇用的期望下，管理者有着充分的为白领和蓝领工人提供培训的动机。因此，公司内教育、工作中培训，以及轮岗都面向工人开放。他们的技能因此不仅得到了提高而且更加灵活和宽泛，这也致使车间中新产品/工艺的采用更加容易和快捷。

在这个适应的过程中，对于管理者而言，对于重组工作组织的全权放任是非常重要的。单个和公司范围内的工会在日本公司的流行对于这个目的而言是不可缺少的。例如，当汽车制造商引进了工业机器人，大部分的焊接工作被砍掉，但却没有日本公司由于这个原因辞掉焊接工人。他们将被重新培训并转移到其他车间，如金属制造和组装；因此，也没有关于抱怨事件或罢工的报道。相反，如果分离在不同工作岗位上的工人被组织在不同的工会之中，这样的转移就不可能实现，而新工艺的引进也将导致争论。创新和劳动力关系事实上非常重要，不论它们看起来相隔有多么遥远。日本公司开始在英国生产时都寻找一个单独的工会代表因而是可以被理解的。

综合

在这个部分中，我们窥探了所谓黑箱的内部，并总结出日本管理在完成大规模研发活动，使其有效率并快速平稳地将成果应用到制造和市场化当中所推崇的四个主要因素。它们是：对增长最大化的偏好；管理者对于研究、生产和市场化的熟悉；研发—生产—销售的紧密联系；以及新工艺和产品向生产的平稳转移。在所有这些要素的背后，我们强调了在人员管理方面的重要性。特别是日本管理的内部劳动力实践，伴随着内部培训和晋升的长期的工人—公司附着关系，将有益于管理者和雇员对于增长的偏爱、跨部门的人际联系，以及生产过程对于新工艺和技术的易接受性。创新是一个绝对的劳动密集型过程。不论计算机有多么强大，它仍需要人类的大脑开启思维并对可选择的项目作出最终的评估。不论一项工艺是多么地集约劳动力，它也依然需要有经验的工人安装并操作它。创造出对于这些需求而言更加适合的人力资源和组织是创新成功的关键。

我们所论述的这些内部的方面，必然伴随着外部因素。一个组织要想具备高效率和灵活性，如果没有外部的竞争威胁和产业结构的快速变化，是不可能存在的。对抗公司之间的竞争在日本的很多产业中都非常激烈，即便在集中度特别低的产业也是如此。成长产业的进入迅速且频繁。产业结构的转变在过去的几十年中也非常激烈，一些原来的顶级产业现在变得非常默默无闻。这些事实都导致了公司强烈的危机感和创新的动机。为了维持稳定的内部劳动力系统，成长和多样化需要在内部予以考虑，公司也需要在内部吸收必要的技术。结果，在竞争和快速变化的技术和产业结构的威胁下，公司如果不保持创新其存活就会受到威胁。产业中的竞争本身就是日本管理系统的产物（例如，通过内部成长和多样化的努力），它作为国家技术进步的关键，永远不容忽视。

未来

我们应该对日本未来的创新体系有怎样的预期？我们认为，政府政策的权重在未来会有所下降，尤其因为政府通过解除管制和自由化正在失去其大部分的控制工具。产业将很少依赖政府，政府—商业之间的个人关系也将变得脆弱。

一些迹象表明日本管理系统的变化是必然的。第一，是很多企业倾向于增加近海生产的举动。这个举动会使得研发—生产之间的联系变得多么困难是一个非常重要的问题；第二，是金融市场的变化，诸如解除管制以及联合和兼并的增加，而且了解这种变化会在怎样的程度影响公司决策的方式，特别是他们对于研发的态度也是非常重要的；第三，是不断变化的劳动力关系环境。随着日本就业人口的年龄构成迅速向老龄化变化，并且随着技术变化的加速，公司维持终身雇用会变得越来越困难，并且日本管理系统的一些优势将会消失。近海生产和移民工人的增加也会加速这种趋势。

第四，是全球研究需求的增加。随着国际技术竞争的加剧和产品国际化程度的提高，公司必须警惕世界任何地方的技术发展，警惕世界范围内任何生产场所的技术需求，以及国际市场的需求。全球研究因此迅速增加，很多公司已经建立了海外研究机构或者增加了和国外公司的技术合作。日本公司是否适合这种全球化是一个有趣的问题。如榊原（Sakakibara，1998）指出，美国的管理者在雇用具有不同价值观、个性和教育背景的人方面更具有经验，因此具备在国际技术管理的转移过程中所必需的更好的灵活性和适应性。然而，美国异质的科学家和日本同质的情况（区别并不是绝对而是相对的）可能表明，美国科学家在美国的日本公司中工作，比日本科学家在日本的美国公司中工作更加适合。从这个意义上来讲，美国公司在获取起源于日本的技术知识时可能会受到阻碍，而语言屏障也会使这种阻碍进一步加剧。此外，从日本公司研发—生产的联系来看，外国公司在日本可能无法实施有效的研究，除非它们自己也拥有生产设备（Westney and Sakaibara，1986）。

最后，私营企业和政策制定者将会越来越多地强调基础研究。随着日本在很多领域追赶世界上的最佳实践，并在其中的一些领域担当了领袖，可以进口的技术萌芽也随之变得稀少。即使日本公司找到了它们想要进口的技术，出售的企业在它们的报价中设置各种限制条件也是家常便饭。因此，日本公司特别是在基础研究领域希望创造自己的技术。此外，最近高技术的发展已经论证了基础研究对于商业成功的重要性。

很多日本公司因此建立了独立于现有的面向应用研究和开发的研究资源的基础研究实验室。虽然它们所谓的基础研究真正有多基础有时是值得怀疑的，但转向对技术谱系的基础一端的强调还是比较合适的。政府也强调了更多基础研究的必要性，它们相信，随着日本经济在世界经济中的地位提升，日本对于“国际公共产品”的贡献也需要增加。贡献于世界知识储备的基础研究被看做是国际的公共商品，日本也希望对其作出贡献。

从基础研究的经费方面来看，产业方面所达到的增长远比大学多。在1977~1987年的10年间，产业方面的年均增加率为15.8%，而大学为6.5%。结果，1977年大学还承担着日本64%的基础研究，而公司只承担20%，到了1987年这个比例则变成了50%和34%（STA，1990）。毋庸置疑，大学被认为是基础研究的首要和最适合的执行者，因为产业并不愿意去承担外在性的和远离商业应用的研究。因此，人们会设想，对于私人部门活动的日益增加的依赖是否会导致基础研究的健康发展。大学中匮乏的资金也是一个问题。1987年，产业中平均每个研究者所获得的研发经费是2 500万日元，而大学中只有1 000万日元（STA，1990）。

所有以上的讨论都表明，日本创新体系进一步的改变是必然的也是必要的。朝哪种道路的变化将会显著影响未来的技术绩效，并且，创造一个领导者的而非跟随者的（不论这个跟随者的创新体系过去可能是多么的成功）创新体系的创新是非常必要的。

注释

［1］日本人制造了碾米机而西方制造了磨粉机，这反映了饮食习惯的不同。一些作者指出，这种不同导致了日本人更加擅长于往复运动的机器，但在圆周运动的机器方面则落后于西方。

［2］我们将在后面说明这个工厂同本土的机器人技术以及同现在的东芝之间的关系。

［3］对于 Riken 和 Gakushin 在上面讨论的国家研究机构，参见 Hiroshige（1973）和 Kamatani（1988）。

［4］这里的数据来自于 Kogyo Chosa Shuho，2（2），1924，Nihon Kagaku Gijutsushi Taikei，Vol. 3，Tokyo：Daiichi Hoki Shuppan，1967 重印。

［5］进一步详细的日本产业历史发展参见 Miyazaki and Ito（1989）。

［6］政府资源办公室（Resources Bureau of Government）进行的调查，引自 Hiroshige（1973，p. 115）。

［7］内阁技术机构（Technology Agency of Cabinet）进行的调查，引自 Agency of Industrial Science and Technology（1964，p. 125）。

［8］拿起初以速度和可操作性闻名的零点（Zero）战斗机为例。Karasawa（1986）指出，在 5 年战争期间，他们的马力仅增加了 20%，而美国和德国的战斗机的马力却超过了他们一倍还多，因此超过了零点战斗机。而且，战斗机上的机枪也难以瞄准，并受到短程和慢速的困扰。通信和雷达技术的薄弱也是显然的。在陆军中，卡车和其他车辆都有很大的问题，后面会予以讨论。因此，在战争结束之前日本和美国的技术差距已经非常大，更不要说美国开发了原子弹了。

［9］对于日本的技术引进和直到 20 世纪 70 年代中期政府政策的作用，参见 Peck and Tamura（1976）以及 Peck and Goto（1981）。

［10］我们将在后面回到对战后产业政策的讨论。

［11］Blumenthal（1976）和 Odagiri（1983）发现了产业和公司进口技术的特许支出总

额和他们的研发经费之间显著的正相关关系。

[12] 很多作者如 Saxonhouse（1985），强调了合作研究的信息散播的作用。很难估计这种作用在研究联盟中是有多重要。据报道，在非常引人注意的超大规模集成电路（VL-SI）研究联盟的案例中，让来自于不同公司的科学家混杂在一起，花费了主管相当多的天才和努力（以及饮酒！）。既然这个研究联盟在有着共同的实验室和来自于第三方的专门主管（即一个政府研究机构和非公司机构）而显著不同，我们设想在其他的研究联盟中，不同公司的科学家之间的交流一定是非常稀少的。

[13] 这里可以作出两点讨论。第一，研究联盟的研究主题理论上更贴近于基础端，必然需要长期的引导时间，并且比个体公司中的研究主题更少有成功的机会；第二，当大多数实际和潜在的对手存在于同一个研究联盟时，保护专利几乎没有必要，也就是说，申请专利只是为了抢先于对手。

[14] 此部分的讨论基于多种日本资源，包括各子公司出版的公司史。参考文献将不单独给出。

[15] 统计管理和合作机构办公室（Bureau of Statistics, Management and Coordination A-gency），研究与发展调查报告（*Report on the Survey of Research and Development*）。

[16] 这个事实支持了脚注 7 中的讨论。

[17] 参见 Hirschmeier and Yui（1975）。

[18] 当 WE 决定进入日本的电信市场时，NEC 推荐了被称做“二战”前四大财团之一的住友作为伙伴，因为住友拥有庞大的铜业务。一个新公司，住友电线（Sumitomo Elec-tric Wire，现在是住友电气工业）被建立起来，由 WE、住友和 NEC 共同所有。作为回报，住友获得了 NEC 的股份。

[19] 对于其他观点，参见 Johnson（1982）和 Okimoto（1989）。

[20] 这个发现和表 3.2 中所示的日本对于研发的支持下降相符合。

[21] 研究人员的数量（或者科学家和工程师）很难进行国际比较，因为定义是不同的，而且将日本的数字调整成全时等价的必要数据缺失了。参见 National Science Foundation（1988）。

[22] 教育方面的数据来源于教育部，*Gakko Kihon Chosa Houkokusho*。

[23] 对于此部分的话题更详细的讨论参见 Odagiri（1992）。

[24] 正如前一部分结尾所表明的，将这种组织形式归咎于后财阀经济团体是不正确

的。原文的讨论适用于大部分公司是否属于这样的团体。

［25］这种相互持有股份是恶意收购在日本很少发生的原因。日本的劳动力实践则是另外一个原因。参见 Odagiri（1992）。

［26］英国的情况参见 Fidler（1981）和 Kohn/Ferry（1981），美国的情况参见 Browne 和 Motamedi（1977）。

参考文献

Agency of Industrial Science and Technology, the Ministry of International Trade and Industry. (1964). *Gijutsu Kakushin to Nihon no Kogyo: Kogyo Gijutsu-in 15 Nen no Ayumi*. [Innovation and Industries in Japan: The 15 Year History of the Agency of Industrial Science and Technology]. Tokyo: Nikkan Kogyo Shimbunsha.

Asanuma, B. (1985). "The Contractual Framework for Parts Supply in the Japanese Automotive Industry." *Journal of Japanese Studies* Summer, 54 – 78.

Blumenthal, T. (1976). "Japan's Technological Strategy." *Journal of Development Economics* 3: 245 – 55.

Browne, W. G., and Motamedi, K. K. (1977). "Transition at the Top." *California Management Review* 20(2): 67 – 73.

Clark K. B., and Fujimoto, T. (1991). *Product Development Performance: Strategy, Organization, and Management in the World Auto Industry*. Boston: Harvard Business School Press.

Eads, G. C., and Nelson, R. R. (1986). "Japanese High Technology Policy: What Lessons for the United States?" In Hugh Patrick (ed.), *Japan's High Technology Industries*, 243 – 69. Seattle: University of Washington Press.

Fidler, J. (1981). The *British Business Elite: Its Attitudes to Class, Status and Power*. London: Routledge and Kegan Paul.

Fujishiro, N. (1988). "Computer Sangyo ni Okeru Kyodo-Kenkyu no Yakuwari." [The Role of Joint R&D in the Computer Industry]. Unpublished master's thesis, University of Tsukuba.

Goto, A. (1982). "Business Groups in a Market Economy." *European Economic Review* 19: 53 – 70.

Goto, A. (1988) "Japan: A Sunset Industry." In Merton Peck(ed.), *The World Aluminium Industry in a Changing Energy Era*. Washington, D. C.: Resources for the Future.

Goto, A., and Wakasugi, R. (1988). "Technology Policy." In R. Komiya, M. Okuno, and K. Suzumura(eds.), *Industrial Policy of Japan*, 183 – 204. New York: Academic Press.

Hiroshige, T. (1973). *Kagaku no Shakaishi* [The Social History of Science]. Tokyo: Chuo Koran Sha.

Hirschmeier, J., and Yui, T. (1975). *The Development of Japanese Business, 1600 – 1973*. London: George Allen & Unwin.

Iida, K. (1979). *Nippon Tekkou Gijutsu Shi* [The History of Iron and Steel Technology in Japan]. Tokyo: Toyo Keizai Shinposha.

Imai, K., Nonaka, I., and Takeuchi, H. (1985). "Managing the New Product Development Process: How Japanese Companies Learn and Unlearn." In K. B. Clark, R. H. Hayes, and C. Lorenz (eds.), *The Uneasy Alliance*, 337 – 75. Boston: Harvard Business School Press.

Johnson, C. (1982). *MITI and the Japanese Miracle*. Stanford: Stanford University Press.

Kaigo, M. (ed.) (1971). *Nihon Kindai Kyouiku Jiten*[Encyclopedia on Modern Education in Japan]. Tokyo: Heibon Sha.

Kamatani, C. (1988) *Gijutsu Taikoku 100 Nen no Kei: Nihon no Kindaika to Kokuritsu Kenkyuu Kikan*[The 100 Year Strategy to an Innovative Country: Japan's Modernization and the National Research Institutions]. Tokyo:

Heibonsha.

Karasawa, E. (1986). "Koku Gijutsu no Hizumi."[Deficiencies in Aircraft Technology]. In K. Hasegawa(ed.), *Nihon Kindai to Senso*, Vol. 6, 193 – 224. [Modern Japan and Wars]. Kyoto: PHP.

Kohn/Ferry International in Conjunction with the London Business School(1981). *British Corporate Leaders—A Profile*. London: Kohn/Ferry International.

Komiya, R., Okuno, M., and Suzumura, K. (eds.)(1988). *Industrial Policy of Japan*. New York: Academic Press.

Kono, T. (1984). *Strategy and Structure of Japanese Enterprises*. London: Macmillan.

Lynn, L. H. (1982). *How Japan Innovates*. Boulder: Westview Press.

Marris, R. L. (1964). *An Economic Theory of 'Man agerial' Capitalism*. London: Macmillan.

Minami, R. (1981). *Nippon no Keizai Hatten* [Economic Development in Japan]. Tokyo: Toyo Keizai Shinposha.

Miyazaki, M., and Ito, O. (1989). "Senji Sengo no Sangyo to Kigyo"[Industries and Firms during and after the War]. In T. Nakamura (ed.), *Nihon Keizaishi 7: Keikakuka to Minshuka*, 165 – 235. [The History of Japanese Economy, Vol. 7: Planning and Democratization], Tokyo: Iwanami Shoten.

National Science Foundation(1988). *The Science and Technology Resources of Japan: A Comparison with the United States*. Washington, D. C.: U. S. Government Printing Office.

Odagiri, H. (1983). "R&D Expenditures, Royalty Payments, and Sales Growth in Japanese Manufacturing Corporations."*Journal of Industrial Economics* 32(1): 61 – 71.

Odagiri, H. (1992). *Growth through Competition, Competition through Growth: Strategic Management and the Economy in Japan*. Oxford: Oxford University Press.

Okimoto, D. I. (1989). *Between MITI and the Market: Japanese Industrial Policy for High Technology*. Stanford: Stanford University Press.

Patent Office(1955). *Tokkyo Seido 70 Nen Shi* [The 70 Year History of the Patent System]. Tokyo: Hatsumei Kyokai.

Peck, M. J., and Goto, A. (1981). "Technology and Economic Growth: The Case of Japan." *Research Policy* 10(3): 222 – 43.

Peck, M. J., and Tamura, S. (1976). "Technology." In H. Patrick and H. Rosovsky (eds.), *Asia's New Giant*, 525 – 85. Washington, D. C.: The Brookings Institution.

Sakakibara, K. (1981). "Soshiki to Innovation: Jirei Kenkyu, Cho LSI Gijutsu Kenkyu Kumiai"[Organization and Innovation: A Case Study of VLSI Technology Association]. *The Hitotsubashi Review* 86(2): 160 – 75.

Sakakibara, K. (1988). "Managing Global Innovation: The Challenge of International Transplantation of Technology Management." Working Paper No. 8803, Hitotsubashi University.

Sakakibara, K., and Westney, D. E. (1985). "Comparative Study of the Training, Careers, and Organization of Engineers in the Computer Industry in the United States and Japan." *Hitotsubashi Journal of Commerce & Management* 20(1): 1 – 20.

Sawai, M. (1990). "Kikai Kogyo."[Machinery Industry]. In S. Nishikawa and T. Abe (eds.), *Nihon Keizaishi 4: Sangyo-ka no Jidai*, 213 – 53. Tokyo: Iwanami Shoten.

Saxonhouse, G. (1985). "Japanese Cooperative R&D Ventures: A Market Evaluation." Discussion Paper No. 156, Department of Economics, University of Michigan.

Science and Techonology Agency(STA)(1990, 1991). *Kagaku Gijustsu Hakusho*[White Paper on Science and Techonology]. Tokyo: Printing Bureau of the Ministry of Finance.

Umihara, T(1988) *Kinsei no Gakko to Kyouiku* [Schools and Education in the Tokugawa japan]. Kyoto: Shibunkaku.

Wakasugi, R., and Goto, A. (1985). "Kyodo Kenkyu Kaihastsu to Gijustsu Kakushin." [Joint R&D and Technological Innovation]. In Y. Okamoto and T. Wakasugi(eds.), *Gijutsu Kakushin to Kigyo Kodo*. 193 – 217, Tokyo: Tokyo University Press.

Westney, D. E., and Skakibara, K. (1986). "The Strategy."In M. Horwitch(ed.), *Technology in the Modern Corporation: A Strategic Perspective*, 217 – 32. Oxford: Pergamon Press.

第4章　德国技术创新的国家体系

奥托·凯克（Otto Keck）[1]

我们说德国是一个特殊的案例，有很多原因。其中一个是近来的政治史。“二战”后，德国被划分成有着截然相反的政治、经济系统的两个国家，即处于西部的联邦德国以及东部的民主德国。西部强势的经济和东部恼人的经济危机之间形成鲜明对照。通过于1990年10月加入联邦共和国的方式，有着1 700万人口的东部采纳了西部的政治和经济系统，也包括相关的技术和科学。

使德国的案例变得特殊的第二个原因是其经济的出口绩效。有着6 100万人口的联邦德国，1988年的出口商品总额达到3 230亿美元，几乎和美国持平（3 200亿美元），并且远高于日本（2 650亿美元）。而以人均的情况来看，则约是美国的4.0倍，日本的2.4倍。[2]

今天大部分技术创新的国家体系认为理所当然的制度形式，如结合了教育功能和科学知识优势的研究型大学，以及有以科学为基础且与生产相分离的内部研发实验室的企业，都起源于德国在19世纪所进行的社会创新。很快它们就被其他国家采用。在技术教育方面，德国提供的一种推动力引发了其他国家的效法。因此，对德国技术创新体系起源的历史性描述，可能不仅会对我们理解今天德国的体系有所帮助，也会给予不同技术创新国家体系之间的相互受益以启示，而这种相互受益通过模仿超越国家边界的制度形式，同时使它们适应特定的环境并间或加以改进而实现。这也是德国可以被看做是特例的第三个原因。

对于联邦德国经济绩效的解释，有时需要借助于某种假定的国家特质，特别是德国人勤劳的好名声。德国西部和东部之间绩效的差距并不违背这个解释，毕竟相对于其他社会主义国家的经济状况而言，民主德国确实有着很高的水平。然而，这种解释却被年工作时间的数据所攻破。德国产业工人的合同工作时间是每年 1 615个小时，而日本是 2 201小时，美国是 1 904小时，法国是 1 775小时。[3] 现在，建立在前几代人辛勤工作基础上的德国工业的技术能力，已经能够容许其产业工人比其他先进国家工作更少的时间。

因此这一章将侧重于从制度结构而不是国家特质来解释经济绩效。在对经济绩效产生贡献的诸多制度当中，本章将集中于讨论和产业技术能力相关的制度。第一部分描述了一直到 20 世纪初的创新体系的演化，第二部分从历史的梳理转向了现在，第三部分分析了现在的系统并讨论了其面临的挑战。

19 世纪的历史起源

在欧洲国家当中，无论是在政治还是经济方面，德国都是一个后来者。在 17 世纪，由于使人口减少了 1/3 的 30 年战争让其发展经历了倒退。发展的缓慢也同时体现在国家的支离破碎上：以 1789 年为例，有超过 314 个独立的公国，以及超过 1 400个皇家爵士身份。很多公国都有其自己的法律、货币、重量和度量、赋税以及关税。通向统一的道路荆棘密布。拿破仑战争和维也纳会议使得公国的数量在 1815 年之前减少到 39 个。1834 年，普鲁士和其他德国各州形成了一个关税联盟，而德国其他大部分州也都在 1867 年之前加入其中。政治联盟在 1871 年最终得以实现。德国事实上是一个联邦国家，中央政府仅对州的少部分职能负责，其主要职责是外交政策和军事。教育系统在各联邦州的权限之下。[4]

在整个 19 世纪都发生着提倡政治改革和工业化（主要来自于德国资产阶级）与极力保护专治政治秩序之间的冲突。工业发展的倡导者之一就是 1817

年到 1820 年在蒂宾根大学担任政治经济学教授的弗里德里希·李斯特（Freidrich List)。由于其观点和政治权威们相冲突，他只能逃亡到美国寻求政治避难。和亚当·斯密以及大卫·李嘉图的古典政治经济学不同，他提倡一种关注生产力发展的演化视角。他提倡建立一个包含中欧的关税联盟，以保护费的方式通过进口限制、使用进口系统等使得国内产业能够成功实现追赶。

在 19 世纪的头 1/3 阶段，德国主要面向国外，特别是英国和比利时，来寻求新机器和熟练的技术工人以为其产业带来先进的技术。德国的棉纺、毛纺和麻纺产业的新型机器、第一台蒸汽机以及第一个机车，都是从英国进口的。[5]

英国和比利时的技术工人在向德国的机器建设和钢铁产业转移技术诀窍方面发挥了重要作用。为了保持其产业的技术领先地位，1824 年英国通过法律的方式禁止了熟练技术工人的移民，1843 年限制了很多先进产业中的机械出口，包括模型和绘图以及工具和器具。然而，这些法律却很难真正实施，在很多情况下英国政府也授权了出口许可。德国政府经常对购买国外机械提供财政支持，有时还将其作为示范对象。技术知识也可以通过德国的访问者获得，政府经常给予鼓励和财政支持，有时通过产业间谍的方式。[6]

在政策和经济落后的情况下，政府在国家发展方面发挥着重要作用。关税联盟、政治统一、放松对自由从事商业活动的传统限制、建造公路和运河、鼓励铁路建设以及创建有效能的公民服务都是重要的因素。由政府主要资助的技术、科学和商业中的教育和研究系统同样不可或缺。

教育系统

在 19 世纪早期，法国是世界科学的中心。[7]很多德国科学家，如化学家李比希（Justus Liebig）就曾去法国学习最新的技术发展。法国高等教育制度，特别是巴黎高等理工大学被看做是激励和典范（虽然并不总是代表正确的方向)。然而和法国的大学不同，德国的大学却更加从制度上关心科学研究。在 18 世纪，在德国的很多州都可以找到科学研究院，科学研究也是其最主要的任务。很多大学都在非常穷的州，也出现了迎合废除该理念的一些呼声。

然而，很多州还是希望通过改革大学或者在课程改革的基础上建立新的大学来打破这些困境。[8] 在这些大学中最具盛名的是哈勒（Halle）和哥廷根（Göttingen）大学。哥廷根大学于 1742 年由汉诺威（Hanover）王国，在一个高层的公务员明希豪森（Gerlach Adolf von Münchhausen）的建议下建立起来。为了吸引国外的学生（意指从德国的其他州）而设计了新的课程，并建立了基于其出版物中反映出来的学术声誉而遴选教授的制度。哥廷根迅速成为了学问的中心。

哥廷根和其他大学所引进的改革对于德国大学系统未来的发展是非常重要的，定位于研究的传统传播更为久远。在一项对德国兴起的化学共同体的研究中，据哈夫保尔（Hufbauer）统计，德国在 1780 年有 11 家实验室，其中 8 家在医学系，而 2 家位于矿业学院。虽然这些实验室都很小而且按后来的标准衡量其装备也很差，但它们却表明，实证科学的研究的确能够在大学中得以进行。[9] 18 世纪晚期，一些药剂师将其业务拓展到培训药剂师、制造传统上由药房定制的药品和化学品，并且也进行实验室研究。很多此类机构达到了很高的水平，以至于它们的课程被政府认可等同于大学里的课程。[10]

德国现代大学的起源时间，现在一般认为是柏林大学的建立时间即 1809/1810。柏林大学之所以与众不同，是由于其新型大学理念和德国理想主义哲学的结合。由洪堡（Wilhelm Von Humbouldt）、费希特（Johann Gottlieb Fichte）和施莱尔马赫（Friedrich Schleiermacher）等提出的大学的新理念认为，对于人类而言，个人个性的形成比吸收有用的知识和技能更为重要。对于理想主义哲学而言，个性的形成是个体生命的最高目标，是使人类与动物生命相分离的人类命运的最高实现。在整个 19 世纪，这种理念使得理想主义哲学得以存活，并为更加传统的德国知识分子群体提供了个人方向（经常是个人意识形态）。[11] 依照理想主义者的理念，大学应该是一个教师和学生的自治团体，在那里他们通过将自己献身于科学而发展他们个体的个性。献身于科学昭示着一种对于研究的定位，无论是对于教授还是对于学生而言。教学的最佳表现就是将学生引入到创造性的研究实践当中。

然而，理想主义者大学理念的影响却被高估了。[12]第一，大学理想主义理念的关键部分在政府中仅保持了短暂优势。在大学正式开放的4个月前，洪堡离开了他在普鲁士内政部的宗教事务和公共教育岗位，大学的校长费希特在大约1年后辞职。制度细节是由普鲁士官僚的上层阶级公务员制定出来的，他们以实用性将理想主义缓和了，即考虑普鲁士州需要什么样类型的适合于其未来的公务员、律师、医生和高中教师的教育。

第二，理想主义者对于科学的观念集中于哲学、数学和人文等使人思想向上的领域。实验室研究被给予了很低的地位，实证科学也必须为了从理想主义自然哲学的统治中解放出来而斗争。[13]

第三，拿破仑战争的剧变期间，超过12家大学消失，大多数都是规模小和较贫穷的大学。各州官僚对大学的统治也随着各州领土平均规模的扩张，以及拿破仑战争后普遍管理改革的引入而有所改善。

到了19世纪中期，研究定位已经在德国大学中被稳固地建立起来。这一定位，由自然科学的实验室和专门的人文图书馆（称做“研讨会”）组成的制度基础所支持。[14]例如，在柏林，制度基础方面的投资从1830~1870年每10年就翻一番。德国的大学研究提升到了很高的水平，并且，在某些领域（如医学、化学和物理学）甚至攀升到了世界领先的地位。[15]

学生数量在1830~1870年间并没有上升（参见图4.1），但此后却增长迅速：从1870年的14 000名增长到1914年的近60 000名。政府对大学的资金支持甚至比学生数量的增加还要快：从1860~1910年有5倍于实值的增长。[16]这种扩张也扶持了专业化的产生，很多大学都开设了分立的自然科学科系。[17]

与预想的强调自治的说辞相反，德国大学的成长在各州官员的密切监管下进行。[18]最为显著的是1882~1907年担任普鲁士文化部高级官员的阿尔特霍夫（Friedrich Althoff），他以极大的热心和政治技能推动了一项扩张普鲁士大学并进一步提升其标准的政策。他聘请领域内最优秀的人士来担当专业的教

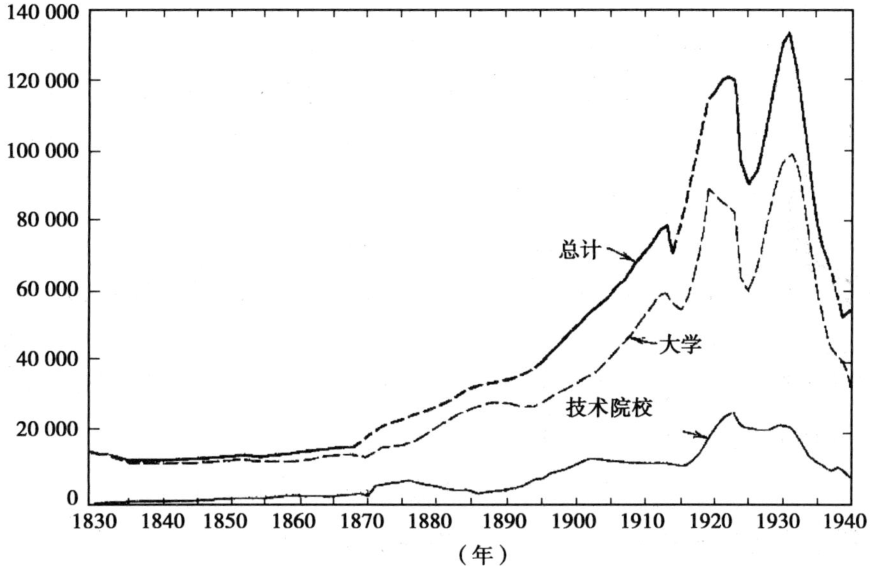

图 4.1 高等教育中的学生数量（1830～1940）

资料来源：Hartmut Titze, *Das Hochschulstudium in Preussen und Deutschland* 1820～1944, p. 26. Gottingen：Vandenhoek und Ruprecht, 1987。

师，并提供给他们充分的资源。[19] 由于依赖于一个私人知己网络来作出遴选，他经常能够笼络到院系来接受他推荐的候选人，并且有时违背他们自身的意愿而进行任命；他的行为引起了争议。然而，即便是对反对他这些行径的人也会承认其价值。

19 世纪，德国大学系统中科学领域极度完善的同时，工程方面却没有什么进展。在教授和管理者的心目中，工程缺乏科学的高贵，也是出于这个原因工程无法被大学所承认。事实上，工程教育是被扫地出门的，如在 18 世纪晚期和 19 世纪早期，公务员的大学教育是更加宽泛的，除了法律、政治经济学和政治科学以外，还包含了农业、矿业和制造业等技术知识。18 世纪的德国政治经济学家，即所谓的“经济学者或官员”认识到这些技能对于经济以及成型“技术”的重要性，在技能性知识意义下将这个词的精确表达作为大学教学中的一个科目。[20]

一些工程学院创建于18世纪，以培训为政府服务的公务员：作为矿业的管理者（当时主要为国有企业所把持）、作为国家工程师和建筑师，或者作为军事工程师和炮兵军官。由于被赋予了比公共服务更低的社会地位，这些学院的毕业生只有很少一些特例能勉强进入私人产业。[21]

19世纪20年代早期，普鲁士在建立培训私营产业所需的技术人员的学院系统方面处于领先地位。它很快包含了20家本省的职业学院为工匠和工厂车间管理者提供1年期的全时课程，在省立学院以外，柏林的技术机构也为技术人员提供2年期的课程，以帮助他们能够建立和管理工厂。[22]大部分主要的德国各州都迅速跟进建立工艺学院。[23]

职业学院通过提供一年或更多预科课程的方式实现了扩张，并且大多数逐渐转变成普通教育中不同于传统德国中等学校的中等学校——“大学预科”，在此不教授拉丁和希腊文而强调数学和自然科学。在19世纪70年代，大学预科的学生也被容许进入大学学习。

工艺学院逐渐改善其教学质量，并提高进入的门槛。当其毕业生被公共服务所接受的时候，它们本身也得到了社会的认同。为将其自身塑造为和大学同等的形式，它们强调了科学方法和数学的使用。工艺学校的组织政治活动成为自1856年德国工程师联盟组织起来的德国工程职业努力的一部分，以获得等同于以大学为基础的职业的社会认同。[24]

在19世纪70年代，工艺学院被提升到更高的位置。它们现在被称做技术院校，和大学需要同等的入学资质，并通过特定名称的硕士工程师学位将其毕业生和次级的工程师区分开来。和大学平等地位的进一步取得在1899年，在与大学长期的痛苦反抗的政治斗争后，普鲁士国王决定以个人名义赋予了普鲁士的技术院校授予博士学位的权力。[25]其他各州也迅速响应。

事实上，技术院校通过模仿大学的方式来实现发展也存在一些消极方面的影响。一个是对于理论的过分强调，导致了其教育方向与产业的需求并不一致。[26]仅在该世纪的最后一个10年当中，经历了一系列痛苦的争论之后，实验室才逐渐在机器制造系中建立起来。德国技术院校实际上学习了美国工程学院的做法。1893 年芝加哥世界博览会展示了美国机器工具产业的极高水平，德国工程方面的一个顶级教授里德勒（Alois Riedler）将其中的一个原因归结为美国大学工程教育，特别是其实验室的应用。[27]

随着工艺学院升级为大学水平以及职业学院转变为普通教育的中级学校，技术教育的中间也发生了断层。19 世纪专门的技术和商业学校有着分散的历史，但是它们却不能弥合这个断层。直到世纪末，各州才创设了新的技术学校提供最多 2 年的课程。相对低级的中等技术学校对所有接受过义务教育训练（通常 6 ~ 14 岁）并有着 3 ~ 6 年实践经验的人开放，而较高级的中等技术学校通常需要 4 年初等教育及 6 年中等教育经历。这些新学校最初在机械工程和纺织领域，后来也在诸如电子工程的其他领域开设。然而，由政府资助的中等水平学校也经常尝试将其教育更加定向于政府职业而不是私人产业，它们对于电子和汽车行业的新发展却上手很慢，一些较小的州甚至负担不起了。由于这些原因，私营的技术学校也很多，这些学校的学生数在“一战”前甚至超过了州立学校。[28]

技术训练的基本水平由传统的学徒制来完成。旧的工艺行会在 19 世纪的上半期被废除。然而虽然学徒制系统被缺陷和误用所困扰，却也依然依靠一些改革得以延续。[29]一些旧的工艺绝迹了，工艺部门的相对重要性在此时期也有所减少，但是工艺部门整体却仍然在成长并且为新产业的公司提供其需要的大量技术人力。[30]19 世纪 60 年代，机器建造产业中的一些公司开始了它们自己的学徒计划；而到了 19 世纪 80 年代，电子和光学工业中的公司也如法炮制。

直到 19 世纪末，学徒制被重新组建起来。商会负责执行检验。旨在为那些完成了正规学校教育（4 年制公立小学）的学生提供进一步教育的半时学校于 1897 年被建立起来，并辅之以在公司和工艺车间的实践训练。由于这些学校延续了四年制公立小学的一般教育，一些公司开始建立它们自己的学校，更定向于专门的职业训练，并使得它们得到政府的核准。[31]

1900 年前后，大量更具高等教育水平的商业学校被建立起来，主要是源于来自商业和工业、商会或城市政府的私人动机。它们后来发展成大学级别的机构，有些也扩展成完整的大学。这些学校在将商业经济发展为特定的学科方面发挥了重要的作用，这些学科后来在很多大学和技术院校中被教授。[32]这些学校的教育也成为进入到商业管理的一个惯例。作为商业教育的中等水平的学校——中等专业学校和高级中等专业学校，也被建立起来。在最低的层面，学徒体系提供了商业方面的训练，因此一个和继续教育系统相类似的多层次的系统出现了。

今天在大部分工业化国家当中，将对于每个6～13岁或14岁公民的普通教育作为所有专业训练的基础，被认为是理所当然的。德国在工业化以前的18世纪就建立了普通教育，而英国直到19世纪末工业化结束很久之后才建成。很多读写能力的指标统计表明，19世纪上半期德国在欧洲国家中处于顶级群体的位置。从初等学校的平均入学率来看，美国和德国直到1880年都远高于法国或英国。[33]

到20世纪初，德国已经建立起覆盖科学技术和商业事务、从初等学校到博士水平的复杂的教育系统。[34]大部分专业领域的不同水平之间往往存在着密切的联系，因为既定水平的学校中，教师通常都是从更高级学校毕业的。大学和技术院校之间也存在知识的流动，在很多科学领域，如化学在两者中都有所从事，虽然在技术院校中更多强调应用科学。教育系统和产业公司同样存在联系，不仅通过受训人员的提供，而且通过工程和应用科学领域中教授咨询的方式进行。

各种技术和科学教育学校的相对重要性，从表4.1所给出的普鲁士学生入学率的情况就可以体现出来。数据表明大学占统治地位，而中等水平技术教育的学生数量和技术院校中的量级相当。

表 4.1 普鲁士 1891 年和 1911 年学生入学率

	1891 年	1911 年
中等技术学校		
较低级—中等		
纺织	44	200
机械	574	1653
较高级—中等		
纺织	344	800
机械	54	1107
中等学校总计	1016	3760
高等教育学校		
大学（神学、法律、医学、数学和自然科学、经济、农业、林业）	12826	27501
技术院校	1910	4064
商业学校	—	1277
矿业研究院	245	216
兽医	665	635
农业	544	890
林业	120	139
神学	370	626
高等教育总计	16680	35348

资料来源：P. Lundgreen，"Educational Expansion and Economic Growth in Nineteeth-Century German."In L. Stone（ed.），*Schooling and Society*，pp. 20 ~ 26. Baltimore：Johns Hopkins University Press，1976（for lower and upper middle level）；Hartmut Titze，*Das Hochschulstudium in Preußen und Deutschland 1820 ~ 1944*，pp. 37 ~ 38. Göttingen：Vandenhoek and Ruprecht 1987（for higher education）。

使得这个系统区别于其他国家的，不仅是大学和技术院校的相对较高的研究水准，也因其大的规模。从 1820 ~ 1850 年，相对于其人口规模，普鲁士培训了超过法国的技术人员。[35] 以 20 ~ 24 岁年龄群的比例来看，高等教育的入学率在 1880 年前后和瑞典的情况相当，但却远高于法国或意大利。在数学和自然科学领域，德国大学教育的学生人数超过意大利 2 倍，超过法国 8 倍。在主要构成了技术学校的非大学高等教育机构中，德国培训了相当于意大利或法国2倍的学生。[36]在20世纪的头10年，约有30 000工程师从德国的学院或大学中毕业，相比之下，美国仅为21 000人。相对于人口规模来看，德国约超过美国2倍。[37]在1913年，德国的工程师人数比英格兰和威尔士多10倍。[38]

到19世纪末为止，德国大学和技术院校吸引了很多外国留学生，也激励了其他国家纷纷改革或效法，包括英国、法国和美国等。[39]有时这些改革和效法是理想主义的，特别是当个人试图在他们自己的国家推行改革时。

不管有多么强大，德国教育系统还是存在一些缺陷。[40]在大学和技术院校之间，更一般地在说，在德国中产阶级的非人文理念和工业及技术世界之间，都存在着强大的张力。他们的智识起源使得大学教授经常反对为了商业目的而探索新的观念。[41]无论大的工业化进程还是特定的技术和科学教育系统，都不是一个统一的意识形态的结果。[42]

专门的研究组织

除了大学、技术院校和科学研究院以外，中央政府和联邦各州在20世纪初也支持了40~50个旨在进行特定应用领域（如天气和大气、地理和地质学、健康、造船、水利工程、生物、农业、渔业和林业等）研究的研究机构，[43]其中的一些具有军事目的；大多数则定位于公共任务，如公共健康或安全规制方面，有些也支持商业部门的技术创新。

在后者当中，一个重要的新开端是成立于1887年的物理和技术皇家学会，学会主要由中央政府支持，从事标准和测量、精密仪器开发以及此类领域当中的基础研究工作。创办该组织的动机来自于科学家和实业家，其中的一个叫做西门子（Wrner Von Siemens，同名公司的创始人和主管），在设备成本方面提供了一笔捐赠。其任务被定义为“物理研究和测量，其首要目标在于解决理论和技术方面有着重大影响的，以及需要大量设备、材料和观察者、计算者工作时间，而私人或教育机构所不能提供的科学问题”[44]。到1913年，学会的总人数达到了139人，其中50名是经过学术训练的科学家和工程师。[45]学会也成为其他国家类似机构的典范，如英国的国家物理实验室（National Physics Laboratory，成立于 1900 年）、美国的国家标准局（National Bureau of Standard，1901）以及日本的物理和化学研究机构（Physical and Chemical Research，1917）。[46]

当化学工业提出了类似于物理技术皇家学会的“化学技术皇家学会”时，这个计划也成为阿尔特霍夫（Friendrich Althoff）在大学以外建立一系列专业研究机构以补充大学在基础和应用研究领域研究能力计划的一部分。[47]美国开创的洛克菲勒基金这一先例，促使德国形成了利用产业作为研究基金来源的理念。直到 1911 年，当凯泽·威廉学会（Kaiser-wihelm Society）被建立起来之时，总共聚集了 1 000万马克的资金。[48]收入的第二个来源是加入学会的产业公司的会员费。国家贡献了不动产、学会管理人员的工资，以及在某些情况下进一步的财政支持等。截至 1914 年，有 5 家机构被建立起来：化学、物理化学、煤炭研究、生物和临床治疗。前三个进行应用研究的学会，几乎都是由产业所资助。

一些小型的研究学会同时被政府和在凯泽·威廉学会之前的产业所资助。第一个可能是一个实验性站，在 1874 年由精神制造协会建立。当 19 世纪 80 年代它和柏林的农业学院联合时，政府提供了土地和建筑，而产业协会则支付了设备和运行费用。[49]哥廷根大学的数学家克莱恩（Felix Klein）说服了实业家支持了几个从事应用研究的新机构。其中的一个是机动飞行的实验站，在普朗特（Ludwig Prandtl）的指导下，它迅速在空气动力学领域占据了领先地位。[50]在生物医药研究领域，私营产业也对一些机构进行了资助，如马尔堡（Marburg）的贝林（Emil Behring）以及法兰克福大学（Frandfurt am Main）的奥利克（Paul Ehrlich）。[51]

世纪之交，数十个这种科学研究机构被建立起来，其中的一些成为新研究机构中的骨干，通常和大学和技术院校有着一定的联系。也有一些技术协会，如德国工程师协会，为研究项目提供资助。[52]

政府财政

在1860～1913年的50年间，政府对高等教育和科学研究的资助，按实质计算增长了约9倍（参见表4.2）。相对于国民生产总值，在1860～1880年间之间翻了一番还不止，此后的增速大体与国民生产总值的增长持平。从表4.2可以看出，联邦各州提供了高等教育和科学的大部分资助。然而，其份额却从1860年的100%（那时没有中央政府）下降到1900年的80%。

表4.2 德意志帝国和联邦共和国的科学公共经费支出

年份	总的科学公共经费支出[a]				贡献者	
	现值（百万马克）	不变价(1913年百万马克）	占政府总支出的比例	占净社会生产比例	中央政府（占总共比例）	联邦各州（占总共比例）
德意志帝国						
1860	6.0	10.7	1.0	0.06	—	100.0
1870	10.5	14.7	1.1	0.08	2.2	97.8
1880	27.3	33.6	1.5	0.16	10.1	89.9
1890	32.7	37.4	1.0	0.14	18.0	82.0
1900	53.2	59.9	1.1	0.16	21.2	78.8
1910	91.2	94.8	1.1	0.20	22.9	77.1
1913	101.9	101.9	1.2	0.19	21.9	78.1
1925	282.9	206.8	2.2	0.42	39.2	60.8
1930	359.6	241.3	1.9	0.55	29.5	70.5
1938	513.4	446.6	1.6	0.52	46.8	53.2
联邦共和国						
1955	1208	494	2.8	0.75	15.2	84.8
1960	2352	844	4.0	0.89	26.7	73.3
1970	14205	4943	8.4	2.34	36.3	63.7

续表

年份	总的科学公共经费支出[a]				贡献者	
	现值（百万马克）	不变价(1913年百万马克)	占政府总支出的比例	占净社会生产比例	中央政府（占总共比例）	联邦各州（占总共比例）
1980	30249	5038	7.1	2.31	38.2	61.8
1988	42759	5842	7.8	2.30	25.5	64.5

a：除了对科学的研究和发展公共支出以外，也包括教育和科学、技术服务的经费。

资料来源：Data on the German empire from F. Pfetsch, *Datenhandbuch zur Wissens chaftsentwicklung*. Cologne: Zentrum für historische Sozialforschung, 1982; F. Pfetsch, "Staatliche Wissenschaftsförderung 1870 ~ 1980." In R. vom Bruch and R. A. Müller(eds.), *Formen außerstaatlicher Wissenschaftsförderung*, pp. 113 ~ 118. Stuttgat: Steiner, 1990. Data on the Federal Republic from *Bundesbericht Forschung 1984* (Bundestagsdrucksache 10/1543), 1984; Bundesminister für Forschung und Technologie, *Faktenbericht 1990 zum Bundesbericht Forschung 1988*, Bonn, 1990. Data on net social product and the price index for state consumption from W. G. Hoffmann, F. Krumbach, and H. Hesse, *Das Wachstum der deutschen Wirtschaft seit der Mitte des 19. Jahrhunderts*, pp. 598 ~ 601. Berlin: Springer, 1965; Statistisches Bunesamt, *Statistsches Jahrbuch 1989*. Stuttgart: Metzler-Poeschel, 1990。

产业

德国第一个以科学为基础的产业是甜菜制糖产业。甜菜和蔗糖中的成分极为相似，早在 1747 年就被物理学家/化学家马克拉夫（Andreas Sigismund Markgraf）在柏林科学研究院发现，1753 年他担任了研究院的新化学实验室的主管。他的继任者阿哈德（Franz Carl Achard）则开发了一个从甜菜中榨取和提炼糖的工艺。在普鲁士国王的财政支持下，他建立起一个商业制糖厂，然而由于较高的运营成本，却未能在商业上取得成功。当拿破仑切断了欧洲大陆同英国的贸易时，甜菜制糖产业经历了第一个繁荣，虽然是虚假的。[53] 19 世纪晚期，甜菜制糖产业成为了德国的主要出口产业之一：到了 1898 年，糖出口的价值已经超过了机械，1913 年，也超过了人造染料。[54] 除了化学研究，该工业也以农业研究为基础。甜菜的含糖量也从最早的 2% 提高到后来的 15.5% 。

在 1866 年，甜菜制糖产业协会成立了一个化学实验室，该实验室可能是第一个产业合作研究的机构。1903 年，它与在柏林的农业学院形成了密切联系，并且此后开始接受政府和产业的共同支持。[55]

制药工业的起源是存在于 19 世纪早期的私人制药机构。其中的两个后来转变成化学制造公司，其很多的毕业生都建立起自己的公司。其中的一个叫做默克（Hernrick Emanuel Merck），于 19 世纪 20 年代在 1654 年创建的达姆施塔特的一个药剂工厂中开始大规模的药剂生产。1900 年左右，默克公司雇用了 800 名工人，包括 50 名化学家、药剂师、工程师和医生；到 1913 年，它成为德国药剂专业领域中最大的公司。1899 年，美国子公司默克公司（Merck & Co.）成立。

包括先灵（Schering AG）和力多（J. D. Riedel）在内的其他制药产业中的领军企业都是从药剂师起家的。其他如海登（von Heyden）、德翰（de Han）、勃林格殷格翰（C. F. Boehringer）也是从药商或者是化学品制造者开始做起。在 19 世纪的后 1/3 阶段，制药产业的技术创新大规模地吸收了大学里医药和生物研究的先进成果。到了 1913 年，德国已经是药剂的最大出口国，占整个世界出口比例的 30.3%，远远超过英国（21.3%）、美国（13%）和法国（11.9%）。[56]

化学工业的重要经营路线是为纺织产业特别是为漂白和染料提供输入。直到 19 世纪中叶，德国都远远落后于英国和比利时。那时，由于德国的产业无法全部吸纳受过正规大学训练的毕业生，很多德国化学家在英国工作。德国公司首先在合成染料领域取得了技术和商业领先的位置。主要的生产商是巴斯夫（BASF）、赫斯特（Hoechst）和拜耳（Bayer），都是在 19 世纪 60 年代成立的。不久，它们就成为德国最大的化学公司。[57]也正是在德国的合成染料产业中，科学研究才第一次成为和生产相分离的持续的公司职能。[58]科学和商业的这种联合并不总是能容易达成的。巴斯夫和赫斯特以化学家和商人合伙方式建立，拜耳则是由染料商人和染房创办。在几次错误的创业之后，它开始落后于其竞争者，直到雇用一名叫做卡尔・杜伊斯堡（Carl Duisberg）的化学家，杜伊斯堡通过合成一种新的染料使得公司的商业处于新的起点，而他后来后来也成为公司的首席执行官。到 1913 年，德国生产了大概世界上 3/4 ~ 4/5 的合成染料，占全世界出口额的 90%。德国主导企业的生产约有 15% 在国外进行。[59]

19 世纪末，大规模化学品的新工艺或改进工艺的发展为这些已建立的公司的效率竞争提供了机会。电解开辟了活动的新领域，第一步就是用在合成纤维方面。20 世纪初，光化学和新制药拓宽了商业的领域。到 1913 年，德国化学工业占据了世界 24% 的产量，而美国占到 35%，英国 21%，法国 9%。约有 35% 的德国国内生产用于出口，因此德国占据了世界出口 27% 的份额，紧跟其后的是英国 16%，法国和美国各 10%。[60]

虽然产业的发展部分得益于其地理条件（德国实际上在那时有着碳酸钾方面的垄断），然而染料、合成纤维和制药等产业都证明，以国家教育和研究系统为基础的技术创新，才是产业将自身建立为世界出口市场领导者的重要因素。一项估计显示，1897 年德国产业中约雇用了 3 000名化学家。[61]

矿业学校在 18 ~ 19 世纪为矿业和金属工艺产业训练了一大批管理者和经理。这些学校的教授们起到了从外部转移技术的工具性作用，并且他们的毕业生在一些新的工艺中成为开拓者，例如，从褐煤中提取出石油和石蜡。[62]

钢铁产业作为 19 世纪的核心产业，科学在其中的应用过程是相对缓慢的。第一个为人所知的化学家被钢铁工厂雇用的实例可以追溯到 19 世纪 20 年代，而在随后的 20 年中也依然是唯一的一个。[63] 然而，到了 19 世纪的中叶，当铁路建设为钢铁生产带来了繁荣之时，大部分较大型的工厂都雇用了化学家来进行投入和产出的分析工作，而较小型的工厂则将它们的分析委托给药剂师、独立的化学机构或者技术大学中的机构。在 19 世纪 60 年代，建立一个合作“测试站”的计划被首次讨论，但是直到 1917 年凯泽 · 威廉学会内部钢铁研究机构的成立，计划才被具体化。

虽然德国钢铁的产出在 19 世纪超过了英国，但主要的创新，如贝塞麦（转炉）炼钢法和托马斯（转炉）炼钢法等都是英国制做的，英国始终保持着一个领先的地位。一些学者认为，20 世纪早期德国钢铁在世界市场上的低价格，可以作为德国产业技术领先的证据，并且将这种领先解释为使得德国公司的生产比英国竞争者更有效率的卡特尔组织形式的存在。[64]然而文根罗特（Wengenroth）指出，德国产品的低价格恰恰反映出其低质量。[65]

表 4.3　1913 年德国外贸情况（百万马克）

生产部门	出口[a]	进口[a]	出口减去进口	RCA[b] 1913	RCA[b] 1907	出口增长 1907 = 100
农业，林业，食品	1729	7041	-5312	-131	-139	161
甜菜制糖[c]	264	0[d]	264	855	614	137
矿物和燃料[e]	841	1102	-261	-17	-29	168
矿物	98	627	-529	-177	-135	103
非汽油燃料	723	290	433	101	38	183
汽油	21	186	-166	-212	-84	182
蜡、石蜡、肥皂	52	27	25	74	76	156
化学品和药剂[e]	999	449	551	90	90	166
染料和染料制品	298	21	277	275	274	126
基本化学品	377	281	96	39	28	192
药剂[f]	117	98	19	27	24	178
炸药	101	2	99	399	316	226
纤维和纺织[g]	1581	873	708	69	74	108
羊毛相关	444	241	203	71	73	101
棉花相关	535	224	311	97	104	110
皮革和皮革制品	553	167	386	129	35	363
橡胶和橡胶制品	128	24	104	176	145	271
木和软木制品[h]	164	70	94	101	79	190
纸张、书籍、图片和绘画	368	77	291	166	166	129
石和矿物制品[i]	34	33	1	13	-45	164
黏土制品	113	7	106	287	265	106
玻璃和玻璃制品	146	17	129	224	226	127
金银制品	74	29	45	102	222	75
其他金属及相关制品	1903	673	1230	113	102	164

续表

生产部门	出口[a]	进口[a]	出口减去进口	RCA[b] 1913	RCA[b] 1907	出口增长 1907 = 100
铁与铁制品	1336	105	1231	264	212	169
机械[j]	680	80	600	223	177	176
蒸汽动力工具[k]	75	2	73	384	333	163
燃料引擎[l]	40	2	38	317	255	255
电子技术产品	290	13	277	321	317	173
交通工具[j]	161	18	143	227	106	135
汽车[m]	98	15	83	200	2	676
火车[k]	36	2	34	295	407	164
轮船	15	29	-14	-55	-52	101
火器	16	2	14	233	140	275
钟表	30	30	0	11	17	114
音乐设备	84	4	80	306	290	130
玩具	103	1	102	459	487	129
金银	101	436	-335	-135	21	41
未充分确定的	31	2	29	(14)	(16)	(16)
总计	10199	11206	-1007	0	0	144

a：此表格只包含了官方“特定商业”（spezialhandel）的范畴（如从外国到自由关税区的进口以及这些区域的出口没有包含在内）。

b：i 产业的显性比较优势（RCA）被定义为 $100\times\ln[(m_i/x_i)/(\sum_j]m_j/\sum x_j)]$，其中 m 代表进口而 x 代表出口。

c：包括范畴 176b-i 和 1761。

d：进口为 56 000。

e：煤焦油和煤焦油制品产品从“矿物和燃料”转移到了“化学品”当中。

f：该条目包括醚、酒精和化妆品。它包含了德国外贸分类中产品组 4D 到 4G 的内容，在 2 年中均不包含 371，374，375a，377，378，379，不完全确定产品中 1907 年包括范畴 390c，390d，1913 年范畴 390b。

g：包括植物纤维和植物材料，以及扫帚、刷子和筛子。

德国的机器制造业直到19世纪中叶才在一些机械制造领域包括蒸汽机车摆脱英国技术的束缚。[66]在很多领域，英国和后来的美国公司在19世纪末之前都处于技术领先地位，虽然德国在印刷机等新发明的基础之上建立了一些新兴公司。[67]直到19世纪末，当电力开创了机器制造的新形式并改变了很多传统机械的设计和制造，德国公司才攀升到新增领域的技术领先者的位置之上。

到1913年，德国总共占据了世界上27%的机械生产。约26%的国内生产用于出口。从产业估计的情况来看，德国把持了世界上29%的出口份额，相比之下英国是28%，美国是27%。[68]

电气技术工业的兴起源于电报线路的建设。德国领军企业是由炮兵军官西门子（Werner Siemens）和机械师哈尔斯（J. G. Halske）于1847年所创办的西门子—哈尔斯公司。西门子1866年所发明的电动原理开启了电能使用的新领域并改变了产业同科学的关系。西门子和哈尔斯雇用了1872年大学培养出的第一批物理学家，到1882年电气工程的教授职位也开始在技术院校中建立。[69]另外一个主要的公司是1893年基于爱迪生对德国的专利许可而建立起来的AEG（Allgemeine Elektricitäts-Gesellschaft）公司。由舒克尔特（Johann Siegmund Schuckert，曾在美国和爱迪生一起工作过）所创办的第三大公司于1903年和西门子合并，至此西门子和AEG各自瓜分了国内电气产品市场的一半。

到了1913年，德国拥有了34.9%的世界生产，相比之下美国为28.9%，英国为16.0%。[70]约有25%的德国生产用于出口。德国占据世界出口的46%，随后是英国（作为德国和美国的强力补充）占22%，美国占15.7%。

内燃机和汽车交通产业为机器制造产业提供了新的商业路线。有了奥托（Otto）、迪赛（Diesel）、戴姆勒（Daimler）、奔驰（Benz）和博世（Bosch）的发明，德国公司成为早期的技术领先者。然而，它们却未能将此转化为商业领先。世纪之交之后，应用内燃机的汽车交通工具才实现真正意义上的规模生产。[71]那时，世界的领先者是法国和美国。1913年，法国占据了33.4%的世界出口量，紧随其后的是美国的23.7%和德国的17.2%。德国约有40%的生产用于出口。[72]

追赶和把握领先

20 世纪早期，快速工业化的结果开始在本土和世界市场中显现。虽然在 1870 年德国的国内生产总值（210 亿美元，以 1970 年美元不变价计算）比英国（300 亿美元）、美国（300 亿美元）以及法国（240 亿美元）低，但到了 1913 年（720 亿美元，以 1970 年美元不变价计算），美国已经猛升向前（1 760亿美元），而德国超过了英国（680 亿美元）和法国（470 亿美元）。1913 年的人均国内生产总值比当时欧洲最富有的国家英国低 23% 。瑞典、比利时、丹麦、荷兰和挪威都比德国的人均国内生产总值程度要高。[73]

在所有的制造产业中，德国到 1913 年还有着出口过剩的现象（参见表 4. 3）。然而，主要的出口始终集中在旧的产业当中，如农业、纤维和纺织，或者金属和金属制品；新产业，如电子技术或汽车则贡献了很少的份额（分别为 6. 7% 和 0. 1% ）。然而由于这些产业有着较高的显性比较优势和高速出口增长，情况也是在动态变化的。机械、煤炭（非汽油燃料）、皮革和皮革制品、橡胶和橡胶制品、木和软木制品、金属相关制品和火器等也处于高度动态变化当中。

虽然合成染料是以科学为基础的产业的样板，但是 1913 年染料和染料产品却只贡献了化学品出口 1/3 的份额。染料和染料产品的出口相对于进口的比例（由 RCA 所指示）也低于大部分工业，甚至从 1907 年开始这一产品组的出口增长也低于总出口的水平。

在美国申请专利也可以作为德国产业技术能力的一个总体指标。1883 年，德国公司申请的美国专利数约为英国公司申请的一半，到了 1913 年，德国占美国专利的份额就达到了所有外国专利的 34% ，英国则下滑到 23% 。[74]

20 世纪早期，很多德国公司都运作到了世界范围的规模。[75]它们的总计外商直接投资金额在 1914 年为 15 亿美元。这个数额仍显著地低于英国外商直接投资（65 亿美元）或美国（约 143 亿美元）的水平。

经过几代人的努力，以人均社会总产值衡量，德国的经济几乎追赶上英国的水平，在一些产业中现在已经成为世界的技术领先者。[76]这并非一个个案，因为瑞典或荷兰等其他国家也取得了类似的发展。在文献中，德国经常被描述为“落后优势”的案例，意指跟随的国家能从国外采用新技术而比领先国家前进得更快，因为后者经常面对与旧的技术相联系的过时的资本股票和组织限制所导致的延迟效应。[77]当然，德国如果没有从英国、比利时和后来的美国转移技术，其工业化进程也不可能如此迅速。但是历史的经验却不能表明德国在某些产业的领先是由于所谓的“落后优势”，而仅只是因为，随着新产品领域或新的工艺被发明和科学知识的增长打开，德国建立了新的组织形式而使德国企业能迅速发展。

20世纪的延续和变化

20世纪初，德国正处于加入富国俱乐部的道路上，也拥有着正在向世界市场快速迈进的动态产业。但是政治的发展却未能和经济的进步并驾齐驱。[78]独裁政治命令阻碍了向更加民主的系统发展的可能，而且，政治精英也无法很好地应对伴随国家上升为工业大国而出现的外国政策的挑战。“一战”开始了一系列的政治和经济的灾难，直到20世纪40年代才结束。

“一战”切断了德国产业同其出口市场之间的联系，也刺激了美国、法国和英国用国内产品代替德国进口的努力，并使得中立国的公司获得了市场份额。“凡尔赛和平条约”使德国蒙受了失去矿产资源所在的重要地区、巨额赔偿以及征用德国专利和在美国、法国、英国的直接投资等损失。1923年的恶性通货膨胀耗尽了货币资产。随后短期的经济上扬也被1929年的萧条所终结。而接连的不景气也是国家社会主义者们能够于1933年获得权力的因素之一。

企业通过增加其不同形式的非市场合作来应对经济危机。自19世纪中叶开始卡特尔就是德国经济正常的部分，并被法律系统所加强。在20世纪20年代，国内卡特尔的数量得以增加，德国公司也参加了很多国际的卡特尔组织。[79]此外，合并运动也存在。[80]在化学工业中，三个领导企业和其他企业加入了法本公司（IG Farben）。[81]技术协会，如德国工程师协会（Verein Deutscher Ingenieure），曾在很长时间为基础信息的交换和标准化提供平台。“一战”时期的经济计划导致了很多产业中新标准的引进，而这些做法也被德国工业规范委员会（Committee for German Industry Norms，DIN）所延续。就标准和规范而言，技术和商业协会的一个复杂网络在发展。[82]组织良好的产业学会进而被国家社会主义政府用来强加一个指令性经济的成分，而对很多正常的产业结构放任自流。

德国的技术基础使得某些产业中的德国企业能够在一战后迅速重返世界市场。在化学品方面，德国在1929年重获“一战”前的出口地位，机械方面也于1931年占据了世界出口35.0%的份额，甚至超过了1913年的水平（29.2%）。然而，电子技术工业到1932年只恢复到世界份额的34.9%，而1913年是46.4%。汽车产业战前的水平是17.2%，战后则实际上从世界市场消失了。在20世纪20年代，其份额从没有超过3%，到了1928年德国则成为净进口国。汽车产业的案例反映了德国企业在获取大规模生产所需的必要资本时的困难。在此时期，最大的德国汽车制造商欧宝出售给了通用汽车。当1931年福特在德国建立了一个工厂时，这两家公司总共占据了乘用汽车产能的71%。[83]

经济情况也影响到了科学研究。战争期间直到1922年，很多新研究机构由各州和凯泽·威廉学会建立起来。[84]凯泽·威廉学会中的很多机构将其行动重新定位于和战争相关的准备。在1918～1923年间，机构的数量从9个增加到16个，定位于空气动力学的普朗克学会被凯泽·威廉学会所接管。

“一战”后，高等教育学生入学人数的激增（参见图4.1）导致了学术界的失业。政府对科学机构支出的增加跟不上通货膨胀的速度，因此实际的工资降低了，书籍、仪器和材料的购买也不得不有所削减。[85]作为对这些困难的反应，一个新的组织——德国科学救济会于1920年成立。救济会主要为个体科学家从事面向应用的研究提供研究经费。1920年，救济会收到了来自于中央政府的2 000万马克的资金，这个数量是各州和中央政府在科学和高等教育方面总经费的4%。[86]在产业的捐助下，一个特殊的组织——德国科学协会紧急时期捐赠者联盟成立。到1922年，捐赠者联盟筹集到作为捐赠的投资约1亿马克的资金，但不久之后实际上被通货膨胀所削减。捐赠者联盟继续依赖于进一步的捐赠，到1933年其贡献了救济会收入的1%～3%。德国公司通过特定学科的科学社团为研究提供额外资助。[87]

在这段时间里，救济会也收到了来自于海外的捐赠，如美国的洛克菲勒基金和通用电气公司，然而其80%的收入却还是来自于各州。[88]1929年，救济会更名为德国研究基金会。相应的，捐赠者联盟也更名为德国科学基金会联合会。

通货膨胀所导致的以政府公债捐赠为形式的投资的锐减，造成了凯泽·威廉学会的财政危机。从1921年开始，它就开始接受来自于政府的额外经常性基础经费。1924～1933年间，公共资助占据了其预算的65%；27.8%来自于国内的私人资源，7%来自于海外资源，主要来自于基金会。随着1929年的衰退，政府和产业都减少了它们的资助。[89]

然而，正如文献中所描述的那样，20世纪20年代德国科学支离破碎的图景似乎被过分夸大了。1925年各州和中央政府对于高等教育和科学的经费支出按实值计算比1913年（参见表4.2）高2倍，1930年时高2.4倍。显然，这个时期对德国科学状况的官方描述包含大量的修辞因素，而历史学家也是刚刚才将其从现实情况中分离出来。[90]

仅有的可获得数据表明，工业部门在20世纪20年代逐渐增加了它们的研发强度。[91]然而，1929年的大萧条及以后的几年中，德国和其他国家都解雇了研究人员，减少其研发支出，并集中于传统的而不是激进的新创新。[92]

在国家社会主义时期，高等教育的学生数量剧烈减少（参见表4.1）。虽然学术界的很大一部分人忍受了国家社会主义者的独裁统治，但很多科学家和工程师还是从其岗位上被辞去。所有领域的研究者都被迫移民，包括在其领域中的领袖人物，如物理学家阿尔伯特·爱因斯坦和数学家约翰·冯·诺依曼。

由于很多移民者不愿或无法回国，国家社会主义时期对德国科学质量造成了10年或20年的破坏效应。[93]

尽管有“凡尔赛条约”的禁令，一些秘密的军事研发在20世纪20年代仍得以延续，但是1935年改良装备的活动正式标志着其重新开始，并且，不久之后一项使经济独立于战略性材料的计划也被贯彻执行。由于国家社会主义的计划机制凌驾于现有的产业结构之上，它并没有从根本上改变创新体系。

“二战”期间，大部分的产业工厂被毁。“二战”后，一些仅存的工厂也被当做了盟军的赔偿。德国企业海外的附属公司以及所有的专利和商标都被否认了。很多科学家和工程师也搬去了盟军国家而受雇于军事、航天和原子能技术等领域。[94]

此后，在国家被一分为二后的两个德国完成了惊人的经济复苏。技术知识和技能依然存在的事实是经济复苏的一个关键因素。在国家的东部，苏联引入了中央计划经济，现有的创新体系逐步被一些不同的东西所替代。[95]在西部，盟军则废除了国家社会主义经济的中央计划结构。他们有效地分散了一些产业，特别是化学和钢铁产业；然而，在其他产业（如银行业）中，分散化政策却只有临时的效应。此外，他们还引进了一种工会结构，实际上避免了公司中专门的工会之间的冲突。在所有的这些变化中，创新体系的基础要素被重建起来：包括企业及其实验室、学校、大学和技术学院、凯泽·威廉学会（1948年更名为马克斯·普朗克学会，Max-Planck-Society）、德国科研协会（Deusche Forschungsgemeinschaft，1951年重建）、政府研究机构以及商业和技术联盟等。[96]大多数组织都会在重建中受到其在国家社会主义时期之前的历史的指导。

现在的体系

这个部分将集中讨论联邦德国在其统一前的创新体系。篇幅的限制不容许我们描述民主德国的创新体系情况，及其通过采用联邦德国的制度结构而实现改变的方式。作为一个起点，将从统一之前联邦德国产业的出口绩效所体现出来的技术创新的模式开始。[97]

要描述技术创新的国家体系，我们必须谨记的是，在任何国家这都只是影响经济绩效的诸多因素之一。由于篇幅所限而无法在本章讨论的德国案例中值得提及的其他因素是，将工会的冲突限制在产业内部的产业关系系统、缓和了非竞争性生产资源的逐步废止的社会政策和劳动市场政策，以及使得银行有能力支持产业重建的德国银行系统。[98]

出口绩效

表4.4展示了联邦德国1988年，所有的一位数以及部分两位或三位数日用品组群的外贸结构。德国主要的出口产品是不同类型的机械（特定产业的机器、金属工作机械、一般工业机械以及电气机械出口价值达到658亿美元），此外还有道路交通工具（547亿美元），及化学品和药剂（428亿美元）。三个产业共占据了总出口额的50.5%和进口额的27.5%。其他有着显著净出口的领域是科学仪器、金属制造（包括手工工具、定位销和钉子）、发电设备、钢铁制造、棉纱纺织品、塑料制品、印刷制品和家具。

表4.4　1988年联邦德国外贸（百万美元）

SITC 分类[a]	出口	进口	出口减去进口	RCA[b] 1988	RCA[b] 1983	出口增长 1983 = 100
0 食品和活体动物	13463	23617	-10154	-82	-82	182
061 糖和蜂蜜	355	366	-11	-29	10	91
1 饮料和烟草	1847	2498	-651	-56	-49	166
2 天然材料除燃料外	5886	16081	-10195	-126	-131	186
233 合成橡胶	575	553	22	-22	10	163
26 纺织纤维及其废料	1164	1455	-291	-48	-39	149
28 金属矿石及废渣	1436	4163	-2727	-132	-151	209
3 化石燃料	4210	19173	-14963	-177	-183	73
32 煤、焦炭和煤饼	1467	506	961	81	80	97

续表

SITC 分类[a]	出口	进口	出口减去进口	RCA[b] 1988	RCA[b] 1983	出口增长 1983 = 100
34 石油、石油产品	2002	14710	-12708	-225	-461	80
341 天然和人工的气体	218	3304	-3086	-296	-154	84
4 动物和植物油和脂肪	872	819	53	-19	-17	129
5 化学品和药剂	42810	23752	19058	33	47	193
53 染料、鞣皮和颜料	4443	1161	3282	109	131	206
541 医药和药剂	5074	2956	2118	28	48	239
55 香水、化妆品、肥皂	2309	1274	1035	34	46	217
58 塑料材料	11397	6720	4677	27	42	209
6 基础制造	58961	46460	12501	-2	13	188
61 皮革、皮革制造	1050	1317	-267	-48	-30	170
62 橡胶制造	2954	2582	372	-12	6	207
63 木和软木制造	1239	1531	-292	-47	-62	222
64 纸张、卡纸和相关物品	6877	5947	930	-11	-3	236
65 纺纱和纤维纺织	10738	8833	1905	-6	-3	197
662 黏土制品	989	740	249	3	6	174
663 石材抛光、研磨剂等	1461	781	680	37	36	219
664，665 玻璃和玻璃器具	2373	1432	941	25	23	256
666 陶器	561	312	249	33	35	193
67 钢铁	13825	9494	4331	12	37	173
68 非铁金属	6443	7533	-1090	-41	-20	173
69 其他金属制造	10016	5113	4903	42	66	181
7 机械和运输设备	155263	72972	82291	50	73	202
71 发电设备	9220	4855	4365	39	74	188
72 特殊产业机器	20044	4691	15353	120	135	202
73 金属加工机器	5577	1985	3592	78	121	203
74 一般工业机械	21730	7538	14192	80	98	214
751 办公用计算机	1048	1065	-17	-27	-24	200

续表

SITC 分类[a]	出口	进口	出口减去进口	RCA[b] 1988	RCA[b] 1983	出口增长 1983 = 100
752 自动数据处理设备	4342	6432	-2090	-63	-21	234
759 办公和自动数据处理设备部件	2447	3461	-1014	-60	-22	189
761 ~ 763 电视和声音设备	2732	3615	-883	-54	-46	221
764 通信设备	3273	3378	-105	-29	44	173
771 ~775, 778 电气机械	18469	9972	8497	36	62	230
776 半导体、电子管	3435	3727	-292	-34	-39	300
78 道路交通	54678	17831	36847	86	115	205
791 铁路交通	564	83	481	166	160	127
792 飞机	1085	2626	-1541	-114	-39	32
793 轮船	753	339	414	54	138	72
8 各种制造商品	35900	37424	-1524	-30	-17	226
812 卫生、铅管和加热固件	1210	896	314	4	3	289
821 家具	3989	2797	1192	10	19	239
84 制衣和附属品	5377	14515	-9138	-125	-108	212
87 科学设备	7952	4004	3948	43	56	228
881 ~883 照相商品	2184	2433	-249	-36	-5	205
884 光学商品	732	670	62	-17	25	187
885 钟表	769	719	50	-19	7	192
892 印刷制品	2926	1123	1803	70	95	231
893 塑料制品	3976	2097	1879	38	48	261
894 玩具和运动用品	1118	1377	-259	-46	-24	208
895 办公和文具	665	276	389	62	79	228
896 艺术作品	1344	361	983	106	-20	78
897 珠宝	698	659	39	-20	60	157
898 音乐设备	1653	1588	65	-22	-4	249

续表

SITC 分类[a]	出口	进口	出口减去进口	RCA[b] 1988	RCA[b] 1983	出口增长 1983 = 100
9 未分类商品	13985	7497	6488	-89	-2	84
951 战争火器、军火	684	321	363	50	104	1421
总计	323196	250293	72903	0	0	191

a：SITC1998 年的一位数和两位数组群数据从“国际贸易统计年鉴（International Trade Statistics Yearbook）”第一卷获得，三位数组群从第二卷获得。由于从 SITC 2 变换到 SITC 3 时可能在第一批和第二批数据中存在一些小矛盾，对于某些一位数和两位数组群和早些年代的可比性可能只能是大概的。

b：产业的显性比较优势（RCA）i 被定义为 $100 \times \ln[(m_i/x_i)/(\sum_j]m_j/\sum x_j)]$，其中 m 代表进口而 x 代表出口。

德国出口其实分散在许多产品组群当中，并不集中在少数的产品组群当中。在一些 4 位数或 5 位数产业当中，德国产业占据了世界出口的较高份额：反转印刷机为 57.7%、循环泵为 53.0%、纺织纺纱机为 46.3%、高压电解钢导管 42.4%、煤焦炭 42.2%（德国有着自然资源优势的少数领域之一）、联合收割机 40.0%。[99]然而，这些领先领域对于总出口的贡献确实很小：44.83 亿美元或者说少于 2%。[100]

在某些产品组群当中，进口的模式也反映出国家在自然资源禀赋方面的匮乏，例如在石油和天然气方面。但是，联邦德国也在一些高科技部门是一个净进口国：自动数据处理机、飞机、电视和声音设备、电信、照相商品和半导体等。

历史将花费很长时间去解释联邦德国出口绩效中反映出来的技术优势和劣势的模式。在很多今天都是净出口的主要产业，1913 年德国在世界市场中的出口绩效也是良好的（比较表 4.3 和表 4.4）。这不仅表明这些产业现在占据了德国出口的大部分份额（机械、电子产品、汽车交通和化学品），也表明德国在金属制造，特别是钢铁，以及棉纱纺织品、橡胶产品、纸张和打印材料、石材和矿业产品、黏土和陶器产品、玻璃和玻璃制品、铁路交通工具、珠宝、枪炮以及音乐设备等方面的优势。即使一个新的产品组如塑料制品都和德国在世纪初早在就强大起来的产业——化学和机械有着莫大的关系。

然而，并不是所有在1913年就很强大的出口产业在20世纪80年代还依然强大，例如，皮革和皮革制品、木和软木制品以及制衣等。这些产业开始变得对于不熟练和半熟练的劳动力的成本非常敏感，因此公司不得不集中在高质量产品或专门的投入上，即机械和材料方面。

最初体现出的历史延续性部分反映了政治事件对于一些新兴或经历了大幅度技术变革的产业的影响。第二次世界大战后，盟军禁止了军事科技以及一些民用领域科技的研发活动，包括原子能技术、航天、火箭推进、航海动力、雷达和远程及自动控制等。在诸如电子管、滚珠轴承、合成橡胶、合成油以及非医用的放射性，都要在特许之下才能够进行。[101]核心禁令直到1955年联邦德国成为一个主权国家才得以解除。这些禁令有效地摧毁了军事和航空产业，并在某些产品组群中将德国公司在一段时间内同技术前沿隔绝起来。这也是德国在飞机、电子和通信等产业中出口相对较弱的原因之一。

历史延续性也体现在公司的层面。表4.5列出了25家德国的最大型的制造企业。其中19家是1913年以前成立的，其中较晚建立的三家（VEBA，Ruhrkohle和Preussag），是由可以追溯到19世纪成立的企业联合而成的。

表4.5　德国25家最大型的制造企业（1989年）

公司	主营业务	成立时间（年）	销售额（10亿德国马克）[a]	雇员（千人）	研发经费（百万德国马克）
Daimler-Benz[b]	交通工具/电气/航空	1882	76.4	368.2	5494
Volkswagen	交通工具	1938	65.4	250.6	2300
Siemens[c]	电气/电子	1847	61.1	365.0	6875
VEBA	能源/化学	1929	49.2	94.5	370

续表

公司	主营业务	成立时间（年）	销售额（10 亿德国马克）[a]	雇员（千人）	研发经费（百万德国马克）
BASF	化学	1865	47.6	137.0	1954
Hoechst	化学	1963	45.9	169.3	2621
Bayer	化学	1863	43.3	170.2	2695
RWE	能源	1898	38.9	78.2	n. a.
Thyssen	钢/机械	1867	34.2	133.8	735
Bosch	电气	1886	30.6	174.7	1803
BMW	交通工具	1916	26.5	66.3	ca. 3300
Ruhrkohle	煤矿	1968	23.4	124.8	273
Mannesmann	机械	1890	22.3	125.8	518
Opel	交通工具	1862	20.8	54.6	706
Metallgesellschaft	金属/工程	1881	20.1	24.5	n. a.
Ford	交通工具	1925	19.8	48.2	n. a.
Krupp	钢铁/机械	1811	17.7	63.6	275
MAN	机械	1840	17.1	63.7	415
Deutsche Shell	汽油	1902	16.9	3.3	47
Preussay[d]	能源/石油	1923	16.4	65.7	200
Hoesch	钢铁	1871	15.9	52.0	n. a.
Degussa	化学/金属	1873	14.4	33.7	422
Bertelsmann	印刷	1835	12.5	43.7	—
IBM Deutschland	电子	1910	12.4	31.1	n. a.
Henkel	化学	1876	11.6	38.1	359

a：1 billion = 1000 million。

b：不包括 Messerschmitt-Bolkow-Blöhm（MBB），1989 年被 Daimler-Benz 并购。

c：不包括 Nixdorf，1990 年被 Siemens 收购。

d：包括 Salzgitter，1989 年被 Preussag 收购。

资料来源：*Die Zeit*, 17 August 1990, p. 24；*Handbuch der deutschen Aktiengesellschaften* 1989/90. Darmstradt：Hoppenstaedt, 1990/91；data on 研发 from the firm's annual reports and personal correspondence。

从 20 世纪 60 年代的技术差距讨论到 80 年代早期的僵化症危机，联邦德国产业的技术缺陷已然周期性地拉响了警报，然而其绩效却表现得比这些警报所预期的要好。[102]虽然从20世纪70年代中叶到80年代中叶，德国在高技术产品（不论怎样界定）和包含高于平均水平的研究强度的产品上的世界市场份额有缓慢的减少趋势，但是这一趋势在20世纪80年代晚期有所好转。[103]

然而，也有一些地方值得我们关注。[104]第一，联邦德国的出口主要集中在欧洲，占其出口份额的70%。新兴工业化国家的动态市场并没有表现出其经济规模所呈现出的情况。

第二，从某种程度而言，在欧洲市场上的良好绩效是欧洲对抗非欧洲进口的贸易保护的结果。例如，在乘用汽车产业中，欧共体国家1988年占据了64%的出口份额，并且这是20世纪80年代出口增长的主要因素，同期对北美的出口则有所下降。[105]

第三，日本产业的强劲活力将影响大量的产业。在很多较小的产业，如电视和声音设备、照相商品当中，联邦德国公司的市场在最近几十年被日本企业所夺走，在其他部门（如机械工具）也受到了日本的挑战。[106]，从专利统计来看，日本正在很多产业改善着自己的技术地位。在1975～1985年期间，日本在美国申请的专利从8.9%增长到17.9%，而德国专利仅从8.5%增长到9.5%。在人口和国内生产总值方面，德国现在和日本持平，但是其趋势却是应该关注的问题。日本在化学和机械产业也正在追赶德国，在制药和设备迅速前进，并在电子、数据处理、通信以及材料科学和运输设备等方面增强其领先地位。此外，德国拥有相对更少的重大专利（由高引用频次作为度量）。[107]

产业中的研发

任何国家技术力量的关键要素都无外乎商业企业的创新活动。研发只是这些创新行为的一部分，但是在很多产业中它却是核心的部分。[108]在德国，有约63%的总国家研发是由商业部门资助的，比美国、法国、英国或意大利的比例都要来得高，但低于日本78%的水平（参见本书对于此部分介绍的表1.1）。由商业部门资助的研发经费从1962年占国内生产总值的0.6%增长到

1989年的1.87%（参见表4.6）。这比法国（0.96%）、英国（1.15%）、意大利（0.50%）或美国（1.43%）的水平要高，约和瑞典（1.83%）及瑞士（1.76%，1983年）持平，但低于日本的水平（1.98%）。[109]在总体的层面上，政府并不是商业部门所执行的研发经费的主要来源。在1987年，政府资助了49亿德国马克，约占商业部门所执行研发总额的12%（参见表4.7）。

表4.6　德国1962～1989年研发经费（10亿德国马克）

年份	总的国家研发	商业部门资助						政府资助		
					商业部门执行				商业部门执行	
		金额	占总额的%	占国民生产总值%	金额	占总额的%	占国民生产总值% a	子公司	金额	% b
1962	4.5	2.2	47.9	0.60	2.1	47.0	98.1	2.3	0.3	13.9
1963	5.4	2.7	49.6	0.70	2.6	48.7	98.1	2.6	0.4	13.2
1965	7.9	4.1	51.3	0.89	4.0	50.2	97.8	3.7	0.6	12.3
1967	9.7	4.8	49.4	0.97	4.6	47.4	96.0	4.8	1.0	17.5
1969	12.3	6.4	52.2	1.07	6.2	50.8	97.2	5.7	1.0	14.2
1971	18.0	8.7	48.5	1.16	8.5	47.0	96.9	8.7	2.0	18.2
1973	20.5	9.6	47.0	1.05	9.4	46.2	98.2	10.4	2.3	19.5
1975	24.6	11.8	47.8	1.15	11.6	47.0	98.3	12.0	2.9	19.2
1977	27.7	14.1	50.9	1.18	13.8	49.9	98.2	12.6	2.9	16.6
1979	34.5	18.6	57.0	1.34	18.3	53.2	98.3	15.1	4.4	19.0
1981	39.4	22.1	56.1	1.43	21.4	54.4	96.9	16.7	4.8	18.2
1983	43.9	25.5	57.9	1.52	24.7	56.2	97.0	17.8	5.3	17.3
1985	52.3	31.1	59.5	1.69	30.1	57.6	96.8	20.5	6.0	16.3
1987	59.5	36.8	61.9	1.82	35.7	60.1	97.0	21.7	5.3	12.7
1989	66.7	42.4	63.5	1.87	41.1	61.6	97.0	23.0	5.4	11.3

a：商业部门所资助的10亿德国马克百分比。

b：商业部门所执行的10亿德国马克百分比。

资料来源：Bundesminister für Forschung und Technologie，（ed.），*Faktenbericht* 1990 *zum Bundesforschungbericht* 1988. Bonn：Bundesminister für Forschung und Technologie，April 1990，Table VI/3，p. 340sq. 国民生产总值 from Statistisches Bundesamt（ed.），*Statistiches Jahrbuch* 1983 *für die Bundesrepublik Deuschland.* Stuttgart：Kohihammer 1983，Table 23.2，p. 528；Statistiches Bundesamt（ed.）*Statistisches Jahrbuch* 1989. Stuttgart：Metzler-Poeschel，1989，Table 24.2，p. 542。

约31%的国内产业研发能力要算到（以研发雇员衡量）七大巨头的名下：西门子、戴姆勒—奔驰、拜耳、赫斯特、大众和巴斯夫。[110]西门子自己就占据了电子技术产业研发中37%的份额；拜耳、赫斯特和巴斯夫占到化学产业研发的46%；大众和戴姆勒—奔驰占据了汽车交通产业研发的53%。专利统计也显示出技术能力的集中：5家德国公司占据了29%的德国在美国申请的专利。[111]

如表4.7所示，商业部门97%（358亿德国马克）的投资仍是由商业部门来执行。总额中约25亿德国马克或者7%才是由其他商业性企业所完成的外部研发。3.38亿德国马克或者1%投入到合作性的产业研发研究机构当中。后者总的预算在1987年达到6.17亿德国马克，其中55%是由参与的商业企业所资助的，17%由政府经济部的一个计划所资助，其他则主要通过其他政府计划的项目来资助。[112]商业部门也资助了在高等教育部门（5.25亿德国马克）、政府实验室（8 600万德国马克）以及国内私人非营利组织（5 400万德国马克）中执行的研发。

依照表4.7中所列出的统计数据显示，1987年德国商业部门总共从海外得到了6.29亿德国马克的资助用做海外研发执行的资源，并支付了4.27亿德国马克给海外的研发执行者。而德意志联邦银行（Deutsche Bundes bank）给出的数据则是收入为31.11亿德国马克，支出为25.49亿德国马克。[113]后者看来更能充分地反映研发国际化的情形。[114]依照一项估计，有40 000名研发雇员（约国内产业中14%的研发雇员）工作于国外公司在德国的子公司当中，也约有大致数量的人在德国公司的海外子公司中工作。1989年，赫斯特花费了约40%的研发经费在国外的子公司当中，拜耳花费了33%，而西门子则是20%。[115]

表 4.7 联邦德国 1987 年研发经费，以资助来源和执行部门统计（百万德国马克）

执行部门	资助来源				总计
	商业	政府	私人非营利	海外	
商业	35739	4899	62	629	41329
政府	86	6990	112	100	7288
高等教育	525	7814	0	0	8339
私人非营利	54	157	64	9	284
海外	427	1306	0	—	1733
总计	36831	21166	238	738	58973

资料来源：H. Echterhoff-Steveritt C. Grenzmann. R. Marquardt. E. Menner. A. Weishurger. J. Wudtke，*Forschung und Entwicklung in der Wirtschaft* 1987，*mit ersten Daten* 1989. Essen：SV-Gemeinnutzige Gesellschaft für Wissenschaftsstaistik，1990。

教育系统

正如本书第一部分简介的表 1.1 以及其他部分类似的表格所显示的那样，大多数发达西方国家在初等学校（文献中所给出的识字率可以当做一个粗略的指标）方面并没有什么不同。然而，在中等及以上教育的结构和持续方面却有着显著的差异。在德国，17 岁人口的入学率为 98.7%，是经合组织国家中最高的水平（参见表 4.8）。职业培训系统随着一些技能的消失和另外一些新技能的兴起或很多技能发生着变化而变化，但是它仍保持着自世纪之交就建立起来的基本结构，即一部分的培训由商业公司和其他将来成为雇主的组织提供，另一部分由职业学校来完成。[116]

高等教育部门，曾经是德国教育系统的样板，但不再如此。在 1985 年，7.7% 的相应年龄的群体取得了水平 5 资格（由经济合作与发展组织所定义），这意味着教育课程的完成通常在大学以外，并且，与全时的大学学位相比持续的时间更短，质量也更低；12.4% 的人完成了第一个全时大学学位（水平 6），1.5% 完成了研究生学位（水平 7）。很多其他发达工业国家在这些领域中的表现都要更为出色，如澳大利亚、比利时、加拿大、法国、日本、挪威、英国和美国等（参见表4.8）。

表4.8 教育指标的国际比较

国家	年龄组的入学率				学生资质占年龄组%			每生经费占人均国内生产总值%	
	17岁组		19岁组						
	总的	非全日的	总的	非全日的	水平5	水平6	水平7	2级	3级
澳大利亚	50.3	10.4	n. a.	n. a.	9.7	16.5	1.6	19[c]	55
奥地利	n. a.	n. a.	n. a.	n. a.	3.6	6.8	0.5	37	50
比利时	86.4	4.8	46.0	7.4	15.8	14.9	[b]	31	38
加拿大	78.5	0.1	36.3	1.3	13.3	24.5	4.1	n. a.	41
丹麦	75.4	n. a.	36.4	n. a.	10.3	12.7	[b]	31	38
芬兰	83.3[a]		22.4[a]		17.0	11.8	0.9	29	40
法国	79.7	10.3	28.1	0.7	14.7	15.3	6.2	26	30
德国	99.7	48.4	36.6	19.5	7.7	12.4	1.5	27	37
希腊	58.7[a]		29.0[a]		4.9	10.9	0.4	15	36
爱尔兰	64.7[a]		17.6[a]		1.0	10.8	5.2	25	73
意大利	n. a.	n. a.	n. a.	n. a.	0.4	7.9	1.4	n. a.	n. a.
日本	90.5	1.6	n. a.	n. a.	11.1	21.9	1.5	23	118
荷兰	78.3	—	31.9	0.2	16.5	6.8	[b]	22	82
新西兰	38.8	1.4	16.1	3.0	4.1	11.2	4.5	15	56
挪威	76.2	2.0	23.4	2.8	36.3	16.1	7.3	38[d]	36
葡萄牙	n. a.	n. a.	n. a.	n. a.	n. a.	n. a.	n. a.	25	60
西班牙	53.1[a]		n. a.	n. a.	0.1	14.7	0.5	n. a.	n. a.
瑞典	83.0[a]		9.5[a]		n. a.	n. a.	n. a.	38[d]	40
瑞士	83.1	56.3	30.2	15.1	0.9	6.1	0.3	28[c]	52
英国	49.3	16.2	23.8	9.9	12.3	14.2	4.6	28	85
美国	89.0	0.4	35.7	3.8	12.7	24.1	9.7	29	39

a：只包含全时学生。

b：包括水平6。

c：一级和二级。

d：只包含二级的第二阶段。

资料来源：Organisation for Economic Cooperation and Development, *Education in OECD Countries, 1986～1987*. Paris：Organisation for Economic Cooperation and Development, 1989。

有人可能会指出，教育的质量在不同的国家会有所不同。但若以每名学生所花费经费来衡量的话，这种观点也不会对德国高等教育部门的情况有所改善。德国平均每名学生要花费掉37%的人均国内生产总值，而这个比例和比利时、丹麦、希腊、挪威和美国持平，但其他国家如新西兰（82%）或英国（85%）花费则更高，日本（118%）列在首位。

和日本相比，德国在劳动力受教育层面的长期趋势上是非常不乐观的。日本1965年每万名劳动力中，非学术工作岗位上的科学家和工程师的比例比联邦德国高8%。而这个差距在20世纪80年代中叶扩大到了27%。[117]

自20世纪70年代起，较高等的教育部门在德国就遭到了冷遇。无论是经费或是雇员人数的实值方面都从1975年开始就停止了增长。同时，学生的数量却增长了65%。[118]特别是对于大学而言，政府的忽视不仅体现在财政支持方面，也体现在治理的层面。从20世纪60年代晚期到70年代的早期以广泛的失望而告终的机构改革开始，在设置管理结构以使其能够解决教学欠缺，并适应科学和技术新发展的速度和灵活性，特别是在原本割裂和分离的领域之间建立新联系等方面几乎没有什么作为。[119]一个广泛的共识认为，能赋予大学更多职责，并同时增加对他们的激励使其更加高效的新结构非常有必要。1988年的一份政府报告坦率地指出，这种趋势的继续将会给整个研究系统带来风险。[120]

约有14%的国家总研发是被高等教育部门所执行的（参见表4.7），从1975年的20%下降至今。相对于人口规模来看，日本花费在高等教育部门执行的研发经费约比德国多40%，比美国约多30%（以购买力衡量）。然而，德国在某些领域的研究速率却是第一位的，这一点可以被20世纪80年代德国科学家获得的诺贝尔奖所佐证。在其他领域，如临床研究，大家普遍认同的情况不容乐观。[121]

对于特殊研究项目的资助是通过德国研究联合会（Deutsche Forschungsgemeinschaft，DFG）来进行的。1989年其预算为11.88亿德国马克，其中61%由联邦政府所资助，而38%由联邦各州所资助。在研究资助以外，德国研究联合会具有在科学事务上给政府提供建议的职能。除了在职业健康和安全领域制定有毒物质的标准以外，其职能都保持在边缘的方面。[122]

和大学紧密相关的是马克斯·普朗克学会（前身为凯泽·威廉学会）的研究活动。1989 年，学会由 60 个机构组成，预算为 10.79 亿德国马克，其中的一半是由联邦政府资助的，另外一半则由州政府资助。马克斯·普朗克学会集中于自然科学，在此方面花费了约 80% 的资金。领先的科学家通常从大学中招募。机构也经常参加研究生的教育工作。其前身凯泽·威廉学会的主要研究活动在应用方面，包括有皮革研究或纺织研究等机构，“二战”后的马克斯·普朗克学会则转向了基础研究，并在前几十年中获得了国际认可。[123]

创造产业和高等教育部门之间更好的联系在 20 世纪 80 年代才被联邦和州政府作为技术政策的任务所认识。州政府鼓励大学更加关注地区产业的需求。在一些地区，大多数大学和技术和商业学院现在也拥有了专门的技术转移办公室。[124]

联邦和州政府的技术政策

直到 20 世纪 60 年代开始，以一系列政府政策为标志旨在支持技术变迁并引导其方向的联邦层面的官方技术政策才真正出现，而在州政府层面此类政策的出台却要等到 20 世纪 80 年代。军方研发在很多其他国家，特别是美国，在第二次世界大战后成为支持研发快速超越军备狭窄界限的工具，在德国却遭到盟军法律的禁止一直到 1955 年。和美国、英国或法国等国家相比，联邦德国在国防研发方面花费甚少：1989 年只有 30.23 亿德国马克，或者总的政府投资研发额度的 13% 。

联邦研究和技术部，作为联邦政府主要的研发支出部门（参见表 4.9），于 1955 年作为原子问题部而创建。在 20 世纪 50 年代和 60 年代早期，它在鼓吹市场秩序对政府参与产业创新产生怀疑的经济部的一端，以及在联邦德国体制下对科学研究负有首要责任的联邦各州的另外一端之间摇摆不定。然而，它却通过建立与联邦各州合作的原子能研究实验室来为自身创建了一个牢固的组织领域，而此时美国的联邦原子能研究实验室已经在寻找新的任务。[125]

表 4.9　政府 1989 年研究和发展经费

	百万德国马克	1981 = 100
联邦政府	13900	134
按部门		
研究和技术部	7695	130
国防部	3052	196
教育和科学部	1120	127
经济部	992	93
按支持类型		
直接	7094	131
间接	420	91
机构	5414	143
国家实验室	2354	146
部级实验室	936	146
高等教育	380	139
德国研究联合会	610	129
马克斯·普朗克学会	457	129
弗朗霍夫学会	155	186
国际	1234	174
按技术（有选择的领域）		
空间	1291	195
原子能（含燃料）	893	65
非原子能	450	62
信息技术（包括生产技术）	804	214
环境和气候	741	173
健康	542	159
材料	549	185
飞机	777	163

续表

	百万德国马克	1981 = 100
生物	246	248
州政府	9100	132
高等教育	8030	
其他	1070	
政府总计	23000	133
税收减免（并不含在总计中）	674	

资料来源：Bundesminster fur Forschung und Technologie，*Faktenbericht 1990 zum Bundesbeicht Forschunt 1988*. Bonn：Bundeminister fur Forschung und Technologie，1990。

20 世纪 60 年代的公众讨论中，新熊彼特主义如肯尼斯（Kenneth Galbraith）和新马克思主义都认同政府对于产业研发支持的必要性，而这个观点又被有关美国和欧洲技术差距的公众讨论所加强。[126] 1962 年，此前曾几次更名的原子部的职责扩展到空间研究和技术领域，现在成为联邦科学研究部。一项关于电子数据处理的计划从 1966 年开始，到 1969 年，随着一项新技术计划的开始，部门的职责也拓展到一般技术领域（并且其名称相应地更改为教育和科学部）。政府对于民用飞机的支持开始于 1962 年，依附在经济部的权限之下，而军方研发则在国防部的掌控之中。[127] 1972 年，科学研究部被拆分成两部分：联邦对于教育的职责包括高等教育依然在教育和科学部下，而高等教育部门以外的技术和研发则成为了研究和技术部的范围。[128]

直到 20 世纪 70 年代，联邦研究和技术部及其前身都被广泛地评价为是成功的。联邦德国原子能发电厂的制造者西门子和 AEG 试图在短时间内实现追赶（使用美国许可），这是由研究和技术部主张的，并将其当做是为了巩固部门津贴的有效性而被广泛接受。[129] 在 20 世纪 70 年代中叶，部门接受了政府支持产业研发是产业结构现代化的关键这一理念。[130]

然而，正如本章的作者所揭示的那样，同 AEG 和西门子使用它们自己的资金发展其原子能反应堆的设想相反；大多数政府资助都花费在接下来无法用于商业化发电的反应堆类型上面，并且，20 世纪七八十年代，除了一些安全性研究，政府实验室对那些商用的反应堆类型贡献甚少。[131]利特尔（A. D. Little）对于军方支持的计算机和电子数据处理计算的研究的有效性产生了质疑，即便是大型计算机系统也存在同样的问题。[132]

20世纪80年代，一些大型项目，如快速增殖反应堆和高温反应堆的失败，变得非常刺眼甚至也进入了普通公众的视野。直到那时，军方才开始从其经验中汲取教训，并争取推出更有效的政策。[133]正如作者在其他地方所论述的那样，政府在支持技术上的失败可以被一个简单的事实所解释，即，如果几乎所有的资金都由政府资助，企业也还是有动机去实施一个项目，即便他们知道这个项目没有什么商业用途。这个问题可以通过和政府分担成本的方式加以避免。[134]军方也越来越倾向于采用资助部分项目成本的策略，通常是在30%到70%之间。但在空间等领域也存在特例，完全由政府所资助的方式正逐渐被淘汰。

另外一个主要的政策创新是，政府部门设计新计划并调整现有计划以强化公司之间或者公司和公共研究组织之间的合作。在选定的领域，如微电子、机器人、计算机辅助设计和制造或生物等，津贴的标准被明确的界定以鼓励企业参与到合作计划当中来。相对于资助本身，此类计划在信息效应方面对于公司而言更加有用：提醒公司关注技术前沿、共享竞争技术信息，以及创造供给方和专门的输入使用者之间的联系等。[135]自1978年以后，政府部门开始支持公司和公司之间，以及公司和政府实验室之间的研究。1989年的年经费支出是2 800万德国马克。另外一个计划则贴补了公司支持研究组织的研究人员的成本。该计划1989年的经费支出是2 200万德国马克。[136]

真正的制度创新是弗朗霍夫学会，从1949年毫无前途的开端成长为主要从事针对产业和政府中的客户合同的应用研究的大型机构。[137]1989年，学会预算为5.6亿德国马克，其中约1.55亿德国马克由联邦政府作为制度性支持提供，这一支持视其确保合同成功的程度而定。学会的六个机构为国防部工作，并完全由公共资助所支持。弗朗霍夫学会保持了同大学之间的紧密联系，并且依赖于合同这种强烈定向于服务客户的方式来进行运作。因此这种方式建立起大学和产业之间沟通的桥梁，因此当马克斯·普朗克学会向基础研究移动时，也帮助减小了德国创新体系中的不足。

间接的政府支持包括税收减免（1989 年为 6.74 亿德国马克）、津贴、将研发投资的特殊折旧率提升到相当的限度（1989 年分别为 4.49 亿德国马克和 2.25 亿德国马克），以及两个针对中小企业中研究人员的津贴计划等措施。自 1983 年开始，政府开始试验对新建立的技术导向性企业进行支持。1989 年的经费为 5 350万德国马克。虽然这个津贴帮助增强了风险投资的基础设施，但对此相当小的需求量表明风险投资的可用性并不是产业创新的重要障碍。[138]

联邦政府的制度支持重点更加倾向于国家实验室（1989 年为 23.54 亿德国马克）和部级实验室（9.36 亿德国马克）。自 1981 年开始，这两类型组织的增长速度都比政府对于研发的总支出要快（参见表 4.9）。部级实验室的作用并没有受到争议，因为其承担的大部分研发活动都和无争议的各州职能相关。在或多或少和产业创新有所联系的实验室中，主要有德国标准计量机构，正如第一部分所述的，其前身为物理和技术皇家学会，年预算为 3.72 亿德国马克，工作主要定位于标准和测量领域；德国联邦材料研究与试验院，年预算为 1.25 亿德国马克，工作定位于材料和化学品安全方面；以及联邦地球和自然研究所，年预算为 6 900万德国马克，工作定位于地理和原材料方面等。

20 世纪 70 年代以来，曾做过一些尝试将国家实验室的工作多样化为除原子能以外的技术并改善它们与产业技术之间的联系。一些实验室在近年逐渐接手了环境研发和气候研究方面的工作。各种方案也被建立以帮助国家实验室衍生出新的企业并改善它们同产业的联系。

在联邦政府所界定的不同技术的优先领域当中，近年来有着一些值得注意的变化（参见表 4.9）。最大的份额现在转移到了空间技术领域。由于加入一项新的野心勃勃的西欧合作项目这个有争议的政治决定，此领域的资助在最近有着显著的增加。[139]政府资助的第二领域是原子能技术，对这项技术的支持水平自 1981 年以来减少了 35%。同样的减少也影响了非原子能技术领域。

对于飞机技术的支持从 1981 年开始增长了 63%，年经费达到 7.77 亿德国马克。其中最大的研究项目是由一个欧洲企业联盟所开发和制造的乘用飞机空中客车系列。虽然空中客车被认为在技术上取得了成功，但是现在它还未能跨过正常商业化经营的门槛，因为参与的公司在动员其政府通过开发越来越多类型的飞机而投入越来越多的钱来扩展空中客车系列上很有一套。在一个有争议的行动中，联邦德国政府使到目前为止依赖于津贴的德国飞机公司进入了一个由戴姆勒—奔驰主导管理的混合所有制系统之中，希望在下一轮的资助项目中，空中客车计划可以最终变成一项正常的商业化投资。[140]

自 20 世纪 80 年代开始，联邦各州和一些城市都通过支持科学园的方式，吸引新兴高技术公司到它们的地区或使从现有的研究机构衍生出新的企业更加便利。创新中心被建立起来，为新兴的以科学为基础的企业提供空间和基础设施资源。1989 年的一项研究发现，50 个研究中心正在运行当中，而还有超过 50 个正在建设或者规划阶段，平均投资额是 550 万德国马克。[141] 此外，一些联邦州也致力于创造新的研究组织。例如，北莱茵—威斯特法伦州就利用“技术和工作”以及气候研究领域的一些分散的研究机构，创建了一个戈特弗里德智库中心。[142]

一个被遗忘及部分恢复的系统

如果将德国 20 世纪 80 年代的创新体系放在历史的视角之下，人们将会得到这样的印象它主要反映了已经长期存在、在战争和危机中存活且在此后形成规模的组织势头。在“二战”后的重建时期，每一个组织都首先着眼于自身，而系统则被遗忘了。联邦州关注其包含高等教育在内的教育机构。马克斯·普朗克学会（前身为凯泽—威廉学会）放弃了大量的应用研究并集中在基础研究方面。联邦政府在承担科学和技术责任方面显得犹疑不决，而在其负责任的领域，如原子能、宇宙空间以及电子数据处理等，其支持产业技术的计划也没有多少成效。致力于建立一个可靠的组织统治，原子部及其后继者建立了对产业贡献甚少的国家实验室。很多基金会在两次通货膨胀中消失，而新的基金会（例如大众基金会）的建立则需要新的刺激诸如关于技术差距讨论。旧的创新体系由普鲁士官僚作风动力所驱动，因为普鲁士的优势能够迫使其他联邦各州追随适应。“二战”后，联邦德国各州中没有任何一个有着这样的规模和动力来接替先前由普鲁士所占据的领导地位，新的协调联邦和州政府之间技术和科学活动的机构被建立起来，例如科学审议会和联邦与联邦州教育规划与科学研究促进委员会，慢慢承担他们的责任并只是满足创新体系的部分需要。[143]

仅在20世纪七八十年代，联邦研究和技术部才开始犹疑地承担了作为创新体系管理者的角色，设计计划以强化系统中不同组织的合作以及人才和信息的流动，并扶持诸如弗朗霍夫学会一样的新组织以为系统不同部分之间提供新的联系。然而，同时，联邦研究和技术部与联邦教育与科学部之间责任的分离，为政策制定者通盘考虑整个系统创造了新的障碍。

整个系统陷入被遗忘的事实，是为什么德国那些在某些领域有着长期的技术优势传统的产业在今天依然表现成强大的技术能力的原因之一。这些领域中，新的技术领域在“二战”后不断涌现，如计算机和微电子。或者，由于“二战”后盟军国家的政策，德国产业开始起飞，如航空器领域，产业发展相比于技术活力要显得逊色（原子能除外）。[144]在政府组织作为重要购买者角色的技术领域中，例如电信，德国产业并没有重拾以前的技术活力。[145]

当20世纪70年代晚期以及80年代系统逐渐从遗忘中部分恢复过来时，政府采取的第一步加强系统各部分之间的联系，而日本已经在组成强大的国家技术能力的所有方面追赶上或者超过德国：商业资助的研发占国内生产总值的比重、在美国获得的专利、每万人劳动力非学术工作中科学家和工程师的数量、所有高等教育水平上各年龄组的资质水平、每名学生在高等教育支出占人均国内生产总值的比重等。

挑战

虽然联邦德国产业在20世纪80年代的出口表现良好，却也没有任何理由可以自满。其他没有很好自然资源禀赋的国家（如日本或瑞士等）取得了更高的人均国民生产总值的现实，说明德国还可以表现得更好。出口的主要部分指向西欧国家。汽车出口，作为联邦德国出口绩效的主要因素，受益于其他西欧国家反对日本进口的贸易保护。面对日本强大的科学和技术潜力，德国企业将不仅仅在一些选定的，如光学设备、消费电子或半导体等产业的世界市场上面对强大的竞争者，并且在那些到目前为止德国有着技术优势的传统领域当中也是如此。

在接下来的几年当中，产业和政府决策者大量的关注和精力以及他们的决定所能提供的财政资源，将致力于重建国家东部的经济并建立起已有的市场经济同东欧的联系。由于稳定的经济形势以及地理条件，在给定统一所需的前进速度的情况下，将现有技术创新体系平稳地扩展到国家的东部并不可行。同样也没有时间对系统的优势和劣势进行一个普遍的讨论和细节的分析。然而，在面对来自日本的在广泛技术领域中的新挑战下，德国产业若想保持其在世界市场中的地位，对其技术创新体系的变革就不可能等待太久。

改革的主要挑战之一是高等教育部门。虽然在一些领域当中科学研究已经被摆在第一位，一些小的改革也正在研究生教育中进行，但高等教育部门依然是国家创新体系中最薄弱的部分。

既然知道国家技术创新能力和教育系统之间存在紧密的联系，就有必要建立起政府技术政策和教育政策在不同层面的更加紧密的合作。联邦职责在两个部门之间的分离，一个是教育和科学部，另一个是研究和技术部，看来无益于满足这种需求。

进一步的挑战是日益增长的商业国际化。企业将其活动的不同部分放置到不同国家的趋势，可能由于国家东部的重建而少许减缓了德国产业的发展，但是，随着德国企业加入到东欧经济的重建，它将继续并可能甚至再次加速。对于联邦政府而言，这意味着其政策将自觉或不自觉的采用越来越具有地区特征的政策设计以提供基础设置和支持系统，来保持国家对于高薪酬水平的商业活动的吸引力。

最后，是来自欧洲一体化的挑战。过去欧洲共同体政策对于联邦德国创新体系的影响主要在项目资助方面，它们以扶持同其他欧洲国家的企业和研究机构之间联系的方式进行管理。虽然资金实际上只是针对于单个项目的，如针对内存芯片的欧洲半导体硅计划，但也仅构成了国家总研发中很小的百分比，并且到目前为止并没有引起国家创新体系中重要的制度变化。[146]时下，共同体的技术创新政策和在德国系统上形成一个统一的技术创新欧洲市场政策的联合影响是很难评定的，但人们所关心的新兴的欧洲创新体系将会是什么样子、德国的创新体系将会对它作出什么贡献，以及德国的系统如何去适应它，这些问题都还有待回答。

注释

[1] 本章写于作者在柏林科学中心以及后来在佛罗伦萨的欧洲大学研究所之时。作者在此对 Richard Nelson、Nathan Rosenberg 和 Peter Walther 的评论表示感谢。

[2] World Bank (1989, pp. 6 ~ 9); Statistisches Bundesamt (1990, p. 236)。

[3] Informationsdienst des Instituts der deutschen Witschaft 17, 17 (25 April 1991) p. 5。

[4] Schnabel (1934) 对德国 19 世纪历史给出了经典的说明，他给予了科学和技术应有的关注。经济史方面，参见 Stolper et al. (1967), Henderson (1975), Treue (1975), Borchardt (1976), Aubin and Zorn (1973 ~ 1976, Vol. 2), Henning (1979), and Fischer (1985)。

[5] 列表参见 Henderson (1984) and Schefold (1990)。

[6] Henderson (1954/1972; pp. 1 ~ 9, 139 ~ 166), Ritter (1961), Miech (1965), Weber (1975), Weber (1983), Seeling (1983), and Radkau (1990)。

[7] Ben-David (1971, Ch. 6)。

[8] Turner (1974) and McClelland (1980, Chapters 2 and 3)。

[9] Hufbauer (1982)。

[10] D. Pohl (1972)。

[11] Turner (1980) and Ringer (1969), 大学系统暗示着上层阶级钟爱之物的重新分配。

[12] McClelland (1980, Chapters 4 ~ 6)。

[13] Schnabel (1934, Vol. 3) and Schmauderer (1976)。

[14] Cahan (1985) and Turner [in Jeismann and Lundgreen (1987, pp. 221 ~ 249]。

[15] Ben-David (1971, pp. 186 ~ 192), and Forman et al. (1975)。

[16] Titze (1987, pp. 27 ~ 29) (学生数), Pfetsch (1974, pp. 85 ~ 88, 186) (预算图), and W. Hoffmann et al. (1965, pp. 598 ~ 601) (公共消费价格指数)。

[17] 详见 Lundgreen (in Jarausch, 1983, pp. 149 ~ 179), 自然科学发展请见 Riese (1977, pp. 80 ~ 93)。

[18] 参见 Ben-David (1971) and McClelland (1980)。

[19] 参见 Brocke and Backhaus (both in Backhaus, in press)。

[20] Troitzsch (1966)。

[21] Lundgreen (in Sodan, 1988)。

[22] 对顾问院 (Gewerbeinstitut) 及其一些毕业生的职业研究参见 Henderson (1958, Chapter 6)。

[23] Schnable (1925), König (1981), and Gispen (1989)。

[24] Ludwig and König (1981)。

[25] Manegold (1970)。

[26] Kocka (1978, p. 313) and Fischer (1978, p. 87)。

[27] Fischer (1978, p. 88) and König (in Sodan, 1988, pp. 186 ~ 189)。

[28] König (in Sodan, 1988, [pp. 183 ~ 213], Harney, Lundgreen, Schmiel, Treese (all in Jeismann and Lundgreen, 1987), Grüner (1967), and Gispen (1989, Chapter 7)。

[29] Straatmann (in Jeismann and Lundgreen, 1987, pp. 271 ~ 281)。

[30] Fischer (in Aubin and Zorn, 1973 ~ 1976, Vol. 2, pp. 557 ~ 562) and Engehaedt (1984)。

[31] E. Hoffmann (1962) and Adelmann (1979)。

[32] Locke (1984, Chapter 4 ~ 6) 给出了一个热心的说明。

[33] Cipolla (1969) and Easterlin (1981)。

[34] 一个很好的同时代的描述请见 Lexis (1904)。

[35] Fischer and Lundgreen (1975, p. 557)。

[36] Flora et al. (1983, pp. 553 ~ 663)。

[37] Kocka (1980, p. 96)。

[38] Locke (1985, p. 187)。

[39] Späth (in Rürup, 1979, Vol. 1, pp. 189 ~ 208) 和 Lundgreen (1990)。英国参见 Haines (1969) 和 Alter (1982)；法国参见 Paul (1972) 和 Fox 和 Weisz (1980)。在美国，一些首创研究生教育的学校相信要遵从德国的模式，但正如 Ben-David (1971, Chapter 8) 所表明的，美国事实上建立起了不同的东西。

[40] Ben-David (1971, pp. 129 ~ 133)。

[41] 一些例子参见 Schmauderer (1976)。

[42] Landes (1969, p. 346f.) 指出推崇德国产业化的意识形态共识。

[43] Pfesch (1974, pp. 91 ~ 99), Lundgreen (1986), Lundgreen et al. (1986), and Lundgreen (in Viehaus and Brocke, 1990)。

[44] Griewank (1927, p. 23)。

[45] Cahan (1989, p. 196f.)。

[46] Pfetsch (1970), Bortfedt et al (1987), and Cahan (1989)。

[47] Johnson (1990)。

[48] Burchardt (1975) and Brocke and Burchardt (both in Vierhaus and Brocke, 1990)。

[49] Bricje (in Vierhaus and Brocke 1990, p. 90)。

[50] Manegold (1970)。

[51] Lenoir (1970)。

[52] Brocke (in Vierhaus and Brocke, 1990, pp. 109 ~ 119); Lundgreen (in Rürup, 1979)。

[53] Fischer (1978, p. 75f.) and Müler (in Lärmer, 1979, pp. 215 ~ 243)。

[54] W. Hoffmann et al. (1965, p. 522)；合成燃料出口来自于 Beer (1959, p. 134)（马克/美元的汇率为 4：1)。

[55] Brocke (in Viehaus and Brocke, 1990, p. 90)。

[56] D. Pohl (1972), Vershofen (1949 ~ 58), Haber (1971, p. 133f), and Hertner (1986, pp. 115 ~ 118)。

[57] Beer (1959) and Haber (1958, pp. 126 ~ 136)。

[58] 拜耳实验室参见 Beer (1959)。

[59] Haber (1971, p. 121) and Plumpe (1990, p. 52)。

[60] Ausschuss (1930, p. 8; 1932, p. 85)，这些数据和 Haber (1971, p. 108) 所引

用的数据稍有不同。

[61] Haber (1971, p. 14); 也见 Jeffrey (in Cocks and Jarausch 1990, pp. 123 ~ 142)。

[62] Timm (1974)。

[63] Troitzsch (1977, pp. 35 ~ 42)。

[64] 更近期的参见 Allen (1979) and Webb (1980)。

[65] Wengenroth (1986)。

[66] Fremdiling (1977)。

[67] 印刷机参见 Porter (1990, pp. 180 ~ 195)。

[68] Ausschuss (1932, pp. 33, 85, 174)。

[69] Hughes (1983, Chapter 3)。

[70] 基于德国电子制造者协会的一项估计 (由 Czada, 1969, pp. 136 ~ 147 所报道)。另外一项估计给出的图形中德国占 31%, 美国占 35% (参见 Hertner 1986, p. 125)。

[71] W. Hoffmann et al. (1965, p. 358)。

[72] Ausschuss (1932, pp. 85, 238)。

[73] Maddison (1982)。

[74] Pavitt and Soete (1982)。

[75] Kabisch (1982), Braun (1983), Duning (1983), Hertner (1986), and Schröter (1990)。

[76] Kindleberger (1975)。

[77] Ames and Rosenberg (1963) 批判性地评论了这些文献。

[78] 这个观点可以追溯到 Veblen (1915) and Weber (1917/1980)。

[79] 对于德国和国际的卡特尔的研究参见 Maschke (1969), Cornish (1979), H. Pohl (1985, 1988), Wurm (1989), and Fischer (in Aubin and Zorn, 1973 ~ 1976, Vol. 2, p. 811)。

[80] Feldenkirchen (1988)。

[81] Plumpe (1990)。

[82] Brady (1933)。

[83] Ausschuss (1932, pp. 85, 174, 176, 200, 237 ~ 239) and Czada (1969, p. 144). Chandler (1990, chapters 12 and 14) 提供了 20 世纪 20 年代的公司历史的案例。

[84] 参见 Schreiber (1923, pp. 13 ~ 15) 的列表。

[85] Schreiber (1923)。

[86] Zierold (1968, pp. 38 ~ 39), Nipperdey / Schmugge (1970), Düwell (1971), Schroeder-Gudehus (1974), Jarausch (1985), and Feldman (1987); 政府科学经费支出参见 Pfetsch (1982, p. 65)。

[87] Richter (1972, 1979), Forman (1973), H. Pohl (1983), and Feldmann (in Bruch and Müller 1990)。

[88] Zierold (1968, p. 234), Treue (in Aubin and Zorn, 1976, Vol. 2, p. 114), and H. Pohl (1983, p. 59)。

[89] Witt and Düwell (both in Vierhaus and Brocke, 1990)。

[90] 凯泽·威廉学会参见 Witt (in Vierhaus and Brocke, 1990)。

[91] Haber (1971, p. 354) (化学工业) and Erker (1990, p. 86) (西门子)。

[92] Plumpe (1990, pp. 471 ~ 477) (IG Farben) and Erker (1990, p. 86) (西门子)。

[93] 国家社会主义者时期的科学和技术参见 Ringer (1969) and Helf (1984)。

[94] Lasby (1971) and Gimbel (1990); 空气动力学参见 Hanle (1982)。

[95] Bentley (1984)。

[96] Stamm (1981) and Osietzki (1984)。

[97] 正规的制度性细节参见 Geimer and Geimer (1981), Massow (1983), and Meyer-Krahmer (1992)。

[98] 德国工会系统良好的准入参见 Berghahn and Karsten (1989) and Makovits (1986); 劳动力市场政策参见 Schettkat and Wagner (1990), Matzner and Wagner (1990), and Soskice (1990); 银行系统参见 Zysman (1984, Chapter 5)。

[99] 所有的数据都是 1988 年的; 参见 United Nations (1990)。

[100] 依照 Porter (1990) 的研究, 1985 年排名前 50 的产业 (按占总的世界出口的份额排名), 在德国其占到总出口的 10%, 韩国为 53%, 日本为 49%, 瑞士为 42%, 美国为 34%, 瑞典为 30%, 意大利为 27%, 英国为 18%。

[101] Law No. 25, Official Gazette of the Control Council for Germany No. 6 (30 April 1946), pp. 138 ~ 143。

[102] Servan-Schreiber (1968), OECD (1968, 1970), Majer (1973), and Nussbaum (1983), 对于公共讨论的历史性说明参见 Krieger (1987)。

[103] BMFT (1989)，对于德国高技术外贸的早期研究都是调查，参见 Schmietow (1988, Chapter 3 and 4)，选定的领域参见 Grupp and Legler (1987)。

[104] BMFT/BMBW (1988)。

[105] Hild (1989)。

[106] Vieweg (1991)。

[107] Narin and Olivastro (1987)。

[108] 依照 Ifo-Institut 所收集的数据 (Penzkofer and Schmalholz, 1990)，1998 年制造工业中研发占其总创新支出的 26%。

[109] 所有的数字除了瑞士以外都是 1987 年的。在那一年，德国的数字是 1.82%。参见 BMFT (1990, p. 378sq.)。

[110] Wortmann (1991, p. 39)，表 4.5 中的研发经费也包括海外的经费支出，所以不能直接和国家的研发能力相关。

[111] Patel and Pavitt (1989)。

[112] Echterhoff et al. (1990, pp. 20, 51), BMFT (1990, pp. 50, 362)。

[113] Echterhoff Bunderban (1990)。

[114] Tulder and Junne (1988) and Wortmann (1990)。

[115] Wortmann (1991)。

[116] Sorge (1991) and Bolssfeld (1992)。

[117] National Science Board (1987, p. 227)。

[118] Wissenschaftsrat (1988, pp. 121 ~ 122, 200 ~ 207, 233 ~ 259)。

[119] 大学方面参见 Katzenstein (1987, Chapter 7) and Oehler (1989)。

[120] BMFT/BMBW (1988, p. 7)。

[121] Wissenschafsrat (1988, p. 64)；所取得成就方面参见" Ein Wissenschaftswunder?", The Economist (11 Novermber 1989), 145 ~ 152；文献计量学研究参见 Daniel and Fisch (1990)；临床研究参见 Freund (1991)。

[122] Stamm (1981, pp. 109 ~ 140), Zierold (1968), Nipperdey and Schmugge (1980), and Hartmann and Neidhardt (in Daiel and Fisch, 1990)。

[123] Viehaus and Brocke (1990), Stamm (1981, pp. 85 ~ 108), Hohn and Schimank (1990, Chapter 4), and BMFT (1990, p. 266)。

[124] Schimank (1988)。

[125] 对卡尔斯鲁尔（Karlsruhe）原子能研究中心的研究参见 Kech（1981, Chapter 3）；对此观点的概括参见 Hohn and Schimank（1990, Chapter 7）；对美国的讨论参见 Weinberg (1967)。

[126] Galbraith (1967/1974) and Hirsch (1974)。

[127] 政府对空间站的支持参见 Schulte-Hillen (1975)。

[128] 直到 20 世纪 70 年代的联邦政策参见 Bräunling and Harmsen (1975), Keck (1976), and Schmitz et al. (1976)。

[129] 部门声明的例子是 BMWF (1965, p. 18)；对其非批判性地接受的一个例子在由 Commission on Monopolies (Monopolkommission, 1977, p. 367) 提供的一份报告中。

[130] Hauff and Scharpf (1975/77)。

[131] Keck (1981)。

[132] Sommerlatte et al. (1982)。

[133] Lorenzen (1985)。

[134] Keck (1988)。

[135] 一个有趣的历史案例参见 Häusler et al. (1991)。

[136] BMFT (1988, p. 186; 1990, p. 50)。

[137] Hohn and Schimank (1990, Chapter 6)。

[138] BMFT (1988, pp. 189; 1990, pp. 50 ~ 51), Bundersregierung (1989, pp. 99 ~ 101, 164, 166), Meyer-Krahmer et al. (1983), "Fue-Personalkostenzuschuss-Programm," Deusches Institut für Wirtschaftsforschung Wochenbericht (8 March 1990), pp. 119 ~ 122, and Kulicke and Krupp (1987)。

[139] Humphreys (1989, pp. 147 ~ 150) and Weyer (1990)。

[140] 飞机产业参见 Hornschild and Neckermann (1989)。

[141] Steinberg (1989)。

[142] Ellwein and Bruder (1982), Bruder (1983), Gibb (1985), Dose and Drexler (1987), Hilpert (1990), Hucke and Wollmann (1989), Jurgens and Krumbein (1991), Staudt (1987/88), and Sabel et al. (1989), 对联邦各州活动的一项调查参见 BMFT (1988, pp. 201 ~ 229; 1990, pp. 187 ~ 230)。

［143］救济会的早期研究参见 Berger（1974）；晚期的研究参见 Block and Krull（in Daniel and Fisch，1990）。

［144］微电子产业参见 Friebe and Gerybadze（1984）and Malerba（1985）；原子能参见 Keck（1980 and 1981）。

［145］电信产业参见 Grupp（1991），关于德国的一章参见 Grupp and Schnöring（1990～1991）。

［146］欧共体在科学和技术方面的政策参见 Klodt et al.（1988）and Starbatty and Vetterlein（1990）。

参考文献

Adelmann, G. (1979). "Beruflichc Ausbildung und Wciterbildung in der deutschen Wirtschaft 1871 - 1918." In H. Pohl(ed.), *Berufliche Aus-und Weiterbildung der deutschen Wirtschaft seit dem 19. Jahrhundert,* 9 - 52. Wiesbaden: Steiner.

Allen, R. C. (1979). "International Competition in Iron and Steel, 1850 - 1913." *Journal of Economic(History)* 39: 911 - 38.

Alter, P. (1982). *Wissenschafi, Staat, Mäzene.* Stuttgart: Klett-Cotta.

Amcs, E., and Rosenberg, N. (1963). "Changing Technological Leadership and Industrial Growth." *Economic Journal* 73 (3): 13 - 31.

Aubin, H., and Zorn, W. (eds.) (1973 - 1976). *Handbuck der deutschen Wirtschafts-und Sozialgeschichte,* Vol. 1. Stuttgart: Union Verlag, 1973, Vol. 2. Stuttgart: Klett, 1976.

Ausschuss zur Untersuchung der Erzeugungs-und Absatzbedingungen der deutschen Wirtschaft. (1930). *Die deutsche chemische Industrie*. Berlin: Mittler.

Ausschuss zur Untersuchung der Erzeugungs-und Absatzbedingungen der deutschen Wirtschaft(1932). *Der deutsche Aussenhandel unter der Einwirkung der weltwirtschaftlichen Strukturwandlungen.* Berlin: Mittler.

Backhaus, J. G. (in press). *The Economics of Science Policy.* Berlin: Springer.

Beer, J. J. (1959). *The Emergence of the German Dye Industry.* Urbana, IL: University of Illinois Press.

Ben-David, J. (1971). *The Scientist's Role in Society.* Englewood Cliffs, NJ: Prentice-Hall.

Bentley, R. (1984). *Technological Change in the German Democratic Republic.* Boulder: Westview.

Berger, R. (1974). *Zur Slellung des Wissenschaftsrals bei der wissenschaftspolitischen Beralung von Bund und Ländern.* Baden-Baden: Nomos.

Berghahn, V. R., and Karsten, D. (1989). *Industrial Relations in West Germany.* Oxford: Berg.

Beyerchen, A. D. (1977). *Scientists under Hitler.* New Haven: Yale University Press.

Blossfeld, H. -P. (1992). "Unterschiedliche Systeme der Berufsausbildung und Anpassung an Strukturveränderungen im internationalen Vergleich." In D. Sadowski and A. Timmesfeld (eds.), *Ökonomie und Tolitik beruflicher Bildung: Europäische Entwicklungen* 45 - 60. Berlin: Duncker & Humblot.

BMBW/BMFT(Bundesministerium fur Bildung und Wissenschaft/Bundesministerium fur Forschung und Technologic) (1988). *Leistungsstand und Perspektiven von Wissenschafi, Forschung und Technologic in der Bundesrepublik Deutschland. Bonn.*

BMFT (Bundesminister für Forschung und Technologie) (1988). *Bundesbericht Forschung* 1988. Bonn.

BMFT (Bundesminister für Forschung und

Technologie) (1989). *Zur technologischen Wettbewerbsfdhigkeit der deutschen Industrie*. December 7.

BMFT (Bundesminister für Forschung und Technologic) (1990). *Faktenbericht 1990 zum Bundesbericht Forschung 1988*. Bonn.

BMwF (Bundesminister für wissenschaftliche Forschung) (1965). *Bundesbericht Forschung* Ⅱ. (Bundestagsdrucksache V/2054).

Borchardt, K. (1965). "Zum Problem der Erzichungs- und Aus-bildungsinvcstitionen im 19. Jahrhundert." In H. Aubin, E. Ennen, H. Kellenbcnz, T. Mayer, F. Metz, M. Miller, J. Schmithüsen (eds.), *Beiträge zur Wirtschafts- und Stadtgeschichte*, 380-92. Wiesbaden: Steiner.

Borchardt, K. (1976). "Germany-," In C. Cipolla (ed.), *The Fontana Economic History of Europe: Vol. 4, Part 1*. Brighton: Harvester, London: Barnes & Noble.

Bortfeldt, J., Hauser, W. and Rechenberg, H. (1987). *Forschen, Messen, Prüfen*. Weinheim: Physik-Verlag.

Brady, R. A. (1933). *The Rationalization Movement in German Industry*. Berkeley, CA: University of California Press.

Braun, H.-J. (1983). "Technolgietransfer im Maschinenbau von Deutschland in die USA, 1870 - 1939." *Technikgeschichte* 50(3), 238 - 52.

Bräunling, G., and Harmsen, D. M. (1975). *Die Förderungsprinzipien und Instrumente der Forschungs-und Technologiepolitik*. Göttingen: Otto Schwartz.

Bruch, R. vom, and Müller, R. A. (eds.) (1990). *Farmen ausserstaatlicher Wissenschaftsförderung*. Stuttgart: Steiner.

Bruder, W. (1983). "Innovation Behavior of Small and Medium-Scale Firms." *Research Policy* 12, 213 - 25.

Bundesregierung. (1989). *Bericht über die Entwicklung der Finanzhilfen des Bundes und der Steuervergünstigungen für die Jahre 1987 bis* 1990. (Bundestagsdrucksache 11/5116).

Burchardt, L. (1975). *Wissenschaftspolitik im Wilhelminischen Deutschland*. Göttingen: Vandenhoek & Ruprecht.

Cahan, D. (1985). "The Institutionalization of German Physics, 1865 - 1914." *Historical Studies in the Physical and Biological Sciences* 15(2): 1 - 65.

Cahan, D. (1989). *An Institute for an Empire*. Cambridge, England: Cambridge University Press.

Chandler, A. D., Jr. (1990). *Scale and Scope*. Cambridge, MA: Harvard University Press.

Cipolla, C. M. (1969). *Literacy and Development in the West*. Harmondsworth: Penguin.

Cornish, W. R. (1979). "Legal Control over Cartels and Monopolization, 1880 - 1914: A Comparison." In N. Horn and J. Kocka (eds.), *Law and the Formation of the Big Enterprises in the 19th and Early 20th Centuries*, 280 - 305. Göttingen: Vandenhoek & Ruprecht.

Cocks, G., and Jarausch, K. H. (eds.). (1990). *German Professions, 1800 - 1950*. New York: Oxford University Press.

Czada, P. (1969). *Die Berliner Elektrotechnische Industrie in der Weimarer Zeit*. Berlin: Colloquium Verlag.

Daniel, H.-D., and Fisch, R. (eds.) (1990). *Scientometrics in the Federal Republic of Germany*. (Special Issue of Scientometrics Vol. 19, Nos. 5 - 6).

Deutsche Bundesbank. (1990). "Patent und Lizenzverkehr mil dem Ausland sowie sonstiger Austausch von technischem Wissen durch Dienstleistungen in den Jahren 1988 und 1989." *Monatsberichte der Deutschen Bundesbank* 42(5): 28 - 43.

Dose, N., and Drexler, A. (eds.) (1987). *Technologieparks*. Opladen: Westdeutscher-Verlag.

Dunning, J. H. (1983). "Changes in the Level and Structure of International Production." In M. Casson (ed.), *The Growth of International Business*, 84 - 139. Winchester, MA: George Allen & Unwin.

Düwell, K. (1971). "Staat und Wisserischaft in der Weimarer Epoche." In T. Schieder (ed.), *Beiträge zur Geschichte der Weimarer Republik*, 31 - 74 (*Historische. Zeitschrifti Beiheft* 1). München: Oldenbourg.

Easterlin, R. A. (1981). "Why Isn't the Whole World Developed?" *Journal of Economic* History 41(1): 1 - 19.

Echterhoff-Severitt, H., Grenzmann, C, Marquardt, R., Menner, E., Weissburger, A., and Wudtke, J. (1990). *Forschung und Entwicklung in der Wirtschaft 1987*. Essen: SV-Gemeinniitzige Gesellschaft fur Wissenschaftsstatistik.

Ellwein, T., and Bruder, W. (1982). *Innovationsorientierte Regionalpolitik*. Opladen: Westdeutscher Verlag.

Engelhardt, U. (ed.) (1984). *Handwerker in der Industrialisierung*. Stuttgart: Klett-Cotta.

Erker, P. (1990). "Die Verwissenschaftlichung der Industrie." *Zeitschrift für Unternehmensgeschichte* 35(2):73 – 94.

Feldenkirchen, W. (1988). "Concentration in German Industry 1870 – 1939." In H. Pohl (ed.), *The Concentration Process in the Entrepreneurial Economy Since the Late 19th Century*, 113 – 146. Stuttgart: Steiner.

Feldman, G. DD. (1987). "The Politics of Wissenschaftspolitik in Weimar Germany." In C. Maier(ed.), *Changing Boundaries of the Political: Essays on the Evolving Balance Between the State and Society, Public and Private in Europe*. 255 – 85. Cambridge, U K: Cambridge University Press.

Fischer, W. (1978). "The Role of Science and Technology in the Economic Development of Modern Germany." In W. Beranek and G. Ranis(eds.), *Science, Technology and Economic Development*, 71 – 113. New York: Praeger.

Fischer, W. (1985). "Deutschland 1850 – 1914." In W. Fischer(ed.), *Handbuch der Europdischen Wirtschafts- und Sozialgeschichle*, Vol. 5, 357 – 442. Stuttgart: Klett-Cotta.

Fischer, W., and Lundgreen, P. (1975). "The Recruitment and Training of Administrative and Technical Personnel." In C. Tilly (ed.), *The Formation of National States in Western Europe*, 456 – 561. Princeton: Princeton University Press.

Fleming, D., and Bailyn, B. (1969). *The Intellectual* Migration. Cambridge, MA: Harvard University Press.

Flora, P., Alber, J., Eichenberg, R., Kohl, J., Kraus, F., Pfenning, W., and Seebohm, K. (1983 – 1987). *State, Economy, and Society in Western Europe 1815 – 1975*, 2 Vols. Frankfurt: Campus; London: Macmillan; Chicago: St. James.

Forman, P. (1974). "Financial Support and Political Alignments of the German Physicists after First World War." *Minerva* 10(2): 39 – 66.

Forman, P., Heilbron, J., and Weart, S. (1975). "Physics Circa 1900." *Historical Studies of the Physical and Biological Sciences* 5: 1 – 185.

Fox, R., and Weisz, G. (eds.) (1980). *The Organization of Science and Technology in France 1808 – 1914*. Cambridge, England: Cambridge University Press.

Fremdling, R. (1977). "Railroads and German Economic Growth." *Journal of Economic History* 37(3):583 – 604.

Freund, H.-J. (1991). "Problemfeld klinische *Forschung." Forschung: Mitteilungen der DFG.* 3(3):30.

Friebe, K. P., and Gerybadze, A. (eds.) (1984). *Microelectronics in Western Europe*. Berlin: Erich Schmidt.

Galbraith, J. K. (1967/1974). *The New Industrial State*. Harmondsworth: Penguin(first edition 1967, a German translation was published in 1967).

Geimer, H., and Geimer, R. (1981). *Research Organization and Science Promotion in the Federal Republic of Germany*. München: Saur.

Gibb, J. M. (ed.) (1985). *Science Parks and Innovation Centres*. Amsterdam: Elsevier.
Gimbel, J. (1990). *Science, Technology, and Reparations*. Stanford: Stanford University Press.

Gispen, K. (1989). *New Profession, Old Order*. Cambridge, England: Cambridge University Press.

Griewank, K. (1927). *Staat und Wissenschaft im Deutschen Reich*. Freiburg: Herder.

Grüner, G. (1967). *Die Entwicklung der höheren* technischen Fachschulen im deutschen Sprachgebiet. Braunschweig: Westermann.

Grupp, H. (1991). "A Quantitative Assessment of Innovation Dynamics and R&D Management in Japanese and West German Telecommunications." R&D Management 21 (4):271 – 90.

Grupp, H., and Legler, H. (1987). *Spitzentechnik, Gebrauchslechnik, Innovationspotential und Preise*. Cologne: TÜV Rheinland.

Grupp, H., and Schnöring, Th. (eds.) (1990 – 91). *Forschung und Entwicklung fur die Telekommunikation*, 2 Vols. Berlin: Springer.

Haber, L. F. (1958). *The Chemical Industry during the Nineteenth Century*. Oxford: Oxford University Press.

Haber, L. F. (1971). *The Chemical Industry, 1900 – 1930*. Oxford: Oxford University Press. Haines, G. (1969). *Essays on German Influence upon English Education and Science, 1850 – 1919*. Hamden, CT: Archon Books.

Hanle, P. A. (1982). *Bringing Aerodynamics to America*. Cambridge, MA: Harvard University Press.

Haurff, V., and Scharpf, F. W. (1975/77). *Modernisierung der Volkswirlschaft*, 2nd ed. Cologne: Europäische Verlagsanstalt (first edition 1975).

Häusler, J., Hohn, H.-W., and Lütz, S. (1991). "The Architecture of an R&D Collaboration." Cologne: Max-Planck-Institut für Gesellschaftsforschung.

Henderson, W. O. (1954/1972). *Britain and Industrial Europe*, 3rd ed., 1972, (first edition 1954). Leicester: Leicester University Press.

Henderson, W. O. (1958). *The State and the Industrial Revolution in Prussia, 1740 – 1870*, Liverpool: Liverpool University Press.

Henderson, W. O. (1975). *The Rise of German Industrial Power, 1834 – 1914*. London: Temple Smith.

Henderson, W. O. (1984). *Friedrich List. London: Cass.*

Henning, F.-W. (1979). *Die Industrialisierung in Deutschland*, 5th ed. Paderborn.

Herf, J. (1984). *Reactionary Modernism*, Cambridge, England: Cambridge University Press.

Hertner, P. (1986). "German Multinational Enterprise Before 1914." In P. Hertner and G. Jones (eds.), *Multinationals*, 113 –34. Aldershot, England: Gower.

Hild, R. (1989). "Exportboom in der Automobilindustrie." *ifo-Schnelldienst* 42 (25): 19 – 32.

Hilpert, U. (ed.). (1990). *Regional Innovation and Decentralization*. London: Routledge.

Hirsch, J. (1974). "Scientific-Technical Progress and the Political System." *German Political Studies*, Vol. 1. 107 – 39. Beverly Hills: Sage.

Hoffmann, E. (1962). *Zur Geschichte der Berufserziehung in Deutschland*. Bielefeld: Bertelsmann.

Hoffmann, W. G., Grumbach, F., and Hesse, H. (1965). *Das Wachstum der deutschen Wirtschafl seit der Mitte des 19. Jahrhunderts*. Berlin: Springer.

Hohn, H.-W., and Schimank, U. (1990). *Konflikte und Gleichgewichteim Forschungssystem*, Frankfurt am Main: Campus.

Hornschild, K., and Neckermann, G. (1989). *Die deutsche Luft- und Raumfahrlindustrie*. Frankfurt am Main: Campus.

Hucke, J., and Wollmann, H. (eds.) (1989). *Dezentrale Technologiepolitik?Basel*, Switzerland: Birkhäuser.

Hufbauer, K. (1982). *The Formation of the German Chemical Community, 1720 –1785*. Berkeley, CA: University of California Press.

Hughes, T. P. (1983). *Networks of Power*. Baltimore, MD: Johns Hopkins University Press.

Humphreys, P. (1989). "Policies for Technological Innovation and Industrial Change." In S. Bulmer (ed.), *The Changing Agenda of West German Public Policy*, 128 –54. Aldershot, England; Dart-mouth; Brokkfield, VT: Gower.

Jarausch, K. H. (ed.) (1983). *The Transformation of Higher Learning 1860 –1930*. Stuttgart: Klett.

Jarausch, K. H. (1985). "The Crisis of German Professions 1918 – 1933." *Journal of Contemporary History* 20: 379 –98.

Jarausch, K. H. (1986). "The Perils of Professionalism." *German Studies Review* 9: 107 – 37.

Jeismann, K.-E., and Lundgreen, P. (eds.) (1987). *Handbuch der deutschen Bildungsgeschichte*, Vol. 3. München: Beck.

Johnson, J. A. (1990). *The Kaiser's Chemists*. Chapel Hill: University of North Carolina Press.

Jürgens, U., and Krumbein, W. (eds.) (1991). *Industriepolitische Strategien*. Berlin: Edition Sigma.

Kabisch, T. R. (1982). *Deutsches Kapital in den USA*. Stuttgart: Klett-Cotta.

Katzenstein, P. J. (1987). *Policy and Politics in West Germany*. Philadelphia, PA: Temple University Press.

Keck, O. (1976). "West German Science Policy Since the Early 1960's." *Research Policy* 5: 116 – 57.

Keck, O. (1980). "Government Policy and Technical Choice in the West German Reac-

tor Programme." *Research Policy* 9: 302 – 56.
Keck, O. (1981). *Policymaking in a Nuclear Program*. Lexington, MA: Lexington Books.
Keck, O. (1988). "A Theory of White Elephants."*Research Policy* 17: 187 – 201.
Kindleberger, C. P. (1975). "Germany's Over-Taking of England." *Weltwirtschaftliches Archiv* 111: 253 – 81, 477 – 504.
Klodt, H., Horfmeyer, M., Krieger-Boden, C., and Soltwedel, R. (1988). *Forschungspolitik unter EG-Kontrolle*. Tübingen: Mohr.
Kocka, J. (1978). "Entrepreneurs and Managers in German Industrialization." In T. Mathias and M. M. Tostan(eds.), *The Cambridge Economic History of Europe, Vol. 7: The Industrial Economies: Capital, Labour, and Enterprise*, Part 1, 492 –589 Cambridge, Engl.: Cambridge University Press.
Kocka, J. (1980). "The Rise of Modern Industrial Enterprise in Germany." In A. D. Chandler and H. Daems(eds.), *Managerial Hierarchies*, 77 –116. Cambridge, MA: Harvard University Press.
König, W. (1981). "Stand und Aufgaben der Forschung zur Geschichte der deutschen Polytechnischen Schulen und Technischen Hochschulen im 19. Jahrhundert." *Technikgeschichte* 48(1): 47 – 67.
Krieger, W. (1987). "Zur Geschichte von Technologiepolitik und Forschungsförderung in der Bun-desrepublik Deutschland." *Vierteljahreshefte für Zeitgeschichte* 35: 247 – 71.
Kulicke, M., and Krupp, H. (1987). "The Formation, Relevance and Public Promotion of New Technology Based Firms." *Technovation* 6: 47 – 56.
Landes, D. (1969). *The Unbound Prometheus*. Cambridge, England: Cambridge University Press.
Larmer, K. (ed.) (1979). *Studien zur Geschichte der Produktivkräfte*. Berlin: Akademie Verlag.
Lasby, C. G. (1971). *Project Paperclip*. New York: Atheneum.
Lenoir, T. (1992). *Politik im Tempel der Wissen-schaft*. Frankfurt am Main: Campus.
Lexis, W. (ed.) (1904). *Das Unterrichtswesen im Deutschen Reich*, 4 Vols. Berlin: Asher (also available in English).
Locke, R. R. (1984). *The End of the Practical Man*. Greenwich, CT: JAI Press.
Locke, R. R. (1985). "Relationship between Higher Educational and Managerial Cultures in Britain and West Germany." In P. Joynt and M. Warner(eds.), *Managing in Different Cultures*, 166 – 214. Oslo: Universitetsforlaget.
Lorenzen, H. -P. (1985). *Effektive Forschungs- und Technologiepolitik*. Frankfurt am Main: Campus.
Ludwig, K. -H. (1974). *Technik und Ingenieure im Dritten Reich*. Düsseldorf: Droste.
Ludwig, K. -H., and König, W. (eds.) (1981). *Technik, Ingenieure und Gesellschafl*. Düsseldorf: VDI-Verlag.
Lundgreen, P. (1976). "Educational Expansion and Economic Growth in Nineteenth-Century Germany." In L. Stone(ed.), *Schooling and Society*, 20 – 66. Baltimore, MD: Johns Hopkins University Press.
Lundgreen, P. (1986). *Standardization, Testing, Regulation*. Universität Bielefeld, Forschungsschwerpunkt Wissenschaftsforschung.
Lundgreen, P. (1990). "Engineering Education in Europe and the USA, 1750 – 1930."*Annals of* science 47: 33 – 75.
Lundgreen, P., Horn, B., Krohn, W., Küppers, G., and Paslack, R. (1986). *Staatliche Forschung in Deutschland 1870 – 1980*. Frankfurt am Main: Campus.
Maddison, A. (1982). *Phases of Capitalist Development*. Oxford: Oxford University Press.
Majer, H. (1973). *Die "Technologische Lücke" zwischen der Bundesrepublik Deutschland und den Vereiniglen Staaten von Amerika*. Tübingen: Mohr.
Malerba, F. (1985). *The Semiconductor Business*. London: Pinter.
Manegold, K. -H. (1970). *Universität, Technische Hochschule und Industrie. Berlin:* Duncker & Humblot.
Markovits, A. S. (1986). *The Politics of the West German Trade Unions*. Cambridge, England: Cambridge University Press.
Maschke, E. (1969). "Outline of the History of German Cartels from 1873 to 1914." In F. Crouzet, W. H. Challnor, and W. M. Stern (eds.), *Essays in European Economic History*, 226 – 58. London: Arnold.
Massow, V. von(1983). *Organization and Promotion of Science in the Federal Republic of Germany*. Bonn: Inter-Nationes.

Matzner, E., and Wagner, M. (1990). *The Employment Impact of New* Technology. Aldershot, England: Avebury/Gower.

McClelland, C. E. (1980). *Stale, Society and University in Germany 1700 – 1914.* Cambridge, England: Cambridge University Press.

Mehrtens, H., and Richter, S. (eds.) (1979). *Naturwissenschaft, Technik und NS-Ideologie.* Frankfurt am Main: Suhrkamp.

Meyer-Krahmer, F. (1990). *Science and Technology in the Federal Republic of Germany.* London: Longman.

Meyer-Krahmer, F., Gielow, G., and Kuntze, U. (1983). "Impacts of Government Incentives Towards Industrial Innovation." *Research Policy* 12: 153 – 69.

Mieck, I. (1965). *Preussische Gewerbepolitik in Berlin 1806 – 1844.* Berlin: de Gruyter.

Mock, W. (1986). *Technische Intelligenz im Exil.* Düsseldorf: VDI-Verlag.

Monopolkommission. (1977). *Hauplgulachlen 1973/1975.* Baden-Baden: Nomos.

Narin, F., and Olivastro, D. (1987). *Identifying Areas of Strength and Excellence in F. R.* G. Technology. Report to the Bundesministerium fur Forschung und Technologic.

National Science Board (United States). (1987). *Science & Engineering Indicators 1987.* Washington, D. C.: U. S. Government Printing Office.

Nipperdey, T., and Schmugge, L. (1970). 50 *Jahre Forschungsförderung in Deutschland.* Bonn: Deutsche Forschungsgemeinschaft.

Nussbaum, B. (1983). *The World After Oil.* New York: Simon and Schuster (a German translation was published in 1984).

Oehler, C. (1989). Die *Hochschulentwicklung in der Bundesrepublik Deutschland seit 1945.* Frankfurt am Main: Campus.

Organisation for Economic Cooperation and Development. (1968). *Gaps in Technology: General Report.* Paris: OECD.

Organisation for Economic Cooperation and Development. (1970). *Gaps in Technology: Analytical Report.* Paris: OECD.

Osietzki, M. (1984). *Wissenschafisorganisation und Restauration.* Cologne: Böhlau.

Patel, P., and Pavitt, K. (1989). "A Comparison of Technological Activities in West Germany and the United Kingdom." *National Westminister Bank Quarterly Review* May, 27 – 42.

Paul, H. W. (1972). *The Sorcerer's Apprentice.* Gainsville: University of Florida Press.

Pavitt, K., and Soete, L. (1982). "International Differences in Economic Growth and the International Location of Innovation." In H. Giersch (ed.), *Emerging Technologies,* 105 – 33. Tübingen: Mohr.

Penzkofer, H., and Schmalholz, H. (1990). "Zwanzig Jahre Innovationsforschung im Ifo-Institut und zehn Jahre Ifo-Innovationstest." *IFO-Schnelldienst* 43(14): 14 – 22.

Pfetsch, F. (1970). "Scientific Organisation and Science Policy in Imperial Germany." *Minerva* 8(4): 556 – 80.

Pfetsch, F. (1974). *Zur Entwick/ung der Wissenschaftspolitik in Deutschland, 1750 – 1914.* Berlin: Duncker & Humblot.

Pfetsch, F. (1982). *Dalenhandbuch zur Wissenschaf-Isentwicklung.* Cologne: Zentrum für historische Sozialforschung.

Plumpe, G. (1990). *Die IG-Farbenindustrie AG: Wirtschaft, Technik und Politik 1904 – 1945.* Berlin: Duncker & Humblot.

Pohl, D. (1972). *Zur Geschichte der pharmazeutischen Privatinstitute von 1779 bis 1873.* Doctoral Dissertation, Marburg.

Pohl, H. (1983). "Die Förderung schulischer Ausbildung und wissenschaftlicher Forschung durch die deutsche Wirtschaft von 1918 bis 1945." In H. Pohl (ed.), *Wirtschaft, Schule und Universität, 42 – 77.* Wiesbaden: Steiner.

Pohl, H. (ed.) (1985). *Kartette und Kartellgesetzgebung in Praxis und Rechtsprechung vom 19. Jahrhundert bis zur Gegenwart.* Stuttgart: Steiner.

Pohl, H. (ed.) (1988). *Wettbewerbsbeschränkungen auf internationalen Märkter.* Stuttgart: Steiner.

Porter, M. E. (1990). The Competitive Advantage of Nations. London: Macmillan.

Radkau, J. (1989). *Technik in Deutschland.* Frankfurt am Main: Suhrkamp.

Richter, S. (1972). *Forschungsförderung in Deutschland, 1920 – 1936.* Düsseldorf: VDI-Verlag.

Richter, S. (1979). "Wirtschaft und Forschung." *Technikgeschichte* 46: 20 – 44.

Riese, R. (1977). *Die Hochschuleaufdem Wegezum wissenschaftlichen Grossbetrieb.* Stuttgart: Klett.

Ringer, F. (1969). *The Decline of the German*

Mandarins. Cambridge, MA: Harvard University Press.

Ritter, U. P. (1961). *Die Rolle des Staates in den Frühstadien der Industrialisierung*. Berlin: Duncker & Humblot.

Rürup, R. (ed.) (1979). *Wissenschaft und Gesellschaft*, 2 Vols. Berlin: Springer.

Sabel, C. F., Herrigel, G. B., Deeg, R., and Kazis, R. (1989). "Regional Prosperities Compared: Massachusetts and Baden-Württemberg in the 1980s." *Economy and Society* 18(4): 374 – 404.

Schefold, B. (ed.) (1990). *Studien zur Enlwicklung der ökonomischen Theorie 10*. Berlin: Duncker & Humblot.

Schettkat, R., and Wagner, M. (eds.) (1990). *Technologischer Wandel und Beschäftigung*. Berlin: de Gruyter.

Schimank, U. (1988). "The Contribution of University Research to the Technological Innovation of the German Economy." *Research Policy* 17: 329 – 40.

Schmauderer, E. (1976). "Die Stellung des Wissenschaftlers zwischen chemischer Forschung und chemischer Industrie im 19. Jahrhundert." In W. TReue und K. Mauel (eds.), *Naturwissenschaft, Technik und Wirtschaft im 19. Jahrhundert*, Vol. 2, 614 – 53. Göttirgen: Vandenhoek & Ruprecht.

Schmietow, E. A. (1988). *Die technologische Wettbewerbsfähigkeit der Bundesrepublik*. Bad Homburg: DIE Verlag H. Schäfer.

Schmitz, K., Riehle, R., Narr, W.-D., Koch, C., and Albrecht, U. (1976). *Der Staat und die Steuerung der Wissenschaft*. Göttingen: Otto Schwartz.

Schnabel, F. (1925). "Die Anfänge des technischen Hochschulwesens." In *Festschrift anliisslich des 100-jährigen Bestehens der Technischen Hochschule Fridericiana zu Karlsruhe, 1 – 44*. Karlsruhe: Müller.

Schnabel, F. (1929 – 1934). *Deutsche Geschichte im 19. Jahrhundert*, 3 Vols. Freiburg: Herder.

Schreiber, C. (1923). *Die Not der deutschen Wissenschaft und der geistigen Arbeiter*. Leipzig: Quelle & Meyer.

Schroeder-Gudehus, B. (1974). "The Argument for the Self-Government and Public Support of Science in Weimer Germany." *Minerva* 10: 537 – 70.

Schröter, H. G. (1990). "Die Auslandsinvestitionen der deutschen chemischen Industrie 1870 bis 1930." *Zeitschrift für Vnternehmensgeschichte* 35(1): 1 – 22.

Schulte-Hillen, J. (1975). *Die Luft- und Raumfahrtpolitik der Bundesrepublik Deutschland*. Göttingen: Otto Schwartz.

Seeling, H. (1983). *Wallonische Industrie-Pioniere in Deutschland*. Lüttich: Wahle.

Servan-Schreiber, J.-J. (1968). *Die amerikanische Herausforderung*. (German translation of *Le Défi Americain*), Hamburg: Hoffmann und Kampe.

Sodan, G. (ed.) (1988). *Die Technische Fachhochschule Berlin im Spektrum Berliner Bildungsgeschichte*. 1 – 44. Berlin: Technische Fachhochschule Berlin.

Sommerlatte, T., Beckerhoff, D., Walsh, I., Stelter, K., Klekotto, I. (1982). *Die Entwicklung der Dalenverarbeitung in der Bundesrepublik Deutschland*. Report BMFT-FB-DV 82 – 004, Bundesministerium für Forschung und Technologic.

Sorge, A. (1991). "Strategic Fit and the Societal Effect: Interpreting Cross-National Comparisons of Technology, Organization and Human Resources." *Organization Studies* 12(2): 161 – 90.

Soskice, D. (1990). "Reinterpretating Corporatism and Explaining Unemployment." In R. Brunetta and C. Dell'Aringa (eds.), *Labour Relations and Economic Performance*. 170 – 211, London: Macmillan.

Stamm, T. (1981). *Zwischen Staat und Selbstverwaltung*. Cologne: Verlag Wissenschaft und Politik.

Starbatty, J., and Vetterlein, U. (1990). *Die Technologiepolilik der Europäischer Gemeinschaft*. Baden-Baden: Nomos.

Statistisches Bundesamt. (1990). *Statistisches Jahrbuch für das Ausland 1990*. Stuttgart: Metzler-Poeschel.

Staudt, E. (1987/88). "Technologic- und Regionalpolitik der Länder." *List-Forum* 14: 93 – 110.

Steinberg, R. (1989). "Innovation Centres and Their Importance for the Growth of New Technology-Based Firms." *Technovalion* 9: 681 – 94.

Stolper, G., Häuser, K., and Borchardt, K. (1967). *The German Economy: 1870 to the Present*. London: Weidenfeld & Nicholson.

Timra, A. (1974). *Bergbau und Wissenschaft*.

Dortmund: Gesellschaft fur Westfälische Wirtschaftsgeschichte.

Titze, H. (1987). *Das Hochschulstudium in Preussen und Deutschland 1820 – 1944.* Göttingen: Vandenhoek & Ruprecht.

Treue, W. (1975). *Gesellschaft, Wirtschaft und Technik Deulschlands im 19. Jahrhundert.* München: Deutscher Taschenbuch Verlag.

Tröger, J. (ed.) (1986). *Hochschule und Wissenscha ft im Dritten Reich.* Frankfurt am Main: Campus.

Troitzsch, U., (1966). *Ansätze technologischen Den kens bei den Kameralisten des 17. und 18. Jahr hunderts.* Berlin: Duncker & Humblot.

Troitzsch, U. (1977). *Innovation, Organisation und Wissenschafi beim Aufbau von Hüttenwerken im Ruhrgebiet, 1850 – 1870.* Dortmund: Gesellschaft für Westfälische Wirtschaftsgeschichte.

Tulder, R. van, and Junne, G. (1988). *European Multinationals in Core Technologies.* Chichester and New York: John Wiley.

Turner, S. (1974). "University Reformers and Professorial Scholarship in Germany, 1760 – 1806." In L. Stone(ed.), *The University in Society*, Vol. 2, 495 – 531. Princeton: Princeton University Press.

Turner, S. (1980). "The Prussian Universities and the Concept of Research." *Internationales Archiv für Sozialgeschichte der deutschen Literatur* 5: 68 – 93.

United Nations. (1990). *International Trade Statistical Yearbook.* New York: United Nations.

Veblen, T. (1915). *Imperial Germany and the Industrial Revolution.* London and New York: Macmillan.

Vershofen, W. (1949 – 1958). *Die Anfänge der chemisch-pharmazeutischen Industrie*, 3 Vols. Berlin: Deutscher Betriebswirte-Verlag; Aulendorf: Cantor.

Vierhaus, R., and vom Brocke, B. (eds.) (1990). *Forschung im Spannungsfeld von Politik und Gesellschaft.* Stuttgart: Deutsche Verlagsanstalt.

Vieweg, H.-G. (1991). "Der Werkzeugmaschinenbau." *IFO-Schnelldienst* 44(21): 22 – 9.

Webb, S. B. (1980). "Tariffs, Cartels, Technology, and Growth in the German Steel Industry, 1879 – 1914." *Journal of Economic History* 40(2): 309 – 29.

Weber, M. (1917/1980). "Parliament and Democracy in Germany." In J. Winckelmann (ed.). *Max Weber: Gesammelte politische Schriften.* 4th ed. Tübingen: Mohr.

Weber, W. (1975). "Industriespionage als technologischer Transfer in der Frühindustrialisierung Deutschlands." *Technikgeschichte* 42: 287 – 305.

Weber, W. (1983). "Preussische Transferpolitik, 1780 – 1820." *Technikgeschichte* 50: 181 – 96.

Weinberg, A. M. (1967). Reflections on Big Science. Cambridge, MA: MIT Press.

Wengenroth, U. (1986). *Unternehmensstrategien und technischer Fortschritt.* Göttingen: Vandenhoek & Ruprecht.

Weyer, J. (1990). "Strategies for the Social Construction of Technology." In H. K rupp (ed.), *Technikpolitik angesichts der Umweltkatastrophe*, 250 – 61. Heidelberg: Physica.

Wissenschaftsrat (1988). *Empfehlungen des Wissenschaftsrates zu den Perspektiven der Hochschulen in den 90er Jahren.* Cologne: Wissenschaftsrat.

World Bank. (1989). *The World Bank Atlas 1989.* Washington, D. C.: The World Bank.

Wortmann, M. (1990). "Multinationals and the Internationalization of R&D." *Research Policy* 19: 175 – 83.

Wortmann, M. (1991). *Country Study on the Federal Republic of Germany.* Commission of the European Communities, Monitor-Fast Program, Prospective Dossier No. 2: "Globalization of Economy and Technology," Vol. 17. Brussels: Commission of the European Communities.

Wurm, C. A. (ed.) (1989). *Internationale Kartelle und Aussenpolilik.* Stuttgart: Steiner.

Zierold, K. (1968). *Forschungsforderung in Drei Eochen.* Wiesbaden: Steiner.

Zysman, J. (1983). *Governments, Markets, and Growth.* Ithaca, NY: Cornell University Press.

第5章　英国国家创新体系

威廉·沃克（William Walker）

纵观英国经济史，有两个重大谜题。第一个谜题是为什么这样一个处于欧洲大陆西北边陲的小国，能够成为18～19世纪工业革命的中心，并且在相当长的一段时期里主导了世界经济（相比之下，美国在19世纪的工业霸主地位显得非常短暂）。第二个谜题是为什么英国的工业领导地位在19世纪末会逐渐丧失，并且为什么随后的衰退如此漫长、持续乃至似乎无法挽救。

19世纪末20世纪初这段明显的衰退期引起了历史学家们的特别关注。对经济命运变革的解释主要有三种：第一种认为支撑扩张时期工业发展的文化和体制不适合19世纪80～90年代出现的新兴工业，而后者是20世纪经济进步的基础（Landes，1969）。正如尼尔森和罗森伯格在第一章所言，化学和电气工业的发展需要更大规模更有体系的科学和教育活动，汽车产业也需要比当前使用的更科学的方法进行工业管理。新技术的传播往往受阻于对旧技术的恋附——历史学家称之为工业革命过程中的“先行者劣势”。

第二种解释认为，纵观主要国家兴衰沉浮的历史过程，最初兴旺之中孕育着兴旺，但几代之后，兴旺却成为了衰落之源。在英国，随着帝国的不断强大，资源过分扩张，中产阶级文化开始反对工业企业，食利者心态占据了主导（Hobsbawn，1987）。此时，萧条开始蔓延。工业疲于防御而不是开拓疆域，随着管理层威望和能力的减弱，有组织的劳工阶层的力量开始增强，而且因为国家失去胆识，国际机遇也越来越少。在20世纪，英国免于入侵或战败的战争创伤，因此它的社会结构并没有像欧洲其他国家或者日本那样遭到破坏，也就使得旧体制得以延续并且形成了惯性。

第三种解释认为，工业化的推进，特别是欧洲和北美的工业化进程，注定是要削弱英国的经济霸权的；而且，十八十九世纪适合于英国发展的那些条件，在20世纪已不再适用。例如，北大西洋贸易体系的重要性不如往日，因为英国发明的铁路极大改善了交通，使得欧洲内陆地区和美国实现工业化以及政治上的联合（mackinder，1904），英国作为海运国家的优势因而逐渐失去。而且，通过出口资本和技术，以及保持一个开放的国际贸易体系，英国无形之中也帮助了其他国家挑战其霸权，这与美国在20世纪的行为如出一辙（Stein，1984）。

长期以来，英国的经济活力经受严重的衰退并没有得到广泛共识。20世纪上半叶，这种衰退在某种程度上被英国主要的欧洲竞争对手——德国的军事失利，以及美国和其他工业国家在经济大萧条时期的经济困境所掩盖。况且，帝国市场也提供了外来收入并且在两次世界大战期间有相对安全的港口（Svennilson，1954）。然而，英国国际地位的下降在20世纪五六十年代已经变得很明显了，政治上对于将帝国团结在一起无能为力，经济上对追赶其他工业国家的发展速度以及维持国内国际贸易市场的份额一筹莫展。

战后的60年代和80年代是比较特别的时期，在这段时期里采取了最果断和最连贯的行动来制止衰退，重点关注经济及其管理中的系统失效的根源。然而，采取的措施与以往的并没有多大差别。在60年代，不管是左翼还是右翼当政，其指导原则都是市场经济不能再自行其是了。国家需要财政上的干预并且以其他方式来增加投资和改善工业管理，以确保实现规模经济以及发明被转化为成功的创新，并重新调整一直被认为是资本主义系统内生的收入和机遇的不公平。

与之形成鲜明对比的是，80年代和90年代（迄今为止）的指导性假设是市场经济必须完全自主运行，并且英国的经济衰退在很大程度上来自于国家对个人、企业和部门利益的迟缓的保护，以及对其管理权力的错位认识。因此，目标是要恢复“自由企业”和“个体责任”之精神，还市场以自由，由市场决定资源分配。从此以后，国家垄断的私有化、对工联主义的攻击、直接税的转移，以及一整套的措施和刺激政策都被冠之以“撒切尔主义”。

在60年代和80年代，英国对“创新体系”的认识以及对创新体系在经济发展中的定位，都是非常不同的。泛泛而言，上述三种关于经济衰退的解释，第一种有点隐含了熊彼特思想，它在60年代占据了主流。对工业经济进行管理上的重建、给研发和教育增加资源投入，以及在工业和技术活动管理中采取更加系统化的方法等被认为是通往复兴的道路。

到了80年代，第二种解释变得更有分量。政府最深层次的信念，是浪漫主义、行为主义而非管理主义的，这种信念认为仅仅从过去的管制中得以释放的个体能量就足以驱动经济现代化。技术和其他形式的进步只会跟随而不是领先于社会态度和行为的革命。恢复自由市场资本主义的信念、消除失败的氛围被认为是经济复苏和技术振兴的先决条件。

相比于其他经合组织国家，英国经济的某些方面在80年代比60年代和70年代有所改善。尽管年头和年尾都遭遇到宏观经济困境，但大部分时期英国的生产力都有了强劲增长；在某些领域，特别是在服务业，老的机制似乎又回来了。然而，没有什么迹象显示英国在建立新技术竞争力方面的历史性衰落能够逆转。因为，其他国家的研发经费在增加，而英国停滞不前；占世界技术成果的比例（通过专利来测算）持续减少；科学和教育系统被一系列问题所困扰。高技术活动确实在增长，但很大程度上是由于国防开支的增加，以及美国和日本在电子和其他领域的外来投资。只有在化学和制药以及少数工程空白领域（飞机引擎最为典型）才能说英国在民用技术发展领域保持了领袖地位。

60年代，整个工业界和政府都还在帝国的影子下运行，想当然地认为英国技术应该保持前沿位置。今时不同往日，首先要强调的是英国当代创新体系的发展没有受到工业界或者政府的重视。这可能是一个相对低收入并且需要追赶国际最佳实践的国家很自然采取的经济行为，而且它的制造企业在规模和专业水平上都无法与主要的国际竞争对手相提并论。但它同时也是英国服务业和其他活动的机制、流行的经济文化、甚至是妄想不经过工业能力的长期发展就有所收获的意识形态所造成的结果。

英国的经济结构：制造业之外的优势

英国有5 700万人口，1988 年的经济产值是3 600亿美元（按现在的汇率算是5 800亿美元）。无论是人口总数还是国内生产总值，英国在工业国家中都与法国和意大利最为接近。但是，英国的经济结构和惯例与欧洲其他国家很不一样（可能最接近荷兰）。除了领土面积相差最悬殊之外，英国与美国在几个方面最为类似：资源依赖型工业的实力、资本市场的规模和运作、对军工产品的高度重视，以及对个体主义和自由经济理念的青睐。

英国与欧洲其他经济体的结构性差异在传统制造业之外——如农业、能源、可交易服务业，以及与资源贸易有关的制造业（如食品加工、石化）领域表现得最为明显。在这些领域，英国的国际商贸地位是最强的。结果，给予先进的制造业以及技术革新的优先性在英国并没有欧洲其他国家那么明显。

转而来看这些其他部门，如果从整体效能来看，农业只占了英国经济的很小一部分。1989 年，农业国内生产总值占总国内生产总值的 1.5%，就业人数占总就业人数 1.3% （表5.1）。与意大利和法国不同，英国仍然是农产品的净输入国家，除了威士忌之外，英国生产的农产品都不是诸如酒和奶酪等高附加值产品。

不过，这并不能贬损英国在国际食品行业的位置。它是一些世界最大的食品、饮料、烟草公司的总部所在地，这些行业巨擘的发家史可追溯到十八十九世纪（如英美烟草、联合利华、Rank Hovis McDougall 公司、Tate & Lyle 公司、Cadbury Schweppes 饮料公司）。这些企业发展到今天已经是高度多元化和国际化了。1987 年，世界排名前 200 的非美工业企业中的 29 家英国企业，至少有 10 家是属于这个行列的（德国一家也没有）。它们总的销售额达到 710 亿美元

(表5.2)。

让我们来看看能源。英国是欧洲一次能源分布最广泛的国家，即使煤产量在下降，它也仍然是一个主要的生产者；在七八十年代，它是欧洲最大的石油生产国，第二大天然气生产国（仅次于荷兰）。这就是为什么表5.1显示在70年代末80年代初能源工业占国际产值的比例有了明显上升。

除了煤炭工业，一次能源领域的企业都是高度多国化的。BP和壳牌是全球明星企业，也是美国本土之外的最大企业，1987年的销售额达到1440亿美元。像如当今世界最大的矿业生产者和交易商RTZ一样，这些企业能获得如此地位部分地要归功于其地理位置、能力以及英帝国分崩离析之前所获得的关系。

表5.1　英国经济的结构性变革（1979～1989年）

	国内生产总值（%）			就业人数（%）			人均国内生产总值
	1979年	1983年	1989年	1979年	1983年	1989年	1979～1989年（按不变价格算）
农业	2.1	2.0	1.5	1.6	1.7	1.3	172
能源、水	8.0	11.5	5.2	3.1	3.1	2.1	230
制造业	28.2	23.5	22.2	31.3	26.2	23.0	245
建筑	6.1	6.0	6.9	5.3	5.0	4.7	251
批发零售、酒店业	13.2	12.7	14.2	18.4	19.5	20.3	190
交通、通信	7.6	7.0	6.9	6.4	6.4	6.0	180
银行、金融、保险[a]	11.5	13.6	19.7	7.1	8.9	11.8	131
其他服务业	23.3	23.7	23.4	26.7	29.2	30.9	165
总计	100	100	100	100	100	100	206

a：不包括租赁。

资料来源：*United Kingdom National Account*，1990年版。伦敦：中央统计办公室，1990。

表 5.2 世界 500 强非美国工业企业的数量(及销售额)(部分产业)(1987 年)

	英国 数量(10 亿美元)	联邦德国 数量(10 亿美元)	法国 数量(10 亿美元)	日本 数量(10 亿美元)
主要制造业	32(123.6)	40(314.4)	22(160.4)	92(513.1)
化学等	5(29.8)	9(77.9)	5(25.0)	22(69.5)
电气、电子	8(33.3)	6(40.4)	6(41.9)	28(188.9)
冶金、机械工程	10(25.2)	16(79.0)	4(34.1)	23(101.3)
汽车、航空	9(35.3)	9(117.1)	7(59.4)	19(153.4)
其他选定的生产领域	32(213.3)	7(33.8)	15(65.3)	28(98.6)
采矿、石油[a]	10(112.5)	7(33.8)	6(43.8)	8(43.7)
食品、饮料、烟草[a]	22(100.8)	0	9(21.5)	20(54.9)
选定产业总计	64(336.9)	47(348.2)	37(225.7)	120(611.7)

a:英荷企业(Anglo-Dutch firms)、壳牌、联合利华给英国贡献了 50% 的销售额。

资料来源:摘自"The International 500",*Fortune*,August,1988。

在服务业领域,以伦敦城为基地所形成的活跃的国际资本市场,对英国在 19 世纪占据经济主导地位起了重要作用。今天,英国在国际金融和保险市场上的地位仍然超出其生产力经济规模对应的比例。虽然在五六十年代发生了作为全球货币的英镑贬值事件,但伦敦城保持了它作为金融中心的领导地位,部分是因为掌控着处于萌芽阶段的欧洲货币市场,也因为在 70 年代石油价格上涨之后,欧佩克的意外获利的再循环中,英国成为主要的角色。80 年代,因为在欧洲和其他地方的经济扩张、进入美国和日本的金融企业,以及日益增加与纽约和东京的资本市场的技术联系,伦敦城快速扩张。伦敦提供的很多服务属于生产性服务,它的客户遍布全球。与东京和法兰克福不同,伦敦近期的扩张并不能反映出国内生产基础的潜在机制。

金融业并不是英国服务业在国际上表现突出的唯一领域,在酒店业、零售业、航空运输以及广告、出版、地产行业,英国公司在国内外持续扩张。比如,在 80 年代它们是最雄心勃勃的美国资产购买商,以至于英国现在已经超越日本成为美国最大的外国投资商。

在转向制造业分析之前，有三点值得我们注意。第一，上述这些领域已经逐渐成为英国经济的核心。当然，向服务业转移是一个国际趋势，但在英国这种趋势尤其显著。1985 年制造业占国民总收入不到 1/4，而 1960 年的比例是 1/3。发达国家中只有美国的制造业产值是比较低的。

在英国，资源向可交易服务业的不断集聚，既是一种社会政治现象也是一种经济现象。服务业的就业声望比制造业高，而且获利更多，所以它就像一块磁铁一样深深吸引了社会精英，它的社会形象也逐渐形成。对服务业的偏好也反映在 1979 年之后当权的政府组成中，官员们大部分从事服务业，比如零售、地产、金融和法律。结果是，决策者会有一种自然倾向，比如在利率和汇率方面，把可交易服务业的要求置于制造业之上。出于同样的原因，政治当局经常暴露出对当今国际经济中什么是成功的制造商一知半解。而德国和日本的情形正好与英国相反。

第二，英国制造业的管理行为规范受到其他行业实践的强烈影响，特别是英国资本市场的属性和能力。有别于欧洲其他国家，近期利益的最大化和资产交易是英国企业管理人员的最主要目标（Ingham，1984；Lazonick，1990）。这可能是因为英国严重依赖金融股票市场，以及庞大的已发行股份的二级市场（这一市场要求公司必须保证股民收入的最大化）；在 80 年代货币工具与特别高的实际利率是宏观经济政策的主要工具；银行较少地参与产业金融和决策，以及它们不愿意在变化无常的资本市场中给企业某种保护；与美国一样，英国的公司并购很容易，进而鼓励了以高收益和股息来维持投资评级以及公司售价。相对开放的企业资产市场反过来又滋长了这样一种趋势：大企业首先通过收购与合并来实现壮大而不是有组织地慢慢成长，因而也鼓励了汉森信托（Hanson Trust）和 BTR 工业集团总公司等大企业的“金融工程”，甚至一些英国最大的技术公司（GEC 就是一个显著例子）也参与其中。

这种激励结构有助于解释为什么英国制造企业虽然对固定资本和研发的投入很少，但一再显示出比其欧洲和日本的对应领域更高的收益。最近一起电子企业并购案——Plessey 被美国通用电气和德国西门子收购，把这些特点表现得淋漓尽致。国际对比发现，通用电气和 Plessey 一直比它们的竞争对手有更多的盈利，并且肯定超过了西门子，但两者同时在电子企业的规模和市场份额排名表中连续下滑（Morgan et al，1989）。最近一份咨询报告骄傲地宣称英国大企业是“欧洲最佳”，以收益率来衡量，10 强中英国企业占据 6 席，50 强中占据 28 席（Sunday Times，1990 年 4 月 22 日）。与此同时只有两家德国企业榜上有名。

第三，这些非制造业部门首先是技术用户，而不是技术生产者。而且由于信息技术的出现，它们都是经常性的并且通常是高度复杂技术的用户。1987 年，服务业投资额占到英国对车间厂房和机械设备投资总额的 1/2，而在 1977 年只有 1/3。在很多领域（比如银行自动柜员机、增值网络 VANs、股票控制系统、移动电话），英国都先于欧洲其他国家应用新技术。这就产生一个问题：通过拉动供给一方，这些产业中新技术投资的增长，是否能促进新技术能力的建立以及生产者和用户之间创造性的互动。

很遗憾，这方面的研究很少。一些本土能力毫无疑问已经开始生根发芽(比如，关于系统软件和移动电话的技术)，带来新的竞争优势。然而，已有证据表明，这只是一个例外而不是一个必然。最主要的受益人是外国跨国公司。例如，在北海，更先进的技术大部分是在美国或者其他地方发展起来的(Surrey & Cook，1983)。在金融和零售业，美国 IBM 公司和美国 DEC 公司在计算和联网领域占据了最大的市场份额，而日本企业主宰了外围设备和办公设备市场。

从光明的一面看，很多这些产品现在都由英国的跨国企业来提供了——英国的服务机制甚至吸引了一部分外国企业把产品开发放在英国。比如，由于先进的金融服务业，DEC 正在英国拓展 VAN 服务产品（Morgan & Davis，1989）。尽管目前还不知道它们的产品在英国增加了多少价值，但是英国服务业对新技术的快速理解确实是吸引跨国投资的一个原因。

由于上面的种种原因，第三产业和制造业之间的关系日益成为英国的一个重要问题。有的人认为，服务业的增长和制造业基础的衰落无关紧要。根据这种观点，服务业的增加是现代化的一个标志，并且反映了英国真实的比较优势。然而，80年代发展起来的巨大贸易逆差却在暗示如果没有一个强大的制造业基础，就很难保证宏观经济的稳定。1989年，英国的贸易逆差达到220亿美元，占国内生产总值的4.5%（表5.3）。尽管这部分地因为宏观经济政策的错误判断而导致消费需求超过供给能力，但英国似乎正在陷入一个陷阱，不断扩张的服务业所产生的贸易回报已经被它吸收进口制造业产品的倾向所超过。同样的，可贸易服务的扩张和生产率的提高所带来的收入增长产生了制造业目前还无法满足的对耐用消费品和其他物品的需求。

表5.3　1978～1988年英国贸易情况（10亿美元）

年份	有形贸易❶					无形贸易	经常项目
	出口（X）	进口（I）	$X-I$				
			总额	油类（Oil）	非油类（Nonoil）	$X-I$	$X-I$
1978	35.0	36.6	-1.6	-2.0	+0.4	+2.5	+0.9
1980	47.1	45.8	+1.3	+0.3	+1.0	+1.7	+0.3
1982	55.3	53.1	+2.2	+4.4	-2.4	+2.5	+4.7
1984	70.3	74.8	-4.5	+6.9	-11.5	+6.7	+2.2
1986	72.7	81.4	-8.7	+4.1	-12.8	+8.9	+0.2
1988	80.2	100.7	-20.5	+2.3	-22.9	+5.6	-14.9

资料来源：*United Kingdom Balance of Payments*，1988年版，伦敦：中央统计办公室，1988。

制造业的基础

1987年英国制造业的国内生产总值是850亿英镑，占国民总收入的23%。1986年，经济合作与发展组织界定的中高技术领域占制造业销售额的46%和出口额的69%（表5.4）。英国位于意大利和日本之间，意大利是所有主要工

❶ 有形贸易（Visible Trade）：是“无形贸易”的对称，指商品的进出口贸易。——译者注

业国中比例最低的（销售额的 43% 和出口额的 51%），日本是最高的（销售额的 53% 和出口额的 82%）。

表 5.4　1971 年和 1986 年英国制造业生产和出口份额

	生产份额（%）		出口份额（%）	
	1971 年	1986 年	1971 年	1986 年
中高技术				
化工类	11.5	14.7	12.2	18.8
电气、电子	9.7	11.7	12.3	19.3
机械工程	8.3	8.8	17.8	13.1
汽车	6.7	5.8	12.7	7.0
航空	1.2	2.4	3.6	6.9
其他	3.6	2.8	5.0	3.6
小计	41.1	46.2	63.6	68.7
低技术				
食品、饮料和烟草	18.0	20.6	6.4	6.8
纺织品类	7.9	6.0	8.0	5.9
金属加工	16.4	7.1	13.0	8.9
造纸和印刷	8.8	9.3	2.4	2.7
其他	7.8	10.8	6.6	7.0
小计	58.9	53.8	36.4	31.3

资料来源：A. Buxton，“Technology and Structural Change” NEDO，伦敦，1990。表 1 表 2，使用 OECD 的数据和界定。

跟其他工业国家一样，英国的产值和贸易构成都朝着高技术制造的方向前进，尽管极其缓慢（从 1971 年销售额的 41% 到 1986 年的 46%）。英国最为显著的是以金属为基础的制造业的下降，从钢铁到机械工程到汽车，飞机是唯一的例外。1971 年，这些领域贡献了将近一半的制造业出口，到 1986 年已经下降到不足 1/3 了。化学、制药、电子和航空产业弥补了一部分损失。低技术制造业占生产和贸易的比重在一段时期里都相对稳定，尽管纺织工业一直在衰退。

这些趋势表明英国技术基础在20世纪七八十年代发生一个令人满意的“提升”转向。然而，作为英国工业活力指标，对待它们必须谨慎，因为外国投资在英国工业经济中占据非同寻常的分量。表5.5显示，1987年1/5的制造业国内生产总值来自生产基地在英国的外国企业，外国投资在中高技术领域（航空产业又是例外）最为集中。欧洲国家中只有比利时有更高的比例。90年代中期，外国掌控的制造业份额可以达到1/3或者更高。英国目前正在经历新一波的外国直接投资热潮，这次是日本来冲锋陷阵了。很多日本企业，特别是电子和汽车领域的企业，都把英国作为进入欧洲市场的最佳入口。

因此，利用工业产值和贸易来衡量英国本土制造业企业的绩效是片面的，有时甚至是误导的。最近几年英国制造业的结构性变革是去工业化和积极重组共同造成的结果，前者从诸如金属加工等领域中撤退，后者产生新的制造能力。后者很大一部分甚至是最主要部分要归因于外国投资。没有它，当今的英国经济结构要落后得多。

表5.5 外国企业占英国总经济增加值的比重（1987年）

	%
汽车	45
办公设备、数据处理	37
化学、制药	32
橡胶、塑料	24
仪表	22
机械工程	21
电气、电子	17
造纸和印刷	15
食品、饮料和烟草	15
金属加工	10

续表

	%
纺织、皮革、服装	4
木材、家具	3
航空、其他运输设备	2
制造业总额	19

资料来源：UK Census of Production，1987。

对比英国大企业和其他国家的大企业，就可以对英国制造业的规模和产业分布有更加深入的认识。表5.2表明，1987年英国大企业在财富500强的非美国工业企业中所占的比例仅次于日本。但是，一半的企业分布在传统的优势产业比如采矿和石油、食品、饮料和烟草。实际上，英国企业在这些产业的销售额要高于其他国家（跟德国、法国、日本的比较分别是2 130亿比340亿，650亿、990亿）。它们也远远超出英国企业在主要制造业的销售额（2 130亿比1 240亿），这种情况与其他国家形成了鲜明对比，那些国家的工业力量集中在另外一端。

说到制造业，表5.2让人非常激动，因为占世界500强的英国大企业数量很多。但从国际标准来看，它们的产值是相当低的。原因之一是英国很少有中高技术领域的"大型"制造企业。财富榜单上中高技术领域的企业的平均销售额，英国企业是38亿美元，日本56亿美元，法国73亿美元，德国79亿美元。1987年，只有一家英国制造企业ICI的销售额超100亿美元（达到180亿）。第二大企业为GEC，其销售额78亿。而法国有5家、德国有9家、日本有12家企业销售额过百亿。

企业规模的另一端呢？很多研究表明，英国小企业的发展相当糟糕（Bolton Committee，1971；Ganguly & Bannock，1985）。尽管小企业诞生的速度很快，但死亡的速度也很快。20世纪70年代末，小企业占制造业的就业份额，按仍在运行的计算，英国是24%，而联邦德国是30%，美国是34%，瑞士是52%，日本是54%。最近一个关于荷兰和英国的生产力比较研究显示，1984

年荷兰平均每家制造企业的就业人数是254人，英国是413人（van Ark，1990）。英国缺乏德国的手工艺业、意大利的纺织业和制鞋业、法国的食品和酿酒业所具有的多元性。

因此，在制造业规模大小的两端英国企业似乎都缺少优势：英国没有德国西门子，没有意大利菲亚特（Fiat），没有德国曼内斯曼（Mannesmann）；也没有像其他国家那样存在大量先进的小企业。人们只有从中高技术制造业的外围去寻找“大型的”英国企业（比如BP，联合利华，BAT），到服务业去寻找相对有活力的小企业。20世纪80年代英国登记注册的小企业数量激增，实质上是一个服务业（包括计算机软件业）现象。

为了确定英国在制造业的相对优势和劣势，首先应该区分本土的和来自国外跨国公司的优势。前者主要有三点：

1. 化学和制药产业。英国拥有国际领先的企业（ICI，Glaxo，Beecham），尽管表5.1显示英国化工业的产值不如德国。尽管有美国企业的大量对内投资，但被大量的对外投资冲抵了。这个领域的额外优势来自英国主要石油公司的化学和石化研究活动。

2. 航空航天产业。从下文可以知道，航空航天产业的优势很大程度上来自于英国战后对军工采购的重视。领导企业为英国航空（British Aerospace）（机身和制导武器）、劳斯莱斯（Rolls-Royce）（航空发动机）、卢卡斯航空（Lucas Aerospace）、Dowty and Smith工业集团（引擎控制、液压系统、其他零部件）。由于同样的原因，英国的国防电子行业在国际上也占有重要一席（合并了Ferranti和Plessey的GEC公司和英国航空航天动力集团）。以向国外投资研发和生产的标准来看，这些企业没有一家是跨国企业。然而，它们全都是欧洲和跨大西洋航空航天合作项目的重要参与者。

3. 食品、饮料和烟草产业。上文已经讨论了英国企业在这些领域的显著竞争优势，如前文所述，这些企业早就实现了国际化，在英国之外有大型生产基地。

英国还在通信、电气和机械工程等产业拥有本国技术能力，但在这些产业之外就没有显著的竞争优势了。作为领域(Filières)❶，它们不再有深厚的、内聚的和广泛的国际声望。而且，电信和电气行业的私有化似乎使得它们保护的设备供应企业陷入了外国控制，而不是使它们的运气得以复苏。西门子在获得英国主要供应商 GPT 一半的股份之后，就在电信设备产业占据上风；为了在 90 年代提供大量的生产能力，英国将投资建设联合循环电厂，但该电厂的技术由外国企业特别是美国通用电气公司、Asea-Brown-Boveri 公司和西门子来提供。

说到本土能力，不得不提到那些生产严重依赖外国投资的领域，突出的两个领域是：

1. 汽车产业。福特和通用汽车（Vauxhall）从 20 年代开始，就在英国设有大型的生产基地（然而，它们的设计和研发中心大部分已经搬到了德国）。福特最近收购了 Jaguar，通用汽车收购了 Lotus，它们都是英国最具有创新活力的小汽车生产企业。剩下的大排量（Volume-car）汽车厂 Rover，也越来越依赖与日本本田汽车公司的关系。英国汽车产业将会经历一个强大的扩张时期，因为日本尼桑（Nissan）汽车公司和丰田汽车公司都把它们的欧洲生产基地放在了英国北部。

2. 电子产业。在英国，有大型制造设备的企业包括 IBM、DEC 和最近刚接管了 ICL 的富士公司（主营业务是计算机），有日立、索尼、松下、东芝（主营业务是消费类电子产品），摩托罗拉、NEC、英特尔（主营业务是半导体），以及兰克施乐（Rank Xerox）和佳能（主营业务是办公类电子产品）。苏格兰现在是欧洲最密集的半导体制造基地（硅谷），然而，英国半导体产业并没有掌握多少国际竞争力。

这些关于英国本土优势劣势的判断是依据技术和贸易的竞争优势指数作出的。表 5.6 说明英国的显性技术优势在航空、制药、食品制造、煤炭和石油、化学和机械工程领域（优势依次递减）。表 5.6 也清楚地表明，英国的优势分

---

❶ Filières：法语，英文是 sectors。——译者注

布与法国和美国的十分类似，但与日本相差悬殊，比德国稍逊。

表 5.6　各行业的显性技术优势（1978～1986 年）[a]

	法国	德国	日本	美国	英国
航空	3.64	1.06	0.18	1.24	2.10
制药	1.36	0.96	0.74	0.83	1.72
食品制造	1.09	0.75	0.69	1.07	1.43
煤炭和石油	1.75	0.71	0.81	1.35	1.13
化学	0.95	1.27	0.87	0.99	1.03
机械工程	0.98	1.18	0.69	1.00	1.01
电气、电子	1.24	0.79	1.21	1.03	0.95
汽车	0.60	1.06	1.54	0.69	0.68
办公设备	0.74	0.53	1.80	0.95	0.64

a：显性技术优势（RTA）是对技术专业化的测量：是一个国家在美国某一个行业的专利份额与它在美国所有产品群组的份额的比例。RTA 大于 1 则表示高于平均专业化水平。

资料来源：Cantwell & Hodson（1990）。

产业绩效的差异在贸易统计中表现得更加明显（表 5.7）。在中高技术产业，化学和航空业的贸易顺差有所增加，而电子和汽车业从 1978 年略有盈余变为 1986 年巨大逆差（其他贸易统计也显示出相同的情况）。所有欧洲国家在那段时期里都面临着电子产业的贸易均衡日趋恶化的问题，但英国的失衡最为严重。因而，与英国近期的产业绩效密切相关的一个重要问题是，为什么化学和航空产业的绩效比较好，而电子和汽车产业却相当糟糕？

表 5.7　1978～1986 年英国行业的贸易均衡情况（百万英镑）

	出口减进口（1978 年）	出口减进口（1986 年）	均衡的变化（1978～1986 年）
中高端技术			
化学、药品	+1206	+2306	+1100
电气、电子	+486	-2183	-2669
机械工程	+2298	+1725	-573

续表

	出口减进口（1978年）	出口减进口（1986年）	均衡的变化（1978～1986年）
汽车	+311	-4127	-4438
航空	+237	+1634	+1397
其他	+376	-1332	-1708
小计	+4914	-1977	-6891
低端技术			
食品、饮料、烟草	-1644	-3252	-1608
纺织品类	-707	-3289	-2582
金属加工	-400	-652	-252
造纸和印刷	-773	-2088	-1315
其他	-1290	-3071	-1781
小计	-4814	-12352	-7538
总计	+100	-14329	-14429

资料来源：Mayes（1987）。

这些数据也给英国提出了一个警告：在上述最后两个行业中，跨国投资增长最为强劲，但迄今仍未能扭转贸易失衡。如果它在加速本土技术能力的下降，并且如某些人所建议的那样用装配工厂来取而代之，那么它可能会使贸易形势更加恶化。然而，人们应该注意到，化学工业也经历过强大的对内投资而没有破坏贸易均衡，只有在外国企业像杜鹃鸟❶那样借巢孵蛋时才有潜在的劣势之危。

让我们看看，英国工业经济的发展在20世纪90年代将会比其他西欧国家更严重依赖国外跨国公司的行为：它们的投资规模、产品的本土化程度、把研发和设计能力放在英国以及使用英国人力资源的意愿，以及未来在英国还是在欧洲其他地方投资的态度（现在还包括东欧）。尤其是，英国工业经济发展的

❶ 杜鹃在繁衍后代的时候不垒巢、不孵卵、不育维，这些工作会由其他鸟来替它完成。作者在这里用杜鹃的行为比喻外国企业在英国只是投资设厂生产而不投入其他（如研发）。——译者注

结果还依赖于日本企业的决策，依赖于日本如何发展其与一个日益扩大的欧洲市场的贸易关系。历史总是这样，衰落的代价就是失去经济主权。

创新系统：生产率和研发

目前为止，本章展现的只是一副英国制造业持续衰退的图景。但是，在一个方面，英国在20世纪80年代的工业绩效要令人满意得多，即工业生产率的增长。

生产率难题

80年代对英国而言，技术进步指标是二分的。正如我们所看到的，研发和专利统计都表明英国的技术优势不断丧失。然而，它的生产率却是这10多年来经合组织国家中增长最快的。1980~1987年间，英国就业人口人均实际产值增加了24%，而日本是22%，法国、意大利和德国是12%~14%，美国是7%。从表面上看，是技术应用而不是技术开发出现了显著的进步。

生产率的提高是经济学家们争论最多的话题。专家们似乎在两点上达成了一致（Layard and Nickell，1989；Oulton，1990；Feistein and Matthews，1990）。第一，80年代生产率的增加基本上不是投资或产值拉动的。因为直到80年代末，制造业的投资和产值才得到有效复苏并赶上70年代末水平。取而代之，它与效率不高的企业精简人员和甩除大"尾巴"（tail）紧密联系在一起。弗里曼把这称之为凡尔登（Verdun）而不是凡登（Verdoorn）效应（Freeman，1989）。[1]第二，生产性资产的管理水平有了显著提高。这尤其是因为工人对改

---

[1] 意大利经济学家凡登（P. J. Verdoorn）在他的著作"*Fattori che regolcno lo sviluppo della produttivita del lavoro*"（L' Industria 1949）中，考察了一系列国家的工业增长的经验数据，并利用这些经验数据提出了这样的一个统计规律：劳动生产率增长（以就业人员人均产出增长率来衡量）与产出增长之间存在着一种线性联系，市场规模每增长10%，劳动生产率增长4.5%。在凡登之后，许多经济学家做过不少的经验验证，虽然各自的样本不同，但大致上支持这一发现。因而生产率随市场规模而增长的现象被称为凡登定律。——译者注

革的抵制减少了，以及随之而来的对公司管理权的调整。有些人已经强调1980～1981年发生的那次“震荡”的重要性，当时国内不景气的经济和过高的汇率威胁到很多企业的生存并且带来了高失业率（Metcalf，1988）。这反过来削弱了工会联盟的影响，因为政府拒绝干预工资谈判，政府还通过立法遏制它们的权力。

生产率的提高能否在90年代持续仍然有待观望。因为90年代早期笼罩在经济不景气之中，生产率也随同工业产值一起下降。然而，有理由认为英国比以前更接近，即使还不是足够接近，80年代国际最佳的经济运行方式。

那么，为什么制造业生产率的提高并没有带来英国创新能力的相应提高呢？一种解释认为英国经济以低工资低生产率起步。70年代末，英国与欧洲其他领先国家之间的生产力差距已经扩大，更不用说与日本和美国相比了。因此，通过提高生产效率和改善产品质量及设计、而不是通过创新来追求垄断租金，来获取利益和增强竞争力，是符合经济理性的。根据这种观点，除了忽视创新会带来致命伤害的高技术产业，英国可以，至少暂时可以，对新技术的发展给予较低的优先性。

另外一种解释是80年代社会关系和激励措施的变化有力地支撑了生产率的提高，而没有支持创新绩效的提升。合适的劳动力与降低成本和效益最大化的激励措施相结合，极大提高了生产效率，但却挫伤了对研发与新生产力投资的积极性。收益的增长实际上超过了研发和资本投资的增长。总体上，高生产率产生的盈余通常会被高额的股利和利息支付以及高额的税费所吸收，或者被留存用于投资，或者用于企业收购（表5.8）。

在80年代，对创新战略有一个很宽容的看法，与生产力一样，创新的优先性在于“从更少中压榨更多”。我们将会发现，政府和企业都采用了这种战略。政府控制研发的经费，并且把实现“货币价值”作为制定科学、研发、教育和培训的指导原则，正如它在公共支出的其他任何一个方面的做法一样。企业内部更多地强调渐进式创新和设计改进，而不是激进式创新，当它们觉得仍然能够挑战技术领先企业时，前者似乎更合适。

表5.8 工业和商业盈余的分配

	1977年	1987年
总利润（占国内生产总值的比例）	15.4	18.5
股利和利息支付（占总收入的比例）	20.0	25.5
英国的收入税（占总收入的比例）	9.7	15.2
未分配的收入的比例	62.5	51.7
投资（占总收入的比例）	37.8	34.8
工业研发[a]（占总收入的比例）	7.5	5.9
财政盈余（占未分配收入的比例）	5.9	10.3

a：所有内部研发。

资料来源：UK National Accounts. 研发 1988：Annual Review of Government Funded 研发. Cabinet Office，HMSO. 1989。

尽管做技术追随者而不是领导者有其经济上的优点，但也要承担作为技术落后者的风险。英国的制造业经济正处于自相矛盾的境地。低廉的工资和低效的生产率水平带来了比较低端技术领域的专业化，而且重点放在设计和生产上追赶国际最先进水平。然而，正如表5.6所示，英国又有着经合组织国家中最“现代化”和研发密集型的工业结构。尽管技术的发展集中于高技术的低端能够部分地解决这个矛盾，但英国的制造业仍然很容易出现研发投资不足以及整个创新系统的低效率问题。

研发支出的模式和趋势

概括地说，在过去的20年里英国研发支出的规模和模式表现出怎样的趋势呢？有6个方面值得注意。

与其他国家相比，研发投入在减少

在战后的整个时期里，英国还是一个研发支出相对较高的国家。研发支出的历史情况比法国、德国和日本更接近于美国（表5.9）。英国和美国的研发支出占国民生产总值的比例，从60年代的高位水平降落至70年代的低位然后在80年代又有所回升。60年代中期，英国的研发支出仅次于美国排名第二，而到了80年代中期，已跌至第五位，落后于瑞典、日本、德国和美国。经合组织在1989年发表评论说："英国是唯一的一个研发支出增长率（80年代）低于国内生产总值增长率的国家。"

表5.9　研发支出占国民生产总值的比例

年份	法国	联邦德国	日本	英国	美国
1964	1.8	1.6	1.5	2.3	2.9
1975	1.8	2.2	2.0	2.1	2.2
1986	2.3	2.7	2.8	2.4	2.7

资料来源：International Science and Technology Data Update. 1988. NSF. December，1988。

英国的基础研究经费也是比较少的（表5.10）。1987年，人均基础研究经费低于法国、德国和美国（但高于日本）。而且，在过去的几十年里英国政府的科学财政预算增长也是所有工业国家中最少的。

表5.10　基础研究的人均财政支出（%）

	法国	联邦德国	日本	英国	美国
PPP汇率					
1975年	36.6	56.2	20.4	43.0	45.3
1987年	57.7	66.0	30.6	49.1	61.1
上升1975～1987年（%）	58	17	50	14	26
官方汇率					
1975年	45.2	77.1	30.1	40.9	45.3
1987年	71.8	88.1	42.2	45.3	52.9
上升1975～1987年（%）	59	14	40	11	28

资料来源：Irvine et al.（1990）。

对国防技术高度重视

与美国类似，英国的国防研发占有非同寻常的高比例。70年代末80年代初国防经费比例的增长与北大西洋公约组织（NATO）的军费扩张和建造一系列大规模的设备项目遥相呼应。自那以后国防经费的比例有了轻微下降并且随着防卫需求的减少有望下降更多。1986 年，国防占政府财政支出的 51%、占研发经费总额的 20%（包括科学预算）。如果把研发的这部分去掉，英国的境况就不那么令人恭维了，它在产业创新的支出落后于日本、德国、瑞典和瑞士。

最近几年，英国国防研发的数据的汇编方式成了争论的主题（House of Lords，1990）。与美国不同，英国国防部在基础和应用研究上支出很少。大部分资金都流向了开发项目，并且很大一部分流向各种活动（如设计和生产启动），而这些不在弗拉斯卡蒂手册（Frascati）对研发的界定范围之内。并且，核弹头生产的支出在英国是算在政府研发数据之内的。因此研发的范围被模糊了。

但是不管怎么测量，被用于国防目的的资源规模从国际标准来看仍然是非常大的。那些反对改变研发定义的人们认为，被当做研发统计的预生产活动仍然吸收了大部分有技能的劳动力，可被算做更广泛的高技术基础的机会成本。

研发从公共投资到私人投资的转变

20 世纪五六十年代，政府资助研发的比例一直在稳定地上升。70 年代初达到了顶峰，大概占了政府总支出的一半。自那以后，私人资助研发的趋势越来越明显。到了 1986 年，政府的支出比例已经下降至 39%。这是由于企业研发的高速增长以及政府从 80 年代中期之后有意降低民用研发的支出。英国政府抱着一个信念，即应该由企业独自决定进入市场的技术以及承担所有可能的风险，所以政府试图从“靠近市场”的研究和开发工作中逐渐收回投资。

到了 80 年代的后半期，早期开展的一些活动都被中断了，包括阿尔维项目（Alvey Project），它是英国对日本第五代计算机开发计划的回应之策。只有与空客项目（airbus）有关的民用目的还能得到大量开发援助。取而代之，英国政府已将注意力转向对前竞争性研发的支持，但是仍比大部分其他工业国家要吝啬很多。1987～1988 年，贸工部（DTI）花费 9250 万英镑在此类研发上。

政府研发实验室的作用在这段时期也有所减弱，1975 年政府研发投资的 26% 用于内部实验室，而到 1986 年，该份额下降至 16% 。

研发国际合作逐渐加强

20 世纪七八十年代，实际上在每一个领域，英国创新体系的自治性都在减少。在航天航空领域，大部分技术开发都是与美国或欧洲伙伴合作进行的，不管是在民用项目（空客）还是军用项目（Tornado，EH101 直升机，欧洲战机，Harrier AV8B）。在电子产业，大部分公共资金支持的研发活动如今在欧共体项目的庇佑下开展，仅仅 ESPRIT 一个项目就占信息技术领域政府财政支出的一半。[1] 英国的电子企业也倾向于研发的双边和多边国际合作。

英国因而逐渐被整合进入了欧洲创新体系。在国防领域，它积极参与并且占有优势，尽管它对创建全欧国防研发项目（Europe-wide defense 研发 program）持抵制态度（如下所示）。在民用领域则形成了鲜明对比，英国在欧洲完全是一个追随者而非领导者。英国不是单一欧洲市场的主要鼓动者，而且通常也不太欢迎欧共体扮演技术开发的角色。但是接受 juste retour[2] 合同的愿望使得它除了参与之外别无选择。因此，实际的工业和政府领导来自法国、德国、意大利和荷兰（电子产业），以及欧洲委员会本身（Sharp，1989）。英国已经把民航业的领导地位拱手相让给法国了（尽管劳斯莱斯仍然是卓越的飞机引擎制造商），它在欧洲空间项目只能勉强算是一个参与者；并且在电子业，它没有与西门子、汤姆逊、飞利浦、好利获得和其他企业联合起来以调动资源形成对美国和日本企业的技术挑战。

研发的多国投资

另外一个明显趋势是国外跨国企业执行的研发比例在增加——从 1967 年占工业研发总额的 4%（包括私人和公共的）上升到 1986 年的 13%（表

---

[1] ESPRIT：欧洲信息技术研究与发展战略计划。由欧盟委员会制订的一个最重要的单项计划，是 1980 年欧共体与 12 个欧洲最大信息技术企业的合作结果。——译者注

[2] 此为法语，英语是 just return，它是确保成员国获取其公平的合同份额的一份文件。——译者注

5.11）。其结果是，英国创新体系越来越成为国外创新体系的一个附属组成部分。这引起了其对本土技术能力的影响的激烈争论，至今还没有形成最终结论。斯通曼（Stoneman）认为，大量的“国内人才外流”——从本国企业流向外国企业——正在发生，国外企业开展的研发主要是用于支持其在世界其他地方而不是英国的生产活动（Stoneman，1989）。其他学者更愿意把此看做是一种积极现象，它有利于巩固技术基础而且给本国企业提供了榜样（Cantwell and Hodson，1990）。不管谁对谁错，如果没有外国企业的贡献，80 年代英国工业研发经费将会少得多。

表 5.11　工业研发资金来源（1967～1986 年）（%）

年份	政府	海外	自己的资金	总计
1967	29	4	67	100
1972	33	6	60	100
1978	29	8	63	100
1983	30	7	63	100
1986	23	13	64	100

资料来源：Cabinet office（1988），表 2.1。

帕特尔和帕维特（Patel & Pavitt）的研究证明了，相当多的英国创新产出都来自外国企业（Patel and Pavitt，1990）。在 1981～1986 年，国外跨国企业占英国拥有美国专利总数的很大比例，这个比例远高于它们在比利时以外的欧洲其他国家的占有率（在英国是 19%，欧洲平均是 6%）。他们的研究还表明英国企业自身的研发活动就是高度国际化的，英国大型企业在美注册专利数的 1/3——欧洲平均是 1/5——来自在国外开展的研发。这部分是因为美国和英国的跨国企业都高度倾向于在另外一个国家开展研发活动和生产，其他原因还包括共同语言等。

研发支出的产业转移：电子业的增长

工业研发支出的产业分布情况，如表 5.12 所示。化工业的支出比例在

1975～1986 年间大体上保持稳定，与其他发达国家也相差不大。但是，表 5.12 最引人注目的数据是电子业研发的明显增长，而且英国分配给电子业的研发比例也明显高于其他国家。这真是一个谜题，因为从国际标准来看 GEC 和 Plessey 等私人企业的研发经费并不多（Morgan et al.，1989），而且电子业并不是英国占据竞争优势的产业。表 5.13 表明，英国电子业的显性技术优势不仅在研发支出增加的那段时期里下降，而且在增长最快的技术领域里的优势也迅速丧失。

表 5.12　按产业划分的工业研发支出（%）

	英国				法国	德国	日本	美国
	1975年	1981年	1986年		（1985年）	（1985年）	（1986年）	（1985年）
化学	18	16	18		17	21	16	11
机械工程	7	6	5					
电子	21	33	34	42	33	37	39	36
电气	5	3	3					
汽车	6	5	7		10	15	14	9
飞机	22	20	17		19	7	2	23
其他	21	17	16		21	20	31	22
总计	100	100	100		100	100	100	100

资料来源：Cabinet Office（1988）；NSF（1991）。

表 5.13　英国化学、电子和机械技术在专利申请快速增加领域（FG）的显性技术优势与整体绩效（ALL）的比较

	1963～1968 年		1969～1976 年		1977～1984 年	
	FG	ALL	FG	ALL	FG	ALL
化学	1.02	1.07	1.14	1.04	1.44	1.16
电子	1.13	1.05	0.83	0.97	0.57	0.84
机械	0.80	0.96	0.95	0.99	0.65	0.96

资料来源：patel（1988）。

然而，需要注意的是，1985 年电子业占跨国企业在英国研发经费的近一半（23 700 万英镑），与同年英国电子业的研发经费总额（55 000万英镑）的1/3（这部分可能用于国防目的）基本持平（Walker，1988）。英国企业只把电子业研发的一半多一点用于民用市场。而且，民用项目研发投入的出口和经济产值的回报率很低。最大的民用项目——电信交换系统 X（System X），至今还没有完成出口。英国企业在高端领域比如半导体和消费类电子产品行业一般都不是很成功。

综上所述，英国研发支出方面有5个主要特点：

1. 在所有的工业国家中，英国的研发支出处于中等水平。但是，它的位置一直在下降，很大程度上是因为巨大的国防技术开支。

2. 英国的工业研发经费在主要工业国家中是非常低的。

3. 除了国防领域之外，政府对工业创新的支持作用在80年代陡然下降。

4. 研发逐渐呈现国际化的特点。外国企业在英国的研发经费比例逐步增加，英国企业与欧洲合作项目的联系越来越密切。然而除了国防技术以外，英国企业都只是一个次要的参与者。

5. 电子工业的研发投资增长最快。但英国企业也只把一半的研发经费投向民用电子业，并且在很多领域，研发的投资回报率比较低。

创新体系弱点的根源

应该如何解释英国创新体系长期存在的弱点及其各种变化呢？本章已经讨论了一个重要因素，即制造业和金融业的关系以及后者刺激前者的模式。缺乏强烈的意愿来规划补偿性机制反过来导致了制造业地位在英国当代政治经济中的衰落。

还有另外三个一般性的解释因素值得注意：对国防技术的高度重视、教育和培训的不足，以及被广为说到的协调问题。

繁重的国防支出引起的扭曲

前文已经指出，国防技术的开发占用了英国技术资源的很大一部分。西方国家中只有美国超过这个比例。更准确地说，国防采购占用了很大一部分高技术工程资源。与之形成对比，化学和其他工业并没有多少进入国防市场，至少在战后一段时期里是这样，除了向国防项目供应原材料之外，这些原材料与供应给民用市场的区别不大。因而，我们可能解释英国工程产业绩效低的原因了。

繁重的国防技术开支对工业绩效是有害的，原因有三（Kaldor et al.，1986）。第一，它产生高机会成本，特别是在英国这样技术基础薄弱的经济体中。在英国，似乎很少有“衍生”企业进入民用领域，部分是因为在企业内部民用和军用活动是严格分开的，政府内部也一样。与美国五角大楼和法国军备总署不同，英国国防部拒绝承担任何与特定的国防需求无关的技术开发活动（ACOST，1989）。

第二，进入国防市场能够影响大企业技术活动的“模式”。重点放在产品创新而不是工艺创新上，结果是未必能像在民品领域那样实现动态学习的效果。而且在产品分工方面会出现过度精细化的趋势（巴洛克式的技术），部分是因为大战还未打响之前，缺乏“市场纪律”（Kaldor，1982）。

第三，受到庇佑的国防市场引诱着那些作为主要承包商的大企业远离风险更高和竞争压力更大，以及产品销售不能通过与政界和军方的协商来得到“固定”的研发活动。正因为如此，企业的行为模式就不利于在开放的民用市场上取得成功。

经济学家们已经有一种广泛共识，国防开支是在侵蚀而非巩固英国的工业经济。但是，究竟国防经费要占多大分量，仍然分歧严重。它不能给英国长期的工业衰退提供一个一般性的解释，因为和平时期的国防采购在50年代才开始占用很大一部分工业产值。而且很难想象，如果没有国防市场去支撑高技术企业，英国将会变得怎么样？

当然，在英国目前的情况下，对国防开支的传统批评在今天是否与在六七十年代一样合理，也值得讨论。在对采购进行“列文”（Levene）改革之后，政府已经迫使企业在签订国防合同时承担更大比例的金融风险，与德国和其他国家的军工项目合作带来了学识以及更完善的工业纪律，并且，最近仿效法国采取了出口最大化政策，以降低产品的复杂性。1980 年代英国的国防工业在国际市场取得巨大成功——军品是唯一的贸易均衡有所改善的工程部门。英国目前是超过法国，仅次于美国和苏联的第三大军品出口国。

然而，要判断国防支出对工业绩效的历史影响，现在的一个重要问题是，大量技术资源被锁定了在一个将要萎缩的战争市场，尽管发生了海湾战争。问题是航空业和电子业的技术能否转化为在一个拥挤和高度竞争的民用市场的竞争能力。

英国教育和培训的不足

英国的工业化并没有依靠大众化教育，也不依赖于对管理人员和工程人员的正规培训。直到 19 世纪末期（或许甚至更晚），教育“体系”才在英国出现，尽管建立教育体系的议案可以往前追溯到 18 世纪。与此形成对比的是，在德国、日本乃至美国有组织的教育成为技术进步的跳板，而在英国教育则是无组织的并且缺乏与经济发展目标的有力联系。

英国教育的失效很早就引起注意了。英国对其进行了很多改革的尝试，特别是拓展技术教育的渠道和增加其优先性。尽管有这些努力，人们仍然普遍认为英国教育体系是欧洲最糟糕的。它有如下几个主要特征：

1. 与任何其他主要的工业化国家相比，英国年轻人接受高等教育或者经历过任何形式的继续教育的比例更低。将近 2/3 的人在 16 岁就停止了全职学习，将近一半的人自那以后就没有接受过正规的教育或培训（金融时报，1989 年 10 月 31 日）。

2. 尽管数量上只占英国教育体系的很小比例，但私立学校拥有特别好的声誉而且也比国立学校拥有更好的资源。私立学校与牛津大学和剑桥大学等保持着密切联系，还培养了相当多的国家政治和经济精英。英国教育只有在这方面才能跟在法国那样属于精英化的。然而，入读私立学校进而入读最有名望的大学在英国是由财富而不是能力来决定的，而且这种“体系内的体系”培养出来的毕业生并没有接受过法国国家行政学院学位那样严格的技能培训。在经济领域，英国的私立学校体系更多的是面向服务部门，尤其是面向金融业，而不是生产性部门。英国并不能出现法国那样的现象，即一个年轻有为的技术工程师在政府服务和工业管理两大领域都能发展其职业生涯。

3. 尽管接受过高等教育的英国科学家和工程师数量与其他国家相比并不是差别很大，但他们接受教育的质量以及他们在教育系统中的地位都是比较低的。工程师尤其如此，整个国家普遍来说工程职业的声望很低。已有一些研究比较英国工程师和其他国家尤其是德国工程师的收入、地位和职业结构。研究发现，工程师职业在德国比在英国要受尊敬得多，在德国，产业界有更多的学院派工程师，工业管理领域有更多的工程师参与，德国整体上有一种更强势的工程“文化”（Fores and Bongers，1975）。缺乏在德国和其他欧洲国家出现的技术专家教育机构（如：德国技术学院）是英国工程职业的特征同时也是造成其缺点的一个原因。

更进一步的看法认为，英国的“工程”概念仍然停留在19世纪，与实践行为以及干中学联系在一起。它隐含着意会的而不是正式的知识。英语并没有一个与德语“技术”对等的概念，在德语中，“技术”结合了实践活动与科学技术理论的系统化运用。

复兴英国工程职业的努力周而复始，并且从教育上给予了更好的支撑。但是，20世纪90年代早期，技术学院内部对在1945年以后成立技术教育的中央管理结构的讨论，以及对芬尼斯通调查（Finniston Inquiry）[1] 的建议，即国家

---

[1] 20世纪70年代末，英国政府对工程行业展开正式调查。实业家 Sir Montague（Monty）Finniston 领导了这次调查，并发表了芬尼斯通报告（the Finniston Report），报告尖锐指出尽管工程师对社会福利和财富有很大贡献，可是，他们却缺少应有的承认，从而催生了1979年改善工程师地位和鼓励有抱负的年轻人走向这一岗位的一系列措施。——译者注

和企业层面都应该引入“工程维度”（Finniston，1980）的讨论，都遭遇到两个不可逾越的障碍：一是已建立的工程学院的保守主义和它们想要保护传统的职业自调节的意愿；二是政府内外缺乏充分多的利益群体来推动改革（McCormick，1991）。

4. 普雷斯（Prais）对各国的技术教育进行了最严格的比较研究。他发现，除了大学博士这个学位层次以外，英国所有层次的技术人员的数量都要低于法国和德国（但是否低于日本和美国还不是很清楚）。然而，最大的差距在工匠层次（表 5.14）。

德国和法国每年有资格的工匠是获得认证的技术人员或获得大学工程学位的人员的 2 倍。而在英国，有资格的工匠人数要少于其他层次的人才数量（Prais，1988）。

表 5.14 工程和技术资格认证的数量 C 1985[a]

	英国	法国	德国	日本	美国
博士	0.7	0.3	1.0	0.3	0.5
硕士和同等学历（enhanced degree）	2	6 +	4 +	5	4
学士	14	15	21	30	19
技术人员	29	35	44	18 ~ 27	17
工匠	35	92	120	44	n. a.

a：日本和美国的数字按英国人口成比例降低。以 1 000 人为单位（All units in 1000s）。

资料来源：Prais（1988）。

这方面的境况在 1980 年代更加糟糕了。英国制造业学徒的数量在 1979 ~ 1989 年间减少了 2/3（金融时报，1990 年 3 月 14 日）。

5. 普雷斯的发现可能具有普遍性。英国的问题不是“前”15% 的劳动力的教育，而是其余的 85% 的劳动力缺乏技能。这是大众化教育体系资金不足、工业培训重视不够、文化上不重视智力成果和技术能力等造成的结果。它既是一个需求方，同时也是一个供给方的问题：技术工人短缺是因为雇佣者还没有意识到需要更多的高技能工人，也没有准备为此付出酬劳（Senker，1988）；

在声望好的服务业领域，有组织的教育和培训至今也还没有成为一个要求(Ingham，1984)。

工程技能和工匠人员的糟糕状况是英国工程产业弱小的重要原因。但英国科学有很强的实力。尽管资助水平相对较低，但英国占世界科学文献数量的比例是比较高的（1986 年占发表论文的 8.2%，日本是 7.7%，联邦德国是 5.8%，法国是 4.9%），被引率也是如此（NSF，1991)。这可能又一次在某种程度上解释了为什么化学和制药工业能够具有相对优势，因为与工程行业相比，科学研究在上述两个产业里更能体现出它是创新过程的内在部分。

协调问题

这儿还有一个更加难以分析的问题。经济协调的范围和形式在不同国家之间如何比较，其结果如何评定？协调从什么时候开始成为僵化刻板而不是能动高效的根源？然而在很多方面，都不得不让人相信，英国的创新体系以及广义的工业经济，都在遭受协调缺乏以及协调错误之苦。这在以下的情形中屡见不鲜。

科学和技术共同体的整合

只有在少数领域，比如在医学研究、制药和国民医疗服务的联集合体中，科学研究、技术开发和传播之间的关系才是顺畅的，原因已经讨论过了。物理科学和工程之间的联系特别松散，英国的特点就是它很少有“牵线搭桥”的中介机构，比如德国的弗朗霍夫学会那样的组织（Rothwell et al.，1988)。

研发的组织和产品开发

英国大部分研发经费都被用于航空、电信、发电和其他领域的大型技术系统的开发。然而每一个领域的发展中都有一段劳民伤财且令人失望的历史：TSR-2、协和式飞机、“猎迷”（Nimrod）侦察飞机，以及空中防卫系统(UKADGE)；系统 X 及其电机前代产品；改进型气体冷却反应堆（AGR)；还有先进客车等更加臭名昭著的例子。尽管难以比较，但英国的产品开发记录与其他欧洲国家相比并没有给人留下太多深刻印象。在英国，还有一些很特殊的问题，如研发活动及解决技术选择争论方面的高度复杂性。

生产者—使用者关系

很早就有人注意到，密切的和双方可持续的生产者—使用者关系在英国与其说是一个规则不如说是一个例外。如果哪里出现了良好的生产者—使用者关系，以零售业巨头马莎百货（Marks & Spencer）公司及其供货商为例，那只会引起巨大的好奇但不是争相模仿和学习。在零售业及其他行业，这就是为什么英国市场能被外国企业如此轻而易举地渗透的原因之一。英国的传统是消费者有完全的选择自由，对本土生产企业没有特殊的责任或者共同的目标。

管理的协调

很多研究文章表明，有三个主题是值得讨论的。首先，与在英国建立生产设施的日本企业的管理活动相比发现，英国的管理是科层式的而不是参与式的。19世纪管理关系中“绅士”与“工仆”的区分（Coleman and Macleod，1986）在今天仍然适用。德国、日本和瑞士的工业共识的传统在英国显然是没有的。其次，泰莱科特（Tylecote）和其他学者都认为英国工业如果不存在比如工程设计、生产和营销等跨部门协调的复杂问题，其实是最成功的（Tylecote，1987）。泰莱科特认为，这也可能是英国制药企业比较成功的重要原因之一，因为在制药业，其生产和投入市场的决策自然而然地来源于研发和测试的成功。再者，普雷斯已经证明，生产设施规模越大，英国企业与外国企业相比效率就越低（Prais，1981）。这又牵涉到处理社会和技术的复杂性的问题。

银行和工业

德国和瑞士工业化的一个特点是银行和工业企业有着紧密协调的关系，而英国却没有。银行很少出现在英国企业的董事会中。20世纪80年代末德意志银行在德国航空业重组中发挥了有效作用，这种情况在英国是不会发生的。英国的工业重组很大程度上是通过“企业控制市场”来进行（比如通过合并和收购），缺少银行、政府或其他部门的有力调节，国家安全或竞争政策受到影响的领域除外。

英国经济中这种“集体整合”的缺乏在某种程度上可能与英国社会的内

在特点有关系：它的种族和文化的异质性拒绝了个人的与制度的个体主义的自然聚合，而这种聚合在日本和德国是常见的；劳动力与资本的长期冲突，及其引起的相互不信任；对系统思维和规划的文化偏见。这种文化偏见虽然是适应性的来源，但它们却抑制了大规模工业发展所必需的组织能力的发展。

然而，在80年代，英国的主流意见认为英国经济是遭受了太多而不是太少的协调，而且是错误的协调。

经济的改革和适应能力受到社团主义与强权联合的牵制。社团主义限制了竞争和新企业的诞生；与此同时，也鼓励了保护主义以及维护现有企业的限制政策（DTI，1988）。

在撒切尔主义看来，“自由市场”是极为重要的协调形式。在大力推行的那段时期里，政府使经济变得更加个体主义，这与政府对市场的看法是一致的，市场就是自治的、竞争性的实体的动态排列。政府希望，集体绩效的提高将可能是增加对个体经济体的压力和回报的荒谬结果。

国家和创新体系

英国有独特的政治结构。它是一个多民族国家，是三个“王国”（苏格兰、威尔士、英格兰）和一个“大省”（北爱尔兰）的联盟。每一个王国内部都有泾渭分明的南北差别：苏格兰的高低和低地，威尔士的北部耕作区（讲威尔士语）和南部工业区（讲英语），英格兰的南方和北方，北方主要是工业而南方是服务经济的中心。尽管（或者是因为）有广泛的经济和文化差异，英国与法国一样，在西欧国家中是最中央集权的。各级地区和市政府的势力很弱而且在80年代更弱。

在当代史上，英国政府并不是像法国、日本以及其他国家那样，对工业和技术发展起到催化的作用。在18世纪中期和19世纪的后25年，政府的经济角色只限于某些调节功能（金融市场、财产法等），以及外贸的发展和军事保护等。接下来的100年间，才逐渐兴起一股国家干预经济的潮流。这说明，英国的国家干预经常显得犹豫不决，有时是抵制的，很少像其他国家那样坚决和连贯。而且，它只倾向于被动地反应——被动地衰落，被动地察觉来自其他国家的威胁，被动的保护主义，被动地施加政治压力来矫正过去的社会错误。例如，与法国和日本不同，英国政府从来没有主动把自己当成一个新生产力模式的创造者、一个自主的企业家。

两次世界大战和冷战给技术变革带来了更加主动的姿态。它们使国家支持开始启动而且给予其更大的合法性。它们导致了第一次直接的研发资助，政府研发实验室的建立和扩张，作为创造新生产能力手段的采购的利用，在国家羽翼之下新工业的产生（最出名的是核工业与航空业），在能源和其他领域工业规划的应用。总之，战争活动诱发的新技术让人们逐渐注意到政府除了宏观的经济功能之外，还可以在加快新技术的发展和扩散上发挥作用。

在两次世界大战期间，国家也支持工业研发经费增加。特别是工业研究联盟的成立，允许了企业采掘技术资源的同时也共享经验。政府以诱导的方式提供配套经费。研究联盟在20世纪30年代、40年代和50年代是最辉煌的，但随后就日趋衰落了，尽管还有焊接学会（Welding Institute）等一部分机构至今仍然比较活跃（Sharp and Cook，1988）。

在60年代，特别是在工党执政的1964~1970年间，是国家干预经济的顶峰。强调进口替代措施（import substitution），强调通过工业集中实现规模经济，强调扩大教育系统，强调支持研发以及采取其他措施来重新赢得技术领导地位。要实现这些目的，就必须逐渐增加政府、工会和工业管理层的伙伴关系，这与国家经济发展委员会的任务不谋而合。

70年代，保守党和工党轮流执政，如今看来那是一个过渡时期，指导战后经济政策的预设开始解体。它使政府的经济理念（不是凯恩斯主义的）、政府的管理能力及其无所不能的权力的幻想破灭。虽然尝试种种努力复兴经济，但国内经济还是没有繁荣，国际贸易份额继续下滑，很多干预政策都是失败的。在工业领域，技术资源过多地集中于高技术项目（协和式飞机、改进型气体冷却反应堆等）以致损害了工业整体绩效，英国利兰公司（Leyland）和其他大企业的转让使得支持工业集中和形成国家冠军企业的政策不足以为信。

因此可以说，撒切尔主义是对政策失误的一个回应，当然也是一个机会主义者的回应。这种背景能够在一定程度上解释80年代政府政策的三把火：以竞争、金融刺激和私有制来恢复市场经济；利用货币工具作为宏观经济政策的基础，削减公共开支；控制工会的权力，不再通过劳动者、工会领导人和政府之间的伙伴关系来管理经济。

市场、企业和货币价值

与早期不同，20世纪80年代，技术绩效在政府关注事务列表上排名靠后。撒切尔夫人第一任期期间，创新政策缺乏与之前的连续性。撒切尔政府在研发资助上甚至还有了一些增加，部分是因为国内产生了认为英国将不能与日本和美国的信息技术发展同步的恐慌，部分是因为东—西关系恶化之后国防预算有了扩张。1981年启动了阿尔维计划（Alvey project）❶，它成为英国想要加强国家技术能力的最大项目之一。而且它也为鼓励企业之间、产业和大学之间的合作（如：更好的协调是一个核心目标）而开辟新天地。

然而，阿尔维计划好景不长。80年代中期发生的变化主要归结为两个原因：减少公共开支的愿望产生了削减政府创新支出的压力，其他支出也一样。政府尝试各种办法使创新政策——以及处理政府—产业关系的政策——符合其日益青睐的新自由经济主义原则。随后政府对预算分配的控制越来越中央集权化，内阁办公室（为内阁和总理服务）尤其对政策协调负有责任。内阁办公室的科学技术顾问委员会（ACOST）成为讨论政府优先事务时的公共焦点，即使它的建议并不总是得到重视。

我们已经发现，在一段相对短暂的时期内，国家在创新体系中的作用已经大为降低了。政府研发经费像研发机构的就业人数一样被削减，并且通过高新

---

❶ 撒切尔政府采取的用于鼓励在信息技术领域开展产业和大学合作研究的计划，ALVEY计划5年内共花费了35亿英镑，其中政府资助20亿英镑。——译者注。

技术生产企业（主要在航空业）和用户企业（各种单位）私有化，政府有选择地减轻了它对技术决策的直接影响。这可以说是一个普遍的国际趋势的一部分，私有企业承担越来越多的技术开发责任，不管是独立研发还是合作研发。然而，英国政府并没有表现出对摒弃前角色的热情——声明其新自由信念的优点，以及它在技术成就上的无所建树。

政府还没有意识到，对技术活动的漠视，与它们想要创造一个更有活力的经济的行动是不协调的。从20世纪80年代中期开始，对于经济活力的来源问题出现了一种融合的、民粹主义的观点（Redwood，1988）。它以最大胆的形式出现在了政府1988年的白皮书中，“贸工部——为企业服务的部门”。

存在三个核心概念。第一个是“开放市场”，它被认为是天然的、最有效率的、稳定而能动的经济活动调节者。政府应该远离市场，同时采取稳健的行动以确保市场的开放性和竞争性。“竞争政策”成为政府工业政策的核心。任何可能破坏企业与市场关系的政府行为都是不受欢迎的。

第二个概念是“企业”，给市场带来活力和创造力。它使长江后浪推前浪，而且是产值和就业增长的根本来源：

企业对一个充满活力和不断成长的经济是至关重要的。因为缺乏企业的主导作用，英国经济相应衰退；企业角色的回归在最近的经济复苏中发挥了主要作用。经济持续成功的关键在于进一步鼓励我们人民的企业（DTI，1988. p. 1）。

这种企业的概念是独特的。它表示着一个广泛的文化运动：它是一种“我们的人民”应该回到本然状态的浪漫主义观点。同时，它也是高度个体主义的。主要的演员都是个人或私人企业（最主要的是小企业），它们的独立的竞争性的活动形成了市场。在开发新的科学技术知识、或者给经济活动带来新颖的组织方法的意义上，个体企业家不是必需的，甚至也不是主要的进步力量（Edgerton and Hughes，1989）。企业家的基本资质在于运行一个新的和不断成长的企业，不管它是一个零售商店、软件店铺、制造业公司，还是搬家公司。80年代后半期发起的“企业创举”，并没有把广义的隐性或显性的创新活动的优先性包括在内。因此它与大部分其他先进国家的创新政策背后的分层的和暂时的假设是背道而驰的，这些国家的重点已经转移到“高技术”生产领域了。

第三个指导性假设是政府对创新的支持应该限定在支出方面。重点在于通过提高资源使用效率而获得更高的“现金（交易）价格”，尤其是按照受资助企业能够满足严格的绩效标准的要求来分配资源。在正规的市场选择机制缺位的时候，需要胡萝卜和大棒作为激励手段并防止机构僵化。在教育、科学、研发，以及政府在创新系统中发挥作用的其他一切领域，政府政策的关键是要有明显的投资回报，也要有高额的实际利率。所以，长期的、不确定回报的技术发展不可避免地受到限制。

因为如此，政府对科学技术的行动基本上折射出经济领域的优先性。生产率的提高和成本的降低先于新能力的建立和扩展，即使是在教育领域，也出现过严重的历史性投入不足。

对能力的忽略

实际上，政府的政策比 DTI 白皮书所宣称的更加注重实效。然而，与其前任政府或国外政府相比（包括美国政府），它在技术变革中明显扮演一个不积极的角色，而且从来没有改变过。新方向可理解为是对早期的政府干预和劳民伤财的政策所作出的调整。英国仿效法国和美国采纳的“任务导向”政策，包括对航空航天、核能和电信领域的研发项目的高额补贴以支持国家冠军企业，对英国这样经济地位的国家来说是不可持续的也是不适当的。英国应该采取德国和瑞典等更成功的国家的“扩散导向”政策，即使目前还无法建立一个必需的、强大的去中央集权制度（Ergas，1984）。

但是，在此过程中缺失的是对建立持久的技术能力的重要性的认识。尽管在当代经济中企业负有开发新技术并将其投入市场的主要责任，但国家仍然是一个重要的支持者，特别是在英国企业连年在研发和培训上投入不足的情况下。对这些能力应该包括什么也存在广泛的误解。特别是，私有企业已经不关注当代技术活动的规模性、集体性和资源密集性等特点了。创新很少是廉价的，并且总是充满风险的，尤其是电子业（比较显著的是半导体、计算机和电信）。国家跟私人企业一样，对保持强大的本土工业所必需的巨额投入兴趣索然。

国家对培养本土技术能力的漠然的另一方面在于，它在确定和支持那些可能在供给安全或未来具有潜在经济重要性的方面具有战略意义的技术，都越来越力不从心。两个例子可以说明：给超导研究提供巨额拨款时的犹豫，以及在英国半导体和计算机产业的生死攸关时刻的冷漠（即：政府默许把 INMOS 出售给法国 SGS-Thomas，ICL 出售给日本 Fujitsu）。甚至在国防领域，政府已经大幅削减——核弹头、密码系统，以及其他研究等——英国必须掌控的技术能力的清单。

部分原因是英国没有赋予创新政策很大的战略意义，英国政府自愿将这一领域的权威交给了欧盟（同时又经常批评欧盟的政策），而且允许地方团体承担更多的责任。结果是它把决策权转移到了欧洲中心，同时转移到了英国的外围。从前文中我们知道，英国逐渐落后于其欧洲伙伴赋予的领导地位。一个有趣的例子就是它对 1988 年发动的整合西欧军备市场的行动计划的态度。尽管英国政府极力支持军火贸易的自由化，这也是行动计划要努力实现的目标，但它却抵制成立一个欧洲军备研发计划（EUCLID）❶。后来主要是由于法国的坚持，该计划才得以成立（Walker and Gumment，1989）。

英国政府把责任下放到地方的方式主要有三种。第一种，地区性的技术开发机构（位于苏格兰和威尔士的机构是最为明显的例子）去鼓励技术的开发和扩散，特别是鼓励小企业的成长以及现有企业的不断进步。总体上，它们的主要功能是调动资源（土地、熟练工人和资本）来吸引外商向其相应领域进

❶ 1989 年 6 月 28 日，在葡萄牙里斯本召开的北约欧洲国家国防部长会议上，讨论了加强开展军用高技术跨国合作的研究与发展问题，并批准了由法国领导的第二小组委员会（负责研究与技术）提出的“欧洲长期防务合作倡议”（EUCLID），或称欧几里德计划，法国人把它叫做“军事尤里卡”。到 1990 年 11 月 6 日在哥本哈根正式签字协议，先投资 8 亿法郎实施这项计划，其中法国答应为该预算提供 1/3 的资金，并将参与大多数项目计划。——译者注

行投资。因此苏格兰和威尔士的机构有助于为日本铺平在苏格兰(主要是半导体)和威尔士(主要是消费类产品)的电子生产领域的投资扩展道路。

第二种,在每一个王国的不同地区都成立了地方企业代理处(Local Enterprise Agencies),由当地政府、商业及财政机构共同资助,为小企业提供设备支持。截至1989年,已经成立了300家地方企业代理处。

第三种,与其他国家一样,英国也建立了科学园区。截至1988年,英国已经建立了33家科学园。推动科学园建设的提议主要来自大学,因为当预算被削减之后,大学就迫切需要找到新的收入来源;也有来自地方技术开发机构,但中央政府在这方面则毫无作为(Monck et al.,1988)。

尽管对地方很重要,但对国外类似发展的国际比较研究发现,英国的情况不怎么值得夸耀。在法国,去集中化更加直率、也得到更好地协调和支持,而在德国,它包括了非常强大的地方基础设施的扩展和深入(Rothwell and Dodgson,1989)。一个关于英格兰(硅谷)以及法国格勒诺布尔市(Grenoble)[1]周边地区的电子产业发展的比较研究显示,尽管英格兰已经有强大的生产能力,但大部分是产品装配线。没有多少证据显示新技术像法国那样已经在当地扎下了根(Dunford,1989)。而科学园区对技术转移的益处也可能被夸大了。Quintas(1988)发现,英国科学园内的企业与园外的企业相比并没有表现出与高等教育机构更密切的联系。尽管这些地方政府的行为举措受到广泛称赞,但它们对英国技术能力的作用可能仍然是微弱的。

政府政策的不稳定性

回顾过往的30年,当与其他国家对比的时候,人们会感到震惊,不稳定性——以及缺乏真正的合作——竟然是英国的政府与产业关系的主要特征。政府的政策从20世纪60年代的过度管理主义转变为80年代的过度脱离主义。没有哪一个发达国家,其负责产业政策的政府部门如此频繁地更改名字、内部

[1] 法国东南部的一个城市,该市的三大经济支柱是:工业,科教和旅游业。——译者注

组织结构以及部长人选（仅在80年代就更换了6次，而财政部才更换了2次）。没有哪一个发达国家，在一个10年里给自己设定了那么雄心勃勃的任务（60年代末 Wedgwood Benn 领导下的技术部），而在另一个10年里又自行解散（80年代末 Ridley 领导下的贸工部）。

这部分地反映了最近几十年来英国管理的激烈摇摆，以及政府和生产系统的关系的显著特征。但它也预示着经济衰退，同时阻止衰退是十分困难的。一个时期的政策行动很容易变成对前一个时期的失效政策的反应，而且经常是过度反应。这就是很难从1945年开始的经济衰退中复兴过来的恶性循环之一：衰退引起政策不稳定，降低了国家对可持续的复苏进行系统安排的能力，而不稳定性本身也引起了经济的盘旋下降。

结论

在文中讨论的国家当中，英国有着最为古老的工业经济。在18世纪和19世纪大部分时间里，在能源和材料转化（煤、铁和水蒸气的产业链）、在生产组织（工厂系统）和交通（火车和汽船）领域所发生的技术的革命性改造中，英国的创新系统无与伦比。事实上可以说，当代系统性的技术进步源自英国。

20世纪则见证了一个国家的工业地位逐渐被腐蚀的过程，以至于在今天英国除某些领域之外不再是技术领先的国家了。在每一个阶段，英国经济适应了不断变革的消费模式和生产可能性，使得今天英国拥有一个最为“现代化”的工业结构。然而基本上，英国的新兴工业在国际市场上并不算成功。典型的是，英国工业在早期是善于创造的但随着市场和技术发展它们无法进一步巩固地位。如何紧密跟随世界领先技术以避免落后，是英国工业界的一个主要任务。

导致英国在20世纪出现经济衰退的原因很多，其中4个是主要的：

1. 英国资本市场的属性和影响，英国资本市场特别青睐短期收益和生产性资产的交易而非生产活动。

2. 长期以来对教育和培训的投入不足和评价过低（除了军事领域，这一点在福克兰群岛战争[1]和海湾战争中尤其明显）。

3. 协调的弱势，是强大的个人主义传统（在机构层面和个体层面）和由衰退导致的进一步恶化的社会冲突共同造成的结果。

4. 强势技术“文化”的丧失，这一点在当代英国工程职业地位低的情况下更是尤其明显。

迄今为止，英国改革的尝试完全是在国家自治范围甚至是岛国之内进行的。在20世纪，主要的经济榜样是美国，因为它是新兴产业的主导者也是英国主要的外国投资者，而且它最近拥护新自由经济政策。这就是说，对新方法的寻找很大程度上是内部化的，决策时更多的是参考英国特殊的历史经验和管理传统而不是外国实践，因而经常受到体制惯性的紧密束缚。

如果继续这样下去，很少有理由让人们相信上述的结构性障碍与以前相比是可以逾越的。然而，在90年代，在英国经济发展日益融入的环境中，将会发生三个明显的变化。第一个是单一欧洲法案（Single European Act）和欧洲统一货币的实施，将会使英国与欧洲的经济交换和调节体系联系更加密切，它将极大地限制英国政府实施特殊的工业和宏观经济政策的能力，与此同时，也更加残酷地暴露了英国生产基础设施的不足。

第二个变化来自日本在英国的投资，特别是电子和汽车工业领域。在几个领域，英国的财富将会取决于日本企业扩大欧洲市场的战略，以及日本对英国作为一个先进的工业生产基地的满意程度。这将迫使英国对日本的工业组织的模式更加开放，而在过去美国模式更有影响力，而这又再次暴露了基础设施的不足。

第三个变化是东—西冲突的终结以及伴随而来的对大量军备的需求。这剥夺了英国在西北欧防卫，以及在北大西洋公约组织（NATO）内部作为美国和

---

[1] 1982年，英国和阿根廷因为福克兰群岛归属问题爆发了福克兰群岛战争，阿根廷战败，英国保住了对福克兰群岛的管辖权。——译者注

西欧桥梁的重要政治战略地位。尽管有海湾战争，但也削弱英国与美国的经济和政治联系——在对外关系当中，与日本的关系可以变得与美国的关系一样重要——从而把英国与欧洲框架捆绑得更加紧密。在英国国内，随着对武器需求的减少，需要重新配置大量的高技术工程资源。

每一个变化都对英国的国际地位产生了威胁。然而，从经济发展的角度来看，它们也带来了重大的机遇。特别是，它们将要求英国对日本和欧洲大陆的影响更加开放，这些国家注重生产性资源的管理。最重要的是，如果学会从各个层面来培养能力，而不是索取快速的经济回报，英国将会从中受益。

在英国当前接近欧洲的方式中最有讽刺意味的是，英国把市场整合看做是一个巨大的福利，而社会整合是巨大的威胁。然而英国社会制度的古老和低效似乎是众多工业弱势的根源。举例来说，最重要的问题是，欧洲的统一能否带来英国的现代化，不通过市场机制的进一步扩张，而是通过在教育和其他领域传播更高效的制度实践。

参考文献

Advisory Council on Science and Technology (ACOST). (1989). "Defence R&D: A National Resource." London: HMSO.

Bolton Committee: Report of the Committee of Inquiry on Small Firms. (1971). London: HMSO.

Buxton, A. (1990). "Technology and Structural Change." *UK Economy Papers*. London: National Economic Development Office.

Cabinet Office. (1990). "R&D 1988: Annual Review of Government Funded Research and Development." London: HMSO.

Cantwell, J., and Hodson, C. (1990). "The Internationalisation of Technological Activity and British Competitiveness." Mimeo, University of Reading, Department of Economics.

Coleman, D., and MacLeod, C. (1986). "Attitudes to New Techniques: British Businessmen. 1800 – 1950." *Economic History Review* 39(4): 588 – 611.

Department of Trade and Industry. (1988). "DTI—the Department for Enterprise." London: HMSO.

DTI: (1988–89). Memorandum to the House of Commons Select Committee on Trade and Industry's Inquiry into Information Technology.

Dunford, M. (1989). "Technopoles, Politics and Markets: The Development of Electronics in Grenoble and Silicon Glen." In M. Sharp and P. Holmes (eds.), *Strategies for New Technologies*. New York and London: Philip Allan.

Edgerton, D., and Hughes, K. (1989). "The Poverty of Science." *Public Administration* 67(4): 419 – 33.

Ergas, H. (1984). "Why Do Some Countries Innovate More Than Others?" CEPS Papers No. 5. Brussels: Centre for European Policy Studies.

Feinstein, C., and Matthews, R. (1990). "The Growth of Output and Productivity in the

UK: The 1980s as a Phase of the Post-War Period." *National Institute Economic Review* 132, 78 – 90.

Finniston Report: (1979 – 80). "Engineering Our Future." Report of the Committee of Inquiry into the Engineering Profession, Session Cmnd 7794, January 1980.

Fores, M., and Bongers, N. (1975). "The Engineerin Western Europe." Unpublished mimeo Decem ber, (in SPRU Library).

Freeman, C. (1989). "R&D, Technical Change and Investment in the UK." In F. Green (ed.), *The Restructuring of the UK Economy*. London: Har vester Wheatsheaf.

Ganguly, P., and Bannock, G. (eds.) (1985). *UK Small Business Statistics and International Comparisons*. London: Harper & Row.

Henderson, P. O. (1977). "Two British Errors: Their Probable Size and Some Possible Lessons." *Oxford Economics Papers* July, 159 – 205.

Hobsbawm, E. J. (1987). *The Age of Empire, 1875 – 1914*. London: Weidenfeld and Nicolson.

House of Lords. (1990). Select Committee on Science and Technology. Report on Definitions of R&D. Session 1989 – 90. London: HMSO.

Ingham, G. (1984). *Capitalism Divided? The City and Industry in British Social Development*. London: Macmillan.

Irvine, J., Martin, B., and Isard, D. (1990). *Investing in the Future: International Comparisons of Government Funding of Academic and Related Research*. Aldershot, England: Edward Elgar.

Kaldor, M. (1982). *The Baroque Arsenal*. London: Andre Deutsch.

Kaldor, M., Sharp, M., and Walker, W. (1986). "Industrial Competitiveness and Britain's Defence Commitments." *Lloyds Bank Review* October, 31 – 49.

Landes, D. S. (1969). *The Unbound Prometheus*, Cambridge, England: Cambridge University Press.

Layard, R., and Nickell, S. (1989). "The Thatcher Miracle" Discussion Paper No. 315. London: Centre for Economic Policy Research.

Lazonick, W. (1990). "Controlling the Market for Corporate Control: The Historical Significance of Managerial Capitalism." Paper presented to the Third International Joseph A. Schumpeter meeting, June.

McCormick, K. J. (1991). "The Development of Engineering Education in Britain and Japan." In H. Gospel(ed.), *Industrial Training and Technological Innovation: A Comparative and Historical Study*. London: Routledge.

Mackinder, H. (1904). "The Geographical Pivot of History." *Geographical Journal* 23(4): 421 – 44.

Mayes, D. G. (1987). "Does Manufacturing Matter" *National Institute Economic Review* November, 47 – 58.

Metcalf, D. (1988). "Trade Unions and Economic Performance: The British Evidence." Discussion Paper 353. London: Centre for Labour Economics.

Monck, C, Porter, R., Quintas, P., Storey, D., and Wynarczyk, P. (1988). *Science Parks and the Growth of High Technology Firms*. London: Croom Helm.

Morgan, K., and Davies, A. (1989). "Seeking Advantage from Telecommunications: Regulatory Innovation and Corporate Information Networks in the UK." *Information Networks and Competitive Advantage, vol. 3 of Comparative Reviews of Telecommunications Policies and Usage in Europe*, Paris: OECD, pp. 267 – 317.

Morgan, K., Harbor, B., Hobday, M., von Tunzelmann, N., and Walker, W. (1989). "The GEC-Siemens Bid for Plessey: The wider European Issues." PICT Working Paper 2, SPRU, January.

Mowery, D., and Rosenberg, N. (1990). "The US National Innovation System." Draft paper prepared for the Columbia University project on national innovation systems, November.

National Science Foundation(NSF) (1991). *International Science and Technology Data Update*. NSF 91 – 309, Washington, D. C.

Oulton, N. (1990). "Labour Productivity in UK Manufacturing in the 1970s and in the 1980s." *National Institute Economic Review* May, 71 – 91.

Patel, P. (1988). "The Technical Activities of the UK: A Fresh Look." In A. Silberston (ed.), *Technology and Economic Progress*. London: Macmillan.

Patel, P., and Pavitt, K. (1990). "Large Firms in the Production of the World's Technology:

An Important Case of Non-Globalisation." *Journal of International Business Studies* 22 (1): 1 - 21.

Pavitt, K. (1989 - 90). Evidence Given to Select Committee on Science and Technology's Report. "Definitions of R&D." House of Lords, Session.

Redwood, J. (1988). Popular Capitalism. London: Routledge.

Quintas, P. (1988). "Science Parks: Image and Reality." Paper prepared for the Study Group conference on Aspects of Industrial Policy, Centre for Business Strategy, London Business School, June.

Prais, S. J. (1981). *Productivity and Industrial Structure*. Cambridge, England: Cambridge University Press.

Prais, S. J. (1988). "Qualified Manpower in Engineering: Britain and Other Industrially Advanced Countries." *National Institute Economic Review* February, 76 - 83.

Rothwell, R., and Dodgson, M. (1989). "Regional Technology Policies: The Development of Regional Technology Transfer Infrastructures." Paper Prepared for the Third International Workshop on Innovation, Technical Change and Spatial Impacts, Cambridge, September.

Rothwell, R., Dodgson, M., and Lowe, S. (1988). "Technology Transfer Mechanisms, Part I: The United Kingdom." London: National Economic Development Office.

Senker, P. (1988). "International Competition, Technical Change and Training." SPRU/Imperial College Papers in Science, Technology and Public Policy No. 17, January.

Sharp, M. (1989). "European Technology: Does 1992 Matter?" SPRU/Imperial College Papers on Science, Technology and Public Policy No. 19, February.

Sharp, M., and Cook, P. L. (1988). "R&D Co-operation among Firms, Universities and Research Organizations in the United Kingdom." SPRU, February.

Stein, A. (1984). "The Hegemon's Dilemma: Great Britain, the United States and the International Economic Order." *International Organization* 38: 355 - 386.

Stoneman, P. (1989). "Overseas Financing for Industrial R&D in the UK." Paper presented to the Annual Meeting of the British Association for the Advancement of Science, Sheffield, September.

Surrey, A. J., and Cook, P. L. (1983). "The Off-Shore Petroleum Supplies Industry: British Government Policy Compared with Norwegian and French Policies." SPRU Occasional Paper No. 21, October.

Svennilson, I. (1954). *Growth and Stagnation in the European Economy*. Geneva: United Nations.

Tylecote, A. (1987). "Time Horizons of Management Decisions: Causes and Effects." *Journal of Economic Studies* 14(4): 51 - 64.

van Ark, B. (1990). "Comparative Levels of Labour Productivity in Dutch and British Manufacturing." *National Institute Economic Review* 131: 71 - 85.

Walker, W. (1988). "UK Defence Electronics: A Review of Government Statistics." PICT Policy Papers No. 4. London: Economic and Social Research Council.

Walker, W., and Gummett, P. (1989). "Britain and the European Armaments Market." *International Affairs* 65(1): 419 - 42.

Wiener, M. J. (1987). "English Culture and the Decline of the Industrial Spirit." Cambridge, England: Cambridge University Press.

第6章　法国国家创新体系

弗朗克斯·谢奈（François Chesnais）

法国国家创新体系基本是第二次世界大战后的产物。由大学和高等专业学院两部分组成（Grandes Ecoles）的高等教育部门，其历史可以回溯到18世纪末，并且在19世纪有了巨大发展。但今天的体制机制已经与1945~1949年法国全境解放时期和1958~1966年第五共和国的第一个时期所建立起来的那一套大不相同了。法国创新体系独有的几个特点是：（1）基础研究的最大一部分是通过一个专门的机构——国家科学研究中心（CNRS）来组织和资助的，而高等教育机构则不同，它由国家资助并由科学家管理，且带有一种与公共部门难以处理的关系；（2）二元结构的高等教育部门至少培养了一种在别处少有的高级技术人员，即“高等专业学院”的工程技术精英，他们可能是企业经理，也可能是高级行政管理人员；（3）国家参与生产的不仅仅是一般的科学技术知识，而且是可申请专利或立即可用的产品或生产工艺技术。

本章将会重点关注最后一个特点。法国国家创新体系在很大程度上包含了一组垂直结构且被分割为服务于公共市场的部门性子系统，还包含政府和属于法国工业寡头垄断核心的公立和/或私人企业之间的联盟。最重要的产业子系统是发电（传统的和核能的）、电信、空间、武器生产和电子。但是政府—企业的关系在石油、铁路设备和交通系统、土木工程、海洋技术领域也存在。更一般的情况是，它以潜伏的形式出现在政府已经建立研发能力的每一个领域，以及政府（尤其是20世纪70年代以后）寻找能够转移知识和技术的工业伙伴的领域。现在的医药和农业领域的情形也是如此。甚至在公共参与科学技术比较少的工业部门，比如化学—制药联合体，政府在工业重构和资本供给上的作用仍然是强大的。最后本章将分析，在拥有美国专利的顶尖法国企业或组织中，很少得到或没有得到政府直接支持的“真正私有”的企业几乎没有（Pavitt and Patel，1990）。欧莱雅（L' Oréal）（精细化工）、米其林（Michelin）（轮胎）、标致（Peugeot）（汽车）和Valéo（汽车零部件）等企业属于此行列但属于例外。

属于法国寡头垄断核心的大型或巨型企业（当然是以法国的水平来衡量）是政府的合作伙伴。在一些例子中，涉及的企业是典型的国有化企业（比如法国电力公司在传统电力和核电领域）；在其他例子中，涉及的也是全部或者大部分资产属于国家的企业，但从它们的战略和行为来看，却是正规的商业企业（如：Elf-Sanofi或Thomson[1]）；还有的企业，从资产由私人持有（如：CGE或Dassault）的意义上看，它们是私有企业，但它们的行为与公共资本企业在很多方面都是一致的。由于机遇和/或政治必要性（内部的和外部的）的原因，研发、制造和市场营销能力在公共和私人部门的分布以及政府机构与其工业伙伴分担责任的方式都经常随着时间的变化而发生很大的改变。但变化从来不是颠覆性的以至于完全切断政府—资本关系或者结束两者之间的联盟。本章考察了这些现象的原因并且优先考虑两种解释：第一，法国工业资本主义固有的历史弱势以及它必须接受国家支持；第二，“高等专业学院”精英和“伟大群体”在创造国家机器、公立或准公立企业、私人企业和金融部门之间特别强大的联系时发挥了重要的也是创造性的作用。这意味着法国创新体系虽然是在1945年之后才建立的，但它的构造受到了法国整个社会历史的影响。

如其他国家一样，法国的国家创新体系有很多构成要素，被划分为不同的部门，包括不同的历史时期和不同的技术积累形式。在法国这样古老的国家，

[1] 分别为法国国有的石油化学大公司和法国著名的消费电子生产企业。——译者注

这些可能植根于早期的农民和工匠的“技术文化”，这种文化在某些情况下可追根溯源到工业革命以及科学技术应用于生产之前（如：酿酒和食品加工工艺）；在其他情况下，则可以追溯到19世纪（如：时装和美容产品）。创新体系的这些组成部分不可忽视。[1]然而，尽管它们给竞争以及国家经济与社会结构的结合提供了大量的内在机会，但它们从来没有像创新体系的大型技术系统导向部分那样受到关注。法国是一个不断讨论中小企业和创新的重要性的国家，但除了一些个别情况之外，人们也没有怎么发现它们作为创新体系的积极组成部分而发挥作用。[2]

创新体系之所以与研发系统不同，其“底线”是在世界市场成功竞争的能力。因此，本章认为法国创新体系众多独特的成就并不能掩盖其严重的缺陷，其表现为法国贸易均衡体系脆弱以及在面临当代的技术变革需要时系统表现出了严重的僵化。但是，技术本身不是唯一的或者最重要的因素。技术创新起源于特定的民族、经济、政治、社会和文化环境，国家创新体系的绩效将受到这些因素的影响。这在法国尤其如此（Salomon，1991）。

19世纪的记录和遗产：先进但失衡的科学系统，远离生产的二元高教体系

当探讨国家创新系统的发展，人们就是要通过一枚特殊的棱镜来阅读一个国家的经济、社会和政治发展史，这枚棱镜有关资本主义生产中的技术应用环境以及统治阶级和主导精英关于科学技术知识生产和应用的决策。法国的情况是，自18世纪一个辉煌的开端之后，科学生产就一直等到了20世纪中期，政治和工业条件允许它对军事和外交政策当然还有经济增长作出完全的贡献时。

从柯尔伯到拿破仑的法国科学

法国皇家科学院由柯尔柏在1676年建立❶，直接的目的就是要提高法国的科学能力并使之与政府机器嵌合起来。因此基础科学立即就成了追求工业和军事应用的专门科学的同义词。如果说科学研究的建制在法国一开始就是国家法案，那么大部分制造业当然也是如此，尤其是所有的路易十四统治下建立的“制造企业”。皇家科学院的成员经常给模范企业提供科学指导。在18世纪后半叶，贝托莱（Berthollet）和沙普塔尔（Chaptal）积极地从事与哥白林（Gobelins）的纺织工厂相联系的染料化学的研究，马凯（Macquer）在塞尔夫（Sèvres）从事瓷器的研究，拉瓦锡（Lavoisier）在兵工厂港（Arsenal）从事火药的研究（Crossland，1975；Gillipsie，1980）。

科学共同体是绝对的君主专制制度的巨大受益者，但从18世纪40年代开始轮番接受达朗贝尔（d'Alembert）、狄德罗（Diderot）和百科全书派的领导。在反对旧体制的政治斗争中以及在法国大革命的实质性筹备中，百科全书派起到了枢纽的作用。百科全书派的运动是为了实现“进步”，为了实现科学对物化的经济和社会承诺，必须破除旧体制对法国新生的资本主义的羁绊。这就是为什么法国大革命和拿破仑政府能够迅速地动员科学为军事和工业目的服务（Dhombres，1988）。到1810年，巴黎的科学研究人员达到前所未有的数量。这支达到“临界质量”的人才队伍开启了法国科学史上最有创造力的时期，当然也是唯一领导世界科学的时期。在19世纪上半叶，用洪堡（von Humboldt）的话说，巴黎是“真正的科学大都市，全欧洲蜂拥而来的科学家都想与居维叶（Cuvier）、拉瓦锡和拉普拉斯（Laplace）等法国伟大的科学家合作”（Gillipsie，1980）。[3] 在这一时期，法兰西学院、巴黎综合理工学院和法国国家自然历史博物馆都是世界领先的科学研究机构。

---

❶ 柯尔柏（Jean-Baptiste Colbert，1619~1683），路易十四的大臣，皇家科学院是在他的赞助和支持下于1666年成立的。——译者注

为了对英国实行海上封锁(大陆式纺绩方式,the Continental system)❶ 而提出来的经济政策措施迫使拿破仑政府去尝试把以科学为基础的创新植根于工业之中。这导致了以沙普塔尔、贝托莱和勒布朗(Leblanc)的研究为基础的化学工业的诞生,包括直到今天仍然存在的一家企业——圣戈班(Saint-Gobain),它直到19世纪30年代左右还是欧洲领先的化学企业。一旦拿破仑式的国家领导和国家支持的政策的推动力耗尽了,法国的私有企业就会在必要的投资和保持与科学研究的联系上无所建树。在新教徒的牟罗兹市(Mulhouse)有一些例外情况,但它们只能是证明了这个规则。[4] 尽管是拉瓦锡奠定了现代化学理论的基础,但该学科的发展却在法国之外,尤其在德国。正如帕蓬(Papon)恰如其分地指出的,科学与工业的关系就是“一桩过早的离婚”(Papon,1978,p. 20)。

因为这个原因,法国科学的领导地位不可避免地结束了。尽管法国在随后的一个世纪里产生了诸如克劳德·伯纳德(Claude Bernard)和路易斯·巴斯德(Louis Pasteur)这样的科学领军人物,并且在世纪末期,产生了数学家庞加莱(Poincarré)和居里夫妇,科学的领导地位还是很快就传到了德国。那个年代伟大的科学家们都注意到了这个过程,巴斯德在保护法国科学方面表现积极,他早在1868年就出版了一本带着有启发作用的名字的小册子《科学的预算》(*Le budget de la science*)。在1870年第一次普法战争中法国遭到羞辱性的失败之后,他就写了一系列的文章,认为其中的一个原因就是法国的科学技术缺少支持。然而,巴斯德是一个在19世纪后半叶科学与工业之间的特殊关系下成长起来的不可多得的例子。他不断地研究由工业活动所提出来的科学问题(比如桑蚕的动物疫病、家禽和肉猪的多产、食品的

---

❶ 法国皇帝拿破仑一世1806~1814年间为反对英国而采取的一项重要经济政治措施。1805年,拿破仑直接登陆英国的计划失败以后,决定用经济封锁摧垮英国。大陆封锁促进了法国某些工业部门的发展,但是,当时整个法国工业的发展水平不能代替英国满足欧洲各国的需求,因而使许多国家特别是与英国有着传统贸易关系的国家的经济状况大大恶化,经济萧条,进出口停滞,引起它们的不满。同时,英国采取反封锁措施,并进行大规模的走私活动。实行大陆封锁没有达到从经济上窒息英国的目的,随着拿破仑帝国的崩溃,大陆封锁政策也随之破产。——译者注

保存、科学控制葡萄酒和啤酒的生产）。然而，他拒绝向资本主义生产靠近并且努力保持基础研究的理想——“袪利性”的科学（Salomon-Bayet，1986）。

法国工业增长缓慢的若干方面

一项关于法国 19 世纪主要科学建制的研究，最终总结道：“与德国科学比较而言，法国科学的缓慢增长和低生产力，是由于法国经济相对缓慢的扩张所导致的，特别是在化学和冶金产业，而这些产业在莱茵河两岸的发展却要迅速得多。简而言之，法国经济只能得到它所需要的以及能够支持的科学水平”（Zwerling，1980，p. 59）。19 世纪工业资本主义的缓慢和不均衡的发展成为大量研究和争论的焦点。[5] 我将会选择法国 19 世纪经济和社会发展中那些不怎么为人所知然而又最重要的特点来进行分析。

第一点是与耕地所有制中的强大保守势力有关。因为对 1790 年的革命进程的直接影响，大部分农民赢得了他们耕种的大庄园的土地所有权。耕地改革到了把教堂的土地都分割和出售的地步了，但有很多贵族的大资产幸免于难。在大革命和复辟之后，法国社会的十地基层，包括小农阶级和中产阶级—贵族，成为了非常强大的经济和社会力量。虽然一部分小农阶级在某个时期是非常激进的（比如在 1847 ~1848 年，在 20 世纪早期），但总体而言，小农阶级是政治保守主义的社会基础之一。

农业地租和收益被一个强大的、有组织的、先进的金融系统疏导了，其特征就是早期法兰西银行货币系统的中央集权化以及相当集中的只有少数几家强大商业银行的银行系统。被精明地管理着的土地租金助长了金融食利者。金融投资提供的高额和稳定收入帮助了法国资本持有者迅速发展成强大的“食利者”，其特征表现为，倾向于投资公债，尔后是铁路股票，然后是殖民地的贸易公司和银行（阿尔及利亚银行、印度支那银行等）——与王权结合的风险资本具有资金上的优势（因为这种结合一直都是法国贵族的“必须”），最后是对国外的安全贷款。从 19 世纪中期开始，人们经常拿德国和法国进行对比，德国是通过工业而强大的，法国则是通过银行而强大的。在“一战”末期，法国是世界第二大资本输出国（第一位是英国）。由于缺少英国的工业基础，法国因而成为第一个实现固定性贸易赤字与国外资本投资的股息和利息收入平衡的发达资本主义大国。

低投资回报率和银行投资冷淡等因素阻碍了工业化。法国的煤炭和钢铁资源与德国和英国相比是缺乏的。与英国相比，法国工业并没有巨大的外部需求，但它未作任何努力来创造需求。后来它比较顺利地接受了从社会上和经济上对法国新殖民地资产进行管理的方法。因为人口增长缓慢以及小农阶级只能给工业提供极其有限的市场，国内需求也不是非常旺盛。戴维·兰德斯（David Landes）对弱小且相当保守的商人进行过研究[6]，实际上他们是这些条件的自然产物。法国工业化在以政府授权和银行财团金融需求为形式的外部市场推动的基础上相继爆发，最典型的是铁路建造（国内和国外的）、轮船和军备产业。法国工程的功绩主要是那些大项目，包括大额和巨额资本（如苏伊士运河），因此必须依靠银行。很多项目已经得到进一步协商，在外国联盟和法国外交政策对保证法国金融—工业财团的市场是十分重要的条件下。集中式的法国工业的核心从一开始就几乎全部位于钢铁行业（cf. de Wendel 家族集团），以及铁路和军备产业（cf. Schneider 家族集团）。在这些至关重要的领域，法国工业家们争分夺秒，先是到英国和比利时后来到德国购买技术，他们甚至还在当地招募工头和行家里手。

高等教育优先培养工程师和专家

尽管从 19 世纪 40 年代开始，科学与工业分家的责任，以及与英国、德国和美国相比法国国内工业对科学技术的疲软的需求，主要原因都在法国工业资本主义，但是拿破仑时期关于教学组织及科学和技术研究的传统，都被证明是一个更大的障碍（Gilpin，1968；Fox and Weisz，1980）。当拿破仑在 1806 ~ 1811 年间进行高等教育的重组的时候，基本上重建了在旧体制时代流行的中央集权制结构以保持与其在很多领域的越来越保守的政策相一致。这种结构首先重视培养与研究者和发明者不同的专家。专家的培养在职业学校里进行，也就是人们所知的“高等专业学院”。成立于 1794 年的巴黎综合理工大学为工程和科学提供了基础，这些工程与科学后来又建立在更加先进的应用型学院的基础上——比如位于梅斯市（Metz）的军事工程炮兵学院（培养炮兵军官和军事工程师）和矿业学院或者国家路桥学院（培养民用工程师）。出于同样的原则，位于阿尔福尔的兽医学院培养兽医。1808 年拿破仑重建的高等师范学院（Ecole Normale Supérieure），为中等职业教育服务提供精英学校，随后的建制在相同的模式上产生，即使在私有企业占据主导地位的时候。中央艺术与制造学院、物理和化学工业城市学院（1882 年成立）、高等电力学院（1894 年成立）也是如此。

与德国的工艺学校（比如技术专科学校）不同，法国模式的工程学校一般都缺乏当代科学研究精神。直到 20 世纪，大部分法国学校遭受着严重的门户之见的弊害。尽管一个人需要接受过广泛的数学教育才能被高等工程专业学院选上，但是每一所学校的培训和课程都是按照培养专家、公务员和某一个行业的管理者的目的来设计的。高等专业学院的学生学习科学成果（甚至经常还是滞后很久的科学研究成果，因为与研究脱离的课程很难紧随科学进步的步伐），而不是科学方法。他们不是变成抽象型的数学家就是变成应用已有知识的生产型工程师，而不是可以给技术带来实质进步的研究型工程师。扩招也无法补偿科学基础的薄弱。

并不令人惊奇，法国 19 世纪的技术优势主要是大型土木工程，这反映了高等技术教育的优先性。在整个 19 世纪，法国工程师是最佳的并且在欧洲和世界其他地方的工业化中扮演了重要角色。金德尔伯格（Kindleberger）的评论“矿业学院的学生们在阿尔及利亚、西班牙、俄罗斯以及六角（Hexagon）之外的其他地方都留下了他们的工程功绩”（1976，p. 251），不仅仅适用于矿业学院。苏伊士运河，可能是 19 世纪最早的技术壮举，也是法国工程教育的丰碑。但是，法国工程师在海外的成功并不能阻止国内工业与科学的脱离，也不能保证技术在制造业系统中的较为落后部分的应用。

研究基础和大学的弱点

最开始的时候，巴黎综合理工学院是一个研究中心，其实验室装备是全欧洲最好的，聚集了最优秀的科学家在那里教学和研究。这些人有蒙杰(Monge)，福尼尔（Fournier)，拉普拉斯，贝托莱和东布尔（Dhombres，1988)，在大革命和拿破仑帝国时期，综合理工学院是科学研究的领导核心，也是首家进行系统的基础研究的单位。在波旁王朝复辟时期，综合理工学院成了一所军事工程学校，与高等教育的其他建制脱离并且由陆军部接管。这种状态一种保持到今天（参见 Shinn，1981，1984)。尽管它仍然是一个重要的技术研究机构，但不再是一个科学研究中心，直到最近的 30 年才开始慢慢恢复。

高等师范学院刚开始建立的时候是培养教师以满足新建的中学教育系统的需求。在 19 世纪上半叶大部分时期里，它的生存朝不保夕，但却能够建立其研究潜能并且发展其与巴黎的大学的关系。在巴斯德担任校长之后（1857～1967)，他对研究定位进行了改革，使得学院在世纪末期终于成为培养法国学者和科学家的最佳摇篮（Zwerling，1980)。最杰出的法国科学家和数学家都曾经在那儿接受教育或者培训。然而师范学院每年 30 名的科学毕业生，远不足以奠定一个健全的科学大厦的基础。整个 19 世纪以及 20 世纪 30 年代，大学也停止了给这座大厦提供其他不可缺少的部分。

旧体制下的大学体系遭到百科全书派的严厉谴责并且被大革命废除了。大革命结束之时，拿破仑就从根本上恢复了古老的旧体制大学。他的中央国家控制系统集合了文理学院——大体上相当于以前的文艺学院——以及法律、医学、制药、新教和天主教派的各类学校。文理学院本应该提供百科全书式的自由教育而实际上一点作用也没有起到。在波旁王朝 1815 年复辟之前，实际开放的科学学院不到一半。直到为那些用作调节教学和和其他专业职业之用的资格等级提供考评的时候，文理学院才能发挥作用。一个大学教授的职责很大程度上等同于高层公务员的职责。而且，与法律和医学的“专业”学校的生源喜人形势不同，文理学院只有很少的学生，也很少被认可为类似德国哲学学院那样的研究中心（Fox and Weisz，1980）。

作为通过教育来加强第三共和国的政治和社会基础的广泛政策的一部分，改革和巩固大学的各种尝试从19世纪80年代开始。学生的入学率显著增加，整个法国都在兴建新教学楼和教学设施，为了减少权力集中，大学教授被授予相当大的处理内部事务的自主权——1896年由同一个镇内的学院组成的大学创造了一个标志性的转型。尽管它们从来没有实现改革者寄托的愿望，但是这些大学也仍然反映了当代趋势，即跨越已有的体制分割而兼容并蓄所有领域的人类知识。至少曾经在一个很简短的时期内，大学似乎对高等专业学院的主导地位构成了真正威胁。但是，正如希恩（Terry Shinn 1981，1984）和其他当代学者的研究表明的那样，高等专业学院有足够强大的社会和政治支持来抵抗挑战并且维持统治。

结果，与高等专业学院相比，大学培养的科学技术人才只是很小的一部分。比如，在20世纪早期，所有的大学总共才授予了500个科学学位（仅仅是一所巴黎理工学院上报数量的2倍）。省区大学经常发现难以为继，因为巴黎吸引了大批老师和学生，而高等专业学院的竞争又从大学那里吸引走了大批学生。结果是，大学很少能够提供任何的研究基础。进入20世纪，典型的研发实验室是伴随教授席位的小型个体实验室。在那儿，教授可以带着少量助手从事他喜欢的研究，尽管研究并不是科学进展的最前沿，实验室也可能因为太小、装备太差、太孤立而难以有效运转（参见Prestre在1984年对物理学状况的研究）。在有些情况下，甚至是一个有名望的科学家也难以幸运地获得最基本的科研条件。例如，皮埃尔·居里（Pierre Curie）没有任何研究经费、没有单独的实验室、甚至也没有属于自己的办公室，他关于磁性的重要研究主要是在过道里进行的，他与妻子玛丽·居里关于镭的研究是在极端恶劣的条件下完成的。在被提名法国国家荣誉勋位[1]的时候，皮埃尔·居里在给朋友的信中写道："请向部长先生致以衷心的感谢，并敬请转告他，我对被授予奖章没有感

[1] 法国国家荣誉勋位是1802年拿破仑任首席执政时创立的，是专门用以表彰为法国和人类作出杰出贡献的法国和外国军人及平民的全法最高表彰奖励章。——译者注

到哪怕只是一点点的渴望，但我特别需要一个实验室。”1910 年巴黎镭研究所才成立，那时他已经去世 4 年了。只有在国家科学研究中心成立之后，情况才有所改观。

这就是 19 世纪法国高等教育的组织情况，在整个 20 世纪，法国都为之而斗争，但除了扩张工程学校的数量以及反复地阻挠大学像其他国家那样加强自身地位之外，并没有发现其他解决之道。

1920 ~ 1930 年矛盾的均衡

科学与工业分家，表现为 19 世纪 90 年代以后在美国和德国蓬勃发展的工业研发实验室在法国几乎不存在，以及法国的“科学推动型工业”的微弱地位。与那些技术发展以实用的、渐进式创新的形式出现的产业相比较，如汽车和航空航天，法国的发明家和企业都非常活跃。直到“二战”，法国是世界第二大汽车生产商。庞阿尔公司（Panhard）（如今只是一家生产坦克的军事企业）和标致公司（Peugeot）的历史可以回溯到 1890 年，雷诺公司（Renault）则到 1899 年。米其林公司在 1895 年生产出第一只带气体内胎的轮胎。在航空界，法国人驾驶的法国飞机直到“二战”都拥有与竞争对手美国相媲美的纪录。法尔曼（Farman）和宝玑（Breguet）是全世界大飞机出口企业，格诺姆一龙（Gnome & Rhone）、伊斯帕诺（Hispano）和雷诺在两次世界大战期间是喷气式飞机引擎的出口企业。法国企业在这些领域的技术积累是长期的，当然也对 20 世纪 50 年代以后法国的迅速复兴起到很大作用。但是，在 1920 ~ 1930 年，这两类产业的进步和成长同时伴随着非常低迷的经济以及“一战”中大量人口伤亡所带来的人口负增长所极大加强的马尔萨斯环境又恶化了低迷的经济。

但是 20 世纪 30 年代还有一个显著特征，就是法国一直发展良好的汽车和航空工业与由占主导地位的极端保守的法国军官集团所支持的军事主义的根本且戏剧性的分离。当宝玑飞机和怀特兄弟的飞机在飞跃大西洋的纪录上竞争时，法国将军们正在建立马奇诺防线，大部分资产阶级显得更加关心布尔什维克主义而不是纳粹主义带来的危险。维希政府与希特勒紧密合作而带来的 1940 年的惨败，完全是不可避免的结果。

体系建立的几个阶段

除了经济规划、积极的工业政策，以及大规模基础设施的公共投资之外，法国朝气蓬勃的科学技术建制和大规模的研发投资是国家在“二战”后相当波澜壮阔的经济和政治复兴中所采取的核心措施之一。

背景：作为第二梯队世界强国的复兴

1945 年，作为 300 年来世界主要的政治和军事力量，法国却在 1940 年 5 ~6 月遭受了战线大溃败，而且败在了两个主要的历史竞争对手之一的德国手里。法国把自己在 1945 年胜战中边缘化的表现归结为 1940 年采用了一个幼稚的将军和幼稚的政府部长——查理斯・戴高乐——的决定，即与官方决裂并宣布成立一个从一开始就几乎缺乏任何政治和社会支持的临时政府。尽管法国被允许占领德国，并且在 1945 年之后，在联合国安理会占有一席之地，以及被允许重新获得作为殖民国的大部分权利（它是毁誉参半之事，因为印度支那和阿尔及利亚的独立战争将要获得胜利），但它却被排除在雅尔塔❶和波茨坦❷的协商会议之外，甚至都没能参与后来非常重要的布雷顿森林（Bretton

❶ 雅尔塔会议（又叫“克里木会议”）是美国、英国和苏联三个大国在“二战”末期在黑海北部的克里木半岛的雅尔塔皇宫内举行的一次关于制定战后世界新秩序和列强利益分配问题的首脑会议。这次会议对第二次世界大战以后世界历史的发展产生极其深远的影响，决定了直到今天许多国家的命运与方向。——译者注

❷ 亦称“柏林会议”，1945 年 7 月 17 日至 8 月 2 日美、英、苏二国政府首脑在柏林郊外波茨坦举行的国际会议。研究处置德国、商讨对日本作战和解决欧洲其他问题，8 月 2 日签署了《美英苏三国的柏林（波茨坦）会议议定书》和《柏林（波茨坦）会议公报》两个文件，通称《波茨坦协定》。对迫使日本早日投降，巩固反法西斯战争的胜利成果，维护战后世界和平，起了积极作用。——译者注

Woods)协定❶的讨论。

1945年,法国的工业基础很弱小而且经常在技术上十分落后。工业基础,还有煤炭和铁矿以及基本的经济设施都留下了以前20多年来投资不足、20世纪30年代经济危机,以及战争破坏的伤疤。但1945年的工业状况也反映了对大部分资本和土地资产所有者的马尔萨斯长期趋势。[7]1940年6月的溃败是法国资产阶级政治和军事保守主义酿成的后果,其形式也表现为与德国的技术差距在加大。法国原本有许多杰出的科学家,但到1939年,他们几乎全部被剥夺了开展研究的足够的资源。法国工业界对工业管理的了解无非就是对泰勒主义和福特主义研究的结果。而且最终仍然有40%的法国人口从事着农业生产。尽管农民有肥沃的土地可耕种,有多种古老的食品加工和酿酒工艺传统,然而,大部分农业生产非常落后的现状意味着其生产力和产量都很低。

30年后(比如20世纪70年代中期之前)法国成功地获得现代工业强国的地位。拿1973年占经合组织的国民生产总值比例来说,法国以8%压倒了英国(5.4%)。农业活动人口降至不足10%,但是小麦和牛奶等关键农产品的产量却从1945年以来翻了三番。法国工业的很多部门都经历了重组以及数量上和质量上的双重增长。法国全面检修并更新铁路、电力供应、城市交通、电信系统等方面的基础设施,并且在那些看起来破旧、过时和装备不足的国家也建造了类似的基础设施。尽管1943~1944年美英作出剥夺法国发展核技术的决定,而且罗斯福(Roosevelt)总统在1945~1946年又重申了该项决定,但法国还是成功地建立起本国包括核武器的核工业,其作用和意义何其重大!法国还成功制造了商用飞机卡拉维尔号,与英国一起开发了超音速和谐号飞

---

❶ 第一次和第二次世界大战间,全球性的经济萧条和各国间激烈的贸易战,促使各国努力在战后建立比较稳定的国际经济秩序。1944年,来自44个国家的经济学家在美国新罕布什尔州的布雷顿森林庄园举行会议,会议确立了以美元为中心的固定汇率制体系,成立了国际货币基金组织、国际复兴与开发银行、国际贸易组织。布雷顿森林会议在国际经济合作上具有历史性的意义,它第一次以世界性的协定形式明确规定了国际货币制度的规则以及执行和维护其原则的手段。但60年代以后,多次发生美元危机,西方主要货币相继实行浮动,开始与美元脱钩。1973年,布雷顿森林会议所建立的体系解体。——译者注

机，虽然没有取得商业上的成功，但毫无疑问是一件技术壮举。法国率先动员几家欧洲伙伴组建空中客车公司，在跨大西洋的大航班中占有一席之地。法国还很不明智地回归到了大规模的武器、导弹和军用飞机的生产的第二梯队（与美国相比）。同德国合作，法国奠定了自己是欧共体的驱动力量的地位，并且证明了英国不在罗马条约❶上签字是错误的。在航天领域，它在欧洲运载火箭研究组织（ELDO）和欧洲空间研究组织（ESRO）内部积极地集结欧洲各国，说服它们不能让美国垄断卫星和火箭发射市场。法国可以说是欧洲航天局以及阿里安航天有限公司的主要奠基人。

所以，1945~1975年间，几乎所有的对比都表明，法国的情况大为改观，而且是一个获得巨大成功的神话。成绩背后的成长和转型过程是与大规模的研发投入以及两个密集的科技建制阶段紧密相关的。

战后迅速的建制

体制建立的第一个阶段就发生在战争结束之后。[8]以显著的和壮观的方式始于核能领域的研发和生产能力的建立，随后为了军事目的将其挂靠在一个重要部门——能源部（CEA）（1945年10月）之下。另外还包括国家科学研究中心的重组和扩建（1945年11月），以及在邮政部之下成立了国家电信研究中心（CNET）。同一时期，国防部建立的众多技术机构中，最重要的是法国航空航天研究院（ONERA），负责托管军事和民用研发。在工业能源和基础设施领域，刚刚被收归国有的主要公共研究机构也发生了同样的情况。

同一时期还成立了海外科学技术研究办公室（ORSTOM）（1944），负责从事对法国殖民帝国有利的研究，当然主要是热带农作物的研究；公共卫生和人口部重新组建了国立卫生研究所（INH）（1945），目的是保证“医疗研究

❶ 罗马条约：1957年3月25日，法国、联邦德国、意大利、荷兰、比利时和卢森堡6国领导人在罗马签署了《欧洲经济共同体条约》和《欧洲原子能共同体条约》。后来人们把这两个条约统称为《罗马条约》。条约的签署标志着欧洲联盟的前身欧洲经济共同体的诞生。——译者注

的方向、组织和协调”；国立农业研究所（INRA）也重新组建，它最初于1921年建立，1934年被缩减机构，最终又在1946年重组，重组之后它在巴黎附近拥有两个大型的农业研究联合组织，还有几个地区中心。

最有先见之明的一步当然是进军核研究和生产的决定。它使法国进入了世界上最大型的核能生产项目之一。开始时原则上限定在“民用”工业目标，主要由戴高乐主义者❶和法国共产党来负责。两股力量联手不仅给法国进入军事核领域奠定了政治基础而且也奠定了科学基础。发展核武器的决策是1955年前后在第一任主席约里奥·居里（Joliot Curie）❷被驱逐之后出台的，1960年后戴高乐全面推行。由于冷战的原因它遭到共产党的反对，但当20世纪70年代末“打击力量”受到共产党的支持时，这一反对的危机性就表露无遗了。能源部的中央研发实验室以及萨克莱（Saclay）试验场的建立，标志着1947年以来法国科研院所转型的开始。以前体现着法国科学特点的个体科学家的狭小、装备很差的实验室，已经是旧貌换新颜了，大量的科研资源连同研究人员和技术助手都集中到了一个现代化的实验室中。法国的国内大企业还没有按照美国或德国模式建立起工业研发实验室，因而萨克莱的建立是法国实实在在迈向20世纪的基础和应用科学研究的第一步。唯一让人觉得更加遗憾的是它本来应该进行原子方面的研究。

国家科学研究中心

尽管它的官方成立时间是1939年，是1936年李昂·勃拉姆（Leon Blum）

---

❶ 此处指的是弗雷德里克·约里奥·居里（Frederic Joliot-Curie），他是皮埃尔·居里和玛丽·居里夫妇的女婿，1945年10月法国成立原子能委员会，他任主席，因他勇敢而直言不讳地反对核武器的发展计划而触犯了法国当局。1950年，法国当局借口弗雷德里克有共产党嫌疑而罢免了他的一切职务。——译者注

❷ 此处指的是弗雷德里克·约里奥·居里（Frederic Joliot-Curie），他是皮埃尔·居里和玛丽·居里夫妇的女婿，1945年10月法国成立原子能委员会，他任主席，因他勇敢而直言不讳地反对核武器的发展计划而触犯了法国当局。1950年，法国当局借口弗雷德里克有共产党嫌疑而罢免了他的一切职务。——译者注

领导下的人民阵线[1]政府考虑科学的政治利益的结果，但国家科学研究中心的存在必须从1945年重组之后开始算起。它最开始的宗旨包括发展、引导和协调所有的法国科学。尽管这个目标从来没有完全实现过，但国家科学研究中心对基础和长期研究的组织和发展、科学技术人员的培养，以及对科学事业的整体支持都产生了深远的影响。

通过它所管辖的众多实验室和研究设备，国家科学研究中心从1945年开始给法国提供了一个研究院所的基础设施，有点类似于德国1911年后由凯撒威廉学会（现在为马克斯普朗克学会）建立的那种基础平台。特别是，国家科学研究中心能够成立和管理大学内部不能设立的科学新领域的实验室。在法国系统内部，国家科学研究中心也发挥着工业和私人基金会等其他系统的作用，即支持大学研究。它还通过把研究人员送入大学实验室深造的方式支持实力弱的大学研究。尽管这些科学家的岗位和工资依附于国家科学研究中心，但他们是完全融入大学实验室和研究项目之内的。国家科学研究中心还通过向大学研究人员提供教育部或者大学财政预算无法满足的大量必需的服务、援助和设备，来支持大学研究。它支持各类科学座谈会，资助法国科学家参加国外学术会议。它援助科学论文的出版和实验仪器的购买，并且给科学家和技术人员提供广泛的服务，包括文献检索、专业培训和发明申请专利援助。

第五共和国第一时期的建制（1958～1966年）

1945～1958年间，技术的生产与扩散几乎就是由政府和国有或集体所有企业的创新能力驱动的。在建制的第二阶段，发生阿尔及尔（Algiers，阿尔及利亚首都）军事政变、第四共和国倒台、戴高乐重掌政权、第五共和国建立等一系列事件之后，创新还是由政府来强烈推动。但是政策开始激活至少是一

---

[1] 在1936年4月、5月的法国大选中，由共产党、社会主义者、激进派等联合组成的“人民阵线”获得胜利。社会党人李昂·勃拉姆（Leon Blum）于6月2日在工人罢工、占领工厂的危机中组阁。——译者注

部分国家冠军企业(如:为了合作更加紧密,政府决定打造的公立或私人大企业)内部的创新能力。这是由计划署建立政府—工业关系整体框架的时期,它在20世纪60年代达到了权力顶峰并且深受戴高乐的影响。

科学技术的重大机构决策最先关注空间研究,1959年成立的空间研究委员会制订了一个6年研究规划。当欧洲其他国家都还在空间项目上犹豫不决时,出于包含戴高乐对法国和欧洲的世界地位的个人看法的政治考虑,法国决定在1962年启动一个建议项目并成立空间研究的国家组织——国家空间研究中心(CNES)。然而,还同时决定建立一个有别于能源部或国家电信研究中心的组织,它从一开始就把公立和私人企业包括在项目之内,使大部分研发流向商业企业。

武器工业采取了相同的以采购和相同企业参与为基础的政府—工业关系模式,随之而来的是在20世纪60年代早期对军事研发进行全范围重组(Kolodziej,1987)。1961年在国防部之下成立了拥有准部级自治权力的强大部门——军械部代办局(DMA),后来成为法国防务采办局(DGA);一起成立的还有军事研究和测试局(DRME)。军事研发从政府部门转出,在研发采购的基础上重组到了工业界。唯一例外的是军用原子核项目,它在能源部的军事应用局内部仍然保持着高度的自治,也没有利用企业研发采购。尽管还不确定原子核军事项目的确切支出,但是普遍认为,1959~1966年间重大的军用核技术、航空和空间计划总共占公共研发支出的65%,这些计划都被启动,而且回应了核能领域的政治目标的同时也附带着回应了工业目标(Papon,1975,1978)。

1965年之后,法国计算机和数据处理产业的问题进一步发展,并且产生了政府—工业联盟的另一种模式。面对着法国计算机产业的困境以及再一次受到美国禁运政策的鞭策,曾经将公牛机器公司转让给美国控制的法国政府,在数据处理行业发起了新一轮“重大项目”——演算计划。这个计划随着1966年一家新的私人数据处理公司——国际数据处理公司(CII)的组建而有了显著发展,这个公司从政府那里得到大量的财政援助。另外,政府设立了一家数据处理和自动化研究所（IRIA），并且给相关的法国企业和外围设备企业提供进一步的财政资助。尽管这家数据处理和自动化研究所至今还存在，但是政府一心想要提升为具有国际市场竞争力的那些企业却遭遇了数不尽的厄运并经历了数不清的变型。

1970～1980 年的发展和 1982 年的改革[9]

说到法国创新体系的整体结构和运行，20 世纪七八十年代主要是整体研发资源分配领域的重点转移和企业能力的定位，使得前两个阶段建立的创新体系所隐含的特点更加鲜明。有两个发展值得特别关注。

第一个发展，是在先前建立的机构（如：DMA-DGA，国防部下属的 DRET，还有能源部、国家空间研究中心、国家电信研究中心）的基础上，大型军事—工业联合体得到发展，包括一部分在欧洲航天局管辖的欧洲项目以及阿里乌斯航空财团操纵之外的航天项目、一部分电信项目，以及维持计算机和零部件产业的一切活动。军事—工业联合体的工业，如今代表着法国最强大的力量以及至少从外表上看来是最成功的高科技企业，特别是汤姆森、法国宇航、马特拉。这些企业很难区分是“私有”企业（比如说马特拉公司）还是“公立”企业（比如说其他两个企业）。

第二个新奇但完全顺理成章的发展为，首先采取措施在积累了研究能力的公立部门和准备在市场上进行创新的企业之间建立新的联系或“桥梁”，尔后授权甚至迫使各类公立研究中心朝下游的市场移动，最终成为“技术型”的自主企业。第一类措施包括建立科技推广总署（ANVAR），它是一类非常典型的从政府和大学研究实验室到工业的技术转移机构；第二类措施，在蓬皮杜（Pompidou）（1971～1974 年）和吉斯卡尔（Giscard）（1974～1981 年）执政期间就已经提出，但直到 1981 年社会主义者—共产党政府期间才明确提出并付诸实践。这类措施破坏了国家科学研究中心、农业科学研究院（INRA）、国家健康与医学研究院（INSERM）等院所的基础型或应用型政府实验室所具有的公共部门的特点。

虽然改革离公共部门研发的全范围私有化还很遥远，但它们确实代表着向那个方向迈出的第一步。研发实验室的身份发生了改变（国家科学研究中心是 1982 年，国家健康与医学研究院和农业科学研究院是 1983 年），从管理性的公立机构转变为一种具有某些私人属性的新型身份，“建立公共科学和技术”。在这个新身份之下，实验室能够设立附属机构、获得股份、围绕特定项目与公共利益群体（GIP）和科学群体（GS）中的科学和工业伙伴进行合作。这些可能性给研究院所更多的激励去探索创新以及实现创新的市场化。实际上，市场营销一般都是由私人法律机构来负责的，因为它比研究院所更适合像企业一样行动。一个例子就是 1983 年，一家名为“Midi-Robots”的公司成立，专门对位于图卢兹（Toulouse）的国家科学研究中心自动化和系统分析实验室（LAAS）研制出来的成果进行后续开发和市场推广。这个企业与政府航空实验室法国航空航天研究院和航天公司建立了商业伙伴合作关系。1982 年的安排也可以采取多方合作合同的实际形式，或者是新的工业活动和市场营销的形式。公共利益群体特别适合建立技术转移中心并且联合国家科学研究中心或者工业伙伴来合作发展新式的工业原型。第一个例子就是“时间频率”技术公共利益群体，三所先进的国家科学研究中心实验室与汤姆森公司合作共同开发机载导航和电信网络必需的高精准计时器。

研发系统的整体结构

研发系统在很多方面都不同于创新系统。公开报道的正式研发支出仅仅是企业花费的与创新有关的费用的一部分。正式的研发数据忽视了技术积累的复杂过程，在此过程中隐性的和部分没有编码的知识得以产生并且在院所、企业以及有时候是整个工业内部代代相传。正式研发不能捕捉组织、反馈过程之间的任何联系，也不能捕捉院所和企业之间的力量联盟和关系。研发系统充其量就是创新系统的代理，但既然研发数据是我们拥有的唯一的相对连续和全面的数据，我们别无选择，只能在后续章节考察一些系统关系，以更加清楚地了解创新体系的现实情况。

就法国而言，通过观察图 6.1 研究与技术部公布的资助和执行就可以明了研发的整体结构。[10]但这只能被看做是一个初步的近似，因为资助之箭不能射中可立即应用的技术的转移，这些现象，作为刚刚已讨论过的政策造成的后果，在政府实验室和企业之间大量存在。

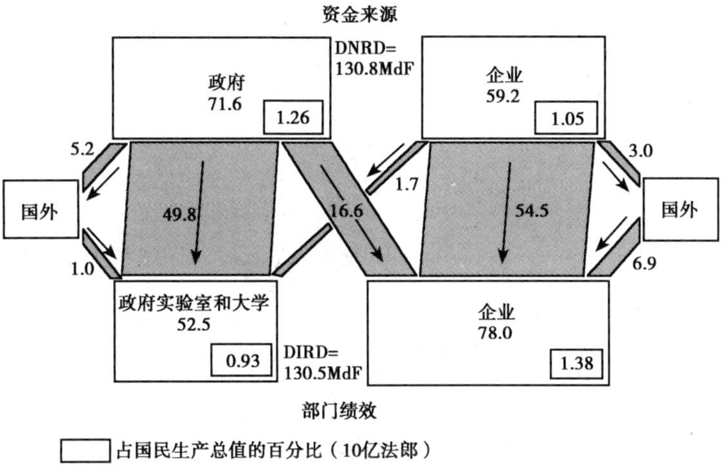

图 6.1　资金来源和部门绩效

研发系统主要的结构特点如下：

1. 政府资金大概占研发的 50%，产业资金占 44%，其余的来自国外资本。

2. 产业界执行了 55% 的研发，公共部门是 43%（下图左边区块），它包括政府研究实验室（大约 27%）和高等教育研究部门（大约 16%）。高等教育研究部门的经费包括国家科学研究中心提供的资金和经济合作与发展组织统计手册公布的大学总经费，当然它基本上是用于教学其次才是用于研究。

分配给政府实验室的非军事研发资金

官方预算文件和其他报告的表述方式使得人们难以准确理解资金分配的模

式。1985 年，一家工程师协会做了一个严谨的估计，如图 6.2 所示。要全面理解研发数据，需要进行多项考察。

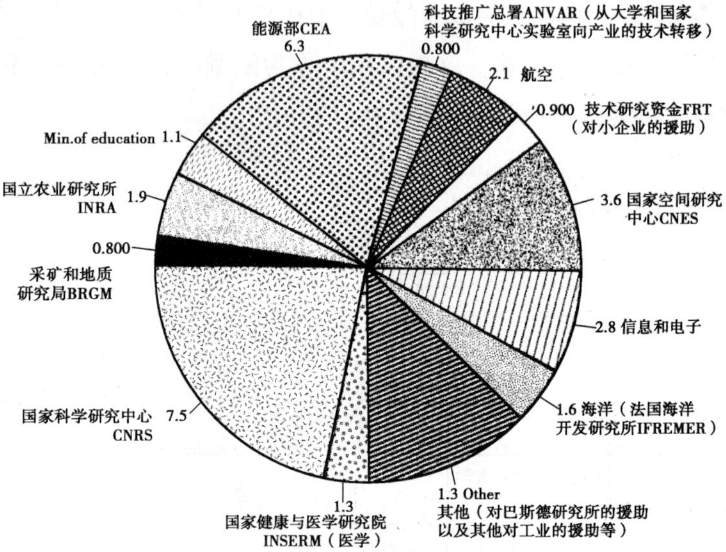

图 6.2 科技部所掌控的“民用研发预算”分解：政府实验室的拨款和产业的研究方案

资料来源：Bulletin de l'Ademast，No. 10，January 1985。

1. 数据覆盖了来自工业部以及研究和技术部的拨款，根据让 - 皮尔(J. P. Chevènement)❶ 时期军事领域之外的一个统一的计算系统，实际上这是非常全面的，只是漏算了提供给国家电信研究中心的电信方面的拨款。在 1985 年，它们是 35 亿法郎（大约与国家空间研究中心的持平）。

2. 给国家科学研究中心的拨款包括其系统内部的实验室经费，以及它通过自己的委员会拨给与大学共建的实验室的资金。

3. 能源部仍然是唯一的一个最大的政府研发中心，民用研发的补助金比

❶ Jean-Pierre Chevènement，前法国内阁部长。——译者注

国家空间研究中心和国家电信研究中心的高出 40%，此外还有大量的军用研发项目拨款。

4. 如果把给能源部、国家电信研究中心、法国航空航天研究院管理的民航计划（包括法国对空客财团的研发资助），以及信息和电子部门的拨款一起计算，那么甚至是军用研发分配模式也当然有同样的趋势，可以发现对原子能、航空、空间、电信和电子部门一边倒的偏爱，而损害了化学、生物和生命科学等部门（国立农业研究所、法国国家卫生研究院、法国海洋开发研究所），也损害了机床和机器人技术产业以及小企业占主导的其他产业（它们至多通过技术研究资金得到一点零星支持）。

产业研发：可获得的数据及其意义

我们看看图 6.1 右手边下端的区块。产业研发或者说企业内部开展的研发，仍然是很低的。但是，法国 1987 年研发总经费占国内生产总值的 2.31%，企业（公立的和私有的）研发却只占了 1.38%（相比之下，日本是 2.11%，美国是 2.25%，德国是 2.49%）。至于企业实际资助的研发，比例就更低了——1987 年占国内生产总值的 1.05%。

这些数据被调查数字证实。1987 年研究和技术部报告仅有 1 990家企业开展了经合组织弗拉斯卡蒂手册所定义的研发活动。研究和技术部在进一步的调查中包括 50 家不同产业部门的企业联合资助的技术研究中心，所提供的数据覆盖了 2 040家企业和研究中心。作为一个比较点，同年工业普查报告有 90 000家制造业和服务业的企业雇用 10 个研究人员或者更多。

据调查，有正式研发的 1 990家企业占工业就业人数的 1/3 以及工业总产值的 1/2。然而，调查还显示，这方面有两种情形：在一组工业群中，包括食品加工、建材、冶金和纺织，企业研发不超过工业部门产值的 20%；在另一组工业群中，包括发电、电子、数据处理、飞机、汽车、化学和制药，这些企业占工业部门产值的 75% 以上，而这些企业却占到全部研发的 87% 左右(图 6.3)。

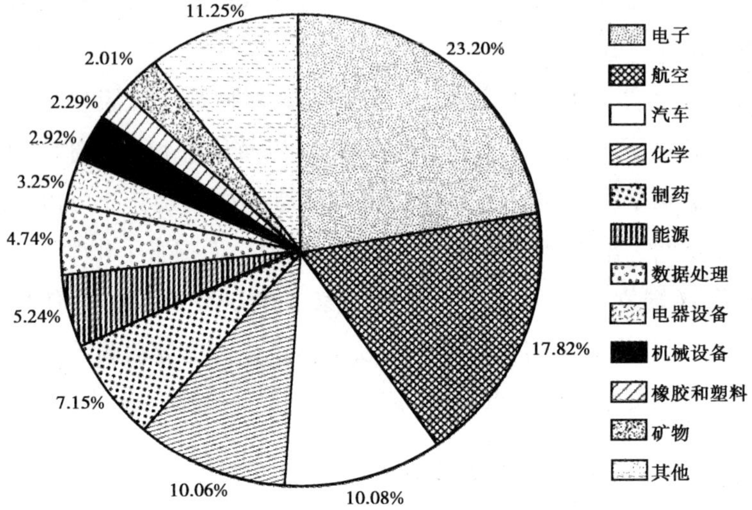

图 6.3 政府部门对企业直接研发资助来源

而且，在报告有正式研发支出的 2 040家企业和研究中心当中，有效的研发活动也只是集中在极少数的企业。1987 年，只有 7% 的企业的科学和工程研发人员超过 50 位。实际上，不到 150 家企业占据了法国研发的大部分。根据那次调查，这些企业开展了 75% 的研发活动，并且接受超过 90% 的政府对研发的直接资助。对企业研发的直接资助也是高度集中的。两个政府部门——国防部以及邮政和电信部，就已经占了给企业资金的 85%，而两个产业——航空业和电子业接受了全部研发的 83%（图 6.4）。我们在这里只是讨论已经报告的研发采购而非可能总数很大的其他数据（但没有公开记录，因而很难去认真地追查），通过大型政府实验室与它们在相对应的工业中建立的企业之间的合作伙伴关系，这些经费间接地流向工业。

另一方面，有正式研发的 1 990家企业当中，1 450家企业雇用的受过全面培训的科学家和工程人员不到 10 人。这些企业占正式记录的研发不超过 8%，并且接受政府研发补贴也不超过 3%。结果是，工业部门研发的集中度必然是相当高的。1987 年，8 个产业占到研发支出总额的 85% 以上：电子 23.2%、

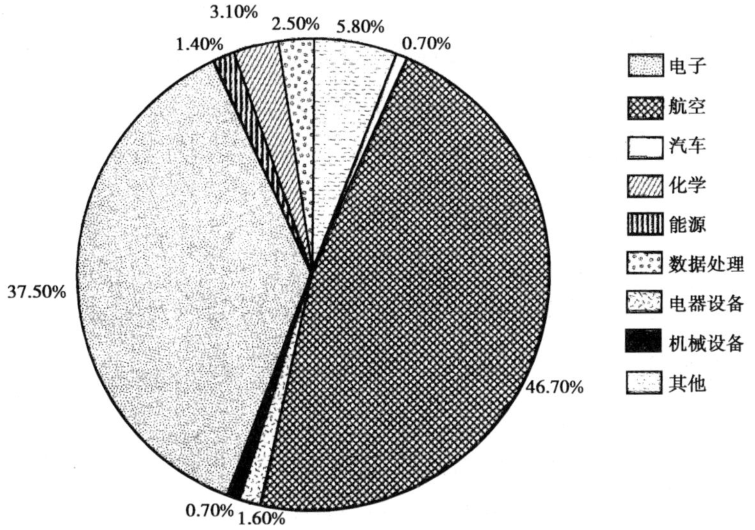

图 6.4　企业直接研发资助产业接受情况分解

飞机 17.8%、汽车 10%、化学 10%、制药 7%、发电 7.2%、数据处理 5.2%、重型电气设备 4.7%。与之对比的是，占法国出口重要部分的那些工业（农业和食品加工）以及仍然代表法国工业国内生产总值相当重要部分的工业（冶金和金工、纺织、机械），它们都只占到工业研发的极小比例。

高等教育部门的研究

研发能力的第三个组成部分在高等教育部门，它具有大学和独立工程学院的二元结构。

在大学内部，研发活动一般集中在再次倾向于同教学活动保持一定距离的专门实验室的优先和密切跟踪的主导领域。重大研究只是一小部分大学的特征，在德国教育系统基础上建立位于斯特拉斯堡（Strasbourg）的路易斯·巴斯德大学，与萨克莱和国家科学研究中心的很多实验室如格勒诺布尔（Grenoble）和图卢兹都有密切联系的奥赛（巴黎第九大学）。尽管有 1968 年之前的呼吁以及后来正式的大学的自治改革，上述这些大学仍然没有什么研究可言。担当实验室主任的教授们对它们的独立保持疑虑。他们自己来保证教学岗位、场址，运行预算则由大学董事会以延续现状为方针进行分配。实验室主任当中更加具有企业家精神的人会直接与外部资源协商（各种公立机构特别是国家科学研究中心，它如今与企业接触越来越多）以寻求发展高质量研究必需的额外经费。自从20世纪70年代末以来，在人口因素和民主化要求的两极作用下，大量学生入学，与此同时，教学人员和场所资源的不足所导致的大学困境，进一步加剧了大型的和对外联系较好的实验室想要尝试和脱离大学所处地位的趋势。

今天的形势是严峻的。大学是公共部门的一部分，大学教师薪酬与公务员一致，并且在国家经济危机时期，大学的楼宇、建设、维修以及日常运行费用都由公共预算决定。在与教学和研究组织相关的重要事情上，所谓的大学自治纯粹是形式上的；凡是与人和的物管理相关的任何事情都在最严格的公共管理规则之下。“公共服务”的传统概念禁止大学建立任何入学选拔机制；造成的唯一的结果只能是通过极大地降低教学质量以及在1年、2年或3年之后出现的“从失败中选择”来否定“公共服务”的概念。

规模较大和对外联系较好的实验室可以指望国家科学研究中心的财政和物质支持以及越来越多的来自于欧共体的项目（Esprit，BRITE，RACE[1]等）和尤里卡计划的资源。但在很多情况下，它们都遭遇到年轻研究人员短缺的问题，这一问题根源在于大学系统的整体衰落，但当能够用欧洲或其他国家的外国留学生来弥补差距时它们又经常自以为是幸运的。与国家科学研究中心系统内部的实验室不同，大学实验室（甚至那些与国家科学研究中心有联系的实验室）并没有被授予上文所讲的EPST[2]地位，以便保持它们在教育部的领导

[1] Esprit：欧洲信息技术研究开发战略计划；BRITE：欧洲工业技术基础研究计划；RACE：高级通信的研究开发规划。——译者注

[2] EPST：公立科技机构，隶属法国研究部和农业部。——编者注

和严格控制之下。因此大学实验室在与工业建立研发合同时仍然是受制于人。20 世纪七八十年代关于加强大学—工业关系的必要性的讨论并没有使大学研究从传统的国家会计程序中解放出来。要与企业签订研发合同，实验室不得不钻法律空子以及从正式的大学账户和税收审计中隐瞒部分资源。

教育系统的另一个构成部分——高等工程专业学院，在保证教育水平方面弥补了大学体系的不足，但在提供技术人员满足产业需要方面以及进行长期的基础研究方面没有什么作为。但工程学校的小规模和严格的选拔录用程序保证了教育水平，保持了创新体系对精英的整体需求。一些水平较低或者“较不出名”的工程学校在 20 世纪六七十年代成立，每年培养 12 500位工程师，人们普遍认为，整个体系无法满足法国工业的需求。有人认为，这反映出很多小型工业部门窘困的原因。高等专业学院的实验室装备比大学实验室要好得多，与工业界的联系也自然强大得多，但实验室几乎是空无一人。1982 年官方公布说颁发了 10 500张文凭，只有 500 个是工程博士学位。研发，尤其是基础研究或长期研究的研发，仍然很弱，在很多情况下，它仍然在很多工程学校处于边缘地带。入学选拔程序仍然主要以数学为基础，很多学校的教学课程表也仍然是数学占主导地位。1987 年，一项对科学和技术人员的调查显示，28 600位全职科学家和工程师在高等教育部门从事研究工作，但只有 1 400位工作在工程学校。1985 年的一项研究则发现，5 600位研究人员在这些学校工作（非全职），但 2/3 来自其他实验室或机构或合同人员，只有 1/3 是正式的教学人员。

技术扩散的机构和体制机制

对研发系统的总体看法离开了机构和体制机制是不完整的，这些机构和体制机制主要是传播科学技术知识以及在大型公共实验室、国家科学研究中心和大学里生产的技术。

一种机制已经在前文的结尾部分进行了讨论，即特定的研究中心的 EPIC 状态（带有私人法律属性的公立机构）的属性以及它们与工业建立联合企业的可能性。但是技术转移也是几家专门机构的任务，既有全国层面的也有地区层面的。其中最重要的是科技推广总署（ANVAR），管理着一系列的专利（平均每年要登记1 000 ~ 1 200件国内外专利申请）并且为国家科学研究中心和大学实验室寻找企业合作伙伴。1982 年成立了一种新机构——地区创新和技术转让中心（CRITTs），它是一种私人和公共（主要是地区的）财政共同资助的合资组织，职责为促进实验室、企业和当地政府之间的地区创新网络的形成。该中心可以是专业性的（正如 Alsace 在新材料领域一样），也可以是通用性的。人们发现资助和有效参与已经广泛混合在一起了，而且随着企业网络的巩固而不断发展。显然，这些机构潜在的重要性非常大。然而，它们的资助与创新体系核心的经费相比，仍然是非常微不足道（参考图 6.2 科技推广总署、技术研究基金和其他机构的经费），我们现在就来看一看。

分析正式的研发数据并不能知晓创新体系实际上是怎么运行的。从创新体系建立的方式看，国家在大部分研发密集型产业里占据了关键地位。通常它依靠产业伙伴把创新引向市场，但某些情况下任务也利用政府部门的商业手段来完成。不同职责和相互竞争的政府部门的多头管理影响解释了为什么受政府影响的创新体系被垂直分割成很多部门化的子系统。[11] 在分别讨论这些子系统之前，我们必须考察政府—工业联盟的社会基础。

企业与政府：公立—私立差别的模糊

“二战”后法国政治和社会历史的一个重要特点，是政府与公立和私有产业的寡头垄断核心企业达成了广泛共识，即通过自主武器生产而获得经济增长、现代化和军事独立，以此保持法国的“国际地位”。20 世纪三四十年代发生的事情使统治阶级内部最坚定的团体（戴高乐是名义领袖）理解到，政府与工业之间的古典自由主义的任务分工要翻开新的一页。新方法是私有资本要围绕在政府周围，接受政府的帮助，并利用它作为工业重组和给优先领域输送财政和人力资源的工具。[12]

第四共和国时期就开始了准备进程：建立了规划委员会，把财政和经济之重任集中在一个非常强权的部门，实施国有化以及建立大型的研发机构。在第四共和国期间，准备过程仍然受到两个主要因素的阻碍：①延续下来的对待王国地位和殖民权力的老套方法以及军队力挺的对殖民利益的支持；②以国会至高无上的地位和传统保守政党和领导人的策略为基础的政治体系，这些政党和领导人仍在维护殖民议员和小家族生意以及“店主”的利益。1958～1961年，戴高乐通过了结阿尔及利亚战争、清除军队内部前殖民派别以及重新调整核“打击势力”的战略思维，当然，还有在“民主”的标签下建立的第五共和国（今天是最接近“共和君主政体”的国家，其特点是权力不平等地集中在行政首长身上）而结束了这一切。

在戴高乐重掌政权之后，最引人注目的是势不可当的产业重组和集中。在法国工业大部分领域都是部门分割的现实状况下，从法国资本主义的立场来看，组建更大规模的产业集团和集中产业工厂是必要的。20世纪60年代末期，敏锐的美国观察家已经注意到“塑造企业战略和战略规划的重要力量是企业与政府之间的紧密关系”（McArthur and Scott，1989，p. 8）。[13] S. Cohen（1969，p. 51）也得出了极其相似的结论：“协调经济是大企业、政府和无实践但有理论的工会之间的伙伴关系。大企业的老板以及政府领导者驾驭着现代国家经济的核心——大部分是寡头垄断部门。”

在70年代末期及80年代，接下来的表现尤其是产业出口领域的表现，表明“国家冠军”政策也有助于加强法国工业与财政的其他重要的寄生性特点。戴高乐分子执政的政府在60年代重新改造法国工业的任务在1982～1983年通过对企业前沿的重组和重构完成，1982～1983年这段时期即所谓的第一届密特朗政府的“国有化”时期。除了纯粹的意识形态目的，即允许第一届社会主义者和共产党政府“左倾”以外，1982～1983年“国有化”的根本目的是要给法国政府和管理当局重建的权威和权力，以进行主要工业的广泛重组并且如果有必要，还要激怒那些反抗的资本家而同时给其他阶层（位于钢铁和石化产品行业的）极其优惠的实质性的（绝非说说而已的）金融退出条件。在20世纪七八十年代，法国工业的寡头垄断核心在政府工业伙伴关系中获得越来越多的优势，以及越来越大的行动自由。物价控制在 70 年代末和 80 年代初被抑制了，第一届密特朗政府计划和推进的金融体系包括股票交易（交易所）的全面现代化、重组和放松管制，都被证明是对工业垄断核心与银行业特别有利的。允许公共部门和国有化企业实现国际化以及与国外合作在法国组建合资企业的立法也得以通过。

法国独特的“权力精英”：高等专业学院

有利于产业垄断的国家机器和转向政府寻求支持的大企业之间紧密共生关系的一个最有效的工具是“高等专业学院”（特别是法国行政学院和巴黎综合理工学院）和“伟大群体”的精英生产系统。正如格兰尼克（Granick 1964，p. 147）在 60 年代注意到的，“法国规划的关键事实是，在这种联合当中，同一类人坐在了管理和公民服务的位置上：高等专业学院的人士自认为是技术专家的前任和现任公务员”。法国大工业企业、国有化产业以及公共部门，在很大程度上都是来自同一类学校的人在管理，总是清一色的“伟大群体”的成员，尤其是金融监察员和工程师团体。这意味着一个训练有素的专家人才，他先是成功地进入理工学院，然后进入一所精挑细选的工程学院，特别是矿业学院、国家路桥学院、国家电信学院、国家高等航空与航天学院，或者是军事工程师接受最后培训的专业学校。[14]

20 世纪 70 年代一项关于法国工业经理人员的研究认为，“样本人员职业生涯的最显著特点是大部分总裁来自公共部门”（Monjardet，1972）。这项研究得出的结论是，这种类型的职业生涯不再被公共服务意识薄弱的私人部门精英简单地视为一个诱惑，而是被视为“法国产业经理人员培训过程中（获得能力或社会关系）的一个重要部分”。关于这类现象的进一步研究明确地断定这个事实：今天来讲，进入顶级银行或企业的常规途径包括在巴黎理工学院或法国行政学院接受最后阶段的教育；进入一个“伟大群体”；最后是进入一个或多个部门长官的高等行政或私人办公室（Bauer，1987）。因此，每一个主要创新子系统的核心是一群经理人员、研究主任以及私人办公室的部长顾问，他们都属于同一个"群体"：如果是核电，则来自"矿业学院"和"路桥学院"；如果是电信和空间产业，则来自"电信"团体的工程师；如果是航天产业，则是高等航空航天学院的毕业生；如果是军工产业，则来自武器工程师团体。在一个严重的商业失败几乎总是得不到惩罚的体系内部，这些人都拥有佛罗门（Salomen 1989）所说的通往级别最高和薪水最多的职业的"终生通行证"。

高技术子系统的若干特点

本部分，我们转向一些政府与在高技术领域运行的大型公立和私人企业的寡头垄断核心之间的伙伴关系的有特点的例子，这些高科技领域集中于制药和化学新产业之外。图 6.5 表明了政府机构及其主要的工业伙伴。有两类政府机构，一类是包含在技术活动之中的主要实验室（如：能源部，法国航空航天研究院研发）或研发采购机构（如：多伦多国防研究所，国家空间研究中心）或者两者兼而有之（国家电信研究中心），另一类是那些对技术战略负有政治责任的机构。防务采办局（DGA）出现在第一排的每一点上，这意味着军事的关键角色以及它们现在看起来施加的越来越大的影响，即使在电信产业和非军事领域也是如此，主要原因在于当下的海湾战争把军事—战略的优先性又导向了空间监测和电信系统。

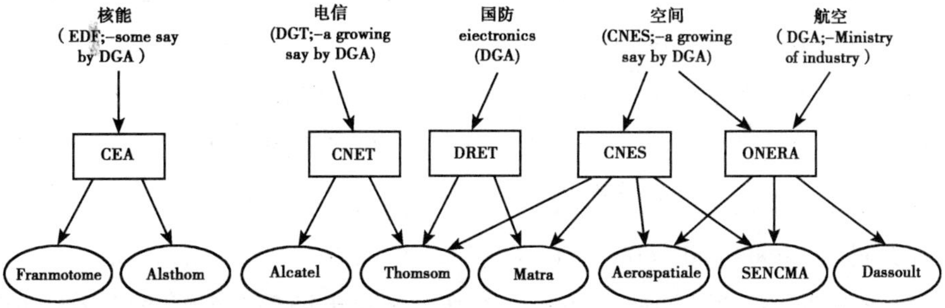

图 6.5 高技术创新系统当中的主要关系

资料来源：由文献 Serfati（1991）获得。

军事高技术创新子系统

尽管这些子系统的产生比核技术的要晚一些，但它的战略地位意味着我们应该从它开始分析。据估计，军事研发支出至少占法国公共研发支出的1/3而且很有可能超过35%，意味着军事创新子系统是最大的子系统之一。军事研发分成三部分：(1) 能源部进行的核能研发（大概占总体的30%），(2) 国有传统兵工厂和武器制造厂进行的研发（少于10%），(3) 通过研发合同和采购委托给工业企业的研发（超过60%），大约占政府对工业研发直接资助的2/3（如图6.3所示）。

高技术武器工业是通过私人和公立企业以及防务采办局的紧密交织关系而组织的。防务采办局的领导人是“非政治性的”，因而是一个稳定的职位被任命人，被认为拥有与其他部长一样大的权力。被防务采办局当做主要承包方来合作的企业都是法国工业的巨头。这些企业相互之间没有竞争。在防务采办局建立的功能性的任务分工（这也是防务采办局“武器工业政策”的一部分）的基础上，研发合同和武器采购不用投标就能获得。结果是，法国武器工业实际上是围绕着两家垄断或多家垄断企业而组织起来的：飞机和直升机交给达索（Dassault）和法国宇航（Aérospatiale）；飞机引擎交给斯奈克玛（SNECMA）；导弹交给法国宇航和马特拉；电子交给汤姆森和达索电子技术公司。

国防部给研发和武器购买分配资源、规划作为一项体制机制逐渐弱化、工业部持续低迷不振，在这些情况下，防务采办局如今是法国工业政策中最强势的机构。正如克罗西埃（Kolodziej，1987，p. 274）指出的，防务采办局正处于这种地位：通过它“在分配合同和配置管理职能上的众多机遇而给法国工业规划标上了不可消灭的武器印记”。我们自己关于军事支出和竞争力关系的研究（参见 Chesnais and Serfati，1990，1992）认为，大部分法国高技术产业（可能除材料和制药之外的所有产业）都受到国防市场和军事需求的普遍和深入的影响，特别是军事技术的高定制化和非通用性的特点以及比较低的民用转化性。塞尔法蒂（Serfati，1991）发现，法国电子产业的均衡损失惨重，尽管受到了关注和财政补贴，但也不能脱离这样一个事实，即在确定工业研发和工业目标时军事技术占有优先性。更一般而言，在法国这样一个大小的国家，武器工业和军事研发对产业竞争力的作用不能简单地以选择性机会成本或“排挤”过程来分析。因为武器生产在电子、电气和机械工程相互锁定的工业联合体中处于核心地位，它也影响了产业内部的技术流动而且塑造了这些产业的整个技术学习和积累过程。以国防领域出现新技术为例，比如激光技术，在转向民用时完全失败了。[15]

防务采办局的权力，以及与创新子系统有关的武器组织和法国军事—工业联合体的政治势力，都不能脱离军备工程师群体所扮演的角色：

> 大部分来自巴黎综合理工学院……军备工程师们在他们整个职业生涯中形成了一个独特的、团结的群体，这个群体几乎必然能够进入国防部、防务采办局的高级职位，而且逐渐占据整个军备工业的国有和私有部门的领导地位。……分享着相同的学校教育，他们以一种工程师和技术人员的视角来看待事情。群体网络的联系越来越紧密，并且更加广泛，不是军备工业或者防务采办局的组织架构所能够比拟的。在整个武器工业联合体中自由分布的军备工程师们就像胶水一样把整个体系黏得牢靠无比。群体成员数量的增加在服务政府方面毫无困难，因为从一个工业家或者公务员的视角来看，两种行为被看做是制造和销售武器的一个国家政策的不同方面。（Kolodziej，1987，p. 278）

所有这些过程产生的一个整体结果是，重大决策权从名义上管理他们的政治机构转移到他们以及他们为之工作的各类组织中。从经济和政治方面（比如说萨达姆·侯赛因的武器威胁）看，“对防务采办局和武器生产巨头有利的就是对法国有利的”最好的结果是可争议的，而最坏的结果是灾难性的。

电核子系统：能源部，法国电力公司及它们的工业伙伴

主要的公共组织以及来自半公共部门和私人部门的大企业之间的系统性关系，通常也由国家路桥学院“群体”的受过理工科训练的工程师们联结起来，电核子系统也具有这种特点（图 6.6）。

上文已经表明，能源部仍然拥有最大一笔公共研发预算。一半用于军事目的，另一半用于工业目的（图 6.2 显示的那部分），在这一领域能源部接受的资源仍然是国家电信研究中心、国家空间研究中心和法国电力公司研发（EDF）的 2 倍，这个大型公共组织的历史可以回溯到 1945 ~ 1946 年的国有化时期，今天它是世界第二大核能生产组织。它通过欧洲电网系统出口电力。不管什么时候招标建造电核企业（这种情况越来越少了），由法国企业法马通公司（Framatome）和阿尔斯通（Alsthom）/（CGE）组成的联盟经常是竞争对手。法国在申请与核生产相关的专利方面是世界领先的，而如今在处理核废料和循环利用方面的世界领先地位开始受到质疑。这类事情主要发生在瑟堡（Cherbourg）附近的海牙（Hague），现在是一个主要的“核垃圾场”。

核能子系统的历史主要有两个阶段（Gilpin，1968；Papon，1975，1977；Debeir et al.，1989）。第一阶段是天然铀——石墨——气体反应堆建立，当时正是研发和工业计划的军用—民用二元战略目的的摇摆时期。[16] 第二阶段，正好是戴高乐 1969 年脱离政权时期，建立在军用和工业目的有着明确的区分之上。能源部也进行了全规模的重组，成立环境防御基金，负责工业战略，而且也作出了采用占主导地位的美国浓缩铀技术的决策。在很优惠的条件下建立了压水堆（PWR）反应堆与美国西屋（Westinghouse）公司的技术合作伙伴关系。对能源部民用产业导向部分的重组预示着之前讨论过的政府部门实验室的半私有化进程。从 1970 年开始，大量部门和实验室被归并进入能源部的附属产业部门，享有私人商业法律地位，特别是 1976 年成立了核材料总公司（COGEMA），通过一些附属企业，它控制了法国整个核燃料循环过程，从勘探和在铀浓缩过程中提取天然铀（由欧洲元体扩散公司负责）到通过燃料装

配、计划和销售等燃料加工过程（由法国核燃料元件制造工厂和法杰玛公司负责）。1983 年，所有享有私人法律地位的能源部附属企业组建成一个控股公司——能源部工业集团。

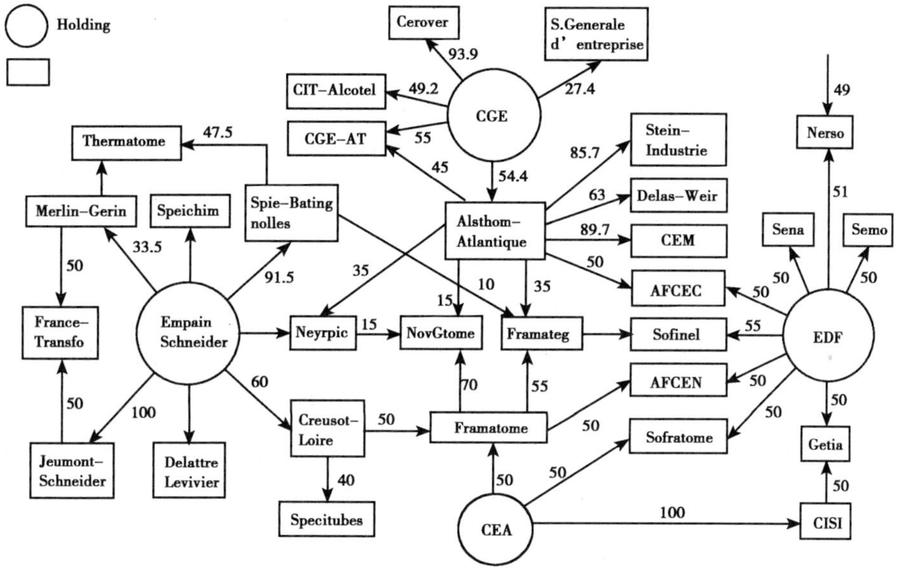

图 6.6　20 世纪 80 年代核能子系统的构造

资料来源：G. Donnadieu，La mise en valeur des acquis de l'industrie nudeaire，p. 34. Report to the Conseil Economique et Social，1984。

在最初的一场尖锐的寡头垄断竞争中，两家工业集团分别与美国两家企业（西屋和美国通用电气）结盟，于是创新子系统的重型设备领域围绕着两头组织起来，随后出现了一个强大的“工业雅尔塔”（对政府庇佑的卡特尔的一种令人愉快的表述），大部分法国高技术部门都有相同的经历。施奈德（Schneider-Empain 集团）及其在电核技术上的领导企业法马通公司利用美国西屋的压水堆技术赢得了法国电力公司（EDF）的核反应堆合同；而 CGE/阿尔斯通，之前是传统的重型电力设备排名第一的企业，只赢得了围绕核电工厂的补充的“标准”重型电力设备订单（Debeir et al. ，1989）。

20 世纪 70 年代中期以后，法国原子能委员会（CEA）被认为规模扩张过大了。由于“伟大群体”的政治势力，结果不是要削弱它而是要使它在核能之外的其他领域也进行研发活动。“创新和产业发展”因而与“核发展”结合在一起，作为法国原子能委员会的技术研究和产业发展部的一项任务。非核技术的活动包括电子和计算机技术、机器人技术、医疗设备、农产品技术、新材料，甚至是可再生能源。法国原子能委员会开发的技术通过多种途径转移到工业之中，最显著的是与工业企业建立研发伙伴关系。

国家空间研究中心和空间产业

军事子系统的创新和生产与空间研发和相关运行以及空间产业生产之间有广泛的交界面。国家空间研究中心在 1961 年底成立。它的法律地位有点类似法国原子能委员会，但以不同的方式建立了自己的技术和产业关系网络。第一个差异就是国家空间研究中心不是一个公共部门的实验室，因为政府在 20 世纪 20 年代就有航空技术的研发能力，一些与航空有关的问题在国家空间研究中心之前也存在，这些问题存在于法国航空航天研究院（民用和军用飞行研发）和 ISI（Institut de Saint-Loius）内部，国家空间研究中心主要从事导弹研究。第二个显著差异是法国与航空相关的技术投资在工业基础重建之后就开始了。国家空间研究中心的政策总是组织工业研发的采购而不是内部发展空间技术。在法国工业政策的整体推动以及刚才讨论的防务采办局的影响之下，被指派作为负责空间项目主要承包方的企业同时也是防务采办局的主要合作伙伴。马特拉是运载火箭助推系统的领导企业，同时也与法国宇航一起进行卫星平台和监控飞行高度、热控以及太阳能发电机的卫星部件等方面的工作。汤姆森-CSF 是卫星内部工作的主要承包商，包括电子电路及其零部件。

国家空间研究中心与法国原子能委员会的另一个主要差异在空间领域，从一开始，研发和运行必需的资源规模就是：从一开始，法国的项目不仅仅要从国内来考虑，而是包含国际合作，与美国甚至是苏联的双边合作，但主要的合作伙伴还是欧洲空间研究组织、欧洲运载火箭研究组织以及 1975 年以后的欧空局（ESA）内部的欧洲国家❶。与核能、国防或者电信产业不同，在民用空间领域，法国创新子系统提供了整体的结构而且代表着欧洲空间参与的骨干。很肯定地说，没有法国，欧洲空间参与的规模远远不如现在，阿里安航天有限公司（Arianespace）❷ 也不可能成为美国主要发射企业的竞争对手。然而成功也带来了新问题，特别是法国的欧洲合作伙伴想要在开发和制造运载火箭、卫星和太空舱上增加工业参与的份额。国家空间研究中心以及阿里安工业财团内部的四家主要法国承包企业名下的资产迅速缩水，从之前的60%以上降到现在的大约48%，使合作处处受肘制，特别是前一段伴随着武器出口减少的时期以来。法国政府最近宣布，军事卫星将是防务采办局投资的主要优先对象并且必须形成与国家空间研究中心在军事目标的密切协调。这也会使欧洲合作处于压力之下，除非它扩展至军事领域，但欧空局的其他成员不一定接受，并且也会引起军事项目的研发合作和生产合作减少等一系列问题。

法国电信、国家电信研究中心和电信垄断

“二战”之前，相当落后的法国电话系统所需要的设备是由国外跨国企业的分公司提供的，特别是美国国际电话和电报公司（ITT）和瑞典爱立信。1945年开始，法国政策的一个长期目标是要用自己的设备工业来武装法国并且成为电信业的领头羊。一座大型的政府实验室建立了，这就是国家电信研究中心，它后来接管了包括军用无线电实验室在内的其他设施。国防部总是给国家电信研究中心的研发预算资助相当大的份额。

与建立研发和创新能力一起，还采取了其他两个步骤。首先，成立由电信总局（DGT）管理的大规模和灵活的公共采购体系。在邮政和电信部内部，电

---

❶ ESA：欧洲太空局。1975年5月30日由原欧洲空间研究组织（ESRO）和欧洲运载火箭研制组织（ELDO）合并而成。正式成员国有比利时、丹麦、法国、德国、英国、意大利、荷兰、西班牙、瑞典、瑞士和爱尔兰，非正式成员国有奥地利和挪威。加拿大为观察员。——译者注

❷ 阿里安航天有限公司成立于1980年，是全球最大的商业发射公司，生产和经营“阿里安”系列运载火箭（目前使用的是“阿里安”4和“阿里安”5），并通过斯达西姆合资公司推销俄罗斯“联盟号”运载火箭的商业发射服务。——译者注

信总局的作用有点类似于防务采办局与在国防部中的作用。与在其他部门一样，这项政策的商业手段是一个公有的私人属性的附属机构——法国电信公司，它在设备企业和家庭电话业务以及现在更先进的电子设备特别是微型可视化机器业务方面，一直都非常活跃。其次，建立了内生的产业能力，包括以与法国企业合并进入法国高技术垄断的核心的方式来收购国际电话和电报公司和爱立信分公司及其法人组织。今天，制造业部门是高度集聚的，CGE-阿尔卡特（CGE-Alcatel）是领头企业。阿尔卡特的研发预算目前在民用电信领域里是最多的，它在法国的研发支出大约是紧随其后的 4 家设备制造商（SAT，TRT，Matra，Jeumont-Schneider）总和的 2 倍。

电信领域的研发和创新预算分成两部分。大概 1/3 划拨给了国家电信研究中心，旗下员工 4 200人，包括 1 500位工程师和研究人员，有 6 个分部。其余以研发合同的形式给了公立或私人企业。关于国家电信研究中心的研发活动成果，策略是要尽早地在开发过程中寻找到工业合作伙伴。结果是，国家电信研究中心占到这一领域的法国专利总数的 10% 不到，而制造企业几乎占到 80% 。

电信子系统的一个显著特点是成功与失败并存（萨洛蒙对此是非常批判的，1986）。比如，微型可视化系统的成功不仅仅是建立在正确的技术决策之上，而且也建立在电信总局大规模利用了的公共采购（超过 500 万的终端设备被电信总局购买了而且免费提供给用户使用）、服务提供者的最初的补贴以及监管和开发向单一机构的集中之上（OECD，1988；Cohendet and Lierena，1991，第二章）。今天，这个体系受到两方面的压力。一方面，1987 年 CGE/阿尔卡特收购美国国际电话和电报公司的欧洲产业资产之后，日益走向国际化的阿尔卡特（现在叫 Alcatel NV）已经完全把集团的经济利益焦点转移到欧洲市场了。1987 年，阿尔卡特 NV 总营业额的 75% 来自法国之外，而 1985 年只有 40% 。阿尔卡特 NV 拥有极其强大的国际化研发活动，所以有能力成为真正的全球企业，但它必须把研发战略瞄准其全体欧洲客户的而不仅仅是法国电信的需求。另一方面，电信总局和法国电信越来越受到来自欧洲委员会要求它们放开采购政策并减少其在工业开发活动的直接参与的压力。

作为成功和失败的指标的专利申请和出口

在法国，“创新体系”一词的使用使得创新看起来合法化了。它指的是在主要的政府机构、研究组织和企业之间建立的一套可确定的关系，在过去几十年里不断被再造（伴随着经济和政治环境的变化而出现的适应和调整）。再造的机制包括政府在资助研发和工业投资中的角色，以及最初的政治和经济精英发挥的作用。

系统根据其产生的创新的类型而具有不同的特点。用 Ergas 的术语来说（Ergas，1984，1987），最明显的一个是“任务导向型”创新体系。这一模式是一个“大即是美”的体系，不断地给大型的技术密集型系统（如在军事领域、电力、铁路运输）或具有内在系统性的产品（如飞机或航空产品）提供补贴。结果，市场几乎总被项目领导者看做是（或者不得不是）一个公共市场。在国内，这些是通过公共采购建立的。在国外，则是与各国政府进行政治协商的结果，这类协调由法国外交调节，通常是指向第三世界国家或以前的“社会主义”国家，而且广泛利用行贿受贿来支持。❶

这个创新体系并没有覆盖法国专利申请和出口的完整的图谱。一块主要领域——化学、制药、农用化学品联合体——部分地处于我们刚才所讨论的关系模式之外。[18]使得法国成功且世界知名的一些其他活动和产品（红酒和白兰

❶ 诺斯中校（Colonel North）式的国会和司法调查：在美国里根总统连任后期，白宫国家安全会议助理诺斯（Oliver North）中校无视美国政府禁止售予伊朗美制武器的法令，将若干新式武器秘密卖给伊朗，以交换伊朗政府释放卡特总统时期即被监禁的美籍人质；而将所获得款项，拿去支持尼加拉瓜的反共游击队。媒体揭露此事后，举国大哗。里根立即声称对此一无所知，并将诺斯革职。此后总统特别调查委员会进行了3个月的调查，参、众两院特别调查委员会也举行了联合听证会，其间里根态度不得不由公开否认走向承认是“一个错误”，并不再坚持“毫不知情”。虽然里根最后渡过了危机，但11月18日国会特别调查委员会公布的“伊朗门事件”调查报告还是认为总统应对事件承担最后的责任。1989年7月，伊朗门事件核心人物诺斯被判刑。而宪法评议会是法国立法监督机构。行政法院是政府咨询机关和司法审判机关，具有行政咨询和行政审判的双重职能。吉斯加德是法国第五共和国总统（1974年5月19日~1981年5月19日）。——译者注

地、奢侈品、美容产品)则完全在这个系统之外。但它很明显是一个大部分法国人以及实际上全部受过教育的人都知道的创新体系，而且他们都普遍参与其中。在很大程度上，它也是一个需要外部平衡和工业增长的系统。

现在这个系统正陷入危机之中。1975～1980 年大概是它最为成功的时期。这是一段核电企业在国内建立以及向第三世界国家出口同样的资本商品的黄金时期。它也是武器出口的急速增长的时期，使得军备产品成为汽车之后的法国工程产品出口第二重要且保持稳定的部分，并且军备生产“陷入”了为出口市场贡献 40% 份额的运行当中，而且要不计代价地实现(比如，与伊拉克签订军火合同)。运载火箭阿里安 1 号在 1979 年首次成功地进行商业发射，在安全度过与英国企业的合作危机之后，空客的地位最终得到巩固。但甜美的果子里藏匿着讨厌的虫子。法国经济绩效的长期特点之一是工业出口的先天不足。短时期内，这种先天不足被高技术产品的一系列成功和汽车产业的骄人成绩掩盖了。如今，武器出口减少了，汽车销售也开始不济了，系统的脆弱性就不再能被掩盖了。

以美国申请专利数来衡量的法国技术绩效

如今，专利被很多学者视为创新活动的一个合理代表者，尽管有数不尽的警告提醒我们在使用的时候要小心。法国现实情况也证明了，专利的一个缺点在于尽管授予专利是对技术新颖性的承认，也是技术产出的一种测量，但是，拥有专利并不能保证其在商业应用、销售和出口方面也有竞争力。在全世界已经停止建造核工厂的情况下，核电技术就是一个很好的例子。除此之外，有意思的是，看看法国的统计数据，在那些法国被全世界公认为具备技术创新性的领域，却还不一定生产出商业上成功的产品。

帕维特和帕特尔(Pavitt and Patel，1990)收集了 100 多年(1883～1987 年)美国授予的专利的国家来源的所有信息，并且将法国专利申请的长期情况与英国和德国进行了比较。由于没有两次世界大战的破坏，法国已经提高它与英国相比的地位了。这种趋势在 1900～1910 年及其后的 20 世纪 20 年代表现得尤其明显，1970年以后又再次显现。1987年，法国取得的美国专利数首次超过英国。与德国的比较也是很有启发性的。本世纪初期，德国专利数大约是法国的4倍。50年代末期以后，法国缩小了这一差距。德国获得的美国专利数基本上稳定在法国的2.8倍左右。

帕维特和帕特尔也计算了“显性技术优势”（RTA）指数，它从逻辑上确认了法国在公共采购和政府资助技术活动占主导地位的那些部门的相对优势。1981~1986年，法国显性技术优势前5强的三个属于这些部门，显性技术优势1.10或者超过1.10的11强中有6个也属于这些部门：核反应堆、飞机、电信、其他交通工具（特别是，铁路和铁路装备）、电气设备（特别是汽车的输电装置），以及常规发电厂。

使用美国办公室1981~1987年的专利数据和1982~1987年登记的在欧洲专利办公室专利申请的数据（这一数据提供了一个可比较的基础）以及目前对专利引用的研究成果，阿奇布基和皮安塔（Archibugi and Pianta，1992）计算出自己的专业化指数，并且根据技术领先的前5个领域，对主要的经济合作与发展组织中的国家都进行了排名。法国的情况见表6.1。

使用SIC分类而不是IPC分类，并且把引用率也考虑进来，阿奇布基和皮安塔给法国的专业化程度描绘出以下图景（表6.2）。

表6.1 以专利申请来衡量的法国技术绩效

在美国授予的专利（1981~1987年）				
核物理	医学准备	采矿	武器	工程
3.14	1.64	1.48	1.40	1.36
在欧洲专利办公室授予的专利（1982~1987年）				
核物理	建筑	暖气照明	交通	农业
2.63	1.65	1.60	1.59	1.54

表 6.2 法国专业化（1975～1981 年，1982～1988 年）

专利和专利引用的专业化指数最高的前5个SIC种类					
指数	1	2	3	4	5
专利 75-81	药品	农用化学品及其他	导航、航空模拟设备、汽车	飞机及其他机械部件	造船
专利 82-88	导航、航空模拟设备、汽车	铁路设备	家居清洁洗护用品	飞机及其他机械部件	药品
引用 75-81	导航、航空模拟设备、汽车	机车及零部件	飞机及其他机械部件	药品	造船
引用 82-88	导航、航空模拟设备	铁路设备	家居清洁洗护用品	造船	飞机及其他机械部件

帕维特和帕特尔还考察了大企业（法国的和国外企业控股的）、政府研究机构和小企业在美国申请专利的情况。大型的法国企业和外商控股企业在研发密集型产业（化学、电气—电子、航空）和汽车行业特别重要。数据还确定了政府研究机构的强大贡献，特别是在与能源相关的技术领域（EDF、CEA）。国内小企业专利所占的比例也很高，达 37.2%，仅仅稍低于国内大企业。这与正式的研发数据所反映的情况是不符的，而且说明小企业的创新活动比正式研发反映出来的要多很多。这也指出了法国创新系统中大量仍未被研究的领域。

帕维特和帕特尔还确定了出现在美国 33 个领域前 20 家专利许可者名单里的法国机构和企业，只有极少数的几家位于前 10 位之内，其中大部分不是政府研究机构就是强烈依赖国家市场和政府研发资助的企业：例如，Creusot-Loire（现在是 franmatome）和电核产业的法国原子能委员会；国家航空航天工业公司（现在是 Aerospatiale）和航空业的斯奈克玛；以及国防电信的 Thomson。只有欧莱雅（生产肥皂、清洁剂、护肤品的企业）和米其林（生产轮胎的企业）完全是私有企业。

法国创新的商业绩效：出口和进口

在经济全球化体系中，生产活动的社会有效性主要通过成功的商业化而发生在市场层面，经济中的外贸绩效可能比专利更能反映出创新体系的效率。

在法国，外贸指标揭示了一个严峻的现实（Economie et Statistiques，1989；OECD，1990）。尽管有价格竞争力方面的优厚条件，但法国工业出口自20世纪70年代末以来经历了一段长期的衰退，而同时进口在持续增长。最近的研究强调一系列的结构性缺点，特别是，生产能力老化、投资率不足、出口比内销有更高的利润率（受到几十年来销往一个受政治保护的市场的影响）、企业经理人员要废除传统的福特—泰罗管理模型的巨大困难、技术在横向的产业和跨部门之间转移的显著障碍等。这些都是由于创新在很多部门中的纵向组织，以及军工企业在高技术复合体中占据核心地位形成了经济壁垒。这样的系统难以满足通用技术的要求。产业之间技术流动的障碍又被来自技术生产的重要军事成分的强烈的保密因素进一步恶化了：这至少是法国电子产业弱小的一个原因。

如表6.3所示，法国工业的弱点在资本和设备产品行业尤其明显。这既是上述几个因素造成的结果，同时它本身也是结构性缺陷产生的根源。资本性商品工业在新技术或最佳应用技术扩散中的枢纽作用已经很好地建立起来了：当这些产业开始衰退，整个制造业部门的业绩都会受到影响。图6.7表明法国贸易均衡恶化的情况在低技术产业里很明显，直到20世纪80年代早期情况才开始令人满意。中端技术产业和高端技术产业也没能避免贸易失衡的情况。

表6.3 贸易平衡的商品细目分类：来自海关的基本数据CIF-FOB（占国内生产总值百分比）

	1982年	1983年	1984年	1985年	1986年	1987年	1988年	1989年
农业食品	0.4	0.6	0.6	0.7	0.5	0.6	0.7	0.8
能源	-4.9	-4.2	-4.3	-3.8	-1.8	-1.5	-1.2	-1.4
工业产品	0.9	1.6	2.3	1.9	0.7	-0.2	-0.7	-0.9
消费品	-0.6	-0.4	-0.3	-0.3	-0.5	-0.8	-0.8	-0.7

续表

	1982 年	1983 年	1984 年	1985 年	1986 年	1987 年	1988 年	1989 年
中间产品	-0.1	0.1	0.2	0.2	-0.2	-0.3	-0.4	-0.7
生产资料	0.4	0.7	0.8	0.6	0.2	-0.1	-0.4	-0.3
陆地交通设备	0.6	0.6	0.8	0.7	0.6	0.4	0.4	0.3
武器装备	0.6	0.6	0.9	0.8	0.7	0.5	0.5	0.5
总计	-3.6	-2.0	-1.4	-1.3	-0.6	-1.1	-1.2	-1.5

资料来源：Direction générale des douances et des droits indirects, INSEE, and OECD Secretariat estimates。

正如表6.4所示，高技术产业的整体正均衡实际上只是因为两个产业：药品和航空（民用和军用）。如今，法国汽车产业在德国和日本的（尽管有一定的贸易壁垒）竞争面前开始衰落，法国制造业的结构性缺陷变得越来越明显。

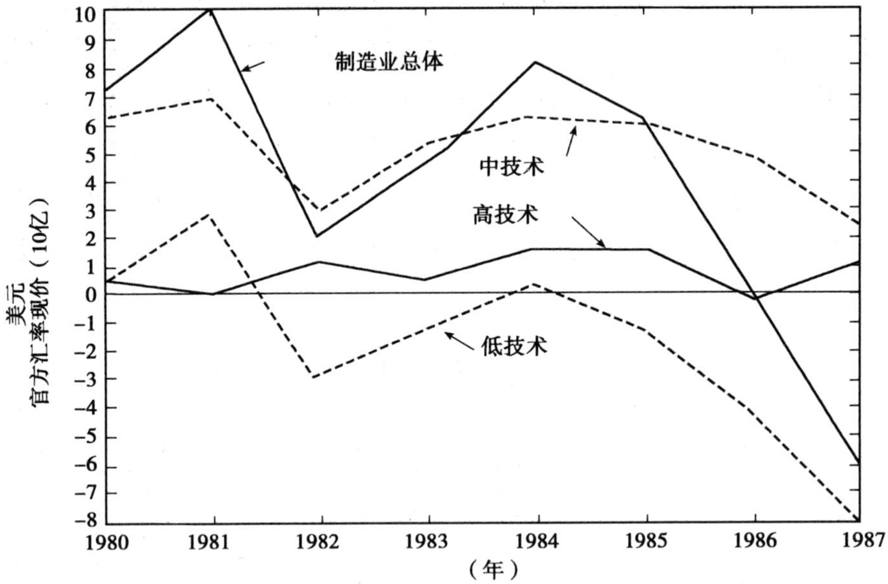

图6.7 法国：按照研发强度分组的贸易状况

表6.4 法国的出口/进口比

	1980年	1981年	1982年	1983年	1984年	1985年	1986年	1987年
食品、饮料、烟草	1.19	1.28	1.18	1.12	1.17	1.15	1.16	1.20
织物、皮革、鞋	0.86	0.85	0.77	0.79	0.81	0.81	0.72	0.68
木头、软木、家具	0.47	0.52	0.48	0.52	0.54	0.55	0.49	0.47
纸张和印刷	0.60	0.60	0.58	0.60	0.62	0.64	0.62	0.62
化学制品	1.03	1.11	1.00	1.16	1.19	1.19	1.13	1.12
药品	2.17	1.98	3.76	1.95	1.97	1.99	1.90	1.80
炼油	0.83	0.85	0.56	0.55	0.58	0.57	0.52	0.37
橡胶、塑料	1.27	1.29	1.23	1.22	1.26	1.24	1.16	1.07
陶、瓷、玻璃	0.98	1.06	1.06	1.22	1.22	1.19	1.01	0.97
黑色金属	1.36	1.61	1.38	1.42	1.51	1.52	1.37	1.30
有色金属	0.66	0.71	0.65	0.75	0.77	0.73	0.70	0.72
金属制品	1.22	1.29	1.10	1.18	1.17	1.00	0.86	0.77
非电气设备	1.14	1.19	1.11	1.18	1.15	1.11	0.98	0.87
办公设备、计算机	0.75	0.74	0.58	0.65	0.69	0.66	0.70	0.71
电气设备	1.26	1.30	1.22	1.26	1.26	1.22	1.08	1.00
电子元件	0.85	0.80	0.78	0.94	0.93	1.00	0.90	0.87
其他交通工具	1.81	2.55	2.18	2.31	2.19	2.49	1.95	1.60
造船	2.05	3.32	1.99	3.20	3.67	2.05	2.94	2.21
汽车	1.74	1.58	1.32	1.35	1.49	1.41	1.33	1.21
飞机	1.33	1.19	1.72	1.50	2.20	2.06	1.56	1.62
科学仪器	0.80	0.78	0.75	0.79	0.87	0.94	0.81	0.80
其他制造业	0.73	0.85	0.85	0.85	0.95	0.96	0.88	0.78
NEC	2.94	3.41	4.00	4.26	4.48	4.96	3.37	2.79
全部制造业	1.08	1.12	1.02	1.06	1.11	1.08	1.00	0.95
以上总计	1.08	1.12	1.02	1.06	1.11	1.08	1.00	0.95
高技术产业	1.03	1.01	1.09	1.04	1.12	1.11	0.99	0.96
中技术产业	1.16	1.21	1.09	1.18	1.21	1.19	1.11	1.05
低技术产业	1.01	1.08	0.94	0.96	1.01	0.97	0.91	0.86

工业出口失败是帕维特所讲的法国工业和技术系统中的"短视"特征的必然结果。这不能简单地归因于法国工业研发经费不足。正如 Barré (1988) 证明的，如果按照部门的工业结构来统计，法国工业研发经费与其主要竞争对手还是可以相比的。但是，对于工业研发的结构、优先领域的选择、开展研发活动并将其成果市场化的体制环境，仍然有大量的工作要做。出口衰退是以下两个因素共同造成的结果，一是在货币稳定性极差和公共债务居高不下的经济环境中销售大型的系统性产品的固有困难，二是一个特别不利于产业部门之间横向联系、外部探索和满足信息技术制造业用户需求的灵活性的工业和技术结构。几个美国团体（如：贸工部对美国工业竞争力的研究或者对 BRIE 的研究）最近发表的一份关于美国工业组织（强调科层制、合作的困难、管理和工人之间的敌对关系）的批判性评估同样也适用于法国工业，除此之外，尤其要对一个政府领导系统的僵化进行好好的估量。

注释

[1] 关于 1945 年后波尔多葡萄酒的传统生产方法如何建立在恰当的科学和技术基础之上的细节，可以参见 Ribéreau-Gayon (1972) 和 Peynaud (1988)。

[2] 在《国家竞争优势》(Competitive Advantage of Nations) 一书中，波特 (Michael Porter) (1990) 指的是软件服务业，特别是不由大企业掌控的定制化产品，在这一行业中，法国已经获得了承认。法国人对此事的看法，可以参见 Horaist (1986)。

[3] Gilpin (1968, p. 160) 给出了以下一段总体评价：法国科学的英雄时期，从 1800～1830 年，是两个重要因素的产物：法国大革命和拿破仑改革建立了孕育法国天才的体制和环境；很多领域的知识发展到由法国智慧的特殊力量很自然地掌握了的程度。大约在 1800 年，在化学、自然史、心理学和其他领域，相互斗争的观点和相互对立的地位所造成的混乱都在呼唤科学家们来评定。这项任务需要耐心细致的、才华横溢的并且保持独立的人来完成，比如拉瓦锡，他发现了化学的精确测量并且使这个学科系统化。革新了范式或者提出革命性新理论的法国天才们，在 19 世纪的大部分时期里领导了世界科学研究。正如 John Merz 在其著作《欧洲思想史》(History of European Thought) 中提到的："在本世纪

初期，几乎所有现代科学都在法国建立了根基。很多都是在严格的数学解释下产生的”。

［4］法国工业重要的新教名字都在 Mulhouse，Belfort，Montbeliard 地区，包括斯伦贝谢（Schlumberger）、Dollfus、Koechlin 和标志（Peugeot）兄弟后来与之结成亲家的 Japy（参见：Caron，1987）。

［5］参见 Palmade（1961），Cameron（1961），Kindleberger（1964），Caron（1979）。

［6］参见 Landes（1949，1951）。争论的观点以及对 Landes 地位的评价，参见 Levy-Leboyer（1974）。

［7］参见 Stanley Hoffman 对法国作为“陷入僵局的社会”的评论，陷入僵局的社会有 5 个特点：（1）对稳定和保护而不是成长和竞争的偏爱；（2）物质商品和受教育人口的过度生产的马尔萨斯恐慌；（3）社会、宗教和政治冲突的负担；（4）法国工业部门分割的结构和保守主义；（5）土地和殖民地利益对国内工业利益的主导。（Hoffman，1963）

［8］这部分的内容参见 Gilpin（1968，第 6 章），Papon（1978，第 2 章），OECD（1966），Rouban（1974）。CNRS 的非同寻常的历史，参见 Picard（1990）。

［9］这场改革的详细叙述，参见 OECD（1986）；关于这场改革的评判，参见 Salomon（1986）。

［10］参见冗长的年度报告 *Rapport sur l'état de la recherche et du développement technologique*，每年都作为 *Projet de Loi de Finances* 的附件在讨论和表决法国预算之前呈交给议会。这份报告在每年 10 月对外公布。

［11］关于法国政治机器产生的技术政策的批判性研究——“Rapport Farge”，注意到了法国创新体系的部门分割化的特点，参见 Commissariat Général du Plan（1989，p. 22）。

［12］Richard Kuisel（1981）的研究显示，这种情形产生的原因不仅仅是左翼意识形态分子以及在 1936～1937 年和 1946～1948 年受他们鼓动的政府引起的，在 Joan Mounet 等人所属的非常保守的工业圈子内部从 20 世纪 30 年代就开始就准备了。

［13］McArthur 和 Scott（1969）还补充道，在他们研究的过程中，“很快就发现，政府—企业关系而非规划过程本身才是法国企业战略规划的最重要决定因素”。

［14］关于“Ecoles”、“Corps”以及法国工业—政治—金融精英的组织和权力的英文分析，最早见于 Suleiman（1978）。

［15］建立在 DGA 采购和一个属于 CGE 的享有高度特殊补贴的企业（Compagnie Industrielle des Lasers）研发的组织之上的法国企业和研究院所，在纯粹的军事领域内是非常成

功的，然而一旦民用变得重要的时候，它就完全是一个失败。参见：Cohendet and Lierena（1991，第一章）。

［16］虽然这是避免依赖国外进口浓缩铀的需要，因为美国有可能禁止其出口，但是建造石墨—气体反应堆的选择却是 1956～1957 年的决策的一个合乎逻辑的结果，为了使钚能够在军事上运用，要建造钚生产反应堆。到了 1956～1957 年，很显然，以极其高昂的代价来获取核武器的政治目的成功了，但把法国的电力生产引向了死胡同，因为发电成本不能像在军事领域一样可以置之不理。更详细的讨论，参见 Papon（1975，1979），Gilpin（1968）和 Salomon（1986）。

［17］通过这种市场规划以及获得武器、传统电力和核电生产、电信设备、或者城市交通系统（包括随之启动的大型土木工程，一些法国最强大的工业集团比如 Bouygues 也位于其中）市场的独特方式，腐败在法国行政、政治生活和社会中无处不在。当然，整个过程受到第五共和国宪法结构的有力支持，这种宪法结构几乎把所有的和毫无约束的权力都放在行政首长手中。法国不会产生水门事件乃至诺斯中校（Colonel North）事件那样的国会和司法调查。法国的政客、银行家、工业家和将军们可以安枕无忧：在宪法评议会（Conseil Constitutionnel）和行政法院（Conseil d' Etat）的立法和行政程序形式主义的法律监控的背后，腐败在蔓延而且不受惩罚。法国议会没有实权，规则就是“总统一党制”（party of the President），不管他是戴高乐分子、吉斯加德分子（Giscardian）还是社会主义分子，都要消灭与总统的任何分歧而且绝对服从。

［18］这里无法再做详细的讨论来理解化学—制药—农用化学品联合体创新系统的确切形貌。商业企业所占的比重当然要比在电子和武器行业里的高得多，但政府依然在很多方面发挥重要作用。最重要的是政府在产业重组、新公司边界界定和财政供给上扮演的角色。最近一次发生在 1982 年，工业资产在 Rhone-Poulenc，Elf-Sanofi 和 CDF-Chimie 三家大集团之间重新分配，后两家拥有国家资本。虽然这些集团有比较强大的研发能力，但它们也能够依靠非营利和公共部门的技术转移来生存。典型例子就是巴斯德研究所（Institut Pasteur），通过赛诺菲疫苗制造公司（Diagnostics-Pasteur）来进行商业活动，Diagnostics-Pasteur 是 Elf-Sanofi 和巴斯德—梅里埃血清疫苗公司（Pasteur-Merieux-Serums et Vaccins）组成的联合企业，而巴斯德—梅里埃血清疫苗公司又与 Rhone-Poulenc 结成合作伙伴关系。

参考文献

Archibugi, D., and Pianta, M. (1992). *The Technological Specialization of Advanced Countries: A Report to the EEC*. Dordrecht: Kluwer Academic Publishers.

Barré, R. (1988). "La faiblesse de la recherche industrielle française: de quoi parle-t-on?" *Culture Technique* 18(March): 210 – 19.

Bauer, M. (1987). *Les 200: comment devient-on un grand patron?* Paris: Le Seuil.

Gallon, M. (1987). "La recherche francaise est-eile en bonne santé." *La Recherche* 186 (Avril-Mai).

Cameron, R. E. (1961). *France and the Economic Development of Europe, 1800 – 1914*. Princeton: Princeton University Press.

Caron, P. (1979). *An Economic History oj Modern France*. New York: Columbia University Press.

Caron, P. (1987). "La capacité d'innovation technique de 1'industrie française." *Le Débat* 46(Septembre-Novembre).

Carter, E. C, Foster, R., and Moody, J. N. (eds.) (1976). *Enterprise and Entrepreneurs in Nineteenth and Twentieth Century France*, Baltimore, MD: Johns Hopkins University Press.

Chesnais, F., and Serfati, C. (1990). "L'industrie d'armement: une locomotive du développement économique français?" In F. Chesnais (ed.), *Competitivité Internationale et dépenses militaires*. Paris: Economica.

Chesnais, F., and Serfati, C. (1992). *L'armement en France: genèse, ampleur et coûts d'une Industrie*. Paris: Nathan.

Cohen, S. (1969). *Modern Capitalist Planning: The French Model*. Cambridge, MA: Harvard University Press.

Cohendet, P., and Llerena, P. (eds.) (1991). *Modes of Use and Diffusion of New Technologies and New Know/edge: The Case of France*. BETA, University of Strasbourg, Report for the EC MONITOR-FAST programme, FOP No. 228, Bruxelles.

Commissariat Général du Plan. (1989). *La Science, la Technologic, L'Innovation: une politique glob-ale, rapport de L'intergroupe Recherche et Developpement Technologique*. Paris: La Documentation Française, Juin.

Conseil Economique et Social. (1989). *L'economie francaise souffre-t-elle d'une insufftsance de recherche?* Avis et raçpport, Journal officiel de la République francaise, vendredi 2 juin, No. 13.

Crossland, M. (1975). "The Development of a Professional Career in Science in France." *Minerva* 13(1): 38 – 57.

Debeir, S. C., Deleage, J. P., and Hemery, D. (1989). *Les servitudes de la puissance: une hisloire de l'énergie en France*. Paris: Flammarion.

Dhombres, N. (1988). *Les savants en révolution, 1789 – 1799*. Paris: Editions de la Cité des Sciences et de l'Industrie.

Ergas, H. (1984). "Why Do Some Countries Innovate More than Others?" Brussels: Centre for European Policy Studies, CEPS Paper No. 5.

Ergas, H. (1987). "Does Technology Policy Matter." In B. R. Guile and H. Brooks (eds.), *Technology and Global Industry*. Washington, D. C.: National Academy Press.

Fox, R., and Weisz, G. (1980). "The Institutional Basis of French Science in the 19th Century." In R. Fox and G. Weisz (eds.), *The Organisation of Science and Technology in France, 1808 – 1914*. Cambridge, England: Cambridge University Press.

Gillispie, C. C. (1980). *Science and Polity in France at the End of the Old Regime*. Princeton: Princeton University Press.

Gilpin, R. (1968). *France in the Age of the Scientific State*. Princeton: Princeton University Press.

Granick, D. (1964). *The European Executive*. New York: Doubleday.

Hoffman, S. (1963). "Paradoxes of the French Political Community." In S. Horfman (ed.), *In Search of France*. Cambridge MA: Harvard University Press.

Horaist, J. (1986). "Les sociétés francaises de service et d'ingénierie en informatique: historique et perspectives." *Economic et Previsions*, 72: 33 – 48.

Kindleberger C. P. (1964). *Economic Growth in*

France and Britain. Cambridge, MA: Harvard University Press.

Kindleberger C. P. (1976). "Technical Education and the French Entrepreneur." In E. C. Carter, R. Foster, and J. N. Moody (eds.), *Enterprise and Entrepreneurs in Nineteenth and Twentieth Century France*. Baltimore: Johns Hopkins University Press.

Kolodziej, E. J. (1987). *Making and Marketing of Arms: The French Experience and Its Implications for the International System*. Princeton: Princeton University Press.

Kuisel, R. F. (1981), *Capitalism and the State in France: Modernisation and Dirigism in the 20th Century*. Cambridge, England: Cambridge University Press.

Landes, D. S. (1949). "French Entrepreneurship and Industrial Growth in the 19th Century." *Journal of Economic History* 9(1): 1 – 22.

Landes, D. S. (1959). "French Business and Businessmen in Social and Cultural Analysis." In E. M. Earle(ed.), *Modern France. Princeton*: Princeton University Press.

McArthur, J. H., and Scott, B. R. (1969). *Industrial Planning in France*. Boston: Harvard Graduate School of Business Administration.

Monjardet, D. (1972). "Carriére des dirigeants et contrôle de 1'entreprise." *Sociologie du Travail*, No. 2.

OECD (1966). *Reviews of National Science*. Policy: France. Paris: OECD.

OECD(1986). *Innovation Policy: France*. Paris: OECD.

OECD (1988). *New Telecommunications Services: Videotex Development Strategies*. Paris: OECD.

OECD(1990). *Economic Surveys: France 1989 – 1990*. Paris: OECD.

Palmade, G. P. (1961). *Capitalisme et capitalistes français au XIXe siécle*. Paris: Armand Colin.

Papon, P. (1975). "The State and Technological Competition in France or Colbertism in the 20th Century." *Research Policy* 4: 214 – 45.

Papon, P. (1978). *Lepouvoir et la science en France*. Paris: Le Centurion.

Pavitt, K., and Patel, P. (1990). "L'accumulation technologique en France: ce que les statistiques de brevets tendent ἀ montrer." *Revue d'Economie Industrielle*. 51 (Spring): 10 – 32. (Also available in English as a SPRU working paper.)

Peynaud, E. (1988). *Le vin et lesjours*. Paris: Dunod. Picard, S. F. (1990). *La République des Savants*. Paris: Flammarion.

Porter, M. (1990). *The Competitive Advantage of Countries*. London: Macmillan.

Prestre, D. (1984). *Physique etphysiciens en France* 1918 – 1940. Paris: Editions des Archives Contemporaines.

République Française. (1991). *Rapport sur l'étal de la recherche et du développement technologiqueen* 1989 *et* 1990, annexed to the *Projet de Loi de Finances* 1991.

Ribéreau-Gayon, J. (1972). *Problemes de la recherche scientifique et technologique en oenologie*. Paris: Dunod.

Rouban, L. (1988). *L'Etat et la Science: La politique publique de la science et de la technologie*. Paris: Edition CNRS.

Salomon J. J. (1986). *Le Gaulois, le Cowboy et le Samourai: lapolitiquefrancaise de latechnologie*. Paris: Economica.

Salomon J. J. (1991). "La capacité d'innovation." In M. Levy-Leboyer (ed.), *Entre L'Etat et le marché: l 'économie de la France au XXe siécle*. Paris: Gallimard.

Salomon-Bayet, C. (1986). *Pasteur el la révolution pasteurienne*. Paris: Payot.

Serfati, C. (1991). "Primauté des technologies militaires, faiblesse des retombées civiles et déclin de compétitivité: Le cas de l'industrie electronique française." Paper for the Conference on the Social Mastery of Technology, Maison Rhone-Alpes des Sciences de l'Homme, Lyon, September.

Shinn, T. (1981). *L'Ecole Polytechnique en France, 1794 – 1914*. Paris: Fondation Nationale des Sciences Politiques.

Shinn, T. (1984). "Reactionary Technologists: The Struggle over the Ecole Polytechnique 1880 – 1914." *Minerva* 22(3 – 4): 329 – 45.

Suleiman, E. N. (1978). *Elites in French Society: The Politics of Survival*. Princeton: Princeton University Press.

Zwerling, C. (1980). "The Emergence of the Ecole Nationale Supérieure as a Centre of Scientific Education in France." in R. Fox and G. Weisz (eds.), *The Organisation of Science and Technology in France, 1808 – 1914*. Cambridge, England: Cambridge University Press.

第7章 意大利国家创新体系

弗兰科·马莱尔巴（Franco Malerba）

意大利是代表战后经济增长的成功案例之一。在过去的40年里，意大利的国民生产总值增长远远高于其他大部分工业国家。同样的，生产率和人均收入也快速增长，制造业的出口也有相当大的增幅。在相对较短的时间内，意大利从农业和半工业国家转型为先进的工业国家。而且，20世纪80年代，意大利经历了研发的高增长率，尽管意大利的国际分工主要还是纺织和鞋类等传统产品，以及机械和工业设备。

是一个什么样的创新体系支撑着过去40年经济的成功？为什么80年代研发的高增长并没有带来高技术产品领域的成功？

不考虑发达的北部和中部以及落后的南部之间的差别，要全面理解20世纪80~90年代意大利的创新体系首先就得承认，不是一个而是两个创新体系同时存在：一个是小企业网络，另一个是核心研发体系。这两个系统在能力、组织和绩效上都有很大差异。小企业网络由大量的中小企业组成（一部分位于工业区），在区域层面上互动很紧密。核心研发体系由拥有工业实验室的大企业、小型高技术企业、大学、大型公共研究机构和政府组成，在国家层面上通过复杂的组织体系而连接在一起。

本章认为，在当地、区域和专业基础上成长起来的小企业网络，通过生产经验而逐步积累能力，从过去几十年一直到现在都非常高效地运行。网络中的企业都能快速吸收外部产生的技术，而且对技术进行适应性的和持续性的改进。这个系统成功的关键在于大量企业的原子状互动，由经济、地理位置、文化和社会因素而联系在一起。企业的创新越来越依靠干中学、用中学、与供货商和顾客互动中学。它们以正式和非正式的方式相互交流，分享隐性知识，经常交换人才。地方机构、当地公共部门和当地职业学校也给本地区小企业的需求和要求提供有效支持。

核心研发体系，形成时间比小企业网络要晚得多，而且也比德国、英国、法国和美国等国家起步迟，它不具备先进的技术能力，而且在创新和国际竞争力上也没有令人满意的表现。尽管意大利研发在20世纪80年代有了量的增长，但这样一个复杂体系高效和成功运转所需的某些质的因素，仍然缺乏或者还没有发展起来。其一，许多产业部门没有先进的研究和技术能力；其二，支持研发的公共政策仍然有待完善；其三，先进的研发服务基础平台和对公共政策的整体协调仍然缺乏；其四，先进基础研究在大学和公共研究机构的分布很不均衡；其五，缺乏熟练的科学家和工程师。最后，没有成功的产业—大学合作研究的传统。

必须注意的是，两个系统内部及两个系统之间的动态的恶性和良性循环不断加强着各自的特点。在小企业网络内部，纵横交织的联系带来了学习和渐进式创新的良性循环，这是意大利中小企业过去几十年来成功的根基。在核心研发体系内部，几个部分先进研究能力的缺乏导致了意大利高技术产业全面发展受阻的恶性循环。

本章将探讨和分析以下内容：意大利产业的历史和两重性；小企业网络和核心研发体系的主要特点。最后，分析这两个系统内部和系统之间发生的良性和恶性循环。

历史和基本特点

迟来的工业化

意大利是一个晚到的工业化国家（Graziani，1979）。尽管钢铁、汽车、电机装备和化工等工业在“二战”之前就存在了，但意大利直到 20 世纪 50 年代才发展了现代工业。这意味着其他工业国家典型的先进技术和生产能力、管理技能、基础设施在最近的 40 年里才开始在意大利出现（Malerba and Falzoni，1991）。

研发传统的缺乏

回溯到 20 世纪末本世纪初，意大利并没有工业研发传统。少数几家企业（比如蒙特卡蒂尼［Montecatini］）才有创新中心，直到 20 世纪后半期意大利企业总体上还在研发上投入很少（Sapelli，1989）。如表 7.1 所示，在 20 世纪 50 ~ 60 年代，意大利是一个研发强度低的国家，也是一个技术追随者。在 20 世纪 50 年代、60 年代和 70 年代，意大利企业通过外国企业的技术许可引入了大量技术革新。

表 7.1　研发支出占国内生产总值[a] 比例

	1955 年	1963 ~ 1964 年	20 世纪 70 年代	1985 ~ 1987 年	1980 年
意大利	0.2	0.6	0.7 ~ 0.8	1.2	1.3
德　国	0.6[b]	0.3	2.3 ~ 2.4	2.7	2.9
法　国	0.8[c]	1.9	1.8	2.3	2.3
英　国	1.6[d]	2.3	2.2	2.2	n. a.
美　国	3.0[e]	3.4	2.3 ~ 2.5	2.8	2.8
日　本	n. a.	1.4	2.0	2.8	n. a.

a：1955 年一栏的数据是近似值；

b：1954 年的数据；

c：1960 年的数据；

d：1956 ~ 1957 年的数据；

e：1959 ~ 1960 年的数据。

20 世纪 80 年代研发的高速增长

1980～1987 年，研发支出的实际年增长率达 9.9%，高于大多数（OECD）经济合作与发展组织国家。这是因为企业研发（9.4%）和公共部门研发（10.6%）都有了增长。公共部门成为研发资金的主要来源：1980～1987 年公共部门的研发年均实际增幅为 12.6%，而企业研发年均实际增幅为 6.5%。

企业规模和南北差异的双重国家

“二战”后经济快速发展发生在一个企业规模和地区呈现经济二元性的国家。在传统和专业供应商部门存在大量小企业，它们构成了意大利工业的主体（表 7.2）。1981 年，员工数少于 100 的企业雇佣了意大利工业就业人口的 59%，远高于日本之外的其他主要工业国家。另一方面，意大利工业的核心力量是大企业，主要集中在规模密集型和高技术部门。

意大利大部分大企业和先进技术产业都集中在北部。南部的工业化程度很低，研发强度低，先进技术的传播也受限制，如表 7.3 所示。

表 7.2 按帕维特（Pavitt）分类法计算的制造业就业人数

部门	绝对值				百分比值			
	1981 年	1971 年	1961 年	1951 年	1981 年	1971 年	1961 年	1951 年
科学型企业	329134	237383	180200	97528	5.41	4.48	4.01	2.79
专业供应商	703363	520232	429437	284370	11.55	9.81	9.55	8.13
规模型企业	1895526	1764353	1378429	1048569	31.14	33.28	30.66	29.97
主导供应商	2714848	2452909	2292345	1957486	44.60	46.26	50.99	55.96
其他	444162	326969	215152	110267	7.30	6.17	4.79	3.15
制造业总计	6087033	5301846	4495563	3498220	100	100	100	100

资料来源：Malerba and Falzoni（1991）。

表 7.3 意大利的南北差异

1987 年	中—北部	南部	全国
人口	70	30	100
经济增加值	82	18	100
出口	90	10	100
公共部门研发支出	91	9	100
私营部门研发支出	97	3	100

资料来源：ISTAT。

工业企业研发/增加值	1983 年
西北部	1.4
东南部—中部	0.4
南部	0.2
全国	0.7

资料来源：Santarelli and Sterlacchini（1989）。

	中部—北部	南部
电话普及率	100	59
银行普及率	100	53
铁路电气化率	100	43

资料来源：经济合作与发展组织（1990）。

柔性自动化	占总生产系统的比例	占总 CAD 系统的比例
西北部	63.9	52.5
东北部	28.4	32.9
中部	5.6	9.7
南部	2.1	4.9
全国	100.0	100.0

资料来源：MIP-Politecnico of Milan（1989）。

公共企业在研发增长中的角色

意大利工业的另外一个特点是公立企业在电子、钢铁、食品、航空和军事装备等规模密集型和高技术产业里发挥着作用。20 世纪 60 ~ 70 年代，公立企业在保持电子和航空等产业的本国技术能力上发挥了主要作用。而且在 20 世纪 80 年代，公立企业对提高研发增长率作出了巨大贡献（年均实际增长率 10.8%，而私营企业是 8.6%）。在很多时候，公立企业作为技术变革引擎的作用常常被必须挽救处于危机之中的工业以及关注南部发展等等政治责任所削弱。

80 年代开始的国际化进程

直到最近，意大利工业才表现出较高程度的国际化。纺织、鞋类和家具等传统行业的企业是主力，但意大利工业的对外直接投资很少（1989 年占就业总数的 9%），而意大利境内的外国跨国企业数量也有限（1989 年占就业总数的 13%）。直到最近，意大利的工业才开始有了走向更广阔的国际化活动和合作协议（Onida and Viesti，1987；Mariotti et al.，1986；Cominotti and Mariotti，1990）。

小企业网络

意大利工业的主体是由大量位于传统行业（比如纺织和服装、鞋类、家具）、机械和设备供应行业的中小型企业组成的。这些企业专门向客户提供定制产品和时尚产品。大部分企业联合或整合成一个适应特殊用途或者为特定顾客提供服务的系统。这些企业经济效益很高，而且享誉全球。过去几十年里，这个企业群体在商业循环中赋予意大利工业极强的灵活性和高度的适应性。

这些中小企业构成了一个高度动态的原子状学习网络。它们具有根据特定市场需要而吸收、适应、提高和改进新技术（指外部发展起来的技术）的能力。

创新不是起源于正式的研发活动，而是源于非正式的干中学、用中学和互动中学的过程。工程技能、产品诀窍以及理解消费者需求是这些企业渐进式创新和产品定制化生产的主要来源。表 7. 4 清楚地表明了上述这些特点，该表是 ISTAT 在 1988 年进行调查的结果，范围涉及 8 000 多家企业的创新活动。表 7. 4 清楚表明了创新成本、创新来源、小企业研发合作与中大型企业研发合作的对比。

小企业网络中的企业可以划分为三类：工业区的企业、设备生产企业、传统企业。

表 7. 4　小企业、中企业和大企业[a] 创新过程的主要差异

创新成本（占总成本的比例）						
	研发	设计工程	生产性投资	市场营销	比例	
小企业	8. 5	16. 3	70. 7	4. 5	100	
中企业	12. 9	17. 0	65. 0	5. 2	100	
大企业	21. 4	29. 5	43. 5	5. 6	100	
所有企业	18. 0	25. 2	43. 5	5. 4	100	
创新来源（值为 1 ~ 6）						
	研发	设计	内部议案	技术购买	原材料	中间产品
小企业	1. 7	2. 8	2. 0	0. 3	1. 2	0. 8
中企业	2. 8	3. 5	2. 9	0. 7	1. 2	0. 8
大企业	3. 9	4. 2	3. 5	1. 5	1. 2	0. 9
所有企业	2. 1	3. 1	2. 3	0. 5	1. 2	0. 8
	新设备	员工技能	职业培训	客户需求	供应商	
小企业	4. 0	1. 0	2. 0	2. 3	1. 5	
中企业	4. 1	1. 4	2. 5	2. 4	1. 7	
大企业	3. 9	1. 7	3. 1	2. 7	2. 1	
所有企业	4. 0	1. 2	2. 2	2. 3	1. 6	
	联合投资企业	工业展览	公共研究机构	咨询公司	模仿	
小企业	0. 2	1. 5	0. 2	0. 6	1. 8	
中企业	0. 3	1. 5	0. 4	0. 8	2. 2	
大企业	0. 7	1. 4	0. 9	1. 0	2. 7	
所有企业	0. 3	1. 5	0. 3	0. 7	2. 0	

续表

研发合作（占创新企业总数的百分比）					
	总计	公共研究机构	大学	客户	供货商
小企业	8.8	16.8	23.6	39.4	61.2
中企业	20.9	24.4	37.6	37.3	55.4
大企业	45.2	50.3	72.6	35.7	52.2
所有企业	13.9	28.2	37.9	39.4	57.4

a：小企业：员工总数 20～99 人，中企业：员工总数 100～499 人，大企业：员工总数 500 及以上。

资料来源：ISTAT（1988）。

工业区

意大利的工业区具有文化和社会的同质性，并且在专业化基础上发展起来的。在工业区，技术革新是通过大量中小企业的横向联系而产生的（Becattini，1987，1989）。这些区域活跃在好几个产业里而且位于意大利的不同地区：普拉托（Prato）、科莫（Como）（丝绸）、比埃拉（Biella）、卡尔皮（Carpi）（针织）的纺织品，维吉瓦诺（Vigevano）、巴勒塔（Barletta）、卡萨拉诺（Casarano）的鞋子，布里安萨（Brianza）和乌迪内（Udine）的家具、萨所罗（Sassuolo）的瓷砖，瓦仑察·波（Valenza Po）和亚勒佐（Arezzo）的金银珠宝，以及卢梅扎内（Lumezzane）的家居用品。

某些工业区已经存在几十年了，比如北部的纺织城。其他工业区在 20 世纪 60～70 年代才成长起来，比如萨所罗（Russo，1985）、普拉托（Rullani and Zanfei，1988a）和瓦尔达诺·因菲里奥雷（Valdarno Inferiore）（Gandolfi，1988）。

在这些工业区，中小企业的劳动分工程度很高，生产灵活性以及对终端产品不断变革的市场需求的适应性都很强（Becattini，1987；Nuti，1988）。大部分企业精专于生产流程的一个阶段，只有少数企业承担多个生产阶段并且销售终端产品。因为工业区包含了多种多样的技术和产业，所以生产组织也各不相同。比如在鞋类工业区，设计是外面引进的，鞋底和后跟从大企业那里购买，各种不同的生产环节都由专门的小企业完成，而销售和货流则由另外的企业负责（这些企业也可能承担重要的生产环节，比如裁剪）。在纺织工业区，除了精专于某个特定生产阶段的小企业之外，也有时尚设计师和中间商（converter）。同样的，在瓷砖工业区，纵向整合起来的中企业与专业小企业肩并肩合作（CESPRI，1990）。

本地机构和本地协会在工业区的组织中发挥了主要作用。地区和当地政府、银行、职业学校为企业提供公共支持、金融资源以及合格的劳动力。出口和物流协会帮助小企业克服在国际市场上销售终端产品所面临的困难。在某些工业区，还成立了企业协会以共享复杂而昂贵的生产设备。

在大部分工业区，最近出现了一批领导型企业或本地工业集团。第一种情况下，处于战略性的产品商业化阶段的一些企业协调了这个地区的整个生产流程。普拉托的纺织公司、卡尔皮的销售公司和科莫的中间商企业正是如此。另一种情况下，通过购买和参与，一些工业集团不直接干涉小企业的日常生产就能够（从财政上和战略上）控制整个地区的生产。

工艺技术在这些区域的扩散是相当快的。众多生产企业之间的信息传播使技术革新迅速扩散；这些企业文化相同、生产能力相当，而且因为彼此相似而容易传播和吸收隐性知识和非编码知识。在这方面，这些企业的个人联系和技术人员流动发挥了重要作用（Bellandi，1989）。有趣的是，在这些企业中间，新资本设备的扩散比电子信息系统的扩散要快得多。企业能够迅速采用新设备，是因为它们已经具有在生产体系中使用和适应新设备的技术能力。另一方面，大部分新信息系统要求企业进行重大的组织调整并且建立新的内部能力，因而它们的扩散常常受到抵制和延迟。

在这些工业区，产品创新和工艺创新都是渐进式的。产品创新来自产品设计技能以及关注特定需求和客户需要的能力。工艺创新则来自一个特定生产阶段的干中学。

下文将会看到，在大多数情况下，工业区的企业构成了上游设备生产企业（通常位于工业区附近或者就在工业区内）的主要市场，上游的设备生产企业通过与下游的工业区企业紧密而持续地互动，不断地引进创新型设备。

设备生产企业

意大利工业的一个特点是出现大量中小规模的设备生产企业，它们创新性很高而且拥有强大的国际竞争力。这种类型的企业，位于北部多个地区，也包括机床和机器人技术生产企业。表 7.5 表明，小企业（员工总数少于 100 人）有大量的专利，而且还在继续增加。

表 7.5 意大利：拥有美国专利的企业规模的分布（百分比）

	员工总数			
	0～100	100～1 000	1 000～10 000	超过 10 000
化工				
1969～1974 年	—	8.2	26.6	65.2
1975～1979 年	0.3	11.2	23.6	64.9
1980～1984 年	2.9	11.5	16.0	69.6
制药				
1969～1974 年	—	31.8	31.8	26.4
1975～1979 年	—	29.0	21.8	49.2
1980～1984 年	0.5	16.4	18.0	65.1
电子				
1969～1974 年	0.0	1.3	0.7	89.0
1975～1979 年	0.0	2.5	13.3	84.2
1980～1984 年	0.4	4.5	13.2	82.0
电力机械				
1969～1974 年	0.0	9.7	6.7	83.6
1975～1979 年	0.0	18.3	17.5	64.2
1980～1984 年	1.4	15.9	10.4	72.4

续表

	员工总数			
	0~100	100~1 000	1 000~10 000	超过10 000
工程机械				
1969~1974年	9.5	18.7	13.3	58.5
1975~1979年	10.1	27.2	12.7	50.0
1980~1984年	16.1	26.4	10.6	46.9
道路车辆				
1969~1974年	—	5.9	8.8	85.3
1975~1979年	—	2.9	5.9	91.2
1980~1984年	1.4	2.8	2.8	93.0
其他交通工具				
1969~1974年	3.4	38.0	10.3	48.3
1975~1979年	6.7	26.6	6.7	60.0
1980~1984年	13.8	17.2	7.0	62.0
1969~1974年	4.6	22.7	22.7	50.0
1975~1979年	2.9	8.7	53.6	34.8
1980~1984年	7.3	15.6	43.4	33,7
金属				
1969~1974年	4.9	8.8	3.9	82.4
1975~1979年	12.5	23.6	8.4	55.5
1980~1984年	21.3	28.7	6.5	43.3

资料来源：Malerba and Orsenigo（1991）。

这个企业群体的进入和退出机制非常灵活：离职出来的技术人员和工程师可以自创企业，一些大的用户比如意大利汽车制造厂（FIAT）也可以成立新企业。

因为拥有活跃的企业家精神、先进的机械装备技术和设计能力、对用户需求的有效理解以及在产品中吸收新电子技术的必要能力，设备生产企业在设备方面产生了连绵不断的渐进式创新流。这一创新通过按用户需要制造产品、关注特定市场需求的设备、改进和调整现有设备而实现。创新经常存在于瞄准特定用途或解决用户的特殊问题的有机整体之中（参看表 7.6 的非电力设备、机床和纺机工业）。

表 7.6　占技术创新总成本的比例（百分比）

	研发	设计工程	投资	市场营销	总计
部门	1	2	3	4	5
所有部门	17.9	25.2	51.5	5.4	100.0
制药	41.2	15.5	31.8	11.5	100.0
电子	24.3	33.4	38.4	3.9	100.0
汽车	15.3	23.5	59.4	1.8	100.0
机械产品	7.3	17.1	71.9	3.7	100.0
非电力设备	16.0	33.1	46.3	4.6	100.0
机床	21.0	36.9	37.4	4.7	100.0
纺机	8.0	44.3	44.2	3.5	100.0
纺织品	6.4	7.3	83.3	3.0	100.0
服装	5.8	17.6	68.9	7.7	100.0

资料来源：ISTAT（1988）。

这些企业很多都没有正式的研发实验室：它们的知识大部分是非编码的、隐性的和独特的，因为它们存在于技术人员和工程师的智慧之中。一些企业（主要是柔性自动化和机器人生产企业）与大学工程实验室保持着密切联系（Camagni，1984）。大部分企业则通过聘请顾问来解决问题（参看表 7.7 的非电力设备、机床和纺机工业）。

从用户—生产者的互动中学习在创新过程中发挥着关键作用（参看表 7.8 的非电力设备、机床和纺机工业）。因此与资深用户的纵向联系是极为重要的，它能提供创新启示以及持续不断的使用反馈。用户可以分成两类：大企业（比如意大利汽车制造厂，Olivetti 和 Zanussi）和工业区的企业（比如比埃拉地区的纺织机器用户、萨所罗地区的瓷砖生产设备用户）。下文将表明，这些联系给意大利工业带来了纵向的良性循环。

表 7.7 创新的主要来源[a]

部门	研发 1	设计 2	内部提议 3	技术购买 4	原材料 5	中间产品 6	新机器 7	员工技能 8	职业培训 9	顾客需求 10	供货商 11	联合投资企业 12	工业展览 13	公共研究机构 14	咨询 15	模仿 16
所有部门	2.1	3.1	2.3	0.5	1.2	0.8	4.0	1.2	2.2	2.3	1.6	0.3	1.5	0.3	0.6	2.0
制药	4, 3	3.5	3.3	2.1	1.4	0.7	3.3	1.6	2.4	1.7	1.2	0.7	1.2	1.5	1.1	2.5
电子	3.1	4.5	2.9	0.6	1.3	1.0	3.7	1.8	2.7	2.8	1.8	0.4	1.7	0.5	0.7	2.4
汽车	4.8	4.2	3.0	0.7	1.4	1.2	4.3	1.6	3.7	1.1	2.7	1.4	2.2	1.3	1.0	1.9
机械产品	1.6	2.9	2.1	0.4	1.0	0.7	4.1	1.1	2.0	2.2	1.5	0.2	1.3	0.2	0.5	1.7
非电力设备	2.7	4.2	2.5	0.5	1.1	1.0	3.4	1.5	2.4	2.8	1.6	0.3	2.0	0.3	0.7	2.1
机床	2.4	3.7	2.1	0.5	1.1	1.0	3.6	1.8	2.7	2.8	1.7	0.2	2.0	0.3	0.6	2.0
纺机	3.4	4.4	2.2	0.5	0.9	1.1	3.7	1.8	2.6	3.2	1.9	0.3	2.2	0.3	0.7	2.3
纺织品	1.1	1.8	1.8	0, 3	1.0	0, 5	4.5	0.8	1.8	2.1	1.5	0.1	1.2	0.1	0.5	1.6
服装	1.3	2.1	1.9	0.3	1.2	0.6	4.1	0.9	2.2	1.7	1.4	0.2	1.5	0.0	0.6	1.6

a：值范围从 1～6。

资料来源：ISTAT（1988）。

表 7.8 创新型企业的对外合作（企业数量）

部门	创新企业数 1	外部合作数 2	外部合作百分数 2/1	公共机构（%）3/2	大学（%）4/2	客户（%）5/2	供应商		其他企业（%）7/2	工业合作社（%）8/2	研究公会（%）9/2
							国内（%）6/2	国外（%）			
所有部门	8220	1140	13.9	29.1	37.9	37.9	41.4	15.9	18.1	13.5	8.5
制药	154	90	58.4	27.8	108.9	14.4	6.6	6.6	30.0	18.9	21.1
电子	658	159	24.2	37.1	37.1	45.3	38.9	16.9		8.2	13.2
汽车	9	6	66.7	33.3	83.3	33.3	83.3	66.6			16.7
机械产品	1051	66	6.3	19.7	33.3	27.3	48.4	12.1	18.2	19.7	3.0
非电力设备	1404	255	18.2	19.6	24.3	57.3	48.6	13.3	15.7	10.2	5.1

续表

部门	创新企业数 1	外部合作数 2	外部合作百分数 2/1	公共机构（%）3/2	大学（%）4/2	客户（%）5/2	供应商		其他企业（%）7/2	工业合作社（%）8/2	研究公会（%）9/2
							国内（%）6/2	国外（%）			
机床	287	50	17.4	16.0	22.0	48.0	64.0	12.0	18.0		6.0
纺机	97	32	33.0	3.1	15.6	68.8	59.3	12.5	21.9	6.3	
纺织品	714	44	6.2	22.7	9.1	27.3	59.0	11.3	9.1	22.7	11.4
服装	412	19	4.6	5.3		42.1	63.1	10.5	5.3	15.8	15.8

资料来源：ISTAT（1988）。

传统部门的企业

还有一组企业由大量传统工业的中小企业组成，但不位于一个工业区内。在这个异质的企业群体内，创新型企业不是很多。新产品的引进是通过与时尚设计、产品定制和市场细分相联系的营销和生产能力来驱动的。如表7.7所示，纺织和服装产业的企业极大地受益于上游的设备生产企业的创新性。以新机器投资形式出现的技术变革是生产流程创新的主要来源。

有趣的是，活跃在传统产业的一些大企业维持着工业区的某些特点，比如采用去集中化的生产组织体系，在这个体系里，大量本地小企业精专于生产流程的一个特定环节或提供特定的投入。

贝纳通（Benetton）（雇员人数超过1 330，著名的棉—毛服装产业企业）已成为一个利用先进电子销售网络的去集中化的生产组织（意大利纺织企业的典型组织结构）。它创立了一个由独立的中等规模企业组成的等级体系，这些企业集合与控制了大量专业性的独立分包企业的生产活动。贝纳通几乎80%的生产由350家外围的劳动密集和非技术推动型企业和手工商店来处理（雇员总数超过10 000人）。而另一方面，贝纳通的货流是一个先进的远程信息网络，它把贝纳通与去集中化的销售结构链接起来了，这一销售结构由75家独立代理企业和4 200个销售网点组成。这个网络使贝纳通与顾客时刻保持紧密联系，监控不同国家的信息和市场需求（Rullani and Zanfei，1988b；Belussi and Festa，1990）。

传统产业的一些大企业通过引入新电子技术也能够成功地改变生产组织。比如，米罗利奥（Miroglio）（雇员3 400人的纺织品生产企业）通过投资新电子设备的政策而改进了生产效率。米罗利奥通过精专于已经明确细分的市场中的一种生产（以及建立一个范围广泛的商业化结构）而变得具有国际竞争力。同样的，纺织金融集团（GFT）（有7 500雇员在服装产业工作）通过使用先进的电子技术，把企业定位于高端的产品市场。

小企业网络优惠政策的成功之处

有两类政策影响了原子状学习网络：一是促进资本设备（中央政府发起的）使用的政策，二是发展本地技术基础设施（中央政府和地区及当地部门发起的）的政策。

新资本设备使用的优惠政策

政府在鼓励使用新资本设备方面采取了财政政策。这些政策成功地促进资本设备的应用。

最早条款是1965年第1329号法律（萨巴蒂尼法，the Sabatini Law），事实已证明它是非常适合中小企业的需求的一项灵活有效的手段。萨巴蒂尼法规定，从金融机构——中央中期信贷银行（Mediocredito Centrale）——处获得的购买机床的全部货款最长可以延迟5年支付。享受这项优惠的官方手续非常简便。1987年，中央中期信贷银行大约划拨4 440亿里拉补贴了30 000多项申请，包括超过40 000亿里拉的基建投资。

作为萨巴蒂尼法功能的补充，1976年又通过了另外一项措施（总统令第902号），目的在于新设施的兴建以及现有设施的扩建和现代化。该条款保证低息贷款，且利息率根据两个参数而有所不同：企业位于意大利北部还是南部和企业所在地区的经济发展水平。但条款的实施非常困难，因为计划本身很复杂，而且确定哪些是落后地区也很不容易。结果是，条款资助了中部—北部中小企业的现代化项目，而没有实现立法者预定的目标：对整个国家实行差别化的干预。

值得注意的是，1986 年第 64 号法律发起了一个意大利南部的专项计划。法律给研究项目、购买实际服务、技术投资和建立新研究中心提供低息贷款和补贴。

第三个旨在激励技术传播的条款是 1983 年第 696 号法律，它关注自动化设备等先进设备的购买和租借。它在应征税的基础上给予额外 6% 的附加税减免。需要特别强调的是，开始的时候这个条款是作为临时措施而通过的，有效期只到 1984 年；但是因为它很成功，有效期又被延迟至 1985 年，超过 16 000 家企业从中受益。1987 年第 318 号总统令重申了同样的条款。

信息和技术传播政策

信息和技术传播政策的一个特点是国家政策与地区和当地措施结合在一起，以去集中化和自下而上的方式推行。

已经推出的很多计划旨在为研究、实验、人员培训、生产改进和技术咨询等建立发展中心和机构。最引人注目的措施是比埃拉（位于纺织工业区）的 Tecnotex 计划、里雅斯特研究区（Trieste Research Area）（还包括联合国工业开发组织的国际基因工程研究中心）、巴里科技园（Tecnopolis in Bari 意大利的主要科学园）。

伦巴第区（Lombardy）的（CESTEC）中小企业技术和生产发展促进中心、艾米利亚（Emilia）的（ASTER）高级空爆热量、利古里亚（Liguria）的 DIETEL 等传播支持中心，目的在于提供信息和培训、组织试点项目和示范活动来激励产业使用新技术的意识。

为技术转移和本地产业提供通用技术援助而建立产业中心（sectoral center）的辅助政策的实施，获得了令人满意的结果。这些产业中心进行实验研究、从事设计和工程、并且提供咨询服务。一般情况下，它们由地区、地区金融公司、商会，以及某些情况下还有研究机构，与私人企业及产业协会共同发展和管理。迄今为止，意大利还存在 40 家这样的中心，大部分位于艾米利亚、马尔什（Marches）和伦巴第（Lassini，1990）。

为了相似的目标，普拉托工业区的“Sprint”项目在于发展和建立数据传输网络。这个项目不仅包括制造企业，而且包括服务企业、银行、政府部门和协会，因此该地区企业的技术转移、财政和商业信息的获取成本就会降低。项目还包括纺织业工艺创新的技术支援。

包含技术扩散在内的企业合作也发生了。在区域层面上，这种合作非常成功。比如，在伦巴第，有专门的法律激励企业为了生产新产品、使用新技术、利用质量检测和可靠性测试等新技术服务而进行技术专家交流。1985～1987年，公共资金大约资助了50个这种活动，总共有400家企业受益，目的在于促进企业寻找合作伙伴以及企业间的合作。整体来看，意大利已经建立了大约20家企业技术服务中心，800家企业作为合伙人或者发起人直接参与其中。

除了上述这些举措，还有大约50份包括研究机构、公共部门、产业协会和主要的公立企业在内的正式合作协议，目标在于促进知识和技术转移。伦巴第地区1985年第34号法令就是一个例子，除了支持小企业创新之外，法令还激励大学与小企业之间的研究合同和咨询。另外一个例子是特伦多自治省（Trento），公布了一项法令支持企业和大学之间的合作（Lassini，1990）。

核心研发体系

意大利国家创新体系的另外一边是核心研发体系。这个体系受到技术机遇和需求条件的高度影响。它包括好几个不同部分：大型寡头企业、小型高技术企业、大学、公共研究中心、中央和地方政府。

本部分将讨论，意大利核心研发体系在20世纪80年代有了量的巨大增长，但80年代末仍然有几个与较差的技术机遇和需求条件有关的质的弱点。这个系统内部，大企业很少、小型高技术企业很少、企业—大学互动不发达、国际化程度低。所有这些问题将在随后的部分进行讨论。

20世纪80年代核心研发体系的大量增长

80年代，意大利和其他主要经济合作与发展组织国家（日本除外）在研发总支出和企业研发支出方面的相对差距在缩小（表7.1）。在经济合作与发展组织国家中，意大利研发支出占国内生产总值的比例从1981年的2.85%提高到1987年3.14%，每年增长8.9%（1979~1982年），11.7%（1983~1985年）和6.6%（1986~1989年）（Archibugi-Pianta，1990）。

这种量的增长伴随着企业研发结构的调整，结果是导致了不同部门的生产增长和研发强度的差异。高技术部门比如电子和航空，显著地增加了它们的相对重要性（在1987~1988年分别达到24%和15%），而其他产业比如交通（汽车、轮船等）和化工则减少其比重（在1987~1988年分别降到16%和8%）。

对企业在研发的公共资助也有了显著增加。在20世纪80年代，政府资助研发的年复合增长率比大部分经济合作与发展组织国家都高。政府资助企业研发占所有企业研发的比例从4.5%（1971年）上升到22.4%（1987年）。然而，政府支持并没有平均惠及每个产业。与其他经济合作与发展组织国家一样，政府经费集中在航空、计算机和电子产业。

意大利研发体系有限的研发强度和研发密集型产业不尽如人意的国际绩效

尽管80年代有了量的巨大增长，但到了1988年意大利研发经费的绝对值和占国内生产总值的相对值，仍然大大低于其他主要经济合作与发展组织国家，比如美国、日本、德国、法国和英国（表7.1）。

巨大的南北差异仍然存在。南部的研发和技术创新继续落后于北部和中部（特别是西北部的米兰—都灵—热那亚三角区）。比如，南部大约占意大利全国增加值的18%，而西北部占34%。南部的研发强度是0.2%，研发只占全国的7%，注册美国专利数占意大利总数的0.7%。相比之下，西北部在这三方面分别是1.4%、70%和83%（Santarelli and Sterlacchini，1989）。另外，南部大约90%的研发人员集中在公共部门（主要是大学）（Romano，1989）而且大部分从事基础研究，独立于当地生产系统。

意大利研发经费的增加并没有转化成令人满意的技术创新绩效或高技术产业的国际竞争力。正如表7.9显示的，意大利注册美国专利数的比例从20世纪60年代早期的3.4%下降到80年代末期的2.9%，同时，意大利的高技术产业出口占经济合作与发展组织总额的比例从1970年的4.5%下降到1987年的3.5%，主要是因为日本出口比例有了大幅上扬。类似的，意大利的大部分高技术部门出口额占经济合作与发展组织的比例在70年代和80年代都有了下降（表7.9），与此同时，意大利大部分高技术产品的贸易均衡出现了赤字（除了电信设备和直升机）。

表7.9 意大利技术绩效指标

技术收支（TBP）

	1980~1981年	1982~1983年	1984~1985年	1986~1987年
支出/研发	0.30	0.27	0.22	0.16
支出/总收入	2.80	3.80	3.50	2.90
制造业	3.30	4.50	3.40	3.16

资料来源：Falzoni（1990）。

专利和国际竞争力

	意大利占美国外国专利总数的比例			占OECD高研发密集度产业[a]出口总额的比例		
	1963~1968年	1976~1981年	1982~1988年	1970年	1980年	1987年
意大利	3.4	3.1	2.9	4.5	3.9	3.5

a：航空、办公设备、计算机、电子和元器件、药品、器械、发电机。

意大利占经济合作与发展组织出口的比例

	1970~1972年	1983~1985年
飞机	2.3	4.1
办公设备	8.3	1.6
计算机	5.9	4.4
电子元件	3.4	2.2

续表

	1970～1972 年	1983～1985 年
电信设备	5.0	3.8
药品	6.4	5.4
器械	2.8	2.8
发电机	5.0	4.3

资料来源：Malerba（1988）。

限制意大利研发体系全面发展的因素

什么因素限制了意大利研发系统的全面发展呢？

本章认为有 6 个主要因素：有限的内生的先进技术机遇、疲软的需求条件、弱小的垄断企业、少量的高技术小企业、松散的企业—大学—研究组织联系、有限的国际化程度。我们将逐一详细分析这 6 个因素。

有限的内生的先进技术机遇

在意大利，先进的科学技术机遇的内部产生具有努力的断裂和科学产出高度多样性的特点。

意大利大学的研究水平在不同科学领域里相差很大。水平较高的是物理（尤其是粒子物理学）、航空航天、激光、合成化学和光电子学。另一方面，在其他领域，研究并没有达到国际先进水平，而且先进的科学成果更多的是以单个科学家在科学前沿从事独立研究而不是以科学家的团队形式得到的（Dosi，1989）。由于购买和使用先进研究设备的资金稀缺、先进的跨学科研究缺乏，以及学院科学家进入产业的通道不畅，这种情形被进一步恶化了。

最近，意大利大学的组织已经进行了改进。1980 年，引入了院系（按照主要研究领域组织）、博士研究人员、兼职大学教授等。1989 年，通过新建的大学和研究部下的意大利大学的牵线搭桥，大学研究与教学和培训有了更紧密的联系。

1990 年，为了改变工业研究人员、工程师和技术人员供应短缺的趋势，国家设立了一级文凭。实际上，理科大学毕业生从 1977 年的 11 912人下降到 1988 年的 11 043人，工科毕业生从 1977 年的 11 313人下降到 1988 年的 10 524 人（Centro Studi IBM，1989）。

与大学体系不同，意大利公共研究网络主要从事任务导向型的研究而不是基础研究。

意大利国家研究协会（CNR）有广泛的研究活动分布在大量的研究机构和中心（289 所）。然而它缺乏内部研究的评价机制，也缺乏选择机制来决定开设新科学领域的研究机构或者关闭老科学领域的研究机构。最近，在很多领域，国家研究协会成功地发起“定向研究项目”（finalized project），对准特定的国家目标并改进研究合作。此外，国家研究协会的内部研究活动围绕着“战略项目”而开展，关注信息技术、环境、生物系统、基础设施和服务等方面。

公共研究网络的其余部分由欧洲核能协会（ENEA）、意大利太空局（ASI）、国家核物理研究院（INFN）和高等卫生研究院（ISS）以及其他的实验站组成（表 7. 10 是一个总体结构）。国家新技术能源和环境委员会在工业部的领导下❶，在扩展其范围上表现出很大的活力，从核能到可再生能源和能源保护，到环境和健康防护，到工艺技术、农用生物技术、先进原材料、激光、光电和机器人技术。此外，欧洲核能协会鼓励新技术在小企业之间传播。（意大利太空局）在空间研究方面很活跃，接收到大量的公共支持，与产业、大学和国家研究协会也有很好的合作。国家核物理研究院从事核与粒子物理学的研究，国际研究合作广泛而且国际声誉很高。高等卫生研究院，在卫生部的领导下，进行健康研究和药物测试。工业部的很多实验站主要进行材料和产品的监控、测试和认证。这些实验站比较小而且有些还装备不足。实验站的更新

---

❶ ENEA 是意大利最大的在能源和环境方面从事科研活动的公共科研单位，也是继国家研究委协会（CNR）之后的第二大公共科研机构。ENEA 的前身为 1952 年成立的国家核研究委员会（CNRN），1960 年改为国家核能委员会（CNEN），1982 年又改为国家核能和替代能源委员会（ENEA），1991 年国家通过第 282 号法，正式定名为国家新技术能源和环境委员会（ENEA）。——译者注

很缓慢：某些从20世纪末开始就一直存在了，而为陶瓷和塑料研究新建一些实验站的建议却遭到否决。

必须注意到的是，有限的基础研究也仅被少数几家配备工业研究实验室的大企业（比如Ansaldo、意大利汽车制造厂、意大利电信电话公司、意大利国家电力公司、国家燃油局和Montedison）执行。

表7.10　意大利科学技术研究的组织[a]

部长委员会	CIPE
	CIPI
	中心统计办公室—ISTAT（S2832，R415）
↓ 部长	
预算与计划	ISCO
	ISPE
农业与林业	农业研究中心
大学与研究	CNR（S5317，R2522）
	ASI
	大学
	INFN（S1420，R394）
国防	海军、陆军、空军研究中心
工业与贸易	ENEA（S5000）
	试验站
劳动	CENSIS
国家企业	国家企业研发
健康	ISS（S1399，R246）
运输与民用航空	汽车研究与测试中心

a：S. 人员；R. 研究人员。

疲软的需求条件

在意大利，需求条件非常明显地阻碍了研发体系的创新。

大企业很少给国内生产者提供创新激励，因为很多情况下它们自己也没有表现出很高程度的创新。直到最近，当国内无法获得最新水平的元器件或设备的时候，大企业还是愿意从国外购买，而不是鼓励国内生产。

公共采购很少被当作对创新的有意识的激励（Pontraollo，1986）。先进技术能力发展的一个成功案例就是土木工程企业通过民用工事的公共合同而成长起来。但总体上，公共管理部门通常从现有的生产企业手里购买现成产品：实际上在很多情况下，国内企业的购买配额一成不变。公共采购作为一种改革手段已经受到了破坏，也是由于公共合同的规则、公共部门财政支付的难度和延误、烦琐的官僚办事程序以及政治和社会目标。

与此类似，与其他欧洲国家相比，意大利的军事需求总体上对技术要求不高、需求量少、对进口产品更加开放（只有少数例外）。1986 年，意大利的军备支出是25 亿美元，相比之下英国是71 亿美元、联邦德国是44 亿美元。必须注意到，意大利军事需求的21.5%是靠进口来满足的（Nones，1988）。然而，成功发展的例子也存在，大部分与参加国际项目有关，如 Alenia 公司参与了狂风战斗机项目和 Agusta 公司参与了直升机项目。

弱小的垄断核心企业

与其他主要先进国家相比，意大利创新体系的特殊之处在于，大垄断核心企业的数量少而且规模小。意大利研发和专利的集中程度（Malerba，1988；Malerba and Orsenigo，1991）要远远高于其他主要发达国家（表7.11）。意大利工业研发的核心集中在少数几家大工业集团：意大利汽车制造厂，Ferruzzi-Montedison，国家燃油局，STET（工业研究协会），Olivetti 和 Pirelli（表7.12）。这6 家工业集团分布在汽车、化工、制药、电子和轮胎产业。

表7.11　意大利的研发集中程度[a]

	意大利1985年	美国1985年	日本1984年	英国1978年	法国1983年
C5	46	16	29	41	30
C7	52	18	24	n. a.	n. a.

a：研发集中度：主要5~7家研发支出企业所占比例；全部企业研发所占比例。

资料来源：Malerba（1988）。

表 7.12　研发支出和专利数最多的意大利企业

	(A) 研发支出（百万美元）	(B) 研发支出/销售产值（百分比）		(C) 意大利企业专利数占专利总数的比例
	1987 年	1982 年	1987 年	20 世纪 60 年代末 ~80 年代初
FIAT	1050	2.4	3.5	5.4
STET (IRI)	422[a]	2.9	3.2[a]	4.6
Italtel	141.2	7.8	12.4	—
Montedison	290	2.6	2.7	11.9
Olivetti	330.8	4.9	5.8	5.1
ENI	149.4	0.6	1.3	5.8
Pirelli[b]	133.1	6.2	6.8	3.6

a：SGS-Thomson 除外；

b：该集团的所有企业。

资料来源：（A）和（B）来自 Malerba（1988）和 AIRI（1988）；（C）来自 Archibugi（1987）。

表 7.7 表明，这些大企业的创新来源和创新过程的组织与全世界其他大企业非常类似。创新主要是由内部研发、工程、设计以及内部其他领域的建议来驱动的。大部分外部研发合同给予了同一家工业集团的内部企业。企业与公共研究机构（比如 CNR 和 ENEA）以及与大学的研发合作非常普遍（表 7.8）。必须强调的是，在产品层面的研发强度，意大利企业的并不比它们的国际竞争对手逊色。工业层面以及国家层面的研发强度低，是因为意大利企业在研发强度低的产品生产上比较活跃。

新技术的发展机制和意大利大企业在 20 世纪 80 年代的研发增长，代表着技术累积过程的延续，这个过程从 50 年代或者 60 年代早期开始，在 70 年代曾一度中断。50 ~ 60 年代的快速发展以低廉的劳力成本和外国许可为基础，集中在机械、传统行业和规模密集型行业（如基础化学、汽车和钢铁）；在工业迅速重组和 50 ~ 60 年代以来快速发展的这一段时期，本土的技术发展主要体现在 Olivetti 的计算机产业、Lepetit 的药品产业、国家核能委员会（CNEN）和国家核物理学协会的核能产业、CISE 和米兰理工大学的激光和电子产业，以及 Donegani（Montedison）的化学产业。但是，原创性的研究和开发并没有与大规模制造业和设计、工程及市场营销等辅助性活动连接起来，因为缺乏对高技术活动的热情和财政困难（因为劳动力成本增加）。很多意大利企业中止了研究活动，采取以追求静态效率（比如对现有活动的去集中化和合理化）为中心的战略，而不是关注动态效率和技术创新。Olivetti 决定保持机械打字机生产厂商的地位，在 1963 年把旗下的电器操作出售给美国通用电气公司；国家核能委员会在 20 世纪 60 年代后半期终止了开发活动；Lepetit 被道化学公司（Dow Chemical）收购；Montedison 终止了 Donegani 研究所（Donegani Institue）对先进新材料的研究（Malerba，1988；Soria，1979；Antonelli，1984）。在 70 年代金融危机和劳资纠纷时期，尽管某些企业内部的研究人员仍然在先进技术领域里辛勤耕耘，但是意大利大企业的注意力已经从技术前沿的创新和研发转移走了。80 年代早期广泛的生产理性化以及收益率的恢复，才使得意大利企业在研发方面的投资多起来。

80 年代研发水平和强度的增加集中在几个特定领域，而且导致了生产专业化（Fornengo and Silva，1989）。在信息加工产业，Olivetti 在硬件和软件核心领域采取了成功战略；在微电子产业，通用公证行（SCS）意大利电信电话公司在半导体技术上缩小了很多差距，并与法国的 Thomson 公司合并；在电信产业，Italtel 和 Telettra 开发出先进产品；在机器人技术行业，数据包络分析（DEA）、Jobs 和 Comau 等企业开发出大量创新型产品；在航空航天产业，Aeritalia、Agusta 和 Fiat Aviazione 等企业发展出成熟的技术能力；在化工和制药产业，Montedison 巩固了自己在几个精选技术领域的地位。

20 世纪 80 年代，这些企业与其他企业和机构签订了横向和纵向合作协议。Olivetti 发展出与硬件和软件企业的联盟、购置和参与等网络（Malerba，1988）；Montedison 加入或控股了几家企业；Italtel 和 SGS-Thomson 与国外企业签订了一系列合作协定。意大利汽车制造公司极大地改变了分包政策，减少供货商的数量（从 1980 年的 1 200家降至 20 世纪 80 年代末期的 850 家），通过开发合同来推进元器件设计和创新的去集中化。利用这些合同，意大利汽车制造公司开发新元器件的一部分成本被其供应商分担了。这是成功的发展案例，意大利汽车制造公司成为元器件技术文本的拥有者，也可以与同一家供应企业建立长期供货合同（3～5 年）。这种开发合同从 1980 年的 28 份发展到 1984 年的 48 份，而长期供货合同下的 FIAT 采购比例从 1981 年的 3.7% 增加到 1984 年的 7%（Enrietti and Fornengo，1989）。然而，尽管有这些增长，比例仍然十分有限，因为元器件生产企业缺乏先进的开发能力，花费很多的时间才能提供满足 FIAT 需求的产品。

尽管研发经费有了高增长率，垄断核心企业的研发经费绝对值从国际标准看仍然是很低的，并且在技术前沿领域也面临着一些困难。长期以来，大企业习惯成本竞争，积极保护国内市场，而且维持技术追随者这样的策略。在不远的将来，国际技术竞争和欧洲一体化将会发挥选择机制的作用，迫使意大利的大企业要么成为一个可持续发展的创新者，要么继续保持技术追随者的角色。

少量的高技术小企业

意大利研发体系的另外一个弱点是在电子、软件、生物技术和服务领域的新高技术企业数量很少。一些小企业与大垄断企业紧密联系在一起，比如卡纳维赛（Canavese）地区围绕着 Olivetti 的小电子企业，再比如米兰地区的软件和服务企业。其他的小企业与为数不多的科学园联系在一起。

这些小企业的创新过程是围绕着设计和研究活动而组织的，不一定在正规的研发实验室进行。有趣的是，自身具备技术能力的企业在对外合作研究方面更加开放。

在这个有限的群体里，很多企业是通过把部门、硬件和软件整合成一个系统而创新的。很多情况下，系统整合直接服务于最后的应用或者特定的客户。

在意大利，需求和动态相关性是新企业成立的关键因素。比如在软件行业，新企业通过提供特殊的、定制的、或者是分段的产品来满足特定的需求，以及通过使用现有技术并使之适应新用途和潜在客户而实现成功。这些企业能够进入某一部分产品市场而得到发展，但不会达到很大的规模。另一方面，新企业通过技术创新而生产新产品，这样的情况很少（Raffa and Zollo，1988）。

然而，随着时间的推移，由于电子工程师和大企业的工程师和技术专家的溢出数量的增多，后一种情况会逐渐多起来。

动态的依存性意味着既有产业中的先进技术能力是新产业诞生的主要因素，正如机械和机床产业的先进能力与机器人产业的发展之间的关系一样。

松散的大学——公共研究组织——企业关系

意大利研发体系的另外一个弱点在于，大学——公共研究组织——企业的关系不紧密。三方互动的效率和效果受到削弱，是因为意大利大学的优秀研究中心不多，大学体系的进入退出机制不灵活，以及大学的官僚和体制结构。1988 年进行了一项问卷调查，受访对象包括意大利的 14 所大学、25 家研究机构和 44 家企业，以及欧洲其他国家的 49 所大学、50 家研究机构和 41 家企业，调查结果显示，与欧洲企业相比，意大利企业承认官僚制约束所造成的困难是与大学和研究机构合作的一个主要障碍（Fornari et al，1989）。

意大利体系的国际化程度仍然有限（尽管在不断增加）

正如上文所述，意大利体系较低的国际化程度，俨然成为一个庇护环境，只能给意大利企业提出技术进步性不高的要求。国际技术竞争的全球化以及在很多产业里日益增加的研发成本和复杂性，迫使意大利企业提高自身的国际化程度（Cominotti and Mariotti，1990）并实施明确的研发合作策略（Vacca，1986）。如果允许统计来源（报纸和经济类杂志）有一定的误差幅度，那么可以在一定程度上说，20 世纪 80 年代意大利企业的国际合作协议从 1984 ~ 1985 年的 96 个，上升为 1986 年的 181 个，再上升为 1987 年的 202 个，研发是国际合作协议的一个主要动机（Malerba，1989）。

这些新建立的研发国际合作协议网络拓展了意大利企业的知识基础而且也为之提供互补的竞争能力。但是，由于数量有限，而且是意大利企业出现的新现象，这样的合作协议网络并没有给意大利企业的国际绩效产生重大影响。

公共政策的角色

支持技术创新的公共政策在意大利并没有悠久的传统。50 ~ 60 年代根本就没有政策。在其他发达国家开始支持电子产业的时候，实际上意大利的公共政策把注意力放在了有标准技术和经济规模的产业上，比如钢铁和基础化学，目标在于增强国家在这些产业的生产能力。很多情况下，这些政策不是效率差就是产生了相同的企业。另一方面，政府没有干预高技术产业。比如，1963年，只有0.8%的企业研发是政府资助的。政府没有支持Olivetti的研发活动和计算机生产，也没有干预美国通用电气公司在1964年收购Olivetti计算机运行业务。类似的，在那些年政府没有采取任何支持半导体工业的新政策（Malerba，1987）。甚至支持高技术产业的首次政策尝试（1968年第1089号法律，1977年第675号法律），其资源也是有限的，而且缺乏精确的政策模型。

支持高技术产业的公共政策之所以能够排上日程，很大程度上是因为先进产业里出现了工业家和科学家游说团，比如70年代80年代初末支持电子工业的决策，80年代后半期支持生物技术产业的决策（Adams and Orsenigo，1988）。

在意大利，当代支持创新的公共政策在三个不同层面上实施。在创新过程的上游基础研究阶段，有国家研究协会的定向研究计划，从一开始就是要引导基础研究朝向经济应用并且鼓励基础研究成果从大学和研究组织向企业转移。在创新过程的中游阶段，有科学技术研究部（MRST）的国家研究规划，鼓励高风险项目的研发合作。最后，在创新过程的下游应用和开发阶段，工业研发得到应用研究基金和技术创新基金的支持。前者支持应用型的工业研发，后者支持技术开发和原型生产。

国家研究协会的定向研究计划

国家研究协会的首个定向研究计划在1975年启动，到1986年总共有38个。覆盖了广泛的研究领域：食品加工、卫生保健、土地和环境、先进技术、能源等。1976~1986年间，定向研究计划的资助达到10 630亿里拉：12.3%给了国家研究协会下属的研究机构，36.2%给了大学实验室，44%给了企业和其他研究组织。1987年，另外10个定向研究计划也通过了，预计持续5年，给国家研究协会6 900亿里拉，给私人企业3 000亿里拉。定向研究计划还覆盖了教育，在上述研究领域设置了超过 1 200项奖学金（Ginebri，1987）。

国家研究协会的定向研究计划依照的是自下而上的路线。首先，学术界把研究计划纳入学术研究范围，即使它们的应用前景还相当模糊。然后，逐渐转向更加实用化的研究，此时给予企业更多的经费资助，而且更加强调不同参与单位的协调。需要指出的是，确定目标、挑选项目和选择合作伙伴往往要耽搁很长一段时间，使定向研究计划出现严重的滞后问题。

目前为止最明显的问题是合作方式。很显然，企业、大学和其他研究机构的合作与确定统一目标的能力以及企业家或项目负责人把握领导权的能力密切相关。如果缺乏这些条件，很多情况下每个研究单位仍然各干各的，只是比以前有了更多财政资源而已。

科学技术研究部（MRST）的国家研究计划（NRPs）

国家研究计划在 1982 年引入。由大学和研究部部长以自上而下的方式给予明确规定：合作受到规定的目标的驱动，这个目标要求跨学科的知识和互补的技术技能。

1987 年之前，9 项国家研究计划批准了 58 份合同、7 140亿里拉的资助经费，其中 15% 给了大学和政府研究机构。在电子、炼钢、建筑产业（基础研究的重要性不是很大的领域），这些机构所占的比例不超过 5% 。在生物技术等领域，比例更高一些，在 5% ~10% 之间。在与制药相关等项目里，比例更进一步提高（大约 50% ）。

应用研究基金

1968 年引入了应用研究基金（第 109 号法律），1982 年进行了调整（第 46 号法律），给研究项目低息贷款（面上项目最高不超过项目总经费的 40% ；被国家工业规划委员会-CIPI 纳入的应用性项目最高为 60% ；高度优先项目最高为 70% ）和补贴（最高为研发经费的 20% ）。对相关的研发项目，应用研究基金最高可以覆盖成本的 90% 。基金由大学和研究部领导下的公立工业信贷所（Industrial Credit Institute，IMI）管理。应用研究基金在 1968 ~1989 年批准了 41 790亿里拉。在 1970 ~1987 年间资助了企业 5. 1% 的研发经费（1981 ~

1987 年间是 7.6%)。资助高度集中于垄断核心企业:FIAT、Olivetti 和 IRI (Italtel, SGS-Thomson, Aeritalia, Selenia)。中小企业只得到了非常有限的份额,不超过基金最小分配份额的 20%。同样,虽然规定 40% 要给予南部企业,但实际上也只拨给了很少一部分。

技术创新基金

技术创新基金在 1982 年启动(第 46 号法律),由工业部管理,目的在于促进产品和工艺的技术创新与发展。它以低息贷款和补贴为基础,而且允许对已经开始的项目进行资助。技术创新基金,最初面向 5 个产业(自动化、电子、化工、钢铁和航空)设立的,现在也给机械和农用食品产业提供支持。与应用研究基金相比,它办事程序更快,遴选项目时也没有那么多限制。直到 1988 年,技术创新基金批准了 23 140亿里拉。技术创新基金也集中于意大利的垄断核心企业。但是,给中小企业的支持要比应用研究基金高得多。

应用研究基金和技术创新基金毫无疑问在过去 20 多年来有助于增加意大利的技术和研究能力,但它们仍然有几个重大缺点。第一,这两个基金没有一个整体连贯的架构和协调机制,这是第 46 号法律的政治起源所造成的结果,该法律把管理政府创新经费的权力分布在两个不同部门(应用研究基金由大学和教育部管理,技术创新基金由工业部管理),因此行动是完全相互独立的;第二,两个基金都支持现有的活动或者正在进行的项目,而不是激励全新的项目;第三,大部分受资助的项目都是中等水平的创新,而不是技术前沿领域;第四,缺乏清晰的政策,使之有利于高技术产业的小型熊彼特式企业的诞生;第五,基金对企业活动进行直接财政支持(对公共部门来说这是最容易管理的),并没有依赖范围更广的政策工具(Momigliano, 1986);第六,资助的产业范围很广(不一定是技术前沿),而缺乏对特定技术领域的有意识的选择;第七,两项基金的决策过程和官方手续(特别是应用研究基金)仍然很漫长。

合作优惠政策

20世纪80年代，意大利公共政策和主要的公共组织（比如国家研究协会、国家新技术能源和环境委员会、国家核物理研究院和高等卫生研究院，见表7.10）越来越支持研发合作。1981年第240号法律，由中央中期信贷银行（公立的金融机构）提供10年和总额不超过10亿里拉的低息贷款，帮助中小企业、公立研究机构和当地政府组成的研究联盟。合作的目的从科学技术研究和技术实验开发，到更新管理技能，再到支援以及为合作企业提供技术咨询。第240号法律的效果不明显，因为手续和官僚管理造成的困难，也因为第240号法律设计的组织形态（联盟必须至少9家企业组成而且连续存在多年）对中小企业来说过于严格和复杂。在主要的公立研究中心当中（以及先前提到的国家研究协会发起的定向研究计划），国家新技术能源和环境委员会从1982年开始逐渐增加与大学和企业的合作。在能源产业领域，国家新技术能源和环境委员会通过参与联合研究项目，把研究成果传播给中小企业等形式而增加了与企业的互动。而且，ENEA启动了"工业提升计划"（在微电子、农用生物技术、加工技术、先进材料、激光和光遥测技术等领域），关注元器件测试以及创办大学、国家研究协会、当地政府和企业共同参与的联合企业。国家核物理研究院最近也开始了一个专项计划，专门与先进技术领域的企业一起合作，对科学发现进行商业开发。类似的，ISS也增加了与企业的互动，不仅仅在常规的测试和新药品认证阶段，而且也参与国家研究协会的定向研究计划和科学技术研究部的国家研究规划。最后，联络办公室也成立了，目标是加强科学成果向工业系统的转移。在1985~1987年，这种类型的20个项目已经启动，国家新技术能源和环境委员会和国家研究协会尤其表现积极。

欧洲的公共政策

意大利企业参与欧洲项目帮助克服了意大利研发体系的某些弱点，使其开放信息交流和合作的国际网络，并允许意大利企业或研究中心与全欧洲的优秀研发中心合作。必须注意的是，意大利对（ESPRIT）欧洲研究和发展信息技术的战略计划（占欧洲研究和发展信息技术战略计划总经费的12%）和其他项目（比如 EUREKA 计划[1]）的参与反映出意大利工业的强项和弱势。Olivetti、意大利电信电话公司和意大利汽车制造厂等大企业出现在计算机集成制造、办公设备和激光等产业，而小型高技术企业则很少出现在上述产业内。

意大利机构参与空间技术与核物理等项目合作的经验也表明，从长期看，国际研发合作使意大利企业受益匪浅。20 世纪七八十年代意大利加入欧洲航天局（European Space Agency）和欧洲原子能研究中心（CERN），这个经历表明，即使意大利企业和研究机构已经具备先进的技术能力，参与国际项目也仍然鼓励了前沿领域的研究，也仍然有助于意大利企业的技能和能力的进一步发展。

小企业网络和核心研发体系的动力：良性和恶性循环

意大利体系的一个相关方面为动态交互情况的存在以及两个创新体系内部与系统之间的良性和恶性循环。

良性循环

良性的纵向创新循环发生在设备生产企业与用户企业之间。机制是这样的：对技术进步要求高和竞争性高的用户企业向上游的生产企业要求新型先进资本设备，因此生产企业受到激励采用新型设备以满足用户企业的需求。有了新设备，用户企业能够提高技术能力和竞争力，反过来又产生了资本设备进一步改进的新要求，如此循环往复。动态的良性循环因而产生。

最典型的良性循环发生在工业区的制造设备生产企业与用户企业之间，生产企业和用户企业之间通过正式和非正式交流、隐性知识分享、现场互动和人才流动等方式实现干中学、用中学和互动中学。如同上文所述，在工业区（比如皮埃蒙特省的比埃拉纺织，艾米利亚省的萨索罗瓷砖）也存在一个与该区生产联系在一起的、非常创新和机动的设备生产企业群体（比如比埃拉的

[1] ESPRIT 是指欧洲信息技术研究发展战略计划，而 EUREKA 则指欧洲高技术发展计划。——译者注

纺织设备企业、萨索罗的瓷砖生产设备企业)。

必须注意到，良性循环极大影响了新技术传播的效率。在柔性自动化生产企业拥有先进技术能力以及北部的生产企业和用户企业都非常邻近的情况下，柔性自动化技术的传播在意大利比欧洲其他国家要快。另一方面，与意大利生产企业的竞争优势无关，而与企业内部的不同功能以及不同方面的能力有关的信息技术和电子数据处理技术，在意大利的传播速度比欧洲其他国家要慢（表 7.13）。

表 7.13　各项技术扩散指标

	意大利	联邦德国	法国	英国	美国	日本
机器人数量[a]						
1988 年	8300	17700	5658	5034	32600	176000
柔性制造系统数量[b]						
1984 年	19	23	37	37	81	103
1988 年	69	117	65	82	118	190
平均每个工人 EDP 经费[c]（美元）						
1988 年	541	888	862	743	1103	947
1990 年	630	951	959	772	1262	1088
个人计算机[d]（百万）						
1988 年	1.2	1.7	1.7	1.9	28.0	6.1
1990 年	2.1	3.7	3.0	3.6	43.3	9.1
每 100 个工人拥有个人计算机数[e]						
1990 年	9.9	13.0	13.5	13.2	36.6	14.6
数字转换器市场占有率 (digital switching penetration)[f] (占转换器总数的比例)						
1987 年	11.9	1.5	69.7	48.4	76.2	36.1
在用的数字局域线区 (local lines places in services)[g] (百万)						
1988 年	1.1		1.7	2.5	7.6	5.0

资料来源：a～b：CERIS，MIP-Politecnico di Milano；c-e：ASSINFORM and NOMOS；f-g：IEFE-Universita Bocconi。

当上游的拥有先进技术能力的生产企业面对大型的对技术进步要求高的用户企业时，良性循环也会发生。机器人技术产业和激光产业与意大利汽车制造厂之间的关系正是如此。在机器人技术产业，意大利汽车制造厂对其需求有明确的了解、对生产过程有先进的知识、愿意为新生产工艺投入大量资源；另一方面，机器人技术生产企业则充分发挥了它在机械开发和生产上累积的能力和先进的国际竞争力。与此类似，在激光产业，意大利汽车制造厂也迅速地开展有重点的和跨学科的研发项目，在汽车生产中利用激光技术，这反过来又使高能激光的生产从工业应用中受益（Kluzer，1989）。

恶性循环

当一家缺乏竞争力或者先进技术能力的企业阻碍了与之相连的第二家企业引进创新或发展先进技术能力，恶性循环就发生了。这一现象加强第一家企业的非竞争状态和有限能力，如此循环往复。

核心研发体系内的各个企业之间的互动情况可以说是恶性循环的一个明显例子。大学和公共研究机构的科学研究水平不均衡、公共采购缺乏对技术进步的要求、几家大企业有限的技术能力，实际上都阻碍了国家研发体系的全面发展。

动态的交互也对新技术的引进和新企业的诞生产生负面影响。20 世纪 70 年代末，中小电子企业的数量不足，极大削弱了激光小企业的发展（Kluzer，1989）。终端电子产品生产企业的有限能力和国际竞争力也对电子元器件产业在 60 ~ 70 年代的发展产生了负面影响（Malerba，1987）。类似的，50 年代机电产业有限的经验和技术能力给 60 年代半导体企业的研发活动带来了负面效应（Malerba，1987）。意大利化学和药品企业在制药方面的有限研发能力，以及意大利食品加工产业的分散的研发活动，都是 80 年代生物技术研发活动滞后和开始困难的主要原因（Galimberti et al. ，1989）。

结论

综上所述，本章已经表明，两个有着非常不同的组织结构的创新体系能够在一个国家内共存。在其中一个系统—小企业网络—中，小企业在区域层面、大多数情况下有同质的专业、社会和文化氛围中竞争和互动。在另一个系统—核心研发体系—中，大企业、小型高技术企业、大公共研究机构以及国家政府在一种复杂的关系网络中运行。

保证小企业网络在意大利成功运行的因素同时也是破坏核心研发体系的效果的因素，即，充满生机的个人主义和企业家精神、强大的家族联系、高度的地方主义、力量有限的工业垄断核心、管理无力的大型组织以及相当低效的公共管理部门。

意大利的例子还表明，一个国家即使没有发达的正式的研发系统，也照样可以成为发达工业经济体，甚至不断繁荣和成长。

然而，意大利国家创新体系的这些特性不得不让人怀疑，在竞争全球化和欧洲一体化的进程中，这种情形能否持续。

为了继续生存，小企业网络将会调整其某些基本特点，而且朝着更加集中的结构演化，在此结构中，少数几家领导企业或企业联盟将会从战略上和商业上扮演核心角色。近几年来小企业网络似乎也朝着这个方向调整。

对于核心研发体系，则要作出完全不同的预测了。意大利核心研发体系面临两种选择，要么继续保持（如过去一样）与发达工业国家的国际技术竞争的边缘地位，要么在某些高技术行业从技术追随者转变为领导者。

只有现有的核心企业在研发上投入更多，并且新的大型工业研发部门和新的高技术小企业出现，意大利才能获得哪怕只是极其有限的几个领域的领导地位。国家的公共政策将要变得更加连贯和协调一致，大学将提供更多的技术人才，企业与大学的对接更加有效。在这方面，全球化在给意大利企业增加竞争压力的同时，也给创新和增长提供了新的机遇，激励先进技术知识和技能的生产、传播和使用。

参考文献

Adams, P., and Orsenigo, L. (1988). "Tecnologieemergentie politica Industriale in Italia." *Rivista di Scienza dell'Amministrazione* 2: 113 – 138.

Amendola, G. (1989). "La diffusione dei materiali polimerici nell'industria automobilistica." In F. Onida and R. Malaman(eds.), *Industria italiana ed alle technologie*, 310 – 89. Milan: F. Angeli.

Antonelli, C. (1984). "Elementi per un'analisi della politica dell'innovazione in Italia: il processo di formazione di un potenziale scientifico e tecnologico nazionale." *Economia Pubblica*. 195 – 522.

Antonelli, C. (ed.) (1988). *New Information Technology and Industrial Change: The Italian Case*. Dordrecht: Kluwer.

Archibugi, D. (1987). "La struttura settoriale dell'innovazione industriale in Italia." *Rivista di Politica Economica*. February 132 – 76.

Archibugi, D., and Pianta M. (1990). *The European Technological Specialization*. Rome: CNR.

Battaggion, M. R. (1990). "R-S e brevetti." In F. Onida and F. Malerba(eds.), *La ricerca scienti*, 97 – 145. Rome: SIPI.

Becattini, G. (1987). *Mercato e forze locali: il distretto industriale*. Bologna: Il Mulino.

Becattini, G. (1989). *Modelli locali disviluppo*. Bologna: Il Mulino.

Bellandi, M. (1989). "Capacità innovativa diffusa e sistemi locali di impresi". In G. Becattini(ed.), *Modelli locali di sviluppo*, 149 – 72. Bologna: Il Mulino.

Belussi, F., and Festa, M. (1990). "L'impresa retedel modello veneto". *Oltre il Ponle*, 31: 3 – 81.

Brusco, S. (1982). "The Emilian Model: Productive Decentralization and Social Integration." *Cambridge Journal of Economics* 6: 167 – 184.

Cainarca, G., Colombo, M., and Mariotti, S. (1989a). "An Evolutionary Pattern of Innovation Diffusion. The Case of Flexible Automation." *Research Policy* 18: 59 – 86.

Cainarca, G. Colombo, M., ana Mariotti, S. (1989b). "Sentieri di automazione cd evoluzione della struttura industriale." In G. P. Barbctta and F. Silva(eds.), *Trasformazioni strutlurali delle imprese italiane*. Bologna: 11 Mulino.

Camagni, R. (1984). *Il robot italiano*. Milan: Il Sole 24 Ore.

Censis - IMI(1990). *Ricerca e industria in Italia. Vent'anni di fondo IMI*. Rome: IMI-I1 Sole 24 Ore.

Centro Studi Confindustria-CSC (various years). *La spesa dell'indimtria privata per la ricerca scientijica*. Rome.

Centro Studi IBM Italia-Assolombarda(1989). *Ineolaureali in azienda*. Milan: Il Sole 24 Ore.

Cesaratto, S., Mangano, S., and Sirilli, G. (1991). "The Innovative Behaviour of Italian Firms: A Survey of Technological Innovation and R&D." *Scientometrics* 21: 207 – 33.

Cespri (1990). "L'integrazionc internazionale del sistema di industria e servizi dell'Italia: mutamenti strutturali e strategic verso il 1993." IV Rapporto CESPRI-Bocconi, Camera di Commercio, Milan

Cominotti, R., and Mariotti, S. (1990). *Italia multinazionali*. Milan: F. Angeli.

Consiglio Nazionale Ricerche(CNR) (Various years). *Annual Report*.

Contini, B., and Revelli, R. (1986). "Natalita e mortalità delle imprese italiane: risultati preliminari e nuove prospettive di ricerca." *L, ndustria* 1, 2: 195 – 232.

Dosi G. (1989). "Imprese ed istituzioni nello sviluppo di nuovi paradigmi tecnologici in Italia. In F. Onida and R. Malaman(eds.), *Industria italiana edalte tecnologie*, 67 – 82. Milan: F. Angeli.

Dosi, G., and Moggi M. (1989). "Diffusione delle tecnologie elettroniche ed evoluzione della struttura industriale *contemporanea*."In G. P. Barbetta and F. Silva(eds.), *Trasformazioni strutturali delle imprese italiane*, 207 – 30. Bologna: Il Mulino.

Emrietti, A., and Fornengo, G. *IlGruppo Fiat: dall'initio degli anni ollanta alle proslettive del mercato unificato*. Roma: Nuova Italia Scientifica, 1988.

Falzoni, A. (1990). La bilancia tecnologica dei pagamenti italiana. " In F. Onida and F. Malerba(eds.), *La ricera scientifica*, 147 – 66. Rome: SIPI.

Fornari, I., Malaman, R., and Morawetz, A. (1989). *The Relations between Public Research Organizations and Firms: The Case of Italy*. Milan. Working Paper CESPRI Universita Bocconi.

Fornengo, G., and Silva, F. (1989). *Growth Strategies of the Largest Italian Groups(1981 – 85)*. Manuscript: Turin.

Galimberti, I. (1989). "Le communicazioni in fibra ottica." In F. Onida and R. Malaman (eds.), *Industria italiana ed alte tecnologie*, 197 – 326. Milan: F. Angeli.

Galimberti, I., and Klutzer, S. (1988). "I programmi tecnologici comuni e il loro impatto sul sistema ricerca-innovazione in Italia. " In R. Malaman and P. Ranci(eds.), *Le politiche industrial della CEE*. Bologna: Ⅱ Mulino.

Galimberti, I., Gola, C., and Orsenigo, L. (1989). "Le biotecnologie." In F. Onida and R. Malaman(eds.), *Industria italiana ed alte tecnologie*, 27 – 112. Milan: F. Angeli.

Gandoln, V. (1988). *Aree sistema*. Milan: F. Angeli.

Ginebri, S. (1987). "I progetti finalizzati del CNR ele loro ricadute in termini di impulsi innovativi. CESPE papers

Graziani, A. (1979). *L'economia italiana dal 1945 ad oggi*. Bologna: Ⅱ Mulino.

Gros Pietro, G. M. (1985). "L'innovazione nell'industria italiana, situazioni e problemi." L'Industria 6(2): 217 – 233.

ICE(1987), *Dossier made in Italy: I beni ad alta tecnologia*. Rome.

Istat(1988). "Indagine statistica sull'innovazione tecnologica nell'industria Italiana." December.

Istat(Various years). "Indagini sulla ricerca scientifica," Rome.

Kluzer, S. (1989a). "Alcune osservazionisull' attivitàdi ricerca scientifica e tecnologica sui laser in Italia. "In F. Onida and R. Malaman (eds.), *Industria italiana ed alta tecnologie*, 85 – 193. Milan: F. Angeli.

Kluzer, S. (1989b). "Il settore dei laser commerciali." In F. Onida and R. Malaman (eds.), *Industria italiana ed alta tecnolognie*, Milan: F. Angeli.

La Noce. M. (1990). *Governmental Suppon to Italian Industry's R – D and Technological Innovalion Expenditures During the 1980s*, Manuscript: Stockholm.

Lassini, A. (1985). *Gliinterventi regionali periservizi alle imperse*. Milan: F. Angeli.

Lassini, A. (1990). "I centri di servizio all' innovazione per le piccole e medie imperse." In F. Onida and F. Malerba (eds.) *La ricerca Scienticica*. Rome: SIPI.

Malaman, R. (1989). "Lo sviluppo dei nuovi materiali ceramici." In F. Onida and R. Malaman(eds.), *Industria italiana ed alta tecnologie*. 132 – 226. Milan: F. Angeli.

Malerba, F. (1987). *Dalla dipendenza alla capacità tecnologica autonoma. Milan: F. Angeli.*

Malerba, F. (1988). "La dinamica di lungo periododella R – S dell' industria italiana." *Rivista di politica economica* April. 467 – 96.

Malerba, F., and Falzoni, A. (1991). "Tecnologia edinamica settoriale nello sviluppo economico italiano. "In C. Filippini(ed.), *Innovazione tecnologica e servizi alle imprese*. Milan: F. Angeli.

Malerba, F., and Orsenigo, L. (1991). "L. (1991)." L' accumulaxione delle capacità tecnologiche nell' industeria italiana(1969 – 1984)." In C. Filippini (ed.), *Innovazione tecnologica e servizi alle imprese*. Milan: F. Angeli.

Manotti, S. (1989). " Ⅱ riordino della funzione tecnica di produzione dell' industria. "In V. Balloni(ed.), *Processi di aggiustamento delle industrienegli anni 80*, 233 – 65. Bologna: Ⅱ Mulino.

Mariotti, S., and Colombo, M. (1987). "L' innovazioe di processo nell' industria italiana." *L' Industria* 2: 27 – 66.

Mariotti, S., and Onida, F., (1986). *L' Italia multinazione*. Milan: Ⅱ Sole 24 Ore.

Momigliano, F. (1985). "Determinanti, tipologia edeffetti dell' innovazione come fattore di competitrività. "In F. Onida(ed.), *Innovazione, competitività.* "In F. Onida(ed.), *Innovazione, competitività e vincolo energetico*, 197 – 286. Bologna: Il Mulino.

Momigliano, F. (1986). *Le leggi della ploitica industriale in Italia*. Bologna: Ⅱ Mulino.

Morandini, C. (1990). "Il ruolo delle piccole e medie imprese."In F. Onida and F. Malerba (eds.), *Laricera scientifica*, 249 – 91. Rome: SIPI.

Mussati, G. (1988). "Il ruolo della piccola e media impresa nella struttura industriale italiana." Centro F. Cicogna, Working Paper No. 6.

Napoliano, G., "and Sirilli, G. (1990). "Technical Change in the Italian Manufacturing Industry; A User Oriented Innovation Model." ISRDS – CNR Working Paper. Rome.

Nencini. G. (1989). *La ricerca scienllfica in Italia.* Rome: La Nuova Italia Scientifica.

Nones, M. (1988). *La struttura del sistema difesaindustria in Italia.* Manuscript: Genua.

Nuti. F. (1988). "Trasformazioni strutturali dellepiccole e medie imprese nei distretti industriali."In the Conference"Contesto competitivo e trasformazioni strutturali delle piccole e medie imperse nei distretti industriali e nei raporti disubfornitura."Milan, February.

OECD(1991). *Review of National Science and Technology Policy. Italy.* "Paris: OECD.

Onida, F., and Malaman, R. (1989). *Industria italiana ed alte tecnologie.* Milan: F. Angeli.

Onida, F., and Malerba, F. (1990). *La ricerca scienlifica,* Rome: SIPI.

Onida, F., and Viesti, G. (eds.) (1987). *Italian Multinationals.* London: Croom Helms.

Piore, M., and Sabel, C. (1984). *The Second Industrial Dividel: Possibilities for Prosperity.* New York: New Basic Books.

Pontarollo, E. (1986). *Domanda pubblica e politica industriale: FS, SIP, ENEL.* Milan: Marsilio.

Raffa, M., and Zollo, G. (1987). "Innovazione e crescita delle piccole e mdie imprese del settore automazione, strumentazione e sistemi."*L' Impresa* N. 2: 197 – 226.

Raffa, M., and Zollo, G. (1988). "Dinamiche e strategie delle piccole imprese innovative." *L' Industria* 3: 419 – 69.

Riva, A. (1983). "Sviluppo e innovazione nella piccola e media impresa."*IRER.* Milan: F. Angeli.

Romano, A. (1989). *Mezzogiorno 1992.* Milan: F. Angeli.

Rullani, E., and Zanfei, A. (1988a). "Networks between Manufacturing and Demand: Cases from Textile and Clothing Industry."In C. Antonelli(ed.), *Information Technology and Industrial Change: The Italian Case.* 57 – 95. Dordrecht; Kluwer.

Rullani, E., and Zanfei, A. (1988b). "Area Networks: Telematics Connections in a Traditional Teztile District." In C. Antonelli (ed.), *Information Technology and Industrial Change; The Italian Case.* 97 – 113. Dordrechi: Kluwer.

Russo, M. (1985). "Technical Change and the Industrial District." *Research Policy* 3: 329 – 43.

Santarelli, E., and Sterlacchini. A. (1989). "Patterns regionali di innovazione tecnologica in Italia. RS, brevetti sull' estero, imprese innovative."*L' Industria* 1: 25 – 56.

Sapelli, G. (1989). *Modelli di crescita e progressotecnico. Riflessioni sull' Italia.* Manuscript: Milan.

Sirilli, G. (1987). "Patents and Inventors: an empirical study." *Research Policy.* 16: 157 – 74.

Soria. L. (1979). *Informatica: un' occasione perduta.* Turin: Einaudi.

Vacca', S. (1986). "Internazionalizzazione delle imprese: passaggio obbligato per lo sviluppo tecnologico o veicolo di dipendenza?" *Economia e Politica Industriale* 49: 3 – 24.

第二部分

小型高收入国家

第二部分关注四个“小的”高收入国家的创新体系。它们的人均国内生产总值与第一部分的那些国家相当，并且比第三部分国家的收入水平要高。就受教育率、中等教育入学以及第三级教育的基本情况而言，这些国家与第一部分的国家看起来很像，加拿大与美国非常相似。然而，就人口数而言，这些国家就小得多了。即使是它们中最大的国家加拿大，其人口数也只有欧洲大国人口数的一半不到，且远小于美国或日本。其他三个国家的人口数甚至更少。因而它们的国内市场也比第一部分的国家要小得多。

这些经济体中的两个，按自然规律来说最大的两个经济体国家加拿大和澳大利亚作为英国的殖民地发展起来（加拿大还与以前的法国有关联），这在很大程度上塑造了它们的经济角色和国际经济联系，直到第二次世界大战结束。另外两个国家在欧洲大陆，也形成了它们发展及贸易的模式。

除较少的人口外，瑞典在很多方面看起来像第一部分的大型工业化国家。在制造业产出占国内生产总值的比例方面，瑞典与这些国家位于同一阵营，制造业出口占其总出口的大部分，并且其研发占国民生产总值的比率接近于大的工业化国家中的最高值。然而，瑞典的出口在其国内生产总值中的份额比第一部分中的国家要大得多（除了德国外），这反映了瑞典小的国内市场。

在其他三个国家，制造业产出占国内生产总值的比例远低于美国、大的欧洲国家以及日本，并且制造业出口占总出口的一小部分。农业和资源开发占经济活动的份额比第一部分的六个国家要大得多，并且更大份额的出口都是以这些活动为基础的。在这些国家，研发占国民生产总值的比率远低于第一部分的国家，除了意大利之外。这很大程度上与它们的制造业活动在总国民生产总值中较小的份额相关，尤其是它们极少参与一些研发最密集的产业。

除了瑞典外，这些国家的商业研发都只占到总研发相当少的份额。大部分的份额都发生在大学和政府实验室（表Ⅱ.1）。

表Ⅱ.1 四个"小的"高收入国家的比较

	瑞典	丹麦	加拿大	澳大利亚
人均国内生产总值，1989 年官方汇率	19300	18450	16960	12340
人均国内生产总值，1988 年购买力平价	14772	13555	18446	13412
人口数，1988 年	8438	5130	25950	16538
平均国内生产总值增长/1965～1988 年时间平均	1.8	1.8	2.7	1.7
国内投资总值/1965～1988 年平均国内生产总值	15	15.5	24	22
制造业产出/国内生产总值	30	25	23	18
制造业出口/国内生产总值	26	19	16	5
总出口/国内生产总值	31	31	25	10
受教育率	>95	>95	>95	>95
中等教育入学率	91	107	104	98
第三级教育入学率	31	30	58	29
科学家和工程师/人口数	0.25	0.17	0.22	0.21
研发/国民生产总值	3.0	1.3	1.5	1.4
私人研发/总研发	61	47	42	61
商业研发/总研发	66.8	55.6	55.0	37.4
私人商业研发/总商业研发	87.0	85.9	71.8	93.3

第8章　丹麦和瑞典创新体系的比较

查尔斯·艾德奎斯特（Charles Edquist）
本特-埃克·伦德瓦尔（Bengt-Åke Lundvall）

丹麦和瑞典的相似性与差异性[1]

目前，绝大部分关于支持技术变革的国家系统的研究工作都在比较美国和日本的差异。这种比较作为初步近似是非常有用的，它可以清晰地显示出，技术变革的速度和方向的差异如何体现出国家的经济结构和规章制度的差异。本章将对两个更为相似的国家丹麦和瑞典进行比较。

从一个非欧洲人的视角来看，丹麦和瑞典几乎难分彼此。[2]然而如果观察越细致，两者的差异就越明显。本章提出，丹麦和瑞典的国家创新体系具有非常不同的特点；这些特点体现在经济结构和社会规制方面，并且深深植根于两国的经济发展历史之中。[3]

相近点和共同点

远距离的观察者觉得丹麦和瑞典极其相似，肯定是没错的。半小时以内就可以跨过两国之间的海峡，到达当地即可阅读他们的报纸，很容易就能与当地居民交谈。两国人民在边界的出入往来，也没有多少法律限制不需要出示护照，享有与当地居民同样的就业权利。

两国的生活水平、生活方式、消费模式都差异不大，两国都由公共部门承担教育和卫生服务，而且质量很高，这得益于高税率和一个十分庞大的公共部门。公共部门的扩张，很重要的原因在于社会民主党在政治生活中的重要影响以及各种强势的工会。

追溯历史可以发现，历史上的相似性能够部分地解释今天存在的相似性。丹麦和瑞典都属于后发工业国家，1979 年两国人均国民生产总值均位于十强之列（瑞典第六丹麦第八）。显然，它们在开发技术以促进经济发展上都非常成功。因此不难理解为什么远距离观察者很容易断定这两个小型且富足的国家反映了同一种斯堪的纳维亚或北欧模式。本章要说明的一点是，整体表现出来的这种相似性与两国创新体系的根本差异性共存，甚至是隐藏了其差异性。而且，非常不同的制度设计影响了技术机会的开发。问题是，在历史上如此成功的北欧创新体系能否在今天全球化的语境中也同样成功呢?[4]

创新活动指标的显著差异

尽管长期的经济增长记录显示出丹麦和瑞典极其相似，但最近的创新活动指数表明它们分属两个阵营。从表 8.1 可以看出，瑞典的研发投入很多，而丹麦只是国际一般水平。从输出指标看，瑞典是人均拥有美国注册专利数最多的国家之一，而丹麦的表现差强人意。[5]

是什么背景原因导致了两国情况的巨大差异呢? 我们认为，这种差异反映了两个国家创新体系的质的差异，必须从两国工业化历史进程的特殊性中寻求解释。

我们提出，解释创新活动差异性的一个重要的当代背景因素是两个国家的“经济集中程度”，以及总部位于本国的跨国资本的相关作用。

表8.1 丹麦、瑞典、英国、美国和日本研发强度（1985年）

创新指标	研发经费支出/国内生产总值（%）	每百万居民拥有美国专利数1980～1985年
丹麦	1.25	27
瑞典	2.78	89
英国	2.33	41
美国	2.78	158
日本	2.81	79

资料来源：研发数据来自OECD（1988a，p.13），丹麦的美国专利数据（1980～1982年的均值）来自Mjöset（1986，p.81），其他国家的数据来自Patel & Pavitt（1989，p.20）。

表8.2也再次表明了两国之间的差异。在丹麦，中小企业占据制造业的主导地位，只有少数几家小型的跨国企业将本部设在丹麦。在瑞典，所有权和控制权的集中程度非常高，即使在跨国企业里也同样如此；而且相对而言，由瑞典企业控制的海外资本数量也比较庞大。

表8.2 经济集中度和总部位于本国的跨国公司指标

	10家最大企业在制造业中的附加值所占比例1982年（%）	本国大型企业的外籍雇员数1984年（绝对值）
丹麦	14	51000
瑞典	33	256000

资料来源：附加值数据来自Nordic Growth（1984，p.185），外国雇员数据来自Industriökonomisk Institute（1986，p.61）。

本章概念解释与结构安排

本章以下分四个部分进行。首先简要概述丹麦和瑞典的工业化的历史进程；其次剖析两个创新体系在社会规制、生产结构以及研发系统方面的特点；第三是探讨两个国家创新体系的绩效；最后提出若干前瞻性问题。这样的结构安排也反映了我们对国家创新体系的构成要素的理解，如下所列。

国家创新体系[6]由影响社会中技术变革的速度和方向的制度和经济结构组成。显然，国家创新体系要大于研发系统。比如，它不仅仅涵盖了技术扩散系统和研发系统，还包含了一系列制度和对新技术如何影响生产力和经济增长起决定作用的要素。同时，技术变革系统整体上显然也要小于经济/社会系统。[7]

我们假定，技术竞争力是一个累积过程，这就是为什么我们认为，对工业化进程进行简要的历史回顾是非常有用的。技术变革过程的累积性特点说明互动式学习是技术变革过程的核心，个体行动者和组织都不是孤立的，而是在一个互动的过程中增加技术知识，其中包括相互学习以及在合作中生产新知识和创新。[8]

我们还假定，学习是一个强烈依赖常规经济活动的过程。在企业的层面上，它涉及工人和技术员（从事例行性的生产工作）、营销人员（从事向一般客户销售的工作），以及实验室人员（从事日常的实验工作）。学习的一个结果是发现了新问题，使问题进入组织议程。但它也有助于解决组织的研究中（研发部门等）所面临的难题。

这是剖析国家创新体系的体格结构部分的一个总体基础。社会规制关注的是构建互动式学习框架的社团安排；发展区块界定了给这些过程提供内容和方向的专门化领域；通过寻找而不是学习来扩充知识的研发工作以及技术政策部分地植根于生产系统之中。

在强调互动和学习之后，有必要对技术变革的过程作出一定的区分。绩效部分进行了两种区分。首先，区分生产领域里的产品技术和生产技术（或者工艺技术）。产品技术是产品（商品或服务），或者包含在产品（商品或服务）之中，生产技术是在生产过程中用来生产商品或服务的技术。

其次，有必要对技术发展和技术扩散进行分析区分。[9]技术发展指技术上可见的原型生产（发明）以及把原型修改和发展为经济上可见的技术（创新）。[10]在这个意义上可以说，突破性的技术创新在一个时空里只有一次，其他的都只是扩散，包括发生在其他国家的吸收或消化[11]，扩散还包括适应和渐进式创新。换句话说，技术在整个技术变革的过程中（如，在技术扩散的过程中）是逐渐被修正和改变的。[12]

有时候在经验上难以对发展和扩散作出明晰的区分，同样的人造物品有时候是产品技术，有时候是工艺技术。[13]有时但不总是如此，一项崭新的产品技术也必须引进工艺技术，两者是互为条件的。但同时，在分析和描述国家创新体系绩效的特点时，这种区分作为分析工具是非常有用的。

例如，一个国家在发展新技术方面实力很强，并不能排除它在扩散方面存在很大的困难，表现为它吸纳新（产品或工艺）技术用于生产系统的较弱能力。一个国家在工艺技术扩散方面实力很强，也不能排除它在新产品技术扩散方面的弱势，表现为它从事新产品生产方面的能力不济，而这些新产品通常具有强劲的增长前景，并且已经在国外发展起来了。我们将会看到，这两种类型都有大量的现实案例。

在绩效部分，对丹麦和瑞典发展新技术的能力进行了比较。首先关注新工艺技术的扩散，然后再关注新产品技术的扩散。分析显示，丹麦和瑞典在上述维度上存在差别，这也证明了区分技术发展和技术扩散的必要性。

把技术变革理解为一个基于互动式学习的累积过程意味着国家创新体系是遵循某些特定的路径发展的。当创新体系沿着既定的轨道快速前行的时候，学习和探求的紧密联系就变得至关重要了。然而，它们之间的紧密关系也可能导致在技术范式变革的一个时期将创新体系固化在一个特定的轨道之内。长远来看，这会引起停滞的问题，尤其是可能引发与产品技术相关的能力不足（比如，吸收国外新产品技术的能力弱）。这个问题将会在第四部分两个北欧创新体系的结构与制度问题中简要讨论。

还有很多与国家创新体系相关的重要因素本章没有涉及，比如，金融体系和研发体系的制度特点，教育和培训体系以及工作组织。[14]我们相信，技术和人力资源之间的交互作用对于国家创新体系的未来生存与发展都是至关重要的，但这一观点将在其他文章中展开分析。

历史回顾：瑞典和丹麦的工业化进程

两个国家的创新体系的当代风貌显示了技术变革过程的积累的特征，以及历史上形成的规制和经济结构的顽强性。两个经济体都参与了快速的、影响深远的国际化过程，不过，在很大程度上完全可以从它们目前的专门化模式以及国家创新体系当前的强项和弱项上追溯它们的经济是如何实现工业化的。

从谷物到黄油和猪肉：丹麦农工联合体的建立

19 世纪 70 年代，丹麦是一个农业经济主导型国家，主要通过出口谷物到英国而与世界经济保持联系。之后 10 年间，一批新的更有竞争力的谷物生产商（俄罗斯和美国）也进入了英国市场。为了应对谷物价格的急剧下降（1880～1890 年间下降了 40%）以及由此引发的丹麦农业危机，丹麦从谷物转向了猪肉和牛肉的生产，并且渐渐地转向了加工产品。[15]

有趣的是，使乳业成为现代加工产业功臣的乳酪分离机（一种离心分离机），在 70 年代几乎同时出现在瑞典和丹麦。[16] 接下来的几十年里，这项技术创新在丹麦经济中快速扩散并与一项重要的社会创新——奶厂合作组织所有制结合在了一起。这种形式的组织给初级农业和二次产业（即把牛奶和牛加工成黄油和肉制品）的现代化提供了一个有效的平台，到 1910 年，丹麦总出口的 90% 为加工的农产品，比如熏肉、牛油和奶酪。[17]

随着农业现代化的起步以及农民收入水平的提高，国内的工业产品市场也得以扩大。在 19 世纪 90 年代与 20 世纪 30 年代，新的本土产业市场发展起来了，但直到 20 世纪 60 年代以出口为导向的制造业部门才逐渐发展壮大。直至 1958 年底，61% 的出口商品来自农业（包括农工产品，如黄油、奶酪和熏肉），39% 来自制造业。1968 年，这种情况颠倒了过来，62% 来自制造业而 38% 来自农业（Anderson，1972，p. 62ff）。

正如我们将要看见的，农工联合体的变革历史在丹麦技术能力的专业化模式以及创新组织中都得到了反映。合作共有的农工联合体在开发、生产和销售统一包装的、高品质的食物产品上是非常成功的。国家支持的研究开发和质量控制工作与旨在保持产品优良、稳定品质的合作社的努力共同起作用。这种成功甚至在今天的丹麦出口专业化中也能得到反映，黄油、奶酪、火腿和熏肉仍然在出口商品中占据主要地位，是赚取外汇的主力军。表8.3的出口专业化指数证明了这个事实。

合作共有制的一个优点是鼓励技术的快速扩散，缺点则是一边倒地关注创新活动的工艺技术。[18]丹麦农业工业的研发非常少[19]，旨在开发新产品技术的研发尤其如此。

表8.3 丹麦主要产品类别和部分以天然资源为基础的出口商品的出口专业化（1973～1987年）[a]

产品[b]和SITC数	1973年	1979年	1987年
以天然资源为基础的产品	1.3	1.5	1.6
熏肉、火腿等（012.1）	49.4	46.9	30.4
罐头肉（013.8）	33.6	28.7	28.8
黄油（023.0）	10.3	6.8	4.7
石油和天然气	0.7	0.8	0.8
化学制品	0.7	0.7	0.8
工程	0.7	0.7	0.6
其他产业	1.2	1.1	1.4

a：表8.3，表8.4，表8.8的出口专业化数据是根据“已公布的比较优势”指数来换算的。

$$R_{ij}=\frac{X_{ij}/X_i}{X_j/X}$$

R_{ij}表示i国的j商品的出口专业化指数。X_{ij}表示从i国出口j商品，X_i表示i国的全部出口数，X_j表示所有OECD国家的j商品的出口数，X是所有OECD国家的全部出口数（Dalum et al, 1988. p. 134）。如果$R_{ij}=1.0$，表示没有专业化。R_{ij}的值越偏离1.0，则专业化程度越高。如果值大于1.0则该种商品出口量大，如果值小于1.0则该种商品出口量小。

b：具体的产品类别参见Dalum（1989，Appendix 1）。

资料来源：IKE database（Bent Dalum）。

瑞典：从农业、林业、采矿业到工程业

瑞典在19世纪后半期也主要是一个农业国，也对外出口农产品。大约从1830年开始，瑞典向英格兰出口燕麦。[20]在19世纪70年代末，燕麦成为瑞典

第二大出口商品(仅次于木材)。但在 1880 年之后,燕麦的出口量急剧下降,很快被黄油所取代。

然而,与丹麦相比,瑞典的大部分出口商品来源于林业和采矿业而不是农业。出口商品也不完全是原材料,而是加工制品。17 世纪到 19 世纪中叶,铁是主要的以矿业为基础的出口商品。[21] 19 世纪中叶以后,新工艺使得生产廉价的钢成为可能,当然瑞典蕴藏大量含磷丰富的铁也是一个原因。后来,钢和铁被制造成机械产品之后才出口。从 19 世纪中叶开始,以林业为基础的出口商品"铺板和木板",由制材工业加工渐渐脱离纯粹的木材。后来,木材被进一步加工成为纸浆和纸张出口。[22]

林业和矿业的出口商品是经过加工的产品,如钢,这使瑞典建立了非常重要的冶金能力。因此,瑞典在 19 世纪的重要转型发生在农业之外。特别是,工程产业在当时且现在仍然是成为世纪之交瑞典经济现代化的一个战略部门。工程产业的就业人数从 1890 年的 23 000 上升到 1912 年的 63 000;与此同时,采矿和炼钢工厂的就业人数从 35 000 下降到 32 000 (Gardlund, 1942, p. 279)。

工程产业的扩张也在出口中体现出来了。1880 年,它占出口总额的 3%,1911 ~ 1913 年增长到 10.5% (Senghaas, 1982, p. 131)。在两次世界大战期间,机械和运输设备所占比例持续增长;到 1950 年,已经占到 20% (Svennilson, 1954, p. 180ff)。如今,制造业的出口已接近 50%,这个比例在经济合作与发展组织国家中仅次于美国。

瑞典工程产业的发展反映了瑞典发明家和企业家小而精的技术创新。在瑞典早期的重要技术创新中,有自动切割火柴的机器(Lagerman 在 1860 年左右发明)、上文提到的乳酪分离机(19 世纪 70 年代发明),以及加工纸浆的新方法(Ekman 在 70 年代早期发明)。值得注意的是,这三项重要的早期发明都与以出口为导向的加工产业紧密相关。

机械和机电系统的几项重要创新都发生在世纪之交。几个瑞典最大的跨国企业都从单件产品的创新开始起家,比如说爱立信(Lars-Magnus Ericsson 的微电流技术创新)、斯凯孚（SKF）（Wingquist 的滚珠轴承技术改进)、阿西亚（ASEA)（Wenström 的三相电动机）以及 Alfa Laval（分离机)。但是，只关注单件创新或单个发明家在某种程度上是有误导的，因为所有这些技术突破显然是累积性的，它们建立在反映了几十年金属加工和工程技术发展经验的能力的基础之上。

瑞典工业化进程所带来的一个重要结果是，出现了以精制和加工原材料为基础的出口和跨国工程企业的结合。瑞典国家创新体系也反映出规制和专业化模式的这种结合，如表 8.4 的专业化指数所示，尤其值得注意的是，工程产业中的几家跨国企业在创新体系中扮演了决定性的角色。[23]

表 8.4 瑞典主要产品类别和部分以天然资源为基础的出口商品的出口专业化（1973～1987 年）[a]

产品[b] 和 SITC 数	1973 年	1979 年	1987 年
以天然资源为基础的产品	1.1	1.1	1.1
机械木质纸浆（251.2）	20.0	31.0	20.5
牛皮纸（641.3）	18.5	24.6	24.9
粉末钢铁冶金（671.3）	14.8	16.9	16.7
石油和天然气	0.2	0.5	0.7
化学制品	0.5	0.5	0.6
工程	1.1	1.1	1.0
其他产业	0.9	0.9	0.9

a：出口专业化指数的含义，参见表 8.3。

b：具体的产品类别参见 Dalum（1989，Appendix 1）。

资料来源：IKE database（Bent Dalum)。

体格结构：两个国家创新体系

引言

在本部分，我们将讨论瑞典和丹麦的技术变革系统。从这两个国家的社会规制开始讨论，重点关注工会、福利国家以及私有资本之间的相互作用。

然后，再仔细考察两国的专业化模式以及生产结构。除此之外，我们还指出他们各自的战略发展区块。

最后，我们讨论研发系统和国家角色在技术变革中的作用（比如，技术政策），以简要概括两个创新体系的特点来结束全文。

社会和政治的相似性与差异性

丹麦和瑞典都是现代化的福利国家。公共部门的规模，尤其是涉及社会安全、卫生保健和教育中的职能部门的规模，两个国家非常相似。20 世纪 30 年代后，两国都出现了强大的工会，以及有强烈政治影响力的社会民主党。

然而，两国在社会和政治上也存在重要差异。瑞典有一个稳定的现代社会自由规范系统主导着政治文化和规章制度，而丹麦的政治文化就没有那么同质和稳定。比如，与瑞典相比，丹麦的左翼政党和右翼政党的政治分歧比较严重，社会民主党领导政局的持续性以及工会的支配性都比较弱。

植根于工业化历史之中的私有经济的结构和组织差异，也深刻影响着两国的政治文化差异。正如表 8.2 所示，瑞典制造业由一小部分私有企业掌控，在瑞典的所有权和金融控制比在丹麦要集中得多。在丹麦，农民运动以及小业主发挥了更加积极的作用。瑞典的大资本和劳动力结成社团有利于保持政局稳定，而丹麦则很难建立长期的社团式的社会妥协，因为没有哪一个政党足以强大到保证这种契约的执行。[24]

劳务市场

在瑞典，劳务市场的制度设计体现了国家创新体系更加“现代化”的特点以及更加稳定的社团组织合作环境。在丹麦，工会结构以及工人培训体系反映了前工业组织形式的影响。瑞典的工会根据产业线来进行集中和组织，丹麦工会根据职业和能力来组织。丹麦的培训体系是一个双重系统，其中一个要素可以说是保留了前工业时期培养工匠的特点。

两国的劳务市场环境也迥然不同。瑞典登记失业率在战后从来不超过4%，而丹麦的失业率自从1973年的石油危机之后达到并且经常超过8%。1990年，两国的失业率分别是1.5%和10%。[25]瑞典非常低的失业率意味着大部分行业和地区都在经历着严重的劳力短缺。两国都在劳务市场政策上支出了大量经费，瑞典的大部分经费用于重新培训或重新雇佣受到失业打击或威胁的工人，而丹麦几乎把所有的经费都用于失业工人的现金偿付。

瑞典模式及其对技术变革过程的影响

瑞典在20世纪20至30年代达成了对于合理性和技术变革的一个基本的历史共识（historical compromise）。在20年代末30年代初，工会运动的领导者们对新技术引进、劳动过程合理化的态度变得更加积极。

起初，工会对泰勒主义（Taylorism）和合理化生产都极度反感，认为它们利用技术性失业威胁工人。态度转变的一个原因来源于这样一种信仰——不管是对的还是错的——1933年成立的社会民主党政府能够保证新生产技术不会导致大规模的失业。另外一个原因是工会相信自己有能力分配产量增大之后工人们应占的收益份额。因此，瑞典工会对技术变革的积极态度持续了几十年，这也就是“瑞典模式”的一个含义。

约翰逊（Johansson，1989）的研究详尽说明了劳方和资方之间的协定，关于合理化、技术变革及其相关问题，是如何通过一个复杂的过程而达成的。对于很多争议纷纷的问题，在与企业主的协商中，工会都扬言要利用自己与（社会民主党）国家政权的有利关系以及通过法律手段来“解决”。然而，这种威胁通常使得劳务市场双方通过协商达成了协议，不需要任何国家力量的正式干预。但是，间接来看，福利国家及其对充分就业政策的承诺是这个协议能够持续有效的重要先决条件。因此，在这个意义上“瑞典模式”的出现是三方相互作用的结果：（高效而集中的）资本、（强势而中央集权的）工会、（社会民主党当政的）国家。

战后劳力资源的持续短缺意味着企业在招聘工人时相互竞争。竞争的一个手段是工资，其他的诸如工作趣味性和职业激励。为了扩大每一个工人的任务范围并由此而使得职业更有吸引力，企业必须重新定义工作，这说明劳力短缺对职业质量产生了重大影响（Edquist and Glimell，1989，p. 43）。

劳力短缺还可以影响管理战略和工作组织理念并进而影响到新工厂的社会技术和组织设计。乌德瓦拉（Uddevalla）的沃尔沃公司（Volvo）就是一个例子，尽管不是特别典型。劳力短缺以及传统汽车装配线的较差工作条件，导致了工人的流动率和缺勤率都非常高——也意味着雇主的成本很高。这是沃尔沃根据新的原则把汽车厂设在 Uddevalla 的原因之一，在 Uddevalla 根本就没有传动装配线，而只是一个小组的工人在两小时的循环圈里“建造”（装配的新说法）一整辆汽车[26]（Edquist and Glimell，1989，pp. 43 ~44）。

“瑞典模式”也可以用来表示瑞典的经济政策模式，包括“第二次世界大战”后发展起来的由工会管理的互助工资政策。在这个意义上，瑞典模式的一个重要方面是接受了甚至是积极支持了工会的结构性改革。一个产业部门惨淡经营会表现为生产效率低以及（或者）市场需求停滞。国家（通过资本投入和劳务市场政策）以及中央集中制的工会（通过互助工资政策，确保低收入工人的工资有最大增长）的宏观经济政策，把激励资源从境况不佳的部门流向长期来看有增长后劲的部门的各种力量结合到一起。Gösta Rehn 和 Rudolf Meidner 是瑞典工资形式的幕后工程师。

丹麦模式及其对技术变革过程的影响

小规模生产占主导的现实情况，以及农业合作运动的重要历史地位，限制了大资本对丹麦的影响。在主要的出口部门中赢得控制权的合作社运动的成功，带来的一个重要结果是它使这些战略部门与私有资本隔绝了。金融资本在丹麦生产系统中的弱势地位即为这一状况的反映。

小型的、工匠式的生产培养了一种社团主义，这一点与瑞典非常不同。丹麦的小型、独立的企业主往往对中央集权制的工会非常抵触，但与此同时，他们经常愿意与当地的工人及其代表合作。他们的行为动机通常不是为了企业壮大而更多的是为了保持独立和舒适的生活方式。

这种小型的社团模式通常包含适度先进的生产设备的灵活应用以及产品创

新的持续发展，因此它在灵活的适应性方面有独特的优势，但一个明显的劣势在于它缺乏足够的激励来利用和开发企业内部的人力资源。20 世纪 80 年代，丹麦企业大量投资于先进的工艺技术，但在生产率绩效方面的表现差强人意，主要问题就在于劳工组织和技能开发（Gjerding et al，1990）。

丹麦工人对生产合理化的态度也与瑞典不同。若干年前，在对丹麦市民的一个代表性样本进行对“新技术”态度的问卷调查中，2/3 的回答者认为新技术对就业以及工作满意度有负面影响，非技术工人的消极预期最为显著；甚至是在小业主群体里，负面预期也是主要的观点（Petersen et al.，1983）。

国家层面的经济政策反映了这样一个事实：社团各方都是弱势的而且是异质的。尽管收入政策，至少直到目前，在瑞典是工会的责任，而在丹麦则是国家出面反复地调节收入和工资；然而事实证明，没有较高水平的失业率是很难制定有效的收入政策的。

发展区块中反映出的生产结构

当比较瑞典和丹麦的生产结构时，从两个国家中抽离出几个发展区块是非常有用的。发展区块的概念由瑞典经济学家埃里克·达门（Erik Dahmén）提出，达门的兴趣在于工业和贸易转型，因此，他关注微观实体的变革。根据达门的研究，这种变革是工业化动力的本质；变革暗示着不均衡，然而却不能因此被看做是干扰，因为它们对转型过程是非常重要的（Dahmén，1970，1988，p. 4）。

一个发展区块是互补性形成的结果——在技术、经济和其他相关因素之间——通过一系列的不均衡（或结构性张力）来形成均衡情况。[27]达门讨论了不同聚合层面上的发展区块和结构性张力（从基层的工厂到企业之间的相互影响再到更广的社会经济环境）。本章在低于国家经济的聚合层面上使用这个概念，但不只是关注工业部门层面上的生产和就业分布。[28]

一个典型的发展区块通常包括好几个本国部门，并且相互之间有很强的数量和性质上的联系。我们假定发展区块构成了一个互动学习的框架，这些区块在国家层面上的特定组合将对技术变革进程的方向产生重要的影响。

丹麦经济中的发展区块

从上文的历史回顾中我们已经看到，一个以出口为导向的发展区块在20世纪之初是如何围绕着农工生产活动而逐渐形成的。在20世纪70年代末，略多于42%的非服务性就业和非服务性出口来自这个区块（Lundvall et al., 1984, p. 23）。它的重要性在表8.3所示的战后出口专业化指数中可以看到；而且，出口专业化模式至今仍然很明显地反映出丹麦农业在19世纪最后几十年里的成功转型。

事实上，发展区块包含了两种不同的发展模式和两种不同的创新模式。占优势地位的模式是农场主所有的合作加工产业，另外一种模式由少数几家大型（根据丹麦本国的标准衡量）的私人食品生产企业支配。一部分这些企业现在是或者曾经是半公共企业，作为酒类或糖类等的特许垄断生产商起家；而且，好几家是被老字号的批发商和海运企业掌控了。

我们已经评论过合作模式的优缺点了。屠宰厂和乳品厂一边倒地关注劳动过程的标准化和合理化而忽视产品创新，体现了合作部门中的竞争模式和所有权。在由欧共体条例来制定价格的条件下，不同合作企业之间的竞争被导向如何获得最大数量的原材料（牛奶，肉猪，或肉牛）。这种竞争给投入价格不断上涨的压力，而合作社中的个体企业主缺乏很强的动力来进行成本高且不确定的长期性生产。实际上，合作社运动非常成功地淘汰了大部分私有屠宰厂和乳品厂。如今，市场上超过2/3的牛奶是由一家乳品公司提供的，并且当前的最后几家合作屠宰厂正在被整合成一个企业。

在食品加工的私营企业中，我们发现了一部分在技术上最先进的丹麦企业，这些企业通常是大集团，从事化学制品生产或工程等相关领域的活动。比如，制糖公司开发出了很先进的过滤技术来支持自己的主线产品，这项技术随后被附属的工程企业采用，首先应用于制奶，后来是废水处理，并且变成了环境技术。从国际标准来看，这些公司都不大；但是，它们在专门化的小环境里边运行，非常有代表性。

直到 20 世纪 70 年代，其他两个发展区块才开始在促进经济增长方面发挥了重要作用。一个主要是经营海运和造船业，另外一个是建造业。在国际海运危机以及随后的石油危机的冲击下，像其他国家一样，海运和造船业发展区块成为丹麦的一个结构性问题。

国内建造业发展区块也面临同样的境况。建造业区块扩张得非常迅速，特别是在 20 世纪 60 年代，它不仅包括建造业还包括水泥业。丹麦在水泥加工机械和水泥生产系统上的技术实力很强（F. L. Schmidt），然而随着石油危机的来临，这个区块内的所有活动都发生了急剧下降。

当然，并非所有的丹麦生产部门都整合成了这样的发展区块。20 世纪 60 年代，在以出口为导向的工业增长中，一些在技术上相对先进的电子企业得以壮大并且走向了国际化。其中的几家企业在与国内用户，通常是国有部门的互动基础上发展它们基本的、原始的创新能力，但它们逐渐发展成为"飞地"(enclaves)❶[29]，这些企业主要从事医疗技术、科学仪器以及测量等。

另外，工程部门中更多企业为更大的丹麦企业或国外企业生产传统机械或工程产品的零部件。生产以熟练技术工人的劳动为基础，也通常借助于计算机控制设备；由于与研发和科学研究的联系较弱，产品通常是非常弹性的（flexible）。

瑞典经济的发展区块

如丹麦一样，瑞典的发展区块围绕基本的出口商品（如钢、铁、木材、纸浆和纸张）。根据斯腾伯里（Stenberg，1987）的研究，在这些区域已经建立了小企业基础设施、服务组织、设备生产商和研究组织。特别是，特定的原材料部门和设备供应商之间的关系有时相当重要，如纸浆生产商和纸浆机器生产商或采矿场与采矿设备厂。当然，这个观点意味着需要把工程产业的某些特定部门与其客户聚集在一起，它说明各种产品的生产者和使用者之间的关系构

❶ "飞地"原指远离本国领土用于外交、军事、科学和其他目的的区域。引申到经济发展中，则指在区域经济发展的过程中形成的与原来区域在空间上相分离，内容上相互联系的地区。——译者注

成了互动式学习的重要关系。

斯滕贝里(Stenberg,1987)讨论的另外一个发展区块集中于工程部门的生产技术。然而,工程整体上是一个非常大型的而且异质的区块,为了分析方便,把它细分成若干亚区块。这种细分反映了工程企业和它们的供应商、(或)客户之间的互动关系,同时也由于供应商和客户通常也是工程产业里的企业。

这种分析方法也导致大量的发展区块集中于大型的瑞典工程企业或其部分中,比如电气区块(ABB电气,Vattenfall等)、汽车区块(沃尔沃和SAAB汽车生产厂以及它们的外包商)、电信区块(爱立信、Televerket等)、飞机区块(SAAB飞机生产厂,它的供货商以及瑞典国防采购部)。由于瑞典的发展区块是单个或少数几个企业占主导地位,其运作可能与丹麦大不相同。

这些区块的能力可以通过出口专业化指数显示出来。表8.4已经给出了以国内天然资源为基础的产品(农产品、木材、纸浆、纸张、纺织品、钢和铁)、石油和天然气、化学制品、工程、电子产品和运输设备以及其他工业产品的数据。表8.4也显示出,以国内原材料木材和铁为基础的部门仍然占有强大的地位,工程势力较强而化学制品行业较弱。[30]人们可能会提出异议:历史地看,工程区块的壮大已经从原材料发展区块中脱离出来,特别是在钢和铁部门。这种观点也得到了现实情况的支持,瑞典在非铁金属行业的技术能力和研发活动很少,而在工程以及钢铁行业的研发活动很多。

研发体系和技术政策

本部分不会对丹麦和瑞典的研发制度及其行动,以及公共技术政策进行详细的描述,详细的介绍可以参见各个国家的文件资料以及《OECD对瑞典国家科学技术政策的评论》(OECD,1987)和《OECD对丹麦国家科学技术政策的评论》(OECD,1988a)。我们要详细探讨的是,从比较的视角来研究两国最富有特色的方面。

研发活动

在引言中，我们已经提到瑞典的研发支出比较多（占国内生产总值的2.8%），而丹麦的支出比较少（占国内生产总值的1.3%）。[31]1985年，丹麦企业研发支出占国内工业产值的1.05%，而瑞典占3.02%，这是所有经合组织国家中比例最高的（OECD，1988b，表17）。瑞典就像一个大型的经济体，而丹麦就要弱小得多，即使与其他紧随其后的小国家相比。

另外一个差别是：1985年，丹麦所有研发支出的46.5%是来自公共部门，而瑞典则是34.0%。因此，在瑞典超过65%的研发是由私人部门资助的。如果说，私人研发比例高是技术“成熟度”的指数的话，那么瑞典在这方面就要领先丹麦很多。瑞典企业都纷纷转向以研发为基础的活动，其范围也比丹麦企业广泛得多。[32]

研发的执行主体也是很重要的。瑞典大概有1/4的研发是在高等教育系统里开展的，其余的3/4由工业、国家部门、公立、私人以及合作研究机构、独立咨询公司来完成。高校在“研究”上扮演着比“开发”更为突出的角色；工业界开展的基础和应用研究大约是12%，开发是88%；公共机构和科研院所的研发活动大约50%是“研究”，50%是“开发”（OECD，1987，p. 41）。瑞典的大部分企业研究是由少数企业开展的（包括制药企业，它在这方面占主流），其他大多数集团都或多或少地集中于“开发”工作。

丹麦研发的较低水平反映了几个因素的作用。在某种程度上，丹麦低水平的研发投入证明了这样一个事实：小型制造企业的研发投入与大型企业相比成比例地减少。因此，企业的小规模和大跨国企业的有限作用非常重要。但是，丹麦很多中小企业都有开发活动，比如，2/3的受访的中小企业指出，他们在1984~1989年间的市场上至少推出了一项新产品。然而，大部分这些活动都与常规活动没有严格的区分而且也没有统计在研发数据中。

此外，丹麦制造业的生产结构是研发支出水平低的重要决定因素。丹麦几个战略性出口部门都很少与科学基地建立联系，而且技术机会有限（如，在对家具和食品等产品进行完全创新的开发前景方面）。例如1987年，丹麦与附加值有关的食品、饮料和烟草行业（ISIC 31）的研发支出仅有 0. 6%，而芬兰和瑞典的分别为 1. 6% 和 1. 7%（Nordisk FoU-statistik，1987og 1981～1987，1990）。因此可以说，丹麦这个部门的研发支出在所有国家中都是少的。在这个意义上，丹麦整体研发强度低在很大程度上是其经济专业化类型的结果。[33] 然而，这里提到的因素并不能完全解释丹麦有限的研发活动。正如下文将要阐述的，丹麦似乎有一个完全不同的“创新模式”，它较少地建立在正规的研发活动基础之上。

技术政策

技术政策通常被认为就是公共研发政策。本章所指的技术政策是广义的，涵盖了整个技术变革过程中的公共干预，包含技术开发和鼓励各种来源的新技术的应用（也就是，吸收或扩散）。我们在此简要地探讨技术政策的几个要素：国家对研发的支持、国家技术规划、对技术扩散的支持、公共技术采购。

在瑞典，公共部门对研发的资助是通过瑞典技术发展理事会（STU）等机构，并且主要根据企业、研究机构等的研发计划来分配。支持的措施包括顾问服务、授权或贷款、代办或签订合同、访问学者或奖金（给创新者）。当发展一项技术的时候，还会成立其他机构给后续的商业化提供支持（OECD，1987）。[34]

20 世纪 80 年代瑞典技术政策的手段多了一个新要素。1983 年底，国会通过决议设立微电子零部件产业的国家计划，由政府和参与的企业共同出资支持。[35] 随后又出台了一个类似的信息技术产业计划。[36] 1990 年决定发起一个国家计划，由政府支持工程产业领域里的中小企业（主要是外包商）的技术发展。

丹麦的技术政策反映了中小企业在经济中的主导地位。促进新技术在工业界应用的公共努力特别强调两个目标（OECD，1988a，p. 59）：首先是保证企业能够接触到与新技术应用有关的信息和建议；其次是保证企业在既没有人力也没有物力来进行自主研发的领域能够获得解决之道。这些领域可能包括分析或测试，实验或开发，与采购、调试、新生产设备试运行等有关的投资规划，组织性质和生产控制系统，以及其他与技术相关的专业化活动（OECD，1988a，p. 24）。

总体而言，重点在于通过公共或准公共技术研究院所的网络来组织技术服务而不是企业内部研发的支持计划。产业政策的意图在过去几十年里有了极大的转变，直到20世纪80年代中期，除了技术服务网络之外还没有多少行动试图进行干预。20世纪80年代中期之后开始了一个相对积极的政策行动的短暂时期。

1984年的一项专门的有关信息技术的技术政策提案作为技术发展计划（Technological Development Programme）开始推行。它是隶属产业部的一项相当大的国家技术计划，价值15亿丹麦克朗，分5年支出（1984～1989）。计划的主要目标在于促进国际信息技术在丹麦整个工业界的应用，同时也鼓励丹麦在具有独特环境和前景的IT领域里的独立发展（OECD，1988a，p. 59）。

然而这个计划在1989年之前就中止了——因为官方认为它已经圆满实现目标。此后，技术政策的积极性在不断减弱。除了新材料和生物技术方面的有限计划外，政府转向采取一些通过税收减免和严格的工资政策来降低成本的政策措施，这两项政策措施被认为足够支持产业发展和国际竞争力的提高。

显然，丹麦的技术政策明显地偏向技术扩散而不是新技术和新产品的开发，这与瑞典的技术政策形成鲜明的对比，后者是非常正统的支持私人部门研发活动的政策。然而，似乎两个国家的技术政策都在支持已经建立起来的技术变革模式而不是纠正它的不足。国家干预和市场机制之间的互动表现出重复而非互补的特性。[37]

上述的技术政策主要是来自供应方，干预也有可能来自需求方。[38]需求方影响技术变革的一个有趣的方式是利用公共需求，当然，公共采购也可以影响已有的技术以及新技术的选择。当需求背后没有这种采购意图的话，技术发展的重要结果可能来自公共需求。

当分析丹麦和瑞典公共采购政策的差异时，很重要的一点是要考虑两国分别在国际政治中的角色。丹麦作为北约（NATO）的一个成员，在独立的军事力量上是比较弱小的；瑞典的军事中立则是部分地建立在本国军事技术的基础之上。瑞典政府与私有大企业在雄心勃勃的大项目的合作以建立起一个庞大的、复杂的技术系统，始于军事的重要领域。典型的例子是瑞典飞机公司开发的军用飞机，也有几个其他大项目是由国防部与瑞典最大企业紧密合作完成的(Annerstedt，1976)。而丹麦在国防、航空或类似领域从来没有任何大规模的高技术发展计划。

瑞典的核能研究计划最开始是朝着制造原子弹的方向发展的，但1969年研发公司ASEA-ATOM（由阿西亚公司，UDDEHOLM集团和政府共同组建）成立时，其任务转为民用核能的开发。另一个开发企业LM-Tel在电信技术开发方面将政府（瑞典电信）和爱立信（Ericsson）连接了起来。在20世纪50年代，其他类似的合作型企业关注计算机技术、空间技术。在民用领域，瑞典的公共采购行为也给电力领域（阿西亚Vattenfall电力公司）和铁路设备领域(阿西亚国家铁路公司）带来了重要影响。

这种大型的技术项目并没有在丹麦出现。既没有军事需求、企业结构也没有产业政策背后的强烈的非干预主义意识形态形成这些活动。丹麦政府在与制造有关的技术领域发挥了一定的作用，但通过比较间接的机制。在这种条件下，丹麦政府最重要的功能是通过组织和资助特定产品的专业化及先进化的要求来支持创新，虽然大多数情况下并非是有意的行为。这些产品中很多开始是为了满足公共需求后来成长为占有可观国际市场份额的高技术产品，比如电子助听器、移动通信技术、医疗器械和风力发电技术。

这向人们暗示着国家与私有部门的非同寻常的关系。在瑞典，一些大企业(如沃尔沃、阿西亚、瑞典飞机公司、爱立信、Bofors）都与国家机构有非常密切的合作，它们之间的亲密关系有助于加深国家与在私有资本中占据最重要部分的大企业之间的相互了解。在丹麦，一些中小企业从先进的公共需求的发展中受益，但大部分这些企业都没有与国家发生任何正式的合作。

瑞典技术开发的很重要一部分发生在几个大型的跨国企业中，也包含在与专业的政府机构的大型合作活动中。丹麦则完全不同，丹麦的技术变革既不是由政府也不是由大企业来组织，而是自组织。经济中唯一比较强大的协调区块是出口导向的、合作社组织形式的农工部门，它作为对中小企业开发的技术有需求的用户扮演了一定的协调角色，甚至是丹麦在工程、制药、化学等领域的小的高技术部门的某些战略竞争力也可以回溯到在农工联合体发生的经验和学习。

丹麦较弱的研发活动反映出使用者-生产者的互动在产品开发方面的关键作用以及技术变革和科学研究之间的比较薄弱的联系。对丹麦制造业 166 项产品创新的最新研究（Christensen and Valentin，1989）表明，几乎所有的产品创新都是基于企业内部已经积累的知识而不是外部知识。很多创新都是由使用者引发的，他们通常加入了产品开发过程。

绩效：丹麦和瑞典的创新体系

本部分将讨论两国创新体系的绩效。首先，把绩效表示为经济增长和其他宏观经济指标；其次，重点关注与技术变革过程和国家创新体系更直接相关的输出指标。

宏观经济绩效

丹麦和瑞典的长期经济增长率从 20 世纪初到 60 年代都位于国际高位水平。然而，从 20 世纪 60 年代中期开始，增长率开始在一些行业里放缓。两个国家在七八十年代的平均经济增长率都明显地低于经合组织平均水平（如表 8.5 所示）。1986 年之后，丹麦经济呈现出来的总体特点就是国民生产总值徘徊不前；而且目前也有很多迹象显示瑞典经济将迎来零增长时期，此外，瑞典还有很严重的生产率问题。

然而，这些长期趋势的相似性在某种程度上具有误导性。在上个 10 年，两个国家的制造业生产周期和就业人数增长率都是相当不同（如表 8.6 所示）。在第一次石油危机之后，为化解生产力增长急剧下滑的困难，丹麦产业系统立即解雇了一大批工人，而瑞典企业仍然保留着相当数量的从业人员。在 80 年代，丹麦经济迎来了一个短暂的生产和就业强劲增长的时期（1984 ~

1987)，然而生产率的提高还是非常的低。也就是在这个时期，瑞典的制造业就业人数开始快速下降，这也导致了瑞典货币在 1981 年（10%）和 1982 年（16%）先后两次贬值。

表 8.6 所反映的另外一个重要差异是失业率。丹麦的失业率现在大致稳定在 10% 左右，而瑞典在 1990 年经历了一次大规模的劳力荒。这段时期之后，很多瑞典的大企业都积极地招募有技能的丹麦工人。然而，有迹象显示，瑞典的失业率在未来几年可能会有所上升。

把总增长率作为绩效指标意味着丹麦和瑞典长期的经济成功到如今可能走到了尽头，从 60 年代末观察到的增长放缓在过去几年里变得更加严重。下文将考察与技术创新和技术扩散更直接相关的绩效指标，要讨论的问题是，经济增长的放缓至少在某种程度上反映了国家技术变革系统的不足。具体而言，将首先考察丹麦和瑞典创新体系对全球技术领域的贡献能力。但是，尤其对小国而言，吸收和扩散国外的新工艺技术和新产品技术的能力是至关重要的。[39]

表 8.5 丹麦、瑞典的国民生产总值增长率及 OECD 平均水平（1960～1989 年）

	1960～1964 年	1965～1969 年	1970～1974 年	1975～1979 年	1980～1984 年	1985～1986 年	1987～1989 年[a]
丹麦	5.6	4.2	2.6	2.5	1.6	3.4	-0.4
瑞典	5.2	3.6	3.4	1.5	1.5	1.8	2.2
OECD	5.1	5.0	3.8	3.2	2.0	2.8	2.7

a：初步数字。

资料来源：1960～1984，Mjöset（1986，p. 329），1984 年以后数据来自 Dansk Ökonomi（1988）。

表 8.6 丹麦、瑞典的国民生产总值、劳动生产力和制造业就业人数的年度增长率（1973～1985 年）

	1973～1979 年				1979～1985 年			
	y	z	n	u	y	z	n	u
丹麦	1.6	3.6	-2.0	5	2.8	1.8	1.0	9
瑞典	0.5	1.0	-0.5	2	1.6	3.1	-1.5	3

资料来源：生产（y）、生产力（z）、就业增长（n）数据来自 Gjerding 等（1988，p. 52）；该时期的平均失业数（u）来自 Kongshöj Madsen（1989，p. 13）。

技术的发展

技术发展概包括从微小的渐进式创新到激进式创新规模性的进步以及对通用技术的重要贡献。本章的焦点放在激进式创新和通用技术而不是渐进式的变革。[40]

把获得美国专利数作为对公共技术知识存量的贡献指标，我们发现（表8.1），瑞典的贡献是巨大的（每百万居民中获得89项专利），而丹麦的贡献比较微薄（每百万居民中获得27项专利）。

采用德尔菲法（Delphi）进一步分析瑞典在特殊领域对公共技术知识存量的贡献，可以发现，最重要的领域是电力、铁矿、特种钢以及造船业，重点基本在发展工艺技术上（IVA，1979b，p. 143ff）。

对丹麦并没有进行此类的研究，但众所周知丹麦最原创的贡献是过滤技术，把超滤技术应用于食品加工和药品制造（人造胰岛素）。

但是整体而言，丹麦和瑞典的贡献都比较一般，在这两国使用的大部分技术都是从国外发展起来，以结合了机动器械和电子学知识的新工程工艺技术威力，两国都没有作出过实质性的贡献。在主流的“机电”工程自动化技术——电脑数控装置（CNC）、工艺机器人、电脑辅助设计（CAD）和灵活制造系统（FMS）等领域，我们都没有发现瑞典或丹麦的实质性的创新；丹麦连一席之地都没有，而瑞典电气集团（ABB）作为一家大型的生产企业只是在上述四个领域中的一个——工业机器人中表现活跃。尤其有意思的是，在一个世纪之前以大量奇特而激进创新为特征且仍为瑞典经济核心部门的工程产业，现在却没有对这个领域作出更多实质性的贡献（Edquist，1989b）。

丹麦和瑞典对全球技术知识存量的最重要贡献可能在社会组织方面而非技术方面。丹麦的农业组织合作社形式以及以此为基础而建立的食品生产的技术经济系统，是一个可能在很多发展中国家和东欧国家得到应用和推广的例子；瑞典的社会和组织形式也很有可能传播到其他经合组织国家。这一领域的一些最可见和最重要的实验已经在沃尔沃开展了，15年前，沃尔沃位于卡尔马

(Kalmar)的工厂引入了一种新的团队工作组织，而位于乌德瓦拉的沃尔沃生产车间也表现出了另外一种全新的工作设计(Edquist and Glimell, 1989)。

新工艺技术的扩散

一个国家的技术变革系统能够多快地吸收国外的新工艺技术呢？这是一个很重要的问题，因为技术扩散的程度是表征一个国家技术变革系统的绩效的重要参数。在本部分，我们采用专门自动化技术（电脑数控机床、工业机器人、电脑辅助设计、灵活制造系统）在工程产业的密度作为工业技术的吸收能力的指标，密度通过工程部门的每百万就业人数中的自动化技术数来测量。

由表 8.7 可知，瑞典和日本是最广泛应用电脑数控机床的国家。在工业机器人方面，瑞典紧随日本之后排名第二，但在电脑辅助设计系统使用上排名第一。在表格中最复杂和最先进的技术——灵活制造系统方面，瑞典遥遥领先于其他国家。就工程产业的自动化技术的扩散程度来说，瑞典和日本都大大领先于英国、美国和联邦德国。表 8.7 的数字表示的是 1984 年 12 月末的情况，关于工业机器人的应用情况，这些数据还可以有效至 1987 年。所有这些数据表明，在工程产业的密度方面，瑞典位于日本之后保持第二位；但它们同时也表明在 1984～1987 年间，瑞典的增长要远远逊色于其他国家的增长（Edquist, 1989b，表 6）。

表 8.7 6 个 OECD 国家工程产业的灵活自动技术的扩散（1984 年底系统数量和密度[a]）

	CNC－机床	机器人	CAD	FMS
丹麦				
存量	3000	100	1000	0
密度	19230	641	6410	0
瑞典				
存量	6010	1900	1900	15
密度	22177	7011	7011	55

续表

	CNC－机床	机器人	CAD	FMS
美国				
存量	103308	13000	59400	60
密度	11728	1475	6743	7
日本				
存量	118157	64657	7300	100
密度	22399	12257	1384	19
联邦德国				
存量	46435	6600	11000	25
密度	11376	1617	2694	6
英国				
存量	32566	2623	9000	10
密度	10505	846	2903	3

a：密度是百万就业人口（1980）除以工程产业的系统总数量（1984 年底）。除丹麦之外所有国家的数据都来自 Edquist 和 Jacobsson（1988，p. 104），丹麦的系统总量以不同于其他国家的方法来测算（Kallehauge，1989）。这可能存在可比性的问题，比如，CNC 机床的定义在丹麦要广义得多，这意味着丹麦的数据有可能被高估了。

数据表明，瑞典企业是自动工程技术的领先用户，尽管没有一项灵活的自动技术最初是瑞典研制的。对比性的案例研究进一步肯定了瑞典企业在引进灵活制造系统方面比英国企业要成功得多，这种成功反映了与生产厂家的紧密互动、工人的参与，以及改进技术的分步策略（Haywood and Bessant，1987）。

如表 8.7 的注解所言，丹麦的数据从完全不同的渠道采集并且充满了不确定性。数据显示，在 1984 年丹麦的电脑数控和计算机辅助设计的应用密度非常高，但工业机器人和灵活制造系统的应用密度却非常低。1984～1986 年后，电脑数控和电脑辅助设计的应用范围迅速扩大，工业机器人也同样如此。但在机器人方面，丹麦的密度要远远低于瑞典，而且直到 1990 年，丹麦还没有一套完善的灵活制造系统。丹麦的数据显示了一个后发的、但快速的工艺技术吸收过程，也显示了丹麦在最先进最复杂的新生产系统（比如灵活制造系统）方面特有的弱势。最近的研究指出丹麦企业在引进新工艺技术上存在巨大的困难，这些困难反映了其技术能力的缺乏，特别是存在资质和工作组织方面的问题。实际上，从很多例子来看，在1984～1987年间新技术的引入对生产力产生了负面影响（Gjerding and Lundvall，1990）。

如果对（工程产业的）工艺技术的技术水平做一个总体判断，那就是，在更为复杂的生产系统方面，瑞典非常先进，丹麦比较落后。

新产品技术的扩散

一个经济体或者一家企业，如果不断地吸收新工艺技术但不根据市场和需求结构的变化对产品项目作出调整，必定会迟早遇到停滞问题。[41]无力开发新产品或吸收国外新产品技术将会使一个企业或一个国家位于新兴部门或产品之外。[42]

为了分析吸收国外先进的新产品技术的能力，我们采用在研发支出和销售之间呈现高比例的产品，即所谓的研发密集型产品占出口产品的相对比重来考察。我们假定，这些产品在出口的相对比重反映了吸收新产品技术以及生产新产品和产品系列的能力。之所以关注研发密集型产品，是因为与其他产品相比，对这些产品的需求增长快得多。

表8.8表明，瑞典和丹麦在研发密集型产品的出口专业化方面比较薄弱。然而，列表中几乎所有的小国家都是如此。因此，在某种程度上可以说这是小国家的一个普遍问题。但也有两个国家例外，一个是爱尔兰，如今它是生产微电子产品的跨国企业的东道国，但在爱尔兰只开展低端的研究活动，它表明了全要素生产过程的一些要素是如何转移的。另外一个更加例外的国家是瑞士，在以工程产品为基础的制药产品领域和微电子产业领域都比较成功。美国、日本、英国、联邦德国和法国等大国，在各自的研发密集型产品出口上都比较专门化。

因此，考虑到其重要性，有必要进一步考察工程部门及其研发密集型产品的专业化。表8.9显示，具有高研发密度的出口工程产品的比例在瑞典比较低（联邦德国、芬兰和挪威也差不多如此），丹麦在这方面位置略微靠前，但也远远落后于日本、美国、荷兰和瑞士等国家。因而，荷兰和瑞士这两个小国家在这个指标方面表现良好。[43]

我们发现，整体而言，丹麦和瑞典在研发密集型产品的排名上都比较落后。在世界市场上这些产品的增长要大大快于其他产品（表8.10）的条件下，这将成为丹麦和瑞典长期的结构性问题；它也可以部分地解释了，为什么与经合组织平均水平相比这两个国家的增长率正在变缓。

丹麦研发活动少，所以在研发密集型产品名录上排名靠后，这在情理之中。但是，瑞典对研发进行了大量投资，每百万居民所获美国专利数也很高，工程领域的跨国企业也很多，却在吸纳研发密集型产品方面如此缓慢，实在令人费解。

表8.8 16个OECD国家的研发密集型产品[b]的出口专业化指数[a]（1961～1987年）

	1961～1965年	1973～1979年	1983～1987年
丹麦	0.4	0.6	0.6
瑞典	0.7	0.9	0.8
美国	1.2	1.4	1.6
日本	0.9	1.1	1.2
英国	1.4	1.2	1.1
联邦德国	1.4	1.1	1.0
瑞士	1.6	1.8	1.4
爱尔兰	0.1	0.7	1.2
荷兰	0.7	0.9	0.8
法国	0.9	0.9	1.0
比利时	0.7	0.6	0.6
加拿大	0.3	0.5	0.5
意大利	0.9	0.7	0.7
芬兰	0.1	0.3	0.4

续表

	1961～1965年	1973～1979年	1983～1987年
挪威	0.3	0.4	0.4
奥地利	0.5	0.7	0.9

a：出口专业化指数的定义，参见表8.3。

b：研发密集型产品是无机化学制品、药品、塑料、发电机械、计算机及其外围设备、半导体、电信设备、电力制造和传送设备、科学仪器、摄像器材、手表、时钟、航天器等。产品组别的STIC数来自Dalum（1989，Appendix）。

资料来源：IKE database和Dalum（1989）。

表8.9 高研发密度产业[a]的工程产品的出口比例（%）

	1971年	1975年	1980年	1985年	1986年
瑞典	23.7	23.8	25.3	29.7	28.1
美国	42.4	37.5	44.9	52.5	55.6
日本	35.2	29.4	35.9	41.8	42.5
联邦德国	24.2	24.4	27.6	30.4	29.3
法国	28.7	27.2	30.0	40.1	38.4
英国	29.7	32.9	39.9	50.9	51.9
瑞士	45.0	42.5	44.4	45.1	45.2
荷兰	50.0	44.9	48.6	52.4	51.8
芬兰	19.1	18.5	26.1	25.1	27.3
挪威	19.3	13.2	22.0	22.1	23.4
丹麦	27.5	24.4	31.2	35.6	36.3
OECD	31.2	29.5	34.1	39.3	39.1

a：高研发密度产业是ISIC（Rev. 2）：3825（办公设备和计算机），383（电气机械），3845（航空航天设备）和385（科学仪器）。

资料来源：OECD Industrial Outlook Data Base（1989年1月）（COMTAP）和Edquist（1989b，表7）。

问题：丹麦和瑞典国家创新体系的结构和体制张力

在前文部分，我们已经指出了两个创新体系共有的结构性问题，也就是生产和出口的产品构成的问题。两国经济中全球增长最快的产品类别表现都不好，尽管瑞典在研发投入上不遗余力，但也没能够解决这个结构性问题。当然，问题在两个国家的表现形态不尽相同，我们将对各自的一些具体问题进行讨论。

其他的结构性问题还有经济的体制架构。我们再次发现了一个共同的问题，它反映的是国家经济和全球经济之间的关系是如何调整的。而且，这个问题在两个国家的表现也各不相同，我们以分别讨论丹麦和瑞典创新体系中的这个体制性问题来结束此文。[44]

表 8.10 OECD 市场年度增长率的差异（按现价计算）

OECD 出口年度增长率	研发密集型产品[a]	其他产品
1961～1973 年	19.1	15.0
1973～1983 年	14.0	9.4

a：研发密集型产品的定义，参见表 8.8 注释 b。

资料来源：Dalum（1989）。

丹麦创新体系中的结构性问题

丹麦经济中存在两个基本的结构性问题：第一，对传统强势的建造、海运、农业等的发展区块的终端产品的需求量正在减少或徘徊不前。电子领域的新高技术产品群仍然很弱小，而且也没有建立起类似于老的发展区块那样的特点。相反，经过一段时期的深深植根于国内经济的创新活动之后，它们似乎要成为飞地，进口了 90% 以上的零部件并且出口了 90% 以上的成品。

农工和食品工业部门对丹麦经济健康仍然是十分重要的，而且目前（1990 年）经济合作部门和私人部门的内部都发生了一系列的合并。这种重组是否可以推动更加富有进取性的创新行为战略的实施，值得商榷。事实上，合作部门越来越在丹麦经济中扮演着保守派的角色，只要合作社企业能够保证其所有者可接受的价格及其收入，那么发展新的创新战略的动力就是微乎其微的。比如，相对来说，丹麦在食品工业（与附加值相关）的研发投入就比芬兰和瑞典少。这些产品领域可能在生物技术应用上很有潜力，而且事实上，一些丹麦企业在生物技术方面实力雄厚（比如世界著名的NOVO制药企业）。但这种能力大部分被用于制药行业，应该通过强有力的政策和其他措施来建立农工联合体和生物技术企业之间的必要的配对和互动。

表8.11显示了第二个结构性问题，丹麦经济极度地依赖中小企业。表中两个最大的丹麦企业分别在乳业（丹麦牛奶公司，一家合作社集体组织）和啤酒酿造业（嘉士伯啤酒厂，一家私人企业）领域。在食品工业之外，很少有大集团能够组织起成规模的研发密集型研究活动。金融部门的规制使这个问题变得更加严重，因而必须与体制问题联系起来讨论。

一个小国在大部分传统的技术绩效指标（研发强度、工艺扩散和产品组成）分值如此低，还能够保持这么长时间的高水平人均收入，实在是非比寻常。一个原因可能是所有这些指标并没有很好地抓住各种形式的对竞争力来说很重要的渐进式创新，另外一个不太乐观的解释为，目前这些停滞暗示着以温和的渐进式本土技术变革为基础的模式的成功在走向终结。

表8.11 欧洲500强制造企业在部分小国家的分布情况

	企业数	企业数/百万居民
丹麦	2	0.4
瑞典	31	3.7
挪威	4	1.0
芬兰	6	1.2
奥地利	8	1.1
比利时	12	1.2
瑞士	22	3.4
荷兰	29	2.0

资料来源：Forum for industrial udvikling（1988，Figure D—5）。

瑞典创新体系中的结构性问题

同样对于瑞典，我们也讨论两个结构性问题，它们都指向脆弱性和长期停滞的危险。第一个与原材料和半成品的未来需求有关，木材产品、纸浆、纸张、铁矿、钢等产品的出口对瑞典经济的活力仍然是十分重要的。然而，生物技术和材料技术的快速发展将会产生新的原材料，对瑞典的一些经典出口产品的需求量可能会缩小，从而引起停滞以及需要一个显著的经济转型。而工程产业关注的是没有多少增长前景的传统的、机械的、低研发产品的生产和出口。

我们已经看到，自然资源深深地影响了瑞典和丹麦的国家创新体系。[45]然而，瑞典在20世纪初就建立起强大的机械工程产业。当然，要找出这一现象为什么出现在瑞典而不是在丹麦或加拿大、澳大利亚的详细原因，肯定是非常有趣的。同时，瑞典的工程产业主要还是机械的，它并没有转型为同时也生产电子产品。在这方面，瑞典被锁定在了工程产业的机械产品轨道上并且与其他产业部门的原材料库存密切相连。因此，详细分析瑞典为什么没有发展 IT 技术能力（除了爱立信之外）而其他国家的企业却成功了，也是非常有意义的。换句话说，为什么瑞典没有发展起不依赖于原材料的新兴产业（除了极个别情况）？[46]

另外一个脆弱性来源于经济核心部门工程产业的集中化。1982 年 5 家最大型的工程企业（沃尔沃、伊莱克斯、爱立信、阿西亚、斯凯孚）的生产大概占全部制造业附加值的1/5（Economic Growth，1984，p. 193），1976 年它们的出口占到了总出口的1/4 以上（IVA，1979c，p. 82），经济活动的集中程度实际上比这些数字还要严重。大企业将国内供应商网络直接建立在大企业的绩效之上，并且集中程度一直不断升高。如果这些大企业在新兴的高增长产品领域里不能高效率地生产，停滞的问题在瑞典经济中就会非常严重。此外，如果一家或几家大企业遇到问题，对整个经济将可能产生灾难性的后果。[47]

瑞典的比较优势体现在两个方面：一方面，把传统产品领域里的先进生产方法进行综合；另一方面，建立了合作社制度，使发展和引进先进的工艺技术更为方便。然而，这种比较优势也可能是导致产品结构僵化的重要因素。整个规制、整个创新体系（包括国家政策）似乎都沿着一个轨道而前行，这个方向上取得发展的容易性可能会削弱其从事更有难度的、建立新产品领域所必需的技术基础设施的动力。[48]

瑞典生产的研发平均水平低是瑞典技术变革系统的一个严重问题，它并不能由市场来自然而然地解决。因此，应该考虑国家干预是否能够减轻这个问题。对瑞典技术变革委员会（STU）在工程技术领域的表现的一个最新评价指出（Edquist，1989b），技术变革委员会在20世纪80年代把工程领域的大部分资源用于支持工艺技术，而只有小部分且还在减少的资源支持产品技术。因此，技术变革委员会支持了瑞典表现极佳的领域而忽视了瑞典创新体系有问题的领域，所以，技术变革委员会需要重新调整资源分配方法。基于这一评价一项资助工程产业技术发展的国家计划被发起，在该计划中，国家资源在生产技术和产品技术之间保持了更合理、均衡的分配（Regeringens Proposition，1990，p. 107）。[49]

两个创新体系中的体制问题

丹麦创新体系的一个基本特点是缺乏强大的协调机构。政府或集中资本都没有足够的力量来领导经济重构的过程，唯一最强大的组织力量就是农民的合作社运动。但由于体制原因，这种运动在创新战略方面非常短视。在需求快速增长的早期，协调力量的缺失并不是一个很严重的问题。随着技术越来越呈现出系统性的特点，这种模式的脆弱性就变得更加明显了。事实也证明，如今国外资本正在迅速地吞噬着很多有着先进的产品技术如电子行业的丹麦企业（Aaen，1986）。

近来，越来越多的人意识到应该把结构改革交给市场，并且提议将企业、银行和养老金进行联合以形成一系列的合并，尤其是在食品工业。同时，工会让工人工资基金作为建立一个更加协调的产业结构的后备资源。这些不同的努力能否维护丹麦生产和创新体系的协调性，仍需要讨论。一个单一欧洲市场的未来计划被很多政策研究机构看做是应对丹麦的结构性和体制性问题的最后一根救命稻草。

瑞典也同样越来越意识到瑞典模式的根基正在削弱。“瑞典模式”——正如我们先前所讲的——意味着完全不同的事情。如果它指“第二次世界大战”之后的工资形成模式，很显然在过去的10~15年间它已经部分地解体了。在很长一段时期里，名义工资增长和生产率增长之间的差别要比其他国家的大，这导致了瑞典相对高的通货膨胀，并且在1980年前后出现货币贬值。高工资增长的一个原因是劳力短缺。[50]

劳力短缺和大规模的工资增长促使了生产过程的合理化以及节约劳力的工艺技术（如，自动化技术）的引进，而且工会运动也普遍接受了先进技术。[51]如果“瑞典模式”还有其他意义（比如，资本、工会和政府对合理化和技术变革的共识），那么模式直到今天仍然充满了活力。

这一背景下的一个根本性问题是，总部位于本国的跨国企业正在逐渐地自由发展。1989年阿西亚与瑞士的Brown-Bovery公司合并组成电气集团之后，发生着越来越多的兼并或组合，比如，瑞典飞机公司（与美国通用汽车）、沃尔沃（与法国雷诺汽车）以及其他公司。[52]

除了几个最大的“瑞典”企业的国别性遭到质疑之外，国际化进程在其他领域也如火如荼。比如，20世纪80年代一个重要的变化是资本跨国境自由流动的发展，这意味着像瑞典这样的国家要实行独立的货币政策的可能性将会受到严重的限制。[53]而且，瑞典的对外直接投资是大量的，1980~1989年间从每年的50亿上升至550亿瑞典克朗。同期，瑞典境内的外商直接投资稳定在每年50亿瑞典克朗左右。[54]

国际化趋势毫无疑问会削弱仍相当国家化的工会在瑞典的结构性地位，[55]但国际化同时也削弱了国家地位。资本的地位得以强化，尤其是国际资本。相应的，瑞典模式的三方权力关系都要发生根本性的变革。

换句话说，国际化进程极大地改变了瑞典模式的运行基础。旧模式是以社会民主党执政国家以及大企业的相互依赖为基础的，如果这种依赖在将来只是沿着一条路径前行，社团主义的根基就会消蚀。这个问题在1989年瑞典金属工人联合会（Swedish Metal Workers Union）提交给国会的一项报告中已经提到了：

“如今的问题是，这些跨国企业不再需要瑞典了，但瑞典经济需要它们。‘第三条道路’是瑞典社会对大企业所能作的最后贡献，而且期待着回报。(Solidarisk arbetspolitik，1989，p. 93)”[56]

综上所述，本章的研究表明：丹麦和瑞典这两个小国的创新体系正处于一个十分关键的时期。

注释

[1] 本章是在哥伦比亚大学课题“支持工业技术进步的国家体系”的基础上完成的，课题组织的研讨会特别是 Richard Nelson 教授的点评以及瑞典和丹麦同行对本章草稿的评论，都让我们受益匪浅。Esben Sloth Andersen、Boel Berner、Ted Bradshaw、Martin Börjeson、Tarja Cronberg、Erik Dahmén、Bent Dalum、Mark Elam、Hans Glimell、Lars Herlitz、Mikael Hard、Björn Johnson、Maureen Mckelvey、Lennart Stenberg、Elisabeth Sundin、Lars Sevensson 和 Hans Vallentin 等对本章提出很有价值的意见。本章写于 1990 年，完稿于 1991 年 1 月，因而在此之后发生的事情和变化在本章中没有提及。

[2] 对具有很多相同特点的国家进行比较，会使我们面对很多不同的变量，但确立最关键的要素以及与国家技术变革体系的联系就足够了。同时，本章引起人们去关注小国创新体系的一些特定问题。

[3] 这里的比较证实，在讨论技术变革的运行过程时，设定国家边界是有用的。如果两个在文化和位置上非常接近的国家中能分离出两个独特的、不同的创新体系，那么对于两个在这些方面相距较远的国家也应该如此。

[4] 这个问题将会在最后的结构和体制问题部分进行讨论。

[5] 因此瑞典在这方面的行为看起来像是一个大型经济国家，而丹麦的行为与其他 OECD 小国相似。本部分的数据同时也表明一个国家可以成功地实现经济增长和高水平的人均国民收入，即使其研发支出水平低且专利数量少。

[6] 该意思的其他说法还有：支持技术进步的国家体系，技术变革的国家体系。

[7] 确定国家创新体系边界的方法有多种，其中一种是解释发明、创新和技术扩散，并且用解释因素来界定创新体系的边界。Edquist（1989a，pp. 10 ~ 11）做过这方面的尝试，

但只限于工程产业的工艺技术的扩散。

[8] Andersen 和 Lundvall（1988），Johnson and Lundvall（1988）以及 Lundvall（1992）都发展过这个理论观点。

[9] 对技术发展和技术扩散进行区分是有用的，原因之一是技术变革在这两个阶段的决定因素是不同的。Edquist 对二者在分析上的差别有过更加深入的研究（1989b，1991，1992）。

[10] 对一项产品技术而言，创新是一件产品第一次实现经济上的成功生产。一项产品走向市场并从市场上消失进而从生产中消失则意味着创新的失败；对一项生产技术而言，创新意味着新的生产方式第一次在生产中有效使用，当然，前提为他们在更早时已经产生了。

[11] 工艺技术的扩散意味着更多的生产者在生产过程中引入了这项技术，产品技术的扩散意味着更多的生产者开始生产新的产品。（所以我们在讨论产品技术的扩散时并不针对使用者或消费者。）产品技术扩散失败可能说明存在以专利、保密或其他进入壁垒为基础的技术垄断。

[12] 在小型经济体里，通用技术的发展和激进式创新是很少有的，国家技术变革体系的最重要的活动通常是扩散，主要是吸纳和采用国外新技术。

[13] 比如，工业机器人作为产出属于产品技术，当用于生产过程时属于生产技术。

[14] 关于教育的作用，参见 Ahlström（1982）和 Berner（1991）。

[15] 关于丹麦创新体系的历史的系统研究很少，本部分的研究得益于我们的同事 Esben Sloth Andersen（1973，1978a，b）的工作。

[16] 在丹麦，这项创新由 Burmeister 和 Wain 在 1878 年作出，但分离机是由 N. J. Fjord——丹麦农业大学从事乳品研究的第一批教授之一在 1974 年发明的。在瑞典，分离机由 Gustav de Laval 发明，后来它成为 AB 分离机公司的核心产品之一，这家企业后来发展成为跨国企业——Alfa-Laval。

[17] 丹麦经济在 19 世纪后 25 年的转型很有意思，它说明社会动员和社会创新的重要性。实际上，Grundtvig 可被视为最重要的丹麦创新家，他在当代丹麦生产系统和创新体系中作出了历史性贡献。例如，他通过组织广受欢迎的人民高中（höjskoler）在本地的教育等方法，动员丹麦农民实现自力更生。他的思想的成功给当地有组织的活动奠定了坚实的基础，这些活动后来逐渐发展成为协调一致的面向农民合作社的全国性运动。

"höjskoler"在丹麦语中相当于"人民高中"(folkhöjskoler)或英语中的"高中(high school)",但丹麦这类学校与其他国家的不同。原则上任何年龄的人都可以入读 höjskoler,不具大学性质和水平,是丹麦学历教育体系之外的特色私立学校,具有 160 多年的历史,属成人业余教育性质,约有 80 多所。höjskoler 最早建立在乡村和一些小城镇,最初主要是为农民扫盲识字,以后逐步发展为培养兴趣、爱好、娱乐、休闲和特殊技能的学校。höjskoler 没有考试或测验,其课程与普通高等教育不衔接。——译者注

[18] 这指的是,例如,自动化和乳品厂及屠宰厂直接劳动成本的降低。

[19] 这方面的一些数据在本章的研发活动部分可以查到。

[20] 除了矿山使用马匹之外,伦敦和其他城市的运输公司都在大量使用。

[21] 瑞典后来才大规模地出口铁矿石。

[22] 国外对木材制品和铁的需求对瑞典工业化进程是非常重要的(Schön,1985,p. 35)。

[23] 除了已经提到的产品之外,还包括船只制造(直到 20 世纪 80 年代)、汽车、采矿设备和飞机。

[24] 在对小国社团主义进行分析的时候,Katzenstein(1985)认为丹麦的特点是:资方阵营的合伙人很弱而劳方阵营的合伙人很强。我们必须指出,在丹麦没有哪一个阵营的合伙人能够像瑞典那样集中、同质和统一。

[25] 但是,瑞典的失业率在 1990 年处于上升阶段。

[26] 如果这种设计与西德和日本等国采用的传统的汽车装配线相比不是有利可图的话,因为体制的原因可能汽车装配线就不会在瑞典出现了。另一方面,如果是有利可图的,Uddevalla 的实例就可能在未来给装配工作,占工程产业所有工作的 1/4 的整体改进指明道路(Edquist and Glimell,19879,p. 44)。当然还有另外一种可能性,结构环境发生改变,由于增加了的失业率等以及传统的装配线在瑞典又可获得。关于 Uddevalla 工厂的详细研究,参见 Berggren(1990)和 Clarke(1989)。

[27]"发展区块"也指一群相互联系的生产者和产品使用者,彼此之间产生紧密的互动,并且经常得到私人或公共的知识生产组织的支持(Stenberg,1987,p. 46)。

[28] 发展区块的最完整形式,表现为包括生产、最终产品的用户、生产方式的生产者,以及独立的知识资源等在内的整根链条。在重要的未来领域内,目前仅有美国和日本包含有这个意义上的完整的发展区块(Stenberg,1987,pp. 46 ~ 47)。Dahmén 的"发展区

块”既包含了国家经济层面也包含了工业部门层面（Dahmén，1988，pp. 6 ~ 7）。

［29］它们的出口和进口比值大约或超过 90%。

［30］如果把瑞典所有（Swedish - owned）的工程企业在国外的销售也计算在内，这个产业的数据会高出很多。

［31］在附加值方面，瑞典是 7.6%，丹麦是 2.9%。在固定投资方面，瑞典是 57%，丹麦是 26%（Edquist，1989b，表 11）。

［32］但是，瑞典企业（在瑞典）的研发支出在 1987 ~ 1989 年间第一次下降了 7%。

［33］然而，这个特殊的例子也说明，丹麦在其最重要的出口部门之一的研发强度要比其他北欧国家低。

［34］STU 每年度的预算大约是 10 亿瑞典克朗，它是瑞典主要的技术政策机构。

［35］Glimell（1988，1989）对这些计划进行过分析，Wennerberg（1989）事后对这些计划进行过评价。

［36］Arnold 和 Guy（1989）对这个 IT 计划的第一阶段作过评价。

［37］Edquist（1989b，1990）对这个过程背后的机制作过分析。

［38］Edquist（1989c，1990）详细讨论了供需双方所采用的与技术发展和技术扩散有关的技术政策工具。

［39］在这个意义上，包含了吸纳、吸收和渐进式变革的“技术扩散系统”对小国来说要比研发系统更加重要。因此，就像对研发系统一样，用同样多的精力来分析那些获取国外技术以及在国内广泛推广这些技术的机制、规制和政策是非常值得的，尽管这方面的工作很少。（这是一项艰巨的任务，因为我们对丹麦和瑞典的技术扩散系统的具体特点知之甚少。）对此问题的忽视可能是因为扩散系统一般不是公共政策干预的目标，扩散通常留给市场去自发处理（尽管丹麦在这方面是例外）。正如我们所见，当扩散系统不能发挥令人满意的功能时，看看丹麦和瑞典的例子，这个事实就非常显然了。

［40］本章所说的渐进式创新指的是技术扩散过程的一个阶段。

［41］劳力节约型技术变革与缺乏成长的市场一旦结合，可能导致“技术性失业”。这是 Pasinetti（1981）分析经济增长和结构性变革时所隐含的思想。Lundvall（1987）对此论点进行了修正并把它用于分析小型的开放经济体。

［42］一个国家开发的新产品什么时候扩散到另外一个国家是产品生命周期理论框架的主要研究内容。然而，产品生命周期理论很容易低估这其中包含的困难，因为整个生产

流程要在不同的国家之间移动是非常复杂的,包含着难以传递的隐性知识或者极其复杂的科学知识的综合。接收国的基础设施和规章制度也可能与产品不相适应。

[43] 表8.8和表8.9的数据可能是比较粗糙的,它是从一个比较整体的层面上进行统计,因为缺乏更加详细的研发数据,Edquist 和 Mckelvey (1991) 之后对研发密集型产品技术在瑞典的扩散情况进行了分析。

[44] 在问题部分,我们将会讨论结构和体制问题,但不对那些通过(更深入的)国家创新体系的政治干预可以解决或不可能解决的问题进行区分。然而,如果本章分析的政策含义要很明确很系统地列举出来的话,这些区分又是必要的。

[45] 在日本那样的国家,资源基础可能不是那么重要,民用技术政策才是技术变革方向的更加重要的决定因素。在美国,政府资助的军事研发和采购可能是最重要的因素。

[46] 这其中包含很多充满挑战性的问题!国家创新体系如何利用已有的资源基础但又在后来的发展中不受限于它们(如忽视新产品领域)?一个国家除了把创新体系从国内天然资源储备中解放出来之外(像日本和韩国那样),还能够把它从社会经济和文化环境中“解放”出来吗?技术轨道和技术范式之间的转换究竟是怎么发生的?

[47] 事实上,两家汽车企业(SAAB 和沃尔沃)在20世纪90年代中期开始出现震荡,对外宣布盈利额大减以及大量裁员。

[48] 1980年左右的货币大贬值对保守的产品结构影响很大,使得传统产品更加有利可图,给进取型投资很少的发展空间(在一个全生产力利用的经济中)。

[49] 20世纪90年代在这个计划的实施过程中,大部分资源分配给了汽车产业的分包商。这可能与瑞典汽车产业出现的问题有关,看起来更像是危机管理而不是未来的进取性策略。

[50] 然而,通货膨胀和失业率在1990年仍然是相对较低的,在这个意义上,瑞典模式还没有完全崩溃。

[51] 正如我们先前所说的,瑞典在引入先进工艺技术方面比较擅长但在提高生产率方面却很糟糕,这两者不一定是矛盾的。

[52] 如果一家或两家比较大型的国际化“瑞典”企业决定把它们的研发移到海外,那么研发投入和GDP之间的比值将会减小。但是,这种情况目前还没有发生。

[53] 以前,瑞典中央银行能够决定国内利息率以及根据商业周期而进行调整。如今,周边国家的利息率将决定瑞典的利息率。因此,利息率不再由瑞典的政权力量控制而由一

个全球化的市场控制。

[54] 1990年的头半年，瑞典集团购买了总价值达7 220亿瑞典克朗的西欧企业；与之对比，美国企业是3 270亿，日本是1 050亿。当然，这个异常的纪录与瑞典企业对瑞典和欧共体之间的未来关系持有危机感有关。然而，1990年秋天，瑞典政府宣布了申请加入欧共体的意愿，大部分国会议员都表示支持。

[55] 这个结构性地位的弱化涉及工业民主制和劳资共同决策制等相关问题。在工资形式领域，这被劳力短缺所均衡——只要它持续存在。劳力短缺也可能引发竞争力问题（也就是说，充分就业本身包含了自我毁灭的种子）。而另一方面，只有在充分就业条件下，工会才倾向于接受劳力节约型技术变革。

[56] 正如注释1所说的，本章写于1990年，完成于1991年1月，因而本章的分析并没有反映出随后发生的变化，然而，我们还是想简要说说在瑞典已经发生的事件。1991年7月，社会民主党政府提交了瑞典加入欧共体的申请；在1991年9月的大选中，社会民主党被中—右路线的联合政府所取代。此外，失业率在1991年上升到4%。所有这些变化并非彼此毫无关联的，它们进一步支持了本章末尾要表达的意思（如“瑞典模式”逐渐解体、国际化以及工会、政府和私有资本三者之间均衡力量的变化）。

参考文献

Aaen, F. (1986). “Hvor dansk er dansk elektronikindustri?” Aalborg: Aalborg Universitetsforlag.

Ahlstrom, G. (1982). *Engineers and Industrial Growth*. London: Croom Helm.

Andersen, E. S. (1973). “Noter om industri, stat og teknisknaturvidenskabelig forskning.” Köbenhavn: Danske Studerendes Fællersrad.

Andersen, E. S. (1978a). “Eksport, teknologi og forskning.” Aalborg: Institut for Produktion, mimeo.

Andersen, E. S. (1978b). “Eksportudvikling, erhvervsstruktur og forskningspolitik.” Aalborg: Aalborg Universitetsforlag.

Andersen, E. S., and Lundvall B. -Å. (1988). “Small National Systems of Innovation Facing Technological Revolutions-An Analytical Framework.” In C. Freeman and B. -Å. Lundvall(eds.), *Small Countries Facing the Technological Revolution*. London: Pinter Publishers.

Annerstedt, J. (1976). “Några drag i den svenska statliga forskningspolitikens framvaxt.” In V. Andersen and R. Kalleberg(eds.), *Forskningen-staten og kapilalen*. Köbenhavn: Nordisk Sommeruniversitet.

Arnold, E., and Guy, K. (1989). “Evaluation of the IT4 Programme. Phaze I.” Stockholm.

Berggren, C. (1990). *Det nya bilarbetet-Konkurrensen mellan olika produktionskoncept i svensk bilindustri 1970 – 1990*. Lund: Arkiv.

Berner, B. (1991). “Professional or Wage Worker? Engineers and Economic Transformation in Sweden.” In C. Smith and P. Meiksins (eds.), *Engi-neering Class Politics*. Verso.

Christensen, J. F., and Valentin, F. (1989). "Produktinnovationer i dansk industri." Arbejdsnote 4, Institute for industrial research and social development, Copenhagen school of economics and social science.

Clarke, T. (1989). "Imaginative Flexibility in Production Engineering: The Volvo Uddevalla Plant." Paper presented at the conference "A Flexible Future," Cardiff" Business School, September 19 – 20.

Dahmén, E. (1970). *Entrepreneurial Activity and the Development of Swedish Industry 1919 – 1959*. Homewood, IL: Published for the American Economic Association by R. D. Irwin.

Dahmén, E. (1988). '"Development Blocks' in Industrial Economics." *Scandinavian Economic History Review* 1: 3 – 14. Also published in Carls-son, B. (ed.) (1987). *Industrial Dynamics*. Boston: Kluwer Academic.

Dalum, B. (1989). "Export Specialization, Competitiveness and National Systems of Innovation." Aalborg: Institut for Produktion, mimeo.

Dalum, B., Fagerberg, J., and Jorgensen, U. (1988). "Small Open Economies in the World Market for Electronics: The Case of the Nordic Countries." In C. Freeman and B-Å Lundvall (eds.), *Small Countries Facing the Technological Revolution*. London: Pinter publishers.

Dansk Okonomi. (1988). December, Köbenhavn, Del ϕkonomiske Råd.

Edquist, C. (1989a). "The Realm of Freedom in Modern Times? New Technology in Theory and Practice." Inaugural Lecture, *Tema T Report* 18, 1989, Department of Technology and Social Change, University of Linkoping, Sweden.

Edquist, C. (1989b). "Utvardering av statligt stöd till verkstadsindustriell teknik." Linköping, Tema Teknik och Social Forandring, mimeo(also published as *Tema T Report* 22, 1991).

Edquist, C. (1989c). "Teknisk forandring och teknikpolitik." In'Energin, makten och framtiden- samhallsvetenskapliga perspektiv pa teknisk forandring." Statens energiverk 1989: R16, Stockholm.

Edquist, C. (1990). "Technology Policy-Social, Economic and Political Aspects." *Tema T Working Paper* 75, Department of Technology and Social Change, University of Linkoping, Sweden. (This report will also be published in a book entitled *Technology Policy-Towards an Integration of Social and Ecological Concerns*, Institut fur Höhere Studien, Wien, 1992.)

Edquist, C. (1992), "Technologocial and Organizational Innovations-A Conceptual Discussion and Some Notes on Consequences for Productivity and Employment." Working Paper. World Employment Programme, International Labour Organization, Geneva.

Edquist, C., and Glimell, H. (1989). "Swedish Frontiers of Change-A Guide to the Impact of New Technologies, Work Design and Management Practises." Report prepared for the Directorate for Social Affairs, Manpower and Education, OECD, mimeo (to be published by OECD).

Edquist, C., and Jacobsson, S. (1988). *Flexible Automation-The Global Diffusion of New Technology in the Engineering Industry*. Oxford: Basil Blackwell.

Edquist, C., and McKelvey, M. (1991). "Högteknologiska produkter och produktivitet i svensk industri." A study for the Swedish Productivity Delegation, in *Forskning, Teknikspridning och Produktivitet*. Expert Report number 10 of the Productivity Delegation. This report has also been published in English as a working paper at the Consortium on Competitiveness and Cooperation (CCC), the Center for Research in Management, University of California at Berkeley, 1992. The English title is "The Diffusion of New Product Technologies and Productivity Growth in Swedish Industry."

Forum for Industriel Udvikling. (1988). "Har Dan-mark en framtid som industrination?" Köbenhavn, mimeo.

Gardlund, T. (1942). *Industrialismens Samhdlle*. Stockholm: Tidens forlag.

Gjerding, A. N., and Lundvall, B. -Å. (1990). "Teknisk fornyelse og produktivitetsudvikling i danske industriverksamheder." PIKE-smaskrift No. 8, Institute of Production, Aalborg University Center.

Gjerding, A. N., Johnson, B., Kallehauge, L. E., Lundvall, B. -A., and Madsen, P. T. (1988). Produktivitet og international konkurrenceevne. Aalborg: Aalborg Universitetsforlag.

Gjerding, A. N., Johnson, B., Kallehauge, L. E., Lundvall, B. -A., and Madsen, P. T. (1990). *Den Forsvundne Produktivitet*. Köbenhavn: PJÖF: s forlag.

Glimell, H. (cd.) (1988). *Industriförnyelse i Norden. 80-talets programsatsningar pa mikroelektronik*. Roskilde: Forlaget Samfundsökonomi og Plänlaggning.

Glimell, H. (1989). "Återerovra datapolitiken. En rapport om staten och informationsteknologi under fyra decennier." *Tema T Report* 20, 1989, Department of Technology and Social Change, University of Linkoping, Sweden.

Haywood, B., and Bessant, J. (1987). "FMS in Sweden and the UK." Brighton: Innovation Research Group, Brighton Polytechnic.

Industriökonomisk Institut. (1986). "Industri i Nor-den: Konkurranse og samarbeid." Stavanger: Universitetsforlaget.

IVA(1979a). "Kunskap som grund for industriell utveckling." Stockholm: Ingenjorsvetenskapsakademien.

IVA(1979b). "Teknik och industristruktur." Stockholm: Ingenjorsvetenskapsakademien.

IVA (1979c). "Svensk industris langsiktiga utveckling." Stockholm: Ingenjorsvetenskapsakademien.

Johansson, A. (1989). *Tillvdxt och klassamarbete-en sludie av den svenska modellens Uppkomst*. Stockholm: Tiden.

Johnson, B., and Lundvall, B. -A. (1988). "Institutional Learning and National Systems of lnnovation." Paper presented at the conference on "Strategies of Flexibilization in Western Europe," Roskilde University, April, mimeo.

Kallehauge, L. E. (1989). "Spredningenafnumerisk styrede VEerktajsmaskiner i dansk ϕkonomi i perioden 1980 - 87." PIKE-smaskrift No. 3, August. Aalborg: Institut for Produktion, mimeo.

Katzenstein, P. J. (1985). *Small States in World Markets*. Ithaca: Cornell University Press.

Lundvall, B. -A. (1987). "Technological Unemployment in a Small Open Economy." In R. Lund, et al. (eds.), *Studies in Unemployment*. Copenhagen: New Social Science Monographs.

Lundvall, B. -A. (ed.) (1992). *National Systems of Innovation-Towards a Theory of Innovation and Interactive Learning*. London: Pinter Publishers.

Lundvall, B. -Å., MaarbjergOlesen, N., and Aaen, I. (1984). "Det landbrugsindustrielle kompleks." Aalborg: Aalborg Universitetsforlag.

Madsen, P. K. (1989). "Orienten begynderi Malmo! Beskasftigelsespolitik i Sverige, Finland og Norge." Arbejdsnotat No. 3, Specialarbejdernes beskgeftigelsesudvalg. Köbenhavn: Specialarbejderforbundet, mimeo. Mjöset, L. (ed.) (1986). *Norden dagen derpa*. Oslo: Universitetsforlaget.

Nordic Economic Growth. (1984). *Economic Growth in a Nordic Perspective*. Helsinki: Frenckell.

Nordisk FoU-statistik 1987og 1981 - 1987 (1990).

OECD(1987). *Reviews of National Science and Technology Policy: Sweden*. Paris: OECD.

OECD(1988a). *Reviews of National Science and Technological Policy: Denmark*. Paris: OECD.

OECD(1988b). *Main Science and Technology Indicators 1982 - 88*. Paris: OECD.

Pasinetti, L. (1981). *Structural Change and Economic Growth*. Cambridge, England: Cambridge University Press.

Patel, P., and Pavitt, K. (1989). "Large Firms in Western Europe's Technological Competitiveneoo." Rcvised version of paper prepared for the Prince Bertil Symposium, November 1988, Stockholm.

Pavitt, K., and Patel, P. (1988). "The International Distribution and Determinants of Technological Activities." *Oxford Review of Economic Policy* 4(4).

Pedersen, J. (1986). "Afskedigelsesbeskyttelse og ansartlelsestryghed for den enkelte arbejder i 7 Europaeiske lande." Arbejdsnotat No. 13, Specialarbejdernes vækstkommission. Köbenhavn: Specialarbejderforbundet.

Petersen, E., et al. (1983). "Danskernes tilvärelse under krisen." *Psykologisk Skriftserie* 8(3).

Regeringens Proposition. (1990). Vissa Näringspolitiska Fragor, Proposition No. 1989/90: 88, Sveriges Riksdag. Stockholm: Mars.

Schön, L. (1985). *Industrialismens FiJrutsdttningar*. Malmö: Liber.

Senghaas, D. (1982). *Von Europa lernen-Entwicklungsgeschicht-liche Betrachtungen*.

Frankfurt am Main: Suhrkamp.
Solidarisk Arbetspolitik. (1989). Huvudrapport från Programkommitten om valfarden, industrins omvandling och det goda arbetet. Stockholm, Svenska Metallindustriarbetarforbundet, Kon-gress 3 – 9 September.
Stenberg, L. (1987). "Utvecklingsblock i fornyelse av svensk industri, Ds I 1987: 3." Stockholm: Industridepartementet
Svennilson, I. (1954). *Growth and Stagnation in the European Economy*. Geneva, United Nations, Economic Commission for Europe.
Wennerberg, S. (1989). "Nationella Mikroelektronikprogrammet (NMP) och Industriell Utveckling"(Utvarderingsrapport).

第9章　加拿大产业创新体系

唐纳德·G. 麦克范特里奇（Donald G. McFetridge）

本章的目的是描述加拿大推动知识生成、扩散和应用的机构及机构之间的关系。创新体系这座“大厦”的基石是知识的生成组织，包括从事研发的企业、大学、其他非营利性组织和政府实验室。同样重要但不好观察的是知识应用组织、知识的用户与知识供应者之间的相互作用状况。按照弗里曼（Freeman）的说法（1988，p. 2）：

> 国家创新体系不仅仅是一系列的实验室，而且也是一个生产者和用户之间的产中学、用中学、互动中学的累积过程。

构成创新体系的组织可以通过多种方式发生互动：

1. 联合支持或开展研究、开发以及示范项目；
2. 用户和供应者合作以提高中期投入；
3. 通过一个组织的雇员转移到其他组织或新企业来获得知识和技能。

这种相互作用可以在一个多样的维度或空间里发生。它可以在地理空间内发生，个体组织从共同体或同一地区内运行着的其他组织中获益；也可以在使用相同基础技术的企业之间发生。在这种情况下，一个组织的发现可以解决多个产业中存在的问题；相互作用也可以发生在一个产业的产品链上的用户和供应者之间。

相互作用的重要性体现在，它使得创新体系的整体远大于组成部分的加和。每个组织都对其他组织的效率发生作用。有些作用是明码标价的，并从正规的市场交易中反映出来。有些没有标价，还有些只是被人们模糊地认识到，还没有明确的定义。这些累积的外部效应，使得用分配效率的概念去分析创新体系非常困难。

国家创新体系的概念隐含着一个假设，即国内组织的相互联系比国际联系重要，也应比它优先。然而在加拿大，甚至在一些存在相当强大的国内联系的产业部门当中，国际联系都占到了优势地位。在加拿大，只有很少的创新或者在创新过程的某个环节上才没有外国参与。因此加拿大长期存在的一个问题在于，是否可以从国内联系替代国际联系中获利？加拿大的经验表明，在一定的环境下，这种替代是可以获益的。真正无法解决的问题是，依据过去经济发展情形来分析，这种替代是否就是财富的增值？

国家创新体系是由国家特点塑造的。加拿大创新体系的一些特点，可以追溯到国内市场相对较小和自然资源丰富这两个特点上。加拿大靠近一个更强大且技术相似的国家，因此，其创新体系表现出小国的特征。这也引起了国内创新联系的减少，比如说资源开采产业和机器生产企业之间的联系。从另外一面来看，这又方便了加拿大参与到美国的创新体系之中，美国创新体系在某些产业（如汽车业）有较好的技术吸纳能力，因而其分公司在其他产业都有世界级的研发活动。因此，加拿大的特殊情形是国内创新的约束与机遇并存。

本章以下的第一部分，将描述加拿大的经济特点和这种特点如何塑造创新体系。之后的第二部分，将描述构成加拿大创新体系“大厦”基石的创新组织及其相互之间的重要联系，以及由此产生的创新复合体和创新集群。在总结部分，将就以下的问题展开讨论：这个由国际联系（很大程度上是跨国的）占支配地位的创新体系，能否足以带来国家未来财富的增长？

加拿大的经济特点及其对创新体系的影响

加拿大的国内生产总值在经合组织中排名第七。一系列的研究（Wash，1987，1988；Soete，1988；OECD，1989b）都将加拿大归类为“大”经合组织中最小的一个经济体。

以自然资源为基础的产业在加拿大经济发展中扮演了一个非常重要的角色（加拿大皇家经济联合委员会，1985，pp. 401～413）。资源产业（包括农业）目前占加拿大国内生产总值的9%和出口的17%。与其他大的经合组织经济体相比，加拿大的资源产业占国内生产总值的比例要更大一些。

加拿大制造业占国内生产总值的比例相应地小于其他大的经合组织经济体。加拿大的制造业活动在历史上一直被高度保护着，除了造纸、有色金属等产业属于明显的例外。制造业首先主要面向国内市场，而且小规模生产的不经济性也成了加拿大制造业的负担（Baldwin and Gorecki，1986）。

保护模式的一个重大改变发生在1965年，美国和加拿大的汽车自由贸易制度建立。“美加汽车产品交易协议”（Auto Pact）[1]带来了汽车生产在北美基地的理性布局。目前，加拿大的汽车和零部件生产占到了加拿大制造业国内生产总值的9%，向美国出口的这些产品占到了加拿大货物出口的25%。

加拿大的经济与美国的经济紧密地结合在一起。73%的加拿大出口面向美国，而69%的加拿大进口来自美国。美国和加拿大的资本市场也紧密联结。加拿大企业将近24%的非金融资产由外国人掌控，而其中71%都在美国人手中。制造业的数字分别为44%和68%。萨法里安（1985，p. 9）有一个结论，他说加拿大的外国控制程度高于任何其他发达的市场经济国家如澳大利亚、比

[1] 这项协定签定于1965年，它使得加拿大汽车市场与美国汽车市场合二为一。根据这项协议，加拿大对特定的汽车制造商实行税额优惠的待遇，以此作为回报，加拿大获得一定汽车的产销比定额。——校者注

利时，只有冰岛与加拿大是最接近的。

不过，加拿大和美国的人力市场没有结合在一起。加拿大的移民中，历史上主要来自英国，最近主要来自欧洲以及东南亚。美国人大约占加拿大移民的8% ~10% 。而美国却成为加拿大移出居民的一个重要目的地，而且移民整体来说都是高素质的技术人员。

加拿大将自己很大的一部分资源投入到教育中，教育公共支出占国民生产总值（Ontario Premier's Council，1988b，p. 224）的比例远高于美国、日本和英国。在正规教育入学率和完成中学教育比例这两项上没有排名前列。根据一项调查，大约31% 的加拿大学生未能完成中学教育。美国的数字仅是25% ，英国15% ，德国14% （Ontario Premier's Council，1988b，p. 224）。

更加详细的研究（Easton，1988，pp. 11 ~ 13）表明，虽然加拿大学生完成中学教育的比例比美国低，但两国完成大学教育的比例大致相同，加拿大完成大专教育的比例更高一点。

加拿大的中学教育在科学和数学学科方面被认为是比较薄弱的，特别与远东国家相比。加拿大的科学和企业人才需求，往往通过移民的方式来解决。

加拿大大学四年教育的公共回报率估计在6% ~9% 之间（1980 ~ 1981 年的数据），但各个地区不一样，安大略省是7% ，魁北克省是9% 。所给数据是一个回报率的平均值，包括了劳动力市场的回报（属于个人而非社会收益），这部分回报的计入可能高估了实际的公共边界回报率。其中的含义就是加拿大整体而言并没有对高等教育投资不足。本书中关于澳大利亚的研究章节，证明了澳大利亚也是如此。

加拿大的人口基数小，分布分散。只有三个大都市区的人口超过百万(1986 年的数据)。加拿大的城区分布广泛，甚至城区与美国大城市的接近程度经常要比城区之间更强一些。一些研究（Lacroix and Martin，1987；Britton and Gertler，1986）认为，除多伦多、蒙特利尔和温哥华之外，城市聚集体的潜在经济效应并没有被完全认识到。因此，他们对加拿大其他城市吸引大型研发设施和产生可持续发展的衍生企业的能力持悲观态度。

就其历史悠久的自然资源导向、少而分散的人口以及与更大的经济体的联系而言，加拿大是独特的。这些特点塑造了一个在很多方面都是独特的创新体系。

国内市场小的国家创新体系的发展，面临着国内市场大的国家不会遇到的限制。因此，大国和小国的国家创新体系的特点是不同的。埃尔加斯（1987）曾经指出，规模大可以持续产生优势，甚至在最大的国家之间也是如此。更具体地说，美国在创新上的优势，即使是德国、法国和英国也都无法企及。加拿大的创新体系有很多小市场的特点，这些特点由于加拿大创新体系与美国创新体系距离较近而被突出了。

产品用户和供应者之间的互动是创新过程中的一个重要因素。对小国家的产品供应者（以及小国家的用户）来说，这个互动需要国际化。它往往因为远距离通讯的费用以及要克服不同国家之间语言、文化和技术基础上的差异而加重了负担。因此，小国家在大规模市场创新上可能处于劣势。

一些证据表明，加拿大的创新活动倾向于关注市场的终端——定制设计。德·布雷松和默拉里（1984）发现在加拿大的机械和设备领域的创新中定制生产的或小批量品种的创新所占的份额比例有些失调，他们得出结论，在这领域存在着技术发展的一种“定制的偏见”。波莱塞和 Verrault（1989）把加拿大企业获得的大部分国际咨询工程合同部分地归因于产品的非标准化特性。每项工作的地域和技术特性不同，这就减少了大国给企业带来的优势。

小国家在大规模市场创新中面临的劣势，可能导致它们与大国家相比，将其研发资源较少地分配给应用工业研究，而更多地分配给基础研究（包括高校和国家实验室）。沃尔什（1987，pp. 107 ~ 108）观察发现，小国与大国相比更倾向于基础研究。加拿大就表现出这种倾向。1973 ~ 1984 年，加拿大在全世界的研究论文（所有领域）中的比例平均为 4.3%。而从 1970 ~ 1983 年，加拿大在国外经合组织（DECD）专利（external OECD patents）中的比例为 1.4%。与之对比，同时期德国在世界研究论文中的比例为 6.3%，在国外经合组织专利中的比例为 19.7%。

从经合组织的数据（OECD，1989b，表 7）中，可以推断出小国家的商业部门仅执行很小比例的研发活动的倾向。一般来说，国内生产总值与商业部门执行的研发比例是大致对应的。但加拿大在这一关系方面是个例外。与众多更小的国家相比，加拿大的政府执行的研发经费比例更高，其中的原因将在后文探讨。

为了降低与其他国家的用户互动所需的成本，小国家的创新企业比大国家的创新企业进行更多的海外研发。这种倾向在那些出口集中在单一外国市场的国家中更加凸显，比如说加拿大。帕维特和帕特尔（1989，表 8）给这种倾向提供了证据。他们发现，小国家的大企业获得的美国专利，与大国家的企业获得的专利相比，来源于外国（即母国之外）的专利占更大的比例。在这方面，加拿大与荷兰、瑞士、比利时和瑞典等国特别相似。这几个国家，它们的大企业所获得的美国专利，很大一部分不是来源于美国就是来源于德国。

小国家面临的第二个问题在于，鉴于大多数产业的成功创新所需的最小规模的努力，其专门化压力比大国家更大。泽特（1988）证实了小国家在创新活动中更倾向于专门化，他也发现加拿大表现出了这种小国特性（Soete，1988，表 5.4）。

这种专门化的倾向意味着小国家的工业研发经费（在企业之间分配比较不均匀）比大国家更加集中。少数几家世界级的企业可能占小国家的工业研发经费的很大份额。范・图尔德和 Junne（1988，pp. 178 ~ 180）考察了美国、日本和欧洲的大企业的研发经费，总结道，国家规模与工业研发的集中程度成反比。加拿大证实了这个模式。加拿大的工业研发支出与美国、日本、德国、法国、英国或者意大利相比更加集中，但不如荷兰、瑞士或者瑞典（稍后的章节会有更多的细节）。

有一种推测认为，因为小国家不大可能支持专业的或者“全职”的发明家，所以相应地会有更多的兼职或者个体发明家。塞甘・迪吕德和 Desranleau 发现个体发明占加拿大专利的份额大约是美国的 2 倍，这个事实与刚才的推理是一致的。

即使专门化了，但由于其财富主要依靠几家企业或几种技术，小国家的创新部门还是相对薄弱的。缺乏多样性是加拿大高科技部门和领域的一个特征（Amesse et al.，1989）。这种多样化缺失的一个后果就是一家企业或一个项目的失败可能是极具破坏性的。举例来说，1958 年 Avro Arrow 拦截机项目的取消，导致加拿大航空设计和工程领域的大量人才流向了美国（Lukasiewicz，1986）。对加拿大重水铀反应堆（CANDU）也有类似的忧虑，这个反应堆在国际上的销售情况并不是很好。一些较小的失败是可容纳的。尼科尔（1985）将渥太华很多信息技术企业的成功形成追溯到了微系统国际公司（Microsystems International），即一家当地的微芯片制造商的失败。

成功地模仿和吸收别的地方发展起来的新技术也需要资源。沃尔什（1987，1988）指出，如果国内研发投入较少，产业将难以吸收国外的技术进步，从而难以保持竞争力。小的市场规模会阻碍模仿和创新。因此，小国家大抵不太可能，因此也就只有较慢地吸收新技术。扩散速度是加拿大长期忧虑的问题（Economic Council，1983）。同时也出现了一种认识，即在一些部门的世界级规模的创新能力的成本之一，可能是其他部门扩散速度和吸收的减慢。

政府和企业的研发活动

目前加拿大不足 20% 的研发是由联邦和省政府来完成。在过去的 20 年中，政府部门执行的研发比例降低了 47%。

政府部门执行的研发比例下降源于企业资助研发的相对快速增长。加拿大在这方面的经历与作为一个整体的经合组织经济体相似（OECD，1986，pp. 25 ~ 29）。

加拿大政府部门执行的研发份额，与比较大的经合组织经济体和一些发达的小国家如荷兰、瑞典、比利时和瑞士相比，都要大得多。

政府部门执行的研发的很大一部分在某种程度上是一种官僚政治的选择，在一段时间里会随着政府外包的方向改变而改变（Senate Special Committee on

Science Policy, 1972; Senate Committee on National Finance, 1984)。不过,有可能有其他重要的力量,而最重要的是加拿大政府资助的研发活动的特性在起作用。

加拿大政府资助的研发的构成在很多方面都不同于经合组织国家的标准。相对较少的政府研发用于国防,而相对较多的研发用于农业、能源和采矿等方面(OECD, 1989b, p. 44)。这种对资源领域的侧重可以上溯到世纪之交(Smith, 1983)。一些省政府也将资源领域视为研发的优先领域(OECD, 1988, pp. 47 ~ 50)。集中于这种持续的过程改进类的研发的执行,可能在经验积累和项目补充两个方面产生很好的效益。而且,这种集中形式还有进一步的好处,它将降低政府本身进行研发活动的契约成本。

加拿大最重要的研发执行、支持和协调机构是国家研究委员会(NRC)。它不仅从事基础研究,也从事应用研究,后者支持了政府和产业。国家研究委员会于 1932 年在渥太华设立了第一个实验室,从 1947 年开始,也进行技术咨询和工业研究辅助项目(IRAP),并取得了很大的成功。

各省也有自己的研究委员会。这些组织的研发投入处于适度的范围,在 1987 年联合起来的研发投入大约为国家研究委员会的 1/4。各省的研究委员会服务于当地产业,并且合作资助研发项目变得越来越普遍。

尽管加拿大政府部门进行的大部分研发活动是辅助产业发展的,但也有人怀疑其相关性(Task Force on Federal Policies and Programs for Technology Development, 1984; Clarke and Reavely, 1988)。尽管有明显的例外,例如农业研发,但基本的问题是政府实验室与它们的潜在用户之间缺乏沟通。为此,加拿大进行了大量努力使政府实验室更紧密地融入产业创新体系之中(Smith, 1983)。

大学在创新体系中扮演多重角色,教育和基础研究的角色是最突出的。大学也从事应用研究,有时候代表产业做研究工作或者与产业合作研究。在其他情况下,大学里开发出的技术被许可,或者在大学教师(学术型企业家)创立的新企业中被开发利用。

加拿大的大学比较有效地完成它们的基础研究功能。加拿大在世界研发论文中的比例排名第七（Statistics Canada，1988，表41）。1984年，加拿大的计算机和电子、电子工程两个领域的发表物的比例在经合组织国家中分别位居第3和第4位（OECD，1989a，表6）。

尽管加拿大的大学在教育和研究功能上卓有成效，但与其他国家的大学相比，它们与国内工业创新体系的联系不那么紧密。1988年，加拿大企业资助了大学研发的3.2%，而美国的数据是6.5%（National Science Foundation，1989，表8－1）。在德国、瑞典和挪威，企业资助了接近5%的大学研发（OECD，1989b，p.68）。

虽然有很多从大学到产业的成功的技术转移，以及成功的学术创业型企业（例如Clifford，1990）的例子，但是非常有限的证据表明，加拿大的大学不像美国大学那样很好地发挥孵化器的功能，并且加拿大大学里开发出来的技术经常是在国外而不是在国内被开发利用（McMullan and Melnyk，1989）。近些年来，加拿大也一直在努力发展大学与企业之间更好的联系（Science Council，1987b）。后文将列举这些年来存在或形成的产学关系的案例。

产业研发、专利申请和技术应用

主要的研发执行企业

1988年加拿大的工业研发投入金额总计44亿加元，加拿大的工业研发占国内生产总值的比例，在12个最大的经合组织经济体中位于第10位。领先于澳大利亚和西班牙，但是最近几年落后于意大利。

如表9.1所示，加拿大的工业研发投入主要集中在几家企业。最大的4家企业的研发投入总额占加拿大投入总额的1/3。最大的研发企业的身份也很有启发性。最大的一家是BCE集团，包括了加拿大贝尔（Bell Canada），北部电信（Northern Telecom）和贝尔北部研究院（Bell-Northern Research）。普拉特－惠特尼公司（Pratt & Whitney）为美国联合技术公司（United Technologies)所有,且在小涡轮航空发动机上有着世界级产品的统治地位。IBM Canada 进行的软件研发支持了全球的 IBM 公司的运行。加拿大原子能公司(AECL)为联邦政府所有,它的主要产品是 CANDU,不少研究经费预算都用来支持这项技术的持续发展。

表 9.1 主要的加拿大工业研发企业(研发投入金额单位按百万加元计)

企业名称	产业领域	产权所属	1989 年的研发(估计值)	1988 年的研发	占加拿大全部的累积比例
BCE Inc.	电信设备	加拿大	813	768	19.5
Pratt & Whitney Canada	航空	美国	247	219	25.1
IBM Canada	信息技术	美国	181	151	28.9
Atomic Energy of Canada	核能	政府	166	163	33.1
Ontario Hydro	电力	政府	150	117	36.1
Hydro Quebecc	电力	政府	136	129	39.4
Alcan Aluminum	有色金属	加拿大	111	105	42.0
Canadiar	飞机	加拿大	106	91	44.3
Boeing of Canada	飞机	美国	91	83	46.5
CAE Industries	航空	加拿大	75	60	48.0
Imperial Oil	石油产品	美国	70	67	49.7
Allied Signal Canada	电子	美国	38	37	50.6
Inco Ltd.	有色金属	加拿大	37	33	51.5
BC Telephone	电信	美国	37	34	52.3
Digital equipment of Canada	信息技术	美国	36	38	53.3
Shell Canada	石油产品	挪威	33	31	54.1
Mitel	电信设备	英国	29	29	54.8
CIL	工业化学	英国	29	27	55.5
MacMillan Bloedel	森林产品	加拿大	25	24	56.1
DuPont Canada	工业化学	美国	21	18	56.6

资料来源:Financial Post(October 26, 1988)。

美国公司的子公司、加拿大政府企业、公用事业单位或者与公用事业相关的企业在加拿大最大的研发执行者中占到多数。尽管加拿大北部电信公司的研发经费使其他的加拿大企业相形见绌，但与其国际竞争对手相比，它却是毫不起眼的。例如，美国电话电报公司（AT&T）在 1988 年的研发支出超过了 20 亿（Ontario Premier's Council，1988b，p. 147）。

对于专利活动的考察，说明了创新活动在一定程度上是广泛分布的。在表 9.2 中列出了一些源自加拿大实力最强的公司的发明专利。北部电信仍然处于领先地位，在 1982 ~ 1986 年占企业专利的 10%。

表 9.2　获加拿大本国专利的主要企业

企业	产业领域	产权所属	专利数 1978 ~ 1982 年	专利数 1982 ~ 1986 年
Northern Telecom	电信设备	加拿大	59	74
Canadian General Electric Company	电器及工业设备	美国	25	15
DuPont Canada	化工	美国	15	11
Inco	采矿	加拿大	15	8
Domtar	造纸	加拿大	11	9
Imperial Oil	石油产品	美国	10	10
Alcan	铝	加拿大	11	7
Polysar	石油化工	加拿大	10	8
CIL	化工	英国	10	8
ACEL	核能	政府	8	6
合计			791	774

资料来源：Statistics Canada（1989b，表 4.4 和表 4.5）。

主要的研发执行产业

表 9.3 总结了产业的研发支出分布情况。加拿大的研发结构与大的经合组织经济体在许多重要的方面都有所不同。首先，加拿大的服务领域有相当高比例的研发（包括公用事业、通信和工程行业业以及科学服务业），超过了大的经合组织经济体（OECD，1986，p. 82）。

第二，加拿大的汽车业的研发比例较低，既低于大的经合组织经济体也低于小而发达的经合组织国家。

第三，加拿大工业研发与大的经合组织经济体和许多小而发达的经合组织国家相比，很少一部分用于机械行业。

第四，加拿大工业研发的很大比例用于基本金属和“其他领域”（最大的领域是纸和木制品），超过其他大部分经合组织经济体。

加拿大的产业研发支出分布状况不仅反映了产业活动的分布状况，也反映出加拿大的创新活动的特点。包括林业产品、金属和能源在内的资源领域在加拿大相对重要，所以研发都支持这些领域。支持资源产业的创新活动，从历史上就是致力于解决当地的工艺问题。产品创新不是倾向于定制设计就是小批量生产。大规模的市场技术通常从美国引进。

表 9.3 国内企业在不同产业的研发支出分布（1988 年）产业领域

产业领域	1988 年研发支出（百万加元）	累计份额（%）	研发平均年度增长率（1980～1988 年）	1986 年研发强度（%）
通信设备	720	18.7	16.8	17.8
飞机和零部件	533	30.1	13.9	13.9
工程和科学服务	363	36.8	20.4	22.8
商务机器	298	43.6	20.2	3.5
其他电子设备	293	50.3	20.7	12.8
电力	242	55.8	14.4	0.9
其他制造业	232	61.1	35.0	0.9
计算机服务	216	66.0	32.5	15.1
其他（非医药）化工产品	185	70.2	9.3	1.4
原生金属	157	73.8	4.9	0.9
石油和煤炭产品	136	76.9	-2.1	0.5
交通和其他公用设施	134	79.9	13.1	0.4
制浆造纸和木制品	128	82.8	8.3	0.3
其他交通设备	105	85.2	9.8	0.3

资料来源：Statistics Canada（1989c，Cat. No. 88～001，July）。

因此，加拿大在机械制造和地面交通领域的国内创新活动集中在比如伐木设备、岩石钻孔设备和越野车等领域。加拿大的大规模市场产品创新如雪上汽车则是一个例外（De Bresson and Lampel，1985）。

尽管加拿大有相对较大的汽车产业，但它却完全是与美国汽车产业融合在一起的。研究、发展和工程都集中在美国进行。研究、发展和工程存在于更大的市场之中（并靠近企业总部）的天性，被1965年签订的“美加汽车产品交易协议”进一步加强了，通过这个协议，加拿大用本地研发和工程活动换取了更多的组装工作岗位（Acheson，1989）。

产业技术的吸纳

加拿大经济委员会（Economic Council of Canada）在1983年的报告总结到，新技术无论是从国外传播到加拿大、还是在加拿大内部传播，其速度都比其他发达国家缓慢得多。在随后对证据的考查中，梅茨·费特里奇和科尔瓦里（1986）发现，在1966～1979年间，加拿大通常是美国新技术的最早接受国之一。他们将这一情况归因于加拿大与美国地理接近，以及美国跨国公司在加拿大的突出地位。他们同时注意到，随着时间的推移，加拿大在转移美国技术的次序上落后了。证据表明，在一些制造业领域，加拿大的国内技术传播比美国要缓慢且不够完整。服务业的证据表明，加拿大与美国相比存在一些差距，但这些差距并非决定性的。

加拿大统计局（Statistics Canada 1989a）和美国商务部（1989）对先进制造技术的调查提供了更多的、系统的证据。公开出版的调查结果并不能直接进行比较，因为被调查的组织规模和产业分类并不相同。加拿大统计局为此作了准备，最终将出版的图表与美国的调查更加匹配。这些图表都可用于作者进行统计分析。

五个主要行业分类（金属锻造、机械、交通设备、电力与电子设备、仪器及其相关产品）的百分比的统计分析涉及17项先进制造技术，结果表明：平均而言，这些技术的使用率在美国要比在加拿大高出5.6个百分点或者

44% 。这个差别具有统计上的显著性。在主要的行业类别和技术都是如此。

美国更加普遍地应用先进制造技术，部分地由于两国在工业企业的规模和工业的融合程度两方面都存在差别。美国的工业企业在规模上更大，因此比加拿大更能吸收采用新技术的固定成本。在美国，作为先进制造技术的集约使用者的工业比在加拿大更显著。一个重要的例子就是与国防相关的工业。

如果加拿大的企业与美国企业规模相当，那么美国应用先进制造技术的频率要比加拿大高 3. 5 个百分点或者 24% 。对两国国防生产的重要性进行差别校正之后，虽然会缩小两国的差距，但并不能消除。

美国与加拿大在应用先进制造技术方面的差距，可能部分地由于加拿大创新体系的一些方面的相对薄弱。很多研究都提到熟练的技术人员在推动新技术应用上的重要性（例如 Julien et al. , 1988）。加拿大的供应者联系链条可能比美国要脆弱，这可能是由于在加拿大应用的先进制造技术很大一部分是进口的。一个可能的补救措施是进一步放开对贸易和移民的限制。

创新组织之间的联系

横向联系

这里的横向联系是指位于创新过程同一阶段的组织之间的关系。横向联系之所以存在有两个原因。首先，它是把外部性内化的一种方式。也就是说，它是技术进步的收益补偿其成本的一种方式。其次，横向联系是实现研究发展专业化优点的一种方式。

横向联系可以嵌入在广泛而多样的制度安排中。其中，比较熟悉的是技术合资企业和各种产业技术研究所。横向安排也可以包含政府和大学。政府的补贴和税收激励是把技术溢出的收益回馈给创新者的一种方式。政府和大学的实验室也会为合作研究贡献它们的专业技能。

隆哥（1989）提出了关于正式与非正式、横向与纵向等各种不同形式的联系的相对重要性。他的发现如表 9. 4 所示。外国分公司、供应者和大学是最重要的研发外部来源。政府研发机构和横向的国内联系（联盟或非联盟的形式）也同样重要。相比之下，用户和行业协会比较不重要。

隆哥也调查了研发执行者中技术联盟产生率和性质。他发现，超过一半的被调查企业都加入了技术联盟。国外和国内联盟产生的频率大致相同。

科特瓦克（1985）考察了加拿大行业协会的研究、发展和扩散活动。他发现，整体上只有较少的行业协会参与研发活动或有技术人员。最大且最早的工业研究机构是成立于 1925 年的加拿大制浆及造纸研究所（即 Paprican），它主要依靠其成员企业来支持。该研究所主要从事应用性的工艺研究，它促进了许多工艺创新，并在解决一般性的生产问题中起到了重要的作用。

表 9.4 安大略省的研发执行者的研发外部来源（1989 年）

来源	被访者认为位于前 3 位的来源所占百分比
外国分公司	24
供货商	23
大学和学院	20
其他政府研发机构	16
国家研究委员会	14
同一产业内的其他非附属企业	13
联盟中的非附属企业	12
购买者	10
产业研究协会	10

资料来源：Longo（1989，p. 9）。

能源产业有两个活跃的研究所。一个是加拿大天然气研究所（The Canadian Gas Research Institute），它代表成员组织（80% 的预算都来自这些组织）从事天然气应用、输送、安全等方面的研究。它同时也是（美国）天然气研究所联盟的会员，并从美国天然气研究所的研究中获益。另一个是加拿大电气协会（The Canadian Electrical Association），也代表成员组织与设备供应商（大部分税收来自于它们）将研发投向发电、输电、配电等方面的问题的研究（由联邦政府对其进行平衡）。

一些研究协会更多的是从事协调工作而不是直接进行研发。举例来说，加拿大钢铁产业研究协会（Canadian Steel Industry Research Association）在钢铁企业和冶金研发之间建立了联系，研发主要由大学和省级的研究委员会来进行。经费大部分来自联邦和省政府，以及美国钢铁研究所（American Iron and Steel Institute）。

在支持、协调和传播重油萃取领域的研究成果上起到显著作用的政府机构是阿尔伯特省油砂技术研究管理局（AOSTRA）。该管理局与石油企业一起资助研究、开发和示范工程，这些企业大多数成为非常活跃的油回收商业厂家。它同时也资助了一系列石油地质学和工程学的学术研究。

一个更加综合的政府项目是国家研究委员会的工业研究辅助项目（IRAP），它支持工业研发，并且提供专业的技术情报交换服务。此项目的研究力量是由250名产业技术顾问组成的网络，这些顾问来自全加拿大的160个技术中心。这个项目被视为加拿大最成功的创新支持项目（Supply and services，1990）。

其他联邦政府项目大部分是给研发企业提供金融资助。其中比较著名的是国防工业生产力项目，资助了航空业的研发（Ontario Premier's Council，1988a，Exhibit Ⅷ. 21）；还有研发税收抵免条款（tax credit provision），它是世界上最慷慨的条款之一（United Kingdom，Inland Revenue，1987）。

包括研发税收抵免、补贴和合同在内的政府财政资助总量，大约占加拿大产业研发经费的20%。众所周知的是，美国政府直接支持了大概30%的美国工业研发，若以此为标准，加拿大政府的支持水平还不够。

然而，这种比较是否合理，取决于税收措施、津贴和合同是否给工业研发执行者提供同等数量的支持。有理由相信，美国政府以及其他国家政府用来资助研发活动的方式即研发合同的价值与补贴和可退税额度并不等价（美元对美元），因此国家之间比较合计的研发资助额是没有意义的。

更根本的问题在于加拿大政府通过研发合同来支持工业研发是否富有成效？这个问题将在后面讨论。

总而言之，尽管存在很多合作研究项目的案例，但在加拿大比较明显的制度化的、遍布整个产业的研发活动很少。造成这种情况有很多可能的原因。首先，国家研究委员会和各省研究委员会都从事和支持应用型研发，因此技术开发活动就由工业协会来进行了。

第二，加拿大拥有很发达的工程服务产业，可能以很低的成本提供在应用技术领域由工业协会积累起来的专业技术技能。

第三，就是作为小国家存在的问题。加拿大的工业研发往往关注当地问题。可更加广泛应用的技术则从国外引进。在加拿大许多产业领域都可能是这种情况，特别是资源领域之外的产业，单个工业协会就能够解决在加拿大整个行业都存在的独特技术问题的情况，是很少见的。

纵向联系

纵向联系是指在创新活动不同阶段的各组织之间的关系。罗森柏格（Rosenberg，1982）、弗里曼（Freeman，1982）、安德森和伦德瓦尔（Anderson and Lundvall，1988）等人都强调过用户和供应者之间的关系在创新过程中的重要性。

安德森和伦德瓦尔（Anderson and Lundvall，1988，p. 11）观察发现，小国家的特征是工程部门的专业化模式和技术能力，能部分地反映出工程行业作为主要部门的历史。加拿大的经历与这种观察一致。下文将表明，加拿大本土的许多创新的努力都是为农业、采矿业、能源、林业和电信业服务。

布列松和默里（De Bresson and Murray，1984）曾经调查过用户与供应者之间的联系对加拿大创新活动的影响。他们根据在 1945 ~ 1978 年间世界第一的创新和应用技术的数量对加拿大产业进行了排序，还根据相对于国内需求的能力对资本货物产业进行了排序。他们发现，各种地面运输工具（越野车）和采矿服务业（航测、开采和绘图）两个产业成为世界第一的创新者，且不是外国创新的重要采纳者。在这两个产业案例中，加拿大独特的地理需求培育出了一种独特的加拿大创新成就。

还有两个资本货物产业因为其创新纪录以及在出口方面的成功和/或与进口技术的竞争而引人注目。伐木设备产业有很辉煌的创新历史纪录，并且是高度出口导向的（p. 131）。制浆及造纸机械产业同样拥有众多世界第一的创新数纪录，并且在过去供给了很大一部分国内需求。

布列松和默里发现一个更加普遍的情况，主要的创新产业同样也是主要的外国技术的采纳者。创新表现最突出的产业都与资源部门或政府（有时代表了资源部门）或公用事业（电力、煤气、电信）的消费者有很强的联系，而不是与制造部门。在利用创新或采用新技术方面比较突出的能源部门包括农业(化学)、石油和汽油回收、制浆机造纸、冶炼和精炼，以及硬岩采矿(p. 181)。表 9. 5 列出了主要的创新产业及其最主要的消费部门。

表 9. 5　主要的创新产业及其消费部门（1945 ~ 1978 年）

创新产业	创新数量排名	应用的工业领域
各种机械和设备	1	木材产品、采矿、磨洗、熔炼和精炼
科学与专业设备	2	健康和福利服务、政府、采矿服务
飞机和零部件	3	飞机和零部件、政府
通信设备	4	通信事业、政府电力产品
工程和科学服务	5	公用事业、政府
工业化学	6	工业化学
电力工业设备	7	政府、公用事业

资料来源：De Bresson 和 Murray（1984，表 3、表 3. 3 和表 5. 3）。

加拿大还有一些例子可以说明用户在界定创新任务以及测试与细化创新中发挥了关键作用。布列松和默里引证了 MacMillan Blodel 林业公司在设计、测试和使用运输木材的自动卸载船当中扮演的角色。利特瓦克和莫尔（Litvak and Maule，1982）指出，帝国石油公司（Imperial Oil）既是 Canadian Foremost 有限公司生产的越野车的首位用户也是产品的设计来源。

在加拿大，作为创新的用户的政府、国家公用事业和被管理的公用事业在鼓励国内创新体系的发展，以及、或许，“工程比较优势”策略方面也扮演着采购的角色。波莱塞和维劳尔特（Polese and Verrault，1989）以及安大略省总理委员会（Ontario Premier's Council）（1988a）都指出，以魁北克为基地的工程咨询公司在加拿大以及世界市场的电力和大坝建造行业的突出地位，不仅可以追溯到魁北克大规模水力发电的发展，而且也可以追溯到魁北克水电公司（Hydro-Quebec）将工程需求外包给当地企业的政策。福彻（Faucher，1989）描述了魁北克水电公司对资本设备（发电机、变压器、电缆等）的供应商的类似政策。在这一案例中，将当地采购干预成为一个出口产业的前景看起来不太乐观。

达尔佩（Dalpe，1988）指出，北部电信作为电子通信设备的主要出口企业（以及加拿大最大的研发执行者）的地位，是由于它与贝尔系统整合以及作为贝尔系统的供货商在加拿大的首选通道。北部电信成为创新力量，是从1956年通过美国反托拉斯当局断绝其与西电公司（Western Electric）的技术合作协议开始的。另外，对国内市场的信心也是北部电信在20世纪六七十年代决定投入研发项目的一个重要因素，而这为它现在的成就奠定了基础（Restrictive Trade Practices Commission，1983，pp. 201 ~224）。不过，关于这个产业中完全的纵向整合对技术发展的重要性，还有很多较不一致的观点（Globerman，1980）。

尽管用户与供应者之间的联系为加拿大的创新作出了贡献，但加拿大的这些国内联系比任何其他国家都要弱一些，而且也不那么普遍。对加拿大的林业，海特（Hayter，1988）有这么一番结论：

> 尽管林产品企业是设备供应商的主要客户，但在加拿大，林产品企业与设备供应商之间并没有在发展和开发利用技术方面有系统的合作（斯堪的纳维亚岛的国家就有这类合作）。林产品企业内部的研发团队与设备供应商之间的技术联系是零零散散的。设备供应商的研发活动通常导向产

> 品原型的发展，并被森林产品企业的内部研发团队放在设备中进行测试（因为企业自愿当小白鼠，所以可以较低的价格购买）。类似的，林产品企业开发一项新技术通常一般也会与设备供应商建立紧密的合作关系（p. 76）。

布列松和默里（1984）也发现类似的情况，可持续的用户—供应商互动的发生率在加拿大要小于英国。他们认为：

> 与英国比较，加拿大的互动产业集群比较少，这似乎是加拿大创新体系的一个独有特征。缺乏互动产业群，一个明显的原因就在于加拿大对外国技术进口的依赖（p. 187）。

尽管加拿大有可持续和成功的横向创新联系和纵向创新联系，但是这些联系是与外国联系共存的，而且经常是外国联系占主导地位。当创新与资本货物有关时，这种情况就更加真切了。加拿大作为创新者和供应者与外国研究协会和外国“分工厂”也存在着联系。在某些人看来（Hatyer，1988，pp. 74 ~ 75），问题就在于这些分工厂本身的使命只限于解决加拿大当地的问题，除此之外无能为力。这是不是外国分工厂参与加拿大创新活动的唯一形式，以及外国所有权是不是作为一个因果条件来分析加拿大创新体系，这些问题都将后续讨论。

劳动力的流动

向其雇员提供建立新的创新型组织所必需的知识和技能的机构，叫做孵化器。雇员可能在履行职责（干中学）当中或通过正式的在职培训来获得知识和技能。某些形式的学习只能发生在工作当中，在这个意义上，孵化器组织是正规教育体系的重要补充。孵化器可能对提供管理技能特别重要。大企业和非市场组织作为技术创业精神来源的作用已经得到了广泛的讨论（Miller and

Cote，1987）。

利特瓦克和莫尔（1972，1980，1982）以及尼科尔（Nichol，1985）都调查过加拿大技术导向的创业精神的来源。他们的研究强调了加拿大创新体系在这方面与国外的联系。很大一部分加拿大高新技术企业家的一个显著共同点是在外国出生或在外国受过教育。很多创业者不是有国外工作经历就是曾经在外企工作过。

关于创业者从他们前任雇主那里学到了什么知识，尼科尔以及利特瓦克和莫尔的研究结论有所不同。利特瓦克和莫尔（1972，pp. 4～30）发现，64%被调查的创业者离开前任公司而去开发一个特别的想法或产品。尼科尔（1985，表4.20）发现，在她所调查的案例中，30%的创业者的最初的产品线与其前任雇主有竞争关系。剩下70%的创业者利用了从原来雇主那里学到的技术管理技能。

尼科尔提供了渥太华地区高新技术企业家以前的受雇经历，非常有趣。表9.6总结了她的研究结果。这些结果在很多方面都是富有启发性的。第一，渥太华地区有两所大学和一个主要的研发组织（国家研究委员会），但没有一个创业者出自它们。第二，渥太华是联邦政府人员包括科学人员的集中地。尽管在被调查的技术企业创业者中有28%来自联邦部门，但与渥太华在联邦政府任职的人员数量相比，这个比例是非常低的。

第三，尽管贝尔—北部集团是技术创业企业的重要来源，它衍生了大约50家小企业（Ontario Premier's Council，1988b，p. 167），但它对渥太华高新技术创业的大部分贡献是由于其分支机构微系统国际有限公司的破产所产生的。

第四，加拿大计算设备公司（Computing Devices of Canada），这个从规模上看是渥太华地区最重要的孵化器，自1956年起为美国所有。30多年来，它一直都是一个成功地为军事用户提供电子监督和导航系统的出口企业。它的雇员也建立了许多企业，例如Leigh Instruments（本身也是重要的孵化器）、Gandalf和Lumonics。因此，外国分公司也可以作为孵化器，而且在这方面可能比政府的科学组织更有优势。但它们是否优于本地企业（在某种意义上后者是可选择的）仍然是一个没有答案的问题。

表 9.6 渥太华高新技术企业的创业来源（1982 年）

组织	类型	比例
Computing Devices of Canada	外企	18.9
Leigh Instrument	加拿大企业	13.2
Northern Telecom，Bell-Northern Research. Microsystems International	加拿大企业	28.3
Telesat Canada	政府企业	3.8
其他企业		7.5
联邦政府部门和管理机构		28.3
合计		100

资料来源：Nichol（1985，表 4.18）。

创新体系

创新者的互动可能在地理、技术或者产业的情境中发生。创新活动经常表现出地理集中性。地理集中的好处在于大量的技术人才，以及用户与创新人员和对相同问题追求不同解决方式的研究人员之间的交流所产生的经济（Malecki，1987）。

艾莫斯等人（Amesse et al.，1989）考察了加拿大的创新活动的地理分布。他们在研究报告中说，1983 年，加拿大大约 47% 的高科技人员集中在多伦多，22% 在蒙特利尔，12% 在渥太华。多伦多除了是最大的创新集中地之外，它的高科技部门也是建立时间最长的，而且最多元化，最显著的代表是电信、航空和信息技术。蒙特利尔主要是普拉特—惠特尼公司领导的航空技术，此外还有电信技术。渥太华是最近才发展起来的，它集中在电信（贝尔—北部集团）和信息技术产业。

在艾莫斯等人（1989）以及拉克鲁瓦和马丁（Lacroix and Martin，1987）看来，只有多伦多、蒙特利尔和渥太华才有资格成为加拿大高技术聚集区。经合组织（1988）的结论是：西部省份的一些产业已经具备新产品和新技术企业可持续发展所必需的“临界值”。特别是，不列颠哥伦比亚省（British Columbia）❶ 的电信业（远程终端、信号处理、数据转换、图像处理和芯片设计）、阿尔伯特省（Alberta）的与地球物理和地震应用相关的电子设备行业、萨斯卡彻温省（Sakatchewan）的电子装置和数据转换器行业（卫星接收器、电子跟踪系统）都达到了临界质量。

创新者之间的互动也可以发生在技术和产业的背景当中。当一个部门的创新让另一个没有必然关系的部门也可能发生创新时，技术的互动就发生了。罗森柏格（1979）强调了这一类“创新集聚”的重要性。互动同样也可以发生在用户—供应商关系所连接的产业当中。布列松和默里（1984）确定了两种在冶金和电力行业经常出现并且能持续发展的用户—供应商关系联合体，他们还找到了在木材和化工产品行业存在的两种较不明显的用户—供应商关系集群。

冶金复合体由有色金属开采和铣削（居于中心地位）、钢铁行业，以及熔炼和精炼行业组成。这些行业相互联系，又与设备、采矿服务和化工产业建立联系，与机械行业的联系相对少一些。冶金复合体还包括支持大学研究的政府和企业（Litvak，1985；Hutchison et al.，1987）。

电力复合体由发电和配电行业组成，它是电力工业设备、各种电子产品以及工程服务的强大用户。电力复合体也包括蒙特利尔的综合理工学院（Ecole Polytechnique）等高校。大学、工程咨询组织和公用事业之间的合作（Hutchison et al.，1987），以及公用事业和设备供应企业之间的合作（Faucher，1989；Faucher and Fitzgibbons，1990），都有大量成功的案例。

木材集群以制浆及造纸业为中心并连接着伐木业和碾磨业。这三个行业都与机械产业有很强的联系，其中一些还是各种交通设备和化工产业提供的创新

---

❶ 不列颠哥伦比亚省：加拿大温哥华的所属省，温哥华岛上的维多利亚市（Victoria）是省府所在地。该省的经济以天然资源的开发为主，原木、纸浆和纸是制造业的主要产品，其次为食品加工和冶金业。——校者注

的用户。这个集群也包括产业研究协会、林业研究所、加拿大林业服务实验室和大学的林学院。产业研究协会关注的是当地的工艺改进，而且比较成功(Hayter，1988，第三章；Miller & Blais，1990；De Bresson & Murray，1984)。在很多案例中，有不少大学—企业协作的成功案例（Hutchison 等，1987)。

尽管在林业领域有清晰的和比较成功的创新联系，但它的批评者认为，这个部门在林业新产品开发和林业应用机械（除了伐木机器）等领域缺少创新潜力（OECD，1988；Science Council，1987a)。人们认为，失败的根源在于林业产品企业的研发不足（Hayter，1988；Miller 和 Blais，1990)，以及与大学和机械制造企业的国内联系不够。

> 不列颠哥伦比亚省的林业公司很少开展研发活动，这些公司也不把研究外包给大学。大学的林业研究是学术型的。Forintek 公司……拥有卓越的实验室设施，本来可以为林业的经济好转作出显著贡献。Forintek 虽然开发了一些创新产品和工艺，但商业化机制并不完善（OECD，1988，p. 58)。

测量冶金和林业的国内联系相对强度的方法是，这些产业所使用的技术为国内专利的比例。造纸、有色金属产业使用的专利来源如表 9.7 所示。加拿大创新活动的工艺导向是很明显的。同样明显的是，尽管这些产业采用国内技术的比例要高于加拿大的平均水平（接近 7% 的加拿大专利是源自加拿大)，但大部分技术仍然来自国外。

化学集群由工业化学、综合化学以及石油和塑胶产业组成。根据布列松和默里（1984）的研究，这些产业内部之间的互动很少，但是作为用户，它们与工程、机械和通信设备行业的互动比较多，作为供货商，与农业、采矿和制浆及造纸业的互动也比较强。互动有各种类型，比如阿拉伯特省油砂技术管理局协调组织的关于重油原地回收的联合研究、开发和示范项目，又比如安大略省萨尼亚地区（Sarnia）的化学科学和技术研究所的联合石油化工研究。石油产业也促进了石油工程企业（1982年加拿大的企业在世界市场排名第六），以及阿尔伯特省的测定地震设备企业的发展（Polese & Verreault，1989；OECD，1988）。

表9.7　加拿大产业使用的发明专利的来源（1978～1986年）

产　业	发明类型	来自加拿大的比例（%）	来自美国的比例（%）
制浆及造纸	产品	8.5	42.4
	工艺	14.6	32.7
有色金属	产品	8.5	37.2
冶炼与精炼	工艺	15.5	38.0
原油和天然气	工艺	13.0	72.0
精制石油产品	工艺	8.0	64.0
电力系统	产品	7.0	57.0
通信	产品	8.0	56.0

资料来源：Statistics Canada，Science and Technology Indicators，1988（1989b，表4.9，表4.10和表4.13）。

我们可以把帝国石油公司（埃克森公司的一家分公司）作为外企也能在国家创新体系中发挥重要作用的典型例子。帝国石油的研发包括全世界的埃克森公司在润滑油方面的研究，以及对加强常规油回收、重油回收和北极钻探等国内问题的研究（Clarke，1980）。通过埃克森的联系，引进的外国技术会关注加拿大本国的问题，加拿大的技术也可以在国际上得到应用。

加拿大还有其他的创新活动集聚值得关注：航空、电信和信息技术产业以及农业。

航空业在很大程度上是一个自给自足的创新体系（De Bresson 和 Murray，1984；Lambert，1989）。其中主要的研发执行者是普拉特—惠特尼公司（它在小涡轮机发动机领域拥有来自美国母体组织的世界使命）、制造机身的加拿大航空公司（Canadair）和加拿大德·哈维兰飞机公司（DeHavilland），以及生产飞行模拟器的计算机辅助工程行业（CAE Industries）。政府以补贴的形式参与这个产业，或者直接通过国防工业生产力项目予以资助，或者间接地在政府拥有加拿大航空公司和加拿大德·哈维兰飞机公司所有权期间通过亏损分担以及通过采购的方式。

普拉特－惠特尼公司是外企可以为国家创新体系作出贡献的另一个例证（De Bresson 等，1990）。与之对比，加拿大航空公司和加拿大德·哈维兰飞机公司则历经了财政困难和产权易主。加拿大德·哈维兰飞机公司以前是一家成功的丛林飞机制造厂，现在则转为短途起降的载客飞机制造，而且不太成功；它原为英国所有，后来归加拿大政府，最后又为美国所有。加拿大航空公司原来生产喷气式歼击机，现在生产商用喷气机；它原本属于美国，后来归加拿大政府所有，最后成为加拿大公有企业。这些企业的历史说明了外国产权所面临的机遇和限制、小国企业在竞争激烈的世界市场上所遇到的困难，以及政府直接参与专利性质（与通用型或全行业型相对立）的研发决策所引起的问题（Nelson，1982）。

电信产业被加拿大贝尔集团控制，它包括贝尔系统、北部电信和贝尔北部研究院。此外，加拿大还有大量的本国企业或外国企业，它们生产零部件、转钥系统和信息系统（McNeil，1986）。这些企业分布在加拿大西部和东部的高新技术聚集区。实际上，加拿大西部最大的研发执行者是诺瓦泰公司（Novatel），它是泰勒斯电信（Telus）的分公司，前身是阿尔伯特省政府电信局（Doville，1991）。加拿大已经成为应用通信卫星的主要创新国（加拿大研究，1986，p. 46）。政府部门开展的研究对该领域尤其重要。

信息技术产业的主要参与企业是 IBM 加拿大分公司和数字设备公司（Digital Equipment）。IBM 在加拿大进行的是全世界都可用的软件研发，IBM 也被称为重要的创新孵化器。加拿大最大和最成功的信息技术咨询企业之一的 DMR，就是 IBM 的前雇员建立的（Pitts，1990）。还有大量的加拿大本土软件企业在这 20 年中进入了市场（Amesse 等，1989；Ontario Premier's Council，1989a. IX. X）。这些企业往往制造专门的产品而且其产量的很大一部分是出口的。沃特卢（Waterloo）和多伦多地区的大学的计算机研究机构发挥了比较重要的桥梁作用。

在农业创新体系中居于核心地位的是 1886 年创立的联邦政府实验农场网络。它早期的贡献是普及了夏耕法——一种旱地耕种技术，以及培育出“Marquis”早熟麦品种（Fowke，1946）。这两项创新都增加了草原农业的收成。农业创新体系包括政府实验室、农学院和企业—政府联合的研发项目。由此改进了农作物和家畜品种，从而实现了较高的收成率（Nagy and Furtan，1984；Ulrich et al.，1986；Zentner and Peterson，1984；Widner et al.，1988；Dotto，1987）。

加拿大的创新体系可以分为两类。第一类是“传统”的创新体系，包括能源、金属、林业和农业。这些创新体系是面向国内工艺进步的。这些部门的创新回报体现为加拿大的独特资源有了更高的收益。这些部门的创新增加了在世界市场销售原材料的收益率。

第二类是新兴的创新体系，由航空、电信和信息技术产业组成。这些体系与加拿大自然资源禀赋的关联极小，而与人力资源禀赋密切相关。它们的目标是产品创新。这些部门的创新回报来自差别化产品所确定和占有的世界市场位置。

这两类创新体系有共同的特性：支持出口活动并且与其他国家的创新体系联系在一起。

结论

加拿大的创新体系受其地理位置特征的影响：人口稀少、资源丰富，并且靠近一个更强大且技术和文化都相似的国家。加拿大拥有一个开放的国际联系（大部分跨边界）比国内联系更占优势的国家创新体系。国际联系占优势地位的表现如下：

1. 很大一部分加拿大高新技术企业家是在国外出生的，或者曾经在国外受教育，或者有国外工作经验。

2. 即使在有发展良好的创新组织和联系的产业中，其使用的大部分技术仍然来自国外。

3. 外国组织经常作为用户或供货商包含在用户—供应者联系当中。

a）外国企业经常参与加拿大大学和研究机构开发的技术的商业化过程；

b）航空、信息技术和通信设备工业的加拿大企业将其大部分产品销往国外；

c）大部分加拿大产业使用的资本货物来自国外或由国外设计。

4. 大部分加拿大产业研发是由外国企业的分公司来执行的。分公司的研发可能只局限于解决当地的工艺问题，或者可能支持在全世界销售产品的使命（比如，普拉特—惠特尼公司，通用电气，杜邦）或支持在全世界都可用的研究使命（比如，IBM，Esso，Xerox）。

加拿大的创新历史以来就是关注如何增加国内自然资源的价值。因此，资源部门的创新体系是最直观的。很多对于事后收益率的研究推断，这种创新已经非常成功了。大部分的观察者都同意，这种历史择向（historic approach）至少作为第一步是合适的。

加拿大的创新体系在很多方面广受批评，因为它除了解决当地资源产业的工艺问题之外，对其他的无能为力。比如，与斯堪的纳维亚国家相比，加拿大的工程（机械）产业能够供给资源部门的本土创新能力非常弱。更糟糕的是，资源升级的创新途径也非常有限。据此看来，加拿大的创新体系不能像其他之前的资源导向型国家一样降低加拿大对自然资源的依赖。

这些失败是由于制造业特别是机械（工程）产业缺乏本土创新能力。这可能降低了创新体系的其他要素的生产力。政府和大学研究组织已经指出它们的研究工作难以对本地问题产生兴趣。类似地，刚起步的高新技术企业也很难在国内找到战略合作伙伴。

外国所有权被认作是这些问题发生的根源。这就提出了问题：在什么程度上外国所有权将限制国家创新体系的发展，以及国家创新体系是否有必要融入国际创新体系。

外企为加拿大创新体系的发展作出了贡献。它们有助于实现集聚经济，提供孵化器服务，至少在当地的或小规模的创新中扮演用户和供货商的身份。它们也方便了加拿大企业作为用户和供货商参与美国的创新体系。然而，大的市场创新能力往往集中在美国。问题是，这种区位选择是否反映了毗邻大市场的小市场的潜在的实质，或者仅仅是所有权的转变而已？

有理由相信，一个小国家，即便是处于加拿大的位置的小国家，的确有一些杠杆作用的（Steed，1989）。电信设备领域出现强大的创新能力，是从北部电气（现在是北部电信）和美国的西电公司的技术合作协议的断裂开始的。这个例子就反映了需要重铸车轮。类似地，魁北克水电公司已经成功地将购买政策作为该省鼓励工程咨询产业发展的一种手段。安大略水电公司（Ontario Hydro）从内部获得工程，据说这是导致该产业在安大略发展失败的原因之一（Ontario Premier's Council，1988a，pp. 285 ~300）。

大量的和持续的当地需求可以被战略性地用来创造国内的用户—供货商创新联系。但这一类的政策是需要花费成本的，即便在它可以被应用的有限领域。对外部收益和本地优先的成本的必要的事前比较是几乎不可能的。加拿大受政府大力支持的两项世界级的专利技术（加拿大重水铀反应堆，Lermer，1987；挑战者商务喷气机，Borins，1986）产生的影响提醒人们在实施这一类政策时需谨慎。

另外一种选择就是充分利用国外联系，在任何情况下，它都将继续支配加拿大的创新体系。这涉及下列政策：

1. 对国外技术和创业人才继续敞开大门。

2. 维持有益于国内企业及时采用国外技术的市场条件和基础设施。

3. 当找不到国内合作伙伴时，鼓励国内研究组织到国外市场寻找合适的合作伙伴。

参考文献

Acheson, K. (1989). "Power-Steering the Canadian Automotive Industry." *Journal of Economic Behavior and Organization* 11: 337 – 51.

Amesse, F., Lamy, P., and Tahmil, B. (1989). "L'axe 40/401: Notre ' Silicon Valley' du Nord." *Gestion* 14: 15 – 22.

Anderson, E., and Lundvall, B. (1988). "Smaii National Systems of Innovation Facing Technological Revolutions: An Analytical Framework." In C. Freeman and B. Lundvall (eds.), *Small Countries Facing the Technological Revolution*, 9 – 36. London: Pinter Publishers.

Baldwin, J., and Gorecki, P. (1986). "Canada-U. S. Productivity Differences in the Manufacturing Sector: 1970 – 1979." In D. G. McFetridge (ed.), *Canadian Industry in Transition*, 211 – 60. Toronto: University of Toronto Press.

Borins, S. (1986). *Investments in Failure: Five Government Investments That Cost the Taxpayer Billions*. Toronto: Methuen.

Britton, J., and Gertler, M. (1986). "Locational Perspectives on Policies for Innovation." In J. Dermer (ed.), *Competitiveness through Technology: What Business Needs*, 159 – 75. Toronto: Lexington.

Canada, Royal Commission on the Economic Union and Development Prospects for Canada (1985). *Report Volume Two*. Ottawa: Supply and Services.

Canada, Senate Special Committee on Science Policy(1972). *Targets and Strategies for the Seven ties*, Vol. 2. Ottawa: Queen's Printer.

Canada, Senate Standing Committee on National Finance(1984). *Federal Government Support for Technology Advancement: An Overview*. Ottawa: Queen's Printer. Canada, Supply and Services (1990). *R&D Bulletin* No. 204, March.

Canada, Task Force on Federal Policies and Programs for Technology Development (1984). *A Report to the Honourable Edward Lumley, Minister of State for Science and Technology*. Ottawa: Ministry of Supply and Services.

Charette, M., Henry, R., and Kaufman, B. (1986). "The Evolution of Canadian Industrial Structure: An International Perspective." In D. G. McFetridge(ed.), *Canadian Industry in Transition*, 61 – 134. Toronto: University of Toronto Press.

Clarke, P. (1980). "Research: Imperial's Long History and More of the Same." *Imperial Oil Review* 64(6): 26 – 29.

Clarke, T., and Reavely, J. (1988). "Problems Faced by R&D Managers in Canadian Federal Government Laboratories." *R&D Management* 18(1): 33 – 44.

Clifford, E. (1990). "Investors Put Faith in Quadra Logic." *Globe and Mail Report on Business* May 31, B9.

Dalpé, R. (1988). "Innovation and Technology Policy in a Small Open Economy: The Canadian Case." In C. Freeman and B. Lundvall (eds.), *Small Countries Facing the Technological Revolution*, 250 – 61. London: Pinter Publishers.

De Bresson, C., and Lampel, J. (1985). "Bopmbardier's Mass Production of Snowmobiles: The Canadian Exception?" *Scientia Canadiensis* 29, 133 – 49.

De Bresson, C., and Murray, B. (1984). "Innovation in Canada." New Westminister, Co – operative Research Unit on Science and Technology.

De Bresson, C, Niosi, J., Dalpe, R., and Winer, D. (1990). "Technological Capability, Innovation and Linkages of Domestic and Foreign Owned Firms: The Case of the Aircraft Industry." Paper presented at a Conference on Foreign Investment, Technology and Economic Growth, Ottawa, September 6 – 7.

Donville, C. (1991). "Novatel Pressured by Industry Boom." *Globe and Mail Report on Business* January 7, Bl.

Dotto, L. (1987). "Canada-A Canadian Success Story." *University of Toronto Alumni Magazine* 15: 16 – 18.

Doutriaux, J. (1989). "High Technology Entrepreneurship and Academia: Are They Compatible in Canada." Ottawa: University of Ottawa, Faculty of Administration, Working

Paper No. 89 – 9.

Easlon, S. (1988). *Education in Canada*. Vancouver: The Fraser Institute. Economic Council of Canada (1983). *The Bottom Line: Trade, Technology and Income Growth*. Ottawa: Supply and Services.

Ergas, H. (1987). "The Importance of Technology Policy." In P. Dasgupta and P. Stoneman(eds.), *Economic Policy and Technological Performance*, 51 – 96. Cambridge, England: Cambridge University Press.

Faucher, P. (1989). "Politique d'achat et developpement technologique: le cas d'Hydro Quebec." In *Le Marche public et le developpement technologique au* Quebec: Six rapports d'etude. Quebec: Conseil de la Science et de la Technologic.

Faucher, P., and Fitzgibbons, K.. (1990). "The Political Economy of Electric Power Generation: Procurement Policy and Technological Development in Quebec, Ontario and British Columbia." Working Paper 90 – 03, CREDIT, University of Quebec at Montreal. Financial Post. October 26, 1989.

Fowke, V. (1946). *Canadian Agricultural Policy: The Historical Pattern*. Toronto: University of Toronto Press.

Freeman, C. (1982). *The Economics of Industrial Innovation*. London: Pinter Publishers.

Freeman, C. (1988). "Introduction." In C. Freeman and B. Lundvall (eds.), *Small Countries Facing the Technological Revolution*, 1 – 8. London: Pinter Publishers.

Globerman, S. (1980). "Markets, Hierarchies and Innovation." *Journal of Economic Issues* 14: 977 – 98.

Haytcr, R. (1988). *Technology and the Canadian Forest Products Industries*. Ottawa: Science Council of Canada Background Study No. 54.

Hutchison, W., Miller, P., Baird, N., and Bevelander, D. (1987). *R&D Links Between Firms and Universities: Six Case Studies*. Ottawa: Science Council of Canada.

Julien, P., Carriere, J., and Hebert, L. (1988). "*La diffusion des nouvelles technologies dans trois secteurs industricls.*" Quebec: Conseil de la Science et Technologic.

Lacroix, R., and Martin, F. (1987). *Lcs Consequences de la Decentralisation Regionale des Activites de R – D*. Quebec: Conseil de la Science et de la Technologic.

Lambert, D. (1989). "Analyse de l'industrie aeronautique canadien et quebecoise: perspective de developpement." *Cahiers de Recherche*, 89 – 107. Montreal: Ecole des Hautes Etudes Commerciales.

Lermer, G. (1987). *AECL: An Evaluation of a Crown Corporation as a Strategist in an Entrepreneurial, Global Scale Industry*. Ottawa: Economic Council of Canada.

Litvak, I. (1985). "Canadian Trade Associations and the Promotion and Diffusion of Innovation." Ottawa: Department of Regional Industrial Expansion, Technological Innovation Studies Program, Research Report 100.

Litvak, I., and Maule, C. (1972). "A Study of Successful Technical Entrepreneurs in Canada." Ottawa: Department of Industry, Trade and Commerce, Technological Innovation Studies Program Report No. 11.

Litvak, I, and Maule, C. (1980). "Entrepreneurial Success or Failure-Ten Years Later: A Study of 47 Technologically Oriented Enterprises." Ottawa: Department of Regional Industrial Expansion, Technological Innovation Studies Program, Report No. 80.

Litvak, I, and Maule, C. (1982). "Canadian Entrepreneurship and Innovation: Six Case Studies." Ottawa: Department of Regional Industrial Expansion, Technological Innovation Studies Program, Report No. 86.

Longo, F. (1989). "Some New Findings on the Costs, Returns and Organization of R&D in Ontario." Mimeo, Toronto.

Lukasiewicz, J. (1986). "Canada's Encounter with High Speed Aeronautics." *Technology and Culture* 2T. 223 – 61.

Malecki, E. (1987). "The R&D Location Decision of the Firm and 'Creative Regions'—A Survey." *Technovation* 5: 205 – 22.

McFetridge, D., and Corvari, R. (1986). "Technology Diffusion: A Survey of Canadian Evidence and Public Policy Issues." In D. G. McFetridgc (ed.), *Technological Change in Canadian Industry*. Toronto: University of Toronto Press.

McMullan, W., and Melnyk, K. (1988). "University Innovation Centres and Academic Venture Formation." *R&D Management* 18 (1): 5 – 12.

McNeil, R. (1986). "Telecommunications: A Canadian Overview." *Canadian Research* 19: 38 – 46.

Miller, R., and Blais, R. (1990). "Les Logiques de I'nnovation dans Six Secteurs Industriels." *Gestion* 15: 9 – 16.

Miller, R., and Cote, M. (1987). *Growing the Next Silicon Valley*. Lexington: Lexington Books.

Nagy, J., and Furtan, H. (1984). "Economic Cost and Returns from Crop Development Research: The Case of Rapeseed Breeding in Canada." Canadian Journal of Agricultural Economics 1: 1 – 14.

Nelson, R. (1982). *Government and Technological Progress*. New York: Pergamon.

Nichol, L. (1985). "Spin-offs and New Firm Formation: Entrepreneurship and High Technology in the Ottawa Area." Ottawa: Unpublished M. A. Thesis, University of Ottawa, Department of Geography.

Ontario, Ministry of Industry, Trade and Technology (1988). *A Commitment to Research and Development: An Action Plan*. Toronto: Queen's Printer for Ontario.

Ontario, Premier's Council (1988a). *Competing in the New Global Economy*, Vol. 2. Toronto: Queen's Printer for Ontario.

Ontario, Premier's Council (1988a). *Competing in the New Global Economy*, Vol. 1. Toronto: Queen's Printer for Ontario.

Organization for Economic Co-operation and Development (1986). *OECD Science and Technology Indicators*. Paris: OECD.

Organization for Economic Co-operation and Development (1988). *Innovation Policy: Western Provinces of Canada*. Paris: OECD.

Organization for Economic Co-operation and Development (1989a). *Major R&D Programs for Information Technology*. Paris: OECD.

Organization for Economic Cooperation and Development (1989b). *OECD Science and Technology Indicators*. Paris: OECD.

Pavitt, K., and Patel, P. (1989). "Do Large Firms Control the World's Technologies?" Mimeo, University of Sussex, Science Policy Research Unit.

Pitts, G. (1990). "DMR's Success in Past Efforts Creates Bullish View of Newly Expanding European Market." *Financial Post* (June 6), 14.

Polese, M., and Verrault, R. (1989). "Trade in Information-Intensive Services: How and Why Regions Develop Export Advantages." *Canadian Public Policy* 15(4): 376 – 86.

Restrictive Trade Practices Commission (1983). *Telecommunications in Canada—III, Vertical Integration*. Ottawa.

Rosenberg, N. (1979). "Technological Interde-pen-dence in the American Economy." *Technology and Culture* 20: 25 – 50.

Rosenberg, N. (1982). *Inside The Black Box: Technology and Economics*, Cambridge, England: Cambridge University Press.

Safarian, A. E. (1985). "Government Control of Foreign Business Investment." In J. Whalley (ed.), *Domestic Policies and the International Economic Environment*, pp. 7 – 56. Toronto: University of Toronto Press.

Science Council of Canada (1987a). "A Sectoral Approach to Innovation: The Case of the Forest Products Industries." Ottawa: Supply and Services.

Science Council of Canada (1987b). *University-Industry Research Centres: An Interface between University and Industry*. Ottawa: Supply and Services.

Seguin-Dulude, L., and Desranlau, C. (1989). *The Individual Canadian Inventor*. Ottawa: Cat. No. 88 – 510.

Soete, L. (1988). "Technical Change and International Implications for Small Countries." In C. Freeman and B. Lundvall (eds.), *Small Countries Facing the Technological Revolution* 98 – 112. London: Pinter Publishers.

Smith, M. (1983). "The Role of Federal Laboratories in the Technological Development of Canadian Industry." *Journal of Canadian Studies* 17: 10 – 19.

Statistics Canada (1988). *The Provincial Research Organizations*. Ottawa: Cat. No. 88 – 201.

Statistics Canada (1989a). "Survey of Manufacturing Technologies 1989." Ottawa: Cat. No. ST – 89 – 10.

Statistics Canada (1989b). *Science Indicators* 1988. Ottawa: Cat. No. 88 – 201.

Statistics Canada (1989c). *Industrial Research and Development Expenditures, 1980 to 1989*. Ottawa: Cat. No. 88 – 001, Vol. 13, No. 3.

Steed, G. (1989). *Not a Long Shot: Canadian Industrial Science and Technology Policy*. Ottawa: Science Council of Canada.

Stuart-Haile, M. (1989). "Technology Transfer: The Science Business." *Canadian Research* 22: 14 – 22.

Ulrich, A., Furtan, H., and Schmitz, A. (1986). "Public and Private Returns from Joint Venture Research: An Example from Agriculture." *The Quarterly Journal of Economics* 101: 103 – 30.

United Kingdom, Inland Revenue(1987). *Fiscal Incentives for R&D Spending: An International Survey*. London.

United States Department of Commerce(1989). *Manufacturing Technology* 1988. Washington, D. C.

United States National Science Foundation (1989). *National Patterns of R&D Resources*. NSF 89 – 308, Washington, D. C.

Vaillancourt, F. and Henriques, I. (1986). "The Returns to University Schooling in Canada." *Canadian Public Policy* 12: 449 – 58.

Van Tulder, R., and Junne, G. (1988). *European Multinationals in Core Technologies*. Chichester: John Wiley.

Walsh, V. (1987). "Technology, Competitiveness and the Special Problems of Small Countries" *STI Review*(Summer) 81 – 133.

Walsh, V. (1988). "Technology, Competitiveness and the Special Problems of Small Countries: A Review." In C. Freeman and B. Lundvall(eds.), *Small Countries Facing the Technological Revolution*, 37 – 66. London: Pinter Publishers.

Widner, L., Fox, G., and Brinkman, G. L. (1988). "The Rate of Return to Agricultural Research in a Small Country: The Case of Beef Cattle Research in Canada." *Canadian Journal of Farm Economics* 36: 23 – 36.

Zentner, R., and Peterson, W. (1984). "An Economic Evaluation of Public Wheat Research and Extension Expenditures in Canada." *Canadian Journal of Agricultural Economics* 32: 325 – 53.

第10章 澳大利亚创新体系

罗伯特·G. 格雷戈里（Robert G. Gregory）

澳大利亚国家创新体系与众不同的特点在于：科学技术支出的水平低、政府出资和从事科研的程度高、私营部门的研究和发展水平低、对国外技术的依赖度非常高。创新体系在适应三个主要的经济结构特征中发展，这三个特征在澳大利亚早期历史中就一直存在，而且变动不大。

第一个结构特征是：很少的人口从事农产品生产并创造出高水准的生活的能力。作为其高水准生活的表征，有人作过这样的估计：在1788年澳大利亚成为殖民地的最初40年间，如果一个年轻罪犯被遣至澳大利亚，他将比仍拘押在英国活得寿命更长。澳大利亚这块殖民地早期的财富是由国内生产的货物与服务以及羊毛出口、接着在19世纪50年代发现了黄金、最后从70年代开始出口小麦创造的。每一波新农产品的浪潮都持续了同一种模式——大量土地、少量人力和简单技术的结合来进一步地提高生活水准。到20世纪初，澳大利亚人均国内生产总值大约比美国高出10%～30%（Butlin，1962）。因为初级产品出口充足，经济发展与复杂的新科学知识的系统应用之间没有形成明显和重要的直接关系（Schedvin，1987）。[1]

第二个结构特征是：人口少而工资高导致制造业规模小而简单，由此导致了高成本，致使出口困难且难与进口产品竞争。制造业几乎专供小规模的国内市场，其中很大一部分受关税保护，大部分的技术都是进口的。因而，私营部门的研发水平很低。

第三个结构特征是：政府提供商业和公共服务的比例很高。经济史学家所谓的“殖民地社会主义”，[2]可以从澳大利亚生活的很多方面找到（Butlin 等，1982）。[3]从小规模的农业生产占主导以及“殖民地社会主义”的传统可以预知，政府对研究资助和执行非常高。

经济的这三个结构性特征已经在澳大利亚的历史上稳稳存在 200 年了。在 20 世纪 80 年代末，大约 80% 的出口仍然是初级产品，大约一半来自农业，一半来自矿业。人均国内生产总值仍然比较高，尽管现在比美国低 10% ~ 15% 。制造业的规模仍然小，占国内生产总值的 16% ，只有不到 10% 的产出用于出口，主要是加工矿产品和初级产品。制造业受到 19% 的实际关税率的保护，大部分技术也仍然依靠进口。政府的作用十分重要且主导着高等教育、研发投入和电信产业，并且是交通业和银行服务业的主要供给方。

创新体系运行得相当好，因为澳大利亚人享受着高水准的生活。尽管如此，澳大利亚的态度和政策在过去的 10 年中慢慢地发生了改变。现在人们对创新体系有强烈的调整要求，主要由改变澳大利亚经济结构的愿望所驱动，澳大利亚的经济越来越被认为是过度依赖小规模的初级产品，经常出现国际收支均衡问题，且不能创造出人均收入的高增长。调整的要求集中在增加私人部门的研发，使政府部门的研究更多地瞄准国家优先领域，增加研究共同体的竞争，以及扩大教育体系等方面。

本章首先讨论国家创新体系的架构，同时关注政府角色以及产业结构对研发投入的影响。接下来，介绍制造业的近期历史以解释澳大利亚为什么会产生改变创新体系的强烈愿望，并且讨论和评估新政策和新方向的特殊方面，我们还将评论把国家创新体系与国际收支平衡联结在一起的这股新潮流。最后，给出总结性的结论。

国家创新体系和政府—私营部门的均衡

我们大部分的关注点在于研发支出。尽管已经在引文中说过，研发支出只是创新体系的很小一部分，但它引起了政策的浓厚兴趣，各种经济和政治力量导致了要对研发政策进行重新评估，这一点也让国家创新体系的其他部分感觉到了。实际上，对研发政策问题的彻底讨论，应当包括大量与国家创新体系其他部分相关的重要的概念问题。

澳大利亚只将很小一部分国内生产总值投入到研发活动中。在表 10.1 列出的经合组织成员国中，澳大利亚排名第 12 位，仅仅领先于新西兰（第 1 栏）。如果以政府部门的研发支出（公共研发）排序，澳大利亚排名第 5（第 2 栏）。澳大利亚研发投入低的首要原因是私营部门的研发支出占国内生产总值的比例仅是投入高的国家的 20%（第 3 栏）。当按照政府参与的重要性来排列时，澳大利亚非常瞩目地位于第 3 位（第 4 栏）。

表 10.1 研发占国内生产总值的比例：若干经合组织国家（最新数据）

研发占国内生产总值的比例（1）		研发经费来源政府（公共）投入占国内生产总值的比例（2）		研发经费来源商业企业投入占国内生产总值的比例（3）		研发执行政府占国内生产总值的比例（4）	
1. 瑞士	2.88	1. 荷兰	1.05	1. 瑞士	2.27	1. 法国	0.57
2. 日本	2.87	2. 德国	0.83	2. 日本	1.96	2. 新西兰	0.57
3. 瑞典	2.82	3. 挪威	0.74	3. 德国	1.81	3. 澳大利亚	0.40
4. 德国	2.78	4. 法国	0.73	4. 瑞典	1.77	4. 荷兰	0.38
5. 美国	2.66	5. 澳大利亚	0.71	5. 美国	1.26	5. 英国	0.37
6. 荷兰	2.40	6. 瑞典	0.65	6. 荷兰	1.21	6. 德国	0.36
7. 英国	2.36	7. 新西兰	0.58	7. 英国	1.17	7. 美国	0.31
8. 法国	2.29	8. 日本	0.57	8. 法国	0.93	8. 爱尔兰	0.30
9. 挪威	1.83	9. 加拿大	0.55	9. 挪威	0.93	9. 日本	0.28
10. 芬兰	1.64	10. 爱尔兰	0.55	10. 加拿大	0.58	10. 挪威	0.27
11. 加拿大	1.35	11. 瑞士	0.54	11. 澳大利亚	0.45	11. 加拿大	0.26
12. 澳大利亚	1.20	12. 美国	0.51	12. 爱尔兰	0.43	12. 瑞士	0.18
13. 新西兰	0.97	13. 英国	0.36	13. 新西兰	0.39	13. 瑞典	0.13

资料来源："Science and Technology Budget Statement, 1989～1990", Australian Government Publishing Service, Canberra, 1989。

这种国际比较揭示了一系列的问题。同样的影响是否可以解释每一个关键的事实呢，比如政府研发高、私营部门研发低且研发总额低？是政府驱走了私营部门吗？表 10.1 的比例适合澳大利亚的经济结构吗？

为什么政府的研发和执行支出这么高

人们经常推断政府支出太高而私营部门支出太低，就好像政府驱逐了私营部门的研发活动一样。以这种方式把二者联系在一起可能是错误的。首先，即使存在驱逐效应，对商业企业研发支出低的解释力度也很小。把政府支出再分配给私营部门，比如说 30% （表 10.1），就足以将澳大利亚政府从排名第 5 位拉至第 12 位，但仅把私营部门的排名向前挪了 1 位。其次，澳大利亚的经济结构是独特的，这种独特的经济结构导致其研发支出高于其他国家的政府平均水平而低于企业平均水平。实际上，如果以经合组织的平均值为基准，这两个部门的研发和执行支出大致是正确的。

表 10.2 中列出了澳大利亚和其他经合组织国家政府研发支出的社会经济目标。最大的差别是澳大利亚在能源研究上投入低（澳大利亚资源丰富，除了发电以外，所有的能源生产都由私营部门负责），在农业研究上投入高，几乎是除澳大利亚和新西兰之外的经合组织国家平均值的 3 倍。如果澳大利亚政府的农业研发支出接近经合组织国家的平均值，那么政府的研发总额会在表 10.1 中排第 6 位（第 4 栏）而不是第 3 位，澳大利亚的位置也不会显得那么特殊。

政府的农业研发支出大约是所有私营部门承担的研发总额的一半。私营部门的产值占国内生产总值的 4% ~6% ，但占政府研发投入的 26% 。在国家层面，每 1 美元支出私营部门就占了 0.73 美元（见表 10.3）。

政府在农业研发的主导地位是非常突出的，其占到了农业研发总支出的 97% 。如果社会希望达到一个资源的最优化分配，那么这种主导地位是需要的。农业生产单位规模小使得个体生产者难以资助研发，并且获取独占收益。如果由自由市场来决定农业研发水平，那么市场失效的程度可能相当大。其他鼓励政府出资的重要影响主要来自澳大利亚的羊毛在全世界的优势，它使得国家可以获得羊毛研发的几乎所有收益；[4]除此之外，还有不同寻常的物理环境，它限制了农业技术的出口范围，同时又允许澳大利亚的生产者获得研究收益。

表 10.2　政府以社会经济为目标的研究预算（1982 年或最近一年）

（每百元国内生产总值的美分数）

	农业	工业	能源	环境	健康	社会	知识进步	其他
澳大利亚	15.5	8.4	3.3	1.8	3.0	2.3	29.2	3.7
经合组织国家（除澳大利亚和新西兰）	4.2	9.7	8.9	1.4	4.5	4.4	31.7	5.8

资料来源：OECD，Science resources，No. 7，summer 1983。

表 10.3　政府以社会经济为目标的研发支出（1986～1987 年）

社会经济目标	总百分比	联邦政府百分比	州百分比	大学百分比
国家安全	9	22		
经济发展	45	55	80	24
农业	26	24	73	10
制造业	7	15	0	3
公共福利	22	9	17	30
健康	14	8	12	
知识进步	24	13	3	45
合计	100	100	100	100

资料来源：Australian Bureau of Statistics，“Research and Experiment，” All Sector Summary，Australia 1986～1987，Cat. No8112.0，Table 9。

承担农业研究的主要机构是联邦科学与工业研究组织（CSIRO），它作为独立的法人于 1949 年创立，取代了 1926 年建立的服务于农业部门研究需要的科学和工业研究委员会（CSIR）。[5]联邦科学与工业研究组织预算占联邦政府民用研发支出的 16%，农业研究的 70%，采矿研究的 70%，澳大利亚全部研究经费的 10%。联邦科学与工业研究组织研发的支出大约是澳大利亚大学经费的 1/2。大部分资金是通过固定拨款的形式发放的，而联邦科学与工业研究组织可以选择优先研究领域。[6]

事实上，与其所有的农业研究资金都来自政府一般收入，不如政府提供一种有利于募集私营部门研发资金的制度框架，来防止搭便车的问题。近期政府已经着手做这件事情了。对于羊毛、猪肉、小麦和其他农产品产业，政府现在强制征收产业税，而且在大多数情况下，按 1 美元对 1 美元征收，直到达到生产总值的 0.5% 。尽管政府强调研究向市场靠拢的重要性，并且鼓励私营部门更多地融资和掌握它们的研发需求，但从农业部门收集到的资金总量仍然比较少，在 1988 ~ 1989 年度是 3 700万美元。

政府资助研发的讨论与研发活动应该在哪里开展的讨论是不一样的。为什么政府应当从事研发活动而不是提供研发经费给私营部门呢？因为当初建立政府研究机构的时候，并没有更多的选择。在 1926 年成立科学和工业研究委员会的时候，大学以外只有少量的个体研发人员（澳大利亚的大学授予的第一个博士学位是在 1946 年）。紧接着“二战”后，当澳大利亚政府开始规划经济发展时，它本来可以推动私有研发中心的建立，但是，传统的“殖民地社会主义”、战时规划令人满意的经验以及技术精密的私营部门的缺乏，自然而然地导致了政府应当带头的信念。于是成立了联邦科学与工业研究组织、澳大利亚国立大学的高等研究所，以及其他一系列的政府研究组织。从产生至今，这些机构并没有利用政府合同来培育私有研发企业。

因此，澳大利亚政府投入占研发的比例就高出经合组织国家的平均水平，因为农产品和农业出口在澳大利亚更加重要（表 10.4）。但是政府支出应该增加还是减少呢？澳大利亚的经济结构与典型的经合组织国家非常不同，然而过去 30 多年以来，农业部门占主导的优势在减少。农产品出口的份额从 20 世纪 50 年代的 85% 减少到 80 年代的 35% ，占国内生产总值的份额从 15% 减少至 4% 。假如支出比例在 20 或 30 年前是适当的，这些趋势将会导致农业研发占总研发量的比例减少，以及占政府部门研发比例的减少。[7] 但是这两种情况都没有发生。

表 10.4　若干国家的出口和制造业比例

国家	出口占研发的比例（%）	占出口的比例制造业			占国内生产总值比例（%）	1968～1987 年的变化（%）
		制造业（%）	食品/原材料（%）	能源（%）		
澳大利亚	16	34	46	20	17	-32
英国	24	84	9	8	21	-21
德国	29	93	6	1	32	-14
法国	31	78	19	2	22	-22
意大利	20	89	9	2	23	-16
美国	9	82	15	3	19	-30
日本	11	98	1	0	29	-8

出口比例是 1988 年数据，制造业比例是 1987 年数据。

资料来源：National Accounts. Main Aggregates, Vol. 1, 1960～1988, OECD 1990（export share of 国内生产总值）and OECD Data Bases（share of exports）。

为什么私营部门的研发支出这么低

如果私有企业的研发部门以企业产品领域分类，那么超过 90% 的支出是在制造业部门，在那里就可以找到私营部门研发支出低的原因。其中比较重要的原因如下。

第一，制造业规模小。制造业占国内生产总值的比例在 1968～1969 年达到峰值 27%，但从 1974～1975 年起开始萎缩，现在其产值仅超过国内生产总值的 16%。澳大利亚属于制造业占国内生产总值份额最小的经合组织国家之一。

第二，典型的制造企业规模小且面向国内市场。出口的制造业，主要是低水平的初级产品加工，不到制造业附加值的 20%，且大部分技术动不动就进口。

第三，制造业结构偏离高技术。大部分经合组织国家的高技术产品出口多于进口（表 10.5）。然而，澳大利亚进口的高技术产品是其出口的 7 倍多。

第四，许多大的制造企业是外国跨国公司，在澳大利亚没有大量开展研发工作。在 1982 ~ 1983 年间，32% 的制造业增加值掌握在外国公司手中。

这些因素的影响，可以归结为产业结构的影响或者每一产业内部研发强度的影响。澳大利亚工业经济局（Bureau of Industry Economics）比较了1981 ~ 1982 年间，澳大利亚与 6 个经合组织国家的私有企业研发占制造业增加值的比例，前者只有 0.8%，而后者的平均值是 4.5%（1990）。

表 10.5　若干经合组织国家技术产品的交易情况

国家	出口与进口比	人均出口（美元）
1. 日本	4.62	571
2. 联邦德国	1.95	1133
3. 瑞士	1.83	2426
4. 美国	1.25	340
5. 荷兰	1.24	1313
6. 爱尔兰	1.21	986
7. 意大利	1.18	363
8. 英国	1.06	568
9. 法国	1.06	551
10. 瑞典	1.02	1060
11. 比利时	1.00	1159
12. 新西兰	0.18	110
13. 澳大利亚	0.15	73

资料来源：Science and Technology Statement 1985 ~ 1986，Department of Science，Australian Government Publishing Service，Canberra，1986，Table 14。

如果澳大利亚拥有与其他 6 个经合组织国家相同的制造业结构，那么澳大利亚的研发将平均增至 1.2%（第二列），占澳大利亚与经合组织国家差距的 11%（表 10.6）。工业研发强度就更加重要了，占差距的 60%，剩下的 29% 是相互作用的结果。澳大利亚的研发强度从 1981 ~ 1982 年开始增长了，但澳大利亚与经合组织国家的差距仍然没有缩小。

澳大利亚与经合组织国家的工业研发强度存在许多不同。在中低端技术产业，澳大利亚目前的支出水平只是稍逊于经合组织国家。最大的差距发生在高技术产业，大部分被外国跨国公司操控，几乎在所有的高技术产业部门，澳大利亚的研发支出水平都是非常低的（DITAC-OECD，1989）。

表 10.6 研发密度和产业结构[a]

	A	B	C	D	E	F
澳大利亚	0.8	0.8	0.8	1.5	1.5	1.5
经合组织 6 国[b]	4.5	1.2	3.0	5.3	2.0	3.0
差距	3.7	0.4	2.2	3.8	0.5	1.5

a：A）1981 年实际研发与增加值之比；B）1981 年澳大利亚研发强度、6 国的工业结构；C）1981 年澳大利亚的工业结构、6 国研发强度；D）1986～1987 年（6 国数值是 1985 年）实际研发与附加值之比；E）1986～1987 年澳大利亚的研发强度、六国工业结构；F）1986～1987 年澳大利亚工业结构、6 国研发强度。

b：日本、美国、联邦德国、英国、瑞典和加拿大。

资料来源：Manufacturing Investment Bureau of industry Economics Research report No. 33，Australia Government Publishing Service，Canberra，1990，Table 6. 10。

除非坚定地相信研发支出决定产业结构，或者跨国公司在东道国进行研究比进口技术更加重要，否则在这么小规模的制造业和这样一种产业结构的情况下，私营部门的研发支出低也许不是不合适的。

变化的趋势

在过去 20 多年里，澳大利亚对研发支出的态度和模式都有了显而易见的变化。首先，研发经费从 20 世纪 70 年代中期到 80 年代初有一个倾斜，更多地集中在商业部门，那里的研发支出占国内生产总值的份额接近 1/2（表 10. 7）。政府部门也少量地减少了支出，但集中在国防研发上。

表 10.7 研发占国内生产总值比例的变化趋势

年份	GERD/国内生产总值	资金来源				执行		CSIRO 占联邦研发支持的比例
		商业	政府			政府	大学	
			全体	民用	国防	机构		
1968 ~ 1969	1.33	0.47	0.81	0.66	0.15	0.53	0.31	
1973 ~ 1974	1.21	0.39	0.79	0.67	0.12	0.50	0.32	
1976 ~ 1977	1.02	0.22	0.77	0.67	0.10	0.48	0.29	
1978 ~ 1979	1.00	0.20	0.77	0.69	0.08	0.44	0.32	27
1981 ~ 1982	1.00	0.23	0.75	0.68	0.07	0.46	0.31	29
1984 ~ 1985	1.14	0.31	0.78	0.71	0.07	0.45	0.34	23
1986 ~ 1987	1.25	0.45	0.77	0.71	0.06	0.44	0.36	20
1987 ~ 1988	1.20	0.45	0.72	0.66	0.06	0.40	0.35	—
1989 ~ 1990								16

资料来源：Australian Science and Technology Data Brief Update, Department of Industry and Commerce, Australian Government Publishing Servive, Canberra, June 1989. Science and Technology Budget Statement, 1989 ~ 1990, Australian Government Publishing Service, Canberra, 1989。

第二，商业部门支出从20世纪80年代中期开始增加而政府份额开始减少。在1978 ~ 1979年，每1美元研发资金中政府占0.77美元，到1987 ~ 1988年间减少至0.60美元。[8]

第三，不考虑财政来源的话，澳大利亚开始觉得研究应该更具应用性和靠近产品市场。固定资助减少了而定向资助增加了。鼓励科研院所提高来自私营部门的研发经费。这种变化在联邦科学与工业研究组织表现明显，它在20世纪70年代初曾经占到政府研究预算的1/4还多，现在已经减少至16%。而联邦科学与工业研究组织从间接拨款获得的预算份额增加至30%。为了改变激励模式，联邦科学与工业研究组织被允许保留专利权税，而这以前是补偿政府一般收入的。相同的战略也在其他政府研究机构中实行。

制造业最近的历史

私营部门超过 90% 的研发支出，按照产品领域划分属于制造业，所以现在这么多的讨论和提高私营部门研发的激励政策，都来自制造业令人不满的表现。要理解这种不满，首先从第二次世界大战中日本占领了澳大利亚 100 英里的海岸线开始会有所帮助。实际上，当时的英国无法指挥重要资源来保护太平洋，而且害怕未来可能发生的入侵，因此决定更强有力地推进经济发展。发展计划以加强澳大利亚移民的禀赋为基础来提供劳动力，同时以外国企业为基础来提供资本和技术。主要的政策手段是自由移民计划，包括有偿迁移以及对开始在澳大利亚进行生产的公司提供进口保护。

发展战略的影响改变了澳大利亚的社会。从 1945 年起，超过 1/2 的人口增长来自移民，到 1981 年，1/5 的人口生于海外，40% 的人口不是生于海外就是双亲之一在海外出生。很大一部分移民劳动力，特别是低技能的人，被高关税支持下的制造部门雇用。外商投资与高速人口增长和自动的关税保护相呼应。到 1968 ~ 1969 年，制造业平均名义关税率为 24% ，平均的实际关税率达到 35% 。

表 10. 8 从一个侧面展示了该战略培育下的制造业概况，根据实际补助率，产业被划分为四个象限。位于保护程度最高象限的产业，其产值在平均实际关税率的 85% 以下，这意味着与关税相当的净补贴超过了工资。42% 的劳动力是女性，42% 的劳动力在海外出生，平均工资、劳动生产率和资本集约度都很低。在保护程度第二象限的产业，其产值比实际关税率 48% 低。战后的发展政策培育并发展了一个不经济的、不完整的且消耗国家资源的制造业。到 20 世纪 60 年代末，对保护政策的批评已经普遍存在了，人们期盼一个新的方向。

还有另外一个原因支持政策改变方向。人们相信，至少从 20 世纪 30 年代经济大萧条开始，面临着相对价格的下跌，农产品出口不会平稳增长以致能够避免国际收支失衡的危机。人们期望制造业的出口能力得到发展并弥补收支差距，否则这种差距将随着生活水准的上升而扩大。然而，发展政策未能大量提高制造业的出口，1968～1969 年制造业的营业额不到 7%，且大部分集中在食品加工和基础矿产上。不过，对收支失衡的担忧随着矿产出口的迅速发展而逐渐缓解。矿产出口占出口总量的比例从 1967～1968 年的 11% 增至 1982～1983 年的 34%（表 10.9）。人们普遍相信这个新的出口源可以避免未来国际收支失衡的危机（Gregory，1976）。

表 10.8 澳大利亚制造业的特征（1968～1969 年）

	象限等级	实际补助率（%）	资本集约度（美元）	劳动生产率（美元）	雇员平均工资（美元）	工资和薪水占增加值的份额（%）	女性员工比例（%）	海外出生的雇员占总雇员的比例（%）	制造业出口占出口总量的比例（%）	间接配额的进口占进口总量的比例（%）
	1	1	8581	6691	3030	45	21	31	24	11
	2	28	7916	6997	3348	48	17	38	38	32
	3	48	4155	5973	3088	52	24	35	15	43
	4	85	3622	4963	2717	55	42	42	22	14
制造业平均值		35	5774	6049	3023	50	27	37		

资料来源：Industries Assistance Commision，“Annual Report 1973～1974”，Australian Government Publishing Service，Caberra，1974。

澳大利亚因此着手实施低关税的新产业政策。从 1973 年起，关税平均减少了 50%，但是制造业并没有因此繁荣起来。制造业占国内生产总值的比例减少了 40%，从 20 世纪 70 年代开始，进口的制造业产品的市场供应量从 17% 增加到了 25%。另外，制造业产品占出口总量的份额没有显著改变，澳大利亚也没有分享到其他经合组织国家的每一个产业的进出口份额都有所增加的经历。更糟糕的是，除了 70 年代早期的几年之外，澳大利亚的国际收支并没有变成盈余，赤字反而有增大的趋势（图 10.1）。

表 10.9 各产业的出口构成情况（1967～1968 年至 1987～1988 年）

年份	农业（%）	矿业（%）	制造业（%）	服务业（%）
1967～1968	54	11	18	17
1972～1973	49	18	20	13
1977～1978	39	30	17	14
1982～1983	33	34	18	15
1987～1988	34	27	21	18

资料来源："Australian Exports, Performance, Obstacles and Issues of Assistance," Australian Government Publishing Service, July 1989。

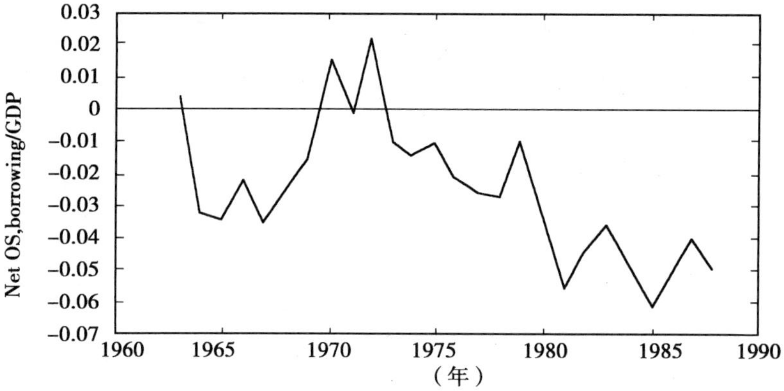

图 10.1 净海外借款占国内生产总值的比例；从 1962～1963 年到 1988～1989 年

在 1984～1985 年，澳大利亚贸易量下降了 20%，名义汇兑率下降 40%，而外债从占国内生产总值的 4% 继续增加到 30%。政府开始认真讨论经济结构的改变、制造业的发展和新的制造业产品的出口。人们普遍认为，实际汇兑率将继续下跌，并且导致澳大利亚的经济重构朝着增加进口替代商品的生产和出口的方向前进。正如人们所料，由于体系落后，国际收支经常项目会继续恶化，但实际汇率贬值会停止，即使制造业出口没有明显增加。近期以来，国际收支经常项目进一步恶化，到 1989 年 8 月 25 日，穆迪投资服务（Moody's Investment Service）把澳大利亚长期债务的评级从 Aa1 降到了 Aa2。1989 年的 10

月，标准普尔也降低了澳大利亚的债务评级。在工业化国家中，澳大利亚的国债占国内生产总值的比例只有新西兰可以超过，而且也没有哪一个经合组织国家像澳大利亚那样迅速地堆砌外债。

这种令人失望的制造业环境和快速积聚的债务都在期待着国家创新体系有所作为。我们现在转向讨论最近的一些进展。

国家创新体系和当下的重要问题

除了关税保护政策，澳大利亚政府不愿意直接干预工业。关税补助一枝独秀的情况在表 10. 10 表露无遗，占制造业进出口补助额的 92% 。尽管如此，对一些特定的工业还是有数量很少的直接支持。一个主要的支持是对于澳大利亚计算机的生产、研究、设计和开发给予 20% 的计算机奖励金，从 1985 ~ 1986 年的 1 320万美元迅速发展到现在每年 4 700万美元。另一个补助是对外资汽车生产厂商 5 年以上的研发给予 15 000万美元补贴。另外，在 1989 年大选之前，对柯达（制造业领域的一家领先的出口企业）支持了 6 400万美元，从而保住了柯达在澳大利亚的工厂。

对澳大利亚企业也有一些一般性的出口补助。在 1988 ~ 1989 年，澳大利亚贸易委员会（Austrade）对小企业的出口信息、提升和补助的预算是 24 300万美元。在汽车产业有一个特殊的支持项目，对每出口 1 美元赚得了 1 美元的汽车或配件给予进口免税。这种出口补助是非常客观的，因而汽车零部件的出口显著增加。

表 10. 10　对制造业的支持形式（1984 ~ 1985 年、1988 ~ 1989 年[a]）

	1984 ~ 1985 年	1988 ~ 1989 年[b]
对产品的补助		
关税	8994	10880
定量进口限制	1945	524
奖励金[c]	214	174
出口激励[c]	133	176

续表

	1984～1985 年	1988～1989 年[b]
对原材料的补助		
关税	3760	4470
定量进口限制	663	263
特许权税	43	110

a：数据是现价。产品和原材料补助的数据分别是，与补贴总额等值的补助金和每个行业征收的原材料税，根据补助的类型进行分类。所有这些产业数据的加和会超过部门总值，因为很多产业的产品被其他产业用作直接投入。

b：初步估计值。

c：表格中的估计值并不代表每一年的实际奖励金和出口奖励。而是通过使用固定的 1983～1984 年生产模式，由每年奖励金和出口激励的实际比例来估算出提供的补贴。

资料来源："Industries Assistance Commission，Annual Report 1988～1989，" Australian Government Publishing Service，Canberra，1989，Table A7.5。

与许多国家对风险资本不足有所担忧一样，澳大利亚的应付之策是在 1984 年出台投资管理公司计划（Management Investment Company Program）。诞生了 11 家投资管理公司（MICs），它们可以筹集一定数量的资本，以及享受投资年内税收减让。投资管理公司在运行的前几年筹集了 19 000万美元，但从那时起这个计划就没有再扩大了。大部分投资管理公司的有价证券投资在电子设备、机器人技术、计算机软件、科学与技术服务和生物医药产品上。

创新体系最近有三个新的变化值得特别注意：150% 的研发税收减让、发展伙伴关系计划，以及教育体系的扩大和重新定位。

150% 研发津贴

1985 年 5 月，政府宣布对研发支出实行 150% 的税收减让。减让政策一直实行到 1993 年 6 月，以后将降低至 125% 。目前澳大利亚公司的税率为 39% ，税收减让提供了额外的 19% 的研发支出可以从正常交税义务中扣除。[9] 税收减让估计使政府花费了 2 亿美元，大概是所有私营企业研发支出的 1/7。对那些税收减让还不能完全满足自身的企业来说，还有一个工业研发补助金计划（GIRD）可以获得接近50%的定向研发资金。1989～1990年的预算支出估计是3 500万美元。

在深入讨论150%的税收减让政策之前，有必要先说说制造业结构的一些背景。制造部门54.8%的研发支出发生在三个产业内，它们的产值占国内生产总值的3.1%：仪表和电气设备（ASIC 3351/3352），化学、石油和煤炭产品（ASIC 27），以及汽车和零部件（ASIC 323）。仪表和电气设备的产值只占国内生产总值的0.3%，但它的研发投入超过了所有私营部门研发总和的1/4（表10.11）。这种研发集中于某个行业的情况显示出工业结构的重要性。如果仪表和电气设备的产值占国内生产总值的1.0%而不是0.3%，研发支出也会成比例地增加，那么总的研发/国内生产总值比例将增加50%，澳大利亚就不会在经合组织国家的排行榜中排名如此之低了。

这三个工业例子同时也显示了其他重要的经济特征。第一，很大一部分研发是由外国控制的。在汽车产业，外国所有权占到70.4%，化学、石油和煤炭工业是64.2%，仪表和电气设备是23.4%。因此，关于研发补助及其政策的效力与期望值需要针对跨国公司的行为进行重新评估。

第二，这些工业没有拥有任何明显的比较优势。比如，1981～1982年进口占市场供应的比例，从汽车产业占19.7%（尽管受进口限额管制）到仪表和电气设备工业占65.4%。从那以后，进口份额就上升了。这三个工业的产品需求大约占澳大利亚进口总量的1/3。缺乏比较优势的另一个表现是，出口营业额只是很小一部分，在4%～11%之间，远远低于制造业的平均水平。澳大利亚最大的出口市场是新西兰，说明了它难以把产品销往更远的地方。

第三，除了化学、石油和煤炭产品工业以外，每个工业都受到进口的高度保护。在汽车工业，目前的实际关税率是86%，已经从1975～1988年受进口限额保护时的峰值250%降下来了。在仪表和电气设备工业，实际关税率大概是30%。

所有这些特点都让人们对研发作为政策工具产生了不少推测。

表 10.11　研发支出和三个主要工业领域的特点

ASIC 编号	定义	占私营部门研发比例（%）1986～1987 年	占国内生产总值比例（%）1986～1987 年	实际关税率（%）1986～1987 年	进口占市场供应的比例（%）		出口占营业额的比例（%）		主要出口市场（% 出口比例）（%）1981～1982 年	外资控制研发（%）1986～1987 年
					1968～1969 年	1981～1982 年	1968～1969 年	1981～1982 年		
3352/3351	仪表和电气设备	30.6	0.3	30	37.9	65.4	3.0	6.0	NZ（22）	23
27	化学石油和煤炭产品	13.6	1.7	12	25.3	32.3	3.0	11.0	NZ（27）	64
323	汽车和零部件	10.6	1.1	86	21.6	19.7	3.0	4.0	NZ（41）	70
	总和	90.0	19.0	19	17.0	25.4	8.0	12.0	JAP（14）	33

资料来源："Australian Trade Classified by Industry：1968—1969 to 1981—1982，" Industries Assistance Commission，Working Paper No. 85，Canberra.（进口占市场供应比例、出口占营业额的比例，以及主要出口市场）"Annual Report 1986/87，" Industry Assistance Commission，Australian Government Publishing Service，Canberra.（实际关税率） "Foreign Control in Research and Experiment Development Business Enterprises，Australia 1986—1987，" Australian Bureau of Statistics，Cat. No. 5330. 0，Canberra.（占私营部门研发比例、占 GDP 比例）。

这些研发补贴的幅度与其他工业发展补贴相比怎么样

政府也为其他经济活动提供补贴，首要的形式是进口关税与配额，用研发补贴来代替其他活动的补贴可能是出于利益的考虑。从表 10.12 可以看到，对每 1 美元的工资账单，社会给交通工具业和纺织业的补贴分别是 0.48 美元和 0.68 美元，服装和鞋袜生产工业是 0.89 美元。而私营部门研发活动的补贴是 0.19 美元，任何人都可以清楚地看到政府没有像帮助某些制造加工活动一样帮助私营部门。实际上，如果将数据进一步分解的话，对一些活动如羊毛衫生产等的关税补助是研发补贴率的 15 倍。

表 10.12　政府对各种活动的补贴

ASIC 编号	定　义	每 1 美元工资的补贴（美元）1987～1988 年	等量的净补贴（百万美元）1986～1987 年
21	食品、饮料和烟草	0.13	448
23	纺织品	0.68	458
24	服装和鞋袜	0.89	1005
25	木材、木制品和家具	0.34	435
26	纸、纸制品和印刷	0.24	573
27	化学、石油和煤炭产品	0.32	462
28	非金属矿产品	0.09	85
29	基础金属产品	0.18	372
31	合成金属产品	0.30	595
32	交通设备	0.48	1188
33	其他机器和设备	0.33	884
34	其他制造业产品	0.41	493
全制造业领域		0.32	6997
150% 的研究和税收减让[a]		0.19	170

a：150% 税收减让的估计值，是通过假设所有公司支付每 1 美元的 39 美分作为公司的赋税，并全部要求税收减让（0.19）而计算得到。

资料来源："Annual Report 1987 ~ 1988 Industries Assistance Commision," Table A 9.5, A 9.7. Australian Government Publishing Service, Canberra, 1988. "Science and Technology Budget Statement 1989 ~ 1990." Australian Government Publishing Service, Canberra, 1989。

大部分研发补贴都被那些补助程度高的产业获得的事实能否引起一些特别的思考呢

对于没有政府补贴或外部性的出口产业来说，面对固定的世界价格和承担减少生产成本的研发活动，工业和社会都同样可以从研发获得的收益。研发带来的成本降低增加了投资收益率和国家收入。对这个工业有益的东西也对整个经济有益。而对那些受进口关税保护的工业来说，这就不一定了。这种工业由于关税的保护而比较强大，但缺少外部性使得它对社会资源的利用不充分。在这种环境下就产生悖论了[10]。尽管研发支出对工业来说是值得的，因为它减少了成本且增加了利润，但研发会使社会情况变得更糟并减少国家收入。由于成本降低，进口也将减少，这些工业将扩张发展，并且比以前不经济地使用了更多的资源，由产量扩张而增加的低效率利用的资源超过了因供应曲线下降而导致的资源成本的降低。从社会的角度来看，产业成本降低实际上是先前收集的进口收入的一种转移，其中的一部分用于产业的低效率资源利用，另一部分用于更大的经济寻租。

这种观点建立了一个表面上证据确凿的案例，来反对对那些受到进口高度保护的工业实行研发补贴。因此，还能对高度受保护的工业实行研发补贴说好话吗？一种可能性是，增强了工业应对较低补助水平的能力的研发补贴，可能是降低关税战略的政策需求的一部分。然而，当补贴效应与匹配的关税减少联系起来看的时候，工业并没有从开展研发中获益，很显然，工业研发与政府关税战略的相互作用的分析是非常复杂的。

当工业得到大量的关税保护，研发补贴必须针对具有更大的外部性的工业而不是没有关税的工业。在澳大利亚很难满足这种要求，因为大部分受高度保护的工业是被垄断支配的，因此应该将大部分研发收益内部化并进而减少外部性的规模。当产业补贴低且产业结构呈原子状时，例如农业出口部门，研发减让政策才会更加有力。

大部分研发补贴被跨国而不是本土企业获得的事实是否引起一些特别的思考呢

在澳大利亚，外企的研发支出占了很大一部分。这可能造成特殊的问题。假设税收减让无法增加研发支出，对一家澳大利亚公司来说，减免的税收变成了一种纳税人收入的转移，以公司先前税收的形式，转移到澳大利亚的股东手里，他们将得到与减免的税收等值的额外利益。对外企来说，这种收入转移是澳大利亚纳税人送给外国人的大礼。即使补贴增加了研发支出，这种澳大利亚人不愿看到的特征仍然存在。更进一步地说，假设外企把实验室搬到澳大利亚来进行本应该在母国进行的科研工作，澳大利亚从中可以获得什么？很难看见外部性会是什么。澳大利亚没有一个私营部门的研究能力是高度发达的，可以让研究人员将想法从一家实验室搬到另一家，甚至从一家实验室搬到工厂平台上去实施。[11]

补贴是否影响了研发支出的水平

前文已经指出，在过去的 20 多年里制造业曾经发展困难。制造业收益率的历史可以清楚地在图 10.2 中看到，图中显示了总营业盈余（gross operating surplus）对工资、薪水和补助的指数值。在 20 世纪 60 年代中期，收益率轻微地下降，到 1974 ~ 1975 年间突然下降到 1968 ~ 1969 年水平的 60%，并一直持续了 9 年。从 1982 ~ 1983 年开始，收益率开始增加，在 8 年中翻了 1 倍。图中还包括了私营部门的研发比国内生产总值的指数值。这两条曲线非常接近，表明研发支出与盈利率有关联。[12]虽然没有太多的数据点，但研发支出与收益率之间的关联在 1985 年引入税收减让政策时并没有受到显著地干扰（最后两个数据点）。当制造业增加值把研发的价值紧缩的时候，发生了显著的变化而且这一时期末的研究强度增加了，但增加是始于补贴引入之前。

澳大利亚工业经济局（BIE）在对税收减让进行调查的基础上估计到，在计划开展 2 年之后，每补助 1 美元，企业实际增加研发投入 28 美分。[13]这个计算结果暗示，如果补贴被认为是值得的，并且政府正确分配了其边际预算，那么在大学或者联邦科学与工业研究组织中花掉的 1 美元仅等值于在私营部门

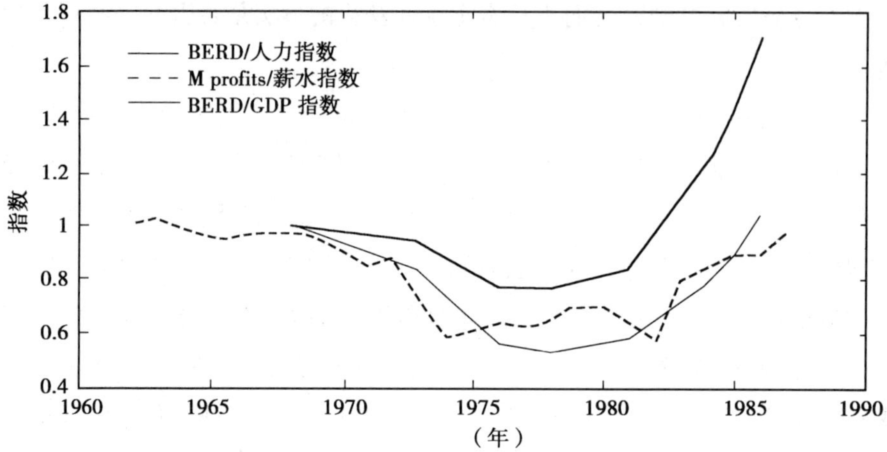

图 10.2 企业研发支出及收益率

资料来源:Australian Bureau of Statistics, Australian National Accounts Cat. No. 5204 ~0 (various issues)。

花掉的1美元中的28美分。如果我们假定澳大利亚工业经济局的估算是正确的(他们认为估计值偏高),平均而言,接受补贴的制造业是受关税保护的,那么以前面的分析为基础,公共部门和私营部门之间的差距将更大。又因为大部分研发由跨国企业承担,这种差距将进一步增大,而减免税收的回报将降至15美分左右。这意味着,要有效地利用公共资金,私营部门额外的研发支出至少应比公共部门的研究具有5~6倍的价值。这说明了,要么对私营部门的研发予以了过度的额外费用,要么就是政府研究过于扩张了。

政府采购和发展伙伴计划

在1985~1986年,联邦和州政府购买的高技术产品达36亿美元,主要从跨国公司进口。有一段时间,根据抵消计划,政府利用这种购买力作为产业发展的手段"以获得进入国内市场的通道以及主宰了这些高技术产品和前沿技术的世界大企业的销售设施,否则,它们将可能向澳大利亚的公司封闭"(Austrialian Civil Offsets Program, 1988~1989年度报告 p. 1)。在抵消计划下,与澳大利亚政府进行贸易的海外供应商，必须把技术性强的活动引入澳大利亚，包括机械加工、出口营销和研发。[14]

航空、电信和计算机这三个产业占了大约 90% 的冲抵。为了应对显著增加的信息技术进口，以及对冲抵计划的不满，1986 ~ 1987 年政府在信息产业引入了志愿的“发展伙伴”计划。一个发展伙伴将被免除冲抵的要求，作为回报：发展伙伴必须将其研发提高到它在澳大利亚销售总额的 5%，在 7 年内达到 50% 的出进口比例，并且在澳大利亚的平均增加值的 70% 为出口。发展伙伴一般都可以参与所有的补贴计划，来帮助自身从事产品开发和出口活动。

规划的目标是将澳大利亚的研究活动与发展伙伴的全球运作结合在一起。表 10. 13 展示了发展伙伴的潜在效应，其中列出了企业在成为发展伙伴之前的出口与研发支出，以及此后 7 年里的年度任务量的估计。[15] 前 15 位发展伙伴都决心把自己的出口提高到 7 倍，研发支出增加到 6 倍。

表 10. 13　发展伙伴

	出口百万美元	研发百万美元
企业成为发展伙伴之前的绩效	178	46
此后 7 年的目标水平	1202	266
增加值（%）	675	578

资料来源：“Australian Civil Offsets Program, Annual Report 1988 ~ 1989” Australian Government Publishing Service, Canberra。

这些数据暗示出的绩效变化是非比寻常的。如果任务最终实现，而且如果没有这个计划研发支出就不会明显增加，那么这个计划将比 150% 的税收减让计划对研发产生更大的影响。举例来说，工业经济局估算 150% 税收减让计划使研发在 1986 ~ 1987 年增加了 5 400万美元（工业经济局，1990）。而发展伙伴保证每年增加 22 000万美元的研发支出。另一个证明这个计划重要的方法是，拿其中的数据与表 10. 14 进行对比，表 10. 14 显示了澳大利亚的 12 家公司在研发中至少投入了 1 000万美元。[16] 如果发展伙伴达到它们的目标，那么在7年内，可能将有其他10家公司也参与到这个行列中，将使大型研发企业数增加一倍，而且也将使现有的研发支出增加20%。

表10.14 商业企业的研发支出规模（1986~1987年）

支出规模（百美元）	企业数量（所有产业）	企业比例	占商业企业研发支出总额的比例（所有产业）（%）
少于100	1692	57.7	5.5
100~499	899	30.7	16.5
500~999	183	6.2	10.6
1000~1999	109	3.7	12.6
2000~4999	67	2.2	17.4
5000~9999	20	0.7	12.2
大于10000	12	0.4	25.3
总和	2932	100.0	100.0

资料来源："Research and Experimental Development, Business Enterprises, Australia," Australian Bureau of Statistics. Cat. No. 8104.0。

这些数据提出了一系列有趣的问题。首先，我们知道150%税收减让每年花费将近2亿美元，且根据工业经济局的统计，刺激了5 400万美元的额外研发。也就是，私营部门每执行1美元的额外研发，至少花掉政府4美元。那么，发展伙伴计划的经济成本是多大？它具有最小的预算成本。那么，研发的这一大幅增加是免费的吗？

对这个问题好像有两种回应。第一，正如发展伙伴计划的支持者所说的，大部分国家建立研发伙伴关系的成本是相同的，因而有些公司可能愿意在适度的政治压力下把它的一部分研发活动移至澳大利亚。在这种环境下，澳大利亚额外的资源成本是最小的，除了研究人员的教育成本和补助之外。实际上，澳大利亚也避免自己去承担冲抵计划的成本。第二，公司也许花费了很多成本才达到了任务要求，但这个成本小于冲抵计划施加的成本。在这种环境下，仅仅靠政治压力不足以让研发活动发生在澳大利亚，真正的激励因素是避免冲抵计划的额外负担。

教育体系的扩大与重新定位

自 1983 年大选后，工党政府就致力于改革教育体系，使它协调得更好以服务于经济需求。有多股力量要求改革，其中比较重要的是对青年失业率增加的担忧，且认为经济和教育体系并不足以促进技能的培养。[17]政府已经积极地采取政策来提高入学率，并为高中后两年的学生制定了收入支持方案，当然先要考察家长的收入和资产。大约 35% 的超过 16 岁的在校学生收到了这种支持，根据学生是否住在家中，支持数额从每周 58 ~ 102 美元不等。从 1983 年开始学校入学率显著增加，高中最后一年的学生保持率从 35% 上升到 63%，青少年寻找全职工作的比例已经从占这一代人的 10. 9% 下降至 5. 1% 。

也有政策是定位于增加高等学校的招生数量的。由于有了学生津贴，招生名额也有增加。目前 42% 的高等院校学生受到收入支持（Austudy）的帮助，每周从 69 ~ 243 美元不等。对研究生的收入支持也已经增加至每年 12 000 ~ 16 000美元（免税），大约是税后平均每周工资的 60% ~80% 。

以经济标准为基础，对高等教育体系是否应该扩张分析得很少。不过，肯定会有一些质疑，譬如，对一种定价远低于成本的物品扩大生产是否是一件好事。[18]有什么证据证明教育体系的扩张就是好的呢？首先，我们看一下《收入分布调查》（表 10. 15）中大学生的回报率。尽管实际的回报率已经在过去的 20 年里下降了，但仍然比较高。如果扩招的学生也可以获得这个实际回报率，那么这种扩张就是有保证的。

表 10. 15 实际税前回报率[a]

年份	男性（%）
1968/1969	24. 0
1973/1974	22. 4
1978/1979	19. 4
1981/1982	18. 3
1985/1986	16. 8

a：男性全职工作者税前年收入，用 3. 3 年完成学位，接受高等教育的唯一成本是机会成本。

资料来源：Chia（1990）. Income Distribution Surveys（various issues），Australian Bureau of Statistics。

这儿有两个限定条件。第一，这个回报率是扩招后大量学生进入劳动力市场之前的，且指的是平均值不是边际回报。第二，一个更加精确的计算方式是边际回报率，也就是，教育体系中增加的那部分学生的平均回报率是多少？为了解决这个问题，我们使用1986年的人口普查数据[19]。我们根据大学毕业生和高中生毕业生在1986年的收入把他们分成五组，计算每一组的教育回报率范围。假设他们在1986年的实际收入的相对水平在他们各自的职业生涯中保持不变，并按所在群组的收入增加来调整。扩招后的大学毕业生的收入范围来自五组当中的每一组没有受过高等教育的高中毕业生的平均工资水平。因此，对每一个人都存在五种回报率（表10.16）。比如，如果一个人获得大学学位，那么，他或她就会位于收入最高的大学毕业生的群组当中（D1），以此为基础，我们计算了一个人位于工资最高的高中生群组（H1）中的回报率；接下来假设这个人在第二组（D2），我们也以同样的方式计算，以此类推。如果一个人高中之后不辍学，且是五组中收入最高的高中毕业生，当这个人完成大学学位并获得大学毕业生五组中最高的收入，则回报率是6.99%。[20]如果这个人收入位于大学毕业生第二高的那一组，回报率将是负值。从这些计算中可以得到一个整体的印象就是，对能提供正回报率的大学学位而言，收入分布图上的一个高中毕业生必须干得与有大学学位的毕业生一样好，正如他或她与高中毕业生比较而言一样。没有上过大学的大部分学生没有资格进入这个群组，那些在扩招后获得额外名额的大学生不可能干得与那些进入这个群组的人一样好。因此，主张教育体系扩张的观点，从经济学的基础来看是令人质疑的。虽然这些计算很粗糙，但能突出一个重要原则：边际收益率比平均回报值更加重要。

表10.16　通过配比高中生和大学毕业生的收入分布（税后）而得到的高等教育回报率

高中生	D1（%）	D2（%）	D3（%）	D4（%）	D5（%）
H1	6.99	负值	负值	负值	负值
H2	17.48	8.15	3.92	负值	负值
H3	23.12	13.50	9.38	4.42	负值
H4	29.04	18.94	14.63	9.78	负值
H5	50.83	38.85	33.67	28.02	12.51

资料来源：Chia（1990）。

理科研究生的比例在扩招后的教育体系中保持不变，但科研位置的需求已经大大降低了，他们进入大学的要求也大量减少且现在是最低的。在研究生层次上，理科的博士和硕士数量已经锐减，主要是工作前景差。澳大利亚籍的学生在这个群体中的比例也减少了，1973 年，博士和较高学历的毕业生中理科仅占 50%，到 1985 年比例下降至总数的 36%。工科博士数量也同样下降了。只有艺术和教育类的才增加。

博士在科学界工作前景差以及在政府部门就职比较重要的想法，在博士毕业生去向调查中（表 10.17）可见一斑。1982 年毕业的物理学家中，43.9% 前往海外就业，生物医药科学的比例是 29.8%。在这两个学科中，政府部门包括教学部门，提供的工作机会比私营部门多 4 ~6 倍。

表 10.17　不同研究领域的高学历毕业生的去向分布（1982 年）

	在澳大利亚国内就业			在海外就业（%）
	政府		私营部门（%）	
	教育（%）	其他（%）		
物理科学	24.5	15.3	10.2	43.9
生物医学	30.6	22.6	8.1	29.8
工程学	14.8	8.2	32.8	39.3
人文、教育和经济学	48.6	12.8	2.8	16.5

资料来源：Department of Industry. Technology and Commerce，“Measures of Science and Innovation.”，Australian Government Publishing Service，Canberra. 1987。

尽管市场清楚地表明科学家过度供应，在科技政策顾问和政府当中盛行的观点却是：国家需要更多的科学家[21]。既然这种观点在目前的情形下——就业前景不乐观——显然是错误的，唯一合理的讨论就应该集中在未来需求上。但又有两个问题：首先，需要科学家一展身手的制造业结构调整还没有到来；其次，大学和研究机构中的科研人员的平均年龄在逐渐增加，等到澳大利亚需要重新调配科学家的时候，却面临着科学家人数的全球短缺。

未来是否会出现科学家短缺的状况呢？这完全取决于政府的政策，因为政府雇用了70%的科学家，从而有效控制了需求[22]。政府同样控制了供应，因为它决定高等教育的位置数量。针对就业机会少以及即将毕业的研究生远离科学界的状况，政府引进了一些政策来增加科学家的供应并提供他们就业机会。澳大利亚研究委员会设立新的研究生奖学金，政府最近也公布了《合作研究中心计划》（Cooperative Research Centre Scheme），成立50个新的研究中心，平均每个中心预算为400万美元，其中200万由政府提供，其余200万由参与机构提供。[23]在私营部门里，制造加工业也不可能变动很大以至于产生科学家数量上的缺口。

最后，我们简略地看一下在职培训。澳大利亚的工薪阶层似乎没有出现收入随年龄增长而增加的情况。例如，1981年，美国一个45岁的男子比25岁的男子要多挣42%的工资；但在澳大利亚，差距只是13%。澳大利亚人的收入峰值很早的时候就到来了。在澳大利亚根据各年龄段的教育水平进行工资调整后，澳美两国的差距有所减小但仍然很明显（Daly，1991）。平坦的收入波形图说明澳大利亚的在职培训水平很低，政府和工会运动已经开始着力解决这个问题。从1990年6月30日起，每个工薪总额超过20美万的企业都将被要求将工薪总额的1%用于员工培训。工会还寻求奖金工资的调整，以便对技术性劳动给予更多的奖励。

国家创新体系和国际收支平衡

澳大利亚的外债增长速度开始加快，宏观政策工具的有效性开始引起怀疑，这都导致了人们对制造业、科技政策和国际收支平衡之间相互关系的争论。争论集中在政府是否应当过多地干预经济，以培养高技术和出口导向型产业。关于当前讨论的一个很好的例子如下所示，它们来自于工业、技术和商业部（DITAC）与经合组织（1989）的联合讨论论文。

6.1 澳大利亚如果想维持现在的生活水准，就需要重组和复兴制造业和服务业。农产品和矿产品价格的长期下降，以及国内对制造成品进口需求量的增加，已经给澳大利亚带来了庞大而持续的贸易赤字。这个问题在高科技产品业尤其突出。1981～1982 年以来高科技产品的出口表现刚有所好转，就被更强大的进口增长潮流淹没了。澳大利亚的外债在过去 7 年里快速增长，1986～1987 年度增至国内生产总值的 30%，已经威胁到未来的经济增长。

6.2 稳定澳大利亚的外债，需要大大调整制造业的结构。与其他经合组织国家比较，澳大利亚的制造业结构是朝低技术和低增长方向倾斜的。至少直到 1984 年（最近一年的详细数据可获得），澳大利亚的高技术部门整体上是收缩的，而其他国家和世界市场则迅速地扩张。

6.3 为了澳大利亚的高科技产业增长……将需要增加研发支出和高级技术机器设备，并且在组织结构、市场和分配上进行改革创新。（DITAC/OECD，1989，p. 43）

另外一个例子来自 1990～1991 年的科技预算声明：

政府发挥科技作用的方式是发展一个积极的战略框架，这个战略框架承认科学和技术是解决澳大利亚当前面临的主要问题的本质要素。即：

- 需要发展更富国际竞争力的创新经济，以解决国际支付平衡问题；
- 需要整合经济发展与环境考量，以保证发展是生态可持续的发展。

增加研发支出的建议，以及鼓励高科技企业发展来提高出口绩效的要求，是否应当被采纳呢？看看下面这个众所周知的等式：

$$(G-T)+(I-S)=(M-X) \quad (1)$$

其中 G 是政府支出，T 是政府税收收入，I 是私营部门投资，S 是私营部门储蓄，M 是进口，X 是出口。工业、技术和商业部及经合组织的报告关注于

（$M-X$）的大小，它表现为出口低增长（农业和矿产品）和进口高增长（特别是高技术制成品），这是糟糕的产业结构导致的。要改变（$M-X$）则需要鼓励进出口竞争性产业的技术发展以提高竞争力。由于式（1）是一个等式，如果这个判断是正确的，且描述了需要考虑的唯一因子，那么，等式的右边就决定了等式的左边，也就是说，政府和私营部门的储蓄和投资平衡由进出口竞争性产业的经济绩效所决定。

财政部也同样担心（$M-X$）差距的扩大和外债与国内生产总值比率的上升，认为引起这些问题的原因不在于差劲儿的工业结构以及技术、研究和开发的不足，它们是直接影响等式（1）右边的，而是认为原因在于决定等式左边的因子——国内储蓄和收支的平衡。财政部争辩说，政府过高的财政赤字（$G-T$）很大一部分是由于国外借款。因此，收支经常项目从20世纪70年代初恶化，之后也无法改善，并不是由于工业结构差导致了进口迅速增加而出口缓慢增加，而是因为政府赤字产生的经济条件鼓励了进口而抑制了出口。工业结构的改革是弥补政府赤字的必要步骤。同样，私营部门的净结余（$I-S$）在过去的10年里也降低了，对收支经常项目（$M-X$）的结果也造成了影响，并且恶化了制造业的绩效。从这个观点出发，国际竞争力的变化和无效率的工业结构，并不是造成澳大利亚经济困难的原因而是经济困难的征兆。原因在于储蓄和投资失衡，如果政府决心发展经济，一定要通过增加储蓄来解决［对于这些问题的讨论见 Pitchford（1989）、Forsyth（1990）和 Gregory（1991）］。Forsyth（1990，p. 1）最有力地陈述了他的观点：

> 通过增强澳大利亚的工业竞争力、提高生产率、培育制造业和其他产业的出口文化，以及工业重组来解决收支经常项目失衡问题的一切尝试注定会失败。这是因为收支经常项目的问题并不由澳大利亚的工业有多大竞争力来决定的。然而，反过来的因果关系是对的——收支经常项目的结果决定了国家工业的竞争力。
>
> 只有消除储蓄与投资失衡的改革，才会减少赤字。

纯结构主义的观点认为（$M-X$）由工业的结构决定，纯宏观主义的观点认为（$M-X$）的结果只有按照储蓄与投资决策来分析，这二者之间显然存在冲突。由于等式（1）是恒等式，不管哪一边的改变都会牵动另一边。而外因可能在其他地方，又或者，等式的不同部分在不同的时间占支配地位。

这种冲突是对政府政策和国家创新体系的态度的核心。如果想改善流动资金赤字，那些强调直接影响等式（1）左边因子的人，将建议提高私营部门的储蓄比例和减少政府赤字的政策，等等。这是财政部、储备银行的政治姿态和占主流的经济学家的建议。那些强调等式右边的人，往往推荐直接鼓励出口和抑制进口的政策，并且认为工业结构不是由一般均衡模型内的储蓄和投资决策进化而来的。这些建议者通常不是经济学家，而是集结在官方的工业和科学中心周围的人士。

正如人们所料，政府政策接受了两边的观点，尽管国家创新体系进行了一系列的创新，但主流的风气仍然保留，不干涉具体的工业活动，并更加强调增加储蓄尤其是政府的储蓄。

总结和评论

最近对国家创新体系有非常多的质疑。下面这些措施带来的效果是很明显的：改变政府和私营部门的研发投入，改革高等教育体制，鼓励科学研究，以及政府通过在职培训和发展伙伴关系，更多地干预了私营部门的活动。这些改革的主要目标是改善经济的绩效和结构。[24]然而，当改革与经济的发展相悖时，很难让人相信它们对宏观层面，至少在可见的将来，会产生显著的影响。有三个实例可以证明。

第一，在 1983 ~ 1989 年的 6 年间，澳大利亚经历了经合组织国家中最快的就业增长。表 10.18 是对就业增长情况的一个初步分析。经济朝着兼职和服务业劳动者方向发展。那些有大量研发支出的制造业部门占就业总数的份额在缩小。迄今为止，私营部门并没有朝高科技产业迈进，也没有对科学家产生特别的需求，除了信息技术产业以外。

第二，看起来确实很奇怪的是，这个在高科技制造领域从未有过比较优势但同时享受着高水准生活的国家，正在讨论通过研发支出来刺激高技术制造业的发展，从而解决国际收支平衡问题。绝大部分的出口增长仍然来自传统的出口产品和新兴的旅游业和服务出口，而不是高科技制造业。如果制造业要对国际收支平衡问题有更好的贡献，那就必然会得出这样一个结论，即大部分的贡献来自于进口替代，而不是大量增加制造业出口。[25]最好从微观改革的角度来看待国家创新体系，也就是想着怎么把事情做得更好，而不是把整个体系看成是能显著改变澳大利亚经济结构的宏观的政策工具。

第三，研发集中在一部分公司和产业的内部，表明研发政策并不足以撬动整体经济。

总之，当前国家创新体系的晃动是与政府部门相关的，这看起来是一件好事，尽管要作出这种判断是非常难的。然而，指望这些改革能带来好处似乎是错的。对政府领导的科学技术推动的经济收益吹嘘过度了。

表 10.18　1983～1990 年的就业人数变化

	增长率	就业人数比例变化							
	合计	全职	兼职	男性	女性	全职		兼职	
	E/P p. a.					男性	女性	男性	女性
1983/1985	1.59	60	40	30	70	28	34	3	38
1985/1988	1.18	25	75	4	96	-9	35	12	62
1988/1990	1.31	31	69	19	81	-11	39	29	46

资料来源：Australian Bureau of Statistics. Labor Force History Summary 1996～1984. Cat. No. 6404. 0. Canberra, 1987. Australian Bureau of Statistics. The Labor Force Australian. Cat. No. 6203. 0. various annual issues August 1985, August 1988, August 1990。

注释

［1］人们常说科学技术在一定程度上是与澳大利亚的生活方式背道而驰的。举例而

言，经合组织科技评论小组曾经说过，“我们对澳大利亚人广泛持有的技术观点感到震惊，他们认为技术在某种程度上是与国家生活无关的”（OECD，1986，p. 13）。这种观点大部分可以从澳大利亚的经济发展史角度来解释。但是，通过对比的方式，我们注意到欧洲第一个殖民地的建立竟然是英国皇家学会提出的一个科学项目所带来的直接结果。航海家库克船长（Captain James Cook）被派往太平洋观测金星的运动和寻找南部大陆。后来英国政府接受了曾随库克船长航海探险并发现澳洲东海岸植物湾（Botany Bay）的植物学家约瑟·班克斯（1743～1820 年）提出的在澳大利亚建立罪犯流放地的议案，18 年后建立了新南威尔士殖民地。

新的环境确实能产生适应、发明和新技术对农产品的影响，不应该被低估。比如，许多欧洲的经济作物并没有在澳大利亚广泛种植开来。英国小麦晚熟，因此在很多地区夏旱来临的时候，谷物还不能收割。1901 年，威廉·法勒通过杂交印度和英国的小麦品种解决了这个问题。他还研究出抗铁锈的小麦品种。澳洲本土的草也不是最适合于放牧，而进口草也不能繁茂起来。最终，科学家们发现了地下苜蓿草和过磷酸肥料的价值。

其他著名的发明是 1842 年约翰·里德利的谷物脱壳机，使用这个机器，据说原来两个工人在整个收割季节的工作量现在可以由 4 个工人在 1 天之内完成了。R. B. 史密斯的跃障犁（stump-jump plough）减少了清理树根的成本，因为树根可以在地里自行腐烂掉。1884 年，H. V. 麦凯发明了一体式收割机，可以在一个持续的操作中完成剥皮、打谷和清理谷粒的工作。后来出现了一家非常成功的机械化公司，成为澳大利亚最大的农机制造厂家，后被加拿大 Massey-Harris 公司接管（澳大利亚的科学与技术 1977～78，1978）。

[2] 巴特林等人（1982，p. 4）在其引言章节中说：我们有意把公共和私营部门的决策的相互作用放到最前线。在这个工作中，我们已经认识到很多西方的历史经验（及其相关理论）对澳大利亚的价值不大，因为政府在澳大利亚历史上的所有决策过程中占据重要地位。

[3] 世界上第一个工党政府在 19 世纪 90 年代昆士兰州选举产生，联邦层面的则在 1910 年产生。联邦政府层面的老人和残疾人补助金分别在 1908 年和 1910 年出台，一些州甚至还更早就提出来了。

[4] 当然，通过贸易效应会有一些利益损失，因为通过低廉的价格售出，使外国客户降低了成本。

[5] 在 CSIR 之前，政府研究主要由州政府的农业部门支持，但它们忽视了牧业研究。

研究因设备缺少、项目小和行政管理要求而受到阻碍。为了解决这些问题,联邦政府介入了研究领域。农业政策、资源管理和一些产业研究部分地受到政府部门内部大量研究机构的支持。其中包括澳大利亚农业和资源经济局(Australian Bureau of Agricultural and Resource Economics)、工业经济局(the Bureau of Industry Economics)和交通与通信经济局(the Bureau of Transport and Communication Economics)。

[6] 1983 年 CSIRO 的预算是德国马普学会(Max Planck Gesellschaft)的 3/4,马普学会的经费占到了德国研发支出的 1.8%,是得到工业特别支持而建立的弗朗霍夫学会(Fraunhofergesellschaft)的 2 倍。

[7] 当然,正确的计算应该是考虑农业研究的回报率。但无论是不是这么计算,回报率都相当高。

[8] 这些数据存在一个困难,150% 研发津贴可能会改变私营部门的会计记录,增加了可减免支出的比例,从而使私营部门的研发支出与过去相比大大膨胀。

[9] 计算这个数据会遇到一系列的概念问题。澳大利亚现在推行的是"估算制度"(imputation system)(其方法是在股东所收到的税后红利上附加一个免税额,其数额全部或部分相当于红利所对应的公司所得税额,股东的个人所得税的应税所得是实收红利加上免税额,税率为对应档次的所得税税率,计算出的所得税额减去免税额为实际应纳税额,但如果免税额高于计算出来的所得税额,一般不予返还。这种税制的原理是将公司所得税视为一种预缴税,在征收个人所得税时予以返还,从而实际上全部或部分取消了公司层次上的所得课税,只在个人所得层次上征收。——校者注),由于税率对于公司和个人都不相同,怎么计算将大大取决于公司是否全面反映出股东的纳税责任。

[10] 这个分析适用于那些没有进口保护就无法生存的工业。如果一部分工业在没有关税的保护下也可以生存,那么社会将从研发活动引起的供应曲线下降中获益,但这种收益少于从工业的角度来测量的成本降低,也少于来自未受支持的工业的等量的有利可图的研发。

[11] 上述的许多问题都可以在 1985 年的汽车和零部件发展资助计划中得到例证。计划规定了将在 5 年里提供最多 15 000万美元来帮助那些受到高度保护的外资公司——福特、通用汽车澳大利亚分公司、丰田、三菱和日产——以发展本地设计的新的或不断改进的汽车和零部件。当 150% 津贴计划出台后,这个计划就变得并不慷慨了,但当时政府收入已经支付了 6 300万。类似地,除了 150% 研发津贴之外,240 万美元的计算机奖励金,也在 1989 ~ 1900 年给了 IBM 公司。

[12] 这个结果得到了接受访问的澳大利亚企业家的赞同，他们经常指出如果利润率下降，研发支出往往是第一个被缩减的。

[13] Doube 与 Deaton（1989，p. 86）调查了在补贴计划出台前后，报纸广告上招聘科学家的增长率，没有发现明显的变化趋势，他们得出一个结论："并没有显著的证据可以证明，这个计划增加了澳大利亚的研发职位。"这种调查可能比考察研发支出趋势更好，因为税收减让，研发支出会被重新归类。

[14] 为了获得抵消金额，与政府签订的合同最低应高于 250 万美元且进口项目超过 30%。抵消金额占政府合同中进口项目的 30%。

[15] 提供的数据只是一个估算值，因为这些许诺是以实际销售为条件的，在某些情况下，数据是过去 7 年的累积总量。

[16] 尽管我们不知道单个参与企业的现金支出，但清楚的是，目前可以提供 1 000万美元以上资金的参与企业最多两个。

[17] 20 世纪五六十年代，澳大利亚是经合组织国家中失业率最低的国家之一，平均为劳动力的 1.5% 和青少年的 5%。平均失业存续期大约是 5 周。在 70 年代，特别是从 1974 ~ 1975 年之后，失业率开始增加，到 1983 年达到峰值占劳动力的 10%，青少年的失业率接近 20%，所有男性的平均失业存续期增加至 43 周。从 1983 年起，强劲的就业增长只把失业率减至 6%，但成年男性平均失业存续期持续增加，目前是 57 周。在 1990 ~ 1991 年之后，失业率将再一次增加。

[18] 1973 ~ 1988 年，大学教育免费但有定额。为了补助大学扩招的费用，规定所有学生都要缴纳大约 20% 的课程费。课程费可以在上课的时候支付，也可以通过纳税来支付，以通货膨胀为参考指标，当学生的须纳税收入达到了平均每周全职工工资收入后，将返回 2% 的应税收入。当收入超过这个水平时，返还额度会更高。但这项制度对入读大学的影响甚微，大部分学科仍然是受限额的。

[19] 这些数据给出了税后 9% 的回报率。

[20] 对这些数据，税后计算出来的平均回报率大约是 9%。

[21] 科学机构发生了大量的高度公有化的改革，似乎就是要强调这一领域的重要性。它们出现在总理内阁、科学部长、海关和小企业各种各样关于科学技术的声明中。主要的变化包括：把科学技术部与工业技术与商业部整合，成立由总理领导的科学委员会，任命一名首席科学家直接对总理负责。每年都有一份特殊的"科学技术声明"，列举出新的政

府科学支出议案。

[22] 仅有10%的博士毕业生在私营部门从事第一份工作(表10.17)。

[23] 期望这些中心可以把更多的研究者团结在一起,并在科学发现上产生规模经济效应。

[24] "20世纪80年代早期之后,政府的科技政策已经逐渐强调研究机构要响应国家经济目标,特别是需要促进一个更加开放和更有国际竞争力的经济以及推动结构调整。"(315号预算声明第3页,1990~1991年第1号预算书。)

[25] 这个判断可能需要限定。按照《汽车发展计划》,政府已经对汽车及零部件的出口给予显著支持,汽车产业也积极回应。除此之外,铝出口也有所增加。

参考文献

Australian Export Performance; Obstacles and Issues of Assistance. (1989). *Report of the Committee for Review of Export Market Development Assistance*. Canberra: Australian Government Publishing Service.

Bureau of Industry Economics. (1990). *Manufacturing Investment*. Research Report No. 33. Canberra: Australian Government Publishing Service.

Butlin, N. G. (1962). *Australian Domestic Product Investment and Foreign Borrowing 1861 - 1938/ 39*, Cambridge, England. Cambridge University Press.

Butiin, N. G., Barnard, A., and Pincus, J. J. (1982). *Government and Capitalism*. Sydney: Allen and Unwin.

Chia, T. T. (1990). "Returns to Higher Education in Australia." Ph. D. Thesis, Australian National University.

Daly, A. (1991). "The Labour Market in Three Countries: An International Comparison of Relative Earnings in Australia, Great Britain and the United States of America," Ph. D. Thesis Austra Han National University.

Department of Industry, Technology and Commerce and the OECD (1989). *Industrial R&D Investment and Structural Change in A ustralian Manufacturing*. Canberra: Australian Government Publishing Service.

Department of Industry, Technology and Commerce(1990). *Australian Civil Offsets Program, Annual Report* 1988 - 89. Canberra: Australian Government Publishing Service.

Doube, B. ML, and Deaton, C. B. (1989). "Has the 150 per cent Tax Incentive Scheme Created New Jobs in R & D?" *Search* 20(3).

Forsyth, P. J. (1990). "Competitiveness, Microeconomic Reform and the Current Account Deficit." Centre for Economic Policy Research, Discussion Paper No. 228, March.

Gregory, R. G. (1976). "Some Implications of the Growth of the Mineral Sector." *Australian Journal of Agricultural Economics* 20: 71 - 91.

Gregory, R. G. (1991). "The Current Account and Economic Policy." In *The Pacific Economy: Growth and External Stability*. Sydney: Allen and Unwin.

OECD(1986). *Review of National Science and Technology Policy: Australia*. Paris: OECD.

Pitchford, J. D. (1989). "Does Australia Really have a Current Account Problem?" Policy Winter 2.

Schedvin, C. B. (1987). *Shaping Science and Industry*. Sydney: Allen and Unwin.

第三部分

低收入国家和地区

第三部分关注5个国家和地区，其人均国内生产总值都显著低于第一部分和第二部分的国家，除此之外差异就非常大了。甚至在当前的生产力和收入水平上，也存在相当大的群内多样性，中国台湾和以色列的人均国内生产总值（1989）水平大约是之前讨论的高收入国家平均水平的一半，而韩国、阿根廷和巴西的人均国内生产总值水平则不到以色列和中国台湾的一半。除了以色列之外，第三部分的国家和地区都是人口“大国”，巴西尤其大。然而，因为它们的收入水平都低，这一组的国家，可能除巴西之外，都有相对小的国内制造业商品市场，因而将它们置于与第二部分讨论的国家同样的位置。

20世纪60年代以来的时期，这一组的国家和地区经历了非常不同的经济增长速率和模式。第二次世界大战之前，阿根廷的人均收入水平大概与欧洲大陆的国家收入水平相当。韩国、中国台湾和巴西的生产力和收入水平则要低得多。以色列（在第二次世界大战之后才诞生）明显是一个特殊的例子。阿根廷则在战后很长一段时间内呈现实际的经济停滞，今天其生产力和收入都不比其他国家在1960年的水平高出多少。巴西和以色列出现了几个非常快速的增长期，但是近几年增长得非常缓慢。韩国和中国台湾在这一时期也经历了非常快速且持续的增长。

就总投资占国内生产总值的份额来看，中国台湾甚至比日本都高。阿根廷是本项研究中所有国家里投资率最低的。其他国家则大概居于中等。

这些国家和地区在制造业产出占国内生产总值的份额方面惊人地接近，并且，有趣的是，这一份额大概与第一组的大部分国家相当。然而，它们在制造业企业的国家所有属性方面，以及它们成功地产生和维持制造业出口方面，差异显著。在韩国和中国台湾，国外直接所有的企业非常少。而在巴西，国外所有的企业则相当多，阿根廷也非常多。韩国和中国台湾在产生制造业出口方面非常成功，两者制造业出口占到其总出口的很大份额。以色列也一样：然而由于以色列这个国家如此之小，以至于人们会认为出口将会占到国内生产总值的很大份额。巴西和阿根廷的出口占国内生产总值的比例非常小，并且制造业出口仅占总出口的1/2甚至更少。

在人力资源发展方面，则差异显著。阿根廷和以色列的受教育率在1988年与高收入国家处于同一阵营。中国台湾和韩国快速地接近这一差距。巴西则落在其后。就中等教育的入学情况来看，韩国、中国台湾和以色列处于与高收入国家相同的水平或快速逼近之。阿根廷稍有落后，巴西则远远落后。后中等教育阶段的入学情况表现出类似的情形。

以色列的科学家和工程师存量占劳动力的份额可能是世界上最高的。在韩国和中国台湾，这一比例远低于工业化高收入国家，但正在快速增长。在巴西和阿根廷，这一比例更低。这些国家中，研发占国民生产总值的比率大约遵循科学家和工程师存量在总人口中的份额的数据模式。

在韩国，私人资助占总研发的份额与日本相似。中国台湾的数据则大约与法国和意大利相当，并且政府支持的研发远高于韩国。在其他三个国家，迄今大部分的研发都是公共资助，但是理由却各不相同。以色列的理由是总研发的很大一部分比例投向了军事方面。而阿根廷和巴西的理由则是很少的研发发生在制造业部门，大部分发生在主要由政府资助的高校和实验室中（表Ⅲ.1）。

表Ⅲ.1 五个低收入国家和地区的比较

	韩国	中国台湾	巴西	阿根廷	以色列
人均国内生产总值，1989年官方汇率	3600	8000	2160	2520	8650
人口数（世界发展报告，不含台湾）	42.4	16.2	147.3	31.9	4.5
平均GDP增长/1965～1988年时间平均	6.8	6.5	3.6	0.0	2.7
国内投资总值/1965～1988年平均GDP	22.5	32	21.5	16.5	23
制造业产出/国内生产总值	32	—	29	31	—
制造业出口/国内生产总值	33	—	5	3	18
总出口/国内生产总值	42	55.7	10	10	32
受教育率	88	92	78	95	95
中等教育入学率	88	—	39	74	83

续表

	韩国	中国台湾	巴西	阿根廷	以色列
第三级教育入学率	36	—	11	39	34
科学家和工程师/人口数	0.11	—	0.04	0.06	0.47
研发/国民生产总值	1.0	1.16	0.4	0.5	3.7
私人研发/总研发	81/29	40/60	20/80	8/92	22/78
国外直接投资/国内生产总值	1.9	2.0	11.1	23.9	—

第11章 工业创新的国家体系：韩国能力构建的动力

金麟洙（Linsu Kim）

韩国已经成为发展最快的经济体之一，并且在过去25年里，从一个农业国家转变为一个新型的工业化国家。1961年，韩国经受着今天大部分贫困国家都面临的几乎所有困难。但自1962年开始，韩国经济以平均每年大约9%的增幅增长，人均国民生产总值按当前价算，从1962年的87美元提升到1989年的4 936美元。出口从1953年仅4 000万美元增长到1989年的620亿美元。同一时期，制造业产品占出口的份额从14.3%增长到95.0%。在20世纪60年代中期，韩国开始出口纺织品、服装、胶合板和其他劳动密集型产品。10年后，来自韩国的船只、钢铁，以及建筑服务向发达国家老牌的供应商们发出了挑战。到20世纪80年代中期，电脑、半导体存储芯片、模拟式磁带录放机，以及汽车都加入到韩国主要出口产品的列表中来了。到80年代末，韩国研发投资占国民生产总值的比重以及科学家和工程师人数占劳动力的比重，都达到了一些欧洲高度工业化国家的水平。是什么使得韩国在工业化进程中取得如此显著的增长？韩国能在未来继续保持这样的增长吗？

为了回答这些问题，本章将描述与工业创新相关的韩国国家体系，它在很大程度上影响了技术能力发展的方向和速度，而后者又导致了工业化。本章的主要着眼点将是描述作为韩国工业历史新时期的工业创新体系。当然，考察过去的国家体系怎样为韩国获得了使国家发展到今天这种状况的技术能力也是很重要的。

韩国怎样发展到今天的状况

日本殖民主义统治的 36 年留下了一些工业基础，大部分在韩国北部。但是由日本殖民统治的垮台导致的政治和经济真空和混乱，将国家划为南北的武断分割，以及卫国战争（ensuring civil war），这些发生在 1945 ~ 1953 年的事件，将韩国变成一个几乎没有过去并且面临黯淡未来的国家。

尤其是，韩国战争破坏了从日本殖民主义时期继承的大部分工业和基础设施。1953 年停战协议签订的时候，净生产额比 10 年前下降了 26%，人均净生产额下降了 44%（Kim and Roemer，1979）。讽刺的是，韩国战争也在一定程度上为后来的经济发展提供了帮助，它通过加强不同地区的人口流动，将一个传统的僵化的社会转变成了一个高度机动的社会，并且有助于快速培养男性劳动力的基本技能，因为他们中的大部分人有服兵役的义务。

因为确实没有国内存款，所有重建项目的 70% 经费不得不依靠国外援助。截至援助完全停止之前，美国的经济援助提供了占韩国 1953 ~ 1960 年期间平均 10% 的国民生产总值经费，使韩国能恢复到战前时期的水平。此后，韩国在 20 世纪 60 年代早期启动经济增长计划。

韩国快速的经济发展可能得益于很多经济的、社会的以及技术的要素。其中最重要的因素是技术能力，它是各种经济的、社会的以及技术的输入相结合的结果。它是一种在生产、投资以及创新中有效地使用技术知识的能力。技术能力使得一个人可以吸收、使用、适应、改变或者创造技术，并且发展新的产品和工艺以回应变化的经济环境。获取技术能力的过程是如此多样和复杂，以至于简单的分析无济于事。但本章这部分还是试图确定影响韩国获取技术能力的宏观/一般要素和微观要素。

宏观/一般的要素

宏观/一般的要素——人力资源形成的过程、国外技术的流入、塑造产业结构和增长方向的政府工业、贸易和科学/技术政策，等等——建立了快速获得技术能力的平台。

首先，人力资源发展可能是一个最基本、最关键的决定因素，因为技术能力是储存在人之中的。韩国最好的资源就是人力资源。现代教育最初由美国的传教士们引入韩国，之后被日本的殖民统治加以扩展。但直到日本殖民统治的末期，仅有2%的14周岁以上的韩国人口完成了中学教育，并且文盲率保持在78%的水平。

教育在韩国政府的现代化战略中的重要性在政府对教育投资的增加中可见一斑：例如，教育占政府预算总额的比例，从1951年的2.5%上升到80年代的22%以上。然而，政府支出仅占教育总支出的1/3，剩下的由私营部门和学生家长负担，这反映了韩国社会对教育的高度参与。波特（Porter，1990）的研究表明，韩国的教育参与在8个工业化国家（丹麦、德国、意大利、日本、瑞典、瑞士、英国和美国）以及2个半工业化国家（新加坡和韩国）中是最强的。

结果，正规教育体系的各个层次的入学人数自1953年开始快速提升。以小学为例，入学人数已经翻了5倍。更快的增长来自中级和高等教育。初中的入学人数在1945～1980年之间增长了28.5倍还多，而同一时期大学和学院的入学人数增长了几乎150倍。表11.1显示了学校入学人数在相应年龄组的百分比：1970年，小学阶段超过了100%；在80年代早期，中学阶段超过了95%；到1980年，高中阶段超过了70%，而高等教育阶段则超过25%。

其他一些发展中国家的小学教育也同韩国一样有了快速增长。但是在韩国比较特殊的是，所有教育层次都是均衡扩展的，这就足以在早期支持其经济的发展。哈比森和迈尔斯（Harbison and Myers，1964）指出，在

73 个发展中国家的人均国民生产总值回归线中，从经济发展水平可以预知韩国的教育成就水平是最高的。也就是说，虽然韩国的人均收入只有 90 美元，但教育成就几乎接近于人均国民生产总值为 200 美元的国家的人力资源发展的标准模式。韩国的人力资源发展水平，当其人均国民生产总值达到 107 美元的时候，已经相当于那些人均国民生产总值为 380 美元的国家的水平了。

海外培训和考察也是韩国人力资源发展的特征。海外培训可以追溯到 20 世纪 50 年代的国外援助时期，当时在经济援助计划之下，政府、企业以及学术界中一大批高级人员都被派去国外培训，主要是在美国（Mason et al.，1980）。海外培训的传统一直保留到今天。韩国高校学生出国培训占高校学生总数的比例是阿根廷、巴西以及印度的 2 倍，比墨西哥还高（Westphal et al.，1985）。结果，韩国教育成就的几乎所有指标都超过了之前提及的新型工业化国家。教育的快速扩招导致了 50 ~ 60 年代受教育人员严重失业的问题，但是，即使人均收入较低，人力资源接受教育后，为适应国外引进的技术和本土的技术发展奠定了重要的基础。韩国经济的快速扩展很快就吸收了盈余的受教育劳动力。

表 11.1 韩国的人力资源发展指标

	1953 年	1960 年	1970 年	1980 年	1987 年
受教育率（%）	22.0	72.1	89.4	a	a
入学人数占相应年龄组的百分比					
小学（6 ~ 11 岁）	59.6	86.2	102.8	101.0	100.2
初中（12 ~ 14 岁）	21.1	33.3	53.3	94.6	98.8
高中（15 ~ 17 岁）	12.4	19.9	29.3	68.5	82.8
学院/大学	3.1	6.4	9.3	14.9	25.5
职业培训中心的毕业生（1 000）	NA	NA	31.6	104.5	50.9

续表

	1953 年	1960 年	1970 年	1980 年	1987 年
高校毕业生数(每 1 万人)	NA	10[b]	11	27	54
科学家和工程师数[c]	4157	16436	65687	174832	361330

a:20 世纪 70 年代中期以后的文盲率非常低,所以政府停止计算该数据。

b:1965 年的数据。

c:1945 年以来的科学与工程毕业生人数的累计值。

资料来源:教育部以及 McGinn 等(1980)。

第二,韩国人民长时间辛勤劳动的习惯可能是快速获得技术能力的另一个因素。韩国的陆地面积并不比新泽西州或匈牙利大多少,且山川交错只得小部分陆地供4 000万人口耕种。就人口密度而言,韩国还不及孟加拉国和中国台湾。恶劣的条件和寒冷的冬天使得韩国人必须随时辛勤地长时间地劳作,才能在不利的环境下生存下来。1958 年制造业每星期的平均工作时间是 53.8 个小时,而经合组织中包括日本在内的国家则为 33.1 ~42.9 个小时,其他亚洲的新兴工业化国家为 44 ~48 个小时,墨西哥为 46 个小时(Kim,1988)。除此之外,老一辈韩国人被日本统治和韩国内战期间的艰难岁月和枪杀掳掠的回忆所激励。朝鲜人的金正日意识(sense of Geugil)或"打败日本"以算旧账并建立国家经济竞争力(的决心)也是鼓舞韩国人的重要力量(Porter,1990)。

第三,由于在经济发展初期缺乏技术能力,韩国必须依靠国外技术引进。然而,韩国有关外国直接投资和国外许可的政策在工业化早期是非常受限制的,当时技术并不是一个关键的要素,并且所需的成熟技术可以很容易地通过其他机制(如反求工程)得到,不一定是外国直接投资或国外许可的方式。表 11.2 显示了通过外国直接投资和国外许可的方式转移到韩国技术数据。

因此,韩国的外国直接投资规模及其在国外贷款中的比例都远低于其他新兴工业化国家。例如,韩国的外国直接投资份额在 1983 年仅相当于巴西的 7%,新加坡的 23%,并且比中国台湾和香港的一半还少。外国直接投资占国外贷款的比例在韩国仅为 6.1%,而新加坡则为 91.9%,中国台湾为 45%,巴西 21.8%（KEB，1987）。比较数据反映了韩国的对外政策是要促使自身“独立”于跨国公司的管理控制。

相比之下，韩国在早期通过采购交钥匙工程来促进技术转移。例如，在 20 世纪六七十年代早期建立的化工、水泥和造纸业，在建立之初都是采取交钥匙模式。但是韩国的企业吸收引进技术非常迅速，它们在国外援助很少的情况下，也能扩展和升级技术。韩国经济的快速增长需要生产设备投资的相应增长。然而，政府政策存在偏见，支持国外资本商品的引进，而反对把处于早期阶段的本地资本商品产业的发展，作为一种增强资本商品用户产业的国际竞争力的方式。这样的政策导致了国外资本商品的大量进口，这些变成了韩国企业通过反求工程进行学习的主要来源（Kim and Kim，1985）。在表 11.2 中所列的四种技术转移类型中，按照价格来看，资本商品进口远远超过了其他技术转移手段。资本商品进口的价值是外国直接投资的 72 倍。资本商品进口的总价是其他两种类型之和的 21 倍，这表明韩国可能通过资本商品的进口从发达国家获得了比其他方式更多的技术。在新兴工业化国家中，韩国的资本商品进口占技术转移的比例是最高的（Westphal et al.，1985）。

表 11.2 向韩国转移的国外技术（百万美元）

来源	1962～1966 年	1967～1971 年	1972～1976 年	1977～1981 年	1982～1986 年	合计
1. 外国直接投资						
日本	8.3	89.7	627.1	300.9	875.2	1901.2
美国	25.0	95.3	135.0	235.7	581.6	1072.6
所有其他	12.1	33.6	117.3	184.0	309.7	658.7
合计	45.4	218.6	879.4	720.6	1766.5	3632.5
2. 国外许可						
日本	—	5.0	58.7	139.8	323.7	527.2
美国	0.6	7.8	21.3	159.2	602.7	791.6
所有其他	0.2	3.5	16.6	152.4	258.5	431.1

续表

来源	1962～1966年	1967～1971年	1972～1976年	1977～1981年	1982～1986年	合计
合计	0.8	16.3	96.5	451.4	1184.9	1749.9
3. 技术咨询						
日本	—	12.1	7.7	20.8	89.2	129.8
美国	—	3.1	6.0	16.7	159.1	184.9
所有其他	—	1.6	4.8	17.2	84.0	107.6
合计	—	16.8	18.5	54.7	332.3	422.3
4. 资本商品进口						
日本	148	1292	4423	14269	20986	41118
美国	75	472	1973	6219	12394	21133
所有其他	93	777	2445	7490	53338	64143
合计	316	2541	8841	27978	86718	126394

资料来源：外国直接投资和国外许可来自经贸部；技术咨询数据来自科技部；资本商品进口数据来自韩国机器工业发展协会（Korean Society for Advancement of Machinery Industry）。

简单地说，韩国限制外国直接投资而代之以通过其他方式，如资本商品进口来促进技术转移。资本以国外贷款的方式获得。这种旨在保持韩国独立于国外跨国公司的政策在获取成熟工业的技术能力上是比较有效的，因为韩国有受过较好培训的人力资源和企业家，他们使得这个国家能很快地从国外资本商品中学到东西。

第四，韩国在国防中继续与美国保持联系，这对企业积聚经验和能力起到了重要的作用。美国军方采购项目给很多部门的生产企业提供了干中学的机会，接触严格的产品技术规范。建筑承包、胶合板生产和轮胎制造以及其他企业，都通过美国的军用合同打造了它们最初的技术能力，以后成为了主要的出口企业（Westphal et al.，1985）。例如，通过美国军方合同，本地的建筑企业在美国工程公司的指导下，学习严格的美国规范的特殊细节、竞价文件的准备以及建筑工程的管理，使本地企业积累越来越高超的建筑能力。到20世纪70年代早期，韩国的建筑企业成为美国在关岛和越南的军用基地的重要承包商。

在外国积聚的能力使韩国人在石油危机风波期间向中亚发动了积极的扩张。美国军事也降低了韩国防卫支出的经济负担，使国家能把更多的资源转向工业发展。

第五，即使有美国军事的强大保护，韩国也仍然需要分配超过 36% 的年度预算用于国防，以保持它是自由世界最强大的军事力量之一。这样一种国家安全的考虑，特别是卡特政府时期及其之后出现了美国从韩国撤出军队的可能性，对特殊工业和技术能力的发展造成了一些影响。例如，韩国政府在 20 世纪 70 年代末考虑推动重机器工业发展，重要因素之一就是出于对国防生产能力的考虑。对重机器工业的雄心勃勃的投资由于缺乏足够的本地能力，产生了应用少和资源分配的问题，但是对本地市场和本地能力的投资给了政府和私营企业极大的压力去提升赖以生存的技术能力。结果，韩国变成了第三世界里出口大型设备的一个重要竞争者。在技术能力构建中考虑国家安全，也对机器工业提高精度产生了重要影响。在韩国战争之后，韩国军方的采购需求也帮助本地消费类电子产品生产企业实现了工业电子的多样化。

第六，为了克服国内市场小的缺陷并充分发挥工业化战略所依赖的成熟技术的稳定特性，韩国政府专门指定了所谓的“战略”工业来替代进口和提高出口。20 世纪 60 年代的胶合板、纺织品、消费类电子以及 70 年代的汽车、钢铁、造船、建筑服务和机械设备都是例子。这些在不具备静态比较优势的情况下创造出来的工业，需要承受很高的成本以及“幼稚产业”的成长之痛。为了使这些产业能克服困难，政府使用各种政策机制：降低风险和保持稳定的援助、对抗国外竞争的市场保护、促进出口、税收激励以及对政府指定的产品和生产企业给予优惠融资。对“战略”工业的实际平均保护率非常高。在一些工业中，保护对那些很快就从初生者成长为出口商的企业显得多余，而对其他的技术复杂且市场更灵活的企业而言，保护则需要维持相对长的时间以提供较长时间的孵化（Kim，1987）。

第七，与中国台湾限制大企业的出现形成对比，韩国政府有意创造大企业和财团，让它们成为产生成熟技术的经济规模的一种工具，然后发展这些

“战略工业”并引导出口和经济。政府帮助资本形成以及使这些财团走向多元化。与第二次世界大战后中国台湾不愿将日本征用的企业进行私有化（Hou and Gee，1990）不同，韩国政府在通货膨胀时期，将日本殖民财产和国有企业以长期优惠分期付款的方式卖给了精心挑选的本地企业家，从而给予了本地企业家丰厚的资本收益。由于拥有全部商业银行，政府通过以只有市场实际价格一半的官方利率分配稀有的国外汇兑和优惠金融来帮助财团的产生（Jung，1989）。国家也给予它们大型的进口替代项目，企业家利用国外贷款进口交钥匙工程的生产技术都是得到政府认可的。那么，由货币贬值而引起的外债负担，则通过增加低息贷款而得到补偿，这就降低了这些企业的市场风险。

在提升大企业发展方面，韩国不同于其他发展中国家的地方在于，原则上国家通过奖优罚差来引起这些财团的忧患意识。表现好的财团可以得到其他工业领域的新的技术许可，从而经营业务更加多样化。对那些进入风险工业的财团，政府奖励新进入企业在其他厚利部门的技术许可，相当于提供了缓冲来培育风险初生工业。相反，除非是在发展健康的产业中，政府拒绝保释那些比较大型的、管理不善的破产企业，而是选择经营较好的财团来接管它们（Amsden，1989）。政府作为商业银行的控制者处于强有力的地位，能够通过冻结银行存款强有力地惩罚管理不善的企业。结果，1965 年的十大财团中只有三家：三星（Samsung）、乐喜－高士达（Lucky-Goldstar，即 LG）和双龙（Sangyong）在 10 年之后仍列于十大榜单。相类似地，1975 年的十大财团中有七个在 1985 年仍在十大的列表中。

财团的快速发展和多样化极大地影响了韩国的工业结构和市场集中度。到 1977 年，93% 的日用品和 62% 的船运都是在独家垄断、两家垄断或多寡头垄断的情形下生产出来的，前三名制造商占据了 60% 以上的市场份额。1980 年十大财团占到国民生产总值的 48.1%，表明韩国的工业集中度甚至比中国台湾和日本还高。然而，切纳里等人（Chenery et al.，1986）认为，韩国的全要素生产力和产值在高度集中的经济中增长很快，比他们研究的几乎任何其他国家都要快。

第八，韩国政府认为出口对小的国内市场的经济发展是生死攸关的。所以，政府以威胁和承诺来推动和拉动企业。准予企业不受限制且免关税地获取进口的中间投入。即使在国内货币供应紧缺的情况下，准予企业自动地获取银行贷款作为出口活动的运营资本。这些企业还可以不受限制地获取刚才提到的国外资本商品，并被鼓励进行垂直整合以保持国际竞争力。这些激励手段构成了韩国出口促进体系的关键点。而且，以长期银行贷款配额作为奖励，鼓励企业开辟新的出口途径，鼓励多样化，并且出口更多的产品。这些激励适用于所有的出口企业，特别是对大企业而言，通过组织的、金融的以及政策的杠杆作用，帮助它们成长得更强大。

韩国经济的首要特点是出口导向型的，至少以三种方式影响了企业快速获得技术能力。第一，对超出本地市场规模的能力进行一大笔投资来带动规模经济，迫使本地企业必须迅速获得技术能力以便通过不断提高国际竞争力而达到能力应用的最大化。第二，随着生产企业进入国际市场，激烈的国际竞争迫使它们主要以干中学和反求工程的方式对技术活动大量投资，以保持在质量和价格上都具有竞争力。第三，由国外原始设备制造商（OEM）购买企业提供的非正式技术援助，原本是为了保证韩国制造的产品符合其技术规范，但给韩国企业获得必需的能力提供了不可估量的帮助。

第九，虽然工业和贸易政策极大地影响了本地工业，特别是财团的产生和成长，但科学和技术基础设施却对促进具备成熟技术的工业发展不起什么作用。由于大学缺乏研发能力，政府在 1966 年建立了韩国科学技术研究所（KIST），使其作为一个整合的技术中心，它的衍生企业能满足工业的技术需求。然而，至少在 20 世纪 70 年代中期，研究院与工业界都少有联系。在这些研究院里，大部分海外培训的韩国科研人员来自学术界或在高度工业化国家从事高级研究的研发组织。制造业诀窍知识和原型开发方面的专家极度缺乏，而其技术早期又是急需的。此外，韩国科研人员在提供详细的设计图和其他制造业诀窍知识方面不如国外的科研人员，也不能帮助工业解决在发展初期的关键问题。

在上述的经济环境下，韩国企业发展出微观经济层面的战略，通过快速获得技术能力来支持可持续成长，这将是下面要讨论的主题。

韩国企业的微观经济行为

韩国企业获取技术能力的微观经济行为在不同的工业有不同的表现。第一，使用小批量和单位生产（以下称小批量）的工业例如造船和机器，更多地集中于发展设计和制造产品的能力上，而不是建立生产流程，因为它们通常生产极有差异的产品。结果，这些工业领域的大公司严重依赖正式的国外技术转移，在最初建立产品设计和生产系统的时候，主要采取国外许可和咨询的形式。20 世纪 70 年代这些工业占韩国国外许可总数的比例非常大。不过，这些企业已经增加越来越多的技术活动来加强它们自己的能力，并且随着它们在生产和产品设计上积累了经验，反过来减轻它们对国外许可的依赖。相比之下，这些工业领域的小企业（加上电子和汽车工业的小企业，大企业则开展大批量的运作）主要靠模仿来实现较长的时期内有组织地进化，先是用自己发展的原始技术来建立最初的生产设备，然后通过对国外产品和工艺的模仿反求工程来逐步提升生产系统和产品质量（Kim and Lee，1987）。通过有经验的工程师从现有的企业流动到初生企业，这些工业内部的技术迅速地扩散开来。特别是在 20 世纪 50 年代早期，国有企业的有经验的工程师衍生出许多私人企业并在这些私人企业中起到了关键的作用。

第二，使用大批量或大量（以下称大批量）生产系统的电子和汽车等工业，生产的产品差异较少。这些工业领域的大企业也依赖国外许可，但是依赖程度比那些小批量运作的企业要低。随着进口替代政策的出现，本地的企业与领先的国外企业形成进口“打包”技术（包括装配工艺、产品规范、生产的诀窍知识、培训本地技术人员、零部件）的技术援助协定来建立最初的生产系统。紧要的技术任务是应用转移的国外技术来组装进口零部件，而这些部件的最终产品在其他地方进行测试和检验仅仅只需要工程活动。大部分后期才进入该领域的企业，从现有的公司挖走有经验的技术人员来建立并开始公司的运作，这就导致了进口技术的快速扩散。于是，来自于新进入企业的竞争以及日益增长的出口激励，要求企业内在地吸收国外技术，那么就不仅要强调工程而且要强调一定程度的开发。吸收国外进口技术所获取的能力，也能使本地企业通过模仿工程开发相关的产品，无须得到国外援助（Kim，1980）。

第三，使用连续工艺的工业如化学、水泥、造纸以及钢铁，在高度资本密集的工艺中生产最没有差异的产品。虽然终端产品和设备是众所周知的，但是存在于生产工艺细节当中的专有诀窍知识，可以使这些工业的生产力产生很大差别，大的化工、水泥和钢铁工厂的最初的生产系统都是以西方企业的交钥匙工程为基础建立的。运作和维持这些工艺型工厂的原始生产能力，大部分来自生产工艺建立之前、期间和之后的国外供货商提供的广泛培训。不过，本地企业采取深思熟虑的战略以竭尽全力地获取技术能力，产生了一系列小的进步，带来生产率的显著增长，并且在随后的发展壮大中逐渐增加对工程任务的主管程度。举例来说，一个钢铁厂在 1971 年的第一个阶段，年产量 100 万吨完全依赖日本。但是，在韩国工程师的指导下，经过三次的发展，到 1981 年产量增加到 850 万吨。外国项目工程每吨的花费在同一时期从 6.13 美元降低到 0.13 美元，很好地表明了外国工程正被本地工程逐步取代（Kim，1987）。与其他工艺型工业不同，韩国本地的制药企业开始作为小的进口商/包装完成的药物的经销商，之后通过包装进口散装药物而进入药物制造业务。之后，它们逐渐地扩展到更复杂的经营，先是按配方配比进口的原料，后来发展到后台合成化学成分的生产。通过这一过程，它们的规模和技术能力都成长起来了（Kim et al.，1989）。

简而言之，由于投资规模大以及经验和能力的缺乏，跨工业的大企业严重地依赖国外资源来保证快速地建立和平稳地启动。相比之下，小企业必须经历长期的模仿反求工程，因为它们缺乏金融资源和组织能力来识别国外技术供应企业并与它们进行平等协商。然而，大小企业都采取了深思熟虑、雄心勃勃的技术战略，从一开始就尽力地吸收国外技术以培养自身的技术能力。韩国企业一步步地获得技术能力，也逐渐培养了高超的能力并付诸实践。获得能力的过程显然是一个有目的的并且包含了努力不断增加的过程，同时还有某些在工程和创新能力之前的生产能力的发展。对技术要素选择进口替代，至少意味着韩国几乎所有工业的某些要素还继续依赖进口，但是进口模式随着本地能力已经替代了国外能力而不断发生转变（Westphal 等，1985）。研发术语的正规意义对于处在成熟技术模仿时期的韩国来说并不重要。事实上工业颠倒了研究、开发和工程的顺序：它从国外进口产品和工艺工程开始，之后逐渐演化成实质性的开发。但是研究在 20 世纪 70 年代与韩国的工业化没有相关性。在其他国家进行的研究也提供了类似的证据。对日本工业历史的研究表明日本工业经历了一个类似的模式（Shishido，1972；Yakushiji，1977；Ozawa，1974）。美国也颠倒了研究、开发和工程的顺序。即，它从英国引进实用技术起步，之后慢慢地发展到今天提供大量研究的地位（NAS，1973）。巴西和阿根廷的企业从制造业的装配和包装开始，最后扩展到更复杂的经营。工程是研究，开发和工程谱系的先头部分，并逐渐导致更高级的开发和研究活动（Baranson，1973；Dahlman and Frischtak，1990；Katz and Bercovich，1990）。

通过这样的过程快速获取能力可能要归功于很多因素。向持续流入（通过正式和非正式的机制）的国外技术学习，愿意学习和受过良好培训的人力资源，在跨国公司有限平等参与的情况下，企业家的“能干”精神得到自由发挥，以及政府在引导财团和分配资源中所起的指挥作用，使企业在国际市场的竞争压力下实现雄心勃勃的增长目标，这些联合作用使韩国在 20 世纪 70 年代快速地发展。

财团在这个过程中扮演了特别重要的角色，因为它们处在最有利的位置，能够吸引最高质量的人力资源，能够确定、协商并资助国外技术转移，能够获得商业许可和政府的优惠融资，能够将一个商业领域的经验应用到另一个领域，能够利用现有企业为其提供的缓冲在新的商业领域进行风险投资。结果，到 70 年代末，韩国出现了世界上最大的纺织厂、最大的胶合板厂、最大的造船厂、最大的水泥厂，以及最大的重型机械厂。

当前的国家工业创新体系

由于一些原因韩国的经济环境在 20 世纪 80 年代发生了重大改变。第一，世界经济增长在 80 年代普遍减缓，尤其影响到像韩国这样的外向型经济。第二，随着贸易失衡的加剧，北美和欧洲转向贸易保护政策，使得韩国难以维持过去的出口指向型战略工业的出口增长。第三，韩国失去了劳动密集型工业的劳动力工资低的竞争力，因为其实际工资在 60 年代已上升到平均年增长率 5.8%，70 年代平均年增长率 7.5%。同时，其他工资水平更低的发展中国家在这些工业领域很快地追上了韩国。第四，发达国家，特别是日本，越来越不愿向韩国转移技术，因为韩国试图进入的工业领域都是这些国家的地盘。第五，韩国被迫改变了版权和专利法，预先堵住了韩国对国外产品模仿型逆向工程的发展道路。这样一种不利的环境使得韩国必须增强自身的技术能力，才能独立创新并且加强与国外技术供应商的谈判力量。本小节将集中讨论 80 年代试图解决这些问题的韩国国家体系。

公共政策的转变

面对如此不利的环境，韩国政府提出一项经济自由化计划，制定了一系列政策转变，试图通过减少政府干预来引入市场机制以及向以技术为基础的工业发展结构转变。首先，面对财团日益增长的经济实力和它所导致的垄断泛滥，如制造稀缺假象、价格欺骗以及伤害小的竞争者，政府采用了一项“经济民主化”政策来减轻由财团造成的垄断滥用。最近依照美国反托拉斯法引入《自由贸易法案》，内容包括：禁止不公平的企业联合行为以及财团的隶属公司之间的相互投资、设置财团贷款的最高额度，控制财团的纵向和横向整合等。然而，财团们成长得更加强大并且经济集中度更高了：五大财团的销售总值占国民生产总值的百分比从 1975 年的 12.8 到 1980 年的 35.0 再到 1984 年的 52.4。李等人（Lee et al.，1986）在报告中说，政府钦点的财团数量同它们各自支配的市场一样，从1981年的105家增加到1985年的216家，但只有10家被控告滥用了它们的经济力量。在1 172份要求纵向和横向整合的申请表中，只有两份被政府驳回。

第二，作为金融自由化计划的一部分，政府减少了对非银行金融中介机构的管制以及把商业银行非国有化了。很多非银行金融中介机构曾长期由财团控制，这次解除对它们的控制，导致了它们占存款负债的份额从1980年的27%增加到1984年的42%。金融银行的非国有化使得所有权从政府转到了财团。由于拥有的财政资源增加了，财团购买了更多即将私有化的国有企业和经济困难的企业。简而言之，金融自由化计划加强了财团经济的集中度。因此，阿姆斯登（Amsden，1989，p. 137）得出一个结论："在市场力量高度集中的情况下，依靠市场机制进行改革会产生很多反常的结果，不仅在拉丁美洲如此，在远东也是如此。"

第三，自1983年以来，政府开始了一项放开进口的计划，进口自由度（不受限制的项目占进口总数的比例）从1973年的51%提高到1984年的85%再到1988年的95. 2%。政府还将平均关税率从1984年的26%降低到1988年的16%。结果在1989年，进口增长了20. 1%，而出口只增长了2. 8%，使得国内市场的竞争比以前更加激烈了。

第四，韩国在20世纪80年代逐渐放开技术转移政策：韩国比早期更需要先进的国外技术来支撑出口导向型工业化的国际竞争力。自由化提高了韩国999个子工业部门向国外投资开放的比例，从20世纪70年代的44%到1984年的66%再到1988年的几乎90%。国外许可也完全向所有工业、所有项目和条件开放。表11. 2显示了通过外国直接投资和国外许可向韩国转移技术的数据。自1962年起，超过48%的外国直接投资总额和67%的国外许可特许使用金（或称应付的技术版权费）都是在最近5年（1986～1991年）里产生的，反映了放开后的公共政策环境和私营部门获取先进的国外技术的雄心壮志。在20世纪六七十年代，在韩国投资的国外公司赚取的是韩国的廉价劳动力成本。而现在，国外公司的投资是与韩国公司在技术密集型的领域进行合作。

第五，政府开始激励中小型企业，特别是技术型小企业，以弥补大小企业之间的不平衡。政府指定了大公司及其分支机构都不能进入的 205 个商业领域作为中小型企业的“避难所”。一个被称为“义务贷款率”的计划规定，商业（全国性的）银行给这些中小型企业的贷款必须占发放贷款总额的 35%。除此以外，本地或者地区银行也必须给它们提供占到其贷款总额的 80% 以上的贷款。当私营部门没有兴趣的时候，政府还主动建立风险资本产业来激励技术型小企业的出现。特别是，政府颁布一项特殊的法律建立第一家风险资本企业，由国家和一群私营企业联合投资。政府还采取进一步的行动，在 1986 年颁布了中小型企业成立法（Small and Medium Enterprise Formation Act），导致 12 家均由政府和私营部门联合投资的风险商业企业的成立。

第六，工业政策的焦点从提升“战略”部门转向了与创新相关的活动。也就是说，20 世纪六七十年代，特别奖励（如：税务免除、关税折扣、有权使用外汇以及其他形式的保护或强化）是分配给了“战略”工业，以便让它们具备世界水平的竞争力。相反，到了 80 年代，政府废止了在 70 年代出台的所有与特定工业相关的促进法案，建立了新的工业促进法案，它把奖励与促进研发和人力资源的发展等具体的工业活动结合在一起。不过在 80 年代末，政府仍指定要促进某些高技术工业的发展。

最后，政府通过使经济和社会民主化的方式，解放了曾在六七十年代受到严格控制的工人运动。一旦有了机会，工会会员的要求就突然爆发了，引发了混乱的、暴力的、甚至在很多情况下是非法的骚乱，导致了工作中断，错过了出口送货的截止日期，降低了产品质量，工资增加超过生产力的增长。企业经受的工人平均罢工天数从 1987 年的 5.3 天增加到 1989 年的 19.2 天。仅在 1989 年，劳资纠纷就使韩国付出了约为 62 亿美元的生产总值并减少 13.6 亿美元的出口的代价。韩国的实际工资自 1987 年以来已经累计增加了 62.5%。如果以美元来调整，增长率达到了 91.1%，这是生产力的 2.8 倍（Business Korea，1990）。简而言之，劳资纠纷是一个极大地影响国家在 20 世纪八九十年代进行创新活动的变量。

在这些政策环境下，政府和私营部门都加强了它们的技术活动以保持国际竞争力。接下来的部分将介绍这些技术活动的各个方面。

研发活动的结构性变化

既然在反求工程所需的很多技能和活动在研发活动中也同样需要，那么随着韩国朝技术前沿迈进，被称为反求工程的活动也可以很容易地转换为研发活动。反求工程包括识别市场潜在需要的活动、确定能满足市场需要的知识或产品的活动，也包括能将这两个要素融入一个新项目当中的活动。反求工程还包括有目的地寻找相关信息、一个项目组内部技术成员之间有效互动，以及技术成员与公司内部的市场和生产部门的有效互动、与其他组织如供应商、消费者、本地的研究机构和大学的有效互动，以及在追求一个令人满意结果的过程中的试错行为。这些过程所需的技能和活动事实上与研发活动创新过程是一样的。

韩国的研发活动从研发投入总额的趋势上可以反映出来。表 11.3 表明研发的总投资从 1971 年的 106 亿韩元（286 万美元）增长到 1987 年的 18 780亿韩元（23.7 亿美元）。虽然韩国的经济保持着世界最快增长率之一的纪录，但研发支出比国民生产总值增加得更快，同一时期研发占国民生产总值的比例（研发/国民生产总值）从 0.32% 增长到 1.93% 。在 20 世纪七八十年代末可以看到一个快速的增长，反映了政府政策从促进轻工业/成熟工业转变为促进重工业/技术型工业，从吸收生产技术转变为大力推动技术创新。然而，韩国的研发支出总额只相当于美国通用汽车公司研发支出总额的 54% 。

表 11.3　韩国的主要研发指标（10 亿韩元）

	1971 年	1976 年	1981 年	1987 年
研发支出	10.67	60.90	293.13	1878.0
政府资金	7.29	39.18	121.73	383.0
私人来源资金	3.38	21.72	171.40	1495.0
政府与私人的比例	68 : 32	64 : 36	42 : 58	20 : 80
制造业	NA	16 : 70	111.77	1114.7
研发/销售额	NA	0.36	0.67	1.83
国内生产总值	3376	13881	45126	97532
研发/国民生产总值	0.32	0.44	0.65	1.93
研究人员数（总数）[a]	5320	11661	20718	52783
政府/公共机构	2477	3592	5065	9184
大学	1918	4811	8488	17495
私营部门	925	3258	7165	26104
每个研究人员的研发支出（1 000 韩元）	4306	5223	14149	35580
每 1 000 人口中的研究人员数	0.08	0.33	0.54	1.27
企业研发实验室数	1	12	65	455

a：该数值不包括研究助手、技工和其他辅助人员。

资料来源：科技部，不同年份的科学技术年鉴。

政府统计显示，1987 年，基础研究占全国研发支出 16.6%，应用研究为 19.6%，试验发展保持在 63.8%。统计还表明在同一年里，私营部门占全国基础和应用研究的 40%，而大学只占 28%，公共研发机构占 32%（KIRI，1989）。这个基础和应用研究数据，特别是私营部门所占比例的数据有点儿夸大了，因为大财团只对半导体和信息科学领域的应用研究进行投资，而不管基础研究。

研发投资已经发生了结构性的转变。私营部门在国家研发活动中逐渐承担了更重要的角色，一部分是为了应对日益加剧的国际竞争，一部分是响应对私人研发活动有利的政策环境。例如，1971 年公共部门占国家研发总支出的 68%，但 1987 年仅占 20%。简而言之，当私营部门既没有能力也缺乏市场激励在本地开展研发活动的时候，政府就发挥了主动性。但是随着工业化的进行，韩国失去了在劳动密集型工业中的竞争优势，私营部门为了维持它的国际竞争力，逐渐在本地研发中起着最重要的作用。

韩国政府也通过各种促使私营部门建立正式的研发实验室的计划来促进企业的研发活动。这些计划包括税收激励、建立新实验室的优惠财政支持，以及免除研发核心人员的服兵役义务。由于这些计划产生的刺激，企业研发实验室从 1970 年的 1 个增长到 1983 年的 122 个再到 1987 年的 604 个，也反映了韩国企业认真地追求高技术发展。虽然中小企业占企业研发中心的比例超过 50%，但控制研发活动的是财团（之后会详细讨论）。表 11. 3 也表明制造业部门的研发花费从 1976 年的 167 亿韩元（2 225万美元）增长到 1987 年的 11 147. 4 亿韩元（14. 1 亿美元）。即使以不变价来看，这一时期的研发投入也不止增长了 4 倍。这比销售额的增长还快：研发投入占总销售额的比例从 1976 年的 0. 39% 上升到 1987 年的 1. 83%。机器和电子工业在 1987 年的研发活动占销售额的 4% 以上。然而，制造业的研发投入占总销售额的比例却不到美国和日本的一半。

韩国政府在发展国家工业创新体系的一个主要失误在于对高等教育机构投资不足。大学的数量从 1966 年的 69 所显著增长到 1985 年的 100 所，大学生数量从 131 354人增长到 931 884人，同一时期高中毕业生继续升入大学的比例从 28. 2% 增长到 38. 3%。然而，教育和研究质量的环境在这一时期却恶化了。例如，学生—教授人数的比值从 1966 年的 22. 6 退步到 1985 年的 35. 8，所有的大学对本科生的教育主要是教学导向型而不是研究导向型。所以，“不发表就完蛋”的原则没有得到应用。[1]

结果，韩国未能存储一批在 20 世纪 90 年代为保持韩国国际竞争力所必需的受过良好培训的科学家和工程师。与其他层次的教育相比，科学和工程领域的研究生教育无论是数量还是质量都被更严重地忽视了。政府近期采取了行动来纠正这一矛盾，导致了所有大学研究生计划全面扩招，至少在数量上能够满足未来的需要。然而，这个行动要产生高质量的成果仍需要很长的时间和努力。

认识到在教育领域改革旧的大学生教学导向传统的难度，政府采用了一个双重体系：教育部主管下的所有大学，不管是公立的还是私立的，基本上都是教学导向型的；科学技术部已经成立了一所研究导向型的科学技术学校，并计划马上再建一所，使得大学教育也有一个新的研究传统。

因此，大学的研究活动相对来说是不发达的。例如，虽然大学的研发支出从 1971 年的572 百万韩元（1. 5 百万美元）显著增长到1987 年的1980 亿韩元（250 百万美元），但它们仅占 1971 年全国研发支出总额的 5. 4% ，1987 年为 10. 5% ，而 1987 年大学却占国家研发人力资源的 33. 1% 以及研发人员中博士人数的 78. 4% 。

然而，韩国政府正在增强韩国的基础研究能力。例如，政府在一所国立大学建立了一个半导体联合研究机构，可供其他大学和企业研发中心共同使用。政府近期计划在 1989 年在大学成立五所大学研发中心，它们将源源不断地得到资金援助以增强研发能力。政府也在考虑颁布一项“基础研究促进法”，把加强基础研究能力作为国家首要的技术目标之一。

由于大学缺乏研发能力，公共研发机构就成为了韩国提升研发的支柱。它们也是国家研发计划的主要工具，因为它们接受了 90% 以上的政府对“新”技术领域的研究资助。

工业研发的资金来源

表 11. 3 表明私营部门逐渐承担了全国研发的很大份额，1987 年占到 80% 。韩国政府在帮助企业部门保证对研发活动投入的方面起到了重要的作用，主要通过三种机制：研发直接补贴、优惠融资以及税收激励。

研发直接补贴

政府在20世纪70年代没有研发直接补贴计划，当时韩国主要依赖轻工业来促进经济发展。在80年代政府出台了两项计划对私人研发活动进行直接资助：一个是由科学技术部（MOST）主管的“国家研发计划”（NRP），主要集中于“新”技术领域的未来问题；另一个是由工业贸易部（MTI）主管的“工业基础技术发展计划”（IBTDP），主要集中于“现在”技术领域的当前问题。两个计划都指定了目标技术并为研发 机构提供直接的研发补贴。

国家研发计划选择的标准是带有高失败风险或经济外部性的（对韩国而言）“新”技术，因而需要公共支持的计划。科学技术部确定了一些目标领域：机器零部件的本土化、新材料开发、半导体设计、超级微型计算机的发展、能源保存技术、核能燃料的本土化、新化工开发、生物技术的发展以及大学基础研究。相比之下，工业贸易部每年都进行一项调查以确定工业企业急需的研发计划并且为研究组织（公共的、私人的以及大学）从事这些计划提供研发补贴（IBTDPs）。1989年，确认了174项技术，其中146项被指定为得到资助的计划。

政府对国家研发计划的投资总额如表11.4所示，从1982年的133亿韩元（17.7百万美元）显著增长到1987年的550亿韩元（69.4百万美元）。政府通过国家研发计划对私营部门的研发补贴也从50亿韩元（6.7百万美元）增长到181亿韩元（22.8百万美元）。然而，即使在1987年，这也仅是每个计划约61 700美元（相当于大约两个研发人年）、每个参与企业91 000美元。对工业基础技术发展计划，政府在1989年指定了115亿韩元（17.2百万美元）专款，每个计划大约是117 936美元。这个数量显然不足以解决关键的问题。

表 11.4　国家研发计划的投资额（10 亿韩元）

	1982 年	1983 年	1984 年	1985 年	1986 年	1987 年
公共的和产业的计划						
公共机构领导的计划	8.2	13.9	16.1	17.3	27.1	28.2
公共研发机构产业的联合计划	4.6	6.7	4.5	8.1	15.1	18.1
（由私人部门匹配）	5.0	12.6	9.0	13.2	46.1	49.5
计划数	66	106	106	186	296	370
参与的企业数	86	131	134	212	240	250
国际联合计划	—	—	—	1.6	2.3	2.9
基础研究	—	1.0	0.9	1.5	5.0	5.0
对中小型企业的技术援助	0.4	0.4	0.5	1.0	1.5	—
研发评估计划	—	—	—	0.5	0.6	0.8
国家研发计划总额[a]	13.3	22.0	22.0	30.0	51.7	55.0

a：国家研发计划。

资料来源：Science and Technology Annals（1988）。

企业研发的优惠融资

资助企业研发的最重要的机制就是由国家控制的银行和公共资金提供优惠融资。在整个 20 世纪 70 年代，研发活动贷款的利率是最高的利率之一，反映了政府政策并不把研发放在优先的地位。表 11.5 表明 1987 年的优惠融资总额达到 6 716亿韩元（848 百万美元），占当年国家资助企业研发投资的 94.3%（7 124亿韩元，相当于 899.5 百万美元）。相比之下，通过国家研发计划和工业基础技术发展计划划拨的研发直接补贴只占 4%，通过风险资本企业而进行的直接投入也只占总量的 1.7%。1987 年，公共资助总额（7 124亿韩元）的大部分以优惠贷款的方式分配，实际占制造业研发总支出的 64%。简而言之，政府通过分配优惠融资的方式在资助企业研发方面起到了重要的作用。

表 11.5 企业研发的公共资金来源（1 亿韩元）

	1982 年	1983 年	1984 年	1985 年	1986 年	1987 年
研发直接补贴						
国家研发计划[a]	51	71	51	81	151	185
工业基础技术发展计划[a]	—	—	—	—	—	100
发明者的原型开发	0.5	0.7	1.0	1.0	1.1	1.2
小计	51.5	71.7	52.0	82.0	152.1	286.2
通过风险资本公司的直接投资	2	23	31	44	60	122
优惠融资						
风险资本公司	221	499	601	827	905	1000
国家控制的银行	521	879	920	880	1352	1730
国家投资基金	—	9	33	4	193	525
产业发展基金	95	64	91	139	195	307
工业技术发展基金	—	—	—	—	316	2654
小计	837	1451	1717	1942	3252	6716
合计	890	1545	1800	2068	3464	7124

a：国家研发计划由科技部主管的“新”技术领域的国家研发计划；工业基础技术发展计划由工业贸易部主管的“现在”技术领域的产业基础技术发展计划。

资料来源：Science and Technology Annals（1988）。

税收激励

税收激励是使企业获得研发资金的一项重要的间接机制。在韩国，税收激励根据不同的激励目标分为 5 类。最重要的是那些旨在促进企业研发投入的税收激励：降低研发设备和供应品的进口关税、减除年度非资本研发支出和应征税收入中人力资源发展的成本、加速工业研发设备的折旧率，以及免除与研发资产相关的房产税收。激励措施还包括一项被称为“技术发展储备金”的税收减让计划，即企业可以将任何 1 年的税前利润的 20%（高技术产业为 30%）留存起来用于随后 4 年的研发活动。然而在早期不需要技术活动的情况下，私营部门并没有好好利用这一计划。其他的税收激励还包括降低国外技术的获取成本、支持技术型小企业、降低本地商业化生产的技术成本、降低新产品的引进成本，以及促进风险资本产业和风险投资的发展。

跨组织的合作

公共研发机构的产业合作

20 世纪 80 年代，政府采用各种方法来促进公共研发机构和产业的有效连接。例如，国家研发计划和工业基础技术发展计划，虽然资助的货币价值不怎么引人注目，但它们是推动公共研发机构和产业合作以发展前文所讲的目标技术的主要手段。这些计划还包括推动大学也参与其中，但收效甚微。最近几年以来，在某些情况下，大公司反而不愿意获得公共支持，因为要保守它们的研发活动秘密；所以计划大部分支持的是中小企业。不管怎样，这些机制都带来了研发合作的成效。举例来说，一家公共研发机构和四家私人企业成功合作，开发出了低密度电子转换系统（TDX-1）并且实现了商业化生产，现在正在设计高密度系统（TDX-10）。还是这家公共研发机构与三家半导体生产企业联合设计出了 4-百万的动态随机储存器（RAM）（下面将会详细论述）。

大学的产业合作

由于几乎所有的人学都是教学导向型的，大学和私营部门缺乏基本的相互影响。这是韩国国家工业创新体系的最致命弱点之一。与发达国家的大学在对工业研发有重要意义的基础研究和应用研究中扮演重要角色不同，几乎所有的韩国大学都苦于设备不足，以及教学人员既没有时间也没有进行认真研究的激励。结果，大学失去了私人部门对它们的信心，以至于几乎吸引不到任何来自商业领域的研究资金。政府为了促进大学—产业的合作，向大学开放了国家研发计划，但是 1984 年，大学仅仅参与了 255 个计划中的 6 个，涉及经费也只有 19 400万韩元，还不到国家研发计划总支出的 1% （KAIST，1986）。简而言之，若以研发合作的正式意义来看，大学的产业合作是可忽略的。不过，企业聘请大学教师作为顾问的非正式协作还是相当普遍的。这可能表明了韩国作为一个追赶型国家的特征，要解决的技术任务还不是处于最前沿。

企业之间的合作

企业之间的研发合作的主要形式之一是工业研究合作。1977 年的《技术发展促进法》(Technology Development Promotion Act) 支持这种合作形式。但直到 1982 年，为了响应国家研发计划提供的研发直接补贴，才首次出现了这种合作。第一年就涌现了 11 个合作计划。到 1989 年中期，由 986 家企业参与的 46 项工业研究合作建立起来了，其中有 759 家是中小型企业。政府提供了各种税收激励来促进企业之间的研发合作。然而，目前大部分的合作都是有名无实的。政府利用国家研发计划和工业基础技术发展计划，希望通过邀请企业的研发合作计划参与到公共研发机构的联合研究当中，以此来促使企业间进行有效的研发合作。但是，企业无法利用研发合作的补贴，因为既没有足够的研发设备也没有全职科研人员。

私人部门的技术战略

因为财团在 20 世纪六七十年代是扩大生产和出口的主要推动力，它们也在 80 年代发展韩国的高技术产业中扮演着关键的角色。通过以下做法，财团们迅速地使其技术来源多元化了。首先，几个大财团在加利福尼亚的硅谷建立了前哨，通过跟踪技术变革而“跃进”了高端技术领域，并且获得先进的半导体和计算机技术。加利福尼亚还给财团们提供了另一个好处，以解决韩国高技术发展的一个最明显的障碍——在高技术产业缺乏有经验的科学家和工程师。加利福尼亚有成千上万的拔尖的韩裔美国科学家和工程师。实力雄厚的财团吸引走了当中最好的人才。他们中的多数人在 10 多年前离开了韩国，在美国最好的大学获得了博士学位，并且在美国领先的公司如 IBM、仙童、Intel 和国家半导体公司工作从而提高了资质。资金充足的韩国财团给予他们富有挑战性的工作和有吸引力的酬劳，不需要他们脱离美国的生活方式，并给予相当大的独立性。例如，现代集团 (Hyundai) 进入工业电子的第一步就是在加利福尼亚的桑尼维尔建立一家分公司现代电子系统 (Modern Electrosystems)，主要由拥有博士学位的韩裔美国人和来自美国顶尖的半导体制造公司的富有经验的科研人员来负责。三星也在硅谷建立了两家从事微电子和生物技术的研发活动的分公司，由几位拥有博士学位的韩裔美国人来领导，其余的都是本地的美国工程师。另外一家韩国企业——辛达卡拉 ID Focus 公司（ID Focus of Santa Clara），为大宇（Daewoo）电子和大宇电信进行市场研究和工业设计，它的全体职员都由美国人组成。LG 也建立了两家进行半导体/计算机和生物技术研发的分公司。这些分公司主要为韩国的大规模生产进行研发活动。在加利福尼亚的这些前哨也是收集发达国家研究活动信息的“天线”，还是来自韩国的研发中心和制造业工厂的科学家和工程师的培训基地（Kim，1987）。

第二，财团还成功地与跨国公司建立了联系，这为韩国发展高技术提供了重要投入。发达国家的跨国公司正着眼于同韩国形成技术合作联盟，因为韩国在基础设计和基础科学方面很弱，但是制造加工和工艺技术拥有国际竞争优势。高技术领域的跨国公司如 IBM、Hewlett-Packard（HP）、Honeywell、ATT、孟山都（Monsanto）、日立和东芝最近都与韩国财团建立了高技术产业的联合企业。财团们也与国外高技术企业建立广泛的技术许可关系。

第三，财团们在 20 世纪 80 年代与本地公共研发机构建立了比几十年前更紧密的关系。公共研发机构的能力开始与财团们发展高技术产业的活动联系在一起了。

第四，财团们也积极地投资发展国内的研发活动，不仅为了吸收、消化并适应从它们在硅谷的前哨和跨国合作伙伴那里引进的技术，也为了加强它们自身的创新活动。例如，三星在 20 世纪 80 年代在国内建立了 12 个新的研发中心，包括三星高级技术研究所和三星综合研发中心。仅仅在 1989 年，三星就对研发投入了 9 亿美元，现代和 LG 分别投入了 6 亿美元，大宇则投入了 3 亿美元。将近 80% 的投资投向了电气和电子，18% 投向化学，剩下的 2% 投向其他领域。这四大财团占到了国家工业研发总额的大部分。实力雄厚的财团在招募稀少的高技能人力资源方面比中小型企业具有相对优势，它们能提供在韩国企业中有吸引力的报酬和最好的职业发展机遇。正是这些财团吸引了在国外受教育的韩国科学家和工程师到它们在韩国的研发中心工作，并且招收了一批来自韩国最好的大学的顶尖毕业生。在财团的研发中心和在总部任技术规划职位的高级科学家和工程师几乎都是在国外接受教育，并且有在发达国家的大型跨国公司工作经验的博士。财团们还雄心勃勃地对培训进行投资以提升它们的人力资源质量。

拥有技术网络、高才干的科学和工程人力资源以及雄心勃勃的研发投资，财团们在向技术前沿推进中扮演着领导角色。一些高技术产业如半导体、电信通讯、机器人、计算机以及飞行器等可以表明财团们在 80 年代是如何获取技术能力来启动和发展这些产业的。

首先，韩国长期参与半导体产业，从简单的包装工艺——由全资国外分公司或联合企业进行组装开始，所有的零部件都从母公司进口并且重新出口给委托人。这样，在 1983 年，在超大规模集成电路实现了技术的跳跃。大财团们对半导体产业放手一搏，优势都集中在它们的有利条件中：现金充足的产业资金渠道、国外招募的有动力且有技能的劳动力以及劳动成本低的优势。但最重要的是，美国有大量的穷困的小半导体公司为了得到生存所需的资金而急于出售芯片设计和工艺，而这正是韩国财团们最需要的东西。三星半导体的 64k 动态随机存取存储器技术就是来自 Boisie，一家位于爱达荷州的美光科技公司 (Idaho-based Micron Technologies)，使三星大约在日本第一个实现其商业化生产后的 18 个月就用 64k 动态随机存取存储器冲击了市场。三星的高速 CMOs 工艺的设计是用了 210 万美元从加利福尼亚的 Zytrex 公司买来的。三星又转向 Mostek 公司设计 256k 的动态随机存取存储器。高士达半导体与硅谷的 AMD 公司签署了芯片设计协议。美国 ATT（美国电话电报公司），作为联合企业的合伙人之一，是 1M 的动态随机存取存储器设计技术的主要来源。现代让圣何塞州的 Vitelic 公司进行 1M 和 256K 的动态随机存取存储器的设计以及一系列静态随机存取存储器的产品设计。大宇，作为第四大财团芯片俱乐部的成员，1985 年通过注入 1 800万美元到境况不佳的 Zymos 集团获得了 51% 的资产净值从而打开了它的商业窗口。芯片制造最重要的投入材料是硅晶片，由两家本地公司生产：一家叫 Korsil，是与孟山都联合投资的一家公司；另一家叫 Lucky

Advanced Materials，从加利福尼亚的 Siltec 公司（现在属于三菱金属）获得晶片工艺技术授权。简而言之，财团们的设计和工艺技术都主要依赖国外公司。

使韩国可能在半导体产业中立足的另一个重要因素是，在美日贸易摩擦之后，美国限制了日本的出口，日本企业后来也转向了高端市场，为韩国公司渗透进入美国市场开放了机遇。在消费类电子和微型汽车领域也是如此（Porter，1990）。

芯片制造企业在生产设备和研发上都进行了大量的投资。到 1988 年底，4 家半导体生产商对新设备投入了 13 亿多美元。研发总支出也快速地增长，从 1983 年的 1 300 万美元到 1987 年的 9 500 万美元，分别占总投资的 10% 和 22% 。积极的工业研发支出削弱了日本的领先地位。例如，韩国仅落后日本 6 个月就生产出了 1M 的动态随机存取存储器。

但是前面的道路越来越崎岖，到了今天更甚。1986 年，德州仪器公司（Texas Instruments）向三星和 8 家日本芯片制造商提出了侵犯其动态随机存取存储器设计专利的诉讼，同时英特尔公司也对现代集团及其美国设计供应商提出了类似的诉讼。三星和现代停止为其存储器产品过去和将来的销售支付版权费。并且下一代芯片，4M 的动态随机存取存储器的研究工作意味着半导体技术开发的前沿，也意味着韩国企业与日本和美国的公司进行并驾齐驱的竞争。随着芯片游戏中风险的增长，这一领域的玩家在全世界范围内逐渐减少，这意味着那些继续留在这一游戏中的玩家即使有也很少能把尖端的芯片设计技术出售给韩国的财团。所以，韩国必须独自解决 4M 动态随机存取存储器的设计问题。为了避免重复研究和投资，政府插手了，把 4M 动态随机存取存储器的研发指定为国家计划。由一家公共的研发机构在三个参与的财团中进行协调。三星是三个财团中第一个宣布在 1989 年完成 4M 动态随机存取存储器设计，1990 年完成 16M 动态随机存取存储器设计的，仅仅比日本迟到了几个月。

第二，电子转换系统（ESS）和光纤/光缆是电信通讯领域的高技术产品。1981 年韩国政府（唯一的购买者）决定将公共电话切换系统从电子直接拨号系统转换为电子转换系统。由于缺乏生产电子转换系统的技术能力，三个财团和一家中型企业与国外合作，两个以联合企业的方式，另外两个以技术许可的方式，在本地组装外国设计的电子转换系统设备。当本地的制造商迅速地增加本地的电子转换系统容量比率，到1986年一些模型提高到76%的时候，一家公共研发机构与四个公司组成了联盟来发展韩国自己的（低密度）农村电子转换系统（时间分配交换 Time Division Exchange 或 TDX-1)。外国技术系统的生产经验与从国外招募的高才干的韩国工程人力资源结合在一起了。完成之后，设计技术转移给参与企业进行生产。TDX-1 取代了 1987 年以来的瑞典模型。该联盟还开发了一个改进版本（TDX-1B）并将其出口到菲律宾。同一时期，联盟还启动了一项为城市用户开发高密度系统（TDX-10）的研究计划。

当1977年Corning Glass集团拒绝将光纤生产技术转移到韩国时，韩国两个铜电缆生产财团与一家公共研发机构加入了一个联合研发计划。经过7年的研发活动，1983年本地生产的光纤成功地经过了35公里路线的测试。虽然这些本地的研究活动多半由于研发进展缓慢而最终搁浅，但它有助于本地企业获取在有利条件下与国外技术谈判的能力。四个财团在1984年加入了与跨国公司的许可协议：三星和 IT&T，高士达和 AT&T，大宇和加拿大北部电信，Taihan 电线公司和日本的住友（Sumitomo）。

第三，在早期，韩国采取的是独立的反求工程路径来发展机器人技术。仍然是四大财团现代、三星、LG和大宇主导着这个产业。财团们的汽车装配厂、造船厂以及航空公司所需的第一批定位焊接的机器人技术全靠进口。最大的电子公司所需的第一批自动部件嵌入机器人技术也都是进口的。但这些进口机器人技术的用户企业主动吸收了进口技术。基于国外模型的操作经验以及从国内研发活动中得到的能力，它们开发出了模仿模型，先是满足了工厂内部的需要，后来也满足了财团群体的日益增长的需要。与之形成对比，一些小财团获取经验的方式是作为国外模型的本地经销商进入产业的。不过，这些财团带有乘机利用国内外快速增长的需求的目标，它们加大了研发活动（仅1987年就超过了2 800万美元)，技术能力也迅速提高，而且也有了自己的模型。例如，大宇在1984年推出五轴多重工艺 NOVA-10，在质量和价格上都具有竞争力，并出口到了美国。在大宇，美国培训的博士在启动和扩展机器人技术业务中起到了重要的作用；这一点在其他财团中也同样如此。政府也制订了一项全面的计划来推进如机器人生产技术等与自动控制相关的产业。然而，韩国的机器人技术仍然局限在简单重复的定位焊接机器人生产技术，很难制造出完整产品。为了应对更复杂的机器人技术的需求，现代和大宇等财团现在都寻求与跨国公司技术合伙，而公共研发机构则在进行如人工智能、可视化传感器、六轴机器人以及声音识别系统等领域的高级研究。

第四，韩国的计算机产业也经历了一条类似的发展路径。在消费类电子领域有经验的财团通过模仿反求工程进入产业，推出了 IBM 个人电脑的克隆产品。这些财团作为 OEM 生产商快速地扩展了它们的业务。没有消费类电子背景的小财团最初作为地方经销商或服务代理商进入计算机领域并积累了技术经验，后来又反过来整合设计和生产它们自己的模型（Kim 等，1987）。由于很好地掌握了芯片业务和微型计算机技术，韩国现在着手另一个国家计划：设计和制造韩国自己的超级微型计算机。再一次，来自公共研发机构和一些财团的软硬件工程师们组成了一支研究团队。超级微型计算机计划的基本设想是购买并移植国外技术，因此韩国购买了一项来自美国一家风险公司的超级微型计算机设计，并且很快使设计能力本土化了。

第五，财团们也控制了航天器产业。韩国航天器技术的基本经验大部分来自国际的分包合同及维护服务。随着日元的升值，曾将日本作为机身及零部件制造基地的波音公司和其他美国飞机制造商把它们的采购源地转向了韩国。三个韩国财团与美国制造商建立了紧密联系。例如，大宇为 General Dynamics 提供外部机身、侧座舱面板和中央安定翼，大宇还为波音 747s 提供上层甲板，为波音 737s 提供机翼骨架和机翼零部件，为 Lockheed 的一项新型美国战斗机提供机翼和机尾部件。韩国航空，从为美国 F-15，F-16 和 F-5 军用幻影战斗机的维护服务中积累了航天器技术，为波音提供翼端伸展并为 McDonnel-Douglas 提供钣金装配。另外，大宇与 Sikorsky 成立联合企业，三星和贝尔为韩国军方和 OEM 出口而在韩国生产直升机交换了理解备忘录。这些财团将会参与制造韩国空军下一代支柱战斗机。美国政府提议韩国购买完全生产好的战斗机 12 架，通过成套组装生产 36 架，其余的在技术许可协议下制造。通过这一过程，韩国期望获得足够的技术能力来发展自己的航天器。财团们为了吸收国外技术也加强了它们的研发活动。韩国政府在促进工业发展方面起到了积极的作用：1987 年政府颁布了"航空工业发展法"，成立了航空技术研究所来支持私营部门的研发活动。

简而言之，财团们精心地选择了一条发展路径，从反求工程到国际联合再到自主研发，以较高的速度和较低的成本来获取高技术产业的技术能力。当技术任务相对简单的时候，它们选择对国外产品进行反求工程。早期的机器人和计算机产业就是很好的例子。当技术任务超过了它们的能力时，它们就迅速转向跨国公司，而由于各种原因跨国公司也愿意与韩国分享技术。半导体、电子开关、早期的航天器工业以及后来的机器人、计算机和光纤工业都是这样的情形。当韩国接近技术前沿时，很少有跨国公司愿意共享它们的技术了，韩国就通过加强研发活动来开发自己的产品。4M 动态随机存取存储器近期的发展就是一个很好的例子。在这个过程中，公共研发机构对提升财团获得国外技术的谈判能力以及财团合作开展联合研究活动，都起到了关键性的作用。

虽然有抱怨说财团们控制了高技术产业，就像它们过去主导着其他很多部门一样，但是，这种控制在早期是不可避免的，因为有大量的风险和投资，而且缺乏能孵化出技术企业家的研究型大学，由这些企业家来创立小型技术企业。不过，一些迹象表明一些风险企业近期出现在高技术领域中。对大学基础研究扩大投资、逐渐增加的风险资本、政府创造的有利的经济环境以及财团们不能控制技术的大范围应用等事实，都导致韩国在不久的将来很有希望涌现大量的小企业。

其他问题

有两个其他问题值得在此论及：军事研发对工业创新和形成高技术"谷"的影响。首先，由于朝鲜的敌对威胁，国家安全是韩国主要担忧的事务之一，导致国内军事市场异常复杂而且技术要求很高。为了减轻国外武器供应商限制所造成的对国内安全的影响并保证军事的独立性，韩国政府在 20 世纪 70 年代发动了一项雄心勃勃的计划来提升本土武器研制的能力。然而，其预算规模在 1988 年为 11 400万美元，仅相当于美国的 0.2%，法国的 4%。军事研发预算占军事总支出的百分比在韩国仅为 1.5%，而在法国和美国都超过了 10%。不过，这一计划的性质被严格保密。研发几乎都由军方来严格执行：1988 年只有 1.48% 的军事研发预算分配给大学（NDC，1990）。这种孤立的军事研发活动缺乏与韩国其他科学技术基础设施的互动，以及同公共和企业研发机构相比在招募高质量的科学家和工程师方面遭遇到竞争劣势。结果，这个雄心勃勃的计划在 80 年代大幅度缩减了。私营部门也参与制造一些传统的武器，但是这些活动对工业创新的溢出效应是可以忽略不计的。

第二，政府创建了两个高技术中心：首尔科学园和位于汉城 200 公里以南的大德科学城。首尔科学园开园时有三个研发机构和三家经济研究所，但是未能吸引附近的私人研发机构。更糟糕的是，三个研发机构中有一个已经迁移了，而第二个可能在未来的几年内搬走。

相比之下，政府积极地促进大德科学城的发展，它安置了 9 个公共研发机构和三个高等教育机构并吸引了 4 家私人研发实验室。约有 20 家大企业计划在未来的几年里将它们的核心研发实验室安置在科学城，使得科学城成为全国第一个高技术“谷”。

同时，全国不同地区都有迹象表明不同领域的企业研发实验室都倾向于在某一处聚集。例如，半导体研发中心和生物技术研发中心聚集在汉城，电子通信研发实验室聚集在以电子工业区而闻名的 Kumi 附近，而新材料研发中心则在 Pohang 附近，在那里 POSCO 拥有了第一家钢铁厂和它自己的研究型私立大学。可能现在将它们当做高技术“谷”还为时过早，但是它们已经处于孵化阶段了。

总结评论

韩国在很短的时间内已经从一个农业经济体转变为一个新兴的工业化国家。在转型过程中，韩国的经济环境发生了巨大的改变。北美和欧洲的贸易保护运动使得韩国保持工业出口的增长变得日益困难，而工业出口导致了韩国过去的外向型经济战略。这些国家也给韩国施加了国内经济自由化的压力，迫使韩国不仅在国际市场而且在国内市场上与跨国公司竞争。同时，韩国在劳动密集型产业的竞争力很快被实际工资的增长所侵蚀。其他工资更低的发展中国家的劳动密集型产业正迅速地追赶韩国。并且，工业化国家，特别是日本，都越来越不情愿向韩国转移技术（Kim，1988）。

经济环境的快速变化没有给韩国足够的时间在设计一个合适的国家工业创新体系上发生转变并加以巩固。政府在20世纪80年代引入了各种新政策工具来发展一个新的国家体系，到现在也仍处于形成阶段。并且，在重新设计制度体系的方法和迅速增加研发支出的资源分配上很难达成共识。同时，传统的教学导向的大学很难转换为研究导向的机构，这暗示着高才干的科学家和工程师不是那么容易就产生的，这未免令人沮丧，更不用说大学—产业合作了。如果说在20世纪50年代，有经验的工人的出现是后来60年代和70年代韩国发展的一项重要指标的话，那么大学的不健康状态以及由此带来的80年代高技能人力资源的缺乏可能为90年代及其以后提出了严重的预警信号。

政府在六七十年代采取了引导和驱动私营部门成长的计划，通过计划和资源分配的方式培育大财团。这一计划有助于稳定而成熟的工业产生规模经济效应并在过去实现了外向型目标。然而，同时，这个办法也增加了少数几家财团的高度集中的经济实力而抑制了中小企业的成长。这些财团也许在80年代发展如半导体和航天器等需要大量投资的产业中处于有利的地位。然而，高度集中的市场结构减少了市场活力。更糟糕的是，高度官僚化的大财团，过去能在稳定的工业领域有效地运转，现在则发现自身在适应技术和市场的快速变化上的刚性和迟钝。然而，一些财团想方设法打造自身应对经济环境变化的能力。它们开始在研发上大量投入来提升现有的能力以设计和制造“下一代”的产品。但是，大部分其他财团都高度依赖国外的新技术来源。

韩国经济的另一个问题是严重缺乏与相关的特别是支撑产业的联系。财团们由于严重依赖进口部件和机器设备，把它们的活动主要集中在终端产品。正如波特（1990）指出的，问题不在于投入成本而在于对创新工艺的影响。没有来自有能力的国内供应商的源源不断的支持，韩国企业将会在产品和工艺创新上继续落后。

确实，韩国正处于十字路口。当政府和私人机构竭尽全力来重新设计国家产业创新体系并希望它反过来能增强韩国的技术能力以保持国家的经济增长的时候，很多如上所述的关键征兆，已把韩国引向自 1989 年以来的严重经济危机而且可能阻碍韩国的未来发展。

注释

[1] 韩国科学技术高级研究所（KAIST）和韩国技术研究所（KIT）是例外，前者是一个应用科学的研究生学院，后者是 KAIST 系统内的一个本科学院，它们都受科技部的管辖。其他的所有大学和院校都受教育部管辖。另一个例外是 POSTEC，是一所新的研究型科技学校，由世界上最有成本竞争力的钢铁公司之一——浦项钢铁集团（POSCO）建立。

参考文献

Amsden, A. H. (1989). *Asia's Next Giant: South Korea and Late Industrialization*. New York: Oxford University Press.

Barason, J. (1973). "The Drive Toward Technological Self-Sufficiency in Developing Countries." Paper presented at the Conference on Latin American-United States Economic Interactions: Conflict, Accommodation, and Policies for the Future, at the University of Texas at Austin, March 19.

Business Korea(1990). "Balancing Worker's Interests against the Nations." February, p. 31.

Chenery, H. Robinson, S. and Syrquin, M. (1986). *Industrialization and Growth: A Comparative Study*. New York: Oxford University Press.

Dahlman, C. J., and Frischtak, C. R. (1990). "National System Supporting Technical Advanced in Industry: The Brazilian Experience." Paper presented at National Technical System Conference at Stanford University, on October 18 – 19.

Harbison, Frederick, H., and Myers, C. S. (1964). *Education, Manpower, and Economics Growth*. New York: McGraw-Hill.

Hou, C. M., and Gee, S. (1990). "National Systems Supporting Technical Advance in Industry—The Case of Taiwan." Paper presented at National Technical System Conference at Stanford University, October 18 – 19.

Jung, K. H(1989). "Business-Government Relations in Korean." In K. H. Chung and H. C. Lee(eds.), *Korean Managerial Dynamics*, 11 – 26. New York: Praeger.

KAIST (Korea Advanced Institute of Science and Technology) (1986). *Urinara Kwahak Gistul Gebal Systemeo Jeonge Gwajungkwa Jeonmang*. (A Study on Science and Technology Development System in Korean and Its Future Direciton). Seoul: Ministry of Science and Technology.

Katz, J., and Bercovich, N. A. (1990). "Science, Technology and Socioeconomic Restructuring: The Case of Argentina." Paper presented at National Technical System Conference at Stanford University, October 18 – 19.

KEB(Korea Exchange Bank) (1987). "Direct Foreign Investment in Korea." *Monthly Review* October, 3 – 13.

Kim, K. S., and Roemer, M. (1979). *Growth and Structural Transformation*. Cambridge, MA: Council on East Asian Studies, Harvard University Press.

Kim, L. (1980). "Stages of Development of Industrial Technology in a LDC: A Model." *Research Policy* 9: 254 – 77.

Kim, L. (1987). *Technological Transformation in Korea: Progress Achieved and Problems Ahead*. Helsinki: World Institute for Development Economic Research, mimeo.

Kim, L. (1988). "Korea's Acquisition of Technological Capability for Internationalization: Macro and Micro Factors." *Business Review* 22(1): 183 – 97.

Kim, L. (1989). "Science and Technology Policies for Industrialization in Korea." In J. Suh(eds.), *Strategies for Industrial Development*, 255 – 272. Kuala Lumpur: Asia and Pacific Development Council.

Kim, L., and Kim, Y. (1985). "Innovation in a Newly Industrialization Country: A Multiple Discrimination Analysis." *Management Science* 31(3): 312 – 22.

Kim, L., and Lee, H. (1987). "Patterns of Technological Change in a Rapidly Developing Country: A Synthesis." *Technovation* 6: 261 – 76.

Kim, L., Lee, J. and Lee, J. (1987). "Korea's Entry into the Computer Industry and Its Acquisition of Technological Capability." *Technovation* 6(4): 277 – 93.

Kim, Y., Kim, L., and Lee, J. (1989). "Innovation Strategy of Local Pharmaceutical Firms in Korea: A Multivariate Analysis." *Technology Analysis & Strategic Management* 1(1): 29 – 44.

KIRI (Korea Industrial Research Institutes) (1989). *Major Indicators of Industrial Technology*. Seoul: KIRI.

Lee, K. U., Urata, S. and Choi, I. (1986). "Recent Development in Industrial Organizational Issues in Korea." Mimeo, Korea Development Institute and the World Bank, Washington, D. C.

Mason, E. S., Perkins, D. H. Kim, K. S. Cole, D. C. and Kim, M. J. (1980). *The Economic and Social Modernization of the Republic of Korea*. Cambridge, MA: Council on East Asian Studies, Harvard University Press.

McGinn, N. F., Snodgrass, D. R., Kim, Y. B., Kim, S. B. and Kim, Q. Y. (1980). *Education and Development in Korea*. Cambridge, MA: Council on East Asian Studies, Harvard University Press.

MOST (Ministry of Science and Technology) (various years). *Science and Technology Annals*. Seoul: MOST.

NAS (National Academy of Science) (1973). *U. S. International Firms and R, D&E in Developing Countries*. Washington, D. C.: National Academy of Sciences.

NDC (National Defense College) (1990). *Gukbang yungu gebalwa mingan yungu gebaleo gyunge ganghwa bangane kwanhan yungu*. (A proposal to strengthen the link between military and industrial R&D). Seoul: KIST Center for Science and Technology Policy.

Ozawa, T. (1974). *Japan's Technological Challenge to the West*, 1950 – 1974: *Motivation and Accomplishment*. Cambridge, MA: MIT Press.

Porter, M. E. (1990). *The Competitive Advantage of Nations*. New York: The Free Press.

Shishido, T. (1972). *Japanese Policies for Science and Technology*. Tokyo: Nikko Research Center, mimeo.

Westphal, L. E., Kim, L. and Dahlman, C. (1985). "Reflections on the Republic of Korea's Acquisition of Technological Capability." In N. Rosenberg and C. Frischtak (eds.), *International Technology Transfer: Concepts, Measures, and Comparisons* 167 – 221. New York: Praeger.

Yakushiji, T. (1977). *Dynamics of Policy Interventions: Government and Automobile Industry in Japan, 1900 – 1960*. Ph. D. dissertation, MIT, Cambridge, MA.

第 12 章　支持工业技术进步的中国台湾体系*：中国台湾案例

侯继明（Chi-Ming Hou）
单骥（San Gee）

中国台湾的经济发展模式已经吸引了全世界的关注。中国台湾的经济增长非常显著，其经济繁荣的成果也被岛内不同收入群体所广泛共享。更为重要的是，人民物质福祉的提高出现在这样的环境当中：消费者主权程度高，没有受到“政府”的过度干预；经济高度稳定，没有发生剧烈的通货膨胀和失业现象；财务实力强，没有外债。同时，深层次的经济结构转型已经出现，导致了由第一产业向第二产业的转变。即使有些国家在上述的某些领域的表现可以同中国台湾相媲美，但极少数国家能够在以上的所有领域做得如同中国台湾一样出色。

我们的意图并不是宣传中国台湾的成就，而是希望探究技术在中国台湾经济增长中扮演的重要角色。作为亚洲的一个新兴工业化经济体，中国台湾始终不断地提升其技术发展水平，这也被看做是中国台湾经济发展最为重要的战略

---

* 中国台湾是中华人民共和国神圣领土不可分割的一部分，原文中以“国家（创新）系统”来表述中国台湾是有问题的。但是，为了忠实原文的基本意思，包括对中国台湾的多个机构名称采取了直译，又为了能够对这样一个大是大非问题有所纠正，因此，在不引起学术误解的地方，采取了如以“中国台湾体系”作为“national system”的中译文等变通的处理；另，“台湾”均指“中国台湾”。——译者注

之一。然而，与发达国家不同的是，在中国台湾，阻碍技术发展水平提升的因素不仅以前是，而且现在仍然是缺乏熟练的技术工人和高水平的研究人员。

众所周知，中国台湾经济主要由中小企业组成。在这种背景下，“政府”所直接面临的一系列问题是：中国台湾的中小企业是否能够在世界其他地方技术快速发展的环境中生存？中小企业能否开展足够的研发活动来保持长期竞争力？中国台湾中小企业最重要的技术来源是什么？“政府”在促进中小企业的技术研发过程中可能采取什么样的政策选择？

由于科学技术的快速发展，同时反过来又促进了通信与交通的发展，导致世界经济已经快速整合成为一个整体。因此，无论是对于企业层面还是“国家”层面的国际竞争力而言，科学技术都发挥着至关重要的作用。在本章中我们着重考察中国台湾发展技术的经验，希望这项工作对其他发展中国家（地区）以及本领域更深入的研究具有借鉴意义。

经济发展的源泉

导致中国台湾经济快速发展的因素是什么？毫无疑问，我们需要开展大量的研究工作才能提出某个相关的答案，如果确实能够找到这样的答案的话。工作的道德规范、储蓄倾向、重视教育、较早地采用外向型发展战略、土地改革、在发展初期国外支持的重要性，以及有利的国际经济环境等方面，已经在不同程度上得到强调，被看做是导致中国台湾经济成功最为重要的因素。然而，我们的观点是：技术进步，特别是中小企业的技术进步扮演着最重要的角色。

我们认识到，证实任何一种关于经济增长源泉的假说都是极其困难的，但是如果运用索罗模型来分析，我们能够计算出 1952 ~ 1979 年中国台湾的国内生产总值几乎 54% 来自于技术进步（或“残差”），仅有 29% 来自于劳动力增长和 18% 来自于投资增长。[2]

另外一种研究方法是分析劳动生产率。就制造业而言，中国台湾在1953 ~ 1961 年的平均劳动生产率年增长达到 7. 38%，1962 ~ 1971 年达到 9. 15%，

1972~1981 年达到 3.84%。从 1953~1981 年的整个阶段，劳动生产率的年增长率达到 6.77%。[3]

毫无疑问，资本/劳动比例的提升会有助于劳动生产率的部分增长。在 1953~1980 年期间，它的年增长率达到 2.8%。[4]应该承认的是，关于资本和就业的数据是不充分的，但劳动生产率的增长不能完全由资本/劳动比例的提升来解释。

劳动力质量的提升必定有助于劳动生产率的增长。教育在提升劳动力质量方面扮演至关重要的角色。通过教育而产生的与认知和情感相关的技能有助于提升生产过程的效率、增加女性劳动力的比例以及使劳动力的流动更为便利，所有的因素都有助于劳动生产率的提升。[5]事实证明，雇员和工人的收入与他们所接受的教育呈正相关，并且劳动者的收入基本上由其生产能力来决定，因为劳动力市场已经形成高度的竞争性。[6]

在中国台湾，劳动者受教育程度的提升是非常显著的。1952 年，42.1% 的 6 岁及其以上的人群没有接受正规教育，这个比例在 1970 年和 1988 年分别下降至 14.7% 和 7.4%。1952 年 6 岁及其以上的人群接受中等教育的比例为 8.8%，到 1970 年和 1988 年这个数字分别为 26.5% 和 44.2%。1952 年 6 岁及其以上的人群接受高等教育的比例为 1.4%，到 1970 年和 1988 年这个数字分别为 3.7% 和 10.1%。[7]

不管技术如何重要，仅仅技术本身永远不能对生产作出贡献。技术必须嵌入劳动者和资本当中才能发挥效用。正是由于劳动力质量的迅速提升和资本的快速积累，才使得技术在中国台湾的经济增长中扮演如此重要的角色。

但究竟是什么因素导致技术进步呢？是谁将新技术引入中国台湾的呢？

原始基础

有观点认为，中国台湾能够取得如此的经济成就，应主要归功于早在 1945 年中国台湾光复之前日本所打下的坚实的经济基础。但是，这种观点是不能成立的。

在1895～1945年的日本占领时期，中国台湾始终被看做是为日本提供原材料和农产品的殖民地，以及日本工业品的倾销市场。日本从来没有任何意图推动中国台湾的工业化。在文化上，日本希望用其价值观、制度和传统来取代中国台湾本土的中国文化。

因此，大陆居民和中国台湾原住民不得不学习日语，且很少人有机会接受高等教育。那些非常幸运能够接受大学教育的人仅仅允许学习农科或者商科；他们不允许接触工程或自然科学。显而易见的是，日本统治者不愿大陆居民及中国台湾原住民获取先进的工业知识或技术。

因此，即使中国台湾存在少数工业，它们也完全由日本人控制和经营。事实上，当1945年日本战败，全部的日本士兵和居民撤离中国台湾的同时，也带走了他们的工业技术。

当然这并不是说在殖民统治时期日本没有对中国台湾的发展有任何贡献。日本在中国台湾建立了交通、电力和公共卫生设施并提高了农业技术。而且，在日本的统治下，基础教育得以广泛发展。

事实上，中国人被强制学习日语对中国台湾在1945年以后的经济发展也产生了积极影响。很多中国台湾的工业领导人在日本占领时期成长起来。他们的日语阅读与交流能力以及日本文化知识，对随后大约40年的中国台湾经济增长时期日本在中国台湾的投资、中国台湾与日本的贸易以及获取日本的技术，都具有极大的促进作用。

应当注意的是，中国台湾的发展得到那些从中国大陆到此海岛的内地人的极大帮助，特别是1949年以后。超过200万的中国大陆人随同国民党“政府”来到中国台湾。这些人中大部分是士兵，但也有一定数量的教师、教授、商人、企业家和“政府”官员。他们是各自群体中的精英，并且在大陆的时候就在企业经营、技术、教育、管理等方面接受过培训并获得相关经验。毫无疑问，这些人对中国台湾的工业技术发展作出了极大的贡献。

但是，中国台湾的工业基础在20世纪50年代仍十分薄弱。中国台湾有能力出口的产业主要是食糖、大米和香蕉。1951 年中国台湾人均国民生产总值仅为 145 美元，远低于同时期的亚洲与拉丁美洲的发展中国家。到 1988 年，中国台湾人均国民生产总值达到 6 333美元，这一指标预计在 1989 年能达到 7 571美元，远远超过许多在 1951 年领先于中国台湾的国家。

中国台湾的经济环境与企业特征

在国民党“政府”从中国大陆撤退至中国台湾后，“政府”接管了那些由日本人创办的企业。中国台湾经济由此被公有企业所支配，包括发电、石油、船舶制造、食糖和农业生产部门等。数据还显示，1952 年公有企业占中国台湾产业增加总值的 56. 2% 。毫无疑问的是，那个时期中国台湾的公有企业拥有资本、人力资源和技术。

从 20 世纪 50 年代末至 60 年代初，情况开始发生变化。在 50 年代实施的进口替代政策已经被证实无法有效支撑一个规模有限的本土市场的经济增长，中国台湾的情形正是如此。公有企业的效率问题以及工厂的低利用率也要求进行调整。作为回应，“政府”制定了出口促进政策。在这种政策的指引下，缺乏活力的经济不仅获得新生，中国台湾经济的产业结构也因此得以转变。

中国台湾产业结构的转型可通过下列数据来理解：农业占国内净产值的份额由 1953 年的 38. 3% 下降至 1970 年的 18. 0% 、1980 年的 9. 2% 、1988 年的 6. 1% 。工业所占的相应份额（制造业、建造业、电力、煤气以及供水）由 1953 年的 17. 7% 上升至 1970 年的 34. 5% 、1980 年的 44. 7% 、1988 年的 46. 2% 。在就业人数方面，农业在 1953 年占 55. 6% ，1970 年占 36. 7% ，1980 年占 19. 5% ，1988 年占 13. 7% 。工业所占的相应份额从 1953 年的 17. 6% 上升至 1970 年的 28. 0% 、1980 年的 42. 4% 以及 1988 年的 42. 6% 。

从国际贸易的视角来看，中国台湾的比较优势表现为发展劳动密集型产业，因为它们能够在更小的规模中利用更少的资本投资。因此，在出口促进政策的引导下，集中于劳动密集型产业的小规模私人企业得到蓬勃发展并迅速成为中国台湾经济的支柱。中国台湾私营部门的重要性可通过以下数据得以显示：1960 年私人企业增加值占制造业部门的份额为 56.2%、1971 年为 84.7%、1987 年为 89.8%。1987 年公有企业占制造业部门的总增加值仅占 10.2%，这一数据与 20 世纪 50 年代相比形成极大的反差。

但是在以上的发展过程中，公有企业也扮演着极为重要的角色。总的来说，公有企业在私有企业的发展中扮演着支持性角色。这些公有企业通常作为上游的供应商，为下游的私营制造商提供稳定、可靠和低成本的原材料。因此，上游的公有企业实质上整合了占主导地位的下游的私营制造商以支持它们的发展。

中国台湾中小企业的强大活力可以通过以下数据来解释：1985 年中国台湾的制造业部门共有 119 073家企业，有 98.8% 的企业根据其投资额度低于 100 万美元可划归为中小企业；不仅如此，这些中小企业占本地销售额的 28.9%，占外贸出口总额的 71.1%。显然，中国台湾的中小企业是高度出口导向型的。

中小企业对中国台湾技术发展的意义体现在以下几个方面：首先，因为中国台湾大部分的中小企业最初均基于某些简单的劳动密集型工艺技术发展起来的，它们的技术水平普遍来说是相当低下的。但随着 1971 年中国台湾的失业率下降至 3% 以下，中国台湾经济达到充分就业的水平，工资的快速增长削弱了中小企业在劳动密集型产业的比较优势。实质上，这种状况随着 20 世纪 80 年代熟练工人缺乏的现象不断明显而逐渐恶化。因此，熟练工人的短缺伴随着工资水平的高涨给中小企业施加了压力，需要提升技术水平或者生产高附加值产品，抑或是两方面都提升❶。很明显，中国台湾的中小企业正面临着比以往任何时候都严峻的技术挑战。

其次，由于资金与人力资源的限制，中国台湾大部分中小企业相对较少开展研发活动。那么这些企业如何能够与世界上其他主要竞争对手开展竞争呢？而且，倘若仅仅依赖有限的技术能力与资源禀赋，中国台湾的中小企业无法与

❶ 本段原文两次提到“非熟练工人”，疑为作者笔误，应为“熟练工人”。——译者注

国外主要同行形成战略联盟以获取接近先进技术的途径。

可以肯定的是，在全世界技术快速进步的条件下，无论是中国台湾的企业还是“政府”都必须对这些问题作出积极反应。在以下的几个部分里，我们试图讨论企业和“政府”为回应这些挑战所采取的各种政策。

技术的来源以及国外直接投资的角色

正如上文所提到的，由于中小企业在技术发展过程中可能遭遇到的各种困难，对它们而言，最容易的一种技术发展方式是与（国外）某个主要的制造商联盟并成为它们的原始设备制造（OEM）供应商。中国台湾大多数的中小企业都满足于这种安排，因为它们不仅能够获得相当的利润，同时也规避了由自己开发技术所带来的风险。

那些与国外企业从事“原始设备制造”或者“技术合作”的中国台湾中小企业主要同日本企业形成联盟。正如我们在上文所提及的，中国台湾的历史背景造成了这种现象。在中国台湾的国外直接投资方面，20 世纪 80 年代早期，日本超过美国成为中国台湾的最大投资国。

通过观察国外直接投资数据，我们不难发现，在 1952 ~ 1987 年这个时期，电子、金属产品、化学产品以及机械制造四大行业吸引了中国台湾大部分的国外直接投资。在投资平均额方面，欧洲企业投资最多，其次是美国和日本的企业。

中国台湾的国外直接投资企业能够将技术通过不同的直接或间接渠道扩散至本土企业。从国外直接投资企业到本土企业的技术扩散最为典型的渠道是人员流动。1987 年，一项对中国台湾 161 家企业的问卷调查显示，这些招聘了以前在国外直接投资企业担任管理者或工程师的员工的企业认为，员工在国外直接投资企业的工作经验对本土企业的技术管理、生产设计以及市场营销等方面的加强都具有实质性帮助。更为具体的是，在这些受访企业中，96. 3% 认为国外直接投资企业员工能有助于提升管理技术，85. 1% 认为国外直接投资企业员工能有效提升产品设计，75. 8% 认为国外直接投资企业员工能有助于提升市场营销技巧。[9]

除国外直接投资企业以及与国外企业开展技术合作之外，本土企业还有很多渠道可以获取国外技术。1985 年台湾“行政院”主计处开展一项大规模问卷调查，旨在对中国台湾 4 226家制造业企业的技术来源进行研究。如表 12. 1 所显示，调查列出了 9 种可能的技术来源。在 4 226家企业中有 62. 96% 认为企业自己的研发是它们主要的技术来源，而 30. 64% 认为它们的技术主要来自海外，通过购买配方和授权，或者有形工厂、国外技术合作、国外咨询、改良其他国家产品等。

在表 12. 1 中我们通过产业以及国外/本土产权的程度对企业进行排序。本土企业表示为 DOM，国外股份不足 50% 的企业表示为 FL50，国外股份超过 50% 的表示为 FG50。如表 12. 1 所示，仅 25. 61% 的 DOMs 认为国外技术来源是它们获取技术的主要渠道；相比之下，它们更多地依赖自己的研发。

表 12. 1　根据产业和国外所有权分类的企业的主要技术来源百分比情况[a]

	N	合计	本土技术			海外技术						
		(%)	A	B	C	小计	D	E	F	G	H	I
合计	4226	100	62. 96	1. 17	5. 22	30. 64	2. 59	1. 15	11. 13	7. 30	8. 47	—
DOM	3699	100	67. 35	1. 28	5. 73	25. 61	2. 32	0. 96	8. 05	5. 39	8. 89	—
FL50	207	100	38. 08	0. 87	3. 78	57. 26	3. 20	0. 58	31. 10	14. 82	7. 56	—
FG50	320	100	35. 95	0. 22	0. 89	62. 90	4. 94	3. 59	28. 09	21. 57	4. 71	—

a：A. 企业自身的研究与开发；B. 购买本土专利；C. 与本地研究机构合作研发；D. 购买配方与授权；E. 购买整个工厂；F. 国外技术参与；G. 国外组织咨询；H. 改良其他国家的产品；I. 其他。

资料来源：San（1988）。

然而，在这些不同的国外技术来源中，H 项，也就是改良其他国家的产品，是这些本土企业获取国外技术的最重要的来源，注意到这一点非常重要。由于问卷调查的界定非常含糊，我们怀疑模仿、复制，或者对现有的国外产品进行有限改良（如各种反求工程策略）的活动是它们获取国外技术的主要方式。并且，我们有理由怀疑大部分接受问卷调查的企业将其反求工程活动看做是真正的研发活动，这无疑过度夸大了它们自己的研发活动。相比之下，有国外资本参与的企业如 FL50 或者 FG50，通过国外技术合作和国外咨询组织等手段，更加依赖国外技术而较少依赖反求工程。FG50 企业在这一点上尤其显著，因为它们的反求工程在 H 项中的比例非常少。

在产业方面，对于那些劳动密集型以及技术密集程度较低的产业，如食品加工、服装、竹类与木材产品以及造纸与印刷，DOMs 只有少量的国外技术参与。相比之下，对于技术密集程度或资本密集程度较高的产业，通常 DOMs 有较高的国外技术参与。例如，在化工产品、机械、电子机械、交通设备、精密仪器等行业超过 30% 的 DOMs 认为它们的技术主要来自于海外。

以上问卷调查的结果同样能够通过根据企业规模来进一步考察。如果我们把员工总数不超过 100 人的企业视为小型企业，表示为“小”；员工总数在 100～500 人之间的视为中型企业，表示为“中”；员工总数在 500 人以上的视为大型企业，表示为“大”的话，那么表 12.2 中的数据显示，企业的规模越大，企业越能够吸引国外技术，因为小、中和大群组中认为国外技术是自己主要技术来源的比例分别为 13.39%、27.34% 和 34.45%。应该注意到，制造行业中的小企业从国外引进技术最少，除了化工产品、机械、电子机械、交通设备、精密仪器等行业之外。这些行业中的小企业虽然具有较高的国外技术引进比例，但这些行业本身也是技术或资本密集程度较高的。

表 12.2 根据规模分类的企业的主要技术来源的比例分布[a]

	N	合计(%)	本土技术				海外技术					
			A	B	C	小计	D	E	F	G	H	I
合计	4226	100	60.82	1.13	5.04	33.00	2.50	1.11	10.75	7.05	8.18	3.04
小	2277	100	32.42	0.68	2.23	13.39	1.12	0.40	3.34	1.86	4.38	2.30
中	1597	100	42.76	0.63	3.89	27.34	2.13	1.06	10.16	6.45	5.98	1.56
大	352	100	34.05	0.65	4.98	34.45	1.57	1.05	14.14	12.70	3.54	1.44

a：对 A－I 的定义，参见表 12.1 的注释 a。

资料来源：本项研究。

通过考察金属、机械、电子机械、交通设备和精密仪器等行业中的小企业，显而易见的是，H 项（即根据各种反求工程技术来改进其他国家的产品）是最主要的国外技术来源。很明显，中国台湾的技术密集型小企业获取技术的关键仍是反求工程。这些企业与技术的发明者仍有相当大的差距。

规模更大的企业在寻找国外技术合作伙伴以及邀请国外专家作为技术顾问等方面具有更强的能力，因此它们更多地依赖这两种途径来获取国外技术。正如问卷调查所显示的，中国台湾的中型或大型制造企业最经常与国外同行进行技术合作（F 项）或雇用国外顾问作为它们的主要技术来源。

在技术来源本土化的三种主要方式中，即企业本身的研究与发展（A）、购买本地专利（B）以及参与本地研究机构的研究项目（C），显而易见的是，企业在反求工程中的研发活动是它们最主要的技术来源。然而，同样明显的是，受制于有限的资源和扩散渠道，小型企业更多依赖自己的研发活动，而中型或大型企业则更多地通过与本地研究机构开展研发合作项目来获取所需技术。

因此，从表 12.1 和表 12.2 数据中非常明显地看到，中国台湾制造业部门中的本土企业更多地依赖本身的活动来获取技术，而其国外直接投资企业则更多地依赖于国外技术。根据企业规模，小企业更多地依赖于本身的研发作为它们本土的技术来源，或者，通过模仿、复制以及改良现有产品等反求工程技术。规模更大的企业由于同本土研究机构具有更密切的联系，以及依赖自己的研发与国外公司结成联盟，因此，与本土研究机构开展合作研发项目、与国外同行进行技术合作以及雇用国外顾问或专家等方式，是其获取本土和国外技术的主要渠道。

从以上的讨论中可以看出，企业本身的研发活动、本土研究机构的协助、与国外同行的技术合作、国外咨询、模仿或改进现有国外产品的反求工程是中国台湾制造企业 5 种主要的技术来源。在这种情形下，“政府”在技术进步中的角色至关重要，因为“政府”政策与研发活动、“政府”资助的研究机构、规制与国外伙伴的技术合作、知识产权保护等联系紧密。我们接着讨论“政府”在支持产业技术进步中的角色。

“政府”的角色

在中国台湾,“政府”在提升产业技术方面扮演着积极的角色。早在1959年,“国家长期科学发展计划”就成为科学技术发展的基本指南。为了执行这项计划,专门成立了以“中央研究院”院长为主席、“教育部长”为副主席的“国家长期科学发展计划委员会”。这个委员会的职能是规划与开展长期的科学研究。1967年该委员会扩大并重组为“国家科学委员会”,一直到现在都仍然是一个主要的制定战略和促进科学研究的“政府”组织。

但“国家科学委员会”仅仅是促进科学技术发展的众多“政府”机构之一。下面将介绍众多其他的研究组织。很多研究组织是由“经济部”、“交通部”和“国防部”直接领导(本章不讨论农业技术的发展)。

总的来说,促进科学技术发展的诸多“政府”计划与组织的目标体现在三个方面:①提升人民生活质量(特别是健康领域的),并加强环境保护;②推动中国台湾的产业结构由劳动密集型朝资本密集型与技术密集型转变;③发展不受外国控制的地区防御系统所必需的产业。

在科学研究领域则选择了8个方面作为重点:①能源,②材料,③信息,④自动化,⑤生物科技,⑥电子光学,⑦肝炎控制,⑧食品技术。

在政策层面,“政府”采纳了以下政策:①强势的教育政策,②鼓励并切实要求企业开展研发活动的财政与金融政策,③建立“政府”主管的研究组织和机构,并出台支持高技术产业发展的政策,④与国外同行建立联盟以发展所需技术的政策,⑤使中国台湾能够更好地应对世界经济全球化的技术政策。

教育政策

对中国台湾教育的飞速发展并没有太多疑义;这不仅是“政府”政策的体现,同时也反映了人民对根植于传统价值观的教育的强烈意愿。在1950~

1979 年的 30 年时间里，各个年龄段的学生入学的年增长率保持在 4. 87% 。这是中国台湾发展最重要的 30 年，比学龄人口的增长率要高出很多。结果，入学率（学生数量占学龄人口的比例）由 1951 ~ 1955 年的 36% 上升到 1976 ~ 1979 年的 57% 。[10]

同样应当注意到，教育层次越高其增长率就越快。也就是说，高等教育的增长速度（总入学率方面）要高于中级教育；而中级教育的增长速度又高于初级教育。1968 年以前或实施 9 年义务教育之后都是这种情况。

每个学生的总成本（以每个学生的总支出来衡量）在所有层次的教育（除私立学院和大学以外）都增加得很快，显示出教育质量的提高。学生的高等教育成本是增长最快的。1980 年在公立大学或学院的每个学生的高等教育成本比 1952 年增长了近 3 倍。

教育占“政府”公共支出的百分比也由 20 世纪 50 年代早期的大约 10% 上升至 70 年代末的 15% 。公共教育支出占“国民生产总值”的比重也由 50 年代早期的不到 2% 上升至 70 年代末的超过 4% 。

同样需要指出的是，中国台湾的中级教育被划分为三种类型的学校：普通高中、师范学校和职业学校。通过“政府”的积极推动，职业学校得以飞速发展并展示其重要性。在 1983 ~ 1984 学年，202 所职业学校向 404 549个学生传授技术技能。职业学校的学生比例也在不断上升。1970 年普通高中的学生与职业学校的学生比例为 1 ：1，但到 1980 年这一比例变成 1 ：2。

在过去几年中，中国台湾岛内对高等教育的需求始终非常强烈，这种状况一直持续到现在。没有任何一种现存的原因能够完全解释对高等教育，或者更准确地说，对大学或学院文凭的强烈需求。预期收入、社会地位、升迁机会等通过一系列社会与文化因素而与文凭紧密联系在一起。文凭被看做是通往权力、荣耀、财富的第一道门槛，或者换句话说，是加入社会精英的道路。

这种与大学文凭紧密联系的过高期望给“政府”推动职业学校发展造成了障碍，并阻止了经济增长需求的上扬。为了引导更多的初中三年级学生进入职业学院，而不是常规高中，1974 年成立了一所颁发 BA 学位的技术学院。在这所学院的学生，尽管来自职业学校，但同样能够获取他们梦寐以求的 BA 学位。[11]

当然，强势的教育政策能体现出对人力资源或人力资本的投资。这意味着有能力开展关于产业技术研究的人员数量不断增长，以及能够利用工业生产研究成果的人员数量不断增长。这当然是成功的经济发展所必需的。

当“政府”正积极地提升人力资源水平的时候，中国台湾却遭遇到“人才流失”的问题，也就是说，大量接受教育，特别是高等教育的人出国进修与学习而不再回来。这种情形在与产业技术相关的工程学科更为严重。例如，1979 年在海外学习回到中国台湾的工程学科的学生总数比主修同样学科而赴海外进修的学生人数少 1 285人。这个数字占 1979 年中国台湾工程领域毕业生总数的 20.6%。如果我们利用以上的比例来衡量人才流失问题（以下我们称为人才流失比例），那么 1979 年在法律、社会科学、教育、自然科学、工程、医学和农业领域中，学生的人才流失比例分别为 10.0%，15.5%，3.8%，27.9%，20.6%，19.2% 和 31.9%。

作为对人才流失问题的回应，中国台湾“政府”已采取了多种政策试图吸引海外研究者回来并定居中国台湾。这些政策包括提供大学的访问教授职位，为博士学位拥有者提供更为灵活的就业渠道，允许他们避开进入“台湾政府”所必需的严格的公务员规制。不过，这种优先待遇并不是很有效。

当中国台湾快速转型为新兴的工业化经济体后，人才流失问题显然在很大程度上得到改善。1984 年不同领域的人才流失比例，如法律、社会科学、教育、自然科学、工程、医学和农业分别是 -0.5%、9.4%、-1.6%、16.2%、16.8%、8.2% 以及 19.2%。人才流失问题改善背后的最主要因素不是上述的“政府”政策，因为公共部门和大学仅能够提供数量有限的职位，而是私人部门对高水平人力资源的强烈需求。在 20 世纪 80 年代，当中国台湾很快丧失低工资、劳动密集型产业的比较优势之后，逐渐转向发展技术密集或高增值产业。在这种情况下，对高技术的需求变得强烈，这就导致了对那些在国外接受过教育与培训的高水平工程人员的需求。同时，大量的海外华人，在积累了多年的工作经验和技术能力后，开始在中国台湾创办自己的企业，因为中国台湾是他们的家乡。因此，从 20 世纪 80 年代中期开始，我们注意到中国台湾的人才流失问题开始得以纠正。

推动技术发展的财政与金融政策

高投入伴随发展的高风险已经成为众多技术密集型行业的企业开展研发活动的主要障碍。这个问题在中国台湾尤其突出，因为中国台湾多项研发指标与很多其他发达国家或发展中国家相比非常低。举个例子，在 1978 ~ 1982 年间，中国台湾的民用研发投入占国民生产总值比例大约为 0.53%，明显低于其他国家，如日本的 2.22%，美国的 2.24%，联邦德国的 2.45%，荷兰的 1.90%，韩国的 0.68%。而且，从研发经费来源看，1979 年“政府”对研发投入占“中华民国”经费总额的 52%；1984 年则是 51.5%。显然，对比其他发达国家与发展中国家，“政府”对开展研发活动承担了太多的责任。因此，如何提高私营部门的研发成为一个重要的政策议题。

“政府”已经采取一系列措施来激励企业加强它们的研发活动。在税收方面，“投资奖励条例”规定，一个企业的研发经费将会从每年应征税中予以减免，购买的研发用途的设备超过 2 年服务期，允许加快折旧。而且，如果一个企业的研发经费在某个纳税年超过前 5 年中的最高额度，那么超出部分的 20% 可在企业当年需要缴纳的税收中扣除；然而，可扣除的部分不能超过企业当年应缴纳税收的 50%。

在金融方面，“政府”于 1982 年引入“战略性工业推动计划”。“政府”最初选择了 151 种产品作为战略产品进行开发。到 1987 年 12 月，产品的数量上升至 214 种。几乎所选择项目的一半都是电子或信息产品。为了实施这项计划，“政府”投入 200 亿新台币，采取贷款的形式发放给企业。这些贷款已经被用来安装生产所选项目的必要设备。任何一个合格企业都能够获得最大贷款额为所需总资本的 80% 或者所需总投资的 65% 的 10 年期贷款。除此之外，一种非常优惠的利率，比交通银行基本利率低 1.75% 的利率也向企业提供。

除战略性工业推动计划与投资奖励条例之外，20 世纪 80 年代还出现了大量其他的资助计划，包括“6 亿美元的低息贷款促进出口计划”、“制造业卫星工厂补助计划”等。而且，为提高管理技术而提供咨询服务的非财政性资助计划也不断涌现。这些计划由不同的“政府”机构资助（如“中国生产力中心”）。

除上文所讲的试图吸引企业开展更多研发的“胡萝卜”之外，投资奖励条例同样对本土企业及外国直接投资企业规定了最低研发水平，符合规定的这些企业能够享受非常优惠的税收待遇。在这种最低研发的规定下，如果一个企业的研发投入占其年销售总额低于规定标准，那么企业需要将研发差额捐赠到由“政府”控制的研究与发展基金当中以资助共同的研究与发展项目。基本上，根据企业的特征以及年销售值，要求的比例也不断变化，从 0.5% ~1.5% 不等。传统行业中的企业，如食品和制衣行业，其比例低于技术密集程度更高的行业。

最近，“政府”正积极引入一项新的“产业升级条例”来取代投资奖励条例。产业升级条例与投资奖励条例最大的区别在于，在产业升级条例下，企业只有满足了在某个领域的标准才有资格获得优惠的待遇。这包括开展研发活动，符合环境保护标准，从事人力资源培训，并建立国际市场营销渠道；而投资奖励条例只要求，一个新企业或者不断壮大的企业进行资本投资就有资格获得税收减免的优惠待遇。很明显，在产业升级条例下，资本积累已不再是提升中国台湾产业技术的唯一因素。

这些推动私人部门开展研发活动的“政府”政策有效吗？1987 年开展了一项针对中国台湾鞋业、皮革制品、机械以及电子等行业的 1 406家企业的研究。调查的是，企业认为“政府”为把技术提高到令人满意的水平而采取的方式中哪一种最有效。这项研究共列出 9 项可能的政策选择，分别是：①通过“政府”资助的研究机构来转移技术；②在企业之间协调使之合作研发；③从海外引进新技术；④教育和培训更多的研发人员；⑤帮助企业建立自己的品牌；⑥为研发活动提供低息贷款；⑦使零部件生产标准化；⑧为研发活动提供税收抵扣；⑨其他。我们发现，受访的 1 406家企业仅 7.6% 认为给研发活动提供低息贷款是“政府”为把技术提高到令人满意的水平而采取的最有效方式。与此类似，仅 7.8% 的受访企业认为研发活动的税收抵扣政策是最有效的方式。显然，调查的结果表明，样本中受访企业的大部分都不认为由“政府”提供的税收或资金激励在推动技术进步中是最有效的。

那么，究竟哪一种是“政府”能够提升技术的最有效方式？研究表明，18.8% 的受访企业（比例最高）认为培训更多研发人员是改进技术最有效的方式，其次是协调不同企业开展合作研究（18.6%），从海外引进新技术（17.2%），从“政府”资助的研究机构中转移技术（15.6%），帮助企业建立自己的品牌（8.8%）。

很明显，这项研究显示，培训更多的研发人员、协调合作研发、引进和转移技术的“政府”政策对中国台湾的技术发展至关重要。而财政或税收激励政策，正如以上探讨的，没有证明特别有效。在下面两节中，我们将以信息产业为例说明“政府”如何在推动技术发展方面获得成功。

“政府”资助的研究机构与高技术信息产业发展战略

如上所述，从结构上看，中国台湾经济由很大数量的中小企业所组成。由于开展研发活动的资源有限，中小企业更多地依赖“政府”来发展技术或者从“政府”资助的研究机构中转移技术。因此在中国台湾，“政府”资助的研究机构对技术发展和扩散至关重要。

为了帮助信息产业的中小企业解决与研发活动、培训和市场开发相关的各种问题，“政府”设立了两个机构来协助企业：工业技术研究院和信息产业研究院。信息产业研究院成立于 1979 年，其主要使命在于引进和发展软件技术、对“政府”和公有企业的信息化项目提供协助、教育和培训信息技术专业人员、提供与信息产业相关的市场与技术信息、促进与计算机相关技术的发展与应用。总的来说，“信息产业研究院”的主要功能是支持那些工业企业供应不足的活动，非常类似于“政府”提供具有正外部性的公共产品。更重要的是，这些活动如人力资源培训和市场信息的传播，能够弥补中小企业由于经济规模而无法开展类似活动的缺陷。

“信息产业研究院”的计划与“工业技术研究院”关于中国台湾电子/信息产业的硬件发展计划相互补充。“工业技术研究院”于1973年在“经济部”领导下成立。“工业技术研究院”共有5个主要部门来支持不同产业技术的发展。在电子产业，电子所对其技术发展至关重要。基本上，电子所有两个主要任务：开发产业需要的技术以及在企业中传播扩散已开发的技术。关于技术的扩散有多种机制，包括出版技术文本、组织中国台湾电子类企业会议；而且，新技术能够通过专利许可的方式转移至企业，一旦企业使用这些技术，便对接收企业征收专利权税。然而，如果已开发的技术具有潜在市场，并且有成立合资企业来扩散这种技术的意愿，那么电子所将会成立一个新的衍生风险公司。需要指出的是，尽管这种衍生企业由电子所的工程师提供支持，由“政府”提供资金，但风险公司有意识地通过私人所有制形式进行组织管理。无论是来自于电子所的技术捐赠还是“政府”提供的资金捐赠，目的都在于吸引私人部门投资。希望私人部门占新建立的风险企业至少60% ~70%的份额。这种初创公司至少具有5个优势：第一，从工程师的视角来看，新建立的风险公司能够提供直接的资金回报和专业地位，这使得它们能够进一步发展这项技术；因此，发展新技术的动机非常强烈。第二，由于风险公司的新技术由开发这项技术的同一批工程技术人员进行维护，因此公司不必要从起点开始发展，并能够在较短的时间内运转起来。第三，公司基本上采取私人企业的运作模式，因此能够灵活地对外界环境的变化作出反应。第四，发展新技术的主要目的在于帮助中国台湾的私人部门提升它们的技术水平。“政府”没有意图去垄断技术。因此，私人拥有的风险公司能够作为扩散新技术的渠道。第五，也是最重要的，由于多种因素，如风险转移和产业升级等，很多传统经济部门的企业家都愿意使他们对包括电子/信息产业在内的投资更加多元化。风险公司的投资项目一定是一种理想的投资，也是最容易投资的。电子所扩散其技术的机制能够总结如图 12.1。

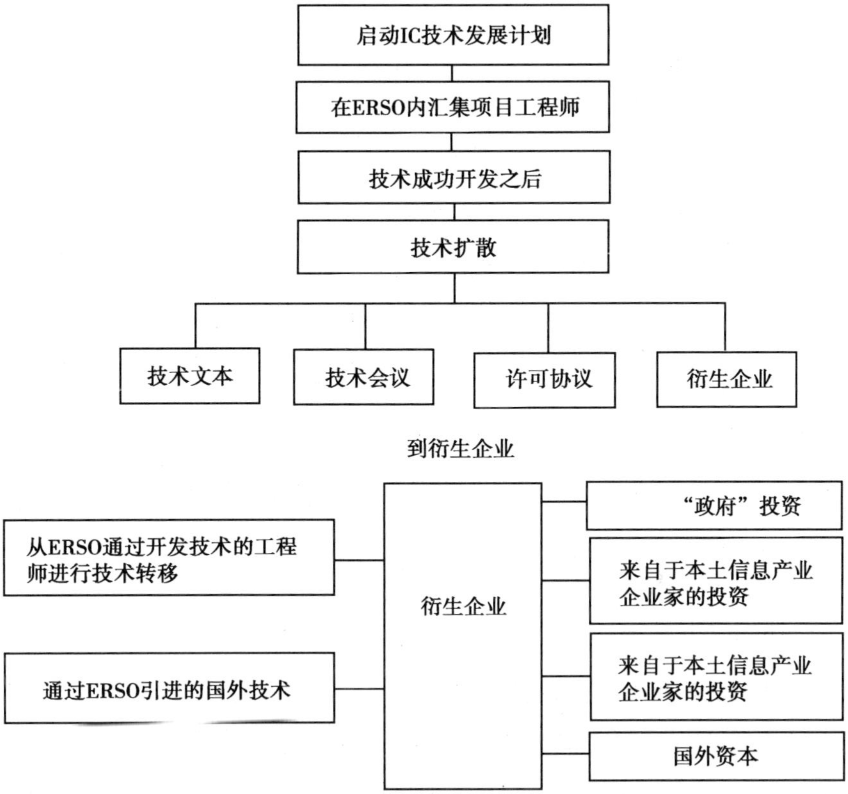

图 12.1 电子所的技术转移机制

如前所述，电子所成功开发衍生企业的模式带来的结果是，从 20 世纪 80 年代早期开始，6 家 IC 芯片公司在中国台湾发展起来了，即 MUC（1982）、Advanced（1982）、TSMC（1987）、Coin Tek（1988）、Winbord（1988）以及 Ten Tech（1989）。它们成立的时间连成了一片。1989 年中国台湾的主要 IC 芯片制造商和它们的能力能够总结如表 12.3。

表 12.3　1989 年中国台湾的主要 IC 生产商

公司	生产开始于	资金来源	技术来源	制造技术	月产量	注释
UMC	1982 年 1 月	本地	电子所	1.2~5μmCOMS	4″,50000 6″,15000	第三家工厂正在规划中
TSMC	1987 年 7 月	中国台湾和荷兰	电子所	1.25μmCOMS	6″,12000	第三家工厂正在规划中
Coin Tek	1988 年 7 月	本地	电子所	1.2~5μMcoms	5″,30000	第二家工厂于 1989 开建
Winbord	1988 年 10 月	本地	电子所	1.2~5μmCOMS	5″,20000	第二家工厂安排于 1990 年年初开建
Advanced	1986 年 1 月	本地	电子所	4~5μmCOMS	4″,8000	
Ten Tech	1988 年 10 月	本地	电子所	2~5μmCOMS	4″,8000	

资料来源：电子所。

非常值得注意的是，在 1988 年动态随机存取存储器短缺之前，大部分核心产业政策的制定者与企业家都一致同意中国台湾应当对其优势，即在信息产业领域中存在大量的中小企业进行大量投资。发展特殊应用集成电路是适合中国台湾产业结构的理想战略。促进特殊应用集成电路发展的相关因素有：中小企业能高效地处理集成电路的设计，并且大量有天赋的、独立的工程师在中小企业模式的 IC 设计企业中表现出色。然而，IC 设计企业必须整合在 IC 组织网络中才能组建生产客户芯片所要求的产业网络。为了促进台积电（TSMC）的发展，工业技术研究院与飞利浦公司在 1987 年成立了合资企业。台积电并不亲自参与 IC 设计，而是为众多 IC 设计公司制造 IC 芯片。随着台积电的运作，中国台湾的 IC 设计企业由 1987 年的极少数发展到 1989 年超过 50 家。很明显，在 1988 年之前中国台湾应对信息产业飞速变化的战略是采用范围经济战略，而不是规模经济战略。中国台湾集中力量进行特殊应用集成电路的生产，而不是标准的存储器芯片如动态随机存取存储器。然而，1988 年全球范围的动态随机存取存储器短缺问题改变了这一战略。

由于 1988 年内动态随机存取存储器短缺的现象越来越严重，关于中国台湾是否应该建立自己的动态随机存取存储器产业的讨论逐渐激烈起来。整个讨论或争论在中国台湾持续了几个月。关于组建一个动态随机存取存储器制造工厂的潜在风险或内在困难并没有挫败动态随机存取存储器生产的支持者，并且讨论带来一些富有成效的结果。第一，“政府”同意将动态随机存取存储器列入重要的高技术产品清单。这项政策结果使得动态随机存取存储器的制造商能够享受优惠的税收待遇。而且，非动态随机存取存储器生产商能够持有生产动态随机存取存储器的企业超过40%的股份而不受法律限制。第二，如果下游企业承诺从台积电购买动态随机存取存储器——它们已经同意了，台积电的总裁愿意将其计划于1990年运作的第二家工厂的一部分贡献出来生产动态随机存取存储器。第三，两家私人信息企业，如Vitelic和Acer，已经决定加大对动态随机存取存储器生产的投资，因为它们认为动态随机存取存储器具有巨大的潜在市场。作为非动态随机存取存储器的生产商，Acer进入动态随机存取存储器生产领域的战略是与TI组建国外联盟。Acer-TI动态随机存取存储器合资制造工厂计划于1991年运行。在中国台湾，表12.4列出了随之而来的IC产业制造商。

表12.4　1989年后即将出现的中国台湾IC制造商

公司	月产量	主要产品	主要技术
Mosel	6″，6000	BiCOMS产品，ASIC，SRAM	BiCMOS，CMOS 1.0μm
Holtek	5″，10000	Custom IC	CMOS 2.0μm
Vitelic	6″，10000	DRAM	CMOS 1.0μm
Silicon Integrated System	6″，30000	Mask DRAM	—
Acer-TI	6″，30000	DRAM	—
Macronix	6″，8000	Communication ICs	—
Utic	4″，8000	Linear IC	Bipolar
FORMOSA	6″，—	EPROH	—

资料来源：电子所。

而且，为了积极回应信息产业技术的快速发展，在中国台湾，类似于美国关于亚微米技术的半导体制造技术战略联盟（SEMATECH）计划也在“经济部”的协调下得以启动。1989年8月，中国台湾主要的IC芯片组制造商如ITRI、UMC、TSMC、Winbord、Ten Tech和Vitelic，以及其他企业决定成立

“技术发展联盟”，在未来5年中发展16M的动态随机存取存储器和4M的SRAM芯片技术。为了更好地运作这个项目，一个能够满足针对0.2微米的10级洁净标准，并且具备发展生产0.8微米的芯片组所需技术的能力的微电子实验室组建起来了。这个5年的发展计划需要50亿~60亿新台币的投资，并需要超过200个致力于此项计划的工程与技术人员。

因此，以上的讨论显示，中国台湾20世纪90年代的信息产业发展战略将是规模经济（如动态随机存取存储器的发展）和范围经济（如特殊应用集成电路的发展）更为均衡的一种结合。人们希望，通过这种结合中国台湾能够成为信息产业中最主要的竞争者之一。

与国外同行建立技术联盟促进计算机软件的发展：一个案例

提升本地软件产业发展最基本的一项战略是建立自己的技术能力和增加生产经验。为了做到这一点，与计算机行业巨头建立技术联盟非常必要。在这种联盟当中，中国台湾能够为国外合作者提供的是低劳动力成本、高质量但经验相对不足的工程师。反过来，国外合作者能够提供大量的软件研发经验。显然，双方都能够从联盟中获益。万隆发展公司（Neotech Development Corp. 以下简称“万隆”）是这种战略的典型例子。

在“信息产业研究院”和IBM的支持下，“万隆”于1983年成立。“信息产业研究院”与IBM达成协议，“万隆”专门为IBM提供软件开发和设计服务。对于分派的项目，IBM为“万隆”的研发人员提供薪水和所有的研发设备。在项目的研发阶段，“万隆”的研发人员频繁地被派送到IBM在世界各地的工厂来获取所需的经验。与此同时，IBM的工程师也被派遣到“万隆”指导研发的运作。据报道，[13]在1983~1988年间，IBM给“万隆”支付了1 700万美元来为IBM完成多项课题，主要在信息设计与应用软件开发的范畴（如IBM5216菊瓣字轮式打印机的控制面板，银行计算机的外围设备、零售店计算机的外围设备，以及银行软件）。对“万隆”的工程师而言，他们不仅获得来自 IBM 硬件设施的支持，而且获得了关于研发程序的知识以及测试技术，这些知识与技术仅仅靠工程师自己的努力并不容易掌握，但它们对成功开发产品项目至关重要。

“万隆”与 IBM 的成功联系也促成了另外一个合作项目——国际集成系统有限公司（IIS）在 1988 年成立。与 IBM 达成协议，“信息产业研究院”提供 3 500万美元以及派遣 70 名软件设计人员到国际集成系统有限公司工作。IBM 则为 IBM 的软件设计提供必要的技术支持。国际集成系统有限公司协议与“万隆”协议的主要区别在于，国际集成系统有限公司不是专门为 IBM 提供合同服务，而“万隆”是那样的。国际集成系统有限公司也能够为其他独立企业提供服务，如 VAN、数据库、人工智能服务等。但是，这些企业的设计项目必须完全使用 IBM 系统。

显而易见，IBM 与“信息产业研究院”之间的战略联盟对双方来说都是互惠互利的，因为 IBM 能够通过这种联盟来提升其全球竞争力，而它的中方合作者则能够显著地提升其软件与设计人员的技术能力。而且，工程师的流动是不可避免的，技术能够通过他们而扩散至其他的私人企业。“万隆”与国际集成系统有限公司的最近发展是 IBM 的中国台湾分部正式向“信息产业研究院”的董事会提出建议合并“万隆”和国际集成系统有限公司成为一个企业，名为集成系统发展公司（ISDC），IBM 同意收购 35% 的股份。“信息产业研究院”则控股 45%，而剩下的 20% 由公司员工持股。这项议案已经得到“信息产业研究院”董事会的批准。

基本上，集成系统发展公司将继续开展“万隆”与国际集成系统有限公司一直从事的业务。然而，通过整合两个公司的软件和设计工程师，集成系统发展公司期待着成为一个在国际市场上既有经济规模，又有专门技术的重要的软件和设计生产商。[14]

“政府”资助的各类研究机构和大学的相互作用

除与中国台湾产业技术发展直接相关的“工业技术研究院”与“信息产业研究院”之外，在“政府”的管理结构中还存在大量的研究院所、理事会以及类似的机构，负责发展整体的科学技术以及特定的工业技术。下文简要地列出这些机构并进行相应的说明。

Ⅰ. 直接向“总统”办公室汇报的组织。

1. “科学发展指导委员会”：这是一个面向“总统”的咨询组织；

2. “中央研究院”：中国台湾最高学术机构，研究方向包括多个领域。

Ⅱ. “行政院”的下属机构。

1. “科学技术顾问委员会”：目前其成员基本上是来自外国的科学家；

2. “应用技术研究与发展委员会”；

3. “国家科学委员会”：在这个委员会的指导下，有一个科学技术数据中心，一个精密仪器开发中心以及一个负责工业园发展的机构；

4. “原子能委员会”：该委员会下设一个原子能研发中心；

5. “农业发展委员会”；

6. “经济部”：该部下设36个在不同产业技术领域进行研究的机构；

7. “交通部”：该部下设与交通和通信相关的4个研究机构，包括气候研究；

8. “教育部”：该部负责所有的学院与大学，其中许多都有研究机构；

9. “公共卫生部”：该部下设2个研究所；

10. “国防部”：在“国防部”中，重要的中山科学研究院从事与防御相关的技术研究；

11. “中国台湾省政府”：在“省政府”的管辖下，有18个主要从事农业、公共卫生和交通的研究机构。

在以上所有的研究机构中，“国家科学委员会”在科学技术发展中扮演着关键角色。它负责规划研究战略与计划、促进基础研究、引导应用研究、改善研究环境、培养和吸引研究人员，以及协调不同“政府”机构所承担的研究工作。同时，它也是“中央研究院”和中国台湾的大学、学院的研究基金的重要来源。

表12.5 提升中国台湾技术发展的工作结构划分

		政策的执行		
研究类型	政策制定	学校与研究机构	“政府”支持的研究机构	企业
基础研究	“中央研究院”	“中央研究院”		
应用研究	“教育部” “国家科学委员会”	大学		
技术开发商业化及应用	ROC“政府”下属的不同部门	由不同级别“政府”直接主导的多种研究机构	ITRI，Ⅲ，其他不是由“政府”直接主导资助的研究机构	私人企业，公有企业

资料来源：“国家科学委员会”，中国台湾，ROC。

表12.5展示了中国台湾技术发展的工作结构的划分。在这个表中，不难发现，基础研究主要由“中央研究院”和大学来承担，而应用研究、技术开发和技术商业化则主要由不同的工业技术研究机构以及企业自身来完成。在以上的工作结构划分中，我们能够发现这种结构的优势与缺陷。这个体系的主要优势在于，有限的研发资源得以汇聚，研究活动能够瞄准有利于所有企业的共性技术的研发。比较而言，体系的主要不足体现在企业更有可能严重依赖于“政府”，将其作为自己新技术的主要来源。

为了克服这种缺陷，正如我们在上文中所讨论的，中国台湾已经执行了一些政策，严格要求那些期望能够有资格申请投资奖励条例所规定的税收减让的企业满足最低的研发投入水平。因此，在中国台湾的中小企业经济中，期待着能够实现一种在“政府”和私人企业之间更为均衡的研发组合。

为应对世界经济全球化企业和“政府”在技术发展中的相互作用

由于世界贸易和投资快速发展，以及20世纪科学技术的巨大进步，世界经济已经越来越整合成为单一的经济结构。然而，随着世界经济全球化趋势的进一步加强，企业和“国家”之间在技术上无论是竞争关系还是互补关系都将得以不断强化。因此，如何对这种不可避免的趋势作出合理反应尤为重要。从企业家的视角来看，中国台湾企业应对世界经济全球化趋势最重要的战略之一是海外并购。在中国台湾，这项战略变得非常重要，并且已经成为很多企业的普遍行为。采纳这项战略背后存在很多的经济因素。从财政角度来看，大量的国外贸易盈余使海外并购成为可能。而且，随着在1986~1988年新台币的升值，海外并购已经更有支付能力，并且比出口更有吸引力。

除财政因素之外，获取所需技术是海外并购的另一个重要因素。宏基并购美国的两家企业，Counterpoint Computers（一家微型计算机制造公司）和PPL（一家计算机控制打印系统公司），可以说是这类并购案的典型。这两宗并购有助于宏基获取微型计算机技术，以及加强其个人计算机的功能。宏基的海外并购当然不是中国台湾企业的唯一并购案例，另一个例子是中国台湾的Microtek收购美国的Mouse System公司来提升它的技术水平。

针对中国台湾中小企业的主要劣势的常见的争论是，这些企业的规模太小，以至于没有自己的市场渠道，更不用说建立自己的品牌了。因此，中小企业的未来竞争力受到某种程度的质疑。中国台湾很多企业家发现，海外并购是弥补这一缺陷的最可行的途径之一。事实上，一些企业家甚至认为，购买或控制一个在国外已经建立营销网络的企业比从头开始建立一个营销网络更有效率和更为便利。宏基对美国第三大计算机经营商DYNA的并购则是这种基于市场渠道考虑类型的典型案例。

除建立市场渠道外，很多中国台湾的中小企业发现并购已经存在的海外企业，也能够有助于它们购买品牌来运用到自己的产品上。这种并购的一个较好的例子是美国最大的家具制造商之一的 Stoneville，与其中国台湾原始设备制造商长期合作企业进行并购，这样中国台湾制造商既能够控制 Stoneville 的市场渠道，同时也获得了其品牌。很明显，中国台湾的中小企业通过海外并购已经开始为自己的产品建立品牌以及销售渠道。

总之，海外并购不仅表现为大量的国外贸易盈余和新台币升值，同时也由于事实上这种并购有助于本土企业自身的垂直整合，接管国外企业的销售渠道、品牌和技术。显而易见，这是本土企业应对世界经济全球化挑战的一项补充而可行的战略。

毫无疑问，“政府”对海外并购的政策是支持的，事实上，“政府”已经采取了促进这些并购发生的行动。“政府”的一项最主要的政策工具是提供低息贷款或者一部分所需投资，这样私人企业能够从事海外并购。这个战略的典型案例是美国网思公司（WYSE Technology），它是美国一家主要的终端制造商，由一家海外华人公司创立，占据着世界终端市场 50% 的份额。由于公司在生产个人电脑方面实施了多元战略但不成功，网思陷入了严重的财政危机，它试图与其他企业结成战略联盟来帮助企业生产个人电脑并摆脱财政危机。中国台湾一家主要的个人电脑制造商 Mitac，进入了网思的视野并对此积极地作出回应。为了促进这项并购，很快成立一家风险公司。来自于 Mitac、“中国信托”（China Trust）和国侨（Kuo Chiau）的私人资金聚集起来并注入风险公司。最终完成并购的资金，大约 80% 来源于这些公司，剩下 20% 来源于“政府”的中心发展基金。网思的并购因此得以完成。网思案例的成功经验被确定为重要的榜样，并为今后“政府”参与支持海外并购创下了先例。

然而，需要承认的是，中国台湾的海外并购仍处于发展的初级阶段。由于中国台湾的投资银行不够发达，无法很好地支持海外并购，因此缺乏有经验的国际法律和会计服务，而海外并购面临很多障碍。尽管如此，海外并购已经成为中国台湾本土企业的一项重要战略。同样，一部分而不是全部的海外华人，将继续在促进这些并购活动中扮演重要角色。

考虑到海外华人在促进技术发展上的作用以及对我们在上文中所提及的人才流失问题作出回应，“台湾政府”于1980年建立了新竹科学工业园区。与高雄、楠梓和台中等地的免税出口加工园区不同，它们主要是吸引国外投资来促进出口扩张和技术转移，而新竹科学工业园主要目的在于吸引特别是学成归国的学生以及海外华人对高技术产业的投资。

在这个园区里，工厂、公共设施、住宅区、学校和类似设施都按照高标准来建设。投资者所需要做的只是搬进去和启动业务。到1988年12月，共有96家高技术企业进驻园区。这些企业的销售总额由1983年的33亿新台币上升至1988年的483亿新台币。1988年（12月），企业的员工总额为16 500人，其中95人具有博士学位，696人具有硕士学位。所有员工中，41%接受过高等教育。[15]

越来越明显的是，新竹园区的创建已经吸引了大量经验丰富的华人工程师和技术人员回台并自己创业。这股回归潮带来的结果是，大量的先进技术被引进本土企业。而且，中国台湾的本土企业目前已拥有更多的窗口使其经营变得国际化，同时也不断扩大研发活动，这样能够提升它们在世界上的竞争力。

由于认识到国外直接投资在引进技术中的重要角色，中国台湾已经改变了其针对国外直接投资的政策。过去“政府”关于国外直接投资的政策可以描述为“谨慎地鼓励”。法律规定：海外华人和外国人只能够对中国台湾经济中的几个特定部门如制造业、某些服务企业以及科学技术研发进行投资。然而，这项法律同时也强调，所有的国外直接投资必须通过“政府”批准。因此，“政府”采纳的是“申请批准”的管理类型或者“肯定列表”的投资领域的战略。为了进一步激励投资者和企业在中国台湾进行投资，“政府”于1988年作出大胆的决定，将投资领域的“肯定列表”改为“否定列表”。“肯定列表方法”与“否定列表方法”之间的主要差别是明显的，只要海外华人和外国人不对“政府”禁止的部门（如位于否定列表上的）进行投资，他们对中国台湾的投资将自动地被主管机构批准。毫无疑问，这种改变加强了开放政策，而这种政策正是应对世界经济全球化所带来的挑战的一种调整。

当中国台湾正在快速地转变成为发达的工业化经济体的时候，“政府”逐渐意识到这个事实，即为符合国际标准，必须加强知识产权保护。此外，鼓励本土企业在国际市场上为自己的产品建立品牌，以及发展软件产业都需要对商标和知识产权的保护进行更严格的管制。因此，中国台湾正在修订“商标法”、“著作权法”以及其他相关的规章制度。例如，1985 年修订了“商标法”，引入了罚款（最高额度可达到 9 万新台币）、监禁（通常不超过 1 年）和损坏赔偿（产品单价的 500 ~ 1 000倍）等惩罚措施。而且，也加强了关于知识产权内容的公共教育以及对违法者的起诉。在知识产权保护方面，“政府”的诚挚和坚定毋庸置疑；毕竟这项政策的实施有益于本地经济的产业升级，同时这也与世界经济全球化的背景下致力于中国台湾经济国际化的努力相一致。

国防与技术发展

中国台湾拥有相当强的国防力量是公认的事实，但很少人了解国防与技术发展之间的关系。特定的技术发展对武器系统的开发是必要的，这是合乎情理的假设，但这项技术是否可以转移，以及是否可以转移为民用产业则是另外一回事。

中国台湾军事武器的发展在很大程度上取决于它与美国的关系。在 1979 年 1 月 1 日美国与“中华民国”中止外交关系之前，中国台湾的国防和岛内的军事硬件需求基本上都由美国来提供。在那段时期中国台湾的国防产业几乎没有发展。事实上，“政府”采纳了一项从 1976 ~ 1981 年为期 6 年的发展计划，来发展资本和技术密集型的重工和化工产业，但是没有太显著的进展。

直到 1979 年断绝外交关系，美国决定按比例缩减对台武器供应后，国防相关产业的发展才真正得到推动。中山科学研究院已经成为开发制造强大武器体系，特别是空军和海军所必需的技术的关键研究机构。工业技术研究院也同样开展与国防有关的研究。然而，国防如何影响产业发展的技术方面则需要进行更深入的考察。

研发支出

1980年以来“国家科学委员会”开始搜集数据和编制指标来衡量中国台湾科学技术（研发）发展所取得的进步。其中一项指标是研发投入。据1979年的估计，科学技术的研发总经费为99亿新台币，占国民生产总值的0.84%，占“国家”总收入的0.91%。这个数字到1983年增长到192亿新台币，占国民生产总值的0.94%，占“国家”总收入的1.02%；到1986年增长到287亿新台币，占“国民生产”总值的1.04%，占“国家”总收入的1.13%。[16]但1984年以后的数据与之前的数据无法保持严格的对应关系。从1984年开始，研发投入也包括对人文与社会科学研究的经费。不过，把人文和社会科学的投入也统计在内不会改变总体的结论，因为对人文和社会科学研究的投入相对较少。

真实数据显示，1986年的研发投入是1979年的2倍。1979~1983年，研发投入的年增长率达到9%，而1984~1986年达到11%。

在科学技术领域中，研究人员的人均研发经费保持相对稳定。1986年，这个数字是1 034 400新台币（或者28 730美元，汇率为1美元=36新台币）。

1986年，“政府”占研发总投入的份额为60%，而私人部门占40%。“政府”的份额包括公有企业的份额，后者占研发总投入的14.5%。

私人部门包括私人商业企业、非营利性研究机构以及在中国台湾的国外机构。1986年它们的份额分别为38.7%、0.7%和0.5%。

根据趋势显示，“政府”占研发总投入的份额保持稳定，1980~1986年大约为60%。但是在“政府”内部，公有企业所占份额在1979~1981年由20%下降至15%。

对于私人部门而言，私人商业企业所占份额从1979~1981年的34%上升至1984~1986年的37%。非营利性机构则由1979~1981年的5.2%下降至1984~1986年的1.3%。国外机构的份额可以忽略。

关于研发经费的用途，1986年，11%用于“基础研究”，38%用于“应用研究”，以及51%用于技术发展。

对于私人商业企业的研发投入，1986年，3.7%的研发总经费用于基础研究，22.5%用于应用研究，而73.8%用于技术发展。在公有企业，研发总经费的3.0%用于基础研究，20.5%用于应用研究，而70.5%用于技术发展。因此，很明显，无论是公有还是私人企业，研发经费主要用于技术发展，正如我们预见的那样。

从私人和公有企业的产业分布来看，1986年，每1 000元新台币销售额的研发经费在制造业为4.27元新台币，在建造业为1.06元新台币，在交通与通讯业为2.71元新台币，在水、电、煤气业为6.45元新台币，在采矿业为1.02元新台币。在所有领域中，每1 000元新台币销售额中研发总支出仅达到4.14元新台币，或者占销售额的0.41%。这个比例无论是公有企业还是私人企业都是相同的（私人企业为0.399%）。

1986年，在以下的制造行业中，研发支出每销售1 000元（新台币）就要高出5元（新台币）：

化学原料	新台币9.87元
化学产品	7.42元
橡胶产品	6.58元
机械	7.94元
电子机械与设备	5.98元
其他产业	6.79元

在这些产业中，研发投入极大地提升了生产技术。

而且，通过应用1986年对中国台湾246家本土企业和72家国外直接投资电子工业企业问卷的调查数据，可以比较中小企业和大企业、本土企业与国外直接投资企业的研发投入。[17]这项研究显示，无论使用何种研发指标，在年度研发投入、年度人均研发投入（RDE）、年度研发投入占销售额比例（RDS）

等方面，国外直接投资企业都比本土企业投入了更多的研发资源。然而，根据国外直接投资企业的国别来看，在中国台湾的国外直接投资企业在研发投入方面比其他的国外直接投资企业更显著。美国的国外直接投资企业在研发方面比本土企业表现略好，而在中国台湾的日本国外直接投资企业则一贯表现出对研发最没有兴趣。

同时这项研究也显示，小企业的研发在 RDE 或者 RDS 方面的表现可以与大企业相比。因此，企业的研发活动并不与企业规模成正相关。最后，研究结果也指出，决定企业研发活动最重要的因素之一是企业内部含有的技术密度（可以通过企业的工程师和技术人员占员工总数的比例来衡量），并且这个指标在决定企业研发活动中的重要性超过企业规模、“政府”对研发投入的优惠待遇以及其他因素。

科学技术发展的指标

对于任何一个国家或地区来说，制定出一整套衡量科学技术进步的指标是相当困难的。确切地说，这类数据在中国台湾还非常匮乏。但可获取的数据显示，中国台湾的科学技术发展水平有了很大的提升。

就人力资源而言，从事于科学技术研究的人数由 1979 年的 8 354人上升至 1986 年的 27 747人，也就是说，1986 年科学技术领域的研究人员是 1979 年的 3.3 倍。1979 年，每 10 000人口中从事科学技术的研究人员有 12.8 人，而到 1986 年，这个数字增加到每 10 000人口中占 34.9 人。[18]

在科学技术研究人员的教育背景方面，1986 年，有 3 146人拥有博士学位（占研究人员总数的 11.3%），6 514拥有硕士学位（占总数 23.5%），12 485人拥有学士学位（占总数 45%），以及 6 786人在高级学院接受过职业或专业教育（占总数 19.7%）。

在 27 747位研究人员中，私人商业企业占 47.8%，研究机构和组织占 26.8%，大学和学院占 25.4%。

根据研究领域来看，在这 27 747 名研究人员中，工程占 61.6%，自然科学占 12.6%，农学占 11.0%，医学占 9.2%，社会科学占 3.9%，人文科学仅占 1.7%。

有趣的是，那些从事自然科学、工程、医学、农学研究的基本上都是学士或硕士；而另一方面，那些人文与社会科学领域的研究人员基本上为博士和硕士。

从绝对数看，科学技术研究人员的数量很少。但从增长率看，1979 ~ 1986 年，博士数量年均增长 11%，硕士年均增长 12%，而接受过职业或专业教育的研究人员年增长率是 23%。

研究的一项有形成果是发表论文。1986 年，总数为 7 395篇论文发表于专业或学术期刊，74% 在中国台湾，而剩下的发表在国外。除此之外，有 4 730 篇论文被阅读而没有公开发表在期刊上。[19]

“科学技术研究”的另外一项有形成果是授予专利。1986 年，有 29 511项专利申请，批准授予 12 355项。在这些授予专利中，53% 属于“中方”，而 47% 属于外方。这显示出“中方”的专利申请数量有很大的提升。因为在 1979 年，只有 10 411项专利申请，其中批准授予 3 686项。在授予专利中，41% 属于“中方”，而 59% 属于外方。显而易见的是，授予专利的数量得到很大提升，并且授予中方的专利数量稳定上升，而授予外方专利数量则有所下降。

“科学技术研究”的另外一个指标是出口的特征或技术含量。在 20 世纪 50 年代，出口的主要项目是糖、大米和香蕉，这些产品基本上属于土地密集型。随着时间的推移，劳动密集型产品如纺织、鞋类开始成为出口的主要项目。在最近几年中，更多的技术上先进或资本密集型产品，如普通的机械产品和特定的电子器械，以及其他类型的设备，已经占据越来越大的份额。据估计，1983 年“技术密集型”产品占所有货物出口的 21.9%，到 1987 年这个比例逐渐上升至 24.3%。[20]

“国家”计划

“政府”已经深刻认识到，中国台湾必须加速其科学技术发展的努力来升级经济结构、提升人民的生活水平、并加强国防。频繁举办的所有层次上的会议都试图寻找提升技术，特别是产业技术的途径。“政府”已经采纳了一个从1986～1995年的10年期科学技术计划。表12.6显示了这个10年计划的主要目标。

表12.6　中国台湾10年期科学技术发展计划的主要目标

	1986年	1995年	年均增长率
研究人员总数	27747	43000	6.1%
博士（占总数的百分比）	3146（11.3%）	6600（15%）	8.6%
硕士（占总数的百分比）	6514（23.5%）	15400（35%）	10%
研发经费（10亿新台币）	28.7	90.0	
年增长率			13.5%
占国民生产总值的百分比	1.04%	2.0%	
基础研究占研发的百分比	11.1%	12.0%	
“政府”占研发经费的份额	60%	40%	
私人部门占研发经费的份额	40%	60%	

不过，这项计划的目标能否实现仍有待观察。值得注意的是，韩国在1986年的研发投入已占国民生产总值的1.82%。同一年里，韩国的人均国内生产总值为2 356美元，而中国台湾是3 688美元。中国台湾应该在1995年达到占国内生产总值2%的目标。

一个评价和一些结论性的评论

通过这章我们致力于指出，中国台湾的经济绩效在很多方面获得了成功，而技术是其中的一个重要贡献因素。我们也已描绘出“政府”和私人部门推动科学技术特别是产业技术发展的努力。然而，这些努力还远远不够。

我们仍然需要大量的研究才能深刻地理解一些问题，比如：中国台湾的产业技术是如何提高的？为了经验研究的目的如何对产业中的技术进行界定或划分？谁引进和应用了新技术或者谁发展了技术，以及它们是如何构成的？最终谁成功了，谁失败了，为什么？

另外需要回答的一系列问题是关于“政府”政策的。可以肯定的是，“政府”在促进中国台湾科学技术发展方面已经做了大量的工作。评估“政府”在这个领域中做了什么将是一件非常繁重的任务，而在这里我们也并不试图这么做。下文只是关于“政府”政策的一些问题，这些政策对未来技术发展有重要的含义。

首先，我们来看看中国台湾的教育政策。过去，“政府”不断强调职业教育或就业教育。在我们看来，这种状况即使不彻底改变也要进行修正。在经济已经并仍然处于结构变迁的时候，劳动者需要的是适应环境变化、技术变化和生产工艺变化的能力。在我们看来，“通识”或者“人文科学”类型的教育才能够让劳动者具备这种适应性。我们并不是贬低专业性或就业知识的重要性；我们的主张很简单，即在课程中增加一些恰当的人文科学教育是非常重要的。

目前，中国台湾的“义务”教育，或者更准确地说，免费教育将从 9 年拓展到 12 年。这项“政府”政策，在免费教育阶段的最后 3 年突出了职业或专业教育，至少根据职业学院与普通高中的数量比较来看是如此。我们建议，需要认真考虑职业学院的课程是否具备足够的“通识教育”。

其次，我们需要检讨“择优”的政策。过去，“政府”经常会选择特定的产业或产品作为战略产业或产品，并给予它们优惠待遇，正如上文所描述的那样。我们认为，这些产业或产品的发展应当由市场力量来决定；任何精心策划的试图改变经济享有的比较优势的“政府”政策都将会扭曲资源的分配，除了存在市场失灵或外部性的情况之外。说得更具体一些，适合于经济发展的某项技术的选择与吸收应当是商业企业的事情，而非“政府”的事情。

“政府”虽然确实接受了经济自由化和国际化的概念作为制定经济政策的指导原则，“政府”对技术选择的干预也试图减到最小。但是考虑到“政府”升级技术和经济结构的意图，我们希望它能够抵制来自既定利益群体要求给予任何特定产业或技术优惠政策使之成为“战略”的压力。

第三，关于中小企业。中小企业过去是，现在仍然是中国台湾经济特别是出口部门的重要力量。它们正面临着由新台币升值以及其他发展中国家的单位劳动力成本更低而带来的特定困难，事实上已持续了一段时间。结果，它们中的一些被迫转移外迁并投资海外。

但是这对总体经济而言并不有利，因为中国台湾仍是一个发展中的经济体，需要大量的对内投资。所以，大规模的对外投资是不合适的。一项更为合理的政策是升级技术来提升中小企业的竞争力。

小企业回避花费大量的资金升级技术的一个原因是，它们所需要的特定技术能够被模仿，并无法通过专利得到有效保护。结果，每个企业都不愿意成为创新者，至少是对于某些特定类型的技术而言情况是这样。

我们的意见是，一些“政府”资助的研究机构如工业技术研究院应该付出 2 倍甚至 4 倍的努力来开发适合于中小企业的某种类型的技术，而不是基本上都致力于“高技术”。

最后，“台湾的政府”所有制企业仍然非常重要，占据制造业增加值的 10. 2% 。它们总是被批评缺乏效率，但这不是说它们的管理者和工作者能力不足。真正的困难在于，它们的运行受到很多的限制，缺乏有效的激励制度，最糟糕的是，它们的管理者和员工拥有公务员的地位。作为公务员，他们被强加了很多的局限，因此他们无法做到与商业企业的同行一样具有创新性。在我们看来，使得他们创新性更强，特别是提升或选择合适的技术的最好方法是，让那些并非天然垄断或者并非与国防相关的公有企业私有化。

注释

作者对陈伊秀（Yih-Shiow Chen）女士提供的协助表示衷心的感谢。

［1］比如，侯继明（1988）“Relevance of the Taiwan Model of Development”，亚太国家经济发展成功战略会议论文。台北：中华经济研究院。再版于 Industry of Free China，1989～2，pp. 9—32。

［2］侯继明、张清溪（1981）“Education and Economic Growth in Taiwan：The Mechanism of Adjustment”，中国台湾经济发展经验和教训会议论文，492。台北：中央研究院经济所。

［3］侯继明、吴惠林（1983）“Wage and Labor Productivity in the ROC”，收录于“Raising Productivity：Experience of the Republic of China”，东京：Asian Productivity Organization。再版于 Industry of Free China，1985。

［4］从 Duller，H. J.（1983）的数据计算而来，参见 Technique in Taiwan：The Role of Technology in Taiwan's Past and Present Development。台北：“中央研究院孙中山社会科学和哲学研究所”。Duller 的数据来自“台湾中央银行”。

［5］侯继明、张清溪（1981，p. 486）。

［6］侯继明、吴惠林（1983，p. 65）。

［7］Taiwan Statistical Data Book，1989，p. 7。

［8］与注释4引用的数据一样，这个数据提示了非农业部门的资本增长率：1953～1961年为2.8%，1962～1971年为8.1%，1972～1980年为12.6%。在1953～1980年间，年度平均增长率为7.8%。

［9］单骥（1989）“Direct Foreign Investment and Technology Transfer in the ROC”，收录于 Proceedings of Conference on the Industrial Policies of the ROK and the ROC. 会议系列丛书89～01，韩国发展研究院（KDI），首尔。

［10］侯继明、张清溪（1981，pp. 474～481）

［11］单骥、陈兆南（1988）“In-Service Training in Taiwan，ROC”，CIER Economic Monograph Series，第20期，“中华经济研究院”，台北，中国台湾。

［12］单骥（1989）“Direct Foreign Investment and Technology Transfer in the ROC”，收录

于 Proceedings of Conference on the Industrial Policies of the ROK and the ROC. 会议系列丛书89~01,韩国发展研究院(KDI),首尔。

[13] 参见 Liu, P. 的报告(1989)"Big Glue Benefits from Funding 研发 in Taiwan。" ASIA/Pacific Business, 5月15日。

[14] 关于中国台湾信息产业的更详细讨论,参见单骥(1990)"The Status and Evaluation of the Electronic Industry in Taiwan", OECD 发展中心技术论文集,第29期,OECD, 6月。

[15] 科技年鉴,"中华民国",1988, p.416。"国家科学委员会","行政院",中文版。

[16] 科技年鉴,"中华民国",1987。

[17] 参见单骥(1989)"A Comparison on 研发 Expenditure among Domestic and FDI Firms and a Study on Factors Which Determine This Expenditure—A Study on the Electronic Firms in Taiwan"。"中央研究院经济所" Academic Economic Papers, 17(1), 3月(中文版)。

[18] 科技年鉴,"中华民国"1987。

[19] 科学技术,"中华民国"1987。

[20] 科学技术,"中华民国"1987。

第13章　支持工业技术进步的国家体系：巴西的经验

卡尔·J. 达尔曼（Carl J. Dahlman）
克劳迪奥·R. 弗里斯克达克（Claudio R. Frischtak）

巴西的国内生产总值世界排名第九，人口第六，国土面积第五。1987 年，其人均收入为2 241美元，比墨西哥略高但低于阿根廷、韩国与中国台湾。这个国家拥有丰富的自然资源、生产能力出色的农业部门，以及成熟的、多样化的工业基础。1987 年巴西的制造业增加值位于世界第九，达到 790 亿美元，比加拿大高出 15%，是墨西哥与韩国的 2 倍，是澳大利亚的 3 倍。

在 20 世纪 60 年代末期以及几乎整个 70 年代，巴西是世界上经济增长速度最快的国家之一。然而在近 10 年中，巴西的制造业出口增长速度明显减慢（见表 13. 1）。与东亚以及一些新兴工业化国家相比，巴西的人均国内生产总值增长与制造业增长速度偏低，按年计，上两项数据分别为 2. 9% 与 2. 2%。另外，尽管自 1965 年以来，巴西制造业的出口增长速度已超过其产出的增长速度，但在 1987 年巴西制造业的出口额占其产出的比例依然很小，仅为 11. 8%。

本章将集中讨论掩藏于巴西不稳定的竞争力及其创新体系作用背后的技术因素。在这里，国家创新体系被定义为影响经济中新技术引入的代理机构网络以及一系列体制机制。由于绝大多数发展中国家的技术都是引进的，创新体系被定义得非常宽泛，包括了应对易得技术（arm-length technology）转移、知识产权、资本货物输入以及国外直接投资等的政策。创新体系还包括了由公共或私人的研究机构、代理机构组成的网络，它们支持或承担了相应的技术活动，这些技术活动包括研究和发展、扩散以及创造技术人力资本。

本章的第一部分将介绍巴西国家创新体系诞生的历史背景与政策背景。它表明，直到19世纪晚期，农业劳动力匮乏、矿产资源短缺的巴西才有足够强的刺激来推动创新与技术的发展。这些要求在20世纪的工业化进程中体现得更为明显，然而直到第二次世界大战以后政府对科学技术的关注才变得明朗起来，才着力建立研究机构的体制框架以及关注人力资源的发展。这个过程是在军事时期中定型完成的，尤其在1970年之后，科学技术发展已经成为明确的政策目标。

表13.1 部分经济指标

	人均国内生产总值1988年（美元）	人均国内生产总值		制造业产出的增长		制造业出口的增长		制造业出口占产出的比例1987年（%）
		1965~1980年（%）	1980~1988年（%）	1965~1980年（%）	1980~1988年（%）	1965~1980年（%）	1980~1988年（%）	
巴西	2241.07	8.8	2.9	9.8	2.2	22.1	6.2	11.8
印度尼西亚	476.09	8.0	5.1	12.0	13.1	13.3	35.4	44.8
日本	23195.02	6.5	3.9	8.2	6.7	11.9	5.3	32.4
韩国	4078.81	9.6	9.9	18.7	13.5	31.2	14.7	103.1
墨西哥	2111.11	6.5	0.5	7.4	0.2	9.4	21.1	27.1
中国台湾	1063.30	7.2	6.0	11.2	6.8	21.3	19.3	53.3
土耳其	1196.28	6.3	5.3	7.5	7.9	26.4	23.3	42.6

资料来源：World Development Report（1990）；World Tables（1989~1990版）。International Financial Statistics（1989年12月）。

20世纪70年代，不断增强的科学技术基础虽然提高了巴西企业的竞争地位，但从国内企业对技术发展的有限贡献来看，这种影响是有限的。文章的第二部分主要讨论了巴西在国际市场中的竞争地位，并指出巴西的地位下降与工业生产者在本国的技术努力不足有关。文章的第三部分表明这些努力不足并没有被大量的技术引进（它们受到当采技术转移的规制限制）、国外直接投资以及资本货物进口弥补。虽然上述有限的努力与政府的财政支持都引导企业致力于技术活动，但在 20 世纪 80 年代，只有极少数的生产厂商能接触到国际上最好的科学实践“前沿”。

从当地私人生产商进行的有限技术活动以及外国技术的有限流入看，发展的担子就落在了公共部门的肩膀上。文章的第四部分指出，80% ~90% 的研发支出都由政府承担。不幸的是，公共部门研发活动的分散以及公共研发研究机构与生产部门的脱节意味着有效的技术服务流动与在技术活动中投入的公共资源并不相称。最后，在人力资源的形成中——这是公共部门扮演重要角色的领域——糟糕的投资决策侵蚀了未来技术创新能力的创造。文章的最后一部分给出了本章的结论。

历史和政策背景

经济动因与政治体制之间复杂的交互作用影响了巴西科学技术（科技）发展的模式。本部分将突出这种交互作用的显著特点，以提供一个历史语境来理解巴西国家创新体系现有的许多特征。

1500 ~1900 年：从殖民地到 20 世纪

在这一横跨 4 个世纪的时期里，巴西是世界农产品、矿产品的重要资源地。在巴西的经济史上，这一阶段的特征是初级产品出口的繁荣与萧条反复循环。这些产品包括食糖、黄金、棉花、可可、橡胶和咖啡。这些产品的重要性一直持续到 20 世纪并为国家的工业化奠定了经济基础。[1]

在 1822 年巴西从葡萄牙手中获得独立之前的殖民地时期，巴西的主要创新活动源于农业技术的移栽。这包括了新种子技术（棉花）、农作物技术（如烟草、甘蔗）以及促进农产品生长的施肥技术。这一时期的土地与奴隶劳动力十分充盈，因此没有动力去提高土地利用率以及实现机械化生产。在矿业，传播的技术都是粗糙原始的，因为矿产接近地表且容易开采。在这一早期阶段，巴西为了建造要塞、运河和桥梁以及生产武器和军火，还发展了地图制作技术和军事工程。[2]

1808 年，葡萄牙皇室为逃避拿破仑的控制而移居巴西，这导致了在巴西这块殖民地上建立了一系列的科学技术机构。包括巴伊亚（Bahia）医学院、里约热内卢（Rio de Janeiro）医学院、国家图书馆、皇家农场、国家博物馆、一家火药工厂、一家钢铁铸造厂、欧罗普雷托（Ouro Preto）矿业学院（1875）以及坎皮纳斯（Campinas）农业研究站。

然而直到 19 世纪晚期，强大的经济动因才使得研发受到了更多的关注。在矿业方面，1889 年奴隶制的废除加剧了劳动力资源的短缺，再加上接近地表的矿产资源采掘殆尽，这就要求提高矿产开采技术、加强机械化程度以及更好地理解化学与矿物学知识。同样，低水平收益与劳动力短缺也要求提高农业生产力并由此建立了多家农业学院与研究机构。如坎皮纳斯农业研究站与路易斯德凯罗斯（Luis de Queiroz）农业学院（都在圣保罗州），特别值得一提的是，它们都为巴西农业生产力的提高特别是如咖啡、甘蔗与棉花等农作物的出口作出了重要的贡献。[3]

1900～1946 年：奠定工业主导的经济增长模式的基础

20 世纪的前 30 年见证了巴西工业化进程的开始。19 世纪 90 年代巴西虽然在进口替代方面做了一些努力，但在“一战”前夕，巴西的工业结构仍然是很原始的并且只有 3% 的劳动力在制造业。[4] 战时进口工业物品的困难加强了对进口替代的需求。但是大多数进口替代品只是相当简单的产品，并不要求研究能力或工程劳力。大多数技术靠复制国外技术获得，并以企业到企业的模式扩散。

这一时期早期阶段的一项重要发展是铁路扩建。对市政工程能力的提高、生产技术的精进以及钢铁（包括铸造、锻造与机械操作）与蒸汽动力方面的应用都提出了更高的要求。欧罗普雷托矿业学院是第一家参与铁路网络扩建的培训项目的民间机构。另一家参与其中的是圣保罗理工学院，它在1926年建造了一个材料电阻实验室用于检测铁路与电厂的材料与设备。

1929年经济危机期间，巴西的经济与许多其他主要的拉美初级产品出口国一样陷入了萧条当中。出口贸易的崩溃，国际贸易的短缺刺激了国内水泥、化学品、纸张、金属制品以及纺织品的生产。进口替代的运作同样受到了第二次世界大战的冲击，难以获得钢铁和资本货物等关键物品。在战争末期，巴西的制造业已经变得多元化了，但从国际标准来看其竞争力依然不强。许多技术复杂的新兴工业都对工程师以及技术支持服务提出了更高的要求。[5]

1947～1964年：重工业化与对科学技术的初步聚焦

这一时期的特点是瓦尔加斯（Vargas）总统第二任期（1951～1954年）与库比契克（Kubitschek）❶ 政府（1956～1960年）对国家的工业化给予了强大的推动作用。这一时期工业产值增加了262%，农业产值则只增加了87%。库比契克政府的“Plano de Metas”（1956～1961年）政策是第一次针对重工业与支持公共基建的系统努力。它围绕能源、交通、钢铁与石油提炼、化工与石油化工、资本货物、汽车以及药品工业等重大项目建立起来。

工业发展战略中的一项关键政策是引导国外企业在巴西兴建制造工厂。这不仅包括了保护地方市场的措施，还包括了为国外投资者提供可观的津贴与特殊待遇。到1960年，为国外投资者提供的津贴占资本货物生产商的50%，在化工领域（除石油化工制品类）占70%，在药品制造领域占90%，在初生的汽车工业领域这一数值是100%。[7]

然而，与此同时，科学技术领域迈出了重要的前进步伐。1951年国家研究委员会（National Research Council，CNPq）成立，以促进所有领域的科学研究。但正如于1951～1955年间就任国家研究委员会第一任主席阿尔贝托大莫

❶ 1955年，米纳斯吉拉斯州前州长朱赛里诺·库比契克（Juscelino Kubitschek）当选为巴西总统，这时巴西作出了将联邦政府从里约热内卢迁移到巴西利亚的决定。——校者注

塔席尔瓦（Alberto da Mota Silva）海军上将明确表示的那样，委员会的一个主要目的是帮助巴西使用矿产资源为生产原子能做好准备。[7]

国家研究委员会的创立必须放到巴西战后的分裂状况、竞争角逐与冲突的情境中去理解。原子能控制技术被当做获得强大军事力量的关键以及加速经济发展的重要步骤。[8]该时期对科学技术的强调与国家的威望紧密相关。科学技术活动致力于打造先进经济，其带来的一个重要结果是驱动像巴西这样的国家能够紧紧跟上世界发展的步伐以获得国际地位。许多类似的努力由军方来推动。巴西许多人才在美国接受培训，他们非常赞同强大的科学技术基础对军事力量至关重要。在这一时期，军队建立了许多重要的研究机构。在1947年建立的航空航天研究中心（Aerospace Research Center，CTA）或许是最成功的一个，它在巴西航空工业的发展与汽油乙醇混合燃料项目中都扮演了主要角色。

在20世纪60年代早期，当库比契克时代的重大工程（包括建造巴西新首都）与一系列失败的经济管理导致宏观经济失衡时，巴西的经济就失去了发展动力。经济的衰退以及政治的动荡终于导致了1964年的军事政变以及随之而来的21年的军事统治。

1965～1985年：军方统治时期以及科学技术基础设施的形成

经济发展计划

军事统治时期见证了巴西在经济结构以及政策制定方面的许多变化。关键项目的发展与形成都获得更多的支持，科学与技术也获得了更多的资源分配。第一届军事政府（1964～1967年）着力于重新稳固国家的宏观经济并在税收和财政系统采取重要的经济改革。这些做法致力于巴西经济的复苏与恢复增长。第三届军事政府制订了“第一个国家发展计划”（1972～1974年）。这一计划的目标是以出口的增加与国内市场的扩大为基础，实现工业与经济的可持续增长。作为增强国家实力的战略的一部分，新领域（如核能、电子与空间技术研究）的发展被寄予了厚望。该计划还关注巴西的跨国公司的数量。

第二个国家发展计划（1975～1979年）通过深化进口替代流程与建设能

源自给型国家来调整巴西经济面临的石油短缺问题。但是为了避免外汇率变动，因此更加紧缩财政和货币控制。与此同时，财政的投资与增长对国内外贷款的依赖程度不断增加。巴西进入了一个“债务主导增长”时期。[9] 1978 年年底巴西的国际债务已经达到400 亿美元，1968 年这个数字只是 35 亿（更具体的论述，请见下一节）。1979 年的石油冲击进一步恶化了巴西的经济状况，这导致了又一次无节制的海外借贷。到 1985 年，巴西的外债是全世界最多的，达到1 000亿美元。与此同时，年平均通货膨胀率从 1970 ~ 1974 年间的 20. 7% 增长到 1975 ~ 1979 年间的 45. 9% 再增长到 1980 ~ 1984 年间的 141. 7% 。因此，尽管在 20 世纪 70 年代巴西保持了相当高的经济增长率，但这是以宏观经济的失衡作为代价的。

在科学技术政策与体制建立方面的努力

在军事统治时期的前 3 年，创立了 3 家重要的科技财政资助机构：技术基金会（FUNTEC）、FINAME❶ 与 FINEP（科学研究与发展项目资助署）。[10] 然而直到 1968 年，科学技术的发展才成为明确的政策目标。1968 ~ 1969 年间的发展计划（Estrategico Do Desenvolvimiento 计划，PED）首次规定了联邦层面上的一项明确的科技政策。该计划建议建立一个国家科学技术发展系统、对国家发展计划所预见的行为进行详尽阐释的科技基础计划，以及一个国家科学技术发展基金来支持这个国家科学技术发展系统。

该系统成立后，三项基础计划提上了议事日程，它们横跨了 1973 ~ 1985 年时期。第一个科学技术发展基础计划（PBDCT Ⅰ——1973 ~ 1974）将通过加强国家技术发展基金的资助力度和其他财政机制来增加对科技的资源投入。第二个计划（PBDCT Ⅱ——1975 ~ 1979）给予新技术发展优先权，包括非常规能源、空间活动以及海洋学等方面的研究。[11] 在基础研究方面，重点是通过国家大学生教育计划促进人力资源的发展。第二个计划还指出跨国公司的增加和

---

❶ 巴西社会经济开发银行（BNDES）所属的全资子公司之一，从事商业性股权投资和工业企业的固定资本投资业务。——校者注

国有企业的羸弱都阻碍了本地技术的发展。

第三个科学技术发展基础计划（PBDCT Ⅲ——1980 ~ 1985）的目标是在为科技研究提供更多资源的同时加强国有企业的技术实力。第三个计划与前两个不同，它不去确定政府在项目、计划、优先发展科研活动的行为，而是建立一系列政策方向来引导公共与私人部门。此外，计划没有提出预期支出的任何数字。

在工业领域，最重要的发展是 1972 年在工商部（MIC）下建立了产业技术司（Secretaria de Tecnologia Industrial，STI）。这是巴西第一个部级设立的科学技术单位。产业技术司接管了工商部现有的各种科技机构和活动，包括①通过自己的下属机构来开展研发项目；②为国有企业与私有企业的技术发展以及特定技术的发展提供资助；[12] ③为企业提供技术信息；④管理知识产权系统（主要指专利权与商标权）并通过国家工业产权所（National Institute of Industrial Property Rights，INPI）来规范技术转移；⑤作为国家度量衡、规范与质量控制委员会（National Council for Metrology，Normalization and Quality Control，CONMETRO）的执行部门来运转。

总体来说，军事统治时期的特点是建立了有计划的科技体系并着重强调了制度的发展。科学技术被看做是加强国家实力的重要因素。第一届军事政府代表了军事力量中更为自由的一派。随后的三届军事政府则更倾向于民族主义的立场，认为国家统治权与自治权方面的问题是当务之急。这种倾向特别强调增强国家军事战略领域技术实力，如情报学、电信学、国防工业、航空以及核能源等。这些倾向还导致了对国际技术转移的限制与对本国技术发展的强调。军事统治时期还表示出了强大的中央集权，这在要求国家参与各种战略部门的过程中得到了体现，如钢铁，石油化工、化工、重资本货物，以及许多重要的中间产品工业。虽然把跨国公司作为平等合作伙伴以获得外国技术常常是必要的，但政府通常通过少数私下的国家参与以获得多数的地方掌控来控制企业。

巴西的“奇迹”很短暂。债务与通货膨胀拉动的增长模式从长期看是不可持续的。如下一节所述，不稳定的宏观经济、过低的投资比例与越发没有效率的资源分配和使用结合在一起，导致了巴西在 20 世纪 80 年代挥霍了在过去

10年中取得的可观收益。当投资水平恢复的时候，军事时期巴西在科学技术领域的人力资源和机构研究能力建设方面的投资，或许仍然将被证明对巴西工业的竞争地位有深远的意义。虽然巴西企业在技术方面的努力还十分有限，但人们不断意识到在一个更开放、竞争性更强的环境中，创新与低成本的生产以及高质量的产品将成为生存的关键。这要求更高效地利用现有的科技基础设施，包括一个更加平衡发展的人力资源基础。

巴西的竞争地位与巴西企业在技术上的努力

20世纪70年代，巴西的竞争地位显著提高。在1970～1980年期间，随着制造业出口的不断扩大，巴西93个工业部门（按三位数的标准国际贸易分类）❶ 中的83个在世界市场占有率不断增加（表13.2）[13]。此外，在70年代，巴西的市场多元化与商品的与众不同都给人留下了深刻的印象。1971～1980年间，在大部分机械与运输设备部门，以及鞋类、纺织，还有纤维制品，向巴西进口产品的国家数量增多了，并且每个门类的出口产品数量也增加了。在许多门类中——如办公机器、船舶、飞机以及纺织业中，产品的出口结构向增加值更高的方向转变。[14]

20世纪80年代，巴西国际竞争力相对落后

自1980年起，巴西经济的竞争动力有了根本改变，93个标准国际贸易分类的部门中，有46个的世界市场占有率停滞不增或者下降，包括电机器械等精密技术领域（表13.2）。仅有的显著例外是航空、电子通信设备与配电设施。此外，在20世纪70年代，巴西具有“明显”比较优势（即标准市场占有额大于1）的26个部

❶ 国际贸易标准分类（Standard International Trade Classification，简称：SITC）为用于国际贸易商品的统计和对比的标准分类方法。现行“国际贸易标准分类”于1950年7月12日由联合国经济社会理事会正式通过，目前为世界各国政府普遍采纳的商品贸易分类体系。——校者注

门中，有20个的市场份额增加了，与此形成对比，在1980～1987年间仅有9个部门的份额增加了。[15]事实上所有非传统的和不以自然资源为基础的制造业产品的盈利都倒退了。[16]令人吃惊的是，这种现象甚至发生在如纺织、服装、旅游产品以及手提包等非传统产品中，它们本是维持巴西竞争地位的希望所在。

巴西现在负担着许多不具国际竞争力的经济部门，并且从80年代早期以来数量显著增加。一项基于67个制造业子部门的研究表明，在1983～1985年期间，45%的部门具有国际竞争力（即国内价格与国外价格的比值小于1），7%的部门具有边际竞争力（即国内价格与国外价格的比值在1～1.1之间）。一个类似的比较表明，在1988年只有15%的子部门具有显著的竞争力，而12%的子部门的竞争力是不明显的。这些研究指出，在1983～1985期间以及在1988年，竞争力显著的部门及竞争力不明显的部门占所有部门的比例下跌了将近一半（从52%下降至27%）。[17]

其他表明竞争地位降低的证据来自一项对550位主要工业制造商的访谈调研。虽然大多数工业家认为与过去的10年相比，巴西的工业部门变得更有效率了，但有65%的被访者察觉到要想紧跟国际价格绩效前沿的脚步，巴西的现代化程度还“不够充分”，只有3.8%的被访者认为已经“十分充分”了。[18]

一些因素解释了巴西无法保持自身竞争力的原因。在1973年❶第一次石油危机以后，巴西的贸易量在1977～1981年进一步下滑了38%。然而宏观经济的调整措施却反应迟缓，这致使巴西的经济增长越来越依赖于债务。到了20世纪70年代末，国际利息急剧上升，一旦借贷方开始拖欠债务，由债务主导的经济增长战略就变成了令债务主权国无法接受的风险。从巴西的情况来看，资金流向发生了逆转，从70年代中期到80年代中期，由正值下降到负4%～5%。这一系列振荡导致了许多宏观经济不稳定的现象，两次经济大萧条，而且对经济持续发展的信心大打折扣。最终，导致了投资率显著萎缩。投资额与

❶ 原文为1983年，疑为作者笔误。——译者注

国内生产总值的比例在1975年达到25%之后下降到1988年的15% ~16%。

与其他工业化国家相比，巴西出现经济滑坡，不仅因为投资量萎缩，也因为不能有效配置利用资源。巴西的产业基础庞大而多样，这是自然资源与政策主导下的进口替代的长期过程带来的结果。自20世纪50年代起，壁垒、准入规则、财政、信贷以及其他奖励措施等系列因素的共同作用，吸引了巴西生产商在新兴的产业部门进行投资。在这一时期内，巴西的工业产生了重要的结构调整（表13.3）。传统消费品部门如纺织、食品、饮料与烟草的增加值所占的份额大大降低了，然而机械、电气设备、交通设备以及化学/石化类产品的份额则提高了。

在20世纪70年代，在第二个国家发展计划（1974~1979年）的框架下，中间投入品与资本货物工业被锁定为发展目标并且产量快速提高。随着贸易壁垒、准入法则、财政、信贷，以及其他奖励措施等系列因素的共同作用，吸引了巴西制造商在这些部门进行投资。计划的目标是将资源向国内企业转移，以便鼓励企业并使它们在这些目标产业部门内投资。作为进口替代战略的一部分，这些政策是成功的。在关键的工业部门，进口—出口比下降得非常快。

但是，深化产业基础以及调整经济来面对不利的宏观经济振荡的一切努力，都是以限制进口为基础的。在1986年，进口占国内生产总值的比例为5.8%，比日本（一个经济规模是巴西9倍的国家）低且仅为韩国的1/6（表13.5）。相应地，巴西的产业基础变得极为多元化。制造业进口对制造业增加值的比例极低，这表明“进口替代”造成了多元化以及产业内部专业化的缺失（表13.5）。

如前文所述，巴西现在担负着越来越多的不具国际竞争力的经济部门。这一现象及相关结果是为了刺激产业发展而采取的政策工具所引起的结构僵化的产物。市场进出壁垒、过分多元化的产品结构以及高度的国有程度降低了灵活性、捆绑了资源、使得产业间和产业内的专业化水平低，并最终产生了高成本的产业结构。

这样的政策同样保护了生产者免遭国内与国际竞争。随着产业部门的成熟，这些保护障碍变得僵固了，企业市场地位的安全性不断增加。避免竞争的保护措施使得企业缺乏充分弹性与有效的管理且在瞬息万变的国际经济态势下显得反应迟钝:创新节奏不断加快、技术和商业竞争更加激烈,与此同时,发达国家的保护主义也日趋严重。

表 13.2　巴西制造业出口的市场份额的变化(1970～1987 年)

SITC	商品	市场份额			比率	
		1970 年	1980 年	1987 年	1980～1970 年	1987～1988 年
512	有机化学品	0.003	0.009	0.012	3.0	1.3
513	生物元素、氧化物等	0.000	0.004	0.008	9.3	1.8
514	其他非有机化学品	0.001	0.002	0.004	1.6	1.6
515	放射性等材料	0.000	0.000	0.000	0.0	37.1
521	煤、石油等化学品	0.000	0.000	0.004	5.1	68.1
531	合成染料、天然靛蓝、色淀	0.000	0.001	0.001	4.2	0.7
532	其他染料、制革产品	0.040	0.041	0.052	1.0	1.3
533	色素、油漆等	0.000	0.002	0.002	11.1	0.9
541	医药类产品	0.002	0.003	0.003	1.6	1.1
551	精油、香水等	0.023	0.018	0.014	0.8	0.8
553	香水、化妆品等	0.001	0.005	0.003	4.8	0.6
554	肥皂、清洁用品等	0.000	0.006	0.002	16.1	0.4
561	人造肥料	0.000	0.000	0.001	31.9	4.2
571	炸药、烟火产品	0.002	0.041	0.168	23.8	4.1
581	塑料材料等	0.000	0.003	0.007	20.4	2.4
599	其他化学品	0.002	0.008	0.008	3.4	1.1
611	皮革	0.021	0.029	0.032	1.4	1.1
612	人造革等	0.005	0.025	0.044	5.1	1.8
613	制衣毛皮革制品	0.000	0.001	0.002	55.4	2.4
621	橡胶材料	0.000	0.003	0.003	16.9	0.9
629	其他橡胶物品	0.003	0.011	0.016	4.1	1.4
631	胶合板、夹板等	0.025	0.023	0.022	0.9	1.0
632	其他木制产品	0.003	0.012	0.010	4.7	0.8
633	软木制品	0.000	0.001	0.001	18.4	0.7
641	纸与纸板	0.000	0.006	0.009	78.5	1.5
642	其他纸制品	0.000	0.004	0.006	16.1	1.4
651	纺织纱线与线	0.004	0.020	0.018	5.1	0.9
652	棉花织物、梭织品	0.006	0.016	0.015	2.6	1.0

续表

SITC	商品	市场份额			比率	
		1970 年	1980 年	1987 年	1980～1970 年	1987～1988 年
653	无棉梭织纺织品	0. 001	0. 004	0. 002	5. 3	0. 6
654	蕾丝、缎带、薄纱等	0. 004	0. 003	0. 003	0. 7	0. 9
655	特殊纺织品	0. 003	0. 020	0. 008	6. 0	0. 4
656	其他纺织品	0. 003	0. 028	0. 034	8. 1	1. 2
657	地毯、挂毯	0. 000	0. 001	0. 001	5. 2	1. 2
661	水泥等建筑用品	0. 000	0. 006	0. 004	17. 3	0. 7
662	黏土、耐火建筑用品	0. 002	0. 012	0. 014	6. 8	1. 2
663	其他非金属矿物品	0. 001	0. 007	0. 005	7. 5	0. 7
664	玻璃	0. 010	0. 005	0. 006	0. 5	1. 0
665	玻璃器品	0. 000	0. 004	0. 006	14. 6	1. 6
666	陶器	0. 001	0. 007	0. 009	7. 0	1. 2
667	珍珠岩、钙—珍珠岩、半珍珠岩	0. 004	0. 002	0. 005	0. 6	2. 1
671	生铁等	0. 026	0. 073	0. 145	2. 8	2. 0
672	铁、初级钢	0. 015	0. 009	0. 064	0. 6	7. 5
673	钢铁型材	0. 009	0. 007	0. 023	0. 7	3. 4
674	钢铁板片	0. 004	0. 011	0. 022	2. 9	1. 9
675	钢铁制的铁环铁条	0. 000	0. 004	0. 004	34. 8	1. 0
676	钢铁制的铁轨	0. 000	0. 005	0. 000	25. 0	0. 0
677	钢铁丝不包括电线棒	0. 002	0. 005	0. 007	2. 8	1. 5
678	钢管、铁管等	0. 001	0. 010	0. 007	8. 3	0. 7
679	钢铁不加工铸件	—	0. 002	0. 005	—	2. 8
691	其他钢铁结构制品与部件	0. 000	0. 002	0. 004	14. 9	1. 5
692	金属桶、金属盒	0. 001	0. 009	0. 007	10. 0	0. 8
693	非电用金属线产品	0. 000	0. 009	0. 012	19. 4	1. 3
694	钢钉、铜钉、螺母	0. 000	0. 003	0. 003	10. 9	1. 1
695	工具	0. 004	0. 007	0. 005	1. 6	0. 7
696	餐具	0. 006	0. 020	0. 018	3. 6	0. 9
697	基本金属家用设备	0. 001	0. 012	0. 007	15. 2	0. 6

续表

SITC	商品	市场份额			比率	
		1970 年	1980 年	1987 年	1980~1970 年	1987~1988 年
698	其他金属产品	0.000	0.003	0.003	7.8	1.2
711	非电力动力机器	0.000	0.013	0.014	34.5	1.1
712	农业机械	0.001	0.016	0.016	23.2	1.0
714	办公机器	0.007	0.011	0.002	1.6	0.2
715	金工机器	0.002	0.006	0.003	3.1	0.5
717	纺织、皮革机器	0.002	0.005	0.005	3.2	1.0
718	特殊产业机械	0.002	0.007	0.005	2.7	0.8
719	其他非电气机械	0.001	0.005	0.005	5.7	0.9
722	电力机器、开关	0.001	0.005	0.003	5.1	0.7
723	配电机器	0.001	0.002	0.006	2.2	2.3
724	电子通信设备	0.001	0.005	0.010	4.7	2.0
725	国内电气设备	0.001	0.004	0.005	2.7	1.5
726	电力医用机械、X 光设备	0.001	0.001	0.000	1.7	0.3
729	其他电气机械	0.001	0.005	0.003	3.7	0.5
731	铁路机车	0.000	0.016	0.004	47.4	0.3
732	机动车	0.000	0.008	0.009	18.3	1.1
733	非机动车	0.000	0.007	0.001	48.0	0.2
734	飞机	0.000	0.003	0.011	40.5	3.3
735	船只	0.001	0.007	0.010	6.2	1.4
812	水管、加热、发光设备	0.000	0.004	0.003	9.0	0.7
821	家具	0.001	0.003	0.002	1.9	0.9
831	旅行物品、手提包	0.000	0.013	0.012	41.9	1.0
841	非皮制衣物	0.001	0.003	0.003	6.0	1.0
842	皮制等衣物	0.000	0.017	0.004	299.8	0.2
851	鞋类	0.005	0.033	0.057	6.7	1.7
861	仪表、仪器	0.000	0.002	0.002	11.5	0.8
862	照相、影院器材	0.001	0.007	0.010	6.7	1.4
863	制作好的电影	0.000	0.001	0.000	2.3	0.1

续表

SITC	商品	市场份额			比率	
		1970 年	1980 年	1987 年	1980～1970 年	1987～1988 年
864	钟表	0.000	0.001	0.001	15.1	1.5
891	录音机、声音制造设备	0.001	0.001	0.000	1.8	0.1
892	印刷品	0.001	0.003	0.002	2.1	0.6
893	其他塑料物品	0.000	0.004	0.002	22.4	0.4
894	玩具、体育用品等	0.001	0.006	0.003	5.7	0.5
895	其他办公器材	0.000	0.002	0.005	13.0	2.1
896	艺术作品	0.000	0.000	0.000	0.7	0.1
897	金银珠宝	0.004	0.002	0.003	0.6	1.3
899	其他制造业产品	0.001	0.006	0.005	7.9	0.8
		0.002	0.007	0.008	3.5	1.1

表 13.3　巴西工业结构的变化（1949～1985 年的总增加值）（百分比分布）

	1949 年	1963 年	1975 年	1980 年	1985 年
非金属矿物	4.3	5.2	6.2	5.7	4.3
金属产品	9.4	12.0	12.6	12.0	12.2
机械	2.2	3.2	10.3	10.1	9.2
电气设备	1.7	6.1	5.8	7.0	7.6
运输设备	2.3	10.5	6.3	7.5	6.4
木制品	6.1	4.0	2.9	2.6	1.6
家具	—	—	2.0	1.8	1.4
纸产品	2.1	2.9	2.5	2.8	2.9
橡胶产品	2.0	1.9	1.7	1.3	1.8
皮革产品	1.3	0.7	0.5	0.5	0.6
化学品[a]	9.4	15.5	12.0	14.5	17.3
医药品	—	—	2.5	1.6	1.7
香水、肥皂、蜡烛	—	—	1.2	0.9	0.9
塑料产品	—	—	2.2	2.3	2.2
纺织品	20.1	11.6	6.1	6.2	6.0

续表

	1949 年	1963 年	1975 年	1980 年	1985 年
衣服与鞋类	4.3	3.6	3.8	4.7	5.2
粮食产品	19.7	14.1	11.3	11.6	12.0
饮料	4.3	3.2	1.8	1.3	1.2
烟草	1.6	1.6	1.0	0.8	0.8
印刷出版	4.2	2.5	3.6	2.5	1.9
杂项类	1.9	1.4	3.7	2.7	2.7
总计	100.0	100.0	100.0	100.0	100.0

资料来源：Baer et al. （1987，表 3，p. 278）和 IBGE。

表 13.4　一部分工业部门的进出口比例

工业部门[a]	1967 年	1973 年	1980 年
机械设备（66）	45.6	38.0	18.5
电气与电子通信设备（72）	13.2	22.5	15.2
纸与纸产品（25，64）	7.5	9.2	4.8
化学品（231，2，266，42，43，5）	15.3	17.4	10.6

a：括号里的数字与标准国际贸易分类（SITC）码一致。

资料来源：Fasano Filho（n. d.，表 2）。

工业企业的研发活动的广度与强度

巴西企业无法紧跟国际前沿发展的脚步说明了，巴西的产业结构过分多元化，缺少具有竞争力的生产商[19]，并且技术上的努力极其有限。巴西庞大而多样的产业基础——长期进口替代政策造成的结果——不够“深厚”。几乎没有企业在生产力大幅提高的基础上去巩固和扩大国际市场份额、改进产品的质量与可靠性，或者开发新的产品设计。大多数生产商将其市场地位更多地置于自然资源的广泛开采以及廉价的劳动力之上，而不是依靠产品质量和高生产率的劳动力或是开发更新更好的产品。

证据充分表明，极少的企业把研发当做一项正式的活动来开展。在所得税申报表中声明有研发支出的企业从 1976 ~ 1977 年的 1 050家下降到 1981 ~ 1983 年的 780 家，但 1985 年恢复到 1 090家。[20]在 1983 年，研发投入占这些企业净营业收入的 0.2%，但到了 1985 年则翻倍到 0.4%。[21]研发投入是相当集中的。[22]1983 年的数据显示，国有企业占研发预算费用的 62.6%，其中 8 家企业的研发占一半以上。只有将近 25 家私有工业集团承担了研发支出的 17.4%（表 13.6）。

巴西的工业研发投入也少在研究人员的分布中得到了体现（表 13.7）。1986 年，350 万大学毕业生中有 52 863名研究人员，后者与前者的比例非常低；研究人员与总人口的比重为 4 ∶ 10 000，而在发达国家，这个比值是 40 比 10 000。令人震惊的是，91.6% 的研究人员都在政府部门工作，其中大多数在公立大学任职（占 62.0%），其余的还有专业的科技研究所（占 20%）、国有企业（占 3.4%），以及其他机构（占 6.1%）。

表 13.5　一部分国家制造业进口产品占制造业增加值的比例以及进口商品占国内生产总值的比例（%）（1986 年）

指标	巴西	印尼	日本	韩国	墨西哥	中国台湾	土耳其
进口商品/国内生产总值	5.8	17.8	6.5	32.2	9.4	22.0	21.0
制造业进口产品/制造业增加值	10.8	102.4	31.0	74.0	32.3	83.0	51.4

资料来源：World Development Report（1988）与 IENIN 数据库。

表 13.6　巴西产业的研发支出（1983 年）[a]

企业性质	占总支出的比例（%）
公共部门企业	62.6
私人集团	17.4
定位于个别市场的私有企业	20.0

a：包括 1 118家企业，其中 43 家公有企业，1 075家私有企业。电气机械企业与定制资本货物子部门的企业没有被包括在这个研究中。结果造成公有企业的百分比过高。

资料来源：Paulinyi（1984）。

只有8.4%的研究人员在非政府组织中任职。大多数在私立大学工作(占6.5%);极少数在私立研究机构(占0.5%)以及其他机构(占0.8%)。特别值得注意的是,在私有企业工作的研究人员少得可怜(占0.6%)。即使包括国有企业,生产部门的研发人员所占的比例也十分有限,不到总人数的4%。[23]

20世纪80年代收集的信息表明,研发活动仍然是一小撮企业的行为;只有366家企业可以被看做“研发活跃”(表13.8)。[24]正如国际经验所预期的那样,“技术密集型”部门如电子、汽车、化学/石化/药品等工业集群包含了最多的研发活跃企业。相反,食品和饮料、服装、造鞋等部门企业以及从事皮革与木制品生产的企业的研发投入微乎其微,资本货物与金属锻造的企业排在二者中间。

在研发活跃的企业中,88家为大出口商,基本上集中在钢铁、汽车、石化、化学,以及汽配行业。其中一些在精密产品制造方面(如飞机、导弹、高性能手枪以及特殊合金)具有世界级的水平。丰富的生产、设计和市场经验伴以有针对性的研发投入,造就了这些企业的竞争力。许多研发活跃的生产商是跨国企业,其主要集中于金属制造业(尤其是汽车),部分还在橡胶与石化产品行业。它们的研发努力不一定是针对出口需求的(尽管如BEFIEX出口计划等政府引导措施还是把企业的许多研发投入聚焦在出口市场上),而是面向国内市场(如以乙醇为基础的引擎,又如大型水力电气涡轮机)。然而,大部分有研发活动的出口商都是那些把巴西传统的比较优势资源(丰富的自然资源与廉价的劳动力)与产品开发和工艺改进的措施结合起来以保持在世界市场上的竞争力的企业。它们是钢铁、汽配、纸浆与造纸、化学、纺织以及食品与饮料领域中的生产商。

表 13.7 研究人员的分布（1986 年）

机构	总计		博士	
	数量	%	数量	%
大学	36112	68.3	9952	86.6
（公立大学）	32775	62.0	n. a.	n. a.
专门的科学技术研究所	10856	20.5	1358	11.8
政府机构	3203	6.1	82	0.7
国有企业	1811	3.4	38	0.3
私立机构	727	1.4	60	0.5
私有企业	295	0.6	15	0.1
其他	111	0.2	—	—
总计	52836	100.0	11492	100.0

资料来源：Martins 与 Queiroz（1987）。

开展研发但又不出口的大多数企业从事电子产品与资本货物的生产。巴西也有传统上研发密度很高的部门，如国际经验所示，它们在强大的保护主义壁垒背后自 20 世纪 70 年代起快速扩张。虽然政府政策与体制支持机制引导这些生产商开展充分的研发活动，但类似行动并不足以拉近巴西与国际技术前沿的差距。此外，一些努力甚至可能是产生误导的和浪费的。持续的高强度保护措施使生产企业落后于最前沿的实践，但却可以免遭竞争的处罚。全面的进口替代政策也使产品过于细分以及技术资源分散。结果是，产业内、企业内的专业化程度低使得生产者无法从新产品的生产和开发中获得规模经济利益。

表 13.8 出口导向型和开展研发活动的巴西企业的部门分布

	产业部门	研发活跃	研发活跃的出口企业[a]	研发活跃但不出口的企业	企业总数[b]	研发活跃的企业占企业总数的百分比
Ⅰ	钢与其他金属	24	17	7	517	4.6
Ⅱ	金属加工	9	3	6		
Ⅲ	资本货物	49	7	42	419[c]	13.8[c]
Ⅳ	机动车	17	12	5	70	24.3

续表

产业部门		研发活跃	研发活跃的出口企业[a]	研发活跃但不出口的企业	企业总数[b]	研发活跃的企业占企业总数的百分比
Ⅴ	汽车配件	12	8	4	139	8.6
Ⅵ	橡胶产品	3	3	0	na	na
Ⅶ	电子	90	4	86	258	34.9
Ⅷ	石化	34	12	22		
Ⅸ	化学	47	8	39		
Ⅹ	肥料	8	0	8		
Ⅺ	医药/精细化工	13	0	13	635[d]	16.6[d]
Ⅻ	纸浆与造纸	9	4	5	131	6.9
ⅩⅢ	非金属矿物	12	0	12	231	
ⅩⅣ	纺织、服装、鞋类	8	4	4		
ⅩⅤ	皮革货品、木制品	4	2	2	757[e]	1.6[e]
ⅩⅥ	食品与饮料	24	5	19	712	3.4
ⅩⅦ	其他	3	0	3		—
C1	金属—机械Ⅰ-Ⅴ	111	47	64	1145	9.7
C2	电子 Ⅶ	90	4	86	258	34.9
C3	化学/石化Ⅷ-Ⅺ	102	20	82	635	16.1
C4	传统 ⅩⅣ-ⅩⅥ	36	11	25	1469	2.5
总计		366	88	278	3869	9.5

a：从 Cacex 数据中选出 1985 年出口超过 600 万美元的企业。

b：根据大中型企业发布的资产负债表统一得出，从 Gazeta Merantil，*Balanco Annual*，1987 中抽取。

c：包括Ⅱ和Ⅲ。

d：包括Ⅷ－Ⅺ。

e：包括ⅩⅣ－ⅩⅤ。

资料来源：通过 ANPEI（国家产业研发中心协会 National Association of Industrial 研发 Centers），Rio de Janeiro 联邦大学工业经济研究院，以及杂志/报纸对私有企业研发活动的统计等为基础，整理汇编开展研发的企业。

不过，研发只是企业技术活动的一个维度，而且可能不是最重要的。生产规划与组织、解决困难、重新设定规模、适应原料以及质量监控都是与企业竞争力直接相关的其他技术要素。但是只有极少数企业开展研发活动这一事实是很显然的，因为一旦竞争压力要求企业设计新产品并改进生产流程，企业都倾向于将研发活动正规化。

此外，虽然有许多企业进行比较次要的技术活动，从工具设计到工厂布局与生产流程，但对于拉近与国际前沿的距离而言只是杯水车薪。[25]一项针对这些企业的技术活动的细致研究表明，92% 的样本企业对原料库存有监控，但竟有超过 81% 是人工管理的。同样，接近 93% 的企业有质量监控，但只有 28. 8% 的企业采用了现代方法（如统计过程控制）。[26]与此同时，只有 23. 3% 的企业用系统的方法开发新产品。模仿，通过反求工程或聘用竞争对手在产业界中被视为普通惯例。[27]这些发现表明，巴西工业界诞生的大多数技术只含有极少的创新且适应性差，尽管应付受保护的国内市场不成问题，但想保持国际竞争地位却远远不够。

总之，这一节汇集的证据表明，大体上巴西企业在研发活动与技术发展中承担的作用有限。下一节将会显示，这样一些有限的努力并没有被帮助技术引进的体制所补充。无论如何，由于巴西产业的吸收能力弱，进口技术的效用受到了牵制。

技术政策

巴西清晰的产业技术发展政策是跟随政府的广泛工业政策而来的。通过易得技术转移、资本货物进口以及外国直接投资而获得的国外技术受到了政府减少外汇流出和提高进口替代等目标的强烈影响。类似的，鼓励研发与推进国有企业的工程咨询能力的财政奖励措施聚焦在进口—替代活动上，或在被跨国企业统治的领域中竞争的国有生产商。

易得技术的转移

巴西现行的技术转移体制是用来提高国有企业的谈判地位以及减少外汇流出的。[28] 自 1958 年起，中央银行对特许权使用金进行控制并且规定数额最高为净销售额的 5% 。政府主要考虑到国外企业利用技术转移费来实现利润。随后在 1962 年，治理巴西境内的国外投资的法律[29] 严格控制技术转移，该法律现在依然有效。法律规定，国外的技术转移费必须在中央银行登记。它还禁止子公司与外国母公司之间以及合资企业与在合资企业拥有超过 50% 股份的外国伙伴企业之间发生技术转移支付。理由是母公司已经通过子公司利润实现了技术投入回报，因此不允许扣除技术许可费。法律维持最高比例为 5% 的特许权使用费额度，同时还限制为财政目的而扣除技术转移费的年限不得超过 5 年。[30]

1970 年，国家工业产权局成立。除了其他职责之外，它的主要任务是管理技术转移（接替中央银行的职责）。技术转移协议被分成 5 类。每一份协议都必须依据合同的类型，按照授权的项目与支付额、有效期、巴西参与的程度，以及其他特殊条款在国家工业产权局登记。只有许可证是在巴西境内注册的情况下才需要支付专利许可和商标许可的特许权使用费。此外，巴西的知识产权法规不对化学、医药、金属合金和金属混合物，以及普通合金实行专利保护。巴西的产权体系之所以如此，其主要理由之一是保护技术实力弱的国有企业免遭国外企业的掠夺并减少获取国外相关技术的成本。然而，脆弱的知识产权制度，包括不得力的商业机密保护，可能阻止国外企业转移技术到巴西以及在巴西使用最发达或最新的技术。

获得产业技术许可协议并不那么费力，因为这类许可不需要在国家工业产权局注册专利和商标。[31] 然而，国家工业产权局视其为一种买卖：合同到期以后，国家工业产权局将许可证持有人视作技术的所有者。另外，据国家工业产权局要求，技术必须满足：

- 国内没有且转移给巴西许可证持有人的技术与国家发展目标一致；

- 能切实给产业部门的发展带来好处；
- 能提高产品质量并允许巴西产品替代进口产品；
- 在合同有效期内能让许可证持有人吸收并掌握该技术。

技术与产业合作协议的注册要求是使国家工业产权局相信相关的技术服务无法在国内获得，并且能使产业部门迅速获益。这或许意味着在进口与或出口替代的情况下，有可能生产高质量的产品。对于技术服务协议而言，必须是国家工业产权局认为服务无法在国内获得，以及支付国外技术费用的详细进度表必须得到批准。[32]

特许权使用费的最大额度范围从塑料与橡胶项目的 2% 到电气设备的 5% 。[33] 费用是以净销售额为基础的，一般净销售额比总销售额要低很多。[34] 商标特许权使用费最高被限定在 1% 。另外，特许权使用费的税率是 25% ，且按照最高的特许权使用费上限来计算。特许权的最长期限是 5 年，有可能再延长 5 年，这基于国家工业产权局的判断。此外，如上所述，禁止子公司与外国母公司之间以及合资企业与在合资企业拥有超过 50% 股份的外国伙伴企业之间发生技术转移支付。

技术合同禁止限制出口、价格指导、进口捆绑、购买其他技术、合同到期后的技术保密，以及买方对技术进行改进后必须转移给卖方等条款。然而，技术的卖方有义务在交易之后提供最新的技术改进，以及对由于技术缺陷或知识产权侵害而引起的任何法律行动负有责任，甚至是第三方提出的法律行动。此外，所有技术数据需要完全公开，还需提供工程图纸，以及更新诀窍知识所需的所有信息。后面的要求是许多技术供应方极度关注的，他们惧怕技术信息有可能被第三方获得。

表 13.9 INPI:技术转移合同的批准情况(1978~1987 年)

年份	已提交待批准的合同	获批准的合同	批准合同占提交合同的百分比
1978	1473	1451	98.5
1979	1456	1416	97.3
1980	1576	1332	84.5
1981	1426	1178	82.6
1982	1438	1135	78.9
1983	1296	969	74.8
1984	907	786	86.7
1985	1043	769	73.7
1986	1185	885	74.7
1987	1815	1213	65.8
总计	13615	11134	81.6

资料来源:Cardozo(1988),基于 INPI 数据。

国家工业产权局力图控制技术进口所造成的影响并没有被系统地评估过,但无疑十分显著。在 1972~1987 年间,23 500多项合同交由国家工业产权局审批。当然,约 18 000项即 75% 的合同获得批准。由于严格控制,国家工业产权局的批准率呈下滑趋势,特别是技术服务类(表 13.9)。[35]

1978~1987 年间,50% 获得批准的合同集中在国家工业产权局用来进行合同分类的 70 个经济部门中的 4 个领域内(机械、冶金、化学、矿业)。尽管大部分领先部门所占的份额都下降了,但电子与电气材料部门却快速增长,从 1978 年占所有批准合同的 4% 上升到 1987 年超过 15% 。这部分反映出,自从国外直接投资在许多领域内被严格限制之后,电子产业直接购买技术的重要性增加了。

可获得的 1979~1989 年的技术支付费用数据(表 13.10)表明,在这一时期内支付总额为 24 亿美元。约 79% 用于支付专业技术服务(包括 7.3% 用于定制资本货物的未受专利保护的产业技术),即使这一比例下降得非常快。专利与商标许可占最小的比例(仅 3%)。这些数据暗含着自从子公司与母公司之间的转移支付被禁止后技术流入的实际状况。数据的持续下降是非常明显的，且这种下降并不能仅仅解释为经济萧条所致。

然而，并不清楚国家工业产权局在何种程度上提高了国内企业的谈判地位并使其更廉价地获得技术。有许多理由表明国家工业产权局的限制在两方面损害了国家利益。第一，相关制度歧视国内企业，因为这些企业必须通过官僚化的繁琐程序来获得合同的批准。相反，国外企业的子公司却可以直接获得母公司的技术，即使不能够为了税收目的而减少成本也至少能够实现技术转移。第二，对于包括投资者在内的国外技术提供者而言，严格的转移控制与国外投资制度的缺陷（如，无法实现技术贡献的资本化或减少技术费用）都使得他们认为在巴西申请技术许可并不划算，甚至不愿意在巴西应用最好的技术。知识产权制度的保护不周更是进一步恶化了这一状况。结果只能是，巴西获得的技术不是陈旧的就是过时的。

表 13.10　1979～1987 年技术转移合同的支付费用（按现在百万美元计算）

年份	专利与商标	产业合作协议	产业技术许可	技术服务	总计
1979	9	6	11	287	313
1980	12	11	14	284	321
1981	12	18	12	234	276
1982	5	17	10	208	240
1983	12	10	14	182	218
1984	9	8	8	177	202
1985	5	21	41	108	175
1986	2	20	43	119	184
1987	3	40	27	123	193
1988	3	12	27	99	141
1989	3	15	39	112	169
总计	75	178	246	1933	2432

资料来源：Cardozo（1988），基于中央银行的年度报告。

资本货物进口

如果经济希望从技术隐含的优势中得益，获得最具生产能力的资本货物是至关重要的。巴西为获取国外技术而对进口资本货物的依赖程度远远落后于快速增长的东亚经济体（表13.11）。此外，自1980年起，进口资本货物占国内投资总额（GDI）的比例开始下降。这是由通过进口贸易限制而推动本地资本货物工业以及对本地生产采取特殊财政奖励的政策所引起的。过度的保护阻碍了本地工业的国际竞争力。

限制资本货物进口的制度对现代化也产生了重要影响。大量制造商游弋于诸多专业产品领域内（在美国和日本甚至更多），这意味着，过分多元化的资本货物产业缺乏降低成本、紧跟新兴技术的发展步伐以及保持竞争力所需的经济规模与专业品质。对价格更贵且经常是落伍的国内资本货物的过分依赖，特别在电子与流程控制领域，把下游的用户产业置于与巴西的国际对手竞争不利的地位。

国外投资

巴西的外国投资政策反映了引导资本集中于特殊产业部门以及（1972年后）扩大私有企业出口的目的。对进口替代与收支平衡而言，技术发展是次要的。虽然外国直接投资还是很可观，可巴西并没有获得最先进的技术。限制措施所造成的一个结果是使巴西对外国投资尤其是高技术投资的吸引力要弱于其他区域。[36]

利润汇款被限制在原始投资加上追加投资收入的12%。[37]另外，投资外币的原始价值不随着通货膨胀而调整，这意味着利润汇出的原始基础实际上在不断减小。而且，母公司不能从子公司处获得专利与商标特许权使用费，也不能将技术贡献资本化为股本进行投资。[38]

对份额占少数的合资企业参股者而言，也面临着专断而严格的技术转移最高支付额的限制（如上文所述）。此外，外国投资者如给合资企业引入新技术，需要支付占他这部分资本贡献的 25% 的税款才使其成为利润汇出基础的一部分。

尽管如此，外国投资制度还是十分开放的。总体上，在大部分产业领域，外国所有权最高可以占到 100% 。直到最近，虽然在矿业、银行、保险与其他金融活动领域还有一些限制，但不向外国直接投资开放的领域仅仅是石油开采与提炼、信息产业中的特定部门、传媒，以及大部分国内交通运输。1988 年采用的新宪法在外国直接投资上采取了更为国家主义的态度。主要限制外国对矿业、矿物开采、电力生产的控制，以及禁止国外石油企业通过风险合同从事石油开采业务。不过，在 1990 年 3 月当政的新政府宣布了更为开放的外国投资政策，可能会减少信息产业投资的限制范围。

表 13.11 进口资本货物[a] 占 GDI 的比例

	1965 年	1970 年	1975 年	1980 年	1985 年	1986 年	1987 年
香港	1.949	3.76	2.962	2.224	4.073	3.826	3.848
韩国	0.991	0.902	1.272	1.119	1.114	1.034	1.066
马来西亚	1.768	1.488	1.435	1.441	1.454	1.541	1.636
新加坡	5.878	3.357	3.592	4.42	3.489	3.801	4.160
中国台湾	0.889	0.714	0.824	1.112	1.029	0.944	1.041
巴西	0.251	0.327	0.409	0.455	0.376	0.299	0.259
墨西哥	0.352	0.302	0.312	0.370	0.400	0.390	—
美国	0.181	0.270	0.442	0.575	0.559	0.574	0.591

a：资本货品被界定为 SITC 第二修订版的下列产业类别：659，711，712，714，715，716，717，718，719（-7194），721，722，723，7249，726，7295，7296，7297，7299，731，7322，7323，7324，7325，7327，7333，734，735，与 861。一些东亚国家在本表的比例大于 1，因为许多进口的资本货物作为新产品的一部分又再出口了。

资料来源：根据 UN 贸易数据与 BESD 体系自行估计得出的。

巴西的外国资本存量比任何其他发展中国家都高。1987 年注册的外国直接投资为 279 亿美元。几乎 75% 的外国投资集中在制造业，20% 在服务业，3% 在矿物开采业，不到 1% 在农业，剩下的 2% 在其他行业。在制造业内，占外国投资份额最大的子部门是汽车(11%),依次为基础化学(9%),机械(9%),电子与通信(8%)。之所以出现这种特别集中的投资模式,是因为特殊部门项目(如与汽车、造船、资本货物,以及化学有关的项目)吸引了大部分外国投资。这些项目提供了财政与金融激励(同样提供地方市场保护),作为交换,外国投资者需要满足与投资量、地方参与,以及出口等方面有关的要求。[39]与此同时,外国投资在涉及产业核心竞争力的关键领域受到限制或被完全排除在外。

最全面限制外国投资与促进国内企业实力的领域是"信息技术",可以定义为包括计算机与外围设备、专业和工业电子,以及微电子装置在内的宽泛领域。巴西的信息政策在1976年中期建立,预计持续到1992年年末,它给本国生产商保留了一个专有的国内市场,促使大量企业建立并成长起来。这些政策直到最近还是由强势的信息业特别秘书处来管理执行,它在较短的时间内能有效地集中资源并建立了一个新的工业部门。然而,这些政策并没有带来足够高的生产效率,同时,设计努力也最多发生在为人熟知或相对开放的技术领域的渐进型创新活动当中。即使成熟产品的国内价格下跌很快,产业在大多数生产线上也还没有具备国际竞争实力。尤其是那些很快大量生产的产品或经过大量改进的产品,其国际市场与国内市场的价格差距从20世纪80年代中期以来开始扩大。[40]

对地方技术发展的财政激励

财政激励是鼓励企业的技术实力发展的最主要措施。从1973年起,科研项目信贷局(Agency for Financing Studies and Projects,FINEP)采用补贴贷款、风险一分担机制,以及在小范围内采取股权参与等方法来鼓励国内企业的技术活动。在1973~1989年这一时期内,该局签订了1761个技术发展支持项目,约合8.1亿美元。焦点集中在进口替代产品的开发(如化学与制药)以及本国企业在国内市场上能与国外生产者匹敌的产品领域(如资本货物、电子、汽车和汽车配件)。而且,也越来越多地强调要建立研发与质量控制实验室以及开发和改进产品、工艺和工具。

虽然还没有足够的信息来评估科研项目信贷局的项目的影响，但大多数有重大研发活动的国内企业都从其帮助中受益。然而，由于比较狭隘的借款标准、官僚体制导致运作时间过长，以及技术型小企业在证明自己的产品有资格获得资助方面面临的重重困难，使得该局行动的效力受到了限制。另一方面，较大的企业则发现其财政激励对它们的创新活动而言实在太有限了。[41]

综上所述，巴西技术政策体制的特点不是让企业获得技术实力以提高国际竞争力，而是出于其他目的。政府的干预是要引导国内企业开拓新领域，以他们自己的或获得的方法设计进口替代品，实施技术“自治”的措施，以及取代在某些关键产业部门的跨国企业。结果是，国家未能够通过外国直接投资或易行交易引入最有实践效力的先进技术。国内的技术努力不足，获取最有价值的国外技术受到严格限制，这二者共同作用，就阻碍了巴西企业的现代化。如下一节所述，公共部门对技术活动的参与并不能代替生产性部门的强力参与，也不能代替更有弹性的技术政策机制。

制度网络对技术发展的支持

背景与当前结构

新市民政府上台后不久❶，在 1985 年 3 月成立了科学技术部（MCT）。虽然最初科学技术部希望掌管所有开展科技工作的机构，包括产业技术司（STI）与巴西农科院（EMBRAPA）（一家主要的负责农业研究的政府机构），但最后它只对三个核心机构负有直接责任：CNPq（至今仍然直接管理与监督全国的研究院所网络），科学研究与发展项目资助署和 SEI。后来它逐渐获得了国家技术研究所（INT）与其他一些专门的研究院所的管理权。

❶ 20 世纪 60 年代巴西发生军队政变，建立了军人独裁统治，即军方政府，直到 1985 年 1 月末才结束。后来新建立的政府就叫新市民政府（new civilian government）。——校者注

随着科学技术部的建立，优先领域也更加清晰地确定下来了。科技政策直接针对扩大科学技术的基础设施，尤其是那些与人力资源发展有关的。它还试图为巴西设定战略部门以紧跟国际发展趋势。新政策的重点反映出政府已经意识到巴西科技基础仍然存在的内在缺陷，尤其在科研质量方面；而且，要使一个不断成熟的经济体弥合与发达国家的差距离不开对新技术进行战略聚焦。

1985 ~ 1986 年间召开了很多基础广泛的与科技有关的会议、研讨会和代表大会，因为许多以往没有机会表达观点的人在这个不断开放的体系中看到了机会。人们对科技可能对经济与社会发展方方面面的贡献热情高涨，也提出了到 20 世纪 90 年代使研发投入达到国内生产总值的 2% 的雄心勃勃的建议。还有建议提出，正在起草的新宪法应包括科学技术这一部分。

新的国家发展规划特别强调科技，并专列一章进行讨论。它认为，过去政府为技术供应者提供支持，经常是出于学术标准的思量而缺乏对技术与市场的相关性的考虑。它还认识到，过度多元化以及与产业需求缺乏联系损害了一大批公共资助的研发机构。此外，在管制方面，该规划认识到标准化、技术规范，以及检测实验室等方面都要求各种改革以提高生产部门的绩效并降低居高不下的废品率。

科学技术部希望通过改善经济环境、增加对技术的财政支持，以及引入研发财政激励等措施来鼓励生产部门更多地投资于研发，在 1986 年使研发投入增加到接近国内生产总值的 1%，以后逐渐达到更高的水平。虽然针对研发的财政激励措施作为 1988 年新产业政策项目的一部分，已经颁布执行。但由于财政预算的困难以及宏观经济的不稳定，研发支出基本保持平稳。

自 1989 年起，科学与技术特别秘书处是巴西顶级的科技机构。此外，17 个主要的联邦科技政策执行机构至少获得了科技预算的 1% 经费。加在一起，它们总共占科技预算的 90% 以上。大约 40% 的拨款用于资助与研发相关的活动（如度量衡、规范与标准，标准化合作），剩余的用来资助研究生培训和实际研究。

公共研发研究院所

在巴西，公共部门的研发活动是由一个复杂而互相之间有差别的政府机构网络开展的。在主要领域内，如健康与生物科学，以及实验物理学与化学，大多数资源被联邦与圣保罗州的大学占有。公有企业内部的研发设备涵盖了能源生产与保存、石油开采、电子通信，以及飞机研发。这些并不直接隶属于联邦和州立大学或公有企业的政府研究机构，在农业、食品技术、亚马逊生态、生物技术、热带疾病研究、物理与核能技术、空间技术，以及计算机科学等学科中扮演了重要的角色。此外，许多国家级的研究院所（最重要的是圣保罗的科技研究学院）从事工程与矿产技术内诸多领域的技术开发工作。

表 13.12　按预算分配排列的重要的科技机构[a]

机　　构	作用	1988 年的最终预算分配	
		数额[b]	百分比
CNPq——国家科学技术发展委员会	T，R	291639	17.01
EMBRAPA——巴西农牧研究院	T，R	200542	11.69
科学技术特别秘书处[c]	N，R	183903	10.72
CAPES——研究生培训协调机构	T，I	139108	8.11
CNEN——国家核能委员会	N，R，T	129128	7.53
EMBRAPTER——巴西农业扩展公司	I	98916	5.77
IFES——联邦大学和其他教育研究院所	T，R	93842	5.47
CSN——国家安全委员会	N	89431	5.22
EMFA——武装部队总参谋长	R	72760	4.24
能源与矿产部门秘书处[b]	N	65617	3.83
INPE——国家空间研究院	T，R	48421	2.82
FIOCRUZ——Oswaldo Cruz 基金会	T，R	33137	1.93
航天部	R	31931	1.86
INMETRO——国家度量标准研究院	I，N	27178	1.58

续表

机构	作用	1988 年的最终预算分配	
		数额[b]	百分比
司法部秘书处		25199	1.47
CEDATE——教育技术支持中心		21083	1.23
CTI——信息技术中心	R	19918	1.16
INPA——国家亚马逊地区研究院	R	18981	1.11
小计		1590644	92.75
科技预算总额		1714851	100.0

a：T，训练；R，研究；D，信息传播；I，机构发展；N，标准化合作。

b：以 1987 年的美元计算。

c：包括 FNDCT 与 PADCT 研究基金。

d：80% 用于 NUCLEBRAS 的股权投资。

e：90% 用于课堂用的科学设备和仪器。

资料来源：CNPq，"Recursos do Tesouro da Uniao：Dotacao Inicial，Dotacao Final，e Despesa Realizada 1980—1989，" May 1989。

由于与生产部门联系较弱，政府开展的产业研发并不十分有效。一项对巴西产业技术资源的调查显示，来自研究院所的产品设计、工具设计和制造工艺分别不到 2.5%、5.1% 和 3.9%。[42]

虽然在一些情况下，研发与产业的联系是紧密的，但研究计划与竞争活动过多导致的资源分散削弱了技术活动的成效。公共部门的研究项目过于分散的一个例子是 CPqD 的工作计划，它是巴西电信（Telebras）的下属研究单位，巴西电信是全国性的国有控股电信公司。在 1988 年 CPqD 是拉美最大的且最尖端的应用实验室。它雇有 400 名专业人员直接从事研发工作，此外它还赞助来自产业界与大学的人员进行研究。CPqD 的 6 000万美元预算被一份非常庞大的研究计划表瓜分，约 80 个研发计划集中在 7 个优先领域：电子开关、数字传输、光通信、数据与文本通信、卫星通信设备、工具以及材料。即使调整了技能劳动力的成本差异，6 000万美元对于研究计划表的规模而言还是太少了。平均每一项目获得的预算分配不到 800 万美元，而每个计划还不到 100 万美元，虽然每个项目可以在内部对计划整个预算进行调整。缺乏研究焦点和专业化导致了 CPqD 的研究进度出现系统性的延误，也因此延缓了市场应用。这种延误在经济上的代价是巨大的，因为在许多情况下，比如数字交换项目，政府政策禁止使用现成的且更廉价的外国技术，而去等待本土技术的破茧而出。[43]

不过话说回来，政府的研发投入在两个领域还是非常有效的：农业技术与航空技术。在农业领域，政府机构巴西农科院负责协调并部分开展了复杂和覆盖面广泛的国家农业研究项目。研究成果包括，通过更好地理解土壤生物学而改善以前并不肥沃的土壤，并成功引入了植物新品种。

在航空技术领域内，巴西（以及中国和印度）可能在所有正在进行工业化的国家中拥有最先进的研究项目。联邦航空技术中心（CTA）与国家空间研究院（INPE）是这一工业子部门的核心研发研究院。特别是，CTA 不仅发明飞机、火箭、燃料，以及其他与航空有关的技术，且将其有效地转移到产业应用中去。

在产业—导向的研究院所中，圣保罗州的技术研究院（IPT）可能是与生产部门保持最紧密联系的研究部门。除该院（和另外两个国家级的研发研究院——它们服务于 Minas Gerais 州 和 Bahia 州）外，政府引导的产业定向的研发努力太少了且不十分有效。

公共研发支出与研发支出总额

公共部门的研发不仅在范围上，同时也在资源配置上占据主导地位。虽然缺少对巴西企业研发支出总额的估计——私营部门的费用很难确定——但大多数资料表明公共部门支出占研发总支出的 70% ~90% 。在公共部门的实际支出的基础上，私营部门的研发支出以及研发支出总额就能被测算出来（表 13. 13）。

虽然在研发费用的绝对值上，巴西并不比其他正在进行工业化的国家逊色，但与发达国家相比，数额还是太小了（表 13.14）。此外，研发占国民生产总值的份额在 20 世纪 70 年代有了明显增长之后，在 80 年代就基本保持平稳了。然而，在快速增长的东亚经济体中，这个份额增长迅猛。结果是，举例而言，韩国的研发投入绝对值，至少是巴西的 2 倍，尽管巴西的经济规模比韩国的 2 倍还大。

表 13.13　1981 ~ 1988 年巴西的研发支出（以 1987 年的美元衡量）

年份	公共部门的支出（PE）[a]	GDP	PE/GDP	TEI/GDP[b]	TE2/GDP[c]
1981	966133	253785250	0. 38	0. 54	0. 42
1982	1184970	257988623	0. 46	0. 66	0. 51
1983	938207	247500345	0. 38	0. 54	0. 42
1984	907447	253138254	0. 36	0. 51	0. 40
1985	1242271	282347174	0. 44	0. 63	0. 49
1986	1455239	314477537	0. 46	0. 66	0. 51
1987	1485365	323573075	0. 46	0. 66	0. 51
1988	1468595	322597503	0. 46	0. 65	0. 51

a：1981 ~ 1987 年数据是实际支出；1988 年数据还只是最后预算拨款。

b：TE1 估算总支出，其中 PE 占研发支出总额的 70% 。

c：TE2 估算总支出，其中 PE 占研发支出总额的 90% 。

资料来源：CNPq,“Recursos do Tesouro da Uniao：Dotacao Inicial，Dotacao Final，e Despesa Realizada 1980 ~ 89,” May 1989。

难道巴西在研发上投入的资源不充足吗？需要强调的是，即使研发费用停滞不前，也决不表明巴西在科学与技术发展上的投入太少了。在人们对研发回报率与其他经济活动相比如何一无所知的情况下，很难说最佳的研发支出水平是什么。一方面，许多国家在研发上配置了大量的资源但却没有得到相应的利益回报。比如，1977 ~ 1985 年，印度在研发上的费用翻了一番，但生产部门的技术能力却没有得到多少提高。另一方面，竞争地位提高了的国家也在系统地加大其研发努力。更重要的是，这些努力绝大多数是由生产部门来承担的。

表 13.14 一部分国家的研发支出（研发支出的绝对值及其占国民生产总值的比例）

国家	绝对值		研发强度			
	数额	年份	1970	1977	1982	最近的一年
巴西	1448	1982	0.24	0.70	0.59	0.59（1987）[b]
阿根廷	1087	1981	na	1.80	0.20	0.20（1982）
墨西哥	881	1984	0.20	0.30	0.20	0.60（1984）
印度	1482	1984	na	0.50	0.76	1.0（1985）
韩国	1307	1983	0.39	0.60	0.90	1.8（1986）
中国台湾	505	1985	na	na	0.90	1.06（1985）
日本	39117	1987	1.90	2.00	2.40	2.9（1987）
美国	100823	1987	2.60	2.10	2.50	2.6（1987）

a：以 1982 年百万美元为单位。

b：表格 13.13 中最低估计值与最高估计值的平均值。

资料来源：UNESCO，*Statistical Yearbook* 1988，Paris，1989。

相比之下，巴西的研发支出水平与强度不仅在过去的 10 年里一直保持平稳，更重要的是，大多数研发活动是由政府资助与开展的（表 13.15）。在 10 年前，政府负担了 67% 的研发资金投入，工业界仅为 20%。估计到 1988 年，由于有了政府以及其他来源转移过来的 10%，工业界创新资金投入的比例可能提高到 30%。

这种政府占研发支出主导地位的模式在其他正在实现工业化的经济体中也是明显的——如阿根廷、墨西哥、印度——它们没有通过更尖端的产品来保持在世界市场的竞争地位。相反，在韩国与日本，工业界支持并开展了大多数研发活动。在美国，资金投入基本上由政府（与国防有关的研发占很大比例）与工业界共同分摊，虽然最终是由工业界来开展大多数研发活动。

表 13.15 一部分国家的研发经费与支出

国家	年份	经费来源				支出渠道		
		G	I	F	O	I	HE	GA
巴　西	1982	67	20	5	8	30	17	53
阿根廷	1981	95	—	1	4	41	22	37
墨西哥	1984	15	1	1	83	30	51	19
印　度	1984	87	13	—	—	26	—	74
韩　国	1986	19	81	—	—	67	11	22
日　本	1985	21	79	—		67	20	13
美　国	1986	47	50	—	3	73	12	15

a：G，政府；I，产业；F，国外；O；其他；HE，高等教育；GA，政府机构。

资料来源：UNESCO，*Statistical Yearbook* 1988，Paris，1989。

人力资本构成

巴西的教育体系是国家现代化和技术升级的主要障碍之一。虽然教育体系的每一层次都存在很大的缺陷，但最根本的缺陷在小学教育以及科学与工程的高等教育。

中小学教育

工业技术进步越来越依靠受过教育的劳动力。低水平的基础教育和技能与现代工业社会的复杂、精密、协调一致等特征并不匹配。然而，在 1980 年，73% 的巴西劳动力不是没有受过教育就是连小学都未毕业，这个数字在中等收入国家中是最高的。在 1985 年，巴西的中学入学率仅占中学适龄人口的 35%，大大低于中等收入国家的平均水平（表 13.16）。

巴西在职业与技术培训上的大量投入只是在极其有限的程度上弥补了正规学校体系的缺陷。虽然参与职业培训的学生占工作适龄人口的比例比韩国和中国台湾低，但可与墨西哥相比，并且大大高出与之比较的其他国家（表 13.16）。然而，学生在职业学校和技术学校的可塑性有赖于基础教育的质量。更一般地说，产业与其他经济活动的技术内容都要求越来越高水平的劳动力的正规教育，而这是巴西的教育体系不能提供的。

高等教育

在1960～1985年间，大学生的总数从93 202快速增长到1 437 232。接受高等教育的学生占同龄人口的11%，20年前则为2%（表13.16）。尽管这个数字与其他正在进行工业化的国家（除了韩国）相比并不难堪，但高等教育体系的某些特点破坏了其作为技术人员与创新行为的培育基质的效力。

表13.16 一部分新兴工业化国家（地区）和日本在人力资本投资方面的指标

	韩国	中国台湾	中国香港	新加坡	巴西	墨西哥	印度	印尼	日本
入学人数占适龄人口的百分比									
小学教育									
(1965)	101	97	103	105	108	92	74	72	100
(1985)	96	100	105	115	104	115	92	118	102
中学教育									
(1965)	35	38	29	45	16	17	27	12	82
(1985)	94	91	69	71	35	55	35	39	96
高等教育									
(1965)	6	7	5	10	2	4	5	1	13
(1985)	32	13	13	12	11	16	9	7	30
每十万人口中大学生的数量（最近一年）	3606	2080	1410	1406	1140	1508	776[a]	600	2006
GSE[b]领域的大学生数量（千人）	585	207	36	22	535	563	1443	235	707
（年份）	(1987)	(1984)	(1984)	(1983)	(1983)	(1986)	(1980)	(1985)	(1986)
占人口的百分比									
总人口	1.39	1.06	0.67	0.89	0.40	0.70	0.21	0.14	0.58
城市人口	2.02	1.36	0.72	0.89	0.58	1.02	0.97	0.53	0.77

续表

	韩国	中国台湾	中国香港	新加坡	巴西	墨西哥	印度	印尼	日本
SME[c] 领域的大学生数量（千人）	320.6	151.7	27.5	16.2	323.3	336.9	1269.9	137.3	486.9
占人口的百分比									
总人口	0.76	0.78	0.51	0.73	0.24	0.42	0.19	0.09	0.40
城市人口	1.10	1.00	0.55	0.73	0.34	0.59	0.86	0.33	0.53
工程领域的学生数量（千人）	227.6	128.7	21.1	15.4	164.6	281.8	397.0	109.5	418.9
占人口的百分比									
总人口	0.54	0.68	0.41	0.61	0.13	0.35	0.06	0.07	0.34
城市人口	0.78	0.85	0.42	0.61	0.17	0.50	0.27	0.27	0.45
职业培训学校的学生数量（千人）	814.5	404.6	31.7	9.4	1481.0	853.6	397.7	1061.3	1415.4
(年份)	(1986)	(1984)	(1984)	(1984)	(1985)	(1986)	(1981)	(1986)	(1986)
占劳动适龄人口的比例	3.06	3.24	0.86	0.54	1.83	2.0	0.1	1.14	1.71

a：1980。

b：科学与工程总领域：自然科学，数学和计算机科学，医药，工程，建筑，贸易，工艺，交通和通信，农业，林业，渔业。

c：自然科学，数学和计算机科学，工程。

资料来源：Lall（1992）. 原始数据来自 *World Development Report*，1988；UNESCO，*Statistical Yearbook*，1989；和 Government of Republic of China，*Statistical Yearbook of China* 1988. Taiwan，Government of Republic of China，Ministry of Education，*Educational Yearbook of Republic of China* 1984。

第一，在20世纪70年代，在校大学生数量扩大了3倍，而全职教师的数量却在减少，由此对整个大学教育质量都起到了反作用。许多研究生课程都要重新设计以挽救大学教师不足的状况。大学教师的社会地位低且资质差是问题的核心所在。大约有45 000名全职教师最初是以临时工的身份被雇用的，他们没有经过正规的程序和考核，现在却转为固定教师了。他们大多数缺乏学术训练而且没有获得学士以上的学位。在公立大学里，他们要免费地为 450 000名学生提供教学服务。[44]此外，大约有 60 000名质量不高且教学负担重的教师在各类研究院所工作，他们为私立学校的850 000名学生提供教育服务。

第二，研究生体系同样面临着很严重的质量问题。虽然巴西大学在 1970 年有 57 个博士点，1985 年超过了 300 个，硕士点则达到 800 个，它们每年分别产出 5 000名硕士与博士。[45]但研究生培养普遍存在质量差异，且根据巴西高等教育人才促进协调会巴西研究与发展联盟（CAPES）的评估，仅有 1/4 的研究生项目具有学术价值。大多数项目还不能收到科学研究与发展项目资助署和巴西研究与发展联盟的固定资助，且很少能够与生产部门的创新活动发生联系或者提供研究支持来获得资助。

第三，与其他正在进行工业化的国家相比，科学、数学、工程类的学生比例非常少，大大落后于东亚和墨西哥（表 13. 16）。工程类学生数量不足的情况更为严重：韩国、中国香港、中国台湾与新加坡的工程学生占总人口的比例是巴西的 4 倍，墨西哥是巴西的 3 倍（表 13. 17）。

低质量的大学教育，缺乏优势的教育项目，数量极少的自然科学、数学、工程学生群体，以及未能充分利用位于正规高等教学体制外的教学力量，导致了巴西的研发人力水平落后了。按照研发科学家和工程师占人口的比例，巴西（每百万人中 256 人）比中国台湾（每百万人中 1 426人）、新加坡（每百万人中 960 人）、韩国（每百万人中 804 人），以及阿根廷（每百万人中 360 人）都要低得多。

此外，研发人力资源主要分布在生物与健康科学、应用社会科学、人文科学，以及艺术/文学（表 13. 17）。在工程与农业科学这两个关键领域，研究人员的比例很小。他们在研发研究人员分布中的次要位置表明巴西开展的许多研发与生产活动的联系并不紧密。

表 13.17 研发人力资源在主要领域的分布（1986 年）

领域	总数		博士	
	数量	%	数量	%
精密科学与地球科学[a]	6651	12.6	2192	19.1
生物科学	5117	9.7	1900	16.5
工程	7765	14.7	1180	10.3
健康科学	6107	11.6	1939	16.9
农业科学	7607	14.4	1340	11.7
应用社会科学	4543	8.6	842	7.3
人文科学	4993	9.4	1516	13.2
语言学、文字学与艺术	1471	2.8	583	5.1
其他未知领域	8609	16.3	—	—
总计	52863	100.0	11492	100.0

a：包括物理，数学，及其他“精密”学科。

资料来源：Martins and Queiroz（1987）。

运转中的体系

虽然支持技术进步的制度网络存在根本的缺陷，但还是有很多与工业界以及其他生产部门合作的成功案例。在这些案例中，双方建立起了稳固而有效的联系，生产商也获得了世界水平的竞争力。我们将提供三个例子来阐明与此有关的不同的发展模式。

给我们提供第一个精彩案例的是巴西航空工业公司，这是一家优质的公有企业，一直都与公共研究基础设施保持紧密联系。1946 年，巴西成立了航空技术研究院（ITA），致力于培养高水平的技术人力资源。以该院毕业生为基础，1947 年又成立了航空技术中心（CTA）。[46]在众多的任务当中，该中心主要是设计一架适合巴西国情的飞机。1968 年，Bandeirante 双发涡轮螺旋桨飞机第一次试飞成功。1969 年，设计小组离开航空技术中心，成立了巴西航空工业公司，开发出商用的 Bandeirante 飞机。[47]总共生产出 500 架 Bandeirante，大多数售往国际市场，它在通勤飞机市场中寻找到了发展环境。巴西航空工业公司在 Bandeirante 的基础上还设计了一些其他样式，同样重点关注国际市场。[48]

巴西航空工业公司从一个受高度保护和津贴补助的公有企业成长为一家充满活力的世界级企业，在于它精通利用公立研究院所与大学，并擅长从科学研究与发展项目资助署那里获得资助。它重点关注出口市场，这对于用扩大生产规模来抵消开发成本，带来未来技术变革的创意，以及严格控制生产标准都至关重要。

Metal Leve 公司是另一个案例，它记录了一个动力十足的巴西国内私有企业如何高效利用公共基础设施来支持自身发展的轨迹。Metal Leve 在 1950 年开始为跨国汽车企业（福特、大众、通用、梅塞德斯—奔驰）在巴西的分公司生产活塞。它起初与比较完善的技术转移项目结合，包括活塞制造工艺工程，重点关注的是产品质量。1965 年，为了充分利用过剩的生产能力，以及在国内财政与信贷的激励下，Metal Leve 进入了国际市场。进出口比例在 1970 年上升到 8%，20 世纪 80 年代为 17% ~20%，在 1988 年达到了 35%。Metal Leve 早期技术变革的动力来自外国客户的要求。致力于提高产品质量俨然成为 Metal Leve 管埋文化的一部分，它一直强调最有实践效力的技术与方法的重要性。因此，Metal Leve 之所以能有效吸收进口技术，在于它对将要转移过来的工艺流程提早进行细致的研究，在于它依据技术供应者提供的技术进行经常性的内部培训，在于它根据当地条件对技术进行系统性地改进。

20 世纪 70 年代末，Metal Leve 开始开发新产品以在市场上竞争，这就要求企业能提供产品设计。[49] 1979 年，在科学研究与发展项目资助署的帮助下（一份 220 万美元的订单），企业建立了自己的研究中心，其主要原因是应对竞争日趋激烈的出口市场的挑战。到 1988 年，研究中心的工作人员增长到 230 人，且 Metal Leve 将销售额的 2.7% 用于研发。此外，它还和本地的其他研发中心以及大学签订研发合同。1988 年，Metal Leve 在密歇根的安娜堡设立了先进技术中心，作为圣保罗研发中心的职能延伸，目的是更好地获得新技术以及美国客户未来计划的新信息。[50] 1989 年 9 月，Metal Leve 在南卡罗来纳建立了一个生产基地，目的是生产柴油引擎链接活塞（Metal Leved 的一项创新）以装配新型的卡特皮勒柴油引擎，并且也满足了沃尔沃（Volvo）与康明斯（Cummins）等客户的要求。

Metal Leve 的案例与巴西航空公司一样，说明企业要成为一个具有国际竞争力的生产企业必须有系统的、一步一步地努力。它还强调了出口市场不仅是技术信息的来源（由购买方提供或从竞争对手那里搜集），而且也对企业提高业绩施加了源源不断的压力。与巴西航空公司一样，Metal Leve 能非常成功地利用巴西支持创新的体制。它与科学研究与发展项目资助署保持了紧密的互动，也与大学和技术研究机构维持着合作关系。这些安排表明，有目的的管理，伴以致力于技术卓越的长期追求以及技术和商业应用的成功结合，才能够有效地与已有的技术型研究机构、各种人力和财力资源发生联系。

在农业技术上，政府机构巴西农科院负责协调并开展了一部分复杂而覆盖面广泛的“国家农业研究项目”。它的主要成果包括：通过更加深入全面地了解土壤生物学的知识而改善了先前并不肥沃的土壤，并且成功引入植物新品种。

在 1987 年，农业占巴西国内生产总值的 10%，占劳动力的 25%，以及出口总额的 43%。在 1980 年之前，农业生产的增长主要由非传统的出口产品（主要是大豆和柑橘）引领，几乎完全依赖于开垦新土地。从 20 世纪 80 年代早期开始，农田疆域的扩张停止了（除了北部地区）。幸亏新品种的引入在很大程度上补偿了农业损失，因为农业研究的技术进步使得传统出口农作物（棉花，烟草，咖啡）与粮食作物（大米，玉米，蔗糖）的产量大大增长了。在这两个领域以及其他与农业相关的创新中，巴西农科院的作用都至关重要。

1972 年，巴西农科院成立为公共部门企业，隶属于农业部，拥有高度的财政、管理自治权。它是国家农业研究协作体系的协调机构，除巴西农科院之外，该体系还包括：①国家级的研究公司与研究机构，②大学，③私营部门，④大约 40 家分布在世界各地的研究机构。巴西农科院将它们纳入技术合作框架当中。

巴西农科院通过全国的研究站网络来开展自己的研究项目，其中包括 6 个地区中心，21 个负责商品研究的国家中心，以及 8 个国家级的研究中心。地区研究中心集中并协调它们所在农业区域的具体问题。在商品研究中心，跨学科的研究小组负责与农艺问题及具体商品生产体系相关的优先项目。国家级研究机构（由巴西农科院或国有企业来管理）负责汇总地区和国家中心作出的发现，并对这些发现进行本土适应性的研究。

最后，为了支持所有这些研究项目，巴西农科院还运作管理许多特殊的服务中心：遗传资源与生物技术中心（Cenargen）、土壤调查与土壤保护服务部（SNLCS）、种子生产基层服务部（SPSB）、国家农业与粮食技术研究中心（CTAA）、国家植物保护与环境研究中心（CNPDA）、国家灌溉与排水研究中心（CNPA），以及国家土壤生物学研究中心（CNPBS）。

自 20 世纪 70 年代早期以来，巴西农科院开展的各项活动都受到来自政府的强大的、持续的对农业研究的支持，相比之下，政府对工业研究的支持却是断断续续的，且缺乏成效。巴西农科院第一年（1974）的预算达到了 2 500万美元（按 1986 年的美元价格计算）。到了 80 年，资金稳步增长到 30 600万美元左右，1989 年则达到 32 400万美元。大多数其他研究机构没有获得如此良好的待遇，自 80 年代以来，由于不断加重的经济危机，它们还面临着经常性的、意料不到的预算缩减。

虽然巴西农科院成功扩大了不够肥沃的土地产量，也引入了新品种（如棉花、烟草、咖啡、大米、玉米、蔗糖）。但在农业自然条件较好的生产者当中，研究成果的扩散却是有限的。许多研发技术在被传播到资源匮乏、中小规模的生产者、特别是不发达的地区之前，都需要通过种植测试来进行改良和筛选。正式协调研究与扩散的机制，包括向农业社区咨询，仅在 1986 年才开始。整体而言，研究中心能够投入到技术转移中的人力物力资源仍然有限，因为技术扩散被认为是研究院所的显而易见的功能。

结论

本章的主要内容是：国内生产厂商的有限的技术参与，对物化和非物化的技术进口的规制与政策限制，以及工业企业的支持制度羸弱等因素的共同作用，加大了巴西企业与性价比前沿的距离。此外，教育体系存在巨大的差距，特别是中学入学率过低以及科学和工程领域的人员过少，影响了技术劳动力的供应与获得未来技术的能力。

像在大多数这种类型的讨论中一样，以下建议实际上也是一些告诫。首先，认为积极参加技术开发的企业很少的看法还忽略了如下事实，在不久以前(指20世纪70年代)，具有技术活力的企业数量远少于现在的350家核心的研发活跃企业（涉及1 200个生产商）。在许多情况下，技术水平的提高源于国际市场的竞争压力。对国内企业而言，尤其那些生产资本货物和电子装备的企业，获得政府技术政策以及研究机构的支持至关重要。

本章认为巴西政府的技术政策背后的动机绝大部分并不是要提高国家的技术基础而是出于节约或赚取外汇的短视。第二个告诫实际上已经提出来了。尽管总体评价认为政府政策在整体上是正确的，政府的技术政策还提高了地方企业在易得技术转移中的谈判地位。另外，它们使国内企业进入了那些通常会因为税收保护或强大市场力量作用而被排挤在外的商业领域（医药与电子)。与此同时，还催化产生了一个比较成熟的资本货物工业部门。此外，这些政策有效地使传统上面向国内市场的跨国企业转向了出口，从而推动了它们国内生产技术的升级。最后，这些政策第一次建立了相应的财政机制来满足巴西产业和工程咨询公司的技术需求。

然而，本章暗暗地表明，这些政府政策执行得太久了，大部分已经过时了。举例子说，易得技术转移的限制政策，想当然地认为国内生产厂商技术比较粗糙，而且外国供应商有相当的热情将最先进的技术推入巴西市场。大约在这些政策实施20年之后，上述假设就没有依据了。高端产业部门如资本货物与电子的生产能力，对经济发展的贡献是双倍的：它们可以对巨额外汇流出的产品领域进行进口替代，同时在战略部门创造生产能力以促进技能的形成和知识的扩散。但是，大范围的进口替代导致了过度的多元化、企业的技术努力缺乏连续性、在政府支持的技术追赶行动中存在大量浪费。

第三个也是最后一个告诫与产业技术发展的制度支持体系有关。本章认为，虽然有许多重要的案例属于例外（如巴西农科院，联邦航空技术中心以及技术研究院），但公共研发网络并没有对经济生产的需求作出充分的回应。而且，重复投入和零零散散的技术努力更分散了稀缺资源。然而，在那方面，我们还要说的是，体制网络的缺点不是巴西独有的也不是正在进行工业化的国家独有的。一个要求更高的产业部门，接受竞争市场的挑战且聚焦于更小的产品领域，将能更有效地利用现有的体制资源（如 Metal Leve 与巴西航空公司的经验所示），并且是改革的推动力。

注释

［1］参见 Furtado（1984）。

［2］参见 Pastore（1974）。

［3］参见 Pastore（1974）和 S. Motoyama（1984）。

［4］参见 Fishlow（1980）。

［5］对这些服务的需求日益增加，使得圣保罗理工学院的物质阻力实验室不断扩张并在1934年成立了技术研究学院（IPT）。IPT的重点是对建筑和机械工业的关键原料进行测试，也为大型工业项目需要的民用和农用工程的进一步发展提供支持，包括1941年建立的第一家综合扁钢厂 Volta Redonda。技术研究学院至今仍然是巴西最大和最有名望的工业技术研究所。另一个重要的工业导向型的研究院所是1933年建立的国家技术学院（INT），它是1921年成立的易燃物和原料试验研究站发展壮大起来的。对于更优秀的专业和技术技能以及研究能力的需求也促使了圣保罗大学（USP）在1934年成立。一位巴西科学史学家认为，USP的成立是圣保罗对1932年宪法大革命失败作出的反应。圣保罗想通过大幅投资人力资源发展，以及对日益重要的科学和发展注资来挽回败局。这种赌博似乎收益不错。参

见 Motoyama（1984）。

［6］参见 Pastore（1974）。

［7］在早期阶段，人力资源的发展非常受重视，特别是在物理学领域，因为原子能的发展是当务之急。对高水平的技术人员的重视通过 1951 年建立的高层次人才高等培训协调机构（CAPES）而得到了建制化。该机构的主要目标是激励和资助高层次技术资源的发展，以加强科技能力，特别是大学和研发研究所的科技研究能力。然而，与其他中等收入的发展中国家相比，巴西在大众教育上的投资还是不足的。

［8］巴西在 Adminral Alvaro Alberto 领导下独立发展原子能，这与美国当时的利益是冲突的。此人在 1955 年被迫辞职。原子能项目也由原来的期望在新技术上获得更多的自主权被重新调整为供应铀和其他战略性矿藏。此外，核问题研究的支持也从国家研究委员会转移到了 1956 年成立的一个新研究所——国家核能源委员会（CNEN）。

［9］参见 Fishlow（1980）。

［10］FUNTEC 是一个特殊的基金，由国家经济发展银行（BNDE）设立，专门资助大学研究及相关活动的技术人才培训。1964 年，BNDE 还建立了机械和工业设备购置基金（FINAME），它对当地资本货物工业的发展起到了重要的作用。FINEP 是资助研究和项目的机构，在 1965 年刚设立的时候，它还是计划和协调部属下的基金，用来资助可行性研究、为了部门投资的项目发展以及对国家经济和社会发展具有优先性的活动。在 1967 年的行政改革中，政府把 FINEP 改制为公有企业。

［11］这项计划也努力使巴西能更广泛地利用核能（1990 年达到 1 000万千瓦），并且继续研究核能的其他用途，如同位素在农业、医学、工业中的应用。它还包括下大力气勘探核矿石，以及吸收铀浓缩技术和用当地原料和零件建造核反应堆这样一个大项目。

［12］STI 是国家乙醇项目的发起人，这个项目预期到 1985 年供应 107 亿公升乙醇来取代当年计划消耗石油量的 45%。这是 STI 实施的最雄心勃勃的项目。这个项目不仅涉及混合和利用各种汽油和乙醇的混合液的技术问题，也涉及改造汽油和柴油发动机使之能用纯乙醇运转、寻求制造乙醇的不同原料来源、增加作物产量，以及开发制造乙醇的新工艺等问题。

［13］市场份额被定义为 Xi/Xiw，Xi 代表该国商品 i 的出口额，Xiw 代表全世界商品 i 的出口额。

［14］参见 Tavares de Araujo（1982. 表 3）。

［15］标准市场份额指数被定义为（Xi /X ）/（Xiw /Xw ），其中Xi 指该国商品i 的出口额，X 是该国出口总额，Xiw 代表全世界商品i 的出口额，Xw 是全世界出口总额。因此，一个特定商品占该国出口额的比例可以被标准化为全世界该商品出口额占全世界出口总额的比例。该指数对国家经济中各个行业的竞争地位十分敏感，指数的变化预示着世界价格的变动。

［16］唯一的重要例外是“爆炸烟火产品”，它们在 20 世纪 80 年代继续增加标准份额，在 1987 年达到了最强的“显性”比较优势。大家都相信这一范畴包括了很多出口武器。

［17］参见 Tavares de Araujo 等人（1989）和 Kume（1988）的论文。Kume 在 1988 年对价格的比较研究覆盖了 88 个分部门，是以 IPEA-FUNCEX 数据库中的 715 种代表性产品（以八位数字 BTN 分类）的样本为基础的。国际价格比较研究往往能够说明众所周知的选择合适交易率，以及质量和性能都不同的产品的可比较性问题。然而从这种价格数据上能看出一个国家在世界市场上的竞争力的大趋势。

［18］参见 Confederacao Nacional da Industria（1990）。

［19］1985 年，前 254 家制成品出口企业占了整个制成品出口的 70% ~80% 。这些生产企业中，发布资产负债表的大中型企业大约占 6%，雇员超过 100 人的企业不足 3% 。此外，一些小工厂通过贸易行出口商品，这些企业主要集中在制鞋、铸铁、钢材和汽车零件业。然而，从整体上说，出口主要是通过在金属机械、化学、石化以及传统部门的一小部分大型生产厂商来完成的。

［20］申报所得税的企业数目从 1977 年的 57 万减少到 1985 年的区区 26.6 万。

［21］参见 Paulinyi（1990）。

［22］它们是 Petrobras（石油和石化）、Telebras（电信）、Electrobras（电力）、Nuclebras（核能）、Siderbras（钢材）、CVRD（矿石）、Embraer（航空）和 Cobra（信息科学）。

［23］生产部门的研发人员数量极其有限，具有博士学位的研究人员更是少之又少，占生产部门人员总数的比例才 0.46%，其中大部分在公有企业的研发实验室。

［24］“研发活跃”企业是这样定义的，它们有正式的研发实验室或者系统地开展研发活动。它们占收入报税表中声称含有研发费用的企业总数的 1/3。

［25］参见 Braga 和 Matesco（1989）。他们的研究报告了一份详细的关于巴西工业的技术活动调查问卷的所有答案，该调查样本来自 1980/1981 年度 4 309家工业企业的 7 156

家工厂。

[26] 参见 Braga 和 Matesco (1989, pp. 12 ~ 14)。

[27] Braga 和 Matesco (1989) 报告说, 67% 以上的回答者指出复制竞争对手的产品线在他们的部门是非常常见的做法。

[28] 关于技术转移和知识产权制度方面的实质性改变还在考虑当中, 没有付诸实施。

[29] 第 4131 号法令。

[30] 参见 Cardozo (1988)。

[31] 更多的关于不同类型的协议的规制信息, 参见 Rosenn (1988)。

[32] 1983 年国家工业产权局发布了第 64 号规范法案, 它的首要目的是为了加强国家技术能力。这项法案规定, 国家工业产权局是否批准一项技术转移协议, 取决于接受方企业是否已有足够的项目来吸收这项技术并开展研发以获得更大的技术自主性。所需的投资金额取决于巴西签约企业的财政状况和进口技术的价格。

[33] 然而, 从 1988 年"新工业政策"出台以来, 某些高技术部门如软件产业征收的特许使用金高达 10% , 参见 Rosenn (1988)。

[34] 净销售额是用总销售额减去税收、进口投入和零部件、佣金、运输费用、保险费用以及其他应扣除的部分。

[35] 收入申报的数据也证实了涉外技术合同的下降趋势。给外国公司支付特许使用金和为技术援助付款的公司从 20 世纪 70 年代中期的 500 ~ 600 家下降到 80 年代中期的 200 多家 (参见 Paulinyi, 1990)。

[36] 参见 Rosenn (1988)。

[37] 超过注册资金 12% 的利润汇出将被征收 40% ~ 60% 的附加收入税。

[38] 这引起了美国公司的付税问题, 因为美国国内税收法第 367 条和第 382 条规定, 公司必须在它们在美国的应税收入中包括技术转移的进口专利税。

[39] 主要项目是 1972 年建立的 BEFIEX。这个项目起初是为了汽车工业而开展的, 通过降低进口税和其他税收减免以及资金支持的方式来给予企业支持和鼓励, 以此作为对出口承诺的回报。后来这个项目扩展到了其他部门, 也包括国有企业。据估计, 1989 年巴西制成品出口的 50% 都包括在这个项目之中。

[40] 以打印机为例。点阵式打印机在巴西生产的早期阶段, 国际国内价格差异在 3 : 1左右 (直到现在仍然保持这个水平), 而激光打印机的价格差距已经扩大到 5 : 1。

［41］注意在这个方面，1989 年合同约定的技术开发价值不到 1 800万美元，只比两年前的 1987 年合同约定数额的 1/10 多一点。

［42］参见 Braga 和 Matesco（1989，表 2. 1）。

［43］然而 CPqD 在将它开发的许多产品转移给工业企业以进行大规模的生产上是相当成功的。截止到 1987 年底，由 CPqD 独立开发或者与大学（负责大部分应用研究的开展）或工业企业（主要负责开发的后期阶段，如原型测试）合作开发的 75 种不同产品由 25 家企业投入生产。参见 Frishtak（1989）。

［44］参见 Shwartzman（1988，pp. 99 ~ 119）。

［45］参见 Schwartzman（1988，p. 104）。

［46］到 1988 年 ITA 已培训了 3 000多名工程师，其中 800 名在航空领域。

［47］ITA/CTA 逐渐发展出工程、教育/研究的联系，促使巴西在 San Jose dos Campos 建立第一个也是最大的高技术工业园。与 Embraer 一起合作，促使了许许多多高技术企业诞生了，包括 Avibras（导弹）、Orbita（导弹）、Engesa（军事装备）、Tecnasa（电子通信设备）、Composite Tecnologica（合成材料）和 Quantum（软件）。

［48］截止到 1989 年 2 月，它已经制造了 3983 架飞机。

［49］在 1970 ~ 1980 年间，生产出 31 种新型活塞和 59 种套筒轴承，包括大型柴油发动机需要的“重载”活塞和一个乙醇汽车的特殊线路。

［50］新中心对外公布耗资 300 万美元，90% 的资金是科技项目信贷局提供的。参见 1988 年 2 月 1 日的 Gazeta Mercantil。

参考文献

Baer, W., da Fonseca, M., and Guilhoto, J. (1987). “Structural Changes in Brazil's Industrial Economy: 1960 – 1980.” *World Development* 15(2): 277 – 86.

Braga, H., and Matesco, V. (1989). “Desempenho Tecnologico da Industrial Brasileira: uma Anãlise Exploratoria.” *Textos Para Discussão Interna* No. 162, INPES/IPEA, February.

Cardozo, A. C. (1988). “A Implantacão de Leis e Regulamentos Sobre Transferencia de Tecnologia: A Experiencia do Brasil.” Mimeo.

CNPq. (1989). “Recursos do Tesouro da União: Dotacao Inicial, Dotacao Final, e Despesa Realizada 1980 – 89.” May.

Confederacao Nacional da Industria. (1990). *Competitividade e Estrategia Industrial: a Visao de Lideres Industrials Brasileiros*. Rio. CNI.

Fishlow, A. (1980). “Brazilian Development in Long-Term Perspective.” *American Economic Review* May, 102 – 8.

Frischtak, C. (1989). “Specialization, Technical Chãnge and Competitiveness in the Brazilian-

Electronics Industry. "*Industry Series Paper*, No. 15. The World Bank, Industry and Energy Department.

Furtado, C. (1984). *The Economic Growth of Brazil: A Survey from Colonial to Modern Times.* Westport, CT: Greenwood Press.

Government of Republic of China, Ministry of Education. (1984). *Educational Statistics of Republic of China.*

Government of Republic of China. (1988). *Statistical Yearbook of Republic of China* 1988. Taiwan.

Kume, H. (1988). "A Politica Tarifaria Brasileira no Periodo 1980 – 85: Avaliacão e Reforma." Mimeo.

Lall, S. (1992). "Explaining industrial Success in Developing Countries." In S. Lall and V. N. Balasubramanyam(eds.), *Current Issues: in Development Economics*. London: Macmillan(in press).

Martins, G., and Queiroz, R. (1987). "O Pertil do Pesquisador Brasileiro. "*Revista Brasileira de Tecnologia* 18(6).

Motoyama, S. (1984). "Ciencia e Tecnologia e a His toria da Dependencia do Brasil. "*Revista Brasileira de Tecnologia* 15(3).

Pastore, J. (1974). "Science and Technology in Bra zilian Development." In W. Beranek, Jr. and G. Ranis(eds.), *Science, Technology, and Economic Development.* New York: Praeger.

Paulinyi, E. (1984). "Empresa Nacional—Panorama do Setor Empresarial em 1983." *Revista Bmsileira de Tecnologia* 15(3).

Paulinyi, E. (1990). "Padroes de Capacitacão e Atualizacão Tecnológica da Empresa Brasileira. "*Informe Estatistico do CNPq.* 1(4).

Rosenn, K. (1988). "Regulation of Foreign Investment in Brazil." Mimeo.

Schwartzman, S. (1988). "Brazil: Opportunity and Crisis in Higher Education. "*Higher Education* 17:99 – 119.

Tavares de Araujo, J., Haguenauer, L., and Machado, J. B. (1989). "Protecão, Competitividade e Desempenho Exportador da Economia Brasileira nos Anos 80. "*Revista Brasileira de Comercio Exterior.* 26.

Tavares de Araujo, J. (1982). "Mudanca Tecnologica e Competitividade das Exportacões Brasileiras de Manufaturados," IEI/FEA/UFRJ, *Texlo para Discussão n.* 8. Table Ⅲ

UNESCO. (1989). *Statistical Yearbook* 1988, Paris. U. N.

World Development Report. (1988, 1990).

第14章　支持工业技术进步的国家创新体系：以阿根廷为例

乔治·M. 卡兹（Jorge M. Katz）
内斯特·A. 贝尔科维奇（Nestor A. Bercovich）

20世纪初，阿根廷凭借食品和农业原材料成功地融入了世界市场，成为一个经济快速发展的富裕国家。1895～1914年可耕地面积从500万英亩增加到2 500万英亩。小麦和玉米的出口分别增加了3倍和4倍。大量来自欧洲的移民涌入阿根廷，使国内人口从390万扩大到780万。1914年，阿根廷1/3的人口在国外出生，近100万意大利人和80万西班牙人后来成为本地居民；90%的出口商品是初级产品，其中大部分直接出口到西欧国家（Diaz Alejandro，1970；Rock，1985）。

在20世纪初，人均收入和人均卡路里等福利指标充分表明阿根廷位于全世界最富有国家行列。[1]

与上述情况相反，虽然阿根廷的工业化、结构改革、社会流动的进程都有了很大进步，但今日表现出来的却是宏观经济高度不稳定、整体经济绩效长期衰退，并且体制结构极端脆弱。目前，人均产值比20年前低了大约20%。最近发生的从立宪政府到公民自由选举官员的转变是数10年来第一次，它说明了军方力量在国家政治生活中占有强势地位，而阿根廷公务员制度处于弱势。

阿根廷农业部门的技术停滞了30年；工业在过度保护的环境中发展起来，主要依赖外国直接投资并将其作为技术发展的源泉，因而工业高度集中并且出现了寡头垄断；企业家共同体日益陷于官僚游说、投机行为和寻租活动而不是致力于技术和创新；科学技术部门缺乏目标和方向以及奖励和问责机制；官僚政府一直不能贯彻这种理念，即如果一个国家要充分抓住它所面临的长期机遇，就必须有支持科技变革和现代化的连贯的体制和政策体系。所有这些因素解释了，为什么阿根廷的工业化进程已经逐渐地失去了实力和活力，为什么阿根廷在今天遭遇到长期的困难。

这些困难很多都与阿根廷支持工业和农业技术变革与创新的制度和政策缺陷有关。在这一章我们将考察该国国家创新体系的结构和绩效，它的历次变革，以及它与国家长期的工业和农业绩效之间的关系。

本章的第一节是关于支持工业技术变革的国家创新体系。我们首先确定国家工业化长期进程中的各个阶段并且考察科技变革和创新的来源和性质，以及国家创新体系在每个阶段所发挥的作用。在这个时期的最后阶段，从 20 世纪 70 年代中期至今，该国的工业部门经历了一个重大的调整过程，深深地影响了企业个体层面的组织机构以及市场和管制机构的功能。这个过程也对支持工业技术变革和创新的国家创新体系产生了重要影响，这也是我们考察的内容。下一节探讨中介、研究院所与影响农业技术变革和创新的政策之间的网络关系。

在探讨与农业和工业创新以及技术变革有关的中介和研究院所之后，我们继续考察公共部门的研发机构、大学、去中央集权化的公有企业以及军队开展的研发和知识生产活动。我们还将注意到各种意识形态、政界和军方游说团，它们以这种或那种方式影响阿根廷的国家创新体系，使它的发展显得混乱而失调。

本章的结论部分将对阿根廷国家创新体系的组织和绩效作出总体评价。如人们预料的，我们不能肯定地说该国已经形成一套连贯而有效的政策与制度，对科技知识在整个生产体系内生产、转移、传播的过程产生诱导作用。我们也不能说阿根廷有任何像技术战略一样的政策来反映阿根廷长期发展的需求及其在国际市场上的机遇。

如果阿根廷能够保证在体制建设上加倍努力，那么在未来的几年内是有可能实现这个领域内的许多成就的。一个管制较少的宏观政策环境，更多地考虑该国的资源禀赋及其在世界市场上的机遇，通过引入劳动力和科技人力资源的提升与培育机制来重组教育体系，制造业企业、大学、公共研发实验室以及管制机构之间的互动和协作的新方式，更好地选择公共研发和工程努力方面的优先项目，所有这些需要考虑到的问题都像是一幅复杂拼图的不同碎片，如果阿根廷想恢复经济增长的能力和正在快速消失的社会公平格局，就必须在未来的岁月里密切关注这些难题。

在这些领域，我们都可以找到有力的理由来说明去中央集权化的市场决策未必足以确保产生社会可接受的结果。应该把不同类型的外部性和公共产品包括在内，今后应该探索新的干预形式和体制建设，即使阿根廷的公共干预已经有了非常明显的失败记录。如何在知识的生产和传播领域或者在培训、提高人力资源素质和人力资源循环流动方面使管制机制与去中央集权化的市场决策之间保持适当的平衡当然是一个难题，国家将来必须对这个难题给出充满想象力的新答案。

支持工业技术变革和创新的国家创新体系

阿根廷今日的工业部门与 20 年前有显著差异。企业个体层面的生产组织、产业结构以及市场行为在过去的 10 年间都经历着激烈的变革。正如我们在本节看到的那样，支持工业技术进步的国家创新体系也在改变。

阿根廷的工业化进程始于 20 世纪初。它在 20 世纪 30 年代和第二次世界大战期间获得了发展动力，那时缺乏国外供应品，迫使本土企业进行进口替代工业化的努力。

自 60 年代初以来，外国企业的大量涌入已经大大影响了进口替代工业化进程的速度和性质以及工业科技的变革和创新。“外国引领”的扩张期于 70 年代末结束，从此以后，工业的重大调整过程体现为金属加工业的收缩和原材料加工业的扩张开始启动。

让我们较为详细地考察这个工业化进程。

20世纪50年代之前

阿根廷工业化进程始于与初级产品相关的食品加工业的建立。肉类加工厂、制革厂、面粉厂、酒厂等都在1930年以前诞生并且经营状况良好。

一方面，国内的经济体系完全开放，并且严格尊重金本位原则；另一方面，国外对食品和原材料的需求迅速扩大，两者共同作用使阿根廷产业在世界市场上繁荣起来。

那时候，本土工厂的资本货物完全依靠进口。但是，它们的维修和保养，促进了国内科技在冲压、锻造和加工领域内的早期发展。这种技术能力在几年后，20世纪40年代变得非常重要，一方面，英镑不能兑换；另一方面，第二次世界大战爆发，导致当权的军方政府采取“内向型”的进口替代工业化战略，它对国家的社会和经济绩效产生了长期而持久的影响。

深入到新的宏观经济政策环境当中，我们发现两项新政策强烈影响着工业化进程。一个是引入外汇管制在1931年底开始实施，另一个是紧随其后的进口关税。从1930年起，经济开始受到更加多的管制并且逐渐脱离外贸，进口和出口占国内生产总值的百分比都有所下降。特别是，关税保护在决定随后的工业化进程的结构与性质上发挥着重要作用。

在20世纪30年代末和40年代，受到国内市场需求迅速扩大、关税保护，以及来自公共机构，特别是为此目，于1944年建立的工业银行的财政补贴等多重激励，纺织品和化工产品以及一系列的机电产品开始在国内生产。从1945年起，外贸的国有化和征收的农业利润，使政府能够从农场主那里转移资源到正在快速成长的城市工业部门，这些部门在当时增加实际工资和促进各种所谓的“国家利益产业”的工业政策的激励下发展起来。阿根廷的强烈民族主义的军方力量，在那些年开始对国家宏观经济政策的制定机制起到了支配作用。不用说，它对国家创新体系在整个战争时期和20世纪50年代的行为方式也施加了极其重要的影响。[2]

然而20世纪30年代以前的工业化进程主要是初级原材料本土加工——是

用现代化和最新的设备生产的，而且从国际标准来看也非常具有竞争力。而 40 年代及以后的进口替代工业化努力，只能建立一个满足当地需求的“次优”工业部门。外汇短缺——因为初级产品出口停滞——对制造业生产的扩大造成了严重障碍。[3]

外贸方面的情况也好不了多少。战争结束之后，1950 年代期间民主国家的技术改造日进千里，更加拉大了本土制造业与国际同行的科技差距。

在推翻庇隆政府（Peronist government）的 1955 年军事政变之前，本地政府就已经着手调整其对外资的敌对态度，并且接受了外资与技术可以成为重要的“经济增长源”的观点。1953 年 4 月政府通过了阿根廷首部外商投资法，并且与大量的跨国企业谈判，试图吸引它们来阿根廷投资。如果我们想了解这种极高程度的保护——还有其他优惠——许多跨国企业以在国内设厂的承诺来交换地方当局给予的优惠，那么，就不得不注意到阿根廷在这些谈判中所处的弱势地位。

不管怎样，20 世纪 50 年代末和 60 年代初外国公司的大量涌入发出了一个明显的信号，预示着在国家的工业化以及支持技术变革和创新的机构和研究院所如何发挥功能的历史进程中一段不同以往的时期来临了。这一时期从 1960 年一直持续到 1975 年。

1960～1975 年：汽车工业建立和金属加工业扩张

1957～1961 年的投资高峰期是快速扩张时期的一个起点，无论是制造业产出还是劳动生产率都有了提高。在那些年将近 200 家的外国公司在阿根廷投资设厂，带来了国家工业文化的一个重大变革。

跨国公司占制造业生产的份额增长非常明显，始终达到总量的 1/3 左右。整个时期最核心的是汽车工业的建立。汽车工业在 1951 年仅占制造业国内生产总值的 2.5%，1965 年增加到 10.3%，呈现出 1958～1965 年间每年近 25% 的增长率。

我们描述的工业化进程有很多重要特征是与公司的规模和属性以及市场的

结构和绩效相关的。一方面，阿根廷的工厂规模始终不到欧洲国家类似工厂的10%；另一方面，由于本地市场的标准化和规范化程度普遍都比较低，而且缺乏资质好的分包商，因此制造业工厂开始采用它们自己本土的经营方式，这种经营方式的纵向整合程度比欧洲公司高出许多。

国内市场狭小以及很少有企业一开始就希望自己从事出口活动，其出口导向程度就比其他地方类似的工厂要高。因而，工厂的组织和劳动的社会分工并没有照搬那些在比较成熟的社会中广泛流行的模式。由于上述结果，许多新成立的企业发现需要在产品设计、生产工程、产业规划以及组织等领域逐渐发展“企业内部”的科技能力，在这些领域，由于本土生产体系非常独特的特点，“现成的”技术不是特别适合。

换言之，由于企业在国内的经营方式具有非常高的“本土化”性质，许多新成立的企业发现需要建立自己“企业内部”的工程部门，其基本职责是改造国外的产品设计和生产工艺使之适合本地的使用和管制环境。[4]工业增长的这个过程对支持工业技术变革的国家创新体系如何发挥作用产生了重大影响。

第一，在整个工业结构中，制造业产量和劳动生产率的增长都非常迅速。1960～1974年间，阿根廷的工业产量每年增长8%左右，就业率和劳动生产率分别增长2%和6%。

第二，尽管工业化进程主要面向国内，但制造业出口在20世纪60年代末和70年代初开始逐渐增加。

第三，外国公司在本土制造业部门获得了明显的主导地位，并且对国家创新体系的发展方式产生了重要影响。对此有各种各样的原因。一方面，这些公司引入了本地工业环境以前尚未用到的质量控制措施、耐量限度以及转包业务；另一方面，它们的新生产设备为当地技术人员和工程师提供了培训平台。尽管在这一过程中获得了非常显著的效益，但必须看到，它明显限制了工程师和技术专家开展科技研发活动的范围，将他们限制在从国外进口的技术范围内一些“适应性”的技术努力上。

三项不同的研究证明了我们刚才的观点。

第一项研究（Katz，1974）试图测量国内制造业公司在整个 20 世纪 60 年代开展的研发和工程经费的流动情况，以及它们对公司个体生产率增长的影响。

一项对阿根廷最大的 200 家工业公司的调查表明，公司每年约花费 2 000 万美元在“适应性”的研发和工程活动以及生产规划和组织等方面。许多活动在本土环境中不是经常性的，甚至有些活动不被经合组织或美国科学基金会（NSF）给出的研发经费的标准定义包括在内。

样本中大约有一半的公司雇用了 5 ~ 50 人参与产品设计活动或者在工艺工程部门工作，该部门的职责是在许可合同之下，“调试”和改造源于国外的产品设计和生产工序使之适应本土生产环境。甚至在那些无法确定是否有正式的研发部门的企业当中（如中型的家族企业），也有专门的小组或者兼职的生产人员来开展知识创造活动。我们田野调查中的一些公司也承担着试验工厂研究和创建原型的工作。

调查对样本中的每一家公司在 20 世纪 60 年代的全要素生产力增长率进行了估算。还测量了每家公司的增产、就业、研发，以及工程开支和版税，并且使用标准的计量经济学技术考察了它们与劳动生产率增长之间的关系（Katz，1974）。

我们的结果显示，劳动生产率增长可由“规模”因素，即产量的增加来衡量，并用“科技”因素来“解释”，“科技”因素就是该公司在整个 20 世纪 60 年代的研发和工程支出的累计值。如前所述，对多数公司而言，这个 10 年是一个国内规模扩张和科技适应本国的特殊氛围的 10 年。

“规模”和“科技学习”效应都是其外显绩效的内在因素。至于工业化进程对国家出口模式的影响，几年后另外两项研究（Ablin and Kartz，1985）证明了工业化使 20 世纪 70 年代初工业出口的科技含量逐渐提高。制造业出口从 1959 年的 1 亿美元左右，不到出口总值的 10%，增加到 1974 年的将近 15 亿，占出口总值的更高比例 25%。在最近出口的产品中我们发现了机床、农业设备、机电仪器、工业锅炉，以及汽车。细查最大的20家工业出口企业的经验，我们发现产品设计和工艺工程努力是这些企业在国外市场逐渐获得成功的不可忽略的解释变量。

另一方面，我们注意到在20世纪70年代期间工业化进程不仅仅使制造业出口产品的科技含量在提高，而且也出现了早期的纯技术出口贸易，既有技术许可活动的形式，也有把整个制造业工厂转移到邻国企业内的形式，肉类加工厂、工业化奶制品生产厂或面包店、罐装设备和罐头制造设备，以及加工厂都出现在技术贸易的列表中。伴随着这种发展，我们还发现有证据显示国内大型工程公司用“交钥匙工程”的方式参与兴建其他拉丁美洲国家的医院、机场、管道等设施（Ablin et al.，1985）。

毫无疑问，出口补贴对鼓励这种发展发挥了重要作用，但我们不能排除这样的事实，即科技“学习”和国内的工程活动越来越成为这股新兴趋势的解释力量。

其他调查印度（Lall，1982）、巴西、墨西哥、中国香港和中国台湾（*World Development*，1984）等新兴工业化国家和地区的研究人员也报告了类似的结果，学习外围社会的技术能够带来以前发展记录中未曾出现过的充满活力的局面。

本土企业的外国直接投资在那些年也有所增加（Katz and Kosacoff，1983），这意味着可以通过货物和技术出口，也可以依据本土企业在邻国直接投资的合资企业协议来获取第三方市场的收益。

我们描述的这个发展进程在20世纪70年代中期达到了稳定期。

本地产业在那时所遇到的各种限制既有国内原因也有国外原因。在国内，很多耐用消费品市场变得高度“饱和”，以汽车产业为例。阿根廷在50年代初期每50人拥有一辆汽车，但到了1975年达到每6人拥有一辆汽车。许多其他耐用消费品都有类似的例子。进口替代工业化战略因其过度保护和缺乏强大的出口驱动力而日益遭到批评。出口仍然是工业总产量的一小部分而且国家的国际收支均衡陷入了3~4年的一个周期循环。对进口替代工业化进程的一个整体看法是，它正在走向死胡同，迫切需要结构改革。

在国外，微处理器和微电子技术的迅速扩散很快削弱了许多本土企业的机床、电气仪器和资本货物在拉美市场的竞争优势。本土企业家没有能力紧跟国际技术前沿引进数控设备和小型化的发展步伐，因为机电产品的设计能力不强而迅速丧失了国外市场。

除了这些经济大环境之外，还应该考虑到国内的政治气氛在 20 世纪 60 年代末和 70 年代初非常紧张，因为工会和学生社团不断向政局发出暴力挑战。整个国家的社会动乱程度与日俱增，这引起了一个重要问题，即国家的体制结构在这种压力下还能存在多久。阿根廷从那以后进入了一个动荡时期，至今尚未完全稳定下来。执政的公民联盟政府在 70 年代初启动了重大的结构改革，以激进和强制的方式一直持续到 1976 年 3 月的军事政变。让我们来看一看这段特殊的历史时期。

1975 年至今：放松管制和开放本地经济：从机械工程到原材料加工业

意识到经济走向死胡同以及陷入更糟的国际收支困境，当权的庇隆政府于 20 世纪 70 年代初更进一步地竭力推动进口替代工业化进程。基于此目的，它推出一套新的财政激励措施，希望为严重依赖外国供应的石化、铝以及纸浆和造纸等产业吸引投资。在 10 年里，由于以税收减让的形式从公共渠道获得了所需资本投资的 60% ~70% 的投资，新的、资本密集型的工厂大量产生了（Azpiazu，1985）。一小群国内大集团从这种政策行动中获益不少。

1976 年初，军方接管了政府。在大规模社会镇压的环境当中，当局试图对外资企业解除管制并开放本土经济。在社会政治方面，军方企图对工会进行暴力干预和拘捕劳工领袖来抑制工人的激进行动；在经济方面，他们的惩戒性处分则是大幅倒回到保守的市场法则。在他们最初的经济政策行为中，我们发现：①关税保护大幅下降，平均从价税率从 95% 下降到 55%；②本地货币值实质调整了约 40%，想以此引起外企在本土市场的竞争以及对国内企业进行价格限制；③放松对经济的金融部门的管制，由于这项措施，利息率在过去几十年一直是负值，现在上升到正值。

这些政策与在20世纪70年代初得到认可，并且没有被军方政府废除的针对原材料加工业的财政激励措施一起，又或者是国内大型公司集团施加的强大游说压力，对工业化进程的速度和性质以及支持工业技术进步的国家创新体系的行为都具有重要影响。我们对这两方面都应该加以考虑。关于工业化进程我们注意到以下几点。

第一，工业生产占国内生产总值的百分比在过去的15年里已经显著下降。工业产值已经从20世纪70年代中期占国内生产总值的1/3下降到现在的大约23%。

第二，工业结构在近几年已经彻底改变。金属加工产品和资本货物的生产已经普遍萎缩，而生产钢铁、石化、铝、食用油等的资源型产业都有了相当的扩大。70年代中期，阿根廷每年生产大约35万辆汽车，2.5万架机床和6万部拖拉机。如今，它的产量分别是15万、6 000和5 000。工厂在生产组织、进口产品目录、转包业务以及就业吸纳方面都已经有了显著的改变。比如，同期石化产品的产量已经从86.5万增加到180万吨，钢铁产品从225万到367万吨。就食用油而言，产量从1975~1977年的63万吨上升到1984~1986年的将近200万吨。

第三，跨国公司占国内制造业生产的份额从32%下降到25%。通用汽车，奥利维蒂和雪铁龙等主要的跨国公司都先后关闭了在阿根廷的生产工厂。

第四，由于收购、兼并和退出，汽车、钢铁、石化、纺织服装、制鞋和烟草等部门的行业集中度已大幅上升。

第五，一小批国内大公司开始合并。这些集团利用20世纪70年代初出台的各种工业促进法规已经成长并壮大起来了（Schvarzer，1983）。在快速的横向和纵向扩张的过程中，它们的经营业务已逐渐多元化，从纺织到石油勘探和开采，从汽车到核能的生产。

第六，与工业结构转型一样，工业出口模式也经历了实质性的转变。在20世纪70年代中期国家大约有1/3的制造业出口主要销往拉丁美洲地区（如汽车、机床和农业设备等机电产品)。这些产品占当今工业出口总值的份额不到10%。与之形成对比的是，钢板、食用油、铝、纸浆和造纸等工业日用品的出口在扩大并且不断增加，在这些产品领域，本土企业在激烈竞争的国际市场中是“价格的被动接受者”。公司在国外经常是以边际成本的价格销售产品，而同样的产品的国内价格比国际价格高出很多。

第七，公司个体层面上的劳动组织和劳动关系以及劳动力市场的整体功能也都经历了重大变化。一方面，金属加工部门收缩已经导致阿根廷的工业劳动力明显减少。汽车产业现今雇用大约 7 万名工人，比 10 年以前少，而且在拖拉机、农业设备和资本货物生产领域也可以观察到类似情况；另一方面，资本密集型工厂的工业“日用品”生产已经几乎不需要新工人。而且，在 1976 ~ 1979 年对工会成员的大量军事镇压明显减少了工人的激进行为以及工会在社会中的交涉力量。

这些方面意味着重要的“体制变革”，在这个体制当中，工业结构、公司个体层面的生产组织、市场结构、行业集中程度、外国公司的参与、劳动力市场的功能、工会的交涉力量和管制机构都似乎受到了全球经济以及体制重建过程的深远影响。公司、市场和研究院所都参与了这一过程。与 20 世纪 60 年代和 70 年代初的“机械工程”旧时期相比，很明显的是 80 年代的进口替代活动包括了技术更先进的生产设备、一体化程度更高的世界市场以及一批完全不同的企业家选民，它们是国内大公司集团而不是外国公司主宰着本地的工业前景。

一个重要的问题现在出现了，即关于先前描述的工业化进程对国家创新体系（也就是，对中介、研究院所以及支持工业技术变革和创新的政策）的影响。以下是一些评论。

首先考虑稳定宏观经济的政策和开放的国内经济对新资本形成速度、企业家精神以及在阿根廷国内开展研发活动的影响。储蓄率和投资率与 20 世纪 60 年代和 70 年代相比已经大幅下降。宏观经济的不确定性和不稳定性比以前高出许多，金融部门完全开放，这就是为什么 80 年代期间阿根廷的资本外流会急剧上升。近几年普遍出现的机器和设备进口减少（Escude and Guerberoff, 1990）就反映出对本土的投资倾向在减弱（Katz and Kosacoff, 1989）。

制造业国外直接投资在整个80年代也急剧减少，这反映出外国公司对阿根廷的未来经济没有什么兴趣或者期望值很低。

这种行为模式（也就是，新资本的形成速度减缓和企业家共同体的投资意愿减弱），似乎带来了机会主义和寻租活动的扩张以及渗透在生产体系中的企业家精神的普遍衰退。

除了上述之外，另一个重大的新的结构要素与工业调整过程，对本地开展的研发活动和工程努力的速度和性质的影响有关。金属加工企业已经作出反应，通过削减“企业内部”的产品设计和生产组织来降低研发的活动水平。另一方面，原材料加工业尚未增加它们的研发。因此，阿根廷如今生产的汽车、机床和拖拉机数量大约是10年前的一半，并且生产工业日用品的资本密集型工厂也已经接替了制造业生产的领导角色。这个事实绝对使工业研发和工程努力减少了。

究其缘由：一方面，从会计学的角度来看，诸如产品设计工程、生产规划和组织、平衡工厂生产布局，以及时间和工效研究等活动构成了间接的生产成本。因此随着销售额的萎缩，许多金属加工企业就缩小它们的工程部门，特别是那些与产品设计活动有关的部门。

另一方面，用新的、技术更加现代化的设备生产出来的工业日用品（很多这些设备通过交钥匙工程的方式购自海外），迄今为止不需要本土公司承担很多的研发或工艺工程努力。

除了刚才的解释之外，我们也应该注意到过去10年里比较动荡和不确定的宏观经济局面，可能对本土企业共同体所承担的长期科技与创新义务产生了负面影响。企业转而去寻找各种补贴和优惠而不是投资和进行技术改造。此外，1979～1981年间汇率过高促使许多公司引进进口机器和设备，希望国家那时所处的不景气只是短暂的，需求很快会回到正常水平。然而，这些希望从未实现过，在20世纪80年代中期和后期，整个工业谱系的产能闲置的现象是显而易见的。

资本形成、企业家精神和国内研发活动的问题基本上就是这些。此外，人们已经看到，一套新的管制体制正在本土的大环境中逐渐发展和普及，而且它对国家创新体系的影响是绝对不能忽视的。对外企放开市场管制并开放经济、公有企业私有化，以及为国内公用事业与工业资产而欠下的国家外债的资本化，如今已变成新的和含蓄的工业政策的核心。这种新的管制体制对本土工业的效应，特别是对支持工业技术进步的国家创新体系的精神和功能有什么影响呢？此时给出评价还为时尚早，但毫无疑问的是，这种影响在未来将会是重大的。近期对石化、钢铁和汽车产业的投资是要在阿根廷建立一个强大的出口平台，意味着大公司开始逐渐使自身适应新的管制环境，同时也意味着一个更加开放和更有竞争性的工业结构，更好地融入世界的市场，或许最终能从正在进行的结构转型中产生。判断国家在工业化进程中所走的路线是好还是坏也依然时机过早，但很显然，“机械工程”的老路正在奔向尽头，工业政策迫切需要根本性的变革。

到目前为止，我们已经考察了支持工业技术进步的国家创新体系如何发挥作用，现在让我们通过农业部门的案例来继续对该体系的运行方式进行研究。

支持农业技术变革的国家创新体系

阿根廷农业部门向我们提出了国家长期发展史中一个十分有意思的难题，如图 14.1 所示。

经过将近 40 年的快速扩张之后，使种植面积在 1938 ~ 1940 年达到近 2 000万英亩，粮食总产量 2 000万吨，农业部门进入长达 30 年的衰退和停滞期。在 20 世纪 50 年代初种植面积已经下降到不足 1 500万英亩，农业总产量只是相当于 1919 ~ 1920 年的水平。一直到了 20 世纪 60 年代后期，阿根廷的农业部门产量才恢复到 1939 ~ 1940 年的水平，即 2 000万英亩的种植面积和 2 300万吨左右的产量。

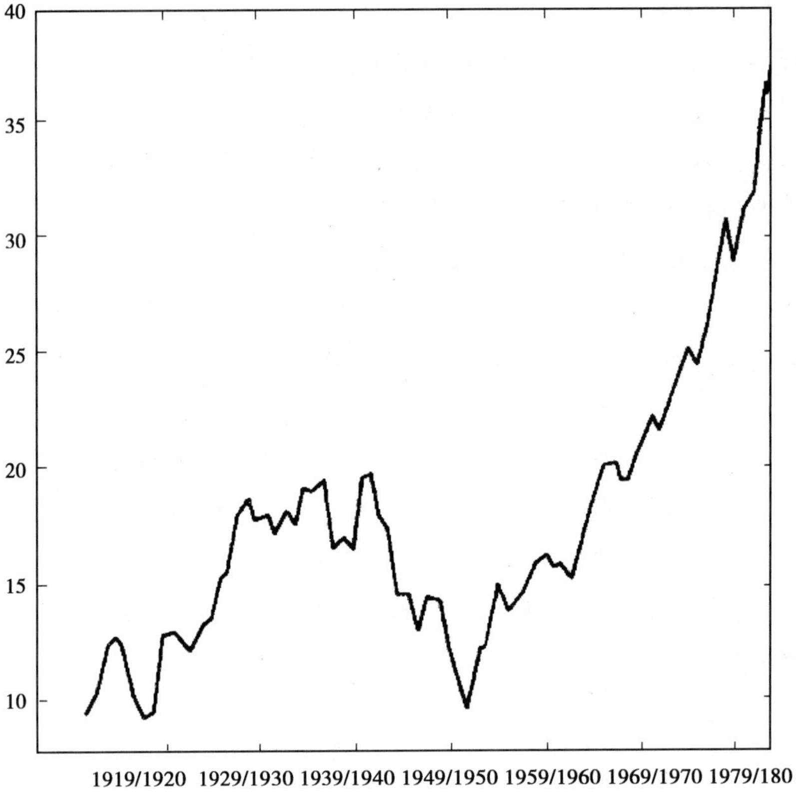

图 14.1 全国粮食总产量:1911~1964 年

随后的一段时期，扩张的过程快速进行，60 年代末至今每英亩的生产率翻了一番。生产力的提高最初是由于更快地引进农业设备和生产组织技术，后来是由于大量推广玉米杂交种子、使用新的农用化学品，以及引种大豆和高粱等新农作物。公共部门机构（我们下一节讨论的话题）在新产品品种（主要是小麦和大豆）的开发以及生产组织技术的扩散中扮演着重要角色。此外，私有企业尤其是大型跨国公司的当地子公司，在农业机械、农用化学品和杂交种子的生产和商业化方面发挥着越来越重要的作用。

我们如何解释阿根廷农业在 20 年代和 50 年代期间的低绩效呢？在中介、

研究院所以及使阿根廷受困于长达近 30 年的农业停滞和衰退的恶性循环的政策当中，哪一种互动模式是最普遍的？哪一件事情能够解开这个恶性循环呢？我们对这些重要问题继续进行分析。

很明显的是，关于阿根廷的农业部门在 20 年代到底发生了什么并没有一个唯一的、普遍正确的观点。那时候，农业走到了绝境，而且国家必须面对自然资源的限制。

第一，虽然初级产品的价格在 30 年代和 40 年代期间遭遇了重大下滑而且全世界对谷物、羊毛和牛肉的需求在那些年始终相当疲软，但这不应该是阿根廷在历史上那个时期所发生的事情的主要原因。相反，是国内的原因——本土消费量迅速增长、机械化速度减缓、农产品价格和利润的高度不确定性，以及当权政府与农场主的政治对抗阻碍了农场主的企业化行为——这些国内原因对解释农业部门在战时和 50 年代实际上发生了什么时都应该考虑到。

如果我们在同一特定时期将阿根廷的农业出口绩效与其他农业大国相比出现差异的话，那么，就完全应该强调“内部”的解释。

小麦和玉米的出口可以作为例子来说明这个领域发生了什么。在战前的几年，阿根廷年均出口小麦 330 万吨，约占世界出口总额的 20%。加拿大 480 万吨占 28%，澳大利亚 280 万吨占 16%，而美国只有 130 万吨约占 7%。1950～1954 年，小麦的世界需求量提高了，而阿根廷的出口降至 220 万吨，只占世界出口总额的 9%，但加拿大的出口量翻了一番，美国出口量也从 130 万吨增至 890 万吨（CEPAL，1959）。

还有玉米，战前时期阿根廷的出口量是 630 万吨，占世界贸易量高达 64%。1950～1954 年，出口下降至年均 100 万吨多一点，而美国出口量从 80 万到 260 万吨，增加了 3 倍。

羊毛和牛肉的出口也是类似的情况，1950～1954 年与战前时期相比，阿根廷的羊毛占世界贸易总量从 12% 降至 9%，而牛肉从 40% 降至 19%。

总体来说：首先，下跌的价格和疲软的世界初级产品需求明显，对 20 世纪 30 年代末和 40 年代阿根廷的出口造成了负面影响，但是其停滞和衰退最主要的原因在于，阿根廷在那个时期的粮食和牛肉产量比20年代减少了，而与此同时，国内对这类商品的消费量增加了。这是为了提高城市工人阶级的福利和进口替代工业化努力的公共政策造成的结果。久而久之，阿根廷逐渐把自己在世界贸易的份额拱手让给了美国、加拿大、澳大利亚和新西兰。

其次，就国内消费量而言，我们应该注意到1925～1929年农产品的本土消费额占总产量的48%，这一比例到1950～1954年已经扩大到69%。在战争年代小麦和玉米被焚烧用作燃料，因为燃料无法进口。

再次，虽然国内对小麦和玉米的消费扩大了，但是生产实质上是下降的。工业的快速扩张导致农村人口大量迁徙，从而引起农业劳动力短缺，迫使农场主不得不用开放式牧养来代替农业生产。此外，外贸国有化和各类农产品连续几年的价格偏低引发了农场主当中一种怀疑和不安的气氛。这种对立的气氛成为了农业机械化和肥料推广的障碍。

让我们仔细考虑以下证据（CEPAL，1959年）。在战争前几年，美国每英亩使用50千克的肥料，而从1950～1954年用170千克左右。与之形成对比，阿根廷从1950～1954年每英亩使用的肥料不足5千克。当然，两个国家的相对价格有很大差异，这很好地解释了肥料使用方面的差异——在阿根廷，1950～1954年价值100千克的小麦能购买11千克的肥料，而在美国相同数量的谷物能买到44千克的肥料。除了相对价格之外，我们也应该注意到政府政策所造成的农村地区的对立气氛。

机械化程度也有类似情况。在1930～1934年和1945～1949年间，阿根廷运转的拖拉机数目减少了40%左右，而在美国增加了3倍。在1940～1955年间美国的拖拉机库存从150万到430万辆。到1955年，美国每1 000英亩种植面积有30辆拖拉机，比阿根廷的多15倍左右，当时阿根廷每1 000英亩可开发面积只有2辆拖拉机。此外，虽然我们不应该忽视政治方面以及农场主与庇隆当局的对抗状态，这种对抗状态加剧了农场主对风险的厌恶态度，但是相对价格——以及战时进口困难——是造成机械化明显差异的主要原因。

1952年开始，政府实施了多项重大的政策改革，其中许多是直接针对提高农业部门的地位。严重的货币贬值以及偏向初级产品而非工业产品的相对价格剧烈变动尤其与这方面相关。慢慢地，农业部门给出了反应信号。耕作面积开始再次增加，1956年和1957年达到1 800万英亩。

整个20世纪60年代，农业产量增长了30%，而在随后的20年初级产品的生产增加了3倍，而劳动生产率增长了将近4倍，目前达到了历史峰值。

在这一趋势背后可以找到四个不同的来源（Obschatko，1988）。第一，"脱嵌的"技术变革——农业新措施——在60年代期间扮演着重要角色。国家农业技术研究院（INTA），建立于1956年，有助于传播新的农业实践和生产组织模式；第二，60年代期间的拖拉机工业壮大对农村地区的机械化程度提高产生了重要影响。国家的拖拉机库存从1960年的7.7万辆左右增加到1970年的14万辆，在1980年达到了16.2万辆（Huici，1988）。四个大型跨国公司的国内子公司在60年代进入本土的拖拉机市场，当局利用各种形式的税收优惠来促使农村地区机械化程度的快速提高。

农业科技变革和生产力提高的第三个主要来源，与杂交种子（玉米、高粱、向日葵）的推广、小麦新品种，以及70年代末引种大豆有关。

第四个也是最后一个创新活动与近期加大对农用化学品、除草剂、杀虫剂的使用有关。

此时应注意到在这些过程背后，各种体制建制也发生了重要变化。虽然在20世纪五六十年代是公共部门，主要通过国家农业技术研究院开展新的农业实践和杂交种子特别是玉米的研究活动，但是最近的更快推广杂交种子、新产品品种、除草剂以及农药的趋势，似乎越来越掌握在大型跨国公司的国内子公司手中。虽然技术变革在较早时期具有更多的"非物化"性质,包括农业生产实践和生产组织技术，但在后期它似乎有了更多的"嵌入性"特征，杂交种子和农药使用如今是引种的主要方法。然而近年来另一重要的技术创新——此时是制度上的——推广收割劳动的转包业务。新的市场组织形式允许中小型的农场使用资本密集型的设备，用地规模不需要一直拥有这些设备，因而可以采取收割转包的方式。

在考察了支持工业和农业科技变革的国家创新体系的性质和行为之后，我们现在转向研究该体系的其他部分，特别是那些与公共研发有关的部分。

阿根廷公共部门的研发努力

总的概貌

公共研发支出和知识生产活动在1988年达到将近每年38 000万美元。我们通过把《国家预算法》（National Budget Law）里相关章节的33 000万美元与去中央集权化的公有企业（国家石油公司——YPF——是该群体中最大的）花费的5 000万美元之和而得到这一数字，前文提到的《国家预算法》章节没有包括这个数字。

表14.1 1988年阿根廷主要的公共机构和研究院所的研发或研发资助活动（百万美元）

公共机构或研究院所	总支出
国家科学技术委员会（CONICET）	135.4
原子能委员会（CNEA）	56.3
国家农业技术研究院（INTA）	67.2
国家工业技术研究院（INTI）	14.2
国家石油企业 Yacimientos Petrolíferos Fiscales（YPF）	15.0
军方武装部队科技研究院（CITEFA）	12.2
科学技术秘书处（SECYT）	8.2
大学	30.0
其他	41.5
公共研发总支出估算值	380.0

资料来源：主要数据来自国家预算法，其余还包括CITEFA的YPF，以及布宜诺斯艾利斯大学。

公共研发活动高度集中。如表14.1所示，8家机构和研究院所占总预算的90%左右。这些机构大多数建于第二次世界大战之后，有一些还经历了整个20世纪六七十年代初的快速扩张和机构合并期。意识形态的、学术界的、企业界的和军方的“游说团”在公共研发支出的预算分配过程中作为决定因素扮演着重要角色。因此对这类机构的历史进行单独考察时，我们应该谨记以下方面：

1. 阿根廷传统上就非常强势的军方力量施加了强大的压力来支持国内核电能力的开发，使它在相当长一段时间内得到特殊的预算待遇，并且支持原子能委员会的发展。

2. 工业技术研究院在 1956 年才姗姗来迟地成立，主要是在对农业在国家长期发展过程中的作用进行积极的反思之后。我们前面已经看到，这种反思在将近 30 年的疏忽之后才出现，这种疏忽造成非常糟糕的负面结果。

3. 几乎在政策层面上，阿根廷的大学一直被看做是研究能力较弱的机构，只是稍微为国家创新体系贡献一些力量。在军事独裁统治时期尤其如此。

4. 为了新知识而进行研究，而不是技术导向型的、缺乏与经济的生产部门合作的倾向似乎是本土的学术共同体特有的意识形态特征。这在国家科学技术委员会成立的早期尤其显而易见。

带着这些意识形态的和政治的因素，让我们简要地回顾一部分机构和研究院所发展和演变的历史。

主要的公共研发活动简述

国家科学技术委员会

国家科学技术委员会成立于 1958 年，为了“促进、协调与开展应用和纯科学研究”。在 1971 年，国家科学技术委员会拥有 490 位研究员和 13 个附属研究所，但到了 1988 年已经增加到 198 个附属研究所和 11 个区域研究中心，薪酬人员接近 7 500 人。这种引人注目的建制在 10 年以内就发生了，但显得混乱而无计划。更多的是当权的军方在 1966 年的军事政变之后为了削弱国立大学的地位而蓄意为之，而不是严肃认真的公共研发活动的长期规划所造成的。毋庸讳言，国家科学技术委员会绝对没在行政管理上做好准备来管理这些建制机构，事实上它一直处于官僚政治的无序状态。

在1988年大约40%的国家科学技术委员会的研究人员属于医学和生物科学，而人文科学领域的薪酬人员大约占26%，技术科学占14%。

关于国家科学技术委员会现状的一些特点引人注目。一方面，它是阿根廷最大和发展最快的研发机构。另一方面，在研究质量与生产率方面存在机构之间和项目之间的较大差异，因而还无法引入系统的质量控制和同行评议活动。

我们对面向经济生产部门的技术转移做一点评论。国家科学技术委员会当局在1985年开办了技术转移办公室（Technology Transfer Office），目的在于加强研究所与生产商品和提供服务的企业的联系。在1985～1988年间，公共部门和私人企业之间签订了大约225份合同。其中大约一半的合同涉及双方共同开展研发活动或者为研发活动提供经费，而另外的40%是关于国家科学技术委员会人员提供质量控制和度量衡等服务。将近一半的合同涉及化工和石化公司，令人惊讶的是，生物技术公司也占到10%。在大多数情况下，参与这些合同的都是没有自己的研发基础设施的中小型公司。合同的平均规模相当小，只有极少部分的年度经费超过10万美元（Nivoli，1990）。

原子能委员会

原子能委员会成立于1951年。其人员总数将近6 000人，其中研发活动人员1 600人。虽然阿根廷军方在战时就提出自主发展原子能技术的理念，但是国家直到20世纪60年代中期才决定建立发电核电站。第一个发电核电站在1973年投入运营，第二个在1985年。虽然这两个工厂都是以“交钥匙工程”的方式从国际转包商那里购买的，但是从第一期到第二期项目，本土参与和技术“解包”的程度上升得相当快（Tanis，1986）。

在1980年5月，原子能委员会与德国公司签订了建立第三个核电站的合同。原子能委员会这次走得更远，深入到它想要的技术的基础工程的细节之中，并承担起全面监督这个项目的责任，这意味着决不可以在这一特殊的活动领域中忽略“学习”的成分。

自成立起到现在，原子能委员会已经有了明确的提高技术人员和工程转包商的素质的政策。萨巴托等人（Sabato et al.，1978）开展的一项研究表明，接近1 000名物理、化学、放射生物学、冶金和材料科学的科学家和技术人员已经接受了出国培训。同时，作为其人力资源开发的一部分，各种试验工厂和试验研究反应堆在20世纪50年代末和60年代都建造起来了，为更进一步地应用研发提供了基础。

除了发展“内部”技术能力之外，原子能委员会还通过增加和发展转包商的数量而显著增加了外部性。

近年来，原子能委员会与私人公司签订了各种“合资企业”协议。与转包商的情况一样，原子能委员会对私人原子能工业的影响远远不能忽略。它已经培育出工程设计能力，通过阿根廷的工程设计公司（INVAP）供给本土和国外市场，该公司是一家研发和工程公司，目前雇用了500多人，为原子能委员会和私人公司提供电子仪表和生物医学仪器等领域的研究成果。

原子能委员会最近遭遇到了严重的预算削减和大量的科技人员流失。在近几年，国家发现了巨大储量的天然气田——估计有约50年可用的天然气储量储存在地下——使人们强烈怀疑阿根廷核电部门在未来扩张的可能性。

国家农业技术研究院

这一公共研发机构建立于1956年，目的是加强农业研究和推广活动。有意思的是，我们发现一个以初级原材料为经济增长主要源泉的国家，却在以前一直很少重视初级部门的研发。显然，这与澳大利亚或加拿大等资源禀赋类似的国家早期对研发活动的兴趣形成了鲜明对比，在这些国家里，农村生活水平、研究院所科研和生产能力的改善作为一项重要的公共承诺比在阿根廷要早很多（Fogarty，1977）。

农业技术研究院的预算由对农业和家畜出口征收1.5%的从价税来负担。拥有总共近5 000名的研究人员，农业技术研究院现在雇用大约1 900名专业科研人员和技术人员，比1956/1957年的起步水平高出3倍。其中大约有230人获得了硕士学位，54人完成了博士学位。目前有100多名学生正在国内接受硕士水平的知识培训，在世界各地的各种教育机构招收了40多位博士生。

农业技术研究院管理着一大批区域性实验农场和延伸机构。农业技术研究院的工作人员在这些年来已经组织并完成了接近 20 个研究计划。当然，并非所有的计划都是同样成功的，但是有证据表明其中一些在生产和传播基因物质以及生产组织技术的设计和扩散方面是非常成功的。尤其是宾娜等人（Penna et al.，1983）的研究证明了农业技术研究院开展的携带墨西哥小麦基因的小麦新品种的研发活动获得了很高的社会效益。同样的，目前关于生物技术的另一项研究也有捷报传来（Katz and Bercovich，1989）。尽管有这些成就，但专家仍然指出：在分子生物学和遗传学方面，农业技术研究院目前大大落后于国际科技前沿。

正如先前所说的那样，阿根廷的大学不是新技术的重要来源。基础研究通常是为了“科学进步”而展开的。在 1988 年用于研发的只有 3 000万美元，占 26 所国立大学 64 000万美元总预算的 5%。人们相信只有 1/4 的大学教授进行研究活动，其中将近 1/3 属于生物医学领域

布宜诺斯艾利斯大学（University of Buenos Aires）是阿根廷最大的大学，入学学生 11 万，最近成立了技术转移办公室，与生产部门签订了大约 20 份技术知识转移合同。这些合同的规模只是中等的。此外，这所大学与多家私人公司以及布宜诺斯艾利斯市政当局刚刚共同组建了一个公司——UBATEC，其目的在于推动对生产部门的技术转移。

无论是一般的大学活动还是特定的研发活动似乎正在经历一个衰退期，资金短缺的困难难以克服，而且从国家科技能力的角度看，它具有长远的破坏性。

国防部的研发支出

《国家预算法》第八章显示，国防部的研发活动占 1988 年整个公共研发支出的 6% 左右。

大约有 60% 的经费由军方武装部队科技研究院开支，它是军事部门最大的研究机构。该机构雇用了差不多 900 人，其中 200 人是受过高等教育的军事工程师。该机构每年的预算约 1 000万美元，其中的 25% 通常分配给研发项目。

阿根廷在武器的开发和建造上已经拥有一定的自主权。中程导弹、喷气式战斗机、中型坦克和大炮都是本土设计和建造的，大部分在军事工厂里。

阿根廷的军事装备和技术过去既出口到拉丁美洲，也出口到伊拉克和伊朗这样的中东国家，但是阿根廷在这方面的经验远远不如巴西，巴西已经逐步形成一个非常成功的军备出口部门，这主要是基于国有企业和私人公司之间活跃的研发和工程合作。而这种合作在阿根廷没有出现。

通过对阿根廷公共研发活动的观察，我们的结论是，它至今尚未成为国家创新体系的组成部分。尽管公共研发活动有潜在的社会价值，但是现在大约有 2 万名相关的专业技术人员未得到充分使用，只要国家能够找到制度上和经济上的机制以及激励方式，他们就能够成为现代化和科技变革的重要行动者。我们将在这章的最后一节讨论这个问题。

阿根廷的国家创新体系：概述和政策含义

对阿根廷国家创新体系的仔细考察表明，这个国家远没有形成一个处理科技知识的生产、传播和利用的中介、研究院所以及政策之间的完整连贯的网络。它也没有一个科技战略来思考成功地开发其在国际市场上的机遇。

首先考虑阿根廷的制造业历史。由于把外商直接投资和外部技术转让作为科技推动力的主要来源，并且由于国内的生产设备在规模、生产组织以及纵向合并的程度方面具有高度的异质性，因而我们并不奇怪制造业公司开展的大多数研发活动都是“适应性”工程活动，许多情况下不符合国际公认的研发活动的定义。缺乏合适的技术诀窍与工程套路、原料差异以及非常特殊的法律和制度环境，常常促使大型跨国公司的当地子公司利用国内工程活动和科技人力资源，对那些不是“现成的”产品设计或工艺工程技术进行重新创造。本土公司通常遵循类似的行为模式。虽然公司能够并且已经进行“适应性”的研发努力，但很少有公司在经历这一阶段之后从事更加复杂和先进的研发活动，而我们在其他国家的企业看到的并非如此，例如，许多韩国公司就积极地投入研发（Kim，1990）。

这种现象的背后可能有多种原因。一方面，历史上对国内工业化进程过度保护的特性，很可能对本地企业采取更加有活力的外向型态度产生了反作用。公司在国内从来没有真正感受到外部竞争的挑战，也没有得到决策者的引导去探寻出口市场。研发和出口承诺并没有得到税收减让的回报，这一点与世界其他国家很不一样。

与此同时，不稳定的宏观经济也在这一领域扮演了重要角色，加剧了本土企业规避风险的态度和投机行为。搜寻补贴和特权通常比创新行为和新生产力投资产生更多的回报。实际上，新资本设备上的投资在过去的10年里已经大幅减少，机器与设备、研发活动和企业家精神也普遍面临同样的境况。

然而正如前面所解释的那样，阿根廷的工业部门目前正在经历一个重大转型。旧的过度保护的工业部门正在逐渐失去阵地，而科技更加现代化的从事中间工业商品和资源型产品生产的新型公司开始获得自己的地位。对这些新来者未来的成功及其未来几年的科技战略作出预言肯定是过早了。一个更加稳定的宏观经济环境，对外部竞争保持更高的开放度，以及一个更加主动地对待科技前沿的政府政策，能很好地促使它们在未来的岁月里承担更多的技术义务。

工业部门的事情就到此为止。就农业而言，我们已经指出该部门经过多年的科技停滞之后，目前正在经历一个与新产品品种和杂交种子的扩散以及大量使用除草剂、肥料和新的生产组织技术相关的快速科技变革期。向日葵和大豆的产量在近期已经大量增加。尽管种植面积和每英亩产量现正处于历史最高峰，但是我们不能不注意到该部门还远远未能开发其真正的增长潜力和在国际市场上的机会。在这方面，支持农业技术变革和创新的国家创新体系没有完全成功地完成任务。

让我们现在转向公共的科学技术活动。优先领域、事前评估机制、事后同行评议使命以及协调机制等的缺乏，造成了低的研究生产率，对目的、方向及挫折缺乏判断，以及大量的闲置和无效率。然而，许多这些缺点能够在当代阿根廷的其他活动领域中找到，而绝不是公共研发机构独有的。

正如前面解释过的那样，今日阿根廷的很多领域都是过时的，人均收入比 10 年前大约低 20% ，宏观经济的平稳也一直处于不确定的状况。

如果认为这只是由于资源缺乏，只要为公共研发体系提供更多的资金——没有同时在组织、协调和责任方面投入更多——情况就可以明显改善，这种设想是错误的。毫无疑问，科研人员所得报酬过低——一个专业研究生在刚才提到的任何一个机构工作月均收入约为 300 美元，而且科研项目重复，研究团体仅仅是“空架子”，以及公共机构连获得有意义结果所必需的最小规模的实验设备或合格人员都不具备，这些现象表明，如果扩大公共研发支出是将来在社会中值得做的，那么还需要大量的重组工作。科学技术秘书处在此之前应该在协调、评估和重组研发机构和计划方面有一个长期而复杂的规划议程。

这种重组努力的一部分可以为公共机构与生产产品和提供服务的私人公司之间的合资与风险共担活动制定一套新的不同的原则。我们在前面已经看到，国家科学技术委员会和布宜诺斯艾利斯大学都已经探索这方面的机制，将来沿着这些线路继续前行是可取的。

现在让我们转向作为一个整体的国家创新体系的评论，它的优先科研项目和未来可能发生的事情。

显然，阿根廷现在面临的最主要的挑战之一就是如何恢复增长能力。在经过近 20 年的人均产量和新资本形成速度的每况愈下之后，很明显，如何重新走一条可行的长期增长之路是一个很重要的问题。

让我们假定我们原先描述过的工业结构调整过程将会在近期内继续下去，结果是，阿根廷最终会建立一个新的“工业体制”，在该工业体制中，工业结构、劳动组织、社会分工以及产业联系都将会失去许多与“旧的”内向型体制相关的异质特征。[5] 在这种场景中，制造业和农业出口可能会继续增加。

在这种情况下（也就是，较大的贸易顺差），国内财政和宏观经济政策问题显然涉及财政均衡、社会公平和收入分配，其重要性在将来必然与日俱增。将过度保护和内向型的旧体制转换到一个新的体制，解除更多的管制和向市场信号开放肯定不是毫无代价的。高失业率和不断恶化的社会公平和收入分配格局对正在进行的转型是不利的。在一个事前不对国家预算展开公共讨论、逃税相当高以及当权的公共机构没有能力管理可信的财政政策的国家，如果要实现增长潜力并且维持让民众接受的社会公平水准，那么就需要克服明显的体制缺点。国家创新体系对这样的目标可以不只在一个方向上作出重大贡献。一方面，它真的可以在现代化和改善国家严重恶化的社会部门（如健康和教育部门），等方面致力合作，这些部门现在由于大幅减少社会公共开支和投资而落后了（Dieguez et al.，1990）；此外，它可以成为新想法和新技术的重要来源，国家可以由此转型进入新的微电子世界，包括弹性生产自动化和无线电通信，这些都在国际上发展得特别迅速，阿根廷在未来必须考虑它们的发展。在这两个领域以及许多其他领域，阿根廷在不久的将来必须面对一系列的困难决策，如人力资源的遣调、劳动力素质的提高、考虑自身特殊的资源天赋和管制环境，来决定使用多少“现成的”技术，这种技术有多少可以由国内的研发来补充，有多少能被本土社会充分吸收等。正如先前的例子所显示的那样，如果阿根廷要使自身成功地适应世界体制、技术，以及经济方面的变革，那么就需要在未来密切注意与国家创新体系的功能相关的许多问题，这些问题足以列出一张长长的单子。在这些领域，我们能够找到强有力的理由，来说明去中心化的市场决策未必足以保证社会可接受的结果。尽管阿根廷的政府干预有一段众所周知的失败历史，但在将来仍然必须探究新的干预形式。当然，如果该国要恢复增长能力和保持民众可接受的社会公平水准，那么如何在市场失灵的领域做到公共管理与去中央集权化的市场决策之间的适当均衡？它必须对这个难题给出一个充满想象力的新答案。

注释

两位作者都来自阿根廷国家科学技术研究委员会。前一位是布宜诺斯艾利斯大学经济研究所的教授，也是拉丁美洲经济委员会（ECLA）的顾问。他们对本章观点负全部责任。本章是“支持工业技术进步的国家体系”项目的研究成果之一，作者在1989年11月在荷兰马斯特里赫特，以及 1990 年 10 月在加利福尼亚斯坦福举行的研讨会上的发言稿的基础上修改而成的。作者对研讨会上专家学者的详细评论致以诚挚的谢意。

［1］社会科学家通常将阿根廷与澳大利亚进行对比，澳大利亚在早期也经历了一个融入世界经济的类似过程，但它的长期绩效远远好于阿根廷。本章贯穿了对观察到的所有差异的各种解释。一方面，更加丰富的黄金和矿物资源允许澳大利亚的人口享受比阿根廷更高的人均收入，甚至在 19 世纪农产品出口高峰期来临之前（Diegues，1969）。另一方面，其他作者（Fogarty，1977）提出，比较早的开垦农田促使澳大利亚政府要求快速和普遍地推广肥料和小麦新品种，这比较早地对土地生产力和农业利润产生重要的影响。

除了上述之外，我们应该注意到一套不同的体制，例如，阿根廷的土地租赁合同与澳大利亚的很不一样，导致阿根廷的土地开发不如澳大利亚的精心，而且阿根廷采用新的农业技术也比较迟缓。在更一般的层面上看，很重要的一点是要认识到，尽管阿根廷有经济上的成功，但是它在 20 世纪初的那几年未能发展和巩固公民联盟和政治体制，而澳大利亚在经济快速扩张的同时建立起来了。这种无能的制度构造一直是阿根廷社会的主要特征，如今是实现成功的社会经济绩效的重要障碍。

［2］政治历史学家证实，阿根廷军方在 20 世纪 20 年代或者更早些的时候就已经拥有了强大的政治势力并且在公共机构中占据重要地位。然而，在 30 年代以乌里布鲁（Uriburu）将军为首的右翼民族主义集团反对伊里戈延（Yrigoyen）总统的公民联盟政府的政变之后，军方的政治角色和潜藏在军事教育之下的民族主义思想才在国家长期发展过程中变得更有影响力。经济上自给自足以及能够设计和建造不同类型的国防产品的强大军工产业的观念，在那时颇受青睐（D. Rock，1985）。这种军方统治对国家创新体系产生了非常显著的影响，引发了对国家发展进程产生长久影响的机构行为模式。例如，钢铁生产多年来被视为是一个“国家安全”问题，私人企业不准进入该市场以及引进新的生产技术。这样的政策对下游生产耐用消费品和资本货物的产业产生了负面作用。类似事例还可以在生产体系的其他领域中找到。

［3］工业增长、进口需求、外汇短缺、货币贬值以及收入分配效应所构成的结构模型——阿根廷的主要出口产品是国内价格直接反映外币价值变化的工资商品——自从 Diaz Alejandro（1970）开始研究之后，这些问题就在国内外的专业文献中广泛地讨论开了。

［4］如果想要弄清楚现在这种情况的意思，那么，完全具体化的和“现成的”产品功能的完美可用性的新古典主义隐喻并不非常有用。相反，不完全具体的生产诀窍知识、国

内企业家的不完全信息、"适应性"的研发努力、"技术学习"瓶颈和以不均衡为基础的进化论思想，似乎更加适合于我们需要调查的这些问题。关于这样的话题，读者可以参见Nelson和Winter（1982）以及Dosi等人（1988）的研究。

［5］调查各种潜在的将来可能阻碍新的工业体制发展的困难已经超出了本章的范围。高结构性失业、工业商品领域的贸易衰退、不断恶化的收入分配格局，以及剧烈的社会冲突在将来很可能增加，这就提出了一个关于如何稳定目前趋势的重要问题。

参考文献

Azpiazu, D. (1985). *La promotion industrial en la Argentina 1973 – 1983*. Buenos Aires: CEPAL.

Ablin, E., and Katz, J. (1985). *De la Industria Incipiente a la Exportation de Tecnologia. La experiencia Argentina en la venta international de planlas industrials y obras de Ingeneiria*. Cepal/ Eudeba, Bs. As.

Ablin, E., Gatto, F., Katz, J., Kosacoff, B., and Soifer, D. (1985). *Internationalizatión de empresas y tecnologia de origen Argentina*. Buenos Aires: Cepal/Eudeba.

Bercovich, N., and Kalz, J. (1988). "Innovación genética, esfuerzo público de I&D y la frontera tecnológica internacional. Nuevos híbridos en el INTA." *Desarrollo Economico*, Buenos Aires, July-September.

Canitrot, A. (1975). "La experiencia populista de redistributión de ingrcsos." *Desarrollo Economico*, Buenos Aires, October/December.

CEPAL(1959). Análisis y proyecciones del Desarrollo Económico. El desarrollo económico de la Argentina. Parte II. Naciones Unidas, Mexico.

Diaz Alejandro, C. (1970). *Essays in the Economic History of the Argentine Republic*. New Haven: Yale University Press.

Dieguez, Ⅱ. (1969). "Argentina y Australia: algunos aspectos de su desarrollo económico comparado. *Desarrollo Económico*. Buenos Aires, January/ March.

Dieguez, H., Llach, J., and Petrecolla, A. (1990)." El gasto Publico social. " Centro de Investigaciones Económícas, Institute Torcuato DiTella, August, Buenos Aires.

Dosi, J., Freeman, C., Nelson, R., Silverberg, G., and Socte, L. (1988) *Technical Change and Economic Theory*. London: Pinter Publishers.

Escude, G., and Gucrbcroff, S. (1990). "Ajuste maeroeconomico, deuda exlerna y ahorro en la Argentina. "In *Ahorro y formatión de capital*. CEPAL/ONUDI, Buenos Aires: Grupo Editor Lationamericano.

Fogarty, J. (1977). "Difusión de technología en areas de asentamiento reciente: el caso de Australia y de la Argentina. "*Desarrollo Economico*, Buenos Aires, April/June.

Huici, N. (1988). *La inditstria de maquinaria agrícola en la Argentina*. Buenos Aires: C1SEA.

Katz, J. (1973). *Patentes de invention, Convenio de Paris y paises de menor grado de desarrollo rela tivo*. Mimco, Institute DiTella, Buenos Aires.

Katz,. J. (1974). *Importation de tecnologia, aprendi zaje e industrializatión dependienle*. Mexico: Hondo de Cultura Económica.

Katz, J., & Kosacoff, B. (1983). "Multinationals from Argentina." In S. Lall (ed.), *The New Mul tinationals. The Spread of Third World Enter-prises*. New York: Wiley.

Katz, J., and Kosacoff, B. (1989). *El proeeso de industrialization en la Argentina: Evolution, retroeeso v prospectiva*. Buenos Aires: CEAL/CEPAL.

Kim, L. (1990). Korea's National System for industrial innovation. Mimeo, presented at Stanford University, (Final version in this book.)

Lall, S. (1982). *Developing Countries as Exporters of Technology. A First Look at the Indian*

Experience. London: Macmillan.

Nelson, R., and Winter, S. (1982). *An Evolutionary Theory of Economic Change*. Boston, MA: The Belknap Press of Harvard University Press.

Nivoli, A. (1989). "Balance de la experiencia de la Oficina de Transferencia de Tecnologia." *Revista del Derecho Industrial*, Ediciones DEPALHA, Buenos Aires, January-April.

Obschatko, E. (1988). *Transformation economicay tecnologica de la agricultura pampeana* 1950 – 1984. Buenos Aires: Ediciones Culturales Argen tinas.

Penna, J. (1983). *Difimon de las variedades de trigo con germoplasma mexicano y su impacto en la production national*. Buenos Aires: INTA.

Potash, R. (1969). *The Army and Politics in Argentina*. 1928/1945 *Yrigoyen to Peron. Stanford:* Stanford University Press, 1980.

Rock, D. (1985) Argentina 15/6 ~ 1987. *From Spanish colonization to the Falklands war*. Berkeley, CA: University of California Press.

Sábato, J., Wortman, O., and Gargiulo, G. (1978). *Energia Atomica e Industria National*. Washington, D. C: OEA.

Schvarzer, J. (1983). "Cambiosen el liderzgo indus trial Argentine en el periodo de Martinez de Hoz." *Desarrollo Economico*, Buenos Aires, October/December.

Tanis, S. (1986). "Evaluatión de lacapacidad indus? trial Argentina y desarrollo de los proveedores para instalaciones nucleares." Paper submitted at the Seminar on Supporting Industrial Infrastruc-ture Requirements and Development for Nuclear Power, organized by the International Atomic Energy Agency, Vienna, April.

World Development. (1984). Exports of Technology by Newly-Industrializing Countries. Case studies on Hong Kong, Taiwan, Korea, India, Egypt, Brazil, Mexico, Argentina, Vol. 12. Oxford: Pergamon.

第15章　以色列创新体系：状况、绩效及突出的问题

莫里斯·托伊贝尔（Morris Teubal）

以色列创新体系的特点很大程度上源于以色列所处的周边环境，以及影响20世纪前10年犹太人向巴勒斯坦移民的各种力量。特别是，犹太人的学术传统、建立一个现代化国家的决心以及复国主义（Zionist）❶意识形态作为主要的驱动力，为现代科学研究、技术发展、新一代科学家的培养奠定了功能化和建制化的基础。希伯来大学（Hebrew University）与海法技术学院（Technion of Haifa）早在1948年以色列建国的25年之前就建立了。魏茨曼研究院（The Weizmann Institute）从1934年开始运作。农业与医学领域内重要的应用研究以及工业研究的出现也是如此。

科学技术体系在建国后的第一个10年里继续保持了扩张和创新的势头(20世纪五六十年代)，[1]下列事实能够解释上述的突出特征：很大一部分国民生产总值用于研发、大学体系实力强大、国防与政府资助在研发中占主导地位。即使以国际标准来看，这也是一段经济快速增长的时期。

---

❶　也叫“锡安主义者”。在圣经里，古代耶路撒冷有两座山，东边的一座叫锡安山，时间在公元前10世纪，在《旧约》中，用来指代耶路撒冷。大约3千年前，大卫王定耶路撒冷为以色列的首都，之后耶路撒冷一直保持着都城的地位。“锡安主义”也就成立犹太人民民族运动的代名词。——校者注

20 世纪七八十年代是历史的转折点，无论是经济增长还是科技创新都出现了断档。本章第一节主要关注经济绩效，第二节则讨论七八十年代的政策（主要是技术方面）与制度。前一节探讨结构变化与经济增长之间的关系。在简要描述五六十年代的情况之后，我们提出在七八十年代出现了“悖论”：深层次的结构变化在继续——在大量科技人才的推动下高技术产业诞生了并不断成长——而经济却出现了停滞与衰退。这可能是由 80 年代国防部门科技活动的“排挤”效应导致的。然后，第二节描述了 80 年代技术政策的僵化状况，与此同时出现了经济停滞。最突出的表现是以色列缺乏新兴技术的基础设施，在具有大量人才储备的情况下，这些基础设施通常能将经济推回到合理增长的轨道上。在中小企业与传统产业、国防与高科技以及战略科学等领域，制度—组织—政府（而不是市场）的失效广泛存在。在最后一节，我把失效问题与下列问题联系起来讨论，这些问题包括：以色列没有能够建立起新的经济合作网络模式，在 80 年代以色列政府也没能够制定出有前瞻性的计划，以及明确其在国际社会中的地位。

经济增长、结构变化与科学/技术发展的背景

我们认为，以色列经济绩效下滑的一个重要方面表现在 70 年代的技术政策以及相关制度，在这一节中，为了对此进行深入探讨，我将提供一些重要的历史背景和动机分析。

20 世纪五六十年代：经济发展与科研模式

经济结构

以色列的经济遵循的是 1948 年建国之前的委任统治时期的犹太人经济行为，具有在政府政策的促进下迅速发生结构变化的传统。虽然自 20 世纪 20 年代以来，制造业（包括矿业）的比例并没有明显变化，如果有变化的话，也就是在这一时期有了轻微的下降，在 1986 年占国民生产总值的 20% 左右，但

在第二次世界大战期间和以色列建国之后，制造业的结构发生了巨大的变化。在20世纪50年代，一系列产业部门成为政府的目标：食品加工、服装皮革、金属等。它们与农业部门都受到了政府的优先支持，为供应1948～1951年间移民到以色列的70万人口的需求作出了贡献，其中大多数移民来自阿拉伯国家。[2]获得支持的产业部门主要是劳动力密集型的，支持措施包括进口关税、配额、投资拨款和贷款。在60年代，政府把目标转向另一类型的产业，资本密集型的和出口导向型的。这些部门包括纺织、化学、水泥与矿业，以及60年代末的高科技产业。支持措施除了上面所提到的之外，还有出口补贴与工业研发补贴。上述政策虽然没有怎么体现出促进技术发展的内容，但对其总体评价是好的。派克（Pack，1971）在关于以色列经济的书中认为，虽然这种增长路径从成本—收益分析的观点看，不一定是效率最高的，但取得了良好的效果。因此，虽然以色列政府在处理投资、人口分布、就业政策等事务上效率不高，但却是世界上整体经济增长率最高的国家之一，在1950～1970年间可能位居第二，仅落后于日本。[3]在“现代化”工业发展早期市场失效的情况下，如，产业与技术还很稚嫩、缺乏企业家、资本市场不发达、需要协调产业发展、接收移民、巩固国防以及其他因素，但人们能够理解政府对经济进步的贡献。此外，在那个时期，这个年轻的国家所面临的任务是相对明确的，许多非凡的个人填补了政府的空白，实际上是一段以色列国家的“英雄”时代。

科学与技术

委任统治时期（1918～1948年）的科学活动主要涉及土地特征研究——气候、土壤、水资源——动植物生命、灾害与疾病、地理以及地质。基础研究的开展遵循着西方传统的学术自由原则，农业研究与当时的标准相比达到了一个相当高的水平。但除了一些与死海有关的工作，几乎没有工业研究。在独立之后，本-古里安（D. Ben-Gurion）总理亲自担任在1949年成立的研究理事会（Research Council）的主席，研究理事会的目标是进一步拓宽以色列科学工作的体制结构。在20世纪50年代，新政府建立了许多政府研究实验室。比如，纤维研究所，目标是支持纺织产业的发展，为超过50万的来自阿拉伯国家的犹太难民提供就业岗位；另外还有国家物理实验室。以色列还建立了几所新大学——TelAviv，Bar-Ilan，Negev——并创立了其他机构，如 1959 年成立的国家研究与发展理事会（NCRD）与 1961 年成立的以色列科学院。

到了 60 年代中期，科学工作的制度安排在按部就班地进行，新的努力是加强现有机构的实力而不是建立新的机构。这一时期还首次出现了更为系统的面向科学与发展的尝试。因而，我们在国家研究与发展理事会的目标中发现了面向研究和发展的政府政策规划，以及对各领域内“国家研究需求”的界定。然而最重要的事件是，1966 年任命了一个组织与管理政府研究的委员会——Kachalsky 委员会。委员会最主要的任务是建议贸工部等政府部门设立首席科学家工作局，以协调科学家在研究与技术中的活动以及促进应用研究的发展。这是 70 年代民用工业研发支出增长的一个重要背景。

农业研究

在委任统治时期以及以色列建国后的前 20 年，农业研究都扮演了重要的角色。[4]科学知识被理解为一种工具，从旱作农业方法（包括畜牧业与种植业分离以及体力劳动）转向家畜养殖与灌溉相结合的混合农业模式。有组织的农业研究从 20 年代犹太农业研究站（A. R. S.，现在的 Volcani 研究所）的建立开始，它是按照美国农业与机械学院的模式建立的。早期需要的知识分成两类：一类是与土地自然特征有关的知识，另一类是可直接应用的知识。A. R. S. 的重要活动主要是植物学、动物学和地质学的研究。这种“通用型研究”既来自科学旨趣也与当地的农业共同体直接相关——它为选择开垦区域提供了基本信息；没有它们对土壤、气候、植物和动物的状况进行调查，那么在乡下或其他地方应用新实验结果的可能性将会受到很大的限制。虽然，自由的农业研究工作人员可以脱离政府控制与政治压力，但他们与农民之间有非正式的紧密联系，因而农业研究对农业生产力提高的贡献是巨大的（比如，出于意识形态的原因，科学家也从事土地开垦工作并为农民提供重要的服务，如种子测试与人工授精）。在 20 世纪 30 年代，随着代表研究人员、用户和管理者的“部门委员会”的出现（如：农作物委员会、柑橘委员会、家畜饲养委员会等)，两个群体之间的关系更为制度化了。

在四五十年代，希伯来大学建立农学系，农业研究——甚至在Volcani研究所，科学论文也日益成为擢升的基础——开始变得学术化了。此外，从功能上将研究与服务或开垦进行区分也逐渐出现了。然而，农业研究对农业生产力的贡献一直贯穿了整个80年代，尽管对这个评价还缺乏系统的研究。

20世纪七八十年代：高科技产业的兴起与经济增长绩效的下滑

在1973~1974年后出现的产业结构急剧变化，与总收入和人均收入的快速增长之间的关系在某种程度上是逆相关的。毋庸置疑，这是一段高科技产业产生与发展的时期，被广泛地认为是成功的产业和技术政策带来的结果。过去20年最显著的特征是技术与研发密集型产业的相对重要性在上升。表15.1显示了以三位数产业分类标准[1]为基础的技能强度（skill intensity）的产业门类。技能强度被定义为科学家与工程师占劳动力的比例（参见Halperin et al.，1988；Teubal，1989)。它似乎是判断先进程度的最重要变量，以色列的研发数据并不包括国防研发。三种明确界定出来的产业类型分别是："H"类（高科技产业)，包括光学与精密仪器（SIC号码280，281)、飞机与船舶（262，263)、电子与通信设备（254，253)；"OS"类（其他高端产业)，包括各类金属产品、重型和特殊化工产品、电气用品；"C"类（传统产业)，包括所有其余的产业，如食品与纺织、纸浆与造纸、木材与家具。1984年，上述三类产业的技能强度分别是16%、6%与2%。这三类产业很大程度上与帕维特(Pavitt，1984）提出的划分相符——科学型产业，生产密集型产业，传统产业——存在某些差异主要是以色列的特殊情况造成的（如：与大多数发达国家不同，医药产业在以色列并不是高科技产业)。

---

[1] 三位数产业分类标准来自"北美行业分类体系"（NAICS)，产业根据生产活动的类型来界定。从1991年开始，取代了过去一直沿用的"工业分类标准"（SIC）代码。——校者注

表 15.1 以色列：工业种类与技能强度（1984 年）[a]

子部门/种类	SIC	技能强度（1984 年）	%
“H”类			
	(280，281)	光学与精密仪器	12
	(262，3)	飞机与船舶	16
	(254，3)	电子与通信设备	18.5
		1984 年	16.0
		1987 年	(18.5)
“OS”类			
基本金属	(220，1)	钢铁铸造	4.1
	(223)	管道	6.4
金属产品	(233，4)	供热设备与烹饪设备	4.8
机械	240，1，3	农业、工业以及建筑、抽水机和压缩机使用的设备	7.0
	242	服务与家用设备	4.9
电力	250	电动马达	6.4
机械	251，2，3	电池、家庭耐用消费品、照明设备	4.3
矿业	100，3，4，8	盐矿与矿石	7.2
化学品	200	基本化学品	8.6
	201	医药	5.7
	202，3，4，8	肥皂和清洗剂、油漆以及其他化学产品	5.6
	205	消毒剂和杀虫剂（还有除草剂）	8.4
		“OS”的平均强度（1984 年）	6.0
“C”类			
所有其他三位数子产业		（食品，纺织，木制产品，皮革和鞋等）	
		“C”的平均强度（1984 年）	2.0

a：科学家与工程师占产业部门/种类工作人员总数的比例。

表 15.2 描述了 1968～1983 年间以色列产业部门的结构变化，涉及上述各类产业的投入产出比的变化。工业产量与出口份额都增长得非常惊人的是“H”类（很大程度上与“C”类相反），从 1968 年的 6% 和 5% 增长到 1983

年的24%和28%。投入的变化也很惊人：在那两个时期，“H”类的技术人员、有形资本，以及劳动力所占的份额都上涨了不止2倍。特别是，高科技产业雇用的科学家和工程师占产业就业人数总量的比例从30%上涨到70%。

表15.2　1968～1983年以色列产业结构的变化[a]

	产量比例			出口比例			技术人员比例		资本比例			劳动力比例		
	“H”	“OS”	“C”	“H”	“OS”	“C”	“H”	“OS”“C”	“H”	“OS”	“C”	“H”	“OS”	“C”
1968年	6	20	74	5	42	53	~30	~70	4	30	66	6	15	79
1983年	24	20	56	28	32	40	~70	~30	11	32	57	17	14	69
比例变化	+18	-0	-18	+23	-10	-13	+40	-40	-7	+2	-9	+11	-1	-10

a：不包括钻石（所有数据都是百分比数据）。

资料来源：Halperin et al.（1988）and Teubal（1989）。

产业发生结构变化的影响和意义是深远的。库兹涅茨比率（Kuznetz，1971）和结构主义者通常认为，刚开始及后来，这本应该可以阻止制造业生产总量增长与制造业全要素生产率（TFPG）增长的持续下降或停滞。[5]可它们却在20世纪70至80年代早期出现了剧烈下滑，正如表15.3所示，1980～1984年间全要素生产率下降到了零（Bregman，1987）。[6]当我们把目光转向商业部门时也可以发现同样的趋势（情况比工业更严重）——参见表格的下半部分。把经济作为一个整体来看时，同样反映出相似的趋势（参见Syrquin，1986）。

表15.3　以色列产业与商业部门的绩效增长（年均百分比变化）

	1968～1972年	1973～1979年	1980～1984年
工业			
生产	15.1	4.9	2.5
TFPG[a]	7.0	1.4	0.0
		1961～1972	1973～1981
商业部门绩效			
国内生产总值		9.7	3.4

续表

	1968～1972 年	1973～1979 年	1980～1984 年
每小时国内生产总值[b]		5.8	2.4
TFPG		4.2	0.6

a：TFPG，全要素生产率增长。

b：国内生产总值，国内生产总值。

资料来源：工业：Bregman（1987）；商业：Metzer（1986）。

技术人员的增长以及科学与研究的定量指标

技术人员的快速增加是解释六日战争（Six-Day War，即 1967 年爆发的第三次中东战争）以后高科技产业增长的一个核心要素。表 15.4～表 15.6 显示 20 世纪 60 年代以来技术人员数量的增长，大部分是以色列产业界的数字。表 15.4 以贸工部（MI&T）的数据为基础，我们看到制造业中科学家与工程师的数量从 1968 年的 3 400 人增长到 1987 年的 20 000 人左右（年平均增长率为 9.2%）。表格同样显示了在这一时期制造业技能强度的显著上升——从 1.3% 到 5.8%。表 15.5 还提供了制造业技术人员的数据，不仅仅是狭义的科学家与工程师，而且还包括技术人员（含应用工程师）。此外，还有产业技术人员占技术人员总数比例的信息统计（如，产业界雇用的以色列科学家与工程师占科学家与工程师总数的比例从 1961 年的 21.4% 上升到 1983 年的 30.8%）。我们注意到，产业技术人员和应用工程师比例相对增长缓慢（稳定在 1/3 左右）。最后，表 15.6 以国际视角观察了以色列技术人力资源的状况；它显示出一个已经变得非常明显的事实，即从 1967 年起以色列产业界的科学家和工程师的增长是一个很显然的现象，可能是有记录以来最快的增长之一（前提是 1967 年以色列的技术人员基数非常低，人均基数甚至还不到美国同期的一半），肯定超过了国家整体技术人员的增长。这一现象与 1967 年以来的高技术产业增长、大学体系、移民等情况有关。如果我们接受“结构主义”的观点，认为技术人员是经济增长的关键因素，那么在这一时期制造业部门发展潜能是巨大的。可为什么没有实现呢？其中一个方面与国防在工业，特别是在高科技工业中的角色有关。在思考这个问题之前，让我们找出一些新的以色列科学与研究的定量指标，这些指标一部分与技术人员的增长有关（见表 15.7）。

表 15.4　以色列：制造业的就业人口数、技术人员数和技能强度（总计）

年份	就业人口总数	技术人员总数	技能强度（%）
1968	227000	3400	1.3
1971	272000	4184	1.5
1975	292000	6749	2.4
1978	308000	8860	2.9
1981	313500	12158	4.0
1984	331000	17450	5.3
1987	341150	19735	5.8

资料来源：贸工部。

表 15.5　以色列的技术劳动力

	1961 年	1972 年	1983 年
科学家和工程师			
产业	1470	3560	10180
总数	6870	15985	33070
产业所占百分比	21.4	22.3	30.8
技术人员			
产业		9225	15315
总数		30295	45990
产业所占百分比		30.5	32.6

资料来源：中央统计局，1961 年、1972 年、1983 年人口普查；劳动人口附加报告（No. 13）与贸工部的数据相比，上面的数据要小一些。我们认为这是因为在人口普查中科学家和工程师的定义更为严格，也可能由于贸工部数据库中的企业报告在数据统计上存在偏差。

表 15.6　产业界的科学家和工程师数量——OECD 与以色列

	美国	英国	联邦德国	法国	日本	以色列
1967 年	495500	49900	61000	42800	117600	3400
1980 年	573900	80700	111000	68000	272000	12150（1981）
上升百分比	16	62	82	59	132	257

资料来源：Halperin（1986）。

以色列是研发占国民生产总值比例最高的国家之一，在 20 世纪 80 年代超过 3%，与三个接近这一比例的大国美国、德国、日本相比（这一数据在 70 年代中期也是世界最高的国家之一），以色列可能是世界上国防研发占研发总量比例最高的国家。我们的估计是大约 2/3，如此一来，非国防研发占国民生产总值的比例就被日本、联邦德国以及其他国家大大超过了。另一个特征是研发总量与民用研发中有非常高的比例是由政府支付的。在 70 年代中期，62% 的民用研发是政府资助的，当时只有挪威能赶上（70 年代其他国家的比例范围从日本的 27% 到比利时的 47%）。即使在今天，以色列估计还是在这个数据上名列前茅。产业就业人口的技术密集度与研发技术人员数量（技术人员的定义是科学家和工程师）的数据还可通过其他渠道获得：在 70 年代中期，以色列技术人员占人口的比例为世界最高之一——每万人口中有 40 名技术人员——同时期最高的是美国 42/10 000人。在 80 年代中期，我们有一些数字（表 15.7C）显示每万名劳动人口中获得自然科学与工程学位的情况，不管是研究生学位还是本科生学位，以色列在发达国家样本中的排名都很高（仅被日本和美国超过，具体情况要看专业与学位）。

表 15.7 以色列：与基础科学和技术相关的一部分指标

A. 研发总量比例[a]						
	总研发×100 国民生产总值		国防研发×100 总研发		政府资助的民用研发（%）	
年份	1974～1976	1987	1970s	1981	1970s	1984
1974～1976，1987	2.2	>3.0	40	65	62	79[7]

B. 民用研发分布（百分比）			
年份	大学	产业	政府
1974～1975	60.0	22.0	18.0
1978	45.0	43.0	12.0
1982～1983 各种来源	47.0	37.0	16.0

C. 每10 000名劳动人口中获得自然科学与工程学位的情况				
	本科生学位		研究生学位	
年份	自然科学[8]	工程	自然科学	工程
1986～1987	9.5	8.1	4.2	2.0

a：科学发展部（Ministry of Science and Development）（1988）。

来源：UNESCO，1987 年统计年鉴，巴黎，1988；以色列的数据来源：以色列中央统计局（Israel Central Bureau of Statistics），1986/1987 年度高校授予学位情况，耶路撒冷，1988；高等教育委员会——规划和审批理事会，以色列高等教育——1986/1987 年度统计摘要．耶路撒冷 J，1988。

第二个重要方面是民用研发在广义的执行部门——产业界、大学和政府——的分布情况。20 世纪 70 年代中期的情况令人感到吃惊，因为将近 60% 的民用研发在大学，与此同时其他国家控制在 8%（英国）与 33%（挪威）之间。相应的，产业界的民用研发比例就非常低了（只有 22%），挪威是第二低的，但也有 51%。这清晰地表明，以色列的研发结构在那个时候是不平衡的——大学强势而企业弱小。此后，以色列对这种不平衡进行了局部调整，比如，在 1978 年企业开展的民用研发比例已经上升到了 43%（见表 15.7B）。虽然现在可能更高了，但以国际标准来看，大学开展研发的比例还是相对偏高。

以色列技术人员的增加与科学技术的实力带来了以色列经济发展中的一个悖论：产业结构发生了重大变化（被这些因素推动），但经济增长绩效在下降。我将分两步来说明这个问题，首先从宏观经济要素与国防的角色入手，然后讨论失败的政策和制度（尤其在 80 年代）。

解释以色列悖论：宏观经济要素与国防研发

新古典主义经济学家提出的解释整体绩效下降的最重要因素是，在 1982～1983 年与 1985～1986 年间经历的高通胀与快通胀——1983～1984 年的通货膨胀率达到了 400% 左右。这种程度与速度的通货膨胀往往伴随着物价的剧烈变化，影响投资决定的不确定因素增加，与生产力增长和效率提高相关的财政管理的时间与困难增加，等等。关于这些后果的量化评估，参见布雷格曼（Bregman，1987）的工作。一个相关的因素是政府的投资政策，它引起了在通货膨胀急剧增长时期高强度的资本补助：在 1973 年纽吉普战争（Yom Kippur，也叫“赎罪日”战争）后的大部分时间里，对政府贷款不用或只支付极少部分利息。结果是，过度投资导致资本的利用效能非常低，以及产业领域高度资本密集型技术的生产。梅策（Metzer，1986），布雷格曼与梅沙（Mayshar，1986）都对这些政策效果进行了分析。他们得出的结论是，如果产业政策没有被误解的话，它肯定是不适用于 20 世纪七八十年代宏观经济的混乱状况的。

军事部门的影响

六日战争产生了一个观点，即大型军事设施的发展需要高度的自治或专治，既有军事原因也有政治原因。它还认为，与美国当时的主流观点一致，军事工业的间接效应与衍生作用（如，在工业出口领域）是重要的。因而，从经济的观点来看，将要发展的军事工业也应该是有战略意义的。表 15.8 提供了军事—工业部门的定量参数，同时，表 15.9 从全产业的视角提供了与技术相关的方面。它至少指出了军用与民用在技术人才使用上可能存在激烈的竞争。

表 15.8　以色列的军事工业部门（1984 年）[a]

部　门	数值
1. 就业人数	65000
2. 工程师与科学家	11000 ~ 12000
3. 技术人员	14000
按百万美元计算	
4. 销售	2250
5. 研发	750
6. 出口	850

a：军事工业部门包括 IAI（以色列航空工业）；Rafael（国防军备发展管理部——A. D. A）；IMI（以色军事工业公司）；IDF（以色列国防军）的内部活动，包括研发、技术改造、生产（不包括维护）；研究核能的国家实验室；进行军事生产与研发的企业和工厂以及前面没有提到的其他部门（Tadiran，Elta，Elbit，EL-Op，Soltam，Urdan，Elisra，以及一些更小的企业）。

资料来源：Halperin（1986）。

表 15.9　军事工业与民用工业：竞争重要资源

技术人才	军事—工业体系（1984 年）（a）	工业（b）	a/b（%）
科学家与工程师	11000	17450[a]	63
	14000	15315[b]	91
技能强度	1978	1984	1987
“S” 类产业[c]			
民用	3.1	8.6	9.1
军事	5.6	9.3	11.0
“H” 类产业[c]			
民用	6.3	12.6	14.5
军事	9.0	17.6	19.4

a：数据源于贸工部（1984）。

b：数据源于中央统计局（1983）。

c：这里的“H”包括了二位数部门（代码为 25 与 26），而不是组成“H”的（代码为 254，3）、（262，3）和（280，81）的产业。因此它包括了电力机械（250 ~ 3）但不包括电场光学与精密仪器。1987 年“H”类产业的技术人员占所有技术人员的比例大约为 60%。

需要强调的一个核心要点是，高额的国防支出既因为国家面临着安全问题也因为前面提及的军事工业在战略上的重要性，军事研发带来了通货膨胀问题并吸收了一大部分不断增加的技术人员。[9]后一影响通过“排挤”效应在20世纪80年代早期阻碍了民用高科技的成长，这种现象类似于英国和法国（Ergas，1986），与国家的科学/技术体系有关。我会以1970～1985年间的军事工业与民用高科技的数据作为这个观点的基础。

20世纪70年代是一个军事工业的国内销售额快速增长的时期——包括了军备武器以及对国防部的研发采购——与此同时，军事出口也快速增长。虽然在70年代前半期在国内销售量经历了一个加速阶段之后是增长率的递减（在一些年份甚至是绝对下降的），但军事出口在整个70年代保持着快速且稳定的增长。国内销售与出口的重要分叉发生在80年代的前半期：军事工业的国内销售快速增长，但军备出口则遇到了急剧的下滑，直到1985年才恢复到1980年的水平。造成这种分叉的一个主要原因是这一时期大型军事研发计划的开始，例如，一直命运坎坷的Lavi战斗机项目。这意味着国内采购急剧增加，而出口市场萎缩，这就是为什么军事工业出口绩效会下滑。[10]在20世纪70年代，民用高科技的出口水平与增长速度都低于军备出口。然而，在80年代，民用高科技出口持续增长，虽然1985～1986年产业部门内出现了危机，但在1983～1985间还是暂时地超过了军用高科技的出口。这是民用高科技成熟程度增加及其对国家经济贡献增加的一个迹象。

在80年代，高科技部门从初生阶段发展到成熟阶段所获得的相对“成功”，被其他要素特别是军事研发在这10年中的急剧扩张所冲淡了。

这有非常多的原因。首先，军事高科技部门的平均工资超过了民用高科技[11]；其次，更重要的是，军用高科技产业的高工资加快了民用高科技产业工资上涨的步伐。这样，在80年代早期，民用高科技产业的科学家与工程师工资的急剧上涨深受军用高科技部门工资上涨的影响（虽然军备出口减少了）。工资上涨能够部分解释民用高科技在这一时期面临的问题，那时许多企业正计划并实施重要的投资以进入出口市场或扩大其在出口市场的份额。技术劳动力雇佣成本的急剧上升阻碍了民用高科技旺盛的扩张，并成为80年代中期出现危机的原因。[12]

第二，同样重要的，我们关注的经济绩效下滑（尤其在80年代），其原因也与技术政策和制度有关。我们现在转而讨论这一问题。

技术政策和制度

这部分将更加彻底坦白地讨论技术政策和以色列的创新体系。在60年代晚期，以色列率先建立了国家直接补贴产业研发的机制，集中补助基本由小企业构成的产业开展的研发活动。然而，在20世纪80年代，以色列创新体系的一个根本弱点暴露出来了，特别是没有成功建立技术创新所必需的新兴技术基础设施。这个问题将在接下去的一节中讨论，我们还要讨论国家在建立新合作模式、新制度与网络方面的失败，这种失败在政策制定与执行上都存在。

对民用工业研发的直接支持[13]

以色列促进民用技术发展的体系以贸工部的首席科学家办公室为核心。这一机构在60年代成立，是国家研发政策转向应用性研究和发展的一个表现。当时大多数应用研发集中在农业与国防领域，体系的目标是将这一行为扩散到其他领域。出于这一目的，成立了许多首席科学家办公室，其中最重要就是位于贸工部的那一家。

促进民用技术发展体系的目标是：①促进高科技产品出口，更具体地说，是本土研发所生产的产品的出口；②更宏观地，促进产业结构变化朝向研发密集型产业。具体的目标是促进工业企业而不是研究院所直接开展研发活动；以及，如此相关的，激励创新能力以及高科技创业的发展。[14]新出台的“促进纲要”（大约在1967~1968年）的对象目标首先就是中小企业（包括那些还未成立的）——所谓的新兴企业——而不是那时几乎不存在的大型工业企业。

政策工具与支持场所

政策执行涉及对工业企业直接开展研发活动的拨款的分配。支持的重点不是政府实验室（实际上，这些实验室的研发补助在新纲要实施后减少了），也不是支持金融机构的风险投资部门。在那时，这种支持方式是相当有革命性的，因为普遍认同的支持工业技术发展的理念是，首先支持政府实验室的研发，其次是促进已开发的技术向工业企业转移（如，印度的案例，甚至在今天，中国台湾也是这样强调的）。[15]

关于政策工具——拨款——就我所知在当时几乎没有国家采用这一方法，即使有也非常少。美国和加拿大倾向于运用税收减让而不是拨款来支持研发。拨款更适用于小型企业环境，特别是那些现在还没有实现盈利的企业。

政策的设计者清楚地知道创新的关键瓶颈是研发，结果，政策仅仅支持创新过程中的这个阶段。先前出台的纲要可能会为其他阶段如有形投资（physical investments）与打开出口市场提供激励。经验表明这可能不是正确的设计，至少对长远发展而言是不对的。今天我们感觉到，研发太多了，而有效应用研发的比例过低。部分问题在于研发后阶段的投资太多了，尤其是对出口市场的投资。这通常会超过对研发的投入，而以色列的金融机构很少为了这些非常规目标而放宽贷款。在过去几年里，研发的定义泛化至少是造成问题的原因之一（它现在还包括所谓在测试网络平台上进行的原型测试。）然而，至今仍然没有一个整合机制把创新过程作为一个整体来支持。这可能是以色列直接支持产业研发的一个主要缺陷。

支持程度与政策方法

50% 的研发补贴率被认为是政府与企业共同分担努力和风险的合理比例。这一比例在今天仍然作为标准应用在大多数项目中。

支持在过去是而且也一直是普遍的（如，任何研发项目只要满足诚信、技术可行性等一些最低准则，然后有一张市场推广清单就可以获得支持）。项目属于哪个产业部门或涉及哪种技术是无关紧要的。此外，50%的比例适用于所有项目——只要它们是面向出口的——这至少保证了研发促进纲要在形式上的中立性。[16]

数量上的趋势与政策效果

表15.10给出了一个统计上的概貌。表15.11更具体地列出了1966～1985年间以色列工业中民用研发的支出。1966年名义上的民用研发总量是460万美元，1985年上升到33 500万美元。1969～1984年间研发的实际增长率是年均18%——一个增长非常快的比例。1986年之后，出于许多原因产业研发下降得很快，包括政府支持的减少（同时，在20世纪80年代早期引入税收减让制度失败之后，又回到对大企业的研发拨款了）。与研发的显著增长一样，表15.11也表明了民用研发占工业销售额的比例也有了显著的增长——从1970年的0.45%上升到1984年的1.91%。高端产业组（大致包含我们刚才提到的"H"类与"S"类）与传统产业组之间的简单划分却在本质上强调了这两个部门在研发强度上的巨大差别，存在一种二元的经济类型状况，很可能还出现第一组的研发强度增长得比第二组快得多。表格15.10还同样表明了在民用工业研发中就业的技术人员的增长。应用我们关于技术人员的宽泛定义（如科学家、工程师、应用工程师和技师），研发就业人数从1969年的1 557人增长到1984年的7 000人左右。从事民用研发的机构数量没有那么多，然而，也有了大量增长——从1969年的210家增长到1984～1985年的370家。这同时反映了企业的诞生与消亡，以及开展研发活动的企业的规模在扩大。最后，表15.12反映了政府对研发支持的增加与研发相关的出口的增加——政府支持的研发"产出"。虽然存在数据与鉴定上的问题，但可以肯定地估计研发密集型产品的出口增长得非常快——至少在前15年内——这对工业出口的高增长率以及先前提到的出口结构的变化都作出了贡献。

对制度的评价

以色列提高民用工业技术的制度大体上被认为，在促进产业研发支出、高素质劳动力在工业和工业研发活动中的就业（包括吸收移民而来的科学家与工程师），以及工业出口方面是成功的。更重要的是，这是有助于解释自 1967 年起在高科技，或者更一般地，在研发密集型产业方向上发生的深刻结构变化的最重要的两个或三个因素之一。这个制度能在前 10 年或前 20 年取得成功，究其原因：①这是一个拨款制度，特别适用于在不完善资本市场条件下生存的中小企业；②制度在支持上的普遍性与中立性，它与“创新能力”的观点非常匹配。然而，这一制度也存在一些问题，来自于①仅仅支持研发而不是整个创新过程（这导致了“过度的”甚至是重复的研发与研发成果的应用比例低）；而②制度缺少进化，特别是不去思考如何在不损害中立性的同时降低普遍性（如只支持中小企业或高风险的研发）；③对合作型研发的激励不足。[17] 我们还应该提到对产业研发进行直接支持是以色列直接支持产业技术进步的政策的主要方向。以色列没有明确的促进商业企业提高技术吸收与扩散的政策，而这些政策在欧洲应用得越来越广泛。[18]

表 15.10 以色列工业研发[a] 的增长[19]

	1969～1970 年	1985～1986 年	变化（%）
当前的研发支出（按 1984～1985 年不变百万美元计）	26	347	1230
当前的研发支出占产业销售总额的百分比（%）	0.45	2.2	390
从事研发工作的科学家与工程师[b]			
绝对数量	890	4300	380
占工业就业总人口的比例（%）	0.45	1.4	220
应用工程师与技师			
绝对数量	671	3260[c]	
占工业就业总人口的比例（%）	0.34	1.72[c]	
开展研发的机构	210	370[c]	

a：仅限民用工业企业。

b：不按全职当量统计（Not in full-time equivalents）。

c：为 1984/1985 年数据。

资料来源：以色列中央统计局，工业研发调查 1985/86，耶路撒冷，1988。

表 15.11　以色列民用工业研发（1966~1985 年）的情况[a]

年份	研发[b]（名义值，按百万美元计）	全部工业（%）	研发/销售额 "S"[c]（%）	"C"（%）
1970	14.17	0.45	1.45	0.08
1973	22.8			
1974	30.5	0.54	1.59	0.09
1976	64.0			
1977	99.0			
1979		1.14	3.21	0.18
1984	292.0	1.91	5.29	0.22
1985	335.0			
1986	460.0			

a：1969~1984 年的实际年均增长率为 18%。1985~1987 年的实际下降率为 36%。

b：研发产业调查，CBS。

c：此处用了两种产业类别："S"类包括电子设备与电力机械、运输设备、杂项制品、化学品与石油、金属产品，"C"类包括所有其他产业。

表 15.12　政府对工业研发与相关出口的资助的增长

年份	（名义值）贸工部产业研发拨款[20]	研发拨款产生的出口值（按百万美元现价计）[21]	高技术产业出口（H 类）（按 1983 年百万美元计）[22]
1968	1.5	3.7	44
1970	3.0	8.0	54
1972	3.7	20.8	89
1974	9.0	233.4	144
1975	10.0	289.9	176
1976	20.0	283.6	265
1977	25.2	416.3	373

续表

年份	（名义值）贸工部产业研发拨款[20]	研发拨款产生的出口值（按百万美元现价计）[21]	高技术产业出口（H 类）（按 1983 年百万美元计）[22]
1978	27.0	550.0	438
1979	32.0	750.0	574
1980	—	—	643
1981	—	1000.0	816
1982	60.0	1400.0	811
1984 ~ 1985			922
1986			1299

技术基础设施与相关的制度[23]

我们在这一节中将对中小企业与传统产业、国防与高科技产业，以及产业—大学关系分别进行考察。

中小企业与传统产业

工业研究院所的问题。大部分工业研究院所从属于工业研究管理局（Industrial Research Authority，IRA），归贸工部管理。[24]其中包括以色列纤维研究所、以色列金属研究所、国家物理实验室、以色列陶瓷与硅酸盐研究所、塑料研究所，以及橡胶研究协会。它们大多数成立于 20 世纪五六十年代。它们通过“服务”或顾问等主要活动来满足传统产业的需要。不管是传统产业的营业额还是与研发支出自 70 年代以来开始下降（见表 15.13）（Toren，1989）。

总体的印象是这些机构并不能有效满足占传统产业很重要一部分的中小企业的需求。一方面，我们听到人们抱怨实验室开展的长期研究太少了；[25]另一方面，它们开展产业委托的研发也太少了（如以色列最大实验室——纤维研究所）。一旦我们认识到问题的本质不是长期研究不够多，而是面向产业部门的长期需要的相关研究，以及能促使相关联的产业部门（往具体地说是支持中小企业的工程和技术网络的发展，往粗略地说是“C”类与“S”类产业）逐渐建立实力的研究也不够多，这个明显的悖论就能解决了。以塑料产业为例，必需的技术与能力包括对原材料以及原材料的特性与终端产品的关系、生产过程监控、材料混合能力与设计的理解，这些技术与能力很少得到满足。[26]

表 15.13　政府实验室预算占民用工业研发（CR&D）总额的比例及其占政府支持的 CR&D 的比例[27]

	1976 年	1980 年	1985 年	1989 年[28]
政府实验室预算（×100）				
对 C 研发的支持（%）	16.0	7.4	4.2	2.2
C 研发总额（%）	4.5	1.6	0.5	—
非研发密集型产业的 C 研发（%）	37.8	9.6	7.2	—

资料来源：摘自 Beni Toren（1989）："非研发密集型产业部门和政府实验室的研发状况。"（表 7）工业政策发展（IPDG），耶路撒冷研究所，9 月。

国防与高科技产业

在这里，本章将聚焦在面向高科技的创新体系的某些结构方面，特别是面向军事技术的。重点是那些在过去 10～15 年影响基础设施的发展（尤其是技术能力）以及在以色列军事—工业复合体内企业之间合作模式的变化。这些方面为前面提到的"技术排挤"观点提供了一部分解释，但对经济绩效同样有独立的影响。

20 世纪 70 年代末与 80 年代初的国防研发包含了许多与以前相比更大且更复杂的科研项目。其中一些涉及许多科学技术领域的联系与结合，比如通信、计算机、光电子学、软件与推进系统。此外，对于每个主要的军事装备都开发出一个本土版本的雄心导致不断开发新的"平台"（如现在已经终止研发的 Lavi 战斗机），而不仅仅是附着于现有平台的电子学与航空电子学。这些新军事系统较高的复杂性和成本，应该至少在军事工业复合体内部很自然地引发新的合作模式以及劳动分工，既出现在基础设施方面也出现在具体项目方面。然而，有清晰的证据表明，事实并非如此，至少在很多技术与项目中是这样的。与国防相关的企业致力于在它们已有能力的基础上增添新能力，而不是采取与别的企业合作的形式。[29]结果导致：①在建设新技术基础设施（如光电子学）上投入的努力很多是重复的；②项目失败或延误，因为必需的投入规模不足；③由于过度竞争，出口潜力没有得到充分开发，一个突出的例子是在无人侦察机的销售中竞相降价；[30]④与复杂项目及系统的出口的结合相关的“市场开拓”不足，而它们的成功特别有赖于建立一个供应企业的网络（长期合作关系）。[31]由于上述失败发生在与国防相关的产业部门中——在这些部门当中，政府高度参与甚至是开办企业——它们更多地具有“政府—产业—组织”的性质，而不是传统意义上的市场力量的失效。在我看来，这是以色列军事创新体系（同时也是整个国家产业创新体系的一部分）的核心特征，并且受到国防部（MOD）的影响。[32]也许以下原因是主要的：①国防部希望促进供货商之间的竞争以降低军事设备的购买成本；②缺乏清晰的政策来为特定的企业分配新的技术基础设施和能力；③军备开发局（ADA 或 Rafael）[33]获得特殊待遇。因此，政策聚焦在促进竞争而不是达到一个合理的竞争—合作结构。在具体的创新与技术基础设施之间也可以找到诸多不完善之处。

大学与产业的联系

以色列的大学很早就意识到与产业联系的重要性，在 20 世纪 60 年代率先建立研究管理局和科技园。这促进了研究成果的商业化，以及由大学教师阶层涌现出来的企业家领导的新的高技术企业的建立。上述两者至少在一定程度上被认为是成功的。[34]赫尔什科维奇（Herskovic，1988）提供的大学专利数据刻画出了成功的一个方面（表 15. 14）。但是，以色列大学在过去的 10 年中变得更加面向产业所获得的相对“成功”并不能掩盖大学体系与产业（更宽泛地说是大学研究成果的应用）之间的“结构失衡”。一个可能的表现就是以色列大学占全国研发的比例与其他国家的比较，表 15. 2 表明，虽然在过去的 10 ~ 15 年间这一数据大大下降了（产业开展的研发所占的比例相应上升了），但以国际的标准来衡量，以色列还是相当高的——在 1982/1983 年达到 47% 。

然而，基础广泛的科学基础设施，可能是持续不断加速的产业高端化进程当中的一个重要的行之有效的要素，虽然可能不一定是大学研究直接提供这种贡献。要把这种可能性变成现实，大学传统的基础研究领域与产业的应用研究之间必须创造新的结合界面，正如20世纪80年代在许多经合组织国家发生的一样。[35]人们越来越认识到，大学的基础研究成果向产业有效转移，在得到具体应用之前，还包括①“转译”为工程术语，②具备互补能力。所有这些也都可能暗示需要设定优先的科学领域[36]，例如，通用型研究的重要性及其出现被设定为战略科学领域。[37]

以色列对大学的资助制度相对于支持战略研究领域来说是完全中立的。此外，还很少意识到需要对这类研究中出现的新趋势进行试验。这源于许多因素。第一，无法有效地把一方面对学生教育和培训的资助与另一方面对研究的资助区别开来。[38]第二，学者们认为这个制度能阻挡政治对大学体系的外来干预，大学因而成为学术自由的堡垒。第三，没有由专家与学术领袖组成的论坛对关乎大学体系未来的战略性问题进行讨论。（计划和拨款委员会，PGC）不仅没有尝试去建立优先研究领域或确定科学与工业、国防及其他行业的用户合作的战略领域，而且还没有认真地尝试在大学体系中合理分配研究资源、促进各个群体的合作、或构建在另外一种假定条件下可能出现的增长模式。第四，大学的危机仅仅被看做是基础研究的危机，而不是反映出大学与社会其他部门的结合互动不够充分，当然，除此以外还有其他问题。

表15.14[39] 1984年美国、加拿大、以色列大学的专利活动的比较

	美国大学	加拿大大学	以色列大学
国内专利授予数	520	21	34
大学的国内专利授予数占国内专利授予总数的比例（%）	1.4	1.0	14.7
大学每百万美元研发支出产生的国内专利授予数（%）(1981年)	0.08	0.02	0.18

资料来源：S. Herkovic，《大学专利活动——以色列的概况》。科学与发展部，耶路撒冷，1998年。此文曾作为会议论文，提交到：“科学指标：在科学政策中的应用及其在科学研究中的角色”大会，莱顿大学，荷兰，莱顿，1988年11月14～15日。

我们的结论是，以色列的大学体系，虽然有它的成功之处，但在适应动态的外部环境（在合作以及工业—大学关系中出现的新趋势）与内部发展（经济停滞与大量外来移民）所提出的改革需求时是失败的。与这一失败相对应的是，前面提到的国防与民用工业部门的失败——无论是在产业部门内还是与外部组织和制度都通常不能发展出新的合作与基础设施形式。

总结与结论

以色列创新体系的差距

在 20 世纪 80 年代，以色列产业创新体系没有发展出那些在其他国家（这些国家有大有小，有先进国家也有新兴工业化国家）建立并且行之有效的制度、机制和基础设施，包含以下内容：

1. 具体的分支机构来培育传统产业的新技术能力——包括现有制度的管理重新定位（从简单的需求拉动转向“战略”能力开发），以及促进技术扩散。

2. 在多重功能的科学和技术领域中与大学相关的卓越中心，如生物技术、微电子、光电子和新材料等领域的卓越中心。这些中心能够消除国家整体科研行为当中存在的分散与重复，而且能够从根本上保持好奇心导向。它们同样能在构建新的技术基础设施上扮演重要角色。

3. 技术理事会来帮助确定必需的技术基础设施、协调各种基础设施的建立（如为覆盖全国的、多个产业部门的计算机集成制造（CIM）项目设立一个特别部门）、建立评估合作的基础设施型研发项目的经济效益及其他贡献的标准，以及反映一个国家在技术基础设施政策领域的能力布局。

4. 支持中小企业的制度，既有技术上的也有商业上的——比如英国贸工部（Department of Trade and Industry）的规划、丹麦的技术服务网络，以及“台湾工研院（ITRI）”的网络。

5. 高科技领域内的秘书处与临时联合实验室，比如那些参与欧洲经济共同体的 Esprit 计划以及日本微电子与光电子项目的相关机构。

6. 愿景设定与政策，在部门、产业部门（如，高科技产业）以及国家层面上的愿景和政策，这是新技术能力有效发展的重要配方。

在大多数情况下，上述机构是连接企业与其他行动者的重要网络的关键节点。缺少了它们，就意味着科学与技术以及科学技术与产业之间的网络作用是不充分的。

技术努力出现的异常与扭曲

如果我们看看研发总量占国民生产总值的比例（反过来也行），以国际标准来衡量，并不觉得以色列存在明显的研发投入不足，虽然民用研发或产业开展的民用研发的情况不那么清楚。然而，主要的问题在于工业研发的结构：通用型研发与合作基础设施型研发太少了[40]，而项目型研发可能过多（由于重复研发以及研发成果实际纳入创新）。第二个重要问题是工程（非研发）努力不足，尤其在传统产业能力发展所要求的合作类型方面。这与扩散问题相关，而技术扩散是意大利（Malerba，1992）、德国、瑞士（见 Ergas，1986），以及其他国家的技术与技术政策的一个重要方面。

很显然，以色列并不是技术扩散导向型的创新体系，原因如下：第一，只有非常少的促进扩散的政策——既不与军事产业的技术开发联系，也不与民用技术（特别是进口民用技术）的扩散和吸收联系[41]；第二，在传统产业内部，军用向民用产业的技术扩散以及国外企业向国内传统的中小企业的技术扩散是少之又少。而且，技术扩散不足正好表现出了国防工业的特征——项目过多以及技术基础设施重复建设。说到此，我们应该补充一点，即促进工业企业的民用研发的机制，在一定程度上，应该是一种扩散机制——在各种产业不断适应和应用国外技术（如，新型电子元件）的意义上。然而，这一机制对研发密集型企业而非传统产业的企业更为有利。此外，它是一种直接支持技术扩散的方法而不是去支持间接的基础设施。从两方面看，以色列的技术扩散体系既不完善也不完整。

从网络的角度解释转变中的问题

20 世纪 80 年代的发展要求设计并执行一系列新的制度、机制和基础设施，这对主要行动者——政府、产业与大学之间发展新型关系提出了要求。更具体地说，要求从原子式的、非合作的并强调控制、权力和保密的模式转向自发地互动与合作的模式——这种模式意识到了技术革命所开启的潜在的积极博弈状况的普遍性。以色列特别缺少所谓的网络—企业家[42]，他们的主要功能是创造产生这些新合作方式所需要的行动者（企业、大学、个人等）的新网络。[43]

实际上，我更倾向于认为根本问题在于没有创造这些新网络。可以肯定的是，失败的原因首先不是市场失效（元件生产者—组装者网络或创新者—使用者网络可能与此相关），因为我们关心的是公共或个体机制的问题以及与技术基础设施相关的制度的问题，而不是具体的创新。更恰当地说，失败是制度—组织—政府关系上的失败。既然创造网络能克服明显的不可分割性问题，[44]既然这方面的成功要求 PBX - 企业家开展必要的合作，我们就能非常有把握地说，问题的根本原因在于政治体系没有培养这种（公共部门式的）企业家。

政府目标、官僚制度与政客

以色列政府丧失了长期战略决策的能力，尤其在经济事务方面。这可能是政治与政治体系在过去 10 ~ 15 年间演变所造成的一个结果，主要标志是从传统上由中间偏左的工党执政转向由中间偏右的利库德党主导的两党执政。毋庸讳言，以色列的长期战略能力在过去确实存在，并在建国后的前 20 年里为国家需求提供了很好的服务。这种能力的丧失一部分是概念性的，而不仅是执行力的问题（如缺乏对技术基础设施的本质与重要性的意识）。此外，经济增长并没有在以色列政府目标的清单中处于中心位置或清晰地表达出来。在社会福利（包括住房）之外的非政治目标主要是就业、物价稳定，以及其他具有短期宏观经济特征的内容。另外,政府(与大多数学者)对经济增长的思维方式是新古典主义的而不是结构主义(和进化论)的,说得好听一点是遵守自由市场的道德,实际上却暗中把长期的战略考虑排除在外了。[45]最后,以色列政府的行为实质上是要保持现有体系的政治经济,而不是表现得像一个不断追求发展的国家。[46]这与政府的另一方面有关——它在微观经济层面上具有重要权力以及过度干预经济运行,由此产生了大量的(新古典主义的)无效率行为。很显然,政治权力的源头在于微观管理政治与分配而不是领导与鼓励变革。[47]

德罗尔(Y. Dror, 1989)教授认为,以色列管理(包括长期决策)能力上的主要问题与下列因素有关:①官僚制度的本质与特性;②在决策过程中过多的政治干预(与官僚制度相呼应);③无法限制过度官僚化的无能的部长们。[48]这些是非常重要的因素,它们对以色列在采纳如何发展新的合作能力的长期政策方面表现出的能力负有直接责任。

首先,非常清楚的是,以色列缺少一支自觉的、教育良好的公务员队伍,尤其缺乏那种教育程度强化到能使他们认识到在今天和这个时代技术与社会的重要性及其相互关系,并且,作为一个群体(或亚群体),其长期利益要能战胜党派利益和短期利益的公务员。我们应该提及的是,所有部门包括财政部与贸工部(甚至更为突出)都对通用型研发与技术基础设施缺乏意识或理解错误了。第二,非常清楚的是,联盟政治经常导致被任命的部长们缺乏充分的能力,因而短期的政治上的考虑也就主导了他们的议事日程。1984 年的研发法案要求在贸工部下建立“技术理事会”,而这一规定没有贯彻落实,失败的原因就在于这个因素以及(可能是)部门内的其他党派主义者的反对(他们在技术理事会主题事务上的相对权力将可能减小)。第三,“未受过良好教育的部长们”意味着政治领导无法完全控制党派的官僚利益。德罗尔提到了国防部对以色列国防部队缺乏控制(仅考虑专业事务)。[49]

上面提到的这些缺点阻碍了潜在的网络企业家的出现,及其期望协调官僚体系中的各部分以开拓通用型研发—技术基础设施的活动。政府内部协调是以色列的一个严重问题，而且人们都知道，各个部门的委员会经常不能使已达成一致意见的政策得到实施。财政部，虽然有潜在的协调作用，但在这方面软弱无力。[50]

最后的思考

向合作型技术基础设施开发项目的转换，可能需要一个比以前看到的好得多的领导政策。这包括：用更长期更具战略性的眼光来看待经济和技术；一种更有能力的政府领导，特别对变革的需求以及试验新方法更为开放的领导；以及协调相互推诿的官僚部门的决心。在这种环境下，公共部门式的网络企业家才可能设计出具体的项目并对之协调。然而，即使在那时候，采取新措施的障碍还是很大的，因为社会整体普遍缺乏信任感。[51]

以色列的状况造成的结果是，大量的技术人员并不能带来稳步的经济增长，因为一种制度、组织以及政府角色的失败在成功地适应外部环境变化的道路上设置了强大的障碍。在我看来，以色列的这些失败不仅是静态的新古典主义思想的扭曲，而且也是一个动态的战略意义上的起步的失败，源于对以色列在世界共同体中的未来定位缺乏清晰的认识。更具体地说，虽然存在着大量的政府政策以及半公共机制和制度，但以色列企业家（市场力量）仍然在很大程度上获得了辉煌的成功，至少在过去的 15 年是如此。

在我看来，上述内容与以色列对巴勒斯坦问题以及过去 4 年的巴勒斯坦起义运动的不接受态度是紧密相关的。机制是难以捉摸的，但像本章前面很多地方所暗中提到的，它们确实真实存在着。首先，日复一日地处理巴勒斯坦起义问题给以色列政府的“管理时间”施加了很大压力，而且这加重了政府政策已经存在的短期偏好，这种偏好对基础设施与创建新网络是不利的。第二，与巴勒斯坦缺乏对话，恶化了过去产生的不合作、不互动状况，也阻碍了向政策新方法的转化。最后，伴随而来的国际摩擦，特别与欧洲的矛盾，使得整个地区的国际网络合作变得更加困难了。这对于一个要在日益联系紧密的世界中寻找自己位置的小国家来说是致命的。它与技术基础设施直接相关，因为以色列的技术能力与知识投入的很大一部分必须来自国外——来自“外部网络”。因此，它对本章所讲的以色列的适应能力差的影响确实是非常严重的。

注释

［1］参见科学与发展部（Ministry of Science and Development），《以色列的科学研究》（1989，第16章）。参见Katz与Ben David（1975，pp. 152—54），他们对以色列在建国以前的复国主义领导时期的科学态度的讨论十分有价值。

［2］在20世纪50年代，农业生产总值占国民生产总值的比例上升了一些，可能源于政府的相关激励。

［3］参见Syrquin（1986）。

［4］接下来的观点主要来自Katz与Ben David（1975）。

［5］结构主义关于经济发展的观点，见Justman与Teubal（1987，1989，1991b）。

［6］由于能源危机，以色列的经济增长与生产力增长的下滑也烙上了其他工业化国家的一些特征；然而有大量的指标可以表明，以色列的下滑比其他许多国家更为剧烈和持久，在1988年的简短复兴之后，随之而来的是长期停滞，见Bruno（1989）。

［7］研发总支出。

［8］包括数学与计算机科学。

［9］国防开支占国民生产总值（加上进口顺差）的比例从1958～1966年的7%～9%增加到1968～1980年的18%～21%左右（Berglas，1986）。这个比例一直保持稳定，至少在80年代的前半期是如此。

［10］Lavi双座战斗机项目对国家安全的贡献也可能是负面的，在经过了长期的政治争论和大量的重要资源投入之后，项目于1987年被中止了。

［11］事实表明，这一现象无法用较高的人力素质来完全解释，而是与以“成本加利润”为基础运行的大型公共部门组织相关的管理环境有很大关系。

［12］因此，20世纪80年代早期的大型军事研发项目也许推迟了民用高科技的起飞。

［13］参见Teubal（1983）。

［14］高科技发展初期阶段的创新能力培育是至关重要的，比其在成熟阶段要重要得

多。它意味着愿意支持企业的研发活动，即使这些活动最终可能失败。原因是初期阶段是学习的阶段，所以直接的个人收益也许是负的，但总体的社会收益可能是正的。因此，在高科技工业的早期阶段，提高研发本身就是一个目标。通常的支持研发 的“市场失效”论据甚至可以运用到创新能力培育当中去。外部性是猛烈的，因为知识和经验如洪水决堤般从一家企业流向新成立的其他企业。创新能力的创造是一种社会的或者说集体的现象，而不单单在一个独立的企业王国内产生，所以，公共物品或不可分割性/临界质量等观点在这儿也适用。最后，资助这种昂贵的学习——一种以前没有存在过，至少在高科技产业中没有存在过的活动——的需求，几乎不可避免地导致了资本市场的问题，因为它所需要的金融制度或机制还没有机会发展起来。

[15] 对政府实验室的重视相对不足，可以由以下几个因素来解释：①小项目的研发有很多的机会，大部分可以由小公司来完成（例如，将小型计算机乃至后来的微型处理器安装在测量或者医学仪器上）；②参与的工程师和科学家质量很高，这也与高等学习制度的高质量有关；③与第一个原因有关，促进纲要没有涉及“战略层面”上的技术升级——它通常包括不可避免地“多块的”技术基础设施的发展——而是与此相反，当时的支持层面主要是具体的、商业导向的产品或工艺的开发。如果是战略层面的技术升级，会出现更多的不可分割性，因此，政府实验室参与进来的合作型研发是非常重要的（在某种程度上，军事工业部门就出现了这种状况）。

[16] 这意味着这个制度不会区分属于不同部门、亚机构和技术的项目。比如，电子工业占整个工业研发和 MI&T 对工业研发的资助比例上升了，并不能表明以色列对这一部门比其他产业部门更加偏爱。它实际上是中立政策的产物，是自然选择产品、企业家和企业的过程所带来的结果（参见 Teubal，1983）。这一过程体现了在支持中保持中立的主要好处。

[17] 虽然全世界在研发上倾向于合作，以色列在这个方面却踯躅不前。虽然近年来引进了鼓励工业研发项目开展合作的政策，但首席科学家办公室仍然把压倒性的力气花在个体企业中的个体项目上。然而一项新方案，BIRD——以色列—美国工业研究和发展基金会——帮助促进了创新过程中的国际合作，这些合作包括以色列小企业与外国大企业建立战略伙伴关系等。

[18] 事实上，以色列的“资本投资鼓励法”（Law for the Encouragement of Capital Investment）一向重视资本投资中的“硬件”而轻视“软件”。因此它暗中歧视新信息技术在

工业中的扩散，比如包含重要的软件部分的计算机集成制造（CIM）（参见 Justman 和 Teubal，1988）。关于怎样达成更加合理的技术扩散政策的讨论正在进行中。

[19] 来自科学与发展部（1989）。

[20] 按百万美元现价计。中央统计局，工业研发调查（多个年度）。1989 年的拨款约为 1 亿美元。

[21] 内部信息，MI&T 首席科学家办公室。

[22] 工业发展政策组（IDPG）资料库，耶路撒冷研究所。“H”类产业的定义参见表 15. 1。

[23] Justman 和 Teubal（1990）和 Brodet 等（1990）在他们著作的总结和结论部分也谈到了与此有关的一些问题。

[24] 例外情况包括属于 Technion 工学院的一些非高科技研究所，如建筑材料研究所和食品工业研发中心。

[25] 参见 Yiftach 委员会（1984）的报告，该委员会建议在长期研发（界定为“基础研发”）和工业委托的以解决问题和咨询为主的短期研发之间取得更好的平衡，并且在全部预算中标记出用于购买设备的部分。

[26] 参见 Yinnon 和 Meron（1990）。

[27] 政府实验室包括：应用研究学院、纤维研究所、金属研究所、陶瓷研究所、橡胶研究协会、塑料研究所学院和物理实验室。

[28] 核定预算。

[29] 一个理想的例子：一家传统的通信企业，想要增加研制雷达的能力，以便在新式军事体系供应中能与另一家具有长期的研制雷达能力的公司竞争。后者反过来也想要增加通信技术的开发能力，以在下一代军事体系上具备竞争力。临界质量问题表明，国家经济主要从进行体系开发和制造的联合企业以及根据能力而进行的劳动力分工中受益。

[30] 相互竞争的两家企业是以色列最大的电子企业——Tadiran，和以色列最大的公司——以色列航空工业集团（IAI）。在某一阶段，国防部（MOD）曾迫使一些企业合并，随后又解散了。“Drone”是 20 世纪 80 年代早期以色列研发的无人驾驶轻型侦察机。

[31] 密切观察军事—工业关系状况的学者如 U. Galil 和 B. Peled，都强调了军事体系和交钥匙项目的出口潜力未得到开发。民用体系和交钥匙项目的供应（例如在教育、卫生和农业领域中）也存在巨大的未被开发的潜力。

[32] 国防部（MOD）在 20 世纪 70 年代末和 80 年代初出台的旨在加强不同供应商之间的竞争的政策，可能在 70 年代得到认可，因为那时的体系还相对较小，也较简单。然而，这些政策对以色列这样的小国家在 80 年代并不适合，因为这时的体系更加复杂，新的连续的研发谱系和生产能力必须先建立起来。

[33] 民用科技基础设施的明显缺乏和企业间合作的不足（至少直到 1988 年仍然如此，参见 Teubal 等 1989）也是民用高科技工业的特征。当规划军事技术基础设施时，却没有政府部门在民用工业的技术基础生成中发挥作用，也没有关于民用工业需求的任何考虑（也没有关于这些需求的任何咨询活动）。

[34] 例如，魏兹曼研究所的衍生企业就包括了许多高度创新的生物技术公司。

[35] 参见 Mowery 和 Rosenberg（1972）和 OECD（1984）。

[36] 参见 Martin 和 Irvine（1984，1989）。一个资料比较丰富的案例是，由英国科学和工程研究委员会（SERC）的生物技术理事会组织和指导的生物技术研究（参见 Senker，1989）。此外的例子还有英国和欧洲经济共同体在信息技术上分别开展的 Alvey 和 Esprit 项目。

[37] Nelson 等人（1967）最先探讨了通用型研究的本质和意义。关于通用型研究对经济增长和创新的重要性的后续研究也可以在 Nelson 的著作（1983，1984）中找到。要有效应用战略科学来发展能力，需要行业之间建立关系、多学科结合、与工程能力的整合、优秀人才，以及创造出非常适合的机构和机制，例如美国工程研究中心。参见 Chemical Engineering（1989）。

[38] 高等教育理事会的计划和拨款委员会（PGC）在以色列扮演的角色，在英国是由大学拨款委员会（UGC）和科学和工程研究理事会（SERC）来扮演的。

[39] 科学与发展部（1988）。

[40] 美国也遇到了这一问题。参见 Nelson（1983，1984）及 Nelson 和 Winston（1982）。

[41] Malerba（1992）和 Ergas（1986）都强调了集体性的研究院所乃至自发性的合作努力在扩散政策中发挥重要作用。我们已经看到了这些在以色列都是空缺的。

[42] 参见 Imai 和 Baba（1989）及 Teubal 等（1990）。

[43] 关于 OECD 国家在信息技术上的各种互动和合作模式的调查，参见 Arnold 和 Guy（1987，pp. 67 ~68）。网络——涉及不同行动者的长期关系和自发互动的各种模式——尤其

是体系的技术开发合作模式所要求的（参见 Imai 和 Baba1989）。这是为了确保有序的劳动分工和企业合作，为了确保从互动中拓展新的（没有被掩藏起来的）机会，以及更一般的是作为保证技术体系进化的一个组织构架。在合作开发新技术基础结构的过程中，这种网络对建立优先权和制定联合的、有效的、彼此可接受的研发议程来讲是非常关键的。

[44] 网络的产生（或者说新网络的产生）可能是困难的，这主要是基于以下几个原因：首先，在行动者之间建立新渠道和新交流模式的固定成本，可能会延续现有的关系而不管根本性变革的需求有多么强烈（参见 Lundvall，1989 年，对“顽固”的使用者——生产者关系以及“不完整”网络的论述，他用来说明丹麦的工农业复合体的情况）；其次，阻碍网络建立且导致在低水平平衡陷阱中停滞不前的临界质量问题（Teubal 等人，1990 年，对发明者—使用者网络的案例）。我认为这对以色列所面临的建立新的、合作型的、公共的或者私人的技术基础结构网络也能起一些解释作用。

[45] 以色列政治制度的意识形态和旨趣，从某种程度上来说，对系统地跟踪世界趋势，对在以色列强项的基础上建立另一种经济、政治、社会模式，对公开讨论另一种政策轨迹都是有敌意的。

[46] 关于“不断发展的国家”的含义，参见 Johnson（1982）。

[47] 因此普遍流行的经济观念在评估政府干涉经济所付出的巨大代价上是正确的。然而（即使从政治经济的考虑中抽离出来），认为仅仅削弱政府的角色就能够恢复经济增长是错误的。在“常规”的增长时期这种观点也许是对的，但在结构改革的转折时期它一定是错误的（参见 Justman 和 Teubal，1990）。

[48] 参见 Dror（1990）。也是在一本作者参与的书中总结到的，还有 Kubarsky 委员会的结论中也提到了（呼吁以色列公共服务实行专业化）。

[49] 我强调国防部部长和其他官员对军事—工业复合体控制不力。

[50] 科学与发展部以及 PGC 参与的协调的失败，体现在贯彻执行已通过的生物技术政策上。

[51] 宏观经济连续数年的不稳定以及 1986 年的（总体上是成功的）“稳定计划”（例如长期的极高实际利率）带来的负面效果滋生了一些商业部门的短视。而且，在 20 世纪 80 年代的社团“信托基金”也遭遇到了局部破坏（例如参与莫沙夫和基布兹运动的成员之间共同担保的大量合作协议终止了）。

参考文献

Arnold, E., and Guy, K. (1987). *Information Technology and Emerging Growth Areas.* SPRU, August.

Berglas, E. (1986). "Defence and the Economy." In Y. Ben-Porath(ed.), The *Israeli Economy-Maturing through Crisis,* Ch. 8. Cambridge: Harvard University Press.

Bregman, A. (1986). *Industry and Industrialization Policy in Israel.* Bank of Israel, Research Department(in Hebrew).

Bregman, A. (1987). "Technological Progress, Structural Changes and Productivity in Manufacturing: The Case of Israel." *Journal of Development Economics* 25.

Brodet, D., Justman, M., and Teubal, M. (1990). *An Industrial and Technological Policy for Israel.* Jerusalem, Israel: The Jerusalem Institute for Israel Studies(Hebrew).

Bruno, M. (1989). "Economic Recuperation in Historical Perspective." Typescript, May.

Chemical Engineering(1989). "Engineering Research Centers: The Jury Is Still Out." May.

Dror, Y. (1989). *A Grand Strategy For Israel.* Jerusalem's Academon, The Hebrew University students printing and publishing house.

Ergas, H. (1986). "Does Technology Policy Matter?" Center for European Policy Studies.

Halperin, A. (1986). "The Military Buildup and Economic Growth in Israel." Paper presented at the Falk Institute Conference on Economic Issues and Policy in Israel, June.

Halperin, A., Berman, E., and Teubal, M. (1988). "The Trade-Off Between Economic Growth and Military Industries." Draft,

Herskovic, S. (1988). "University Patenting Activity-The Case of Israel." Paperpresented at workshop on *Science Indicators: Their Use in Science Policy and Their Role in Science Studies.* Leiden, Netherlands: University of Leiden.

Imai, K., and Baba, Y. (1989). "Systemic Innovation and Cross-Border Networks." Paper presented at the International Seminar on the *Contributions of Science and Technology to Economic Growth,* at the OECD, Paris, June.

Israel Academy of Sciences. (1988). *The Basic Research Fund, 13th Annual Report, 1988 – 89.*

Johnson, C. (1982). *Miti and the Japanese Miracle: The Growth of Industrial Policy 1925 – 1975.* Stanford: Stanford University Press.

Justman, M., and Teubal, M. (1987) "A Framework For an Explicit Industrial and Technological Policy for Israel and Some Specific Policies." In C. Freeman and B. Lundvall (eds.) *Small Countries Facing The Technological Revolution.* London: Frances Pinter.

Justman, M., and Teubal, M. (1989). "The Structuralist Perspective on Economic Growth and Development: Conceptual Foundations and Policy Implications." Reprinted in Evenson, R., and Ranis, G. (1990). *The Role of Science and Technology in Development.* Boulder, CO: Westview Press.

Justman, M., and Teubal, M. (1991). "A Structuralist Perspective on the Role of Technology in Economic Growth and Development." Typescript. *World Development,* 19 (9) 1167 – 1183.

Justman, M. and Teubal, M. (1990). "A Framework for an Industrial and Technological Policy for Israel." In D. Brodet, M. Justman, and M. Teubal (eds.), *An Industrial and Technological Policy for Israel,* Ch. 3. Jerusalem, Israel: The Jerusalem Institute for Israel Studies(Hebrew). 79 – 96.

Katz, S., and Ben-David, J. (1975). "Scientific Research and Agricultural Innovation in Israel." *Minerva* 13(2), 151 – 182.

Kuznetz, S. (1971). *Economic Growth of Nations.* Cambridge, MA: Belknap Press of Harvard University Press.

Lundvall, B. A. (1989). "Innovation, the Organized Market and the Productivity Slow-Down," typescript.

Malerba, F. (1990). "Italy: The National System of Innovation." This volume.

Martin, B., and Irvine, J. (1989) *Research Foresight Priority Setting in Science, Netherlands Ministry of Education and Science.*

Martin, B., and J. Irvine(1984). *Foresight in Sci-ence-Picking the Winners.* London: Pinter

Publishers.

Mayshar, J. (1986). "Investment Patterns." In Y. Ben-Porath (ed.), *The Israeli Economy-Maturing through Crisis.* Cambridge: Harvard University Press.

Metzer, J. (1986). "The Slowdown of Economic Growth: A Passive Phase or the End of the Big Spurt." In Y. Ben-Porath(ed.), *The Israeli Economy-Maturing through Crisis.* Cambridge: Harvard University Press.

Ministry of Science and Development. (1989). *Scientific Research in Israel,* 8th ed. N. Greenwald and S. Herskovic.

Mowery, D. C, and Rosenberg, N. (1992). "The U. S. National Innovation System." This volume.

National Agency for Technology. (1983). *A Technological Development Program.* Denmark: Ministry of Industry.

National Council for Research and Development. (1988). *Policy for the Promotion of Biotechnology R&D in Israel.* Report of the National Committee for Biotechnology (Katzir Report).

Nelson, R. (1983). "Government Support of Technical Progress: Lessons from History." *Journal of Policy Analysis and Managements* 2(4):499 ~ 514.

Nelson, R. (1984). *High Technology Policy: A Five Nation Caparison.* Washington D. C.: American Enterprise Institute of Public Policy Research.

Nelson, R., and Winston, S. (1982). *An Evolutionary Theory of Economic Change.* Cambridge, MA: Harvard University Press.

Nelson, R., Peck, M., and Kalachek, E. (1967). *Technology, Economic Growth and Public Policy.* Washington, D. C.: Brookings Institution.

OECD. (1984). *Industry and University: New Forms of Cooperation and Communication.* Paris: OECD.

OECD. (1988). *Reviews of National Science and Technology Policy-Denmark.* Paris: OECD.

Pack, H. (1971). *Structural Change and Economic Policy in Israel.* New Haven, CT: Yale University Press.

Senker, J. (1989). *Evaluating the Funding of Strategic Science-Some Lessons from the British Experience.* SPRU, typescript, September.

Syrquin, M. (1986). "Economic Growth and Structural Change: An International Perspective." Reprinted in Y. Ben-Porath, (ed.), *The Israeli Economy-Maturing through Crisis.* Cambridge, MA: Harvard University Press.

Teubal, M. (1982). "The R&D Performance Through Time of an Electronics Firm." Reprinted in M. Teubal(ed.), *Innovation Performance, Learning, and Government Policy.* Madison, WI: University of Wisconsin Press, 1987.

Teubal, M. (1983). "Neutrality in Science Policy: The Development of Sophisticated Industrial Technology in Israel." Minerva. Reprinted in M. Teubal(ed.), *Innovation Performance, Learning, and Government Policy.* Madison, WI: University of Wisconsin Press, 1987.

Teubal, M. (1987). *Innovation Performance, Learning, and Government Policy.* Madison, WI: University of Wisconsin Press.

Teubal, M. (1989). "Israel's High Tech Industry, Where To? Published in 1988. *Proceedings of the Israel Economists' Association,* December.

Teubal, M., Yinnon, T., and Zuscovitch, E. in press. "Networks and Market Creation." *Research Policy,* 20: 381 ~ 92.

Toren, B. (1989). "R&D in Non-R&D Intensive Sectors and in Government Labs," IDPG, Jerusalem Institute, Israel.

Yiftach Committee Report(1984). R&D, *Technology, and Science-Based Industry in Israel.* Report of the Committee for the Evaluation of Government Research Organization and Management, Ministry of Science and Development.

Yinnon, T., and Meron, M. (1990). *Industrial Capability in the Israeli Plastics Industry.* Draft(Hebrew).

第四部分

国家（地区）创新体系

第16章　回　顾

理查德·R. 尼尔森（Richard R. Nelson）

在最后一章对书中提出的调查结查作一个习惯性的总结，不过，实现这一目标是不可能的。因为构成本书核心部分的15 个国家的研究涵盖了卷帙浩繁的材料，没有任何其他的研究像本课题这样涉及如此众多的国家（和地区）；许多个案研究对理解特定国家的创新体系本身就是有贡献的，对这些国家创新体系的研究远远超出了既定研究的主题范畴。因此，试图进行总结的努力只会是徒劳无获。

然而，我们可以对课题的实施程度进行评价，即评价课题是否成功实现了研究人员的既定目标。本章的总结即为对课题的一个回顾。

第一章已经对本研究的主要动机和目标作出了较为详细的介绍。因此，在这里我们只需再简要概述一下这些目标即可。长话短说，首要的目标就是去描述、比较以及尝试理解不同国家创新体系的相似性和差异性。以往关于国家创新体系的研究总是聚焦于某一个国家，比如近年来关于日本的研究、早些时候关于美国的研究，而与其他国家的比较研究处于极度缺失的状态，直到有了本课题才改变上述局面。因此，早期研究缺乏对多个国家进行系统的比较分析，只是探讨共同的要素是什么，显著的差别是什么，以及这些要素和差异背后的深层因素是什么。当然，早期研究本身是很有价值的。

这些早期研究引发了关于是什么促使一个创新体系有效运转的大量争论，

创新体系的有效运转指的是它对国家经济作出了积极的贡献。正如我们在第1章中提到的那样，基于少量的证据或分析，不同的研究人员就倾向于认为这种特征或那种要素就是国家表现出差异背后的主要因素，这是本课题发起者们所受到的困扰。他们的这种倾向，既没有得到对于什么是以及什么可能不是因果要素的强有力的概念性理解的检验，也没有得到提出与大范围国别观察相一致的因果关系的需求的检验。我们希望扩充大范围的比较研究来阻止这种做法，也希望那些强烈受到经验限制的因果论观点得到认真分析和考虑。这是本课题的第二个目标。

在很大程度上，创新在国家经济绩效中的作用或明或暗地隐含在上述的规范性研究当中，它们把注意力集中到研发密集度高的一小部分工业和技术领域中，尤其是半导体、计算机和电信、航天航空，以及现代生物技术；同时，这些观点也呼吁政府对这些领域的本国企业进行支持，或者认为国家的支持是合理的。虽然这些观点让我们觉得在分析上是松散的，在经验上是缺乏根据的，但是，国家各级政府已逐渐注意到这些争论。于是，“高技术”产品的贸易、这些产业里的企业行为，以及支持这些产业的国家政策，成为了国家中争论的主要问题。与此同时，这些工业企业逐渐走向跨国化。本书的第三个目标就是力图阐明这个复杂的问题。

从另一个角度来看，本书从整体上可以说是对引导这项工作的智力承诺的检验。特别是，本书的基本概念“国家创新体系”不仅复杂而且还存在某些问题。我们的创新概念是广义的，不一定就是技术领先，而更多地指在一个动态环境中具有高效的竞争绩效。参与本书的研究者们意识到一些核心问题都需要超越对研发、专利申请等诸如此类狭隘领域的考察，而且他们相信广泛的探究还应该保持分析的紧凑性。但这没有固定的做法。

还有，不管是使用广义的还是狭义的创新概念，本书的参与者们也充分意识到创新体系不能按照国界来截然划分。技术进步及其关键行动者的跨国性在近年来越来越明显。不过，我们相信，国家依然是有意义的观察单位。本研究的另一个目标是探讨用什么方法以国家为分析单位是可行的，同时也考虑国际化怎样影响人们对国家创新体系的看法。

国家差异及其深层原因

比较意味着鉴别出相似性和差异性。我们介绍第一章的同时，也是本书向导的广义的技术创新观点确实暗含着某种共同性。它适合于以盈利为目的的企业是商品和服务的提供者，也是中央计划和控制都比较弱的经济体系。我们研究的所有国家都存在这种情况，尽管有些国家将部分产业实行了国有化，有些政府也至少尝试在少数几个经济部门中构建产业发展的模式。在我们研究的所有国家中，包括大学教育在内的大部分教育皆由公共机构来承担。总体来说，政府被认为应对资助基础研究承担主要责任，尽管不同国家在政府应该支持多少、基础研究该由哪个部门开展，以及政府该资助什么类型的应用研究和发展上都存在差异。从一方面来看，国别比较最引人注目的是这些国家具有基本相似性的程度。假如把前苏联、中国、尼日利亚都纳入在我们的研究中，情形可能有所不同。正因为如此，我们研究的国家出现的差异应该被理解为同一种类中个体之间的差异。

在我们研究的国家群体中，创新体系的差异在很大程度上反映了经济和政治环境以及优先性的差异。首先，与国土面积和富裕程度有很大的关系。富裕人口多的国家能够为众多制造业提供保护市场，并能够从事其他“小”国家无能为力的活动，前者的成功机会至少要大一点，国家的创新体系能够反映出来。低收入国家倾向于在能保持比较优势的经济活动类型以及内部需求模式上与高收入国家区分开来，这些差异深刻影响了与之有关的技术创新的性质。

我们将所研究的国家划分为三个不同层次的国家组群：国土面积大的高收入工业国家组群，面积小的高收入国家组群以及低收入国家组群。这种划分有利于分析的切入。总体来说，在第一个国家组群中，与第二组群相比，研发密集度高的工业在经济中占据大部分，如航天航空、电子和化学产品，而且需要大规模销售才能有利可图。以下现象从表面上看起来有些反常，比如，属于第二组群的瑞典以及属于第三组群的以色列和韩国，研发占国民生产总值的比例都高于第一组群的某些国家。但当我们看到以色列雄心勃勃地投入军事研发，看到瑞典和韩国的大部分研发密集度高的产业只有依靠出口才能生存，疑惑就会消失了。后两个国家也有巨大的国防工程，毫无疑问会影响到它们的研发密集度。不同组群的国家还存在某些有趣的相似性，例如日本和韩国。但基本上，组群内的相似性多，组群间的差异性大，因此，如果我们把澳大利亚与以色列进行比较就会发现，美国和日本的差异看来并不如公布的那么大。美国和日本的差异大部分是由于资源基础和国防政策的差异造成的。

一个国家是否具有丰富的自然资源以及大面积的耕地，也是影响它的创新体系的另一个重要变量。我们研究的面积小收入高的国家在这方面拥有良好的先天条件。而在国土面积大的高收入国家中，美国是先天条件最好的。拥有丰富自然资源和肥沃耕地的国家，其所面对的机遇和限制与缺乏这些资源的国家有所不同。

一方面，缺少这些资源的国家必须进口资源和农产品，促使它们的经济朝向于以出口为导向的制造业，随之建立一个为此服务的创新体系。我们可以很容易从德国、日本和韩国的案例中得出这一结论。另一方面，拥有丰富资源基础的国家，凭借这些资源及其附属工业的出口来购买进口的工业品，从而支持了较高的生活水平。能做到这一点的国家——在我们的研究中如丹麦、加拿大、澳大利亚——都制定了大量的公共政策来支持这些工业研发。美国也是如此。尽管高效的农业和资源开发也需要研发投入，但与“高技术”工业的研发密集度相比仍然是很低的。

上面的讨论表明，至少在某种程度上，一个国家的创新体系受到从根本上决定国家比较优势的诸如国家规模和资源禀赋这些因素的影响。但是，一个国家的创新体系能反映出国家有意识地发展和支持某些领域的经济力量的决策，即创新体系能够建立和形成国家的比较优势，这也是对的。

参与本书的一些成员意外地发现，在我们研究的国家中，对国家安全的考虑在国家创新体系的形成过程中具有很重要的作用。

首先，在高收入国家中，国防研发是造成国家政府之间资助工业研发的差异的主要原因之一。因此，大型军事工程的出现就能够解释为什么美国、英国、法国在工业研发上的投入远远高于日本和德国。其次，军方采购的工业通常是研发密集型工业，不管该工业企业是把产品销售给军队还是民众。日本的研究很清楚地表明：目前的工业结构在很大程度上是在国家安全受到高度关注时期形成的。这种产业结构，现在以民用产品为主，是造成日本研发密集度高的原因之一。很有可能，德国在某种程度上也是如此。

很有意思的是，我们研究中的每一个低收入国家都受到国家安全事务、或者军方政府、又或者两者的影响。以色列的许多高技术工业就是面向军事的。韩国和中国台湾的主要经济政策、工业结构以及创新体系一部分，也是受到它们要建立一个有能力的军事基础的需求的影响。尽管巴西和阿根廷的一揽子"高技术"方案，超过了根本落后的经济承受能力，但也清楚地反映出它们跻身军事精英的宏图壮志。

正如刚才提到的，在我们研究的所有国家当中，基本上国内企业都希望捍卫市场地位并且具有竞争力。然而，所有的企业都受到政府的监管、资助和保护。在具备大型军方采购项目的国家中，国防工业是国家的最大宠儿。然而，许多国家的政府支持和保护扩展到了空间、电力、电信以及其他民用"高技术"领域。这些扩展不只是在国土面积大的高收入国家中非常显著，加拿大已经有了电力和电信的大型公共项目，瑞典也是这样。

不同国家对于政府在产业发展中应承担何种角色的观点也有明显差异。军事事务的角色显然是影响产业发展的一个强大变量。但是，依照格申克龙（Alexander Gerschenkron，1962）的理论，一个政府的活跃程度与其"后发"状况有着直接的联系。除了国家安全及其相关领域之外，英国和美国的其他领域也是受到政府管制的。此外，在我们研究的所有低收入后发展国家中，政府都相当活跃。当然也有不符合这条规则的例外情况。法国的国家社会主义倒退了；尽管意大利是一个后发展国家，但除了法西斯统治时期之外，它的政府都是弱势的。

上述的讨论表明，我们应该去看一个国家创新体系的延续性，至少是国家基本目标和条件的延续性。尽管这个建议对于我们的研究近年才建立或获得独立的国家（地区）来说有一定的局限性，诸如以色列、中国台湾、韩国，但即使在这些国家（地区）的短暂历史中人们也可以看到其中的一致性。所有这些国家的生活水平在20世纪50年代之后都得到极大的提高，它们的产业结构也产生了巨大的变化；同时，它们的创新体系也发生了相应的变化，但正如本书作者所描述的那样，在所有这些国家（地区）中，今天支持创新的组织结构是缘于30年前的。

而那些历史悠久的国家，体制的延续性给人以深刻的印象，至少我们的研究人员有这种感觉。我们可能发现，1990年发生在法国、德国、日本的许多事情，在1890年也在那些国家发生过，尽管生活水平有了巨大提高，产业结构也有了显著转变，而且后两个国家在第二次世界大战中遭受了重创且被取消了军事权力，但是这种延续性依然存在。1990年英国的许多体制依然保持了1890年的特征，尽管现在比过去能起到更好的作用。

实际上，美国是具有较长历史而体制又发生了巨大转变的国家，只是在“二战”以后，美国政府对大学研发和国防研发的资助角色才取得了地位，也比战时更占据主导地位，这一切深刻地改变了创新体系的性质。

高效的创新绩效有何要求?

我们对创新给出了广义的定义，因此，这个术语从根本上说明，如果企业打算在技术进步非常重要的产业中保持竞争力的话，必须做什么。强调技术进步的产业包括了制造业的大部分门类，还有许多服务业部门，如空运、电信、医护，以及农业和矿业的重要领域。保持竞争力在不同背景的国家中意味着不同的事情。对位于高收入国家的企业来说，保持竞争力可能要求比在低收入国家的企业生产更具有吸引力的产品和更好的生产工艺。对后者的企业而言，保持竞争力可能并不需要保持领先。实际上，低收入国家的许多创新包含了对外国技术的学习、扩散，以及也许还有根据当地环境和生产的需求而进行本土化。但是，不管在哪一类国家中，如果产业的技术进步是很重要的，那么保持竞争力就需要持续不断的创新。

我们已经研究了许多国家的群体，自以为能辨识出若干个高效创新绩效的共同特征。如果国家缺少或削弱了这些特征，那么有证据表明该国的创新就可能落后。首先，企业完全有能力胜任自身业务领域内与保持竞争力有关的各种要求。一般而言，这种能力包含了产品设计和生产方面的能力，但通常也包含了高效的全面管理，估计消费者需求的能力，与上下游市场的连接，等等。在大多数情况下，只有巨大的投入才能培养企业的能力。所有这些能够使企业掌握相关的技术和其他实践，使企业能够竞争、保持乃至引领新的发展。

以下这个观察略显同义反复，但最好认为它又一次认证了第 1 章所强调的观点，即许多创新需要企业亲力亲为。尽管企业也可以依靠外援，但为了实现和进行创新活动，企业自身的努力和技术还是必需的。日本、德国、意大利、韩国和中国台湾的案例研究当中提到了大量无可争议的事实，表明这些国家（地区）的企业在某些产业中已经显示出很好的业绩，若没有读过这些章节，就不会理解作者关于这些企业的描述。此外，作者关于英国、法国、澳大利亚、阿根廷和以色列国内某些产业中的企业创新不足的评论，也给人留下深刻的印象。

保持强大竞争力不一定意味着企业的规模巨大。经济学家很早以前就认识到，尽管在某些产业领域具有足够规模的企业才能创新；但在其他产业领域中，也不尽然。意大利、中国台湾、西班牙的许多有竞争力的企业的规模都很小。保持强大的竞争力也不意味着企业必须对正式研发进行高投入。在某些领域中，例如电子行业通常需要大量研发投入，或者说至少在我们研究的前两组国家中是这样的。但在韩国和中国台湾，电子企业通常通过“反求工程”而把技术发展做得很好。意大利的纺织企业擅长引领潮流和设计，但这种工作很少计算为研发。在第一章中我们曾经指出，技术创新学者们已经认识到，不同产业在分配资源用于创新方面存在着显著差异；在我们使用广义“创新”的意义上，这也可以解释为不同产业的研发是有差异的。保持竞争力也不意味着企业不能从公共资助的研发项目或有利的采购状况中获益。但正如作者一再强调的，创新活动的投入和方向的确定是来自企业本身的。

尽管我们关于强大企业的概念是指企业具有竞争能力，但在我们所有的案例中，企业变强大实际上不仅指处于激烈的竞争环境中，而且指强迫企业参与竞争。正如波特（Michael Porter，1990）指出的那样，在很多情况下，企业必须面对国内强劲的竞争对手。正因如此，日本国内的汽车企业和电子企业互相展开了激烈的竞争，美国制药企业之间和意大利的服装企业之间的竞争也很激烈。但这种情况在小国家中不是很明显，可能只有一家或少数几家国内企业，如瑞典的爱立信（Ericson）和加拿大的北部电信（North Telecom），对这些企业来说，绝大多数对手来自国外。

波特（1990）和伦德瓦尔（Bengt-Ake Lundvall，1988）认为，强国的工业企业更易于与上游的原材料供应商保持充分的互动，通常它们也是国内企业。我们的研究表明，这一观点在许多案例中得到了证实。日本汽车企业的材料供应商网络以及丹麦农产品加工业的上下游连接企业都是很好的例子。意大利服装企业彼此之间的合作，以及与设备供应商之间的协作是另一个极好的例子。不过，也有一些例子并不支持这个观点。德国和美国的制药企业都很强，但它们都没有特别强的国内或国际供应商网络。在航空飞机的生产中，零件和小零件生产企业越来越散落在多个国家，而系统设计和组装的企业则不是这样。

如果考虑到非常重要的国内市场消费者的需求，也可以得出类似的观察。许多研究表明事实正是如此。但对于小国家或者从一开始就是出口导向型的工业来说，能一锤定音的消费者可能来自国外。

尽管有“强大的企业”对国家创新体系是很关键的，但是，这只会把问题又推回到原点。强大的企业是在何种条件下产生的？如上述讨论认为的那样，在某种程度上，这个答案是“自发的”。不过，我们的研究也充分表明，这与企业身处其中的国家环境有很大的关系。

辨别一个国家能否够支持企业竞争和创新的一个重要特征就是教育和培训体系，它们为企业源源不断地提供具备生产所需技能和知识的人才。对需要受过高等教育的工程师和科学家的产业而言，这不仅仅意味着大学为它提供培训，还意味着大学有意识地培养关注产业需求的学生。一边以美国和德国为代表，另一边以英国和法国为代表，两者在这方面的差别是非常明显的，至少在本书的作者们看来事实的确如此。这些研究确实表明，前两个国家在世纪之交以科学为基础的产业出现之后能赶超后两个国家，其中主要的原因是前两个国家的高等教育体系对产业的培训需求作出了更积极的回应。

尽管“高技术”的优势依靠受过高等教育的人才供给，但是，在研发部门之外，产业更需要能说会写的工人，这些人或是由企业自己按照产业要求来培养（如日本），或是由与企业合作的外面机构来培训（如德国和瑞典的某些产业）。在公共教育和培训体系与私人培训相结合提供企业人才这方面，不同的国家或地区是不同的。高收入国家如德国、日本和瑞典在这方面的结合就比英国和澳大利亚紧密。在发展中国家和地区，一边是韩国和中国台湾，另一边是巴西，两边的对比相当明显。

韩国和中国台湾以及其他亚洲“小虎”都可视为是教育引领发展的成功案例。正如作者指出的，这些国家的企业能迅速地从20世纪五六十年代的相对简单的产品生产转向复杂的、技术比较成熟的生产，原因之一就在于国内的年轻劳动力受到了新工作所需的教育。此外，阿根廷和以色列的情况则表明受教育劳动力的供给不足。企业所面对的经济激励促使企业去关心市场、去充分利用熟练劳动力来与它们的对手进行有效竞争。

另一个要素就是一揽子的如财政、货币以及贸易政策，这个要素造成了一国的企业能有效创新而另一国的企业却不能的差别。当这些政策的结合能对企业出口产生吸引力时，企业就会创新和竞争；当这些政策增加了出口难度或者缺乏吸引力时，企业就困在国内市场，碰到困难时就要求保护。我在后面将提到，在某些情况下企业既能参与国际竞争，同时其国内市场也得到了相当的保护。因此，问题不仅仅是简单的“自由贸易”。因为对大多数国家来说，假如企业不参与世界市场竞争，它们的竞争力就不会增强，因此，出口激励也是相当重要的事情。直到目前为止，也只有美国才可能不遵守这个规则。因为美国具有巨大的国内市场，足以支撑国内企业的激烈竞争，使企业时刻保持警觉和进行创新。除此以外，没有任何一个国家能为它们的企业提供这么一种奢侈，即企业不必参与国际竞争。然而，美国在现阶段也逐渐不能例外了。

当然，目前关于国家创新体系的许多研究旨趣反映了这么一种信念，即一国企业的创新能力很大程度上是由政府政策决定的。上面我已经分析了企业生存其中的国家环境的两个特征，这些特征很深刻地影响了企业创新的能力和动机。而且，劳动力的教育和宏观经济环境在我们研究的所有国家当中都是政府的主要责任。但政府的政策和项目怎样才能更直接地瞄准技术进步呢？这是当代学者们的兴趣焦点。它还包括，这些政策是怎样产生效果的？

以本书对 15 个国家的系统研究为依据来评论这个问题时，首先让我们想到的，就是大部分政策都以技术进步为目标。因此，近年来面向工业企业的整合与要求、企业的合作协定和成立合资企业、允许工业企业扩大活动范围等一系列政府政策都受到此类政策能对创新绩效发生作用的信念的影响。许多国家（如欧洲国家）现在都鼓励企业联合起来共同开展研发。相似地，许多政府近年来也着手进行结构调整或加强金融机构，以达到促进产业创新的目标。因此，有些国家已经建立了相当于美国“风险资本”市场的机构。正如前面章节指出的，这些政策差别很大，国与国之间的政策也很不一样。我们的案例分析中提供了关于这方面的大量证据，然而，因为差别实在是太大了，我无法对此作出强有力的概括。

当然，我们这些研究国别的作者们首先是看直接支持研发的政府计划，我认为这方面所收集的证据是相当系统的。有些政府计划主要是给大学研究、政府研究、或者其他的与商业企业没有特别联系的实验室提供资助，而有些计划直接为企业研发提供资助，在这两类资助类型之间作出区分是很有用的。我还会回来对这两种类型分别考证。

现在，研究创新的学者们已经认识到，对大学研究和公共实验室进行公共资助是行业部门创新体系的重要组成部分。这些机构的大部分资助经费进入了与技术和工业需求直接相关的领域，例如空间学、病理学、计算机科学、物理科学、化学和电气工程。

我们的国别研究是否支持这种观点，即大学或公共实验室的强大研究能力有助于该国企业的创新（我们所说的广义的创新）吗？毫无疑问，答案在不同的领域是不同的，并且答案与形成和促进工业企业之间的互动的机制紧密相关。所有在精细化工和制药方面比较先进的国家，其大学体系也在化学和生物医疗科学上具有强大的研究实力。在我们所有的案例中，强大的农业、强大的农产品加工业都与该国大学的相应领域进行的重要研究相关，或者与为这些产业服务的其他公共研究机构相关。与之对比鲜明的是，尽管具备有利的自然条件，但阿根廷的农业仍然落后得让人吃惊。研究阿根廷的本书作者将阿根廷农业的失败，归咎于它没有成功地发展出一个满足需求的农业研究体系。

具有强大的电子企业的国家，很大部分是因为大学的电机工程系具有研究实力，这种情况显然包括日本。在中国台湾，“政府实验室”一直是新设计的重要来源，后来被企业所取代。此外，大学研究对汽车和航空业的技术进步不是很重要。

在大学或公共实验室对企业有所帮助的国家或地区，我们常常看到，一是企业与大学教师或研究项目之间有直接联系，如通过咨询活动等；二是出现了把大学或公共实验室项目与企业群维系在一起的机制。因此，美国的农业试验站开展的研究与农民、育种者有关，并与他们保持紧密的互动。很多德国实验室有专门帮助机械产品生产企业的研究项目。中国台湾的“电子工业与政府实验室”联系也很密切。在所有这些案例中，大学或政府实验室与产业之间的关系不能仅仅描述为大学或公共实验室开展与产业关注的问题相关的研究。它们之间的联系要更加广泛和紧密，包含了传播信息和解决问题。可以说，它们是一个技术共同体内部的合伙人。尽管不是对所有工业都重要，但有确凿的例子表明这一类技术和工业导向型的公共项目在许多领域都产生了巨大的差异。

这些项目的经费不多，而且与直接支持产业研发的政府计划相比，也没有明显的政治显示度。不同的国家在政府直接资助产业研发的程度方面存在巨大差别。尽管这些项目大部分集中在狭窄的“高技术”产业领域，但这一类项目各式各样，且由于不同的原因而出台。

我在上面已经提到，在我们研究的大部分国家中，军事研发占据了政府资助产业研发的最大份额。分析者划分为两派，一派认为军事研发和采购对国家工业的商业竞争力有帮助，另一派认为是障碍。在主要的工业国家中，目前为止美国把产业研发资金的最大份额用于军事工程。其中一个有力例子是，在20世纪60年代，军事研发有助于美国的电子和航空业去占领商业市场，但自60年代后期才开始有一点“溢出”。在我们研究的国家中，英国的国防研发预算排在第二位，但大部分签订了研发合同的公司都没有能力去攻占非军工市场。法国的大部分企业也是如此。尽管直到最近，军事研发还很少把民用商业溢出作为中心目标，但也开始认识到民用市场的销售可以减少支持一个强大军事采购基础的公共成本。理解军事研发在哪方面给予民用市场优势以及在哪方面没有，是很有趣的。

分析美国的经验表明：当军事研发项目是开发一种完全新的共性技术，而不是像以前那样绝对地集中于采购军方想要的特定的优质硬件设备时，就可以让民用技术受益。美国的军事努力已逐渐地从前者向后者转化。与60年代相比，用于研究和探索的军事研发份额已经少了许多，很大一部分用于高度专业化系统研制。我们研究的另外一些国家也在过去大量投入军事研发，比如英国、法国和以色列，现在它们也开始把焦点转向了后者。

空间计划、原子能计划与军事研发和采购的情形类似。在决定要做什么上，它们也是受到政府机构的领导。它们也逐渐把注意力集中在大规模系统的开发上。这个领域的溢出也相当有限。

支持电信、其他民用电子和航空公司研发的政府计划，可能与军事和空间计划对技术领域的支持重复，在某些情况下，可能支持了同一家公司。这些计划也往往同时包含既支持产业研发又保护其免于国外竞争。不过，也存在一些重要的差异。首先，与军事研发相比，公共资金是相当少的。实际上，尤里卡(Eureka)、Esprit、Jessi、第五代计算机系统和Sematech，❶ 这些计划相对于工业对这些目标领域的资助来说是很少的。

其次，大部分企业是自己决定公共资金的使用方式，支持的项目也比国防工程缺乏具体的公共管理和监督。最后，这些计划将目标集中在企业民用市场产品上，尽管企业的国内基地可以通过进口限制或优先采购的方式而得到保护，但最终的愿望还是企业自己能站立起来。

因此，尽管这些计划包含着对研发高投入的承诺，但这些计划与其他"初生产业"保护性计划非常相似，许多"初生产业"能够成长起来，不是因为它们关系着国家安全或相信"高技术"的重要性，而是因为政府想提出或创造一个"国家的"产业的愿望。初生产业的保护、补贴和政府引导都是长期的政策。自柯尔贝 (Colbert)❷ 以后，法国的政策特点就是这样的。在19世纪和整个第二次世界大战期间，美国也是保护主义者。日本和韩国的钢铁和汽车业直到20世纪80年代以前都受到高度的保护，这是更现代的例子了。

这些新生儿都长大了吗？有些长大了，有些没有。日本汽车和电子企业以及韩国的chaebol-based公司都是众所周知的例子，它们是在保护性市场成长起来的强大企业。但是也应该认识到，美国计算机和半导体工业的成长，也是由于限制国外竞争者进入市场以及国防部对它们的研发进行了大量的投入。经过一段时期的保护和支持，这些企业逐渐主导了世界商业市场。空客公司可能是(也可能不是) 另一个成功的例子。另外，本书的一部分国家研究也展示了，许多受到保护和补贴的企业从来没有壮大到自己参与竞争的阶段。法国的电子企业是一个令人印象深刻的例子，还有阿根廷和巴西的进口替代工业。

---

❶ Esprit计划：欧洲信息技术研究和开发战略计划的简称；Jessi计划：联合欧洲半导体硅计划；Fifth Generation：1982年，日本拟定并开始实行"第五代计算机体系"10年研究计划；Sematech：美国发起的半导体制造技术战略联盟。——校者注

❷ 柯尔贝 (Jean-Baptiste Colbert，1619—1683)：法王路易十四时期的财政大臣，他推行被称作柯尔贝尔主义的重商主义政策；对内发展工业，对外实行保护关税政策，争取贸易顺差。柯尔贝尔主义促进了法国资本主义的发展，但专制而严格的管理制度后来成了工业发展的障碍。——校者注

差异的背后是什么？如果让我下赌注的话，我把宝押在两个方面。首先，教育和培训体系在有些情况下能为受保护的企业提供它们自己所需的技能人才，而在某些情况下不能。其次，至少在现今的世界中，经济条件（包括政府政策）能否提供强大的动力促使企业快速地参与国际市场竞争，而不是在它们的庇护下生存。

我之前提到政府支持产业创新的图景，突出了这些政策和计划的多样性，也指出了它们各有指向的本质，即有一些支持研究以及其他帮助大学或公共实验室工业研究的活动，有一些与国防、空间或原子能研究有关，还有一些是直接支持或保护某类产业或产业群的。这是我从本书国别研究中得出的结论。这些研究在更加广泛的范围内说明积极的连贯的工业政策是很少存在的。对于它们所代表的国家政策，一般的看法是，这些计划更接近于用研发补贴来保护初生产业而不是一个构造巧妙而且深思熟虑的宏观政策。

一些读者会对这个结论产生异议，他们认为，这个国别研究项目的失败之处在于，对于连贯的产业政策及其成功加以强调是作者们的一个严重误判。而且，公正地说一句，像 Esprit 和 Jessi 这样的计划，是否真能成功地使欧洲企业在半导体行业中更具有竞争力还不太清楚。那些研究作者则回应说，这些国家的政府政策是高度去中央集权的；并指出，除了空客公司之外，政府计划在产业研发支持中占据很小一部分。

怀疑者再提出质疑，尽管政策没有涉及大规模的公共财政，但它们对私人决策和投资起到巨大的杠杆作用。而作者们则认为政府的杠杆作用被夸大了，即使在政策得到充分落实的地方，它们导致成功和导致失败的概率几乎一样。这显然就是本书研究 MITI 的日本作者的立场。假如我们不能比现在更深入地理解技术创新，那么就不可能找到一种说服所有人的解决分歧的办法。

高技术政策的争论

上面我已经强调，政府研发支持的大部分，尤其是对产业研发支持的那部分，都到了“高技术”领域，其中一部分是通过特意为企业提供商业优势的计划来资助的。在执行这些计划的同时，还伴有各种形式的企业保护以及有时候采用出口补贴。如果一个国家的经济在“高技术”上没有足够的优势，那么这个国家与那些有高技术优势的国家相比就处于不利的地位，类似的观点促使了政府支持研发并为此提供合理性的说明。

事实果真如此吗？在我看来，观点本身的逻辑以及支持观点的证据都不是很充分。

对高收入国家的公司或产业来说，要想保持竞争力，当然需要有效地利用低收入国家难以获得的技能、技术和管理的精髓。“高技术”、高研发密集度的工业都属此类，但也有许多其他产业。统计机构使用的“高”技术含义直接指的是研发密集度。然而，我们已经强调过，一个产业可能具有大量创新，但没有很高的研发密集度。如果公司规模相对较小，如果大量的设计工作直接面向特定的消费者或市场，尽管可能存在大量的创新，但企业未必会报道有很多研发。

更进一步说，一方面，尽管国家计划往往集中在技术进步非常明显的半导体、计算机和新材料，但技术进步产生的经济价值大部分发生在产业下游，发生在把这些新产品与它们自己的工艺和产品进行整合的产业和活动，如汽车、工业机械、金融服务、船运等。要有效地做到这一点常常包含重要的创新，这儿的原始性创新可能会产生巨大的竞争优势，但不一定要包含多少大规模的正式研发。另一方面，当政府政策积极致力于帮助企业利用上游的新技术，而不是补贴技术突破时，效果会更加明显。本书对不同国家研究所讨论到的非常有效的公共项目，很大一部分过去是或现在是把企业培养成为能参与世界实践的（显而易见，许多日本计划在这方面是成功的），或传播技术开发的知识（美国农业和德国、丹麦、瑞典的若干政府计划）。

当然，高技术对国家的诱惑并不是一种统计假象，这些国家知道它们必须进行高度创新，才能与低收入国家竞争。上述的讨论在更加广泛的范围内承认半导体、计算机和新材料等领域的创新在当代产业创新模式中的特殊地位。这些领域的进步，为广泛的从高速火车到手机再到商业银行业务等下游产业的技术创新，提供了支撑模块和关键机遇。许多注意到这一点的观察者提出了这样一种观点，如果一个国家想使它的企业未来在下游产业中具有较强的竞争力，最好不要让外国企业控制上游的关键技术。这个看法在某些后发展中国家(地区)相当盛行，如巴西、朝鲜和中国台湾，如今还包括高收入国家。

另一个观点似乎是循环论证了。就是一个国家需要在下游工业中占有优势来为市场提供关键的产业组成部分。因此，国家支持企业开展高分辨率的电视以及电信研究，部分是因为如果没有国内市场，一个国家的半导体和计算机企业将处于不利的境地。类似地，对空间研究的公共支持之所以被认为是合理的，部分也是因为它能促进上游技术的发展。

我们的作者们显然对这个问题的看法不一致，而且还是混杂的。有些作者在对欧洲主要国家的研究中流露出这样一种哀调，尽管一国的企业能在某些领域做得很好，但不一定在这些特别重要的“高技术”领域也做得很好。另外，研究澳大利亚和加拿大的作者则认为，把电子产业的发展作为羡慕对象是一种愚蠢的和昂贵的狂热。

尽管我们的国别研究不能解决这个问题，但它们至少可以使人们注意到三件必须使狂热者停步的事情。首先，没有足够的经验证据来支持这样的观点，即假如一国的企业在高技术领域特别强的话，那么该国的经济就会全面繁盛；假如在高技术领域弱，经济就会落后。美国在一系列的“高技术”研发密集型工业的实力一直都很强（还是主要的高技术净出口国），但它的经济增长却严重疲软了近20年时间。意大利在这些工业中的能力有限，但它的整体生产力和收入水平却多年来保持着勃勃生机。有人还会指出，法国的经济取得巨大的成功，更多的是凭靠它努力地培育和补贴高技术产业，而不是依靠它们。日本的动态随机储存器方面很强，汽车生产的实力也不弱，并且汽车产业还解决了大量的就业问题和出口创汇，但日本生产汽车的能力与“高技术”关系不大。加拿大、澳大利亚、丹麦和美国一直都在以农业或自然资源为基础的工业中具有强大的竞争力。

正如我们已经提到的，通过支持产业研发来发展高技术产业的国家政策，在历史上的纪录是非常不均衡的。实际上，最有力的正面例子发生在很久以前，当时美国政府为电子和航空业的进步提供广泛的支持，而事实证明美国优势不具备可持续性。近期而言，欧洲空客公司的成功可能是也可能不是一个正面例子。其他成功的案例大部分是“初生产业”（例如 20 世纪六七十年代的日本电子企业，80 年代早期的韩国电子企业），随着企业的壮大，政府的促进和保护角色就减弱了。

一个非常重要的现象是，航空和电子行业的企业和项目正快速地变成跨国性的。一部分是想分担高昂的研发成本，通过加入其他企业就能分摊费用。传统的国内竞争也促使企业去寻找国外伙伴。当然，这个趋势发展到政府想要防止国外企业进入国内市场、并补贴国内企业的程度。但除非国内市场需求非常旺盛和补贴相当高，否则企业就有与其他企业联合的强烈动机，这可使它们有机会进入其他市场。

如今，大概没有什么其他事情能使我们退回到过去，不去考虑“国家创新体系”的当代含义。在什么程度上才是真正的“创新体系”？在“创新体系”的意义上，什么才算是“国家”的？

什么使得创新体系是国家性的？

“国家创新体系”的概念界定显然存在很多困难。首先，除非很狭隘地定义创新并根据狭义的定义来削减各种体制要素，否则，就不可避免地在分析一个国家的创新的时候陷入了对劳动力市场、金融体系、财政预算和贸易政策等的讨论之中。我们不可能划出一条清晰的线条减去国家体制结构方面的要素，同时说出一个连贯的广义的创新故事，因为那些体制结构要素与已经去掉了任何其他要素的狭义的创新概念密切相关。不过，本书作者们讲出一个个非常连贯的关于他们国家的创新故事，而且把重点放在了符合狭义定义的体制和机制上，同时又把比较宽泛的国家体制当做一个分析框架。

其次，“创新体系”这个术语暗示着一个国家内部的一致性和关联性，然而事实并非如此。因而，我们可以抛开加拿大电信业而相当独立地讨论加拿大农业。美国制药企业的研发和创新与美国航空企业开展的研发几乎没有什么共同点。然而，读过关于日本、德国、法国、朝鲜、阿根廷和以色列的研究之后，我们会强烈地感觉到国别性有很重要的作用且有说服性的影响，而不仅仅是一点点影响。所有这些案例中，企业、教育、法律，政策和政府都普遍具有一种明显而独特的国家特征，所有这些都是受到共享的历史经历和文化的影响而形成的。

我认为我们应该按照如下方法来调整这些多少有点分歧的观察。在上述讨论的观点中，如果仅仅关注那些我们已经定义为“创新体系”的内容，那么就只会看到具体的部门。但是，如果将眼界放宽，那么一个国家内的共性要素就会充分进入我们的视野，这在很大程度上就界定了造成国家所有部门的共性的要素。

我们从本书一开始就意识到，以国为界来分析是不足的，现在这种不足越来越明显。实际上，引起本书研究的问题之一就是国家创新体系的概念是否还有意义。对这个问题，我猜想我们许多人有以下想法。

我们可以很放心地说，从科学上得到很好的技术将越来越国际化。国家和企业想要保持在理解研究和发展的秘密上而胜出，这种努力越来越无效。企业除了具有科技人才的需求外，竞争优势将依靠设计细节、生产工艺、企业战略和组织、与上下游企业的联系，等等。如今的半导体、航空、计算机和汽车产业就是这样的。在这些领域还没有任何个别国家或特定企业拥有大量的技术秘密。而且，强大的企业拥有大量的本企业内部的诀窍知识和能力。

我们也可以很放心地说，国家政策、历史和文化造成了企业差异，但差异的重要性将会减少。一部分是因为全世界在文化上已变得更具有统一性了，不管这种现象是好还是坏；一部分是因为企业的管理者和研究管理的学者，越来越多地关注其他国家的企业是如何管理和组织的。跨越国界的公司之间的联系的重要性和很可能在增长。先期研发设计和生产工程成本高的工业企业逐渐与其他国家的企业组成联盟，这样既可以分担一些成本，也可以越过政府制定的市场壁垒。另一种策略是在实行贸易保护的国家或地区建立分厂。如此一来，国家政府要界定和支持本国企业的努力由于国际化而将受挫。

那么，什么仍然保留在“国家体系”中呢？建立在这个国家内的企业会留在其中。但是公民和政府都必须学会怎样对待那些总部在国外的工厂。欧洲国家为处理这种关系已经挣扎了一段时间了，拉丁美洲的许多国家也是如此；美国现在也必须面对这个问题，日本和韩国也开始出现类似的情况。然而迄今为止，没有哪一个大国能平稳地度过这段时期。尽管在大多数国家，驻地公司主要是本国企业，但一些重要工业部门也出现了“外国”公司，需要政府学习如何更好地处理这种关系。

我们很早就注意到一个国家的基本体制对工业创新的持续影响是非常令人震惊的。其中一个例子是国家教育体系，它们好像从来没有根本改变过。尽管顶尖的科学家和工程师是高度流动的，一些高水平的学生也将继续在国外接受教育，但在博士学位以下，基本上还是本国培养的公民为主。

大学研究和公共实验室的国家体系大部分将继续是国有的，尤其对领先技术、促进产业中技术进步以及建立与产业互动的机制特别重要的计划。在某些领域内，这些计划与外国分公司和国内公司都有关。但是，认为大学和公共实验室主要提供“公共物品”、因而与企业保持紧密的、正式的联系没有好处的观点，不符合很多产业的实际。

国家的其他公共基础设施、法规、金融体制、财政预算、贸易政策以及总体的经济环境等将对包括创新在内的经济活动产生重大影响，而且这种影响是十分持久的。至少对一些大的高收入国家来说，大部分私人投资将继续是国内的，而且还受到国内储蓄的限制。总之，国家将继续保留它们自己独特的对政府和商业之间的合适关系的看法。

这些将极大地影响一个国家的与科学和技术有关的政策。从本书提供的证据来看，与科学技术有关的政策必须被理解为直接指向不同国家目标的政策的聚合，每一个政策都有影响最深的领域和体制的特定范围，而不只是一揽子的政策。

一切迹象表明，国防项目在显著减少，但在美国、法国、英国和以色列，军事研发仍然有可能占政府研发支出的大部分。然而，却很少有商业上的“溢出”。

除了国防和空间研究之外，一个国家的研发支持项目肯定能继续反映出产业的需要和政府应该做什么和怎么去做的态度。尽管有一些例外，尤其是当讨论到与国防关系的时候。但美国将继续抵制直接资助产业研发的计划，而是把大学作为一个研发基地，为包括直接瞄准特定技术和产业在内的许多计划服务。欧洲国家将更多地利用那些直接支持民用工业研发的计划，不管是私人企业开展的还是广泛的行业研究组织开展的。在日本、法国和其他国家，政府机构和高科技企业的关系将继续保持密切。

国家创新体系的多样性：我们需要一些关于公平的标准吗?

目前，很多国家从来没有像现在这样关心自己的“创新体系”，以及关心它们的创新体系与其他国家的有什么不同。关注到差异的意识导致了两个完全相反的方向。

一方面，有些国家尝试去采用一些在它们看来给其他国家的创新体系带来优势的方面。不过，这种尝试缺乏系统性，而且还受到那些基本不符合事实的认知的巨大影响。因此，美国和一些欧洲国家（以及欧共体）已经放宽了对公司之间研发合作的限制，并且在某些领域还建立项目去鼓励和支持它们的合作。如果关于日本的章节是正确的，那么在以下观点看来这完全是一个讽刺，即处于同一条商业线上的企业合作研发对日本战后经济迅速增长的作用被夸大了，无论如何它的作用正在不断减小。

一些后发展国家带着充分的理由把韩国和中国台湾视为榜样。但除了它们大力支持教育、对工厂和设备高额投资、对公司施加出口压力相同以外，这两个经济体的创新体系存在很大的差异。在中国台湾，“政府研究实验室”是产业技术的一个重要源泉，至少直到目前为止，韩国的情况显然不是这样。韩国鼓励企业整合，形成大规模的企业聚合体，并且抵制国外收购；中国台湾没有特别鼓励大企业的产生，而且有选择地允许外国企业进入。但两者都很成功地在外国技术的基础上建立具有创新力的、有竞争力的本土制造企业，其他的低收入国家正在试图学习它们的经验。

虽然现在模仿他国的经验达到了顶峰，但模仿并不是新鲜事物。日本的研究显示：在20世纪早期日本就试图采用和选择来自欧洲和美国的经验，但结果与预期相差甚远。美国在早期尽力去采用德国的大学体系，结果也是建立了一个迥然不同的体系。

另一方面，对差异的认知正导致一些国家宣称它们竞争对手的体系在某些方面是不合法的。一些很著名的美国人物已经表达了这样的观点：通商产业省（MITI）对日本核心工业的支持和指导，以及日本企业与它们的客户还有财政来源之间建立起的特殊联系，构成一个不公平的系统，涉及补贴、倾销和保护。类似的抱怨也曾指向“尤里卡”计划和空客公司。欧洲也抱怨日本和美国的项目，比如SDI，认为政府如此大规模地支持研发，尽管主要用于军事目标，但毫无疑问也能帮助建立商业优势，而且那样也要求欧洲政府采取相应的支持行动。日本也有类似的抱怨，但主要是关于其他国家对日实施的进口壁垒。有些看法走得更远，认为只有建立了新的什么是公平和什么是不公平的可接受标准，当前由国家创新体系竞争引发的战争才能得到解决（Ostry，1990）。否则，在高技术产品方面，国家将不得不采用管制贸易制度的标准。

目前对国家创新体系差异的两个关注——尝试去效仿与表达不满的态度——是一个硬币相反的两面。它们反映了两种信念的纠结，既相信一个国家的高技术成果对国家的经济绩效和安全十分重要；又真的不确定如何才能实现高绩效，而且仍然缺乏一个得到认可的判断政府政策哪些是合法的和哪些是不合法的标准。

在我看来（我的想法可能不被我的同事们认同），当前的争论看起来有点歇斯底里了。没有理由对不同国家的政府在企业创新中的角色差异感到悲哀，就像没有理由去抱怨不同国家政府在经济活动中的角色存在差异一样。一方面，政府的担心——假如没有自己的高技术企业，经济将注定处于不利的境地——很可能是多余的；另一方面，关于高技术的优势在很大程度上应归功于政府的促进政策的观点又被过分夸大了。

同时，本书的研究发现，支持技术创新的体制机构是复杂而多样的。技术和科学以一种非常复杂的方式互动。私人的营利性组织和公共机构，实际上都在技术进步的所有领域扮演着重要的角色，二者的劳动分工不是很明显。关于私人企业进行产业创新而公共机构在创新中没有什么作用的观点是头脑简单的表现。

在这方面，我们还不是特别清楚什么应算是补贴和保护，什么应算作合法的公共支出、协调或调节。

经济学家往往根据“市场失效”观点来判断政府资助、政府调节或政府引导是否合理来划一界限。如果市场失效了，尽管公共行动可能会给特定的国家产业带来好处，但这种支持被认为是增加了经济效率。如果市场没有失效，则被认为是明显的补贴或保护，这是不能宽恕的。因此，尽管国际贸易理论家久已知晓，一个国家可以与其他国家国民相比为由，选择明显的补贴或保护来提高国民福利。“市场失效”观点在那时流行的理论之下，对那些被认作同一组群的国家来说，这是一个负值的求和游戏。

但与此观点有关的问题是，“市场失效”在与产业创新相联系的活动中是非常普遍的，如此一来，补贴、保护或引导可以提高效率：因此积极的产业政策游戏不一定是一个负值的和数。“新贸易理论”不安地认识到了这一切。如果“先期”研发成本很高，或者存在重要的干中学和用中学，或者研究和培训等活动有巨大的外部性，自由贸易是“帕累托最优”（用经济学家的口吻说）的简单观点将分崩离析。

当然，“市场失效”在某些活动中比在其他活动更加明显，政府的能力和激励在某些领域比在其他领域可能产生更多的生产力高的项目。而且，很明显的是，国家之间相互竞争的保护和补贴可能超越任何一个以效率来判断是否公正的水平，控制这个倾向对所有国家而言都是利益。

但是，简单的规则——比如，政府为了公共部门需求和“基础”研究而支持研发是有效的和公平的，对生产民用市场产品的产业研发的直接支持则是没有效率和不公平的——将使这个谈论更加深入。这个争论当然可以用来攻击空客公司。但是欧洲人认为需要政府帮助才能战胜从军事研发中获利极大的美国巨头公司，而且这对于建立初生工业以及避免一家公司发展成为世界垄断都是公正的。在电信业是政府服务当中，政府对电信研发的支持怎么样呢？美国人肯定认为电信业应该私有化，这必定得不到很多赞同。在一方看来，公共采购对竞争是一个障碍；而在另一方看来，则是客户和供应商之间形成一种珍贵的密切关系。

“基础”研究和应用研究当中也没有一条明显的分割线。没有人会反对政府支持有关癌症起因的研究（尽管一个突破可能给那些与这项研究有密切联系的公司开发出有私人产权的产品的巨大优势）。但对于那些能提高农业生产率的研究呢？对那些能提高谷物在特定国家的土壤和气候环境下产量的研究呢？对那些在大学进行的关于超导电性或者半导体表面现象的研究呢？对那些在产业合作研究组织、或者在特定的公司里进行的研究呢？

关于政府对某类研发投资是合理而有效的还是一种不公平的补贴等争论，与关于保护、关于限制外国直接投资等争论交织在一起。这里，不同的国家显然对什么是合适的政府行为有不同的看法。分歧可以谈论，一致也需要协商。受保护的“高科技”产业是否改变了讨论本质还是游戏规则，这对于我来说似乎不是一个问题。

所有这些观点都不是反对建立一些与产业创新有关的政府政策的监管标准

和规范，在某些地区要达到统一性或至少是可比较的政策。但是，反对一个国家自以为是地认为它的方法是有效率的、公平的、十分正当的，而其他国家的政策一无是处。反对立论基础非常简单的信念，比如只注意到经济学家提出的建议。

最后，反对那些试图强加过多一致性的行为。每个国家在传统、意识形态以及关于政府的合适角色的想法等方面都是不同的。而且它们会捍卫它们认为重要的差别。开展本书研究的一个主要原因就是：借助对很多国家的考察，借助对这些国家的十分有趣的地方进行比较，来确定国家体系中哪些特征能系统地提高创新成效，哪些特征是无用的或是有害的。我和我的同事都确信我们已经收获良多。但是也还有大量空间让我们得出有价值的不同观点。正因为如此，不管是我们的研究小组还是其他人为自己所推崇的一致性作辩护都是不恰当的。我们还可以从近距离观察多样性中学习。尽管（正如本书证明的那样）从噪声中分辨出信号来是不容易的，但是我们都能够从对方那里学习到什么看起来是有效的，什么是无效的。

参考文献

Dosi, G. , Freeman, C, Nelson, R. , Silverberg, G. , and Soete, L. (1988). *Technical Change and Economic Theory*. London: Pinter Publishers.

Gerschenkron, A. (1962). *Economic Development in Historical Perspectives*. Cambridge: Harvard University Press.

Lundvall, B. A. (1988). "Innovation as an Interactive Process: From User-Producer Interaction to the National System of Innovation." In G. Dosi, C. Freeman, R. Nelson, G. Silverberg, and L. Soete(eds.), *Technical Change and Economic Theory*. London: Pinter Publishers.

Ostry, S. (1990). *Governments and Corporations in a Shrinking World*. New York: Council on Foreign Relations Press.

Porter, M. (1990). *The Competitive Advantage of Nations*. New York: The Free Press.

译后记

理查德·R. 尼尔森主编的《国家（地区）创新体系：一个比较分析》（牛津大学出版社 1993 年出版）是一本关于国家创新体系研究的奠基性经典巨著。尽管我国自 20 世纪 90 年代中叶即开始了国家创新体系（亦称国家创新系统）的研究，但是，深化关于国家创新体系的认识，建设创新型国家的当代任务，使得将该书译成中文出版仍然具有重要的现实意义和理论价值。经过全体译校人员和出版社的共同努力，中译本终于将要提呈到读者面前。

本书初稿的翻译分工如下：

第 1 章，关于“导论”：曾国屏译，刘小玲校；

第 2 章，关于“美国”：王程韡译，李红林校；

第 3 章，关于“日本”：王程韡译，李红林校；

第 4 章，关于“德国”：王程韡译，李红林校；

第 5 章，关于“英国”：刘小玲译，李红林校；

第 6 章，关于“法国”：刘小玲译，李红林校；

第 7 章，关于“意大利”：刘小玲译，李红林校；

第 8 章，关于“丹麦和瑞典”：刘小玲译，李红林校；

第 9 章，关于“加拿大”：马蕾蕾译，刘小玲校；

第 10 章，关于“澳大利亚”：马蕾蕾译，刘小玲校；

第 11 章，关于“韩国”：李红林译，刘小玲校；

第 12 章，关于“中国台湾”：李春景译，刘小玲校；

第 13 章，关于“巴西”：古荒译，刘小玲校；

第 14 章，关于“阿根廷”：谭小琴译，刘小玲校；

第 15 章，关于“以色列”：古荒译，刘小玲校；

第 16 章，关于“回顾”：曾国屏译，刘小玲校。

其间，参加了部分翻译和校对工作的还有：刘世风，李春景，邓华，苟尤钊，王路昊，王一鸣，沙德春。

最后，曾国屏和李红林最后对全书再度进行了译校，并补译和校对了“鸣谢”，以及各部分的引言等。

翻译一本经典巨著是一项艰巨的工作，尽管其间经过了多次的反复和推敲，但不足乃至错误之处仍然难以避免，敬请读者批评指正。

2010 年 12 月 14 日

缩略语

第 2 章　美国国家创新体系

AT &T：美国电话电报公司

BRITE：欧洲工业技术基础研究

DAPPA：国防先端研究计划局

DOD：国防部

DOE：能源部

EUREKA：尤里卡

FFRDC：联邦资助研究与发展中心

JESSI：欧洲半导体硅计划

MCC：微电子和计算机技术合作

NACA：国家航空顾问委员会

NASA：国家航空航天局

NCMS：国家制造科学中心

NIH：国家卫生研究所

NSF：国家科学基金会

OECD：经济合作与发展组织

OSRD：科学研究与发展办公室

RACE：欧洲高级通信研究计划

第 3 章　日本创新体系：过去、现在和未来

GATT：关税及贸易总协定

GE：通用电气公司

IMF：国际货币基金组织

MITI：国际贸易和工业部

NEC：日本电气公司

NTT：日本电报电话公共公司

RCA：美国无线电公司

WE：西部电器

第 4 章　德国技术创新的国家体系

AEG：通用电气公司

BLK：联邦与联邦州教育规划与科学研究促进委员会

DFG：德国研究联合会

VEBA：费巴

第5章 英国国家创新体系

ACOST:科学技术顾问委员会

AGR:改进型气体冷却反应堆

BAT:英美烟草公司

BP:英国石油公司

BTR:英国轮胎橡胶公司

DEC:数字设备公司

DTI:贸工部

ESPIRT:欧洲信息技术研究与发展战略计划

EUCLID:欧洲长期防务合作倡议

GEC:英国通用电气公司

ICI:帝国化学工业集团

NATO:北大西洋公约组织

NEDC:国家经济发展委员会

OPEC:石油输出国组织

RTZ:力拓

第6章 法国国家创新体系

ANVAR:科技推广总署

CEA:能源部

CII:国际数据处理公司

CNES:国家空间研究中心

CNET:国家电信研究中心

CNRS:国家科学研究中心

COGEMA:核材料总公司

CRITTS:地区创新和技术转让中心

CSF:法国无线电报总公司

DGA:法国防务采办局

DGT:电信总局

DMA:军械部代办局

DRET:资源能源旅游部

DRME:军事研究和测试局

EDF:法国电力公司

ELDO:欧洲运载火箭研究组织

ENA:法国行政学院

ESRO:欧洲空间研究组织

FBFC:法国核燃料元件制造工厂

INH:国立卫生研究所

INRA:国力农业研究所

INRIA:数据处理和自动化研究所

INSERM:国家健康与医学研究院

IRIA:数据处理和自动化研究所

ITT:国际电话电报公司

LAAS:自动化和系统分析实验室

ONERA:法国航空航天研究院

ORSTOM:海外科学技术研究办公室

PWR:压水堆

RTA:显性技术优势

SNECMA:斯奈克玛

SNIAS:国家航空航天工业公司

第7章 意大利国家创新体系

ASI:意大利太空局

ASTER:高级空爆热量

CERN：欧洲原子能研究中心

CESTEC：中小企业技术和生产发展促进中心

CNEN：国家核能委员会

CNR：国家研究协会

DEA：数据包络分析

DIETEL

ENEA：欧洲核能协会

ENEL：意大利国家电力公司

ENI：国家燃油局

ESA：欧洲航天局

ESPRIT：欧洲研究和发展信息技术战略计划

FIAT：意大利汽车制造厂

IMI：公立工业信贷所

INFN：国家核物理研究院

IRI：工业研究协会

ISS：高等卫生研究院

MRST：科学技术研究部

NRP：国家研究计划

OECD：经济合作与发展组织

SGS：通用公证行

TBP：技术收支

UNIDO：联合国工业开发组织

第 8 章　丹麦和瑞典创新体系的比较

ABB：电气集团

ASEA：阿西亚公司

CNC：电脑数控装置

CAD：电脑辅助设计

FMS：灵活制造系统

ISIC：国际标准工业分类法

NATO：北大西洋公约组织

NOVO：诺和

OECD：经济合作与发展组织

SAAB：瑞典飞机公司

SKF：斯凯孚公司

STU：瑞典技术发展理事会

第 9 章　加拿大产业创新体系

AECL：加拿大原子能公司

AOSTRA：阿拉伯特省油砂技术研究管理局

AT &T：美国电话电报公司

CAE：计算机辅助工程

CANDU：加拿大重水铀反应堆

GDP：国内生产总值

GNP：国民生产总值

IBM：国际商业机器公司

IRAP：工业研究辅助项目

NRC：国家研究委员会

OECD：经济合作与发展组织

第 10 章　澳大利亚创新体系

BIE：工业经济局

CSIRO：科学与工业研究组织

DITAC:工业、技术和商业部

GIRD:工业研发补助金计划

MIC:投资管理公司

OECD:经济合作与发展组织

第11章 工业创新的国家体系:韩国能力构建的动力

AT&T:美国电话电报公司

FDI:外国直接投资

IBM:国际商业机器公司

IBTDP:工业基础技术发展计划

KIST:韩国科学技术研究所

MOST:科学技术部

MTI:工业贸易部

NRP:国家研发计划

OEM:原始设备制造商

SMI:中小型企业

第12章 支持工业技术进步的中国台湾体系*:来自中国台湾的案例

APSI:战略性工业推动计划

DRAM:动态随机存储器

FDI:外国直接投资

ISDC:集成系统发展公司

ITRI:工业技术研究院

IUS:产业升级条例

NDC:万隆发展公司

OEM:原始设备制造商

SEI:投资奖励条例

TSMC:台积电

WYSE:美国网思公司

第13章 支持工业技术进步的国家体系:巴西的经验

CAPES:巴西研究与发展同盟

CNPA:灌溉与排水研究中心

CNPBS:土壤生物学研究中心

CNPDA:植物保护与环境研究中心

CTA:联邦航空技术中心

CTAA:农业与粮食技术研究中心

EMBRAPA:巴西农科院

FDI:外国直接投资

FINAME:机械和工业设备购置基金

FINEP:科学研究与发展项目资助署

GDI:国内投资总额

INPE:国家空间研究院

INPI:国家工业产权局

INT:国家技术研究所

IPT:科技研究学院

ITA:航空技术研究院

MCT:科学技术部

MIC:工商部

PBDCT:科学技术发展基础计划

SNDCT:国家科学技术发展系统

SNLCS:土壤调查与土壤保护服务部

SPSB:种子生产基层服务部

STI：产业技术司

第 14 章　支持工业技术进步的国家创新体系：以阿根廷为例

CITEFA：军方武装部队科技研究院

CNEA：原子能委员会

CONICET：国家科学技术委员会

ECLA：拉丁美洲经济委员会

INTA：国家农业技术研究院

INTI：工业技术研究院

INVAP：应用研究所

NSF：美国科学基金会

SECYT：科学技术秘书处

YPF：国家石油企业

第 15 章　以色列创新体系：状况、绩效及突出的问题

ADA：军备开发局

CIM：计算机集成制造

EEC：欧洲经济共同体

IRA：工业研究管理局

ITRI：台湾工研院

MIT：贸工部

MOD：国防部

NCRD：国家研究与发展理事会

SME：中小企业

TFPG：全要素生产率

第 16 章　回　顾

MITI：通商产业省

SDI：战略防御计划

汉译创新管理丛书书目

国家创新体系比较：德国国家创新体系的结构与绩效	［德］乌利齐·施莫河、［德］克里斯蒂安·拉默、［德］哈拉尔德·雷格勒尔
日本零售业的创新和动态：从技术到业态，再到系统	［德］亨德里克·迈耶·奥勒、盛亚等译
服务创新：技术机会和市场需求的组织相应	［英］乔·迪德、［美］富兰克·M. 赫尔
研发组织沟通	［美］托马斯·艾伦
创新的愿景：日美公司的创新文化	［英］马丁·费朗斯曼
创新突围：美国著名企业的创新策略与案例	［美］马克·斯特菲克等
创新之道：日本制造业的创新文化	［日］常盘文克
变化中的北欧国家创新体系	［瑞典］霍刚·吉吉斯
文化 VS 技术创新：德美日跨文化研究与政策推荐	［德］柏林科学技术研究院
赢在创新：日本计算机与通信业成长之路	［英］马丁·弗朗斯曼
破译创新的前端：构建创新的解释性维度	［美］理查德·莱斯特、迈克尔·派尔
企业战略与技术创新决策：创造商业价值的战略和能力	欧洲技术与创新管理研究院
创新的源泉：追循创新公司的足迹	［美］冯·希普尔
创新的种子：解读创新魔方	［美］伊莱恩·丹敦
创新高速公路：构筑知识创新与知识共享的平台	［美］戴布拉·艾米敦
研发组织管理：用好天才团队	［美］杰恩·川迪斯